牛病毒性腹泻病毒

感染与免疫调控

朱战波　刘　宇　李　阳◎著

黑龙江科学技术出版社
HEILONGJIANG SCIENCE AND TECHNOLOGY PRESS

图书在版编目（CIP）数据

牛病毒性腹泻病毒感染与免疫调控 / 朱战波，刘宇，李阳著. -- 哈尔滨 : 黑龙江科学技术出版社, 2023.7

ISBN 978-7-5719-2089-0

Ⅰ. ①牛… Ⅱ. ①朱… ②刘… ③李… Ⅲ. ①牛病—病毒病—腹泻—防治②牛病—病毒病—腹泻—免疫学—研究 Ⅳ. ①S858.23

中国国家版本馆 CIP 数据核字(2023)第 133599 号

牛病毒性腹泻病毒感染与免疫调控

NIU BINGDUXING FUXIE BINGDU GANRAN YU MIANYI TIAOKONG

作　　者　朱战波　刘　宇　李　阳

责任编辑　焦　琰

封面设计　单　迪

出　　版　黑龙江科学技术出版社

地址：哈尔滨市南岗区公安街 70-2 号　邮编：150001

电话：（0451）53642106　传真：（0451）53642143

网址：www.lkcbs.cn　www.lkpub.cn

发　　行　全国新华书店

印　　刷　哈尔滨午阳印刷有限公司

开　　本　787 mm×1092 mm　1/16

印　　张　23.75

字　　数　450 千字

版　　次　2023 年 7 月第 1 版

印　　次　2023 年 7 月第 1 次印刷

书　　号　ISBN 978-7-5719-2089-0

定　　价　98.00 元

前　言

牛病毒性腹泻病毒（BVDV）是牛病毒性腹泻-黏膜病的病原，为单股正链 RNA 病毒，属于黄病毒科、瘟病毒属成员。BVDV 可分为致细胞病变型和非致细胞病变型两个生物型。其感染宿主范围广，除感染牛外，还可感染猪、羊、骆驼、鹿等多种动物。临床症状复杂多样，表现为急性感染和持续性感染，主要影响牛的消化、呼吸和生殖等系统。急性感染临床表现可从高发病率和低死亡率的轻度疾病到具有相当高死亡率的严重肠道疾病。持续性感染（PI）多发生于妊娠期间，产出的 PI 牛对 BVDV 免疫耐受，可终生带毒、排毒，是重要传染源。急慢性感染均可引起黏膜病，发病率不高，但病死率可高达 90%以上。BVDV 急性感染可导致特征性的牛外周血淋巴细胞减少症，引起免疫抑制和并发感染的增加。然而，其发病机制尚不明确。深入研究 BVDV 感染导致淋巴细胞减少和免疫抑制的发病机制，对于探索 BVDV 等病毒感染引起免疫抑制的分子机制及其免疫防控策略具有重要意义。作者在整理和分析了本团队近年来的研究发现、试验数据的基础上，结合国内外相关文献、最新科研动态和研究进展，撰写了本专著。

本专著共计六章，其中，第二章、第五章、附录彩图由朱战波著，共计 14.75 万字。第四章和第六章由刘宇著，共计 16.68 万字。第一章和第三章由李阳著，共计 13.42 万字。内容涉及牛病毒性腹泻病毒的病原学、发病机制、诊断要点、流行病学、感染动物模型建立与应用、免疫抑制机制及其调控、转录组学与通路分析、蛋白质组学与通路分析等。内容科学实用、语言通俗易懂，涵盖了该病的国内外相关研究的最新进展和前沿动态。

本专著在撰写过程中得到了课题组成员倪宏波、周玉龙、张泽财等老师以及赵静虎、刘珊珊、张世勋、吴陈华、苏思雨、马莉莉、邢思毅、金鑫、黄江、刘思雨等研究生的大力支持，在此表示衷心的感谢。

本专著研究内容得到了国家自然科学基金面上项目（32072896）、黑龙江省自然科学基金联合引导项目（LH2021C072）等的资助，在此表示感谢。

本书可作为牛病毒性腹泻病毒发病机制研究的重要参考书之一，适合高等院校本科、研究生及科研工作者参考。

contents

目录

第一章　概述

牛病毒性腹泻病毒（bovine viral diarrhea virus，BVDV）是影响养牛业健康发展的重要病毒性病原之一。其感染可引起牛病毒性腹泻-黏膜病（bovine viral diarrhea-mucosal disease，BVD-MD）。患病牛表现出发热、腹泻、黏膜糜烂和坏死、血小板和白细胞减少、流产、胎儿畸形等症状。该病呈世界性分布，是牛场和进出口贸易中重点检疫的传染病，给养牛业造成了巨大的经济损失。BVD-MD 已广泛流行于我国 20 多个省（区、市）。2019—2020 年，我国牛业重点养殖区域 BVD-MD 的流行率为 71%；其中内蒙古地区为 76.7%，宁夏地区为 76.1%，京津冀地区为 70.9%、江苏地区为 70.3%、山东地区为 67.7%。此外，2015 年我国牛场 BVDV 抗原阳性率为 22.64%，持续感染率为 1.39%，而 2018 年超过 46.7%的牛场抗原检测为阳性，持续感染率达到 2.2%。BVDV 感染呈上升趋势，BVDV 防控工作仍然任重道远。

在自然条件下，BVDV 可感染牛、羊、猪和野生反刍兽，但主要侵害 6～18 月龄的幼牛。主要表现为持续性感染和急性感染。持续性感染的发病率低，但牛可终生带毒，成为重要的病毒贮存库和传染源。急性感染的临床发病率较高，死亡率较低，而黏膜病的发病率较低，死亡率可高达 90%以上。BVDV 急性感染可导致特征性的牛外周血淋巴细胞减少症，引起免疫抑制，从而使 BVDV 阳性牛群易发生其他病原的继发感染或混合感染。然而，BVDV 感染可导致淋巴细胞减少和免疫抑制的发病机制尚不清楚。

本章重点介绍了 BVDV 的病原学、发病机制、诊断要点及综合防控措施。为深入了解 BVDV 特性、感染与发病机制，探索临床防控新策略提供科学依据。

第一节　病原学

一、形态及分类

BVDV 病毒粒子呈球形或椭球形。冷冻电镜和负染电镜显示，病毒粒子的电子致密核心被双层脂质层包裹着。多数病毒粒子的直径约为 50 nm（范围在 40 ~ 60 nm），但约2%的病毒粒子直径可达 65 nm。

BVDV 属于黄病毒科瘟病毒属成员，同科成员还包括丙肝病毒（hepatitis C virus，HCV）、登革热病毒（dengue virus，DV）、黄热病病毒（yellow fever virus，YFV）、西尼罗河病毒（West Nile virus，WNV）、猪瘟病毒（classical swine fever virus，CSFV）和边界病病毒（border disease virus，BDV）等。根据基因分型，BVDV 可分为 BVDV-1、BVDV-2 和 BVDV-3（HoBi 样病毒）等基因亚型。

瘟病毒属病毒的基因分型通常是针对 5'-UTR 的种内和种间保守基序和 Npro 的特定区域。其中，基于 5'-UTR 的基因分型应用较多。此外，E2 蛋白编码区也表现出较高的变异性，经常用于瘟病毒属病毒基因分型。根据部分或完全基因组测序，BVDV-1 可分为至少 22 个亚型（1a-1v），BVDV-2 可分为 4 个基因亚型（2a-2d），BVDV-3(HoBi 样瘟病毒) 可分为 4 个基因亚型（3a-3d）。另一种基于 5'-UTR 回文区二级结构的分型方法也可对瘟病毒属病毒进行基因分型。通过瘟病毒属回文核苷酸置换（PNS）分型软件，可将 543 个序列纳入瘟病毒属的 9 个种。同样，也可将 281 个 BVDV-1 毒株分为 15 个基因亚型（1a-1o）。

基因分型结果通常与血清分型一致。30 株阿根廷 BVDV 分离株的 5'-UTR 和 E2 序列系统发育分析结果显示,这些分离株中的 76%属于 BVDV-1b,但也检测到了 BVDV-1a、2a 和 2b 基因亚型。瘟病毒属成员通常表现出某种程度的种间抗原相关性，感染或接种的动物血清中对属于同一种病毒的中和抗体滴度比其他种瘟病毒的滴度高数倍。病毒中和试验结果表明, HoBi 样瘟病毒内部存在一定的抗原变异，其与 BVDV-2 间具有较高的抗原变异性，与 BVDV-1 之间具有更高的抗原变异性。血清监测显示，在 12 只大型动物血清中检测到 HoBi 样病毒抗体滴度，但未检测到其他基因型 BVDV（BVDV-1a、BVDV-1b 和 BVDV-2）抗体滴度。另外，血清分型并不总是与宿主来源和临床表现等相一致。研究人员从具有边界病症状的绵羊和山羊中分离出了两种瘟病毒，遗传和抗原特征显示这两种瘟病毒可能属于一个新的种，与猪瘟病毒同源性较高。类似地，从肉牛分离出的 BVDV-2a 毒株则显示出与 BVDV-1 抗体和 BVDV-2 抗体的中和反应能力。一直以来，BVDV 抗原鉴定受限于各分离株之间的抗原多样性和交叉中和反应。最近的一项研究采用多变量分析和病毒中和结果可视化技术，以明确疫苗株和一些现场分离株之间的抗原关系。根据分离株之间的聚类模式可知，BVDV-1 和 BVDV-2 的抗原差异最大。

目前，在瘟病毒属中已划分出了 4 个种，包括 BVDV、CSFV、BDV 和未划分的瘟病毒。最近，Smith 等根据序列相关性，对这些种进行了新的分类，即瘟病毒 A-D，并增加了 7 个新种，即瘟病毒 E-K。此外，瘟病毒的分类单元未见任何变化。然而，我国学者在蝙蝠和啮齿动物的相关研究中发现了 6 株新病毒。根据系统发育差异，拟形成 6 个新种。基于全基因组序列，与其他瘟病毒的序列差异超过 25%，可以作为划分不同种的标准，如 HoBi 样病毒巴西株与瘟病毒代表种的序列相似度为 66.3% ~ 68.1%。

根据生物型，其可将 BVDV 分为致细胞病变（CP）型和非致细胞病变（NCP）型。其中，CP 型 BVDV 可诱导培养细胞的凋亡，导致急性感染。NCP 型 BVDV 不能诱导培养细胞的凋亡，但其临床分布更广泛，可通过体液传播，包括鼻分泌物、尿液、牛奶、精液、唾液、眼泪和胎儿液等。重要的是，NCP 型 BVDV 在妊娠期感染母牛，可导致其胎儿发生持续感染（persistent infection，PI）。PI 牛出生后成为牛群中 BVDV 的重要贮存库与传染源。

二、基因组结构

BVDV 基因组的大小约为 12.3 kb，由一个单一的开放阅读框（open reading frame，ORF）和短的 5'-和 3'-未翻译区域（untranslated region，UTR）组成。BVDV 的 5'-UTR 包含一个内部核糖体入口位点（IRES），其功能是启动单个多蛋白的翻译。IRES 由 3 个螺旋组成，其中包含两个高度可变的区域。而 3'-UTR 具有与多个宿主细胞 microRNAs 结合的位点。ORF 编码一个大的多聚蛋白，翻译后加工成 4 个结构蛋白和 8 个非结构蛋白。基因组结构组成为 NH2-N^{pro}/C/E^{rns}/E1/E2/p7/NS2/NS3/NS4A/NS4B/NS5A/NS5B-COOH。

BVDV 基因组编码一个单一的多聚蛋白，该多聚蛋白在翻译后被切割成 4 个结构蛋白（C、E^{rns}、E1、E2）和 8 个非结构蛋白（N^{pro}、p7、NS2、NS3、NS4A、NS4B、NS5A、NS5B）。结构蛋白可分为 3 个囊膜蛋白（E^{rns}、E1、E2）和 1 个衣壳蛋白（C 蛋白）。在结构蛋白中，C 蛋白含量最高，其次是 E^{rns} 蛋白，而 E1 和 E2 蛋白含量相对有限。然而，在病毒粒子表面，E2 是表达最丰富的表面蛋白，与抗 BVDV 免疫反应的诱导密切相关，其次是 E^{rns}。所有囊膜蛋白来源于前体蛋白 E^{rns}/E1E2，通过两步裂解反应产生不同的囊膜蛋白 E^{rns}、E1 和 E2。其中，E1 和 E2 都包含跨膜结构域，E^{rns} 可锚定在膜上，这有利于 E^{rns} 的分泌。与 MDBK 细胞相比，BVDV 的脂质含有更多的胆固醇、鞘磷脂、己糖神经酰胺和较少的甘油磷脂，其脂质分选机制尚不清楚。但胆固醇和鞘磷脂已被证实对于 BVDV 进入宿主细胞过程起到了至关重要的作用。

E^{rns} 蛋白是瘟病毒属基因组中独特的蛋白之一，它可以与核苷酸底物结合，并具有核糖核酸酶活性。该蛋白在结构上与植物和真菌的 T2 核糖核酸酶高度相似。受感染细胞

释放的 E^{rns} 可通过降解循环的核酸干扰免疫反应。E^{rns} 在细胞内具有核糖核酸酶（ribonuclease，RNAse）活性，可通过降解 RNA 和去除耐药病原体相关分子模式（pathogen-associated molecular patterns，PAMP）来阻止 IFN 的产生，为 PI 维持适宜的微环境。作为一种 RNAse 蛋白，E^{rns} 是一种糖基化蛋白，携带几个 N-乙酰氨基葡萄糖分子。E^{rns} 活性并不局限于牛细胞。细胞外添加的 E^{rns} 可被牛鼻甲骨细胞吞噬，这可能是与网格蛋白依赖的内吞作用有关，并在被吞噬后长时间保持活性。病毒 RNA 在到达细胞质之前可被其降解。E^{rns} 蛋白属于 T2 型核糖核酸内切酶家族，单体 E^{rns} 具有切割 dsRNA 和 DNA/RNA 中的 RNA，以及甲基化 RNA/RNA 的能力。

BVDV 表面主要由 E2-E2 同型二聚体和 E1-E2 异型二聚体组成。然而，由于缺乏疏水核心和融合序列，E2 在病毒融合中未表现出作用，而功能未被证实的 E1 可能在其中发挥了作用。E2 糖蛋白（55 kDa）的主要功能是通过与 E1 的异二聚体形成同二聚体附着在宿主细胞上。E2 外结构域由 3 个总跨度为 140A 的结构域组成，且不含有已知的融合基序。结构域 I 和结构域 II 分别为具有 90 个和 78 个氨基酸残基的 Ig 样结构域。结构域 III 由 175 个氨基酸组成，并形成三个β-折叠结构（IIIa-IIIc）。c 端包含一个单跨膜锚，在 ER 中保留 E2 糖蛋白。翻译后加工的 E2 含有 4 个聚糖和 8 个二硫键。第 9 个二硫键用于形成端到端的同型二聚体，该连接对于低 pH 活化的融合启动是必要的。BVDV-1 和 BVDV-2 E2 抗原表位图谱分析显示，其存在类型特异性表位。它由 4 个表位组成，其中结构域 I 和结构域 II 表位各 2 个，结构域 III 未见表位。其中 IIIc 是 E2 中最保守的部分。为了进一步研究 BVDV E2 糖蛋白表位，研究人员使用 EMBOSS 抗原预测工具绘制了 E2 蛋白的序列。用 6 个或 6 个以上的氨基酸计数预测了约 17 个抗原位点，以及可能含有抗原位点的结构域 III。据报道，只有结构域 I 和 II 可暴露于免疫反应，因为它们存在于病毒表面，这也是结构域 III 所缺乏的特性。而 E2 结构域 III 中潜在的抗原位点的发现为探索 E2 蛋白的结构和功能提供了新的视角。这也表明，E2 的整个结构可能都暴露在病毒表面，这有助于抗病毒的免疫反应的启动，也可能有利于病毒的膜融合和进入过程。另外，一些基于 E2 的重组杆状病毒疫苗已被商业化开发，并在山羊模型中与灭活的 BVDV 联合增强了针对 BVDV 的免疫反应。此外，部分抗 CSFV E2 单克隆抗体符合区别疫苗免疫与野毒感染的 (differentiating infected from vaccinated animals, DIVA)理念，在区分感染动物和疫苗接种动物中具有潜在的开发前景。

BVDV 持续性感染通常是在妊娠期的前 125 d 随着胚胎的发育而建立。这些 PI 牛出生后，可通过分泌物和排泄物向外界排放大量病毒，成为感染和病毒传播的主要传染源。将导致严重急性感染的 BVDV 与 PI 中 BVDV 的基因组序列进行比较，可发现 PI BVDV

的突变率较高。同样，在妊娠的牛、绵羊、山羊和猪中连续传播后，突变率也有所增高。某些氨基酸在物种间传播后发生了替换。突变倾向于集中在结构蛋白的编码区，尤其是E2蛋白。研究表明，BVDV基因组之间存在自然重组，这可能与PI和免疫耐受有关。在这种情况下，混合感染和随之而来的重组均可能发生。在PI动物中，BVDV基因组与细胞RNA的重组被认为是导致病毒发生突变的机制，并与致命性的黏膜病密切相关。据报道，即使在没有病毒蛋白翻译或病毒RNA依赖RNA聚合酶存在情况下，BVDV重组也会发生。

三、BVDV复制

牛对BVDV的易感性主要与牛2号染色体（BTA2）和26号染色体（BTA26）上的一些位点有关。这些位点在动物对BVDV PI的易感性方面起到了关键作用。研究显示，在不同品种和动物个体的细胞培养中BVDV复制存在显著差异。因此，这种遗传倾向可能与牛个体差异有关，而与品种无关。

在BVDV进入宿主的过程中CD46分子是BVDV的受体。一些研究表明，CP型BVDV NADL株可通过CD46分子从受感染细胞传播到其他易感细胞。BVDV E2与CD46的结合并不是BVDV进入细胞所必需的，这表明其他细胞蛋白也起到了重要作用。NCP型BVDV进入绵羊细胞（SFT-R）后，病毒RNA的正链和负链首次出现在感染后4 h。在这些绵羊细胞中，完整的复制周期需要10～12 h，感染性BVDV颗粒分别在感染后8 h和10 h首次出现在细胞内和细胞外。病毒滴度和正链RNA在感染后16 h达到峰值。NS3蛋白和E2蛋白分别出现在感染后6～7 h。此后NS2-3蛋白开始逐渐积累。

NCP型BVDV的复制是由NS2-3的裂解机制调控的。该调控过程是由NS2蛋白酶活性执行的。其中NS2蛋白酶活性需要限制性细胞辅助因子DNAJC14的存在。NS2-3的分裂导致了NS3的生成，这是复制过程中的重要一环。在复制过程中，BVDV的5'-UTR抑制5'-3'外核糖核酸酶（XRN1）并抑制其活性，导致许多寿命短的细胞mRNA半衰期显著增加。非编码RNA，如lncRNA、sncRNA、miRNA和ts-RNA，均发挥了许多功能，包括基因表达、抗转座子和病毒的基因组保护。研究表明，在BVDV感染的MDBK细胞中lncRNA表达主要富集在免疫反应相关信号通路中，如T细胞受体、TNF、Jak-STAT、凋亡、Ras、Nod样受体、NF-κB、ErbB和脂肪酸生物合成。而环状RNA（circ-RNA）主要参与了细胞增殖和凋亡的调节。研究表明，在SK-6细胞中BVDV间接调控细胞转录组的另一种机制是小的非编码RNA的封存，如miR-17和let-7。这是BVDV复制所必需的。犊牛血清中其他microRNAs的表达水平，如bta-miR-423-5P、bta-miR-151-3p

以及一些 ts-RNAs，在 BVDV 感染后存在显著差异。siRNA 可对 5'-UTR 和囊膜糖蛋白 E^{rns}、E1 和 E2 编码区进行 RNA 干扰，诱导感染 BVDV-1 的 MDBK 细胞的病毒滴度、抗原或 RNA 拷贝数的适度降低。

第二节　发病机制

一、急性感染

研究表明，NCP 型 BVDV 急性感染可导致未怀孕的非免疫牛出现短暂性病毒血症。从感染后第 3 天开始，直到产生免疫力，通常需要 2 周。与 PI 牛的鼻对鼻接触或交配是该病在牛群中传播的主要途径，其他途径包括与急性感染动物、媒介昆虫、空气中的病毒颗粒和受污染的兽医设备或环境的接触。

CD46 已被证实是 BVDV 进入巨噬细胞和淋巴细胞等宿主细胞的膜受体。BVDV 自然感染可导致动物出现 10 ~ 14 d 的短暂病毒血症。这可能与短期白细胞减少、淋巴细胞减少、血小板减少、胸腺细胞凋亡、免疫抑制、发热和腹泻有关。更重要的是由此产生的免疫抑制又会导致其他病原的继发感染，或使现有感染复发。呼吸道疾病可因 BVDV 感染和流产而加重，并与 BVDV 和犬新孢子菌混合感染有关。免疫抑制与 BVDV 对循环 T、B 淋巴细胞及肠道相关淋巴组织淋巴细胞凋亡的直接影响有关。

用 NCP 型 BVDV 对健康犊牛进行鼻内感染实验，病毒定位于肠细胞、派尔集合淋巴结、胸腺、脾脏淋巴结、扁桃体和肝脏，且浓度由高到低。Liebler-Tenorio 等（2004）报道，在感染后第 6 d 病毒开始被清除。在感染后第 9 ~ 13 d，T 细胞介导的病毒感染淋巴细胞的破坏导致病毒被清除。病毒感染诱导的淋巴细胞凋亡和巨噬细胞吞噬功能的抑制，使得感染动物免疫系统对其他病原感染的反应能力下降。如果没有其他感染，急性感染牛可在 3 周内完全康复。然而，BVDV 感染后的康复牛外周血单个核细胞中可长期携带病毒。尽管这种情况下自然感染的转移似乎不太可能，但感染的转移在实验研究过程中是存在的。

急性 BVDV 感染对生殖的影响主要包括受孕率降低、胚胎早期死亡、流产和先天性缺陷。性活跃的公牛急性感染会导致精子密度和活力降低，以及精子异常的增加。体外研究证实，NCP 型 BVDV 与精子和卵母细胞共同孵育，会显著降低受精率。此外，BVDV 可在精液中存在 2.75 年。通过肌肉注射对未怀孕母牛进行实验性 BVDV 急性感染，可导致感染后持续至少 61 d 的淋巴浆细胞性卵巢炎。另外，在未感染的牛中可观察到的排卵前黄体生成素的激增，而在实验感染的超数排卵牛中却呈现部分或完全缺失。免疫标记检测发现，卵泡中颗粒细胞和卵母细胞的炎症和坏死与 BVDV 感染相关。在胎盘形成前 BVDV 对胚胎的感染已在怀孕 26 d 实验感染 BVDV 的牛体内研究中得到证实。

二、持续感染

在妊娠期的前 3 个月，母牛的 NCP 型 BVDV 感染可能导致 PI 犊牛的出生。NCP 型 BVDV 可抑制胎儿 I 型干扰素诱导的抗病毒反应，使病毒在宿主中长期存活并建立 PI。这些 PI 动物不会产生抗体反应，且无法清除病毒，并通过排泄和分泌物释放大量病毒，包括牛奶、精液、唾液、鼻分泌物、尿液、血液和气溶胶。牛群中 PI 牛的持续存在对于病毒在牛与牛之间以及从一个畜群到另一个畜群的传播中发挥着重要作用。PI 牛不断通过其自身的分泌物和排泄物排出 BVDV，对牛群内的其他动物以及密切接触的牛只构成重大患病风险。此外，由于初乳抗体的存在，PI 牛出生后不易被识别，使其成为牛群中潜在的传染源和发病风险因素。

BVDV 广泛分布于 PI 动物的淋巴结、胃肠道上皮细胞和淋巴样细胞、肺、皮肤、胸腺和大脑中。病毒在中枢神经系统中主要分布在神经元、星形胶质细胞、少突胶质细胞和血管相关细胞内，而不在内皮细胞内。PI 动物可能不存在明显的临床症状，但有些动物可能显得矮小或虚弱。一些 PI 牛表现出增重减少和生长发育不良。研究表明，PI 犊牛的体温、呼吸频率和心率均在正常范围内。然而，它们的甲状腺激素水平明显低于健康犊牛。PI 动物更容易继发感染，这表明其免疫功能较差。继发感染和黏膜病风险导致 PI 动物的存活率较低。此外，BVDV 的跨种传播是一种非常值得关注的现象，其可能导致病毒建立新的病毒库，使其难以防控和根除。据报道，BVDV 从 PI 牛到山羊的跨种传播可达两代山羊。研究表明，BVDV PI 与睾丸发育不全有关。并且，BVDV 可定位于 PI 母牛的卵母细胞中，这可能是导致 PI 母牛所生的小牛均为 PI 牛的原因。

体内存在 BVDV PI 胎儿的非 PI 母牛常被称为“特洛伊母牛”。虽然，母牛是健康的，但其体内未出生的胎牛却是潜在的病毒传染源。一旦 PI 犊牛出生，它将排出大量的 BVDV，影响牛群健康。研究表明，在妊娠中后期特洛伊母牛的抗体滴度明显高于怀有健康犊牛的母牛。这种高抗体滴度很可能与持续的 BVDV 抗原刺激有关。

三、黏膜病

黏膜病只发生于PI牛,死亡率可达100%。若持续感染牛感染了与体内NCP型BVDV同源的CP型BVDV，可引发黏膜病。黏膜病的发生与NCP型BVDV突变产生的CP型BVDV感染有关。这种突变包括细胞序列插入、基因重复和缺失，以及单核苷酸变化等。所有CP型BVDV都能产生非结构蛋白NS3，而在NCP型BVDV中只能检测到未裂解的NS2-3。突变产生的CP型BVDV在扩散到胃肠道上皮之前，主要定位于淋巴结、扁桃体和派尔集合淋巴结的肠道相关淋巴组织的生发中心。CP型BVDV可促进单核细胞活化和分化，同时抑制抗原呈递。这可能导致了不受控制的炎症和增强的病毒血症，同时破坏机体的抗病毒免疫防御。

由CP型BVDV表达的NS3蛋白酶可诱导细胞凋亡。双链RNA由病毒在受感染细胞中产生，通过内在和外在途径触发细胞凋亡。其中，内在途径是通过线粒体释放的细胞色素C，诱导死亡调节因子和凋亡蛋白酶激活因子的激活，调控细胞凋亡。而外在通路依赖肿瘤坏死因子α（TNF-a）的上调。TNF-a是参与细胞凋亡执行的关键细胞因子。其表达变化主要发生在派尔集合淋巴结，导致淋巴衰竭和萎缩。在派尔集合淋巴结中固有层的微绒毛消失。细胞碎片和黏液积聚在扩张的肠腺隐窝内，表现为坏死。此外，棘层角化细胞坏死可导致皮肤、口鼻、口腔、食管、瘤胃、网胃和瓣胃角化上皮细胞间连接的破坏。上皮表面的正常磨损导致受损表面的侵蚀和溃疡，暴露出下面的结缔组织。从暴露的胃肠道表面渗出的液体会导致腹泻和脱水，而暴露部位的细菌感染和炎症导致继发性败血症。腹泻、侵蚀和炎症会在受感染的动物身上引起症状明显的疾病。患病动物的死亡可能在几天内发生，也可能持续数周。

四、胎儿感染

BVDV感染对胎儿的影响是非常复杂的。这取决于发生BVDV感染时胎儿的胎龄。在妊娠期的前18 d，虽然胚胎未附着，但由于BVDV未穿过透明带，因此不会发生胚胎感染。受孕后29 ~ 41 d母牛的病毒血症可导致胚胎感染，直接导致胚胎死亡，并降低妊娠率。妊娠第30天以后和第一孕期期间母牛的NCP型BVDV感染可导致PI犊牛的产生。在妊娠80 ~ 150 d，BVDV感染可导致胎儿致畸，表现为小脑萎缩、眼变性、脑假性囊肿形成，以及胸腺、骨和肺生长迟缓。这个阶段的病毒感染也会导致胎儿死亡和流产，但对妊娠母牛没有任何影响。小脑血管炎可导致小脑白质水肿、小脑肿胀、外生发层坏死，导致小脑萎缩。随后可发生小脑发育不全，导致出生时犊牛出现共济失调。

第三节　诊断要点

一、抗原检测方法

无论是个别病例调查还是确定构成流行病学威胁的受感染动物，准确检测 BVDV 或其特定抗原的存在都是至关重要的。目前，在病毒分离、抗原检测（包括 ELISA 和免疫组化）、核酸探针杂交和 qRT-PCR 等 BVDV 感染诊断技术方面，已经取得了重大进展。Saliki 等（2004）报道了病毒分离作为 BVDV 诊断的"金标准"，并一直沿用至今。但 PCR 诊断技术的使用已经越来越广泛，并用于 BVDV 诊断的标准。

qRT-PCR 通常比病毒分离更高效，因为它耗时更短、成本更低，不局限于有细胞培养设施的实验室，且灵敏度高。Dubovi 等（2013）分析了病毒分离方法的局限性。与病毒分离方法相比，qRT-PCR 可以成功检测多种样本，包括血液、牛奶、卵泡液、唾液和组织样本，且长时间保存对检测结果影响很小。应用 5'-UTR 特异性引物，可以成功鉴定基因 I 型和 II 型 BVDV。qRT-PCR 可检测出 BVDV 急性感染和持续感染。在 PI 牛检测方面建议至少每隔 4 周重复测试一次，连续检测出阳性结果，表明被检测牛可能为 PI 牛。qRT-PCR 具有良好的敏感性和特异性。Letellier 等（2003）研究发现，BVDV-1 和 BVDV-2 的检出限分别为 1 000copies 和 100 copies，重复性高，与传统 PCR 检测结果完全一致。*Ct* 值与病毒 RNA 数量之间的线性关系表明，qRT-PCR 可用于区分急性感染和 PI。因为，在急性感染期可能存在较低水平的病毒。研究表明，qRT-PCR 可用于通过检测散装牛奶样品来识别 PI 奶牛。理论上该方法可从 5 000 头挤奶的奶牛中检测出单头 PI 奶牛。实际应用结果表明，可从 132 头奶牛中检测出 1 头 PI 牛或从 800 头 PI 奶牛中检测出 2 头 PI 牛。当然，这种 qRT-PCR 阳性结果也表明，挤奶奶牛中可能存在 BVDV 急性感染。此外，阴性结果并不代表挤奶奶牛未被感染，只是说明该时间点的样品检测结果为阴性。因此，对相关奶牛进行血液或耳组织取样测试是有必要的。同样，上述检测方法也适用于混合血清样本的 BVDV 检测。

抗原 ELISA 检测为 PI 动物的识别提供了一种简单、快速的方法，非常适合高通量应用，如群体筛选。研究表明，与病毒分离相比，ELISA 的敏感性和特异性分别为 67% ~ 100%和 98.8% ~ 100.0%。目前，BVDV 抗原 ELISA 检测试剂盒产品种类较多，且可用于各种样品的检测，如血清、牛奶和耳组织等。与抗体 ELISA 检测不同，抗原 ELISA

无法在混合的血清样本中得出准确的结果。研究表明，只有在 2 份血清样本的混合样品检测中，该方法的灵敏度才会在 15%以下。此外，初乳抗体可能会影响对犊牛样品抗原检测的敏感性。据报道，商品化的 BVDV 抗体在 ELISA 检测中可观察到与边界病病毒的交叉反应。

免疫组化检测方法是重要的 BVDV 抗原检测方法之一。当用于耳组织样本检测时，该方法对 PI 动物的检测灵敏度可达到 100%。研究表明，免疫组化方法确定为 BVDV 急性感染的 8 头犊牛中，有 3 头犊牛的 BVDV qRT-PCR 和外周血病毒分离结果均为阴性。免疫组化方法也可在急性病毒血症期后的长时间内检测到 BVDV 抗原。虽然免疫组化方法稳定性良好，且适用于大量样本，但该方法也存在一些缺点。免疫组化方法仅适用于组织样本的检测，易出现技术错误，且结果的判定存在主观性，需要有经验的研究人员来确保结果的准确性。此外，对于在福尔马林中保存超过 15 d 的样本，其检测结果并不可靠。

二、抗体检测方法

抗体检测是确定动物个体免疫状态和之前是否接触过 BVDV 的一种有价值的方法。在未接种疫苗的动物个体中，抗体检测呈阳性不仅表明该动物以前曾接触过 BVDV，而且还表明它不是 PI 动物。在妊娠母牛中，阳性结果表明其可能携带 PI 犊牛。然而，动物个体抗体阴性结果并不能证实该动物为 BVDV 阴性。需要进一步的病毒或病毒抗体检测，以明确该动物是否为 PI 动物。牛群的 BVDV 抗体阳性结果表明，该群体可能存在 BVDV 感染或 PI 动物，而阴性检测表明群体含有 PI 动物的可能性很低。此外，抗体血清流行率低也表明一旦引入感染，将产生严重的后果。相反，高血清流行率表明接种 BVDV 疫苗收效甚微。

目前，可用的抗体检测方法还包括 Western Blot、琼脂糖凝胶免疫扩散试验和微球免疫分析法。其中，相对于 ELISA 方法，微球免疫分析法灵敏度为 99.4%、特异性为 98.3%。然而，常用的 BVDV 特异性抗体检测方法仍然是血清中和试验（SNT）和抗体 ELISA。SNT 是一种具有高度特异性的检测方法，但需要组织培养，且成本高、耗时长。SNT 是基于血清样本中存在的抗体对病毒复制的抑制。但由于使用不同的病毒株或细胞类型，不同实验室的检测结果可能会有所不同。特定动物的 SNT 滴度在急性感染后至少会持续上升 3 个月。并且抗体 ELISA 结果与 SNT 滴度之间，以及抗体 ELISA 结果与 AGID 评分之间均存在正相关。早期的 BVDV 抗体 ELISA 检测方法的结果并不可靠。因为很难将合适的抗原附着在反应板上，或者存在很高的背景读数。现在这些问题已被克服。这使得抗体 ELISA 检测相对于 SNT 具有高特异性（99%）和高灵敏性（98%）。ELISA 可以检测多种样品中的抗体，且快速、廉价，是一种有效和经济的 SNT 替代方法。SNT 可检测到接种疫苗后抗体的增加，但 ELISA 可能不会。阳性样品的长期储存或反复冻融可能导致抗体 ELISA 检测为阴性。

三、急性感染的诊断

由于 BVDV 急性感染相关的临床症状通常是轻微的，诊断动物个体急性感染的目的通常有以下几点：① 妊娠母牛是否有分娩 PI 犊牛的风险；② 感染是否继发于 BVDV 相关的免疫抑制；③ 繁殖障碍是不是急性 BVDV 感染的结果。

在诊断方法方面，qRT-PCR 是检测 BVDV 最敏感的方法之一。该方法在急性感染期检测到相对较低水平的排毒。由于 RT-PCR 具有较高的敏感性，可检测到血液中的病毒。免疫组化和抗原 ELISA 检测也被证实可用于测试组织样本中的 BVDV。然而，初次检测结果可能并不完全准确。因为该结果提示可能存在急性感染，也可能存在持续感染。由于 qRT-PCR 检测方法可提供病毒定量检测数据，这可能有助于根据病毒含量来区分急性和持续感染。当然，在初次检测阳性后，至少间隔 19 d 可再次采样检测。若结果为阴性，可确定为急性感染。

急性感染动物一般在感染后 2 ~ 3 周内出现 BVDV 特异性抗体血清阳性。因此，可在初次检测数周后进行抗体检测。从而在 qRT-PCR 结果呈阳性的动物中区分急性感染和持续感染。或者，通过对比感染前和感染后抗体水平，也可以确认是否存在 BVDV 急性感染。然而，感染前样本或急性病毒血症期间采集的样本往往难以获得。因此，感染后连续的抗体检测是最常见和最有效的急性感染确诊方法。若 SNT 或抗体 ELISA 检测发现抗体滴度升高，表明急性感染发生在检测前 10 ~ 12 周。

四、PI 的诊断

由于 PI 牛体内的病毒载量极高，可通过病毒分离、免疫组化、qRT-PCR 和 ELISA 技术对其进行检测。其中，抗原 ELISA 检测为首选方法，因为该方法与病毒分离或 qRT-PCR 相比成本更低，而且比免疫组化工作强度低。当诊断喂养初乳的犊牛是否存在 PI 时，由于母源抗体的存在，抗原 ELISA 的检测结果可能存在误差。此外，病毒分离试验也会受到母源抗体的影响。然而，母源抗体对 qRT-PCR 检测结果的影响极小。因此，这种情况下 qRT-PCR 是较理想的诊断方法。近年来，一种新的样本收集策略应用得越来越普遍。该策略是将常规的耳号标记程序与耳组织采集相结合。该过程中采集到的耳组织样品可用于 ELISA、免疫组化、病毒分离或 qRT-PCR 检测。

五、黏膜病的诊断

对于黏膜病的诊断，首先需明确病牛的 PI 状态。然后，需从受感染的动物体内分离出 CP 型和 NCP 型 BVDV。当然，结合 PI 鉴定和黏膜病的病理变化也可以对其确诊。

六、胎儿畸形的诊断

如果 BVDV 感染引起的病变严重，会导致胎儿死亡并流产。由于受影响组织不同，一些胎儿可能存活下来，但在出生时存在各种畸形。通过病毒分离、免疫组化、胎液或皮肤抗原 ELISA 检测和胎液 PCR 检测，在受感染胎儿或犊牛的组织中可检测到 BVDV 的存在。妊娠 150 ~ 180 d 后感染时，胎儿能够产生有效的免疫反应，清除病毒，出生时抗体阳性，病毒或病毒抗原阴性。因此，这些动物在摄入初乳之前需进行 SNT 或抗体 ELISA 检测。

七、繁殖障碍的诊断

为了明确繁殖障碍是否由 BVDV 感染引起，需要在妊娠早期明确母牛的血清转化。间隔 4 ~ 6 周采血并收集血清，通过血清中和试验或抗体 ELISA 检测抗体水平变化。若抗体水平上升则表明可能存在 BVDV 急性感染。虽然很难最终确定 BVDV 是繁殖障碍的直接原因，但可以明确的是该病毒是产生生殖疾病的重要因素。如果在个别病例中怀疑有 BVDV 感染的存在，则需要进行群体水平的评估。

第四节　综合防控措施

综合防控措施是防控 BVDV 感染和传播的重要手段。其主要涉及科学的生物安全体系、BVDV 持续感染（PI）牛检测与清除、疫苗免疫及监测等。其中，生物安全是防控 BVDV 外源性输入的重要措施。研究表明，科学的生物安全体系可以有效地防控牛群的 BVDV 感染和传播。在此基础上建立的 BVDV 阴性种群可以维持多年。从外界引入动物之前必须制定严格的引入条件和标准的检测操作程序，从而降低 BVDV 传入的风险。此外，PI 牛是公认的引发 BVDV 感染和传播的主要源头。BVDV 防控的重要目标之一就是清除牛群中的 PI 牛。首先，需严格执行检测程序，明确引入牛是否为 PI 牛。在其被引入牛群之前至少隔离 30 d。此外，如果从外界购买了妊娠母牛，在将其引入种群之前，必须通过检测明确其体内未出生胎儿的 PI 状态，避免待引入母牛与牛群中任何其他动物的接触。另外，导致 BVDV 感染和传播的其他途径还包括病毒污染物、胚胎移植、人工授精和野生动物等，均需采取针对性的生物安全防控措施。如对运输车辆、劳作器械、工人的衣物及环境进行定期的消毒。用于人工授精的精液需从正规渠道获取，确保精液无 BVDV 污染。在养殖场周边设置围栏，防止野生动物靠近。

综合防控措施的实施应考虑成本或效益间的关联。良好的综合防控措施应在改善牛群健康，降低牛群死亡率、发病率，防止病原引入的同时，兼顾成本和经济效益。此外，具体措施不能过于复杂或对技术要求过高，应符合养殖户的临床生产实际情况，便于临床实施。

除了清除 PI 牛以外，通过适当的疫苗接种计划，可以有效减少 BVDV 在畜群内和在畜群间的传播。从实验和现场研究来看，疫苗接种计划的实施可防止妊娠期母牛 BVDV 的感染及其在牛群中的传播。尽管不同类型的 BVDV 疫苗，如灭活疫苗和活疫苗，在诱导机体产生病毒特异性中和抗体中存在差异，但接种疫苗可减少 BVDV 病毒血症及其传播，降低病毒感染对牛群健康的不良影响和经济损失。但疫苗产生的血清抗体并不能对免疫牛产生 100%的保护。研究表明，疫苗免疫奶牛在妊娠早期暴露于 BVDV 后产下了 PI 犊牛。

如何通过疫苗免疫预防胎儿的 BVDV 感染是需要重点关注的，这比预防一过性或急性感染更为困难。研究人员对接种了 BVDV 疫苗的妊娠奶牛进行了攻毒实验，结果表明，疫苗接种对胎儿有一定的保护作用，但这种保护作用并不能扩展到 100%的胎儿。其中，灭活疫苗的保护率为 25%～100%，活疫苗的保护率为 58%～88%。虽然疫苗的保护率未达到 100%，但接种疫苗后，母牛体内可检测到 BVDV 特异性抗体。因此，计划性的实施疫苗接种方案对 BVDV 的防控是非常重要的。值得注意的是，在一些母牛中，足够数量的病毒能够逃避抗体中和作用，可能导致胎盘感染、流产和 PI 胎儿的产生。这可能是疫苗保护率未达到 100%的原因之一。由此可见，针对 BVDV 临床毒株，开发安全性和免疫原性良好、免疫保护率高的新型疫苗对于防控 BVDV 感染和传播至关重要。目前，已有多种新型疫苗逐渐被研究和开发，如 BVDV 亚单位疫苗、活载体基因重组疫苗、基因缺失疫苗、纳米佐剂疫苗和核酸疫苗等。

参考文献

[1]FRAY M D, PATON D J, ALENIUS S. The effects of bovine viral diarrhoea virus on cattle reproduction in relation to disease control[J]. Animal Reproduction Science, 2000, 60(60-61): 615-627.

[2]BACHOFEN C, BRAUN U, HILBE M, et al. Clinical appearance and pathology of cattle persistently infected with bovine viral diarrhoea virus of different genetic subgroups[J]. Veterinary Microbiology, 2010, 141(3-4): 258-267.

[3]SCHARNBCK B, ROCH F F, RICHTER V, et al. A meta-analysis of bovine viral diarrhoea virus (BVDV) prevalences in the global cattle population[J]. Nature Publishing Group, 2018, 8: 14420.

[4]BEAUDEAU F, BELLOC C, SEEGERS H, et al. Evaluation of a blocking ELISA for the detection of bovine viral diarrhoea virus (BVDV) antibodies in serum and milk[J]. Veterinary Microbiology, 2001, 80(4): 329-337.

[5]LANYON S R, HILL F I, REICHEL M P, et al. Bovine viral diarrhoea: Pathogenesis and diagnosis[J]. The Veterinary Journal, 2013, 199(2): 201-209.

[6]BHUDEVI B, WEINSTOCK D. Detection of bovine viral diarrhea virus in formalin fixed paraffin embedded tissue sections by real time RT-PCR (Taqman) [J]. Journal of Virological Methods, 2003, 109(1): 25-30.

[7]CALLENS N, BRÜGGER B, BONNAFOUS P, et al. Morphology and molecular composition of purified bovine viral diarrhea virus envelope[J]. Plos Pathogens, 2016, 12(3): e1005476.

[8]COLLINS M E, HEANEY J, THOMAS C J, et al. Infectivity of pestivirus following persistence of acute infection[J]. Veterinary Microbiology, 2009, 138(3-4): 289-296.

[9]WEGELT A, REIMANN I, GRANZOW H, et al. Characterization and purification of recombinant bovine viral diarrhea virus particles with epitope-tagged envelope proteins[J]. Journal of General Virology, 2011, 92(6): 1352-1357.

[10]EIRAS C, ARNAIZ I, SANJUAN M L, et al. Bovine viral diarrhea virus: Correlation between herd seroprevalence and bulk tank milk antibody levels using 4 commercial immunoassays[J]. Journal of Veterinary Diagnostic Investigation, 2012, 24(3): 549-553.

[11]KOKKONOS K G. Evolutionary selection of pestivirus variants with altered or no

microRNA dependency[J]. Nucleic Acids Research, 2020, 48(10): 5555-5571.

[12]GAROUSSI M T, MEHRZAD J. Effect of bovine viral diarrhoea virus biotypes on adherence of sperm to oocytes during in-vitro fertilization in cattle[J]. Theriogenology, 2011, 75(6): 1067-1075.

[13]BURKS J M, ZWIEB C, MÜLLER F, et al. Comparative structural studies of bovine viral diarrhea virus IRES RNA[J]. Virus Research, 2011, 160(1-2): 136-142.

[14]HILL F I, REICHEL M P, TISDALL D J. Use of molecular and milk production information for the cost-effective diagnosis of bovine viral diarrhoea infection in New Zealand dairy cattle[J]. Veterinary Microbiology, 2010, 142(1-2): 87-89.

[15]SCHEEL T H, LUNA J, LINIGER M, et al. A broad RNA virus survey reveals both miRNA dependence and functional sequestration[J]. Cell Host & Microbe, 2016, 19(3): 409-423.

[16]LANYON S, ANDERSON M, BERGMAN E, et al. Validation and evaluation of a commercially available ELISA for the detection of antibodies specific to bovine viral diarrhoea virus (bovine pestivirus) [J]. Australian Veterinary Journal, 2013, 91(1-2): 52-56.

[17]BAZZUCCHI M, BERTOLOTTI L, CEGLIE L, et al. Complete nucleotide sequence of a novel bovine viral diarrhea virus subtype 1 isolate from Italy[J]. Archives of Virology, 2017, 162(6): 3545-3548.

[18]PEDRERA M,GÓMEZ-VILLAMANDOS J C, MOLINA V, et al. Quantification and determination of spread mechanisms of bovine viral diarrhoea virus in blood and tissues from colostrum-deprived calves during an experimental acute infection induced by a non-cytopathic genotype 1 strain[J]. Transboundary and Emerging Diseases, 2012, 59(5): 377-384.

[19]MASSIMO G, KADIR Y, CLAUDIO A. Who's who in the bovine viral diarrhea virus type 1 species: Genotypes L and R[J]. Virus Research, 2018, 256: 50-57.

[20]PETERHANS E, SCHWEIZER M. BVDV: A pestivirus inducing tolerance of the innate immune response[J]. Biologicals, 2013, 41(1): 39-51.

[21]MOSENA A, FALKENBERG S M, MA H, et al. Multivariate analysis as a method to evaluate antigenic relationships between BVDV vaccine and field strains[J]. Vaccine, 2020, 38(36): 5764-5772.

[22]MÓSENA A C S, CIBULSKI S P, WEBER M N, et al. Genomic and antigenic relationships between two 'HoBi'-like strains and other members of the pestivirus genus[J]. Archives of

Virology, 2017, 162: 3025-3034.

[23]MOHAMED Y M, BANGPHOOMi N, YAMANE D, et al. Physical interaction between bovine viral diarrhea virus nonstructural protein 4A and adenosine deaminase acting on RNA (ADAR)[J]. Archives of Virology, 2014, 159(7): 1735-1741.

[24]BASHIR S, KOSSAREV A, MARTIN V C, et al. Deciphering the role of bovine viral diarrhea virus non-structural NS4B protein in viral pathogenesis[J]. Veterinary Sciences, 2020, 7(4): 169.

[25]ZURCHER C, SAUTER K S, MATHYS V, et al. Prolonged activity of the pestiviral RNase E^{rns} as an interferon antagonist after uptake by clathrin-mediated endocytosis[J]. Journal of Virology, 2014, 88(13): 7235-7243.

[26]THIBAUD K, THOMAS P, NEWCOMER B W, et al. Identification of conserved amino acid substitutions during serial infection of pregnant cattle and sheep with bovine viral diarrhea virus[J]. Frontiers in Microbiology, 2018, 9:1109.

[27]KUCA T, PASSLER T, NEWCOMER B W, et al. Changes introduced in the open reading frame of bovine viral diarrhea virus during serial infection of pregnant swine[J]. Frontiers in Microbiology, 2020, 11: 1138

[28]KVÁGÓ C, HORNYÁK Á, KÉKESI V, et al. Demonstration of homologous recombination events in the evolution of bovine viral diarrhoea virus by in silico investigations[J]. Acta Veterinaria Hungarica, 2016, 64(3): 401-414.

[29]RIEDEL C, CHEN H W, REICHART U, et al. Real time analysis of bovine viral diarrhea virus (BVDV) infection and its dependence on bovine CD46[J]. Viruses, 2020, 12(1): 116.

[30]TAXIS T M, BAUERMANN F V, RIDPATH J F, et al. Analysis of tRNA halves (TsRNAs) in serum from cattle challenged with bovine viral diarrhea virus[J]. Genetics and Molecular Biology, 2019, 42(2): 374-379.

[31]GAO X, NIU C, WANG Z, et al. Comprehensive analysis of lncRNA expression profiles in cytopathic biotype BVDV-infected MDBK cells provides an insight into biological contexts of host-BVDV interactions[J]. Virulence, 2020, 12(1): 20-34.

[32]COLLEN T, CARR V, PARSONS K, et al. Analysis of the repertoire of cattle CD4+T cells reactive with bovine viral diarrhoea virus[J]. Veterinary Immunology and Immunopathology, 2002, 87(3): 235-238.

[33]朱战波, 周玉龙, 刘宇, 著. 牛病毒性腹泻-黏膜病防控[M]. 哈尔滨: 黑龙江科学技术出版社, 2022. 08.

[34]罗满林, 单虎, 朱战波, 主编. 高级动物传染病学[M]. 北京: 科学出版社, 2022. 11.

第二章　BVDV 感染的流行病学调查与分析

牛病毒性腹泻-黏膜病（BVD-MD）是由牛病毒性腹泻病毒（BVDV）引起的一种高度接触性传染病。病牛临床表现为发热、严重腹泻、消化道黏膜坏死、糜烂或溃疡、流产、产奶量下降、淋巴细胞和血小板减少。该病广泛分布于世界各地牛群，是进出口贸易中重点检疫的牛传染病，严重危害全球养牛业健康发展。流行病学调查显示，BVD-MD已广泛流行于我国 20 多个省（区、市）。2019—2020 年，我国牛业重点养殖区域 BVD-MD 的流行率为 71%。其中内蒙古地区为 76.7%，宁夏地区为 76.1%，京津冀地区为 70.9%，江苏地区为 70.3%，山东地区为 67.7%。此外，2015 年我国牛场 BVDV 抗原阳性率为22.64%，持续感染牛阳性率为 1.39%，而 2018 年超过 46.7%的牛场抗原检测为阳性，持续感染阳性率达到 2.2%。BVDV 感染呈快速上升趋势，其防控工作仍然任重道远。本章我们总结并分析了国内外关于 BVD-MD 流行病学调查的相关研究及本团队 2012—2022年在国内部分地区 BVD-MD 的流行病学调查数据。

第一节　BVDV 感染的流行病学特征

一、传染源

病畜和带毒动物是 BVD 的主要传染源。妊娠母牛感染 NCP 型 BVDV，可导致 PI 胎牛的形成。PI 牛可终生带毒和散毒，是引起 BVD 发病的主要传染源。病畜的分泌物、尿液、血液、精液和流产胎儿等均可引起牛场 BVD 的发生。被污染的饲料、水、运输工具以及传染性飞沫、人工授精等都可传播该病。此外，细胞培养所使用的血清大多为胎牛血清，致使细胞培养易受到 BVDV 的污染，导致相关生物制品的 BVDV 污染。

二、传播途径

BVDV 可通过水平传播和垂直传播感染宿主。BVDV 可通过呼吸道和消化道传播，也可通过胎盘、交配和人工授精直接传染易感动物。BVDV 能通过胎膜屏障进入胎儿体内，产出的胎儿为 PI 牛，终身带毒、排毒。持续感染会导致流产、胎儿死亡、卵泡功能不全等繁殖性疾病，并且会导致奶牛产量下降；急性感染可引起免疫抑制，进而导致疾病的协同并发。检测和清除 PI 牛是防治本病的重点与难点。

三、易感动物

BVDV 可感染黄牛、猪、水牛、牦牛、羊驼、山羊、绵羊、鹿和野生反刍动物。各种年龄的牛对该病毒均易感，尤其是 6 ~ 18 月龄犊牛，而且肉牛比奶牛更容易感染此病。

四、流行特点

BVD 多呈地方性流行和季节性流行，在封闭集约化养殖场多以暴发式发病。此病在新疫区急性病例多，老疫区很少发生，多呈隐性感染，发病率和病死率很低。BVD 在一年四季均可发生，但在冬末和春季多发。

五、国外流行情况

在国外，BVD-MD 广泛传播，尤其是一些养牛业发达国家和地区，该病的发病率更高。从 1946 年美国纽约首次报道发现 BVD 开始至今，美洲、欧洲、亚洲、大洋洲感染病例不断增加。20 世纪 90 年代，北美的美国和加拿大感染阳性率已经达到 50% ~ 85%，南美包括巴西、秘鲁和委内瑞拉的感染阳性率达到 15.1% ~ 96%。在欧洲，英格兰、德国、法国、波兰、立陶宛、瑞典、芬兰感染阳性率较高，均在 50%以上，有的甚至为 100%。希腊、瑞士、土耳其也有感染，阳性率分别为 1.3% ~ 14.0%、12.5%和 13.46%，成年动物的感染阳性率偏高，达到 84.9%。在大洋洲，澳大利亚高达 89%。在亚洲，印度为 17.31%。2005 年，美国和加拿大牛血清样品 BVDV 抗体阳性率为 50%以上，最高可达 85%，欧洲国家为 10%以上，最高可达 90%，而南美洲许多国家高达 80%以上。2008 年，韩国部分地区 BVDV 抗体血清阳性率达到 50 以上。2010—2014 年，西班牙西北部部分地区 BVDV 血清抗体阳性率为 59.4%。2015 年，土耳其 BVDV 血清抗体阳性率为 71%，2018 年，爱尔兰部分肉牛场 BVDV 血清抗体阳性率高达 100%，流行率为 77%。

近年来，研究人员对欧洲许多国家中分离得到的 BVDV 毒株进行了系统进化树分析。结果显示，加拿大和美国主要流行的是 BVDV-1a 和 BVDV-1b 基因型毒株，印度主要流行的是 BVDV-1 b 基因型毒株，比利时主要流行的是 BVDV-1 b 或 BVDV-2 基因型毒株；澳大利亚主要流行的是 BVDV-1c 基因型毒株，而北美 BVDV-2 基因型毒株比较多见。由上可见，BVD-MD 已对全球养牛业的健康、高效、快速发展造成巨大的影响和威胁。

六、国内流行情况

我国首次发现 BVDV 是在 1983 年，李佑民等在国外引种的流产胎牛脾脏中检测到病毒的存在。随后，许多学者对 BVDV 在中国不同省份的流行状况进行了大规模的调查，目前，新疆、内蒙古、陕西、四川、甘肃、宁夏、青海、河南、安徽、江苏、广西、河北、福建、黑龙江、吉林、辽宁、浙江、湖南、江西、上海和重庆等 20 多个省（区、市）相继报道有本病的发生。1983 年，孙序新从四川的病料中分离得到第一株 NCP 型 BVDV。1989 年，季金春等通过对青海地区牦牛的流行病学调查得知，发病率为 41.7%，病死率为 17.5%。1991 年，郑志刚等利用数年时间对国内 20 余个省（区、市）不同品种牛群 14 581 份血清进行中和抗体检测，抗体阳性率为 19.5%，2 904 份羊血清的抗体阳性率为 6.7%。20 世纪 90 年代初，陈茂盛等调查发现，陕西部分地区牛血清 BVDV 抗体阳性率为 12.7%。1993 年，王治才调查发现，新疆部分地区牛血清 BVDV 抗体阳性率为 70% 左右。1995 年，申之义调查得知，内蒙古部分牛场牛血清 BVDV 抗体阳性率达到 62.5%。1996 年，王新平在猪瘟的样本中分离得到 BVDV 毒株。1998 年，邱昌庆对山东、河南和河北部分规模化牛场调查得知，89 份肉牛血清样品 BVD-MD 中和抗体检测的平均阳性率达到 57.3%。1999 年，高双娣通过中和试验的方法对甘肃、四川和青海三个省份的牦牛血清抗体进行检测，平均阳性率为 30.08%。2000 年，钟发刚从患病牛粪便和组织中分离两株 BVDV，分别为 SHN-98 和 SHN-99。2003 年，刘亚刚从四川牦牛送检的样本中分离出一株 NCP 的 BVDV 毒株。2004 年，张光辉通过对河南部分地区规模化肉牛场的血清抗体检测得知，阳性率为 21%。2006 年，冯若飞通过对西安和宝鸡两市犊牛血清抗体检测得知，BVDV 阳性率分别为 21.55%和 29.16%。2007 年，郭燕对新疆部分地区规模化养牛场进行血清抗体检测得知，BVDV 阳性率为 35.4%。2008 年，马秋明在陕西犊牛样本中分离得到细胞病变型 BVDV 毒株。福建省调查（2008）显示，散养的牛群中 BVDV 阳性率约达到 21%，养殖场阳性 BVDV 覆盖率达到 80%左右。2009 年，石冬梅等通过 ELISA 方法对河南 5 个市区的奶牛 BVDV 血清抗体进行检测得知，平均阳性率为 53.8%。2010 年，韩志辉对青海海晏县牦牛 BVDV 血清抗体检测得知，平均阳性率为 19.86%。韩志辉等（2010）对青海牦牛 BVD-MD 流行情况进行了调查，其中血清检测 BVDV 阳性率达到 19.8%。北京地区调查（2010）显示，规模化牛场中 BVDV 阳性率达到 95%左右。河南牛场调查情况显示，BVDV 阳性率高达 54%左右。2011 年，雷程红等对新疆哈巴县进行 BVDV 血清流行病学调查，发现阳性率高达 90.4%。2012 年，康晓东等对宁夏三个地区奶牛养殖场进行 BVDV 血清流行病学调查，阳性率为 30.77%。商云鹏等在 2011—2012 年间对东北地区 19 个规模化奶牛场进行血清流行病学调查，发现抗体阳性率为 23.5%。2013 年，董永森等对青海省五个县牛血清样本进行 BVDV 抗体检测，总阳性率达到 49.59%。2013 年，内蒙古部分地区的牛场抗体阳性率达 59%。宁夏地区部分牛场的抗体阳性率达到约 31%。2014 年，王淑娟等对北京、天津、陕西、河北、山东、山西、新疆 7 个省（区、市）牛血清样本进行 BVDV 抗体检测，结果总阳性率为 69.1%。邢思毅等对 2012—2014 三年间黑龙江部分地区奶牛 BVDV 抗体血清流行病学调查表明，血清阳性率为 64.10%，比魏伟等报道的黑龙江地区 2006—2008 年间平均 BVDV 血清阳性率 58.50%要高。此外，董永森等（2014）调查青海地区部分牛场感染 BVDV 情况，结果显示阳性率达到 49%左右。李佳等（2015）对阿克苏地区进行牛群的 BVDV 抗体检测，平均体阳性率为 28%。

近五年发表的 BVD-MD 流行病学调查研究结果显示，在河南省的 12 个奶牛养殖场中，BVDV 平均抗体阳性率为 49.58%，规模化养殖场的阳性率高于散养户，抗体阳性率相差具大，分别为 53.75%和 29.81%，养殖方式与抗体阳性率有关。在天津市，采样 232 份血清，检测 BVDV，BVDV 的阳性率为 11.2%，新疆的抗原阳性率高于天津市。在云南省采集到的某部分养殖场的血清样本，总计 378 头牛血清样本，检出 2 头抗原阳性牛，抗原阳性率为 0.53%。在云南的不同地区抗原阳性率也有区别，散户养殖的抗原阳性率低于养殖场。郭启勇在宁夏采集症状明显的 285 头牛肛拭子用于 BVDV 抗原检测，检出抗原阳性率为 2.71%。柳国锁在宁夏某规模化牛场采样共计有 5558 头牛血清，共检出 PI 牛 32 头，抗原阳性率为 0.58%，其中成年牛 26 头、犊牛 6 头。在新疆某规模化牛场有 11592 头牛，共检出 PI 牛有 91 头，抗原阳性率为 0.79%。宋丽等对在黑龙江部分地区 5 个规模化牛场的 5022 份血清样本进行了 BVDV 抗原检测。结果表明，检测阳性率介于 0 ~ 0.7%之间，平均阳性率为 0.32%。青海省海北州在 2015—2019 年经过四年的时间采集了 336 份牛血清，汇总了 BVDV 的四年的流行情况，在这四年的抗体阳性率分别为 11.11%、17.19%、22.06%、26.67%。从抗体阳性率来看，在青海省 BVDV 正在呈逐年上升的趋势。此外，在我国西部地区的 43 个规模化养殖场中，BVDV 抗体阳性率为 84.38%，其中 6 个养殖场中的抗体阳性率为 100%。在昌吉市规模化养殖场中分离得到了 BVDV 株，在 450 份样本中检测出 22 份抗原阳性，抗原阳性率为 4.89%。上述流行病学调查数据表明，BVD-MD 在我国多地广泛流行。

此外，多项研究对不同地区 BVDV 流行毒株进行了基因型分析。其中，Zhong 等对西部牛场牛群感染 BVDV 的情况进行了调查，平均感染率达到 43.39%，基因型主要为 1b 基因型。李庆超等进行流行病学调查发现，BVDV-1 型在我国比较流行。何延华等研究报道称，我国分离并测序的 BVDV 全基因组序列与其他毒株的差异性较大。王新平等、骆延波等将分离得到的毒株归为 BVDV-1a 和 1b 亚型。任敏等报道了从新疆、青海和山东牛病料中分离到 BVDV-2 型病毒。李娜等对新疆地区的奶牛 BVDV 隐性感染情况进行了调查，经核酸序列同源性比较和系统发育分析，表明该地区的主要流行株为 BVDV-1b 亚型，同时与 BVDV-1c 亚型共存。大量调查研究表明，我国目前存在 10 个亚基因型，包括 BVDV-1a、1b、1c、1d、1m、1o、1p、1q、1u 和 BVDV-2a 型病毒的感染。

第二节 我国 BVD 流行病学调查及 Meta 分析

牛病毒性腹泻病毒可感染世界范围内的多种宿主，包括牛、羊、骆驼等，也有报道感染人。牛奶和牛肉对人类的重要性使得世界各地饲养了大量的牛。然而，BVDV 感染不仅造成了养牛业巨大的经济损失，也影响了人类畜牧业的健康发展。因此，有必要调查和分析牛群中 BVD 的流行情况，对该病毒感染状况进行持续监测，并采取有力的调控措施，预防和控制该病的传播。目前，Meta 分析已被广泛应用于疾病的流行情况分析，系统的 Meta 分析对于调查全球性的疾病分布以及传播有着重要的作用。虽然世界各地对 BVDV 感染的调查已经有很多调查记录，但记载中国牛群中 BVDV 感染流行的详细统计数据还较少。因此，本团队（2018）对国内各地牛群 BVDV 感染的流行情况进行了系统的回顾和 Meta 分析，并明确了潜在的相关因素，如牛品种、年份、地理位置和检测方法等，为进一步了解我国牛群 BVD 的流行情况提供了科学依据。

一、材料与方法

（一）研究对象

此次研究的对象为 2003 年 3 月 15 日至 2018 年 3 月 28 日公开发表的关于我国 BVD 流行病学调查的文献。在 Meta 分析中，检索和总结这些相关文献，分析 BVD 流行情况。

（二）检索文库范围

在本研究中，我们应用国际上的 PubMed、中国知网（CNKI）、重庆维普（VIP）与万方数据库（Wanfang），进行相关文献的中英文检索，收集整理 2003—2018 年间关于我国牛群 BVDV 感染的所有相关文献。

（三）检索策略与文献选择

在 CNKI、万方、维普等数据库中检索的关键词为“牛病毒性腹泻流行病调查”“BVDV 流行病”“牛病毒性腹泻-黏膜病”，在 PubMed 中检索的关键词为“BVDV prevalence China”查找相关文献。根据内容摘要、题目等对筛选出来的相关文献进行初步选择；符合本研究内容的文献需下载全文，进行后续的研究与分析。

在英文数据库中显示的种类筛选牦牛或水牛，在中文数据库中搜索范围为牛或水牛，检索研究和最近评论的参考清单被重新列出。此外，没有联系原始研究的作者获得更多的信息，也没有试图识别未发表的报告，我们排除了评论、复制和其他动物研究，还排除了诊断方法不明确、样本数量过小的研究，或者只是提供没有原始数据的流行率文章的研究。

通过数据库的方法进行初步的检索并且筛选文章，对文献整理归类，删除重复的文章，对于其余全文进行细致的读取，二次挑出不合格的文献，最终保留符合要求的文献进行分析，若在筛选过程中存在问题，可以找到专业的人员帮助分析或者专家讨论，最后确定文献的收录工作等。

（四）数据提取

用标准化数据收集表提取数据，记录资料如下：第一作者、出版年份、研究地理区域、诊断试验、被检牛总数和 BVDV 感染的牛数。选定文献的质量是根据建议的评分、发展和评价方法得出的标准获得的，文献的质量采用评分的方法进行评分，根据文章内容明确性，调查 BVDV 流行情况的清晰度、材料方法的完善情况等。如果研究包括明确描述的研究目标、调查时间、被分类为不同分组的主题以及详细的抽样方法，则每项研究都得到 1 分。总分 3～4 分的论文被认为是高质量的，2 分被认为是中等质量的，1 分或 0 分的被认为是低质量的。

（五）数据分析

采用 Meta 分析方法分析了符合条件的牛群内 BVDV 感染的流行情况，探究文献结果是否具有明显的异质性，采用随机效应模型（Stata 软件 12 版）计算，通过 95%置信区间表示效应量。在异质性检验方面，用 x^2 和 p 值估计研究间的异质性，采用随机效应模型分析异质性，当 $I^2>50\%$、$p<0.1$ 时试验的统计学结果异质性有意义。当统计结果

异质性有意义时，采用亚组分析和回归分析进一步探讨异质性的潜在来源。本研究对影响异质性的因素分别进行了分析，并在多变量模型中建立了影响异质性的因素，研究的因素有出版年份（2003 年发表的文献至 2010 年间的研究比较，2010 以后的研究比较）、地理区域（华北、华东、西南、华中、东北、西北和华南等地区的比较）、诊断方法（ELISA 与聚合酶链反应的比较）。

（六）森林图

分析结果通过森林图显示，中心线是垂直的竖线，即以无效线（横坐标是 0 或 1）为中心进行描述，可以直观地探究 Meta 分析结果，本研究采用随机效应模型（Stata 软件 12 版）计算和编制了森林图。在森林图中，短横线代表某个实验可信区间，菱形表示结果的合并值。若短横线、菱形与中心线相交，则表示实验的结果无统计意义；菱形和横短线在中心线的左或右侧，结果差异性有统计学意义。

（七）偏倚分析

本研究利用漏斗图（funnel plot analysis）对发表文献的偏倚性进分析，分析结果的准确性是根据样品量的增加而加大，也就是文献中研究的样本数量越多会使结果的准确性越高。漏斗图是根据每个实验研究的效应量作为横坐标，样本含量作为纵坐标散点图。漏斗图的顶部并且向中间富集的是研究的量多、精确度较高的样本；在底部并且向周围分散的是精确度低的量小的研究样本。如果漏斗图表现为不对称，则说明分析结果存在发表偏倚，且偏倚程度和不对称程度表现为正相关性。

二、 结果

（一）搜索结果

根据数据库的检索，从 4 个数据库中检索到 1 210 篇文献，剔除重复和初步筛选后鉴定出 130 篇进行研究，其中 40 篇由于摘要与标题信息不完全被进一步排除，25 篇由于年限较早被排除，11 篇由于提供的流行率数据不充分被排除，其余 4 篇文献为综述类文献而被排除等。本研究最后共对 50 篇文献进行了定量分析，具体文献检索流程如图 2-1。

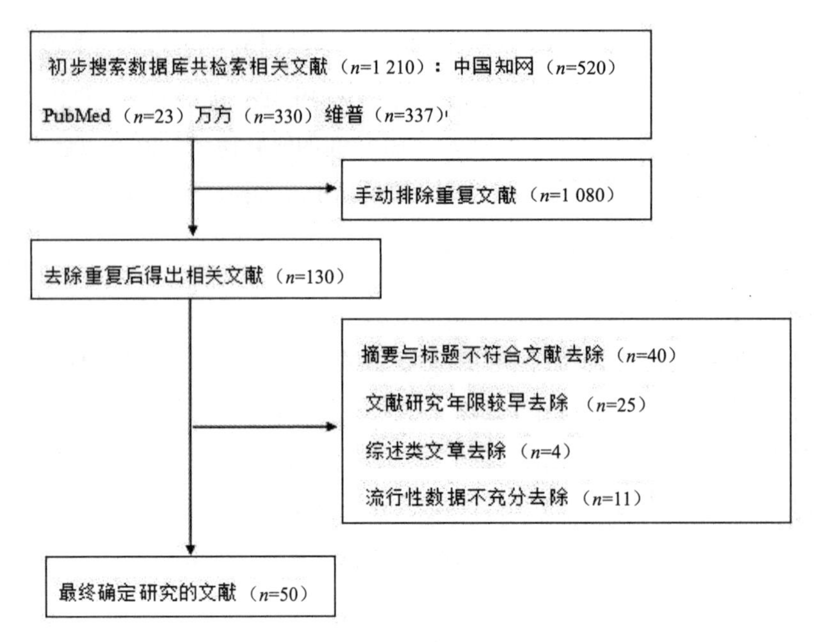

图 2-1　文献检索流程图

（二）文献 Meta 分析

本研究纳入的文献共有 50 篇横断面研究，最早文献是于 2003 年发表的文献。按照我们的质量标准，25 篇论文质量高（3 或 4 点），17 篇论文质量中等（2 点），其余 8 篇论文质量不高（0 或 1 点），文献见表 2-1。总的来说，分析了来自 7 个地区的 45 744 头牛的数据，阳性数为 20 872，阳性率为 46%。其中华北地区 43%（8 505/19 708），华东地区 62%（4 755/8 507），西南地区 40%（1 617/3 228），华中地区 66%（1 044/2 078），东北地区 51%（2 501/6 043），西北地区 44%（2 318/6 046），华南地区 19%（26/134），分析结果显示华中地区和华东地区感染率比其他地区高。

表 2-1　文献纳入情况及基本分析

文献	年份	见刊年	样品数	总阳性	总阳性率	方法	文章类型	打分
张俊杰等（2010）	2010 or later	2010	546	514	0.941	ELISA	横断面	3
傅彩霞等（2012）	2010 or later	2012	1 650	795	0.482	ELISA	横断面	2
翁晓刚等（2015）	2010 or later	2015	1 000	934	0.943	ELISA/抗原	横断面	3
胡信霞等（2015）	2010 or later	2015	1 332	1 200	0.909	ELISA	横断面	2
何美琳等（2014）	2010 or later	2014	1 070	474	0.443	ELISA	横断面	4
韩国荣等（2013）	2010 or later	2013	138	47	0.371	ELISA	横断面	1
杨得胜等（2008）	Before 2010	2008	511	339	0.663	ELISA	横断面	3

续表

文献	年份	见刊年	样品数	总阳性	总阳性率	方法	文章类型	打分
谢春芳等（2016）	2010 or later	2016	385	374	0.971	ELISA	横断面	4
宦复春等（2012）	2010 or later	2012	181	106	0.586	ELISA	横断面	1
赵静虎等（2018）	2010 or later	2018	432	278	0.643	ELISA	横断面	2
魏伟等（2009）	Before 2010	2009	1 338	812	0.585	ELISA	横断面	1
王金涛等（2012）	2010 or later	2012	1 434	23	0.016	ELISA/抗原	横断面	4
范仲鑫等（2011）	2010 or later	2011	460	424	0.921	ELISA	横断面	3
唐伟等（2011）	2010 or later	2011	159	53	0.585	ELISA	横断面	3
张信军等（2018）	2010 or later	2018	460	237	0.515	ELISA	横断面	2
姚伟等（2015）	2010 or later	2015	793	587	0.741	ELISA	横断面	1
金爱华等（2008）	Before 2010	2008	138	47	0.341	ELISA	横断面	2
虞蕴如等（2003）	Before 2010	2003	3 070	797	0.259	ELISA	横断面	3
李智勇等（2014）	2010 or later	2014	2 391	2 125	0.888	ELISA	横断面	3
童钦等（2013）	2010 or later	2013	509	294	0.583	ELISA	横断面	2
康晓东等（2013）	2010 or later	2013	546	532	0.974	ELISA	横断面	2
陈新诺等（2016）	2010 or later	2016	222	44	0.2	ELISA/抗原	横断面	2
柳清等（2008）	Before 2010	2008	559	202	0.361	ELISA	横断面	3
权英存等（2014）	2010 or later	2014	32	21	0.656	ELISA/抗原	横断面	4
沙金明等（2014）	2010 or later	2014	842	179	0.211	ELISA	横断面	3
董永森等（2014）	2010 or later	2014	492	244	0.495	ELISA	横断面	2
格松等（2016）	2010 or later	2016	231	89	0.385	ELISA	横断面	4
邓波等（2011）	2010 or later	2011	180	61	0.34	ELISA	横断面	2
张弦等（2015）	2010 or later	2015	920	886	0.962	ELISA	横断面	1
张改文等（2013）	2010 or later	2013	460	292	0.635	ELISA	横断面	2
曲萍等（2016）	2010 or later	2016	1 637	1 013	0.61	ELISA	横断面	3
冯若飞等（2006）	Before 2010	2006	11 000	2 370	0.215	ELISA	横断面	1
李佳等（2015）	2010 or later	2015	300	83	0.27	ELISA	横断面	1
王龙等（2014）	2010 or later	2014	566	21	0.031	ELISA	横断面	3
李娜等（2009）	Before 2010	2009	64	25	0.39	ELISA/抗原	横断面	2
杨泽林等（2008）	Before 2010	2008	369	83	0.224	ELISA	横断面	3
王淑娟等（2014）	2010 or later	2014	60	22	0.367	ELISA	横断面	4
王淑娟等（2014）	2010 or later	2014	436	317	0.727	ELISA		
王淑娟等（2014）	2010 or later	2014	63	56	0.889	ELISA		

续表

文献	年份	见刊年	样品数	总阳性	总阳性率	方法	文章类型	打分
王淑娟等（2014）	2010 or later	2014	115	80	0.695	ELISA		
王淑娟等（2014）	2010 or later	2014	60	50	0.833	ELISA		
王淑娟等（2014）	2010 or later	2014	125	119	0.952	ELISA		
王淑娟等（2014）	2010 or later	2014	137	44	0.321	ELISA		
陈备娟等（2010）	2010 or later	2010	61	54	0.885	ELISA	横断面	3
陈备娟等（2010）	2010 or later	2010	200	96	0.480	ELISA		
陈备娟等（2010）	2010 or later	2010	92	90	0.978	ELISA		
张光辉等（2004）	Before 2010	2004	671	154	0.229	ELISA	横断面	2
石冬梅等（2011）	2010 or later	2011	355	191	0.538	ELISA	横断面	2
韩志辉等（2010）	2010 or later	2011	252	59	0.234	ELISA	横断面	2
雷程红等（2013）	2010 or later	2013	188	170	0.904	ELISA	横断面	1
商云鹏等（2013）	2010 or later	2013	1 198	281	0.235	ELISA	横断面	3
胡仁利等（2016）	2010 or later	2016	917	449	0.490	ELISA	横断面	4
邓明亮等（2012）	2010 or later	2012	668	392	0.586	ELISA	横断面	2
赵月兰等（2006）	Before 2010	2006	1 030	421	0.409	ELISA	横断面	3
戴元森等（2016）	2010 or later	2016	712	158	0.222	ELISA	横断面	2
ZHONG, et al.（2011）	2010 or later	2011	472	202	0.430	ELISA	横断面	3
SUN, et al.（2015）	2010 or later	2015	136	54	0.397	ELISA	横断面	3
DENG, et al.（2015）	2010 or later	2015	1 379	808	0.586	ELISA	横断面	3

不同文献中根据年限时间进行统计流行情况为，2003—2010 年感染率为 28.0%（5 250/18 750），2010 年以后感染率为 52%（15 622/26 994）。结果显示，2010 年以后的流行率高于 2010 年以前的检测结果；根据抗原检测阳性率为 38.05%（1 047/2 752），抗体（ELISA）检测阳性率为 45.92%（19 825/43 172）。存在较大的异质性（I^2=99.9%，p<0.0001），单变量因素回归分析表明文献发表年份（p=0.038）可能是异质性的来源，见表 2-2。

（三）我国各省份感染情况

各省（区、市）的感染情况统计结果见表 2-3 所示，其中辽宁省感染率为 67.95%（95%置信区间：0.6566～0.7025；1 086/1 598），北京市感染率为 69.56%（95%置信区间：0.6798～0.7114；2 265/3 256），天津市感染率为 72.70%（95%置信区间：0.6850～0.7690；317/436），湖北省感染率为 75.86%（95%置信区间：0.6795～0.8376；88/116），湖南

省感染率为 77.06%（95%置信区间：0.7373 ~ 0.8038；477/619），福建省感染率为 66.34%（95%置信区间：0.6343 ~ 0.6924；339/511），内蒙古自治区感染率为 80.73%（95%置信区间：0.7937 ~ 0.8208；2 631/3 259），陕西省感染率为 88.88%（95%置信区间：0.8091 ~ 0.9686；56/63），宁夏回族自治区感染率为 97.44%（95%置信区间：0.9610 ~ 0.9876；532/546），这些省（区、市）的感染率较高，BVDV 的流行情况较明显。

表 2-2　不同划分条件的统计分析

分类	分类	文献数量	样品数量	阳性数量	阳性率 (95% CI)	异质性			回归分析	
						χ^2	P-value	I^2	(95%CI)置信区间	p 值
地域	华北	12	19 708	8 505	63 (44 ~ 82)	15 154.61	0.000	99.9%		
	华东	14	8 507	4 755	62 (46 ~ 78)	7 081.55	0.000	99.8%		
	西南	4	3 228	1 617	40 (22 ~ 57)	281.83	0.000	98.9%		
	华中	6	2 078	1 044	66 (41 ~ 90)	1 803.15	0.000	99.7%	- 0.0571 (- 0.2132 ~ 0.0991)	0.468
	东北	8	6 043	2 501	51 (27 ~ 74)	5 461.66	0.000	99.8%		
	西北	15	6 046	2 318	44 (23 ~ 65)	10 524.68	0.000	99.8%		
	华南	1	134	26	19 (13 ~ 26)	0.00	0	—		
年份	2010 后	40	28 051	15 622	56 (42 ~ 69)	54 288.89	0.000	99.9%	0.1904 (0.0114 ~ 0.3693)	0.038
	2010 前	10	18 750	5 250	37 (28 ~ 46)	1 217.08	0.000	99.3%		
检测方法	ELISA	50	44 229	19 825	53 (43 ~ 63)	35 123.65	0.000	99.9%	0.0908 (- 0.1597 ~ 0.3414)	0.470
	RT-PCR	5	2 572	1047	44 (11 ~ 99)	13 322.02	0.000	100.0%		
	总计	50	46 801	20 872	52 (41 ~ 63)	60 449.02	0.000	99.9%		

表 2-3　各省（区、市）感染情况统计

省（区、市）	样品数	阳性数	阳性率	95%置信区间
黑龙江	4 421	1 404	0.3175	0.3038 ~ 0.3313
吉林	24	11	0.4583	0.2434 ~ 0.6732
辽宁	1 598	1 086	0.6795	0.6566 ~ 0.7025
北京	3 256	2 265	0.6956	0.6798 ~ 0.7114
天津	436	317	0.7270	0.6850 ~ 0.7690
河北	1 172	511	0.43.6	0.4075 ~ 0.4644

续表

省（区、市）	样品数	阳性数	阳性率	95%置信区间
江苏	4 620	1 649	0.3569	0.3431 ~ 0.3707
上海	3 293	2 711	0.8233	0.8102 ~ 0.8362
湖北	116	88	0.7586	0.6795 ~ 0.8376
湖南	619	477	0.7706	0.7373 ~ 0.8038
福建	511	339	0.6634	0.6343 ~ 0.6924
山西	11 585	2 781	0.2400	0.2322 ~ 0.2478
内蒙古	3 259	2 631	0.8073	0.7937 ~ 0.8208
陕西	63	56	0.8888	0.8091 ~ 0.9686
宁夏	546	532	0.9744	0.9610 ~ 0.9876
广西	134	26	0.1940	0.1262 ~ 0.2618
新疆	1 727	545	0.3155	0.2936 ~ 0.3375
青海	3 488	1 141	0.3271	0.3115 ~ 0.3426
西藏	374	91	0.2433	0.1996 ~ 0.2870
四川	2 707	1 487	0.5493	0.5305 ~ 0.5680
山东	83	56	0.6764	0.5717 ~ 0.7776
河南	1 343	585	0.4355	0.4090 ~ 0.4621
重庆	369	83	0.2249	0.1821 ~ 0.2677

（四）发表偏倚性分析

偏倚性分析如图 2-2 所示，倒漏斗图表现为不对称，存在发表偏倚。

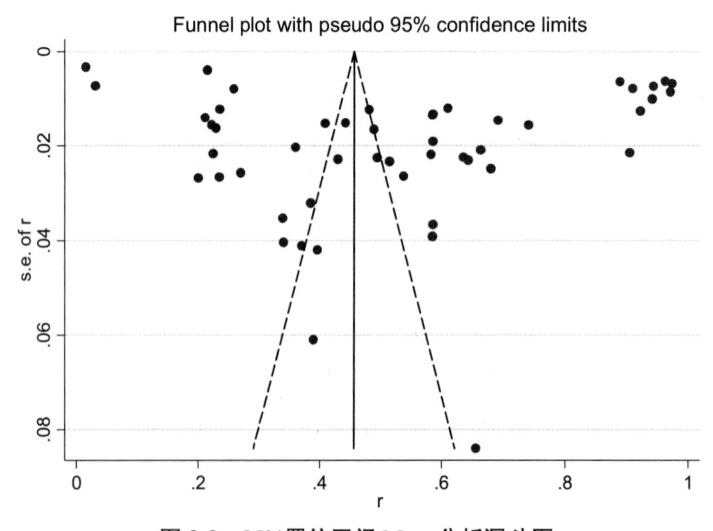

图 2-2　95%置信区间 Meta 分析漏斗图

（五）Meta 分析森林图

森林图（图 2-3）显示的菱形和横短线在中心线的右侧，结果表明研究样本的差异性有统计学意义。

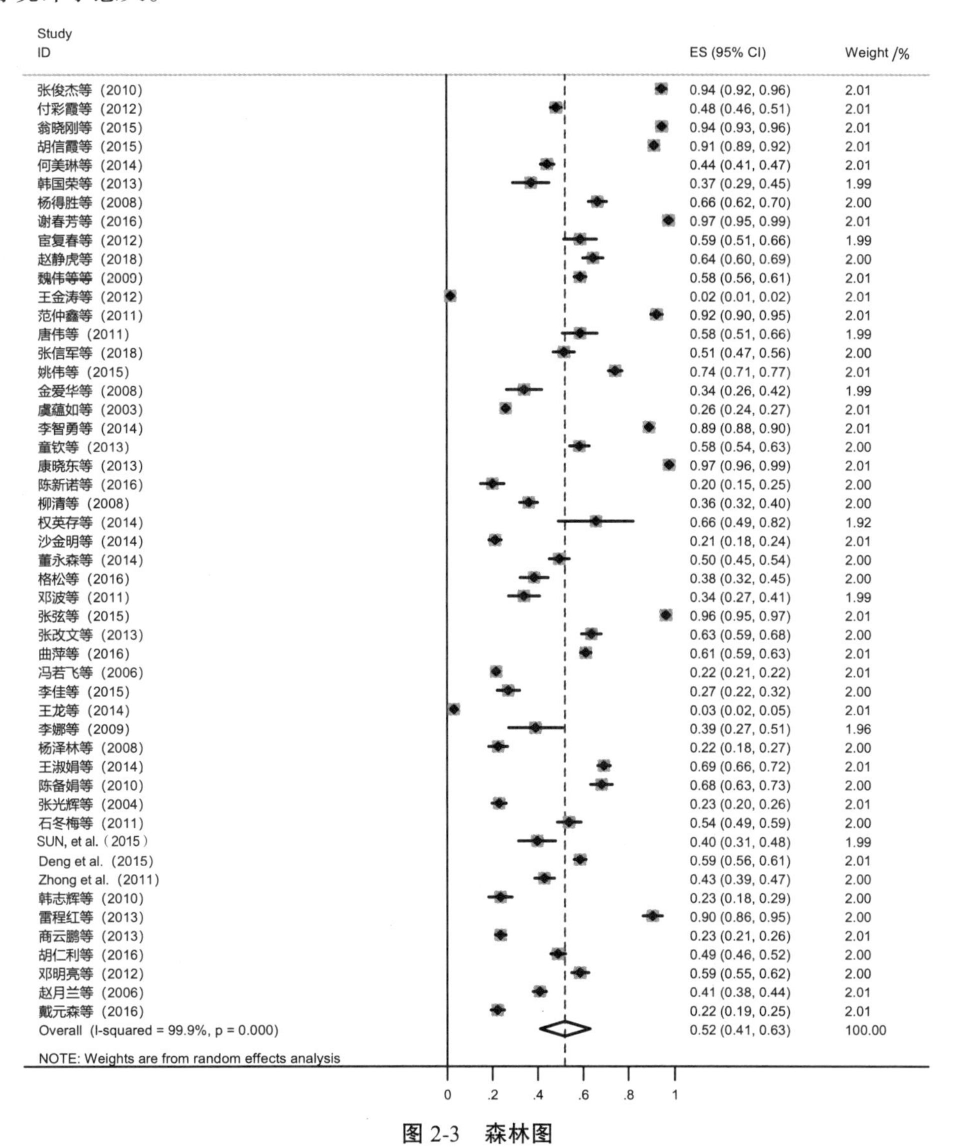

图 2-3 森林图

三、讨论

牛病毒性腹泻病是导致养牛业经济损失的重要原因之一，由于牛和人类之间的密切关系，研究 BVDV 的流行情况对于国内畜牧业的发展有着重要的作用。本研究对国内各省（区、市）的 BVDV 流行情况进行调查，发现 BVDV 在牛群中普遍存在，从 50 份文献中 46 801 头牛的资料进行分析，共检测到阳性数为 20 872 头牛，总患病率达到 44.60%。

在研究结果中，华北地区阳性率为63%，华东地区阳性率为62%，华中地区阳性率为66%，感染率相比其他地域高。华北地区研究的样本数量最多，华东和西北地区的文献资料报道较多一些，可能是由于这些地方养殖业较发达，导致病毒流行率高。在不同省（区、市）有不同的患病率，也进一步证实了BVDV在各省（区、市）牛中广泛的流行性，其中宁夏阳性率97.44%、陕西阳性率88.88%、湖南阳性率77.06%、北京阳性率69.56%，这些省（区、市）感染BVDV阳性率较高，表明应再次加强这些省（区、市）的疾病监控工作，定期进行检测监督。根据年份的划分，2010年以后的BVDV流行率较高，为56%，比2010年之前感染率高，可能是随着年限的增长、时间的推移，大量的养殖场改为规模化养殖模式，致使畜牧场存在病牛后造成持续性规模型的疾病传播，使BVDV的流行性变得广泛；根据检测方法的分析，ELISA检测获得BVDV阳性率高，为53%，并且样本数量较大，这种检测方法简单快捷、检测量大，所以也是目前大规模调查流行性疾病的重要检测手段；通过单变量因素回归分析结果得出，在此次分析中年份（P=0.038）是影响分析结果最大的因素，是异质性的重要来源，不同年份样本大小、取样次数、调查方式的变化影响了调查结果。这些分析的数据提示，我国应继续加强有效的控制措施，以控制牛群中的病原感染。

本研究的Meta分析也存在一些局限性，可能会影响结果。第一，虽然在我们的系统审查中获得了许多相关的论文，但并不是所有的数据都可以使用，而且检索的方法不同也会致使数据存在不全面的现象；此外，还有一些潜在的相关研究是不准确的。第二，大多数牛检测到样本数量少，这可能不能反映出一些受调查地域的真实流行情况；研究质量参差不齐，这意味着应在这些地区对牛体内的BVDV感染还未进行更有力的监测。第三，在本系统综述中没有对一些数据进行分析，如久远文献的查阅分析、样本中牛的育种模式（自由放养或集约化育种）、管理模式、年龄等因素，不同种类和基因型的病毒可能会引起不同的临床症状。由于不能准确地感染类型的种类，所以该研究没有对该病的分布特征进行分析。

本研究系统地揭示了BVDV在国内的基本流行情况，不同地区间牛群中BVDV的流行情况不同。本研究结果表明，应在我国牛行业实施连续监测措施，并应继续加强有效的控制法规，以控制BVDV的流行。

四、结论

本研究应用Meta分析对50篇文献中46 801头牛相关资料进行了分析。BVD总患病率为44.59%，华中地区阳性率为66%，陕西省感染率为88.88%和宁夏地区感染率为97.44%。2010年以后感染率为52%，相比2010年以前的阳性率较高。

第三节 2012—2014 年黑龙江部分地区奶牛 BVD 血清流行病学调查

为了了解黑龙江地区奶牛 BVD 的流行情况，本团队建立了 BVDV E2 抗体间接 ELISA 检测方法。以此为基础，对 2012—2014 年间黑龙江部分地区 1 485 份奶牛血清进行流行病学调查。

一、BVDV E2 抗体间接 ELISA 检测方法建立

（一）材料与方法

1.细胞和质粒。

昆虫细胞 Sf9 由本实验室保存，阳性质粒 Bacmid 由本实验室保存，抗原为 BVDV 重组 E2 蛋白抗原，抗原浓度为 360 μg/mL。

2.试剂与耗材。

昆虫细胞培养胎牛血清（FBS）购自 GIBCO 公司；辣根过氧化物酶（HRP）标记羊抗鼠购自 Sigma 公司；BVDV-E2 单克隆抗体购自 Vmrd 公司。Grace's 昆虫细胞培养基、青链霉素均购自美国 GIBCO 公司；BCA 蛋白浓度测定试剂盒、RIPA 细胞裂解液购自碧云天公司；SDS-聚丙稀酰胺凝胶制备试剂盒及其相关试剂购自索莱宝公司；Cellfectin®IIReagent 购自 Invitrogen 公司；PVDF 膜购自 Millipore 公司；牛病毒性腹泻病毒抗体诊断试剂盒购自美国 IDEXX 公司；牛血清白蛋白（BSA）、辣根过氧化物酶标记兔抗牛 IgG、明胶、酪蛋白均购自 Sigma 公司；四甲基联苯胺为 Promega 公司产品；脱脂奶粉购自美国 BD 公司；牛副流感病毒 III 型（BPIV-3）、牛传染性鼻气管炎（IBRV）、牛呼吸道合胞体病毒（BRSV）、牛冠状病毒（BCV）由本实验室保存；牛病毒性腹泻（BVDV）阳性和阴性血清购自中国兽药监察所。其他试剂均为进口或国产分析纯。

3.主要仪器。

Gel Doc 2000 紫外凝胶成像分析系统、半干转膜仪均购自美国 Bio-Rad 公司；荧光显微镜购自 Nikon 公司；酶标板购自 Costar 公司；酶标仪为 Tecan 公司产品；八道移液器为 Transferpette 产品；CO_2 培养箱购自造鑫公司；其他试剂均为国产分析纯。

4.BVDV-E2 蛋白的真核表达和纯化。

（1）昆虫细胞的培养与活性检测。

Sf9 细胞培养基的组成：Grace's 培养基加入 10%胎牛血清、1%双抗。培养环境 pH：昆虫细胞更易于在偏酸性环境中生长，pH 选择 6.1 ~ 6.4。培养温度：Sf9 昆虫细胞最佳的生长温度为 27 ℃，温度降低，细胞生长缓慢。培养气体环境：本研究 Sf9 培养容器选择 100 mm 一次性细胞培养皿，置于普通 27 ℃恒温培养箱，无需 CO_2 环境。培养方式：因实验室条件限制，本研究采用单层贴壁培养，细胞传代无需 EDTA 和胰酶的消化。

昆虫细胞复苏：取一烧杯 37 ℃温水，将液氮中冻存的 Sf9 细胞快速放置于烧杯中，并不断搅拌。把冻存管置于超净台上，用 70%乙醇擦拭管口，将管内冻存液全部转至 15 mL 离心管中。1 200 r/min 离心 5 min，弃掉上清，用 Grace's 培养基稀释细胞浓度至（3 ~ 5）$\times10^5$/mL，转移至 2.5 cm 直径细胞培养皿，于 27 ℃细胞培养箱，6 h 后换液培养。昆虫细胞传代三次后，待细胞状态恢复最佳，即可进行下一步实验。

昆虫细胞冻存：取状态最佳的 Sf9 细胞，传代培养 2 d 至对数期。用移液器将半贴壁细胞吹起，用培养基将细胞储存浓度调到浓度为（1 ~ 2）$\times10^7$/mL。1 200 r/min 离心 5 min，弃掉上清。用准备好的细胞冻存液（10%DMSO 的 FBS）悬浮细胞至所需浓度，分装至冻存管。置于 4 ℃ 2 h，- 20 ℃ 4 h，- 80 ℃过夜，移入液氮中保存。

昆虫细胞活性检测：采用台盼蓝染色法染色后，在显微镜下观察并计数，活细胞不着色，活细胞数占总细胞数百分比即为细胞活力。

（2）阳性质粒 Bacmid 转染 Sf9 细胞。

取一瓶细胞活性高的 Sf9 细胞，测定并调节细胞密度至每毫升含（1.5 ~ 2.5）$\times10^6$ 个细胞。将准备好的细胞加入 6 孔板，每孔大约 8×10^5 个细胞，同时加入 2 mL Grace's 培养基，室温静置 10 ~ 15 min，使得细胞贴壁。将 210 μL 转染复合物缓慢滴入贴壁 Sf9 细胞中，同时设置阴性细胞对照，置于培养箱中培养 6 h 后，换液。置于 27 ℃培养箱中静止培养，72 h 后逐日观察细胞变化。

（3）重组杆状病毒的扩增。

重组 Bacmid 转染 Sf9 细胞后 24 h，细胞开始发生变化。72 h 后细胞开始裂解，对照组无明显变化，视细胞变化状态，收获细胞培养物上清，1 000 r/min 离心 5min，去除细胞碎片后，即为 P0 代重组杆状病毒，短时间置于 4 ℃避光保存。获得 P0 代病毒后，需要进行病毒传代，具体步骤包括：P0 到 P1 传代选择 6 孔板，准备传代后 12 h 左右生长状态好的 Sf9 细胞，每个孔加入 200 μL P0 代病毒液，置于 27 ℃温箱。约 72 h 后，待 50% 以上细胞脱落悬浮后，收获细胞培养物上清，离心后去除细胞碎片，4 ℃保存。后续病毒增殖选择 100 mm 细胞培养皿。按照上述步骤，进行 P2 ~ P4 代病毒增殖。随着传代次数的增加，病毒滴度逐渐上升，当病毒滴度达到 1×10^{8} PFU/mL 时，目的重组蛋白即可表达。

（4）间接免疫荧光检测。

重组杆状病毒增殖到 P3 ~ P4 代次，即可进行间接免疫荧光鉴定重组蛋白是否表达，用 BVDV-E2 单克隆抗体作为一抗，具体步骤包括：弃掉孔内培养液，PBS 清洗 3 次，每次 3 min。加入 4%多聚甲醛 1 mL，室温缓慢摇晃 30 min。加入 0.2% Triton X-100 1 mL，冰上作用 5 min。PBS 清洗 3 次，每次 3 min。用 1% BSA 封闭 1 h。PBS 清洗 3 次，加入一抗，37 ℃作用 1 h。PBS 清洗 3 次，加入二抗，37 ℃作用 1 h。PBS 清洗 3 次，立即用荧光显微镜观察。

（5）重组蛋白的 SDS-PAGE。

接毒 72 h 后，待 50%以上细胞悬浮脱落，收获培养皿 P4 代病毒。分装 15 mL 离心管中，3 000 r/min 离心 5 min 后，上清和沉淀分开保存。向细胞沉淀加入 RIPA 细胞裂解液和少量蛋白酶抑制剂悬浮沉淀后，超声破碎 10 min（超声 10 s，间隔 5 s）。将第二步细胞上清和第三步超声破碎后液体混合，10 000 r/min 离心 30 min，弃掉沉淀。留取上清，慢慢搅动并加入终浓度是 0.5 mol/L NaCl，再加入等量的 10%PEG 6000。用磁力搅拌器 4 ℃搅拌过夜。12 000 r/min 离心 30 min，收集病毒沉淀即为浓缩的病毒，- 80 ℃保存。煮样：取出部分浓缩后的病毒沉淀备用，将剩余的病毒沉淀加入 4×SDS 上样 buffer，混匀，沸水浴 3 ~ 5 min，12 000 r/min 离心 5 min 留上清，用于 SDS-PAGE 和 Western Blot 检测。

（6）重组蛋白的纯化。

本实验采用 HisTrap FF crude 预装柱纯化目的蛋白，具体操作步骤包括：取的病毒沉淀，每克样品加入 5 ~ 10 mL 结合缓冲液。在冰浴状态下，超声破碎 5 min，离心后收集上清，用滤膜过滤。用注射器向纯化柱中注满去离子水，以免空气引入系统。用 5 倍柱体积结合缓冲液平衡柱。用注射器将超声破碎后的病毒裂解液上到柱上，重复操作几次，上样过程中连续不断搅拌样品，以防止沉淀。用不同浓度咪唑的结合缓冲液反复冲洗柱子，以去除未结合的杂蛋白。用 5 倍柱体积洗脱缓冲液分部洗脱柱子，弃掉前几滴，收集洗脱后液体，即为纯化后蛋白，取出部分进行 SDS-PAGE 检验纯化效果，使用碧云天生产的 BCA 蛋白浓度测定试剂盒，测定纯化蛋白浓度，剩余蛋白 - 80 ℃冷冻保存。

5.ELISA 方法的建立与条件优化。

（1）包被浓度和阴、阳血清稀释倍数的优化。

使用碳酸盐缓冲液，将纯化的重组 BVDV-E2 蛋白做 0.75 μg/mL、1.5 μg/mL、3 μg/mL、

6 μg/mL、12 μg/mL 5 个梯度的稀释,每个梯度做 2 个重复。将阳性和阴性血清也做倍比稀释，稀释倍数为 40、80、160、320，并设置对照。封闭液选择 5%脱脂奶粉，酶标二抗做 1：5 000 稀释,按照常规 ELISA 方法进行方阵滴定实验,最后用酶标仪测定 OD_{450nm} 值。结果分析，最佳浓度为 P/N 值最大且阴性血清 OD_{450nm}<0.2、阳性血清 OD_{450nm}≥1 时的组合。

（2）最佳包被液的选择。

本试验选择碳酸盐缓冲液（pH 9.6，CBS）、磷酸盐缓冲液（pH 7.2，PBS）和 Tris-盐酸缓冲液（pH 7.6，TBS），最佳抗原包被浓度和血清最佳稀释倍数按照优化后的组合选择，二抗工作浓度 1：5 000，然后按照 ELISA 步骤进行实验。分析结果，选择 P/N 值最大，阳性血清 OD_{450nm}≥1.0，且阴性血清 OD_{450nm}<0.2 的包被液作为最佳封闭液。

（3）最佳封闭液和封闭时间的确定。

封闭液选择 0.5%明胶、5%脱脂乳、1%酪蛋白、1%牛血清白蛋白（BSA）四种。每孔加入 200 μL，在 37 ℃封闭 2 h。抗原浓度、血清稀释倍数和包被液按前面优化的条件配制，二抗工作浓度选择 1：5 000，按 ELISA 步骤进行实验，测定 OD_{450nm} 值和 P/N 值。选择 P/N 值最大且阳性血清 OD_{450nm}≥1.0、阴性血清 OD_{450nm}<0.2 的包被液作为最佳封闭液。

选择优化好的封闭液,按照上述步骤,进行封闭时间的优化。封闭时间分别为 30 min，60 min、90 min、120 min。判断方法同上，确定最佳封闭时间。

（4）血清最适作用时间的确定。

抗原包被浓度 6 μg/mL，血清 1：80 倍稀释，封闭液 5%脱脂乳，二抗工作浓度 1：5 000，按常规步骤进行 ELISA 操作，加入阴性和阳性稀释血清后，置于 37 ℃，孵育时间分别为 30 min、60 min、90 min、120 min，完成实验后，测定 OD 值。最佳血清作用时间为选择 P/N 值最大且阳性血清 OD_{450nm}≥1.0、阴性血清 OD_{450nm}<0.2 时所对应的时间。

（5）最佳酶标二抗工作浓度和工作时间的确定。

将兔抗牛 IgG 辣根过氧化物酶（HRP）标记抗体进行适当稀释,稀释倍数分别为 5 000 倍、8 000 倍、10 000 倍、20 000 倍，每孔 100 μL，置于 37°C 温箱中，作用时间为 30 min、60 min、90 min。其他条件选择已经优化好的组合，按常规 ELISA 步骤进行操作，读数分析数据。最佳条件为 P/N 值最大且阳性血清 OD_{450nm}≥1.0、阴性血清 OD_{450nm}<0.2 所对应的组合。

（6）最佳底物作用时间的优化。

将的抗原浓度、包被液、封闭液及封闭时间、血清稀释倍数、酶标二抗工作浓度和作用时间优化后，进行 TMB 底物反应时间的确定。室温（18 ~ 26 ℃）避光作用时间分别为 3 min、5 min、10 min、15 min，加入终止液。酶标仪读数，最佳底物作用时间为 P/N 值最大且阳性血清 OD_{450nm}≥1.0、阴性血清 OD_{450nm}<0.2 时所对应的时间。

（7）临界值的确定。

将检测为阴性的 46 份血清，经血凝实验复检均为牛病毒性腹泻阴性。将测定的 OD 值进行统计学分析，计算得到 46 份阴性血清 OD_{450nm} 值平均值（X）和标准差（S）。根据统计学原理，计算置信区间上限 Cutoff 值=X+3S 判定阴阳性。当 $OD_{450nm}>X+3S$ 时，可以判定结果为阳性。

6.特异性试验。

用 BVDV-E2 最佳抗原浓度包被酶标板，充分洗涤封闭后，同时用 BVDV 阳性和阴性血清对照。用牛副流感病毒 III 型（BPIV-3）、牛传染性鼻气管炎（IBRV）、牛呼吸道合胞体病毒（BRSV）、牛冠状病毒（BCV）四种病毒做特异性对照。按步骤进行间接 ELISA 操作，测定 OD_{450nm} 值。根据临界值判断是否有交叉反应，如果 OD_{450nm} 值均高于临界值 0.282，则有交叉反应，反之则没有。

7.敏感性试验。

按照已经建立的方法，进行敏感性试验。将 BVDV 阳性标准血清做 8 个梯度稀释，稀释的倍数为 50 ~ 6 400 倍，操作完成后，分析结果。

8.重复性试验。

（1）批内重复性实验。

取出一块同批次蛋白包被好的酶标板，用其检测 5 份已知阳性血清和 1 份阴性血清，其中阳性血清抗体水平不同，按步骤进行操作，计算出变异系数，分析实验结果。

（2）批间重复性实验。

取 3 块隔周包被的不同酶标板，用其检测 5 份已知的阳性血清和 1 份阴性血清，其中阳性血清抗体水平不同，做 3 个重复，按步骤进行操作，测定结果并分析。

（3）与商品化试剂盒的比较实验。

应用本文建立的间接 ELISA 方法和美国 IDEXX 公司的牛病毒性腹泻病毒抗体检测试剂盒比较，同时检测来自不同地区的 177 份牛血清样品，比较本文建立的间接 ELISA 方法的诊断准确性并计算符合率。

（二）结果

1.重组杆状病毒的增殖结果。

重组杆状病毒感染对数期 Sf9 细胞后，24 h 开始出现变化，72 h 后细胞增大变圆，细胞核变大，漂浮在培养液上层，逐渐裂解。收获 P3 ~ P4 代病毒，此时病毒滴度达到最高，重组蛋白表达量最大，使用间接免疫荧光实验证明了重组蛋白在 Sf9 细胞中成功表达。实验过程中，使用的一抗是 BVDV-E2 单克隆抗体，二抗为 FITC 标记抗鼠 IgG。实验完毕，用荧光显微镜观察结果。在细胞内看到明显绿色荧光，随着感染时间的增加，细胞逐渐脱落。

2.重组蛋白的 SDS-PAGE 结果。

将收集的 P4 代病毒液和正常 Sf9 细胞经过 PEG 浓缩和超声破碎处理后，进行 SDS-PAGE 电泳。电泳结果显示在 42 kDa 左右有明显条带，与目的蛋白大小相符，表明 E2 蛋白在 Sf9 细胞中成功表达（图 2-4）。

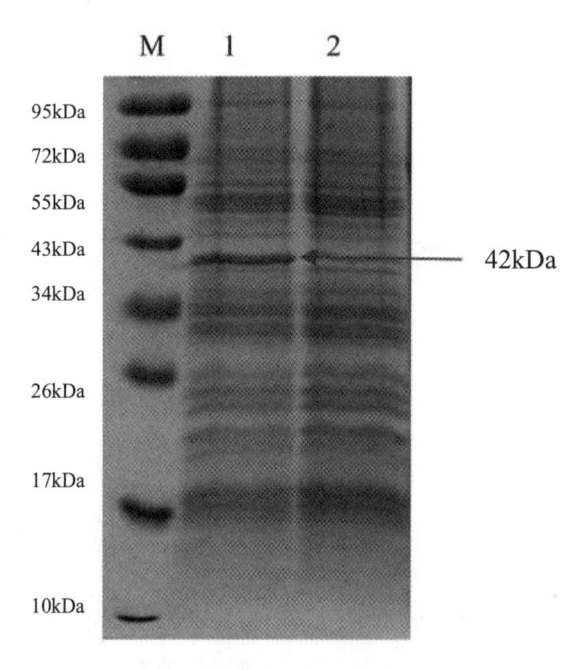

图 2-4　重组蛋白的 SDS-PAGE 鉴定

1：处理后 P4 代病毒培养物；2：正常 Sf9 细胞对照；M：蛋白质分子质量标准。

3.目的蛋白的纯化结果。

重组 BVDV-E2 蛋白中，带有 His 标签，通过采用 HisTrap FF crude 预装柱纯化目的蛋白后，经过 SDS-PAGE 电泳分析，纯化的重组蛋白只有单一条带，大小约为 42 kDa，与预期蛋白大小相符，纯化结果见图 2-5。

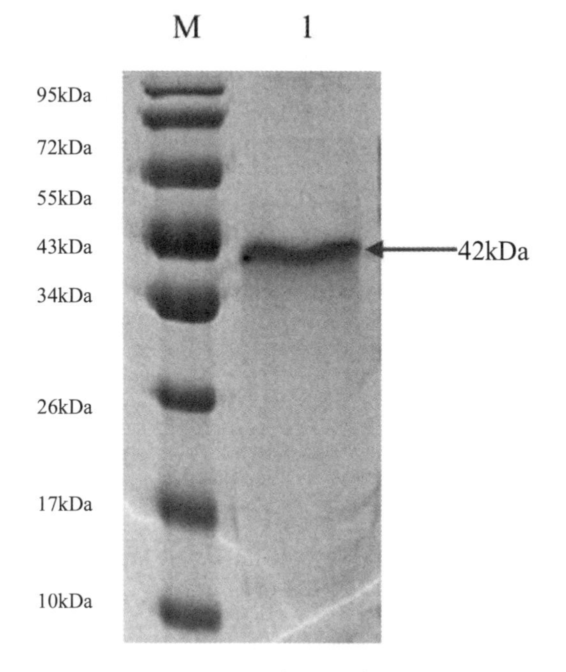

图 2-5　BVDV-E2 纯化蛋白的 SDS-PAGE

1：重组 BVDV-E2 纯化产物；M：蛋白质分子质量标准。

4.重组蛋白的 Western Blot 结果。

使用 His 抗体作为一抗，羊抗鼠 IgG 酶标抗体为二抗，对纯化后的重组 E2 蛋白进行 Western Blot 鉴定，以处理后正常细胞做对照。结果显示，在 42 kDa 左右有一条清晰条带，而阴性对照未出现特异性条带，结果见图 2-6。

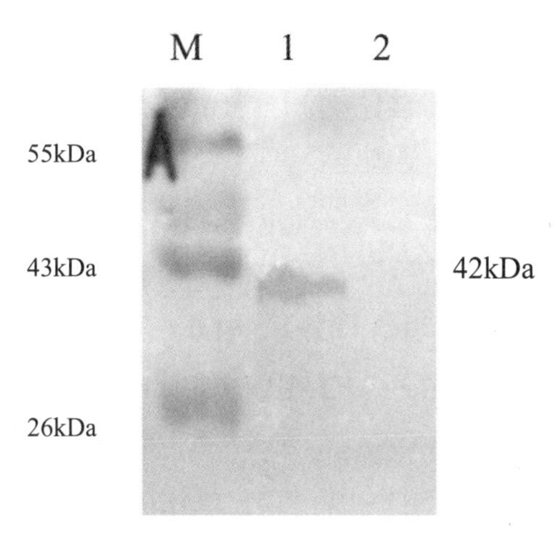

图 2-6　重组 BVDV-E2 蛋白 Western Blot 结果

1：纯化后的 BVDV-E2 蛋白；2：Sf9 细胞对照；M：蛋白分子质量标准。

5.蛋白浓度的测定。

将纯化后的蛋白，用 BCA 方法进行蛋白浓度测定。以稀释的不同标准品浓度为 X 轴，以为标准品浓度对应的 OD 值为 Y 轴，绘制标准曲线，计算出样品蛋白的浓度为 360 μg/mL。

6.最佳反应条件的选择。

（1）蛋白包被浓度和血清稀释倍数的选择。

由表 2-4 可知，最佳组合为抗原浓度为 6 μg/mL、血清稀释倍数 1∶80。

表 2-4　最佳血清稀释度和抗原包被浓度选择

抗原包被浓度/（μg/mL）	血清稀释度							
	1:40		1:80		1:160		1:320	
	+	-	+	-	+	-	+	-
0.75	0.947	0.110	0.812	0.091	0.784	0.099	0.756	0.091
1.5	0.987	0.120	0.886	0.101	0.819	0.093	0.790	0.078
3	1.145	0.150	0.990	0.120	0.789	0.092	0.874	0.084
6	1.303	0.161	1.114	0.136	0.894	0.097	0.880	0.099
9	1.607	0.220	1.300	0.151	0.941	0.119	0.888	0.103

（2）最佳包被液的选择。

包被液选择碳酸盐缓冲液（CBS）、磷酸盐缓冲液（PBS）和 Tris-盐酸缓冲液（TBS），抗原包被浓度 6 μg/mL，封闭液为 5%脱脂乳，阴性、阳性血清按 1∶80 稀释，二抗工作浓度 1∶5 000 倍稀释 CBS 作为包被缓冲液时，P/N 值最高且阳性血清 OD_{450nm}≥1.0，阴性血清的 OD_{450nm}<0.2。因此，最佳包被液选择碳酸盐缓冲液。

（3）最佳封闭液和封闭时间的确定。

封闭液从 0.5%明胶、5%脱脂乳、1%酪蛋白、1%牛血清白蛋白（BSA）中选择。抗原浓度 6 μg/mL，阴性和阳性血清稀释倍数 1∶80，二抗稀释浓度 1∶5 000，封闭液选择 5%脱脂乳时，P/N 值最大且阳性血清 OD_{450nm}≥1.0，阴性血清 OD_{450nm}<0.2。因此，用 5%脱脂乳奶粉作为封闭液效果最好。37 ℃温箱中封闭时间选择 30 min、60 min、90 min、120 min，按上一步优化条件进行 ELISA，由表 2-5 可以看出，封闭时间 90 min 和 120 min，封闭效果无明显差异。但是，从时间角度考虑，最佳封闭时间选择 90 min。

表 2-5 最佳封闭时间确定

	工作时间			
	30 min	60 min	90 min	120 min
阳性血清 OD 值	0.929	0.971	1.126	1.148
阴性血清 OD 值	0.126	0.131	0.13	0.134
P/N	7.37	7.41	8.66	8.56

（4）血清最适作用时间的优化。

由表 2-6 可知，血清作用时间为 60 min 时，P/N 值最大且阳性血清 OD_{450nm}≥1.0、阴性血清 OD_{450nm}<0.2，因此血清最适作用时间选择 60 min。

表 2-6 血清最佳作用时间的优化

	血清作用时间			
	30 min	60 min	90 min	120 min
阳性血清 OD 值	0.788	1.136	1.213	1.347
阴性血清 OD 值	0.113	0.141	0.154	0.181
P/N	6.97	8.05	7.87	7.44

（5）最佳酶标二抗工作浓度和工作时间的确定。

酶标二抗选择 1∶10 000 时，且 P/N 值最大且阳性血清 OD_{450nm}≥1.0、阴性血清 OD_{450nm}<0.2。因此，二抗最适工作浓度为 1∶10 000。酶标二抗作用时间为 60 min 时，阳性血清 OD_{450nm}≥1.0、阴性血清 OD_{450nm}<0.2 且 P/N 值最大。因此，选择酶标二抗作用时间为 60 min（表 2-7）。

表 2-7 酶标二抗最适作用时间的确定

	二抗作用时间		
	30 min	60 min	90 min
阳性血清 OD 值	0.704	1.160	1.530
阴性血清 OD 值	0.103	0.128	0.174
P/N	6.83	9.06	8.79

（6）底物工作时间的确定。

底物作用时间为 15 min 时，P/N 值最大且阳性血清 OD_{450nm}≥1.0、阴性血清 OD_{450nm}

<0.2，因此，底物最适作用时间为 15 min。

（7）间接 ELISA 阴阳性临界值的确定。

将 46 份经间接 ELISA 方法和血凝实验方法检测为阴性的血清，以上述建立好的间接 ELISA 方法进行操作，每份样品做 2 个重复，同时设置阴性、阳性血清对照，测定其 OD_{450nm} 值。计算出阴性血清 OD_{450nm} 的平均值（X）为 0.139 与标准差（S）为 0.047。在阴性和阳性对照成立的情况下，根据统计学原理，当 $OD_{450nm} \geqslant X+3S$，即为 0.282，可以判定为 BVDV 阳性；当 $OD_{450nm} < 0.282$ 时，可以判定为 BVDV 阴性。

（8）特异性实验。

采用建立的间接 ELISA 方法，选择牛副流感病毒 III 型（BPIV-3）、牛呼吸道合胞体病毒（BRSV）、牛传染性鼻气管炎（IBRV）、牛冠状病毒（BCV）阳性血清作为对照，进行检测。如表 2-8 所示，4 种病毒阳性血清均小于 0.282，都在阴性判定范围内，说明无交叉反应。

表 2-8 特异性试验

名称	OD_{450nm}	阴阳性
BPIV-3	0.156	-
IBRV	0.177	-
BRSV	0.133	-
BCV	0.123	-
E.coli	0.167	-
阳性	1.145	+
阴性	0.105	-

（9）敏感性试验。

使用建立的 ELISA 方法对连续倍比稀释后的 BVDV 阳性标准血清进行检测，操作完毕后，进行分析。阳性血清在 1∶1 600 稀释后，OD_{450nm} 值大于 0.282 仍为阳性，这表明该 ELISA 方法具有较高的敏感性，具体结果见表 2-9。

表 2-9 BVDV 阳性血清的敏感性检测

阳性血清稀释倍数	50	100	200	400	800	1 600	3 200
OD_{450nm} 值	1.42	1.262	1.161	0.902	0.776	0.404	0.243
阴阳性	+	+	+	+	+	+	-

（10）重复性实验。

取同一批蛋白包被的酶标板，每份样品做 6 个平行。进行实验并测得 OD_{450nm} 值。如表 2-10 所示，变异系数 1.94% ~ 6.11%，低于 10.00%。结果表明，批内重复性较好。

表 2-10 批内重复性检验

样品	OD_{450nm} 值						平均值	方差	变异系数
阳性 1	0.998	0.948	1.034	1.06	1.014	1.092	1.024	0.050	4.89%
阳性 2	1.105	1.077	1.110	1.071	1.101	1.174	1.106	0.036	3.31%
阳性 3	0.981	0.979	1.002	0.997	0.987	1.102	1.008	0.046	4.65%
阳性 4	0.992	1.109	0.982	0.969	1.104	1.006	1.027	0.062	6.11%
阳性 5	0.959	0.938	0.952	0.964	0.943	0.913	0.944	0.018	1.94%
阴性 1	0.201	0.189	0.199	0.186	0.179	0.194	0.191	0.008	4.34%

取不同时间包被的 4 批酶标板，对 6 份血清进行重复性检测，其中 5 份为阳性，1 份为阴性，进行试验并测得 OD_{450nm} 值。如表 2-11 所示，变异系数为 4.30% ~ 8.13% ，低于 10%。结果表明，批间重复性较好。

表 2-11 批间重复性检验

样品	1 批	2 批	3 批	4 批	平均值	方差	变异系数
阳性 1	1.005	0.999	1.164	0.984	1.038	0.084	8.13%
阳性 2	1.213	1.329	1.293	1.333	1.292	0.055	4.30%
阳性 3	1.169	1.075	1.049	0.994	1.071	0.073	6.82%
阳性 4	1.315	1.293	1.199	1.367	1.293	0.070	5.42%
阳性 5	1.163	1.012	1.207	1.150	1.133	0.084	7.43%
阴性 1	0.135	0.157	0.146	0.147	0.146	0.008	6.15%

7.与商品化试剂盒的对比实验。

本实验选择的国外商品化试剂盒为美国 IDEXX 公司的牛病毒性腹泻病毒抗体检测试剂盒（D341），用本研究和试剂盒两种方法对 177 份临床牛血清样本进行检测。结果见表 2-12，两者的阳性符合率为 94.8%，阴性符合率为 88.3%，总符合率为 91.5%。

表 2-12 血清样品的间接 ELISA 与 IDEXX 试剂盒检测方法比较

<table>
<tr><td>177 份血清样本</td><td>阳性血清/份</td><td>阴性血清/份</td></tr>
<tr><td>IDEXX 试剂盒</td><td>115（+）</td><td>62（-）</td></tr>
<tr><td rowspan="2">间接 ELISA</td><td>109（+）</td><td>9（+）</td></tr>
<tr><td>6（-）</td><td>53（-）</td></tr>
<tr><td>阳性符合率/%</td><td colspan="2">94.8</td></tr>
<tr><td>阴性符合率/%</td><td colspan="2">88.3</td></tr>
<tr><td>总符合率/%</td><td colspan="2">91.5</td></tr>
</table>

（三）讨论

Sf9 细胞有单层贴壁培养和悬浮培养两种方法。由于悬浮培养对实验器材条件要求较高，在本研究中，选择单层细胞贴壁培养方法。在细胞培养过程中，Sf9 细胞在细胞瓶中由于生长过密、贴壁过牢，导致细胞传代困难，而在一次性细胞培养皿中生长状态最佳。在传代过程中，细胞接种的初始浓度对 Sf9 细胞生长有较大影响，Sf9 细胞在高接种浓度下，能够快速生长，而在低浓度接种时，细胞状态很难达到最佳。在培养条件上，Sf9 可以在普通 27 ℃恒温箱中正常生长，无需格外气体环境。

昆虫细胞杆状病毒真核表达系统表达的蛋白可溶性好、稳定性高，但是蛋白纯化和表达量需要改进方法。经过大量实验摸索发现，重组杆状病毒在 P3 ~ P4 代次，病毒滴度最高，相应的蛋白表达量也达到峰值。病毒传达次数越多，蛋白表达越低，给蛋白纯化带来了困难。因此，在重组质粒转染 Sf9 细胞后，前期重组杆状病毒要大量增殖，以保存纯化足够的病毒液。

真核表达系统的最大缺点就在于蛋白表达量无法和原核表达相媲美，因而蛋白纯化特别困难。本实验初期也遇到了类似情况，经过查阅相关文献，使用超速离心、超滤浓缩、超声破碎等处理方法，均不能解决蛋白浓度低的问题。最后选择了 PEG 沉淀法进行蛋白浓缩提纯，得到了高浓度的蛋白。在蛋白纯化中，因重组 E2 蛋白含有 His 标签，选择了 HisTrap FF crude 预装柱纯化蛋白，保持了蛋白的活性且纯化蛋白条带单一，纯化效果良好。用 BCA 方法对纯化后的蛋白进行浓度测定，蛋白浓度为 360 μg/mL，得到的重组 E2 蛋白为后续 ELISA 检测方法的建立提供了纯度高、特异性强的单一蛋白抗原。

E2 蛋白是牛病毒性腹泻病毒的囊膜糖蛋白，位于 BVDV 表面。当牛只被感染时，病毒表面的蛋白接触感染牛细胞，从而使机体产生的针对囊膜糖蛋白的抗体。本实验使用真核表达系统表达获得的蛋白与天然蛋白构象最为接近，且最大程度地保留了蛋白的抗原表位。因此，E2 蛋白作为检测蛋白不但特异性高且具有快速检测 BVDV 感染的作用，能够及时发现 BVDV 隐性感染牛。

近年来，BVD 在我国大范围流行，给我国养牛业带来了巨大的经济损失，是世界动物卫生组织颁布的必须上报的牛类疾病之一。目前，国际上防治 BVD 的措施分别是检测隐性感染牛并隔离剔除和免疫有效疫苗两种方法，而国内暂无有效的 BVDV 疫苗。因此，建立一种操作简单，准确有效的检测方法就尤为重要。间接 ELISA 方法满足了这个条件，而且敏感性高，同批检测量大，能够标准化生产。因而近年来 ELISA 成为 BVDV 抗体检测的常用方法。

本研究建立的 BVDV 抗体间接 ELISA 方法的反应原理是用纯化的特异性蛋白抗原和待检抗体的特异性结合。因此，试验成功的关键之一在于抗原的纯度。虽然有时用含有杂质的抗原包被后也能得到反应结果，但应该尽量纯化，以提高 ELISA 反应的特异性。传统的抗原一般使用全病毒，但全病毒中可能含有其他杂质蛋白质，影响 ELISA 检测的特异性。本试验利用重组杆状病毒转染昆虫细胞后，表达的 BVDV-E2 蛋白并纯化，不含细菌等杂蛋白，具有很好的免疫原性，为建立特异性强、准确性高的 ELISA 方法打好了基础。

ELISA 技术操作程序看似简单，但是实验材料和血清抗体以及包被液、封闭液的不同选择就会有不同的结果。因此，要在去除非特异性反应，不影响正常检测结果的前提下，把各种试剂、血清、抗体稀释到最佳倍数是一个比较困难的摸索过程。在建立间接 ELISA 方法初期，使用的阴性对照血清为 Gibco 的胎牛血清，发现阳性值偏高。进过分析，确定无其他非特异反应的前提下，得知可能是胎牛血清中含有 BVDV 污染。后来从中国药品生物制品监察所购买 BVDV 阴性血清作为阴性对照，使得阴性值降低下来。本实验包被液选择了 ELISA 比较常规的脱脂乳，其他封闭液如 BSA、酪蛋白等都有一定程度的非特异性反应。在敏感性试验中，阳性血清在 1∶1 600 稀释后，OD_{450nm} 值大于 0.282 仍为阳性，说明次方法敏感性较好。在特异性试验中，只能与 BVDV 阳性血清发生反应，而与其他阳性血清无交叉性反应，说明本方法特异性也很强。

BVDV 国际标准检测试剂盒基本上被国外公司垄断，价格昂贵，购买周期太长，不适用于中小型养殖场和散养户。因此，有必要建立一种良好的 ELISA 方法为国产 ELISA 试剂盒做技术储备。本研究选用的国外商品化试剂盒为国际上都比较认可的美国 IDEXX 公司的牛病毒性腹泻检测试剂盒，与国外商品化试剂盒相比，阳性符合率（特异性）为 94.8%，阴性符合率（准确性）为 88.3%，总符合率为 91.5%。产生这种差异的主要原因，其一可能是本实验采用的抗原是纯化后的单一 BVDV-E2 蛋白，而 IDEXX 公司的试剂盒为全病毒包被抗原。相比之下，本实验的针对性较低。其二可能是E2蛋白在各毒株的变异性大，本实验为一种毒株表达并纯化的E2蛋白作为抗原，具有一定的局限性。因此，本研究建立的间接ELISA方法还有待于进一步完善。

（四）结论

本研究利用杆状病毒真核表达系统成功表达了BVDV-E2蛋白，经过间接免疫荧光和Western Blot鉴定，测得蛋白浓度为360 μg/mL。初步建立并优化了BVDV-E2抗体间接ELISA检测方法。

二、2012—2014年黑龙江部分地区奶牛BVD血清流行病学调查

（一） 材料与方法

1.血清样品来源。

牛血清样品来源于2012—2014年黑龙江部分地区多个规模化牛场及少量散户和屠宰场，采血方式为颈静脉或尾静脉采血，分离得到血清，-20 ℃保存备用。从中随机选取样本，其中2012年奶牛血清样本为436，2013年奶牛血清样本为530份，2014年奶牛血清样本为519份，3年间总样本为1485份。

2.牛病毒性腹泻-黏膜病ELISA检测步骤。

按照本研究中已经建立的牛病毒性腹泻病毒抗体间接ELISA检测方法操作，将纯化后的BVDV-E2蛋白用pH为9.6的碳酸盐缓冲液稀释到6 μg/mL，置于4 ℃冰箱内包被过夜。取出包被好的酶标板，PBST洗涤后，每孔加入5%脱脂乳200 μL，置于37 ℃温箱中封闭1.5 h。洗涤同上，加入1∶80倍稀释的待检血清同时加入阴阳对照，每孔100 μL，置于37 ℃孵育1 h。洗涤同上，加入1∶10 000稀释的酶标二抗，每孔100 μL，置于37 ℃温箱中孵育1 h。洗涤同上，加入TMB底物液，每孔50 μL，室温显色5 min后，加入1 mol/L H_2SO_4溶液，每孔50 μL，终止反应，测定450 nm处血清样品的OD值。

3.样品临界值判定。

将采集的牛血清按编号顺序进行处理，选择本研究建立的间接ELISA检测方法进行血清抗体检测，整理检测结果并进行分析。血清抗体阴阳性判定参照之前的统计分析结果，临界值的确定：当血清样品$OD_{450nm} \geqslant 0.282$，可以判定为BVDV阳性。当血清样品$OD_{450nm} < 0.282$，可以判定为BVDV阴性。

4.样品结果统计学分析。

应用Microsoft Excel 2007对牛血清样品抗体检测结果进行统计学分析。

（二）结果

1.2012—2014 年间黑龙江部分地区奶牛 BVD 流行情况。

本团队在 2012—2014 年对黑龙江部分地区奶牛 BVDV 抗体血清流行病学调查，由表 2-13 可见，3 年间 BVDV 抗体血清阳性率为 64.10%，比魏伟等报道的黑龙江地区 2006—2008 年间平均 BVDV 血清阳性率 58.50%要高。2014 的阳性率为 70.33%，比 2012 的 59.63%和 2013 年的 61.7%要高很多，说明在 2012—2014 年间，BVDV 血清阳性率有逐年上升的趋势。

表 2-13 2012—2014 年黑龙江部分地区 BVDV 血清阳性率统计结果

年份	血清份数/份	阳性率/%
2012	436	59.63
2013	530	61.70
2014	519	70.33
总	1485	64.10

2.2012 年黑龙江地区奶牛血清 BVDV 抗体阳性率分析。

选取黑龙江地区 8 个市、县奶牛的临床血清样本 436 份，对其进行 BVDV 抗体 ELISA 检测发现，2012 年 BVDV 抗体血清总阳性率达到 59.63%，各地规模化牛场存在不同 BVDV 抗体阳性情况，其中 BVDV 抗体阳性率最低为 40.43% ，BVDV 抗体阳性率最高为 83.05 %，结果见表 2-14。

表 2-14 2012 年黑龙江地区奶牛 BVDV 血清抗体检测结果

血清来源	血清份数/份	阳性份数/份	阳性率/%
黑河	59	49	83.05
讷河	30	20	66.67
北安	36	18	50
嫩江	48	38	79.17
齐齐哈尔	76	46	60.53
大庆	101	51	50.49
双鸭山	39	19	48.77
密山	47	19	40.43
总计	436	260	59.63

3.2013年黑龙江地区奶牛血清BVDV抗体阳性率分析。

选取黑龙江地区8个市、县的奶牛临床血清样本530份，对其进行BVDV抗体ELISA检测发现，2013年BVDV抗体血清总阳性率达到61.70%，各地规模化牛场存在不同BVDV抗体阳性情况，其中BVDV抗体阳性率最低为42.25%，BVDV抗体阳性率最高为80.83%，结果见表2-15。

表2-15　2013年黑龙江地区奶牛BVDV血清抗体检测结果

血清来源	血清份数/份	阳性份数/份	阳性率/%
黑河	120	97	80.83
讷河	28	16	57.14
北安	48	35	72.92
嫩江	19	15	78.95
齐齐哈尔	111	68	61.26
大庆	77	39	50.64
双鸭山	71	30	42.25
密山	56	27	48.21
总计	530	327	61.70

4.2014年黑龙江地区奶牛血清BVDV抗体阳性率分析。

选取黑龙江地区10个市、县的奶牛临床血清样本519份，对其进行BVDV抗体ELISA检测。经过统计学分析发现，所有牛场BVDV抗体阳性率都偏高，总阳性率达到70.33%，各地规模化牛场存在不同BVDV抗体阳性情况，BVDV抗体阳性率最低为42.86%，BVDV抗体阳性率最高为86.84 %，具体结果见表2-16。

表2-16　2014年黑龙江地区奶牛BVDV血清抗体检测结果

血清来源	血清份数/份	阳性份数/份	阳性率/%
黑河	76	66	86.84
讷河	31	24	77.47
北安	24	18	75
嫩江	39	28	71.79
富裕	24	18	75
齐齐哈尔	116	91	78.45
大庆	72	45	62.50

续表

血清来源	血清份数/份	阳性份数/份	阳性率/%
双鸭山	65	34	52.31
密山	44	29	65.9
海林	28	12	42.86
总计	519	365	70.33

5.2012—2014 年间黑龙江部分地区 BVDV 抗体阳性率分布汇总。

根据 2012—2014 年间黑龙江部分地区 BVDV 抗体检测结果，将不同县、市阳性率归类为地级市进行统计，统计结果见图 2-7。3 年间黑河地区的 BVDV 抗体血清阳性率最高，达到 75.99%，牡丹江地区的 BVDV 抗体血清阳性率最低为 42.86%。其中黑河、齐齐哈尔、大庆位于黑龙江西部地区，双鸭山、鸡西、牡丹江位于黑龙江东部地区，由图可以明显看出黑龙江西部地区的 BVDV 抗体血清阳性率要远远高于东部地区。

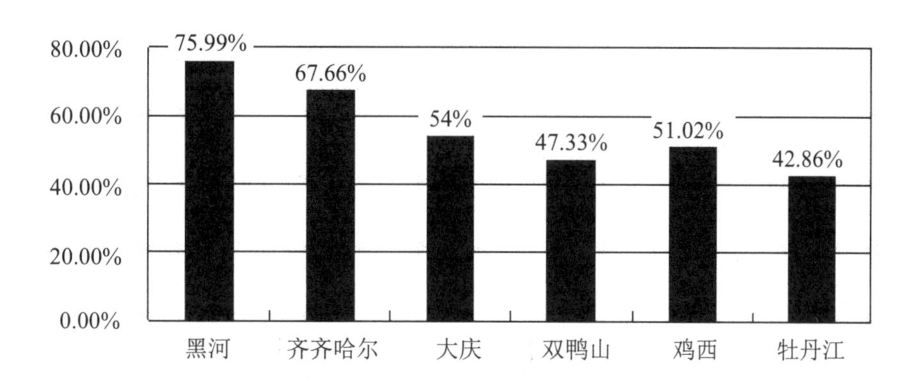

图 2-7　2012—2014 黑龙江部分地区 BVDV 抗体阳性率分布

6.不同来源奶牛血清 BVDV 抗体阳性对比分析。

检测的所有奶牛血清均来自不同地区规模化奶牛场、散户，把不同来源的奶牛血清进行分类统计，其中规模化奶牛场样本数量为 974 份，阳性样本数量为 650 份，散养户血清样本为 511 份，阳性样本数量为 302 份，结果见图 2-8。由图可知，散养户的奶牛 BVDV 抗体阳性率要低于规模化奶牛场。

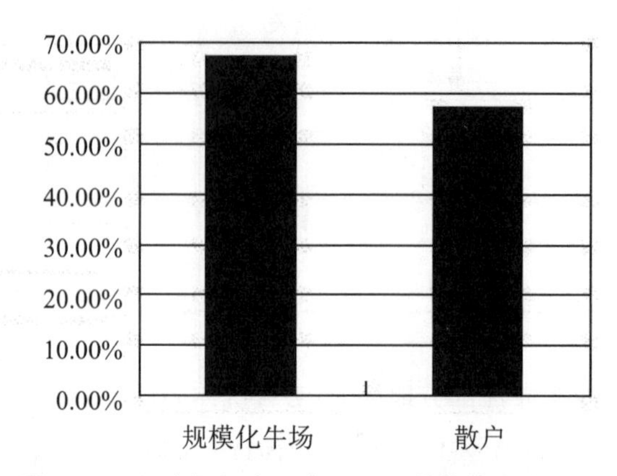

图 2-8　不同来源奶牛血清 BVDV 抗体检查结果

7.不同季节奶牛血清 BVDV 抗体阳性对比分析。

由于黑龙江地区地理位置位于中国的最北方，春、冬温度较为接近，秋、夏较为接近，因此把检测的所有血清进行春冬和夏秋两个季节的分类，其中春、冬季节样本数量为 950 份，阳性血清为 622 份，夏、秋季节样本数量为 535 份，阳性样本数量为 330 份。检测统计结果见图 2-9。由图可知，黑龙江地区奶牛血清 BVDV 抗体阳性率，春冬季节和夏秋季节无明显差异。

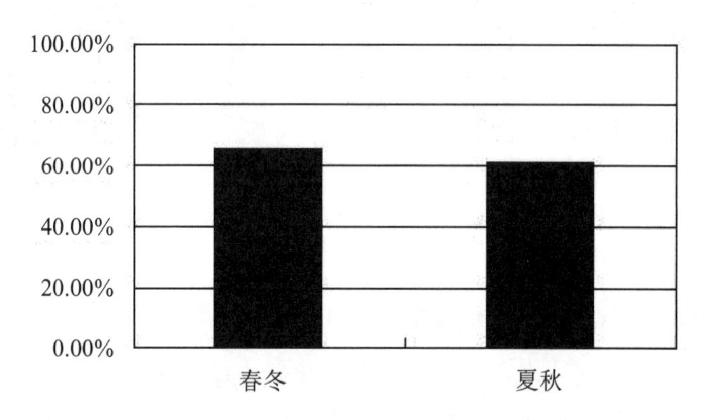

图 2-9　不同季节奶牛血清 BVDV 抗体检查结果

（三）讨论

BVD-MD 在养牛业发达的国家和地区比较流行，近年来随着我国规模化奶牛场的增多和不断扩大，大量从国外引进高产奶牛和冻精及血液生物制品，导致国内 BVD 的感染率和抗体阳性率显著增加。黑龙江地区是我国奶牛业较发达的地区之一，奶牛数量大、牛只流动频繁，从而加速了黑龙江地区 BVD 的传播。本研究对黑龙江部分地区的 1485 份奶牛血清 BVDV 抗体进行 ELISA 检测，通过分析统计，了解了黑龙江地区奶牛 BVD 的流行情况。虽然血清来源没有覆盖全省，但对于奶牛饲养较多的地区进行了大量的样品采集，具有一定的说明意义。通过对检测结果的分析可以看出，黑龙江地区 BVD 在全省广泛分布，且近年有上升趋势，有关部门应予以重视。

由全省的抗体阳性率检测结果分析，不同地区奶牛血清 BVDV 抗体差异主要是黑龙江东西部的差异，西部地区包括黑河、齐齐哈尔、大庆阳性率偏高，黑河地区达到 75.99%；东部地区包括双鸭山、鸡西、牡丹江，相对西部阳性率总体水平较低，但也达到了 50%。BVDV 可以通过空气传播，这个结果与黑龙江的地理位置和气候条件有一定的关系。在不同来源的血清样品中，规模化奶牛场比散户的 BVDV 抗体阳性率要高，这与规模化养殖场的饲养管理和疫苗免疫有关。对不同季节奶牛 BVDV 抗体阳性率分析得出，秋冬季节奶牛 BVD 的发生率与夏秋季节无明显差异。

BVD 在黑龙江省乃至全国的迅速传播给我国奶牛产业带来了巨大的冲击，随着中澳自贸协定的签订，我国奶牛行业更是雪上加霜。澳洲牛肉、牛奶及生物制品的流入，加速了我国奶牛结构的更新，使得 BVD 迅速传播。而我国目前还没有安全有效的 BVD 疫苗。我们应该对更大范围、更为普遍的牛群，尤其是规模化牛场进行血清抗体检测，及时发现隐性感染的牛只，进行隔离并剔除，净化牛群，防患于未然。

（四）结论

通过对黑龙江部分地区奶牛 BVDV 抗体血清流行病学调查可知，2012—2014 年间 BVDV 血清抗体总阳性率达到 64.10%。

第四节　黑龙江省部分地区进口荷斯坦奶牛 BVD 血清流行病学调查

牛病毒性腹泻病毒是一种世界范围广泛分布的重要病原体。易感动物主要是牛和猪，对绵羊、鹿、骆驼及其他野生动物也具有一定的感染性。对养牛业而言，其主要临床症状包括牛的病毒性腹泻、急性和慢性黏膜病、持续性感染、免疫抑制和繁殖障碍等，其具体致病机理目前尚不清楚。近年来，我国从澳大利亚、新西兰、智利等地大量引进荷斯坦奶牛，并进行自繁自养，但对于这些奶牛携带 BVDV 情况尚不清楚，因此急需进行筛查。

RT-PCR 和 ELISA 是诊断 BVD-MD 最为常用的方法。其中 ELISA 又包括检测抗体的间接 ELISA 和检测抗原的抗原捕获 ELISA。ELISA 方法是一种敏感高效，特异便捷的检测方法，既适合于现场对畜群抗体水平的监测，又可以为流行病学调查提供可靠的检测手段，但进口试剂盒的高昂成本使得其在国内的应用受到了局限。随着我国奶牛养殖业的不断发展，对于类似产品的需求也越来越强烈。因此，建立一种适合我国养殖业实际情况的 BVDV ELISA 检测方法就显得十分重要。

本团队（2018）采用自己建立的间接 ELISA 方法对黑龙江省部分地区荷斯坦奶牛进行了 BVD-MD 血清病学调查，以及时了解引进的这些奶牛是否存在 BVDV 的感染，为下一步的引进和 BVDV 感染防控工作提供依据。

一、材料与方法

（一）血清样品和蛋白表达菌株

来自黑龙江省九三地区、密山地区和北安地区 24 个规模化牛场的荷斯坦奶牛血清 432 份，常规方法分离血清，于-20 ℃保存备用。本实验室构建的含有 E0-E2-pET-28a 重组质粒的重组菌 BL21（DE3）。

（二）主要试剂和耗材

兔抗牛 IgG 辣根过氧化物酶（HRP）标记抗体购自北京博奥森生物技术有限公司；TMB 底物显色液购自康为世纪生物科技有限公司；ELISA 反应板购自苏州柯仕达电子材料有限公司；其他试剂为国产分析纯。

（三）重组 E0-E0 蛋白的诱导表达与纯化

将含有 E0-E2-pET-28a 重组质粒的重组菌 BL21（DE3）接种于 3 mL 含有卡那霉素的液体 LB 培养基中，在 37 ℃摇床上培养过夜，同时设含有空载体 pET-28a 的 BL21 菌液作为阴性对照。再将培养菌液以 1∶100 接种于含卡那霉素的 LB 液体培养基中，37 ℃培养至 OD_{600nm} 达到 0.4～0.6 时，加入 IPTG 诱导 5 h，以 IPTG 诱导的空载体作为对照。

10 000 r/min 离心 1 min 收集 BL21（DE3）表达菌，弃去上清，使用 PBS 缓冲液反复洗 3 遍，然后加入细菌裂解液进行超声破碎，功率 400 W，破碎 10 s，间隔 10 s，超声至悬液较为清亮为宜。10 000 r/min 离心 1 min 后弃去上清，沉淀用 8 mol/L 尿素裂解后进行 SDS-PAGE 电泳。把凝胶放在含有 4 mol/L NaAc 的溶液中水平摇晃 0.5～1.0 h，当目的蛋白呈现一条白色的条带时，将目的蛋白切下并放在蒸馏水中进行脱色。将脱色完毕的胶放在密封的透析袋内（透析袋内装满电泳液），再将透析袋放在水平电泳槽内，在 120 V 的电压下作用 30 min，4 ℃透析 16 h，每 4 h 更换一次透析液，透析后用 PEG8000 进行浓缩。

（四）间接 ELISA 方法的操作程序

E0-E2 蛋白 1.5 ng/孔，37 ℃孵育 2 h，300 μL PBST 洗 3 次，每次 3 min。200 μL5% 脱脂乳 4 ℃ 封闭过夜，PBST 洗 5 次，每次 3 min。血清 1∶50 稀释，每孔 100 μL 37 ℃作用 1.5 h，PBST 洗 3 次，每次 3 min。酶标二抗 1∶5 000 稀释，每孔 100 μL 37 ℃孵育 1 h，PBST 洗 3 次。100 μLTMB 显色液显色 10 min，50 μL 2 mol/L 浓硫酸终止反应。用酶标仪在波长 450 nm 处测定每孔 OD_{450nm} 值。

（五）结果判定

根据公式 P/N＝（标本 OD 值-空白对照 OD 值）/（阴性对照 OD 值-空白对照 OD 值）判定阴阳性血清。P/N≥2.1 为阳性，1.5≤P/N＜2.1 为可疑，P/N＜1.5 为阴性。

二、结果

血清抗体测结果显示，3 个地区 24 个牛场血清抗体阳性率为 100%。432 份血清中，共检出 BVDV 抗体阳性血清 278 份，其中九三地区的 BVDV 阳性率最高，达到了 71.64%，密山地区阳性率最低，但也达到了 60.09%，北安地区阳性率为 63.39%，总体血清阳性率为 64.35%。3 个地区的牛群都有较高的 BVDV 血清抗体阳性牛存在，且同一地区的不同牛场感染情况也不相同，具体结果见表 2-17 至表 2-19。

表 2-17　九三地区奶牛 BVDV 血清抗体检测结果

牛场编号	样品数	可疑数	可疑率/%	阳性数	阳性率/%
JS1	20	0	0	12	60.00
JS2	20	2	10.00	15	75.00
JS3	30	1	3.33	24	80.00
JS4	25	1	4.00	18	72.00
JS5	25	2	8.00	18	72.00
JS6	24	2	8.33	17	70.83
合计	144	8	33.66	104	71.64

表 2-18　密山地区奶牛 BVDV 血清抗体检测结果

牛场编号	样品数	可疑数	可疑率/%	阳性数	阳性率/%
MS1	15	1	6.67	10	66.67
MS2	20	2	10.00	13	65.00
MS3	20	2	10.00	11	55.00

续表

牛场编号	样品数	可疑数	可疑率/%	阳性数	阳性率/%
MS4	20	0	0	11	55.00
MS5	20	1	5.00	13	65.00
MS6	20	1	5.00	12	60.00
MS7	20	1	5.00	11	55.00
MS8	20	2	10.00	10	50.00
MS9	25	0	0	14	56.00
MS10	20	1	5.00	15	75.00
MS11	12	0	0	7	58.33
合计	212	11	56.67	127	60.09

表 2-19　北安地区奶牛 BVDV 血清抗体检测结果

牛场编号	样品数	可疑数	可疑率/%	阳性数	阳性率/%
BA1	10	0	0	6	60.00
BA2	10	0	0	8	80.00
BA3	10	1	10.00	6	60.00
BA4	10	1	10.00	8	80.00
BA5	10	0	0	6	60.00
BA6	10	1	10.00	6	60.00
BA7	16	2	12.50	7	43.75
合计	76	5	42.50	47	63.39

三、讨论

BVDV E0、E2 蛋白为包膜糖蛋白，具有很好的抗原性，因此本实验采用了 E0-E2 融合蛋白作为本次 ELISA 实验的抗原包被物，与单独将 E0 或 E2 作为包被抗原相比，E0-E2 融合蛋白能够进一步提高本方法的特异性，敏感性和准确性。我们对该 ELISA 的各个步骤都进行了系统优化。首先，选择 1.5 ng/孔的浓度进行抗原包被，这样既可以保证检测的特异性，又不至于包被过多蛋白造成在洗脱时的浪费。在对检测血清的处理上，我们也进行了优化，这主要是考虑到检测血清与检测方法的准确性、重复性关系密切。最终我们选择以 1：50 的稀释倍数对检测血清进行稀释。另外，通过对二抗包被过程和底物显色过程的优化筛选，本研究建立的 BVDV 抗体检测间接 ELISA 方法最终能够较为敏感准确地对血清样品中的 BVDV 抗体进行检测。对实验结果中的可疑血清进行抗体中和实验后，发现可疑血清虽然不能完全阻止 BVDV 对于 MDBK 细胞的感染，但能够有效减轻病变情况。鉴于此，我们认为可疑血清中存在少量的 BVDV 抗体。

自 20 世纪 50 年代首次发现 BVDV，BVD 已呈全球性分布，尤其在美国和欧洲等畜牧业发达的国家。近年来，通过对欧美等国家中分离得到的 BVDV 毒株做系统进化树分析，结果显示：加拿大和美国多流行的是 BVDV-1a 和 BVDV-1b 基因型，在印度主要流行 BVDV-1 b 基因型，比利时主要流行 BVDV-1b 或 BVDV-2 基因型；澳大利亚流行 BVDV-1c 基因型；而北美 BVDV-2 基因型比较多见。血清流行病学调查表明，美国牛群血清阳性率为 50%，澳大利亚为 89%，加拿大为 84%，南美洲国家为 85%。1980 年，BVDV 首次在中国由李佑民检测和鉴定出来，随后大量学者对 BVDV 进行了流行病学调查，调查结果表明新疆、内蒙古、甘肃、宁夏、青海、河南、江苏、广西、河北、福建、黑龙江、吉林、辽宁、浙江、湖南、江西、上海和重庆等 20 多个省市均有本病的发生。邢思毅等对 2012—2014 三年间黑龙江部分地区奶牛 BVDV 抗体血清流行病学调查表明，血清阳性率为 64.10%，2014 的阳性率为 70.33%，比 2012 的 59.63%和 2013 年的 61.7%要高很多，说明在 2012—2014 年间，BVDV 血清阳性率有逐年上升的趋势。本次实验针对 2016 年进口荷斯坦奶牛的检测结果显示，总体血清阳性率为 64.35%，比澳大利亚和南美国家的血清阳性率要低一些，与邢思毅等的实验结果较为接近。由以上血清流行病学调查的结果可以看出，BVD/MD 在黑龙江省存在非常高的血清阳性率，这提示我们必须加强对本病的重视，尽早清除 PI 牛，PI 牛是 BVDV 在自然界和牛群中持续存在的主要原因。持续感染的牛本身没有临床症状，在实际生产中常常不易被诊断，加之本病的病死率不高，还未引起人们足够的重视而忽视了本病的防治，而且 BVDV 感染增加了动物患其他疾病的可能。采用 ELISA 方法定期进行 BVD/M 抗体检测，可以及时了解 BVD/MD 的感染情况，为该病的防控提供依据。

第五节　规模化奶牛场 BVD qRT-PCR 结合双抗体夹心 ELISA 的检疫

牛病毒性腹泻—黏膜病是由牛病毒性腹泻病毒感染引起的一种接触性传染病，可造成感染牛严重的消化系统、生殖系统、呼吸系统疾病及免疫抑制等。根据能否引起细胞病变，可将 BVDV 分为两种生物型，即致细胞病变型（cytopathogenic，CP）和非致细胞病变型（noncyto-pathogenic，NCP）。目前报道的 BVDV 按基因型分为三种，即 BVDV-1、BVDV-2 和 BVDV-3 型，BVDV-3 又被称为 HoBi 样瘟病毒或非典型瘟病毒。BVDV 常用的诊断方法有病毒分离、电镜检查、中和试验、琼脂扩散试验和免疫荧光等，捕获 ELISA 已经被广泛用于牛场该病的净化，但这些方法操作烦琐、复杂耗时、检测费用投入大。

研究结果表明，从畜群中准确识别和清除 BVDV 持续感染（PI）犊牛，对于净化 BVD-MD 十分重要。据报道，在丹麦通过阻断 ELISA 检测已经彻底根除了 BVD-MD。耳缘切口检测是一种可靠的检测 PI 动物的方法，常用于检测 BVD-MD 抗原的两种保守免疫原性蛋白是囊膜糖蛋白 E^{rns} 和非结构蛋白 NS3（p80）。qRT-PCR 和 ELISA 是诊断 BVD-MD 常用的实验室检测方法。qRT-PCR 因具有精确度高、重复量大等优点而被广泛用于 BVDV 抗原水平的实验室检测。根据 BVDV 基因组序列合成一对或几对特异性引物，可以高度特异、敏感地检测出器官、组织、细胞培养物中的 BVDV，并可与古典猪瘟病毒（CSFV）、羊边界病毒（BDV）相区别。ELISA 具有敏感性高及特异、便捷等优点，适用于测试血液、血清、乳汁和耳组织的个体样本，例如，双抗夹心 ELISA 检测抗原，抗体阻断 ELISA、间接 ELISA 检测抗体等。BVDV PI 牛抗原 ELISA 检测试剂盒采用的是两种单克隆抗体，这两种单克隆抗体可以识别 BVDV 中高度保守的 NS3 非结构蛋白上不同的表位，一种单克隆抗体包被于反应板上，另一种用作结合物。

本研究（2019）中，我们通过 qRT-PCR 方法结合双抗夹心 ELISA 方法对黑龙江省部分地区的 4 个规模化奶牛场牛群进行了 BVDV 感染情况的检测与调查。

一、材料与方法

（一）样品的采集

2018 年 7 月份本团队在黑龙江嫩江和北安等地区的 4 个规模化奶牛场（A、B、C、D）采集了未免疫 BVDV 疫苗荷斯坦奶牛的耳组织样品，共计 1286 份。用消过毒的剪耳钳小心剪取约 2 cm × 1 cm 牛耳组织，装入灭菌的 2 mL EP 管中，4 ℃保存，送检。A 场 193 份样品，其中≤1 月龄样品 69 份，>1 月龄且≤3 月龄样品 42 份，>3 月龄且≤6 月龄样品 82 份。B 场 875 份样品，其中≤1 月龄样品 78 份，>3 月龄且≤6 月龄样品 207 份，泌乳牛样品 524 份，围产期母牛样品 66 份。C 场 55 份样品，其中>1 月龄且≤3 月龄样品 26 份，>3 月龄且≤6 月龄样品 29 份。D 场 163 份样品，其中≤1 月龄样品 136 份，>1 月龄且≤3 月龄样品 27 份。按照各时期，每组 25 份样品进行混合，不足 25 份的单独为一组，每组提取总 RNA。

（二）主要试剂

核酸提取试剂盒、Applied Biosystems TM7500FAST Real-Time PCR System 试剂盒、BVDV 双抗原夹心 ELISA 检测试剂盒均购自赛默飞世尔科技有限公司。

（三）牛耳组织 RNA 的提取

RNA 提取步骤参照试剂盒说明书进行。将每组全部干燥的耳组织放入单独的 2 mL EP 管中，每管中加入 1 mL 1 × PBS（pH 值为 7.4），4 ℃过夜浸泡。每管取浸泡液 100 μL，作为 RNA 提取的混合样本，共计 58 组混合样本。提取的 RNA -20 ℃保存，备用。

（四）牛耳组织 BVDV RNA qRT-PCR 检测

以提取的牛耳组织 RNA 为模板，采用 25 μL 的反应体系：2×qRT-PCR 缓冲液 12.5 μL，25×BVDV 引物探针混合物 1.0 μL，25×qRT-PCR 酶混合物 1.0 μL，无核酸酶水 2.5 μL，预混液总体积 17.0 μL。样品 RNA 8.0 μL，阴性对照 8.0 μL，分别与预混液混合为 25 μL 体系。25×BVDV 对照 RNA 1.0 μL，核酸稀释液 6.0 μL，提取的牛耳组织 RNA 模板 1.0 μL，与预混液混合为 25 μL 体系。扩增程序：45 ℃预变性 10 min；95 ℃变性 10 min，53. 2 ℃退火 30 s，95 ℃延伸 15 s，40 个循环；60 ℃终延伸 45 s。利用 Bio-Rad CFX Manager 软件检测荧光信号并绘制扩增曲线。

（五）BVDV 双抗夹心 ELISA 抗原的检测

对 qRT-PCR 中检测出的阳性样品进行 BVDV ELISA 抗原检测。具体的检测及判定方法参照 BVDV 双抗原夹心 ELISA 检测试剂盒说明书进行。

（六）阳性牛耳组织 RT-PCR 的复检与目的条带的测序

为了确保检测出的牛为 PI 牛，1 个月后再次采取阳性牛耳组织进行 RNA 提取，然后反转录为 cDNA，用本实验室设计的 BVDV NS3 基因引物进行 PCR 鉴定。引物序列为 BVDVf 5'-ATGCCCTATAGTAGGACTAGCA-3'，BVDVr 5'-TTGACAGCCCTGGGTAATAAGAT-3'，目的片段大小为 244 bp。扩增体系：上、下游引物各 1 μL，模板 1 μL，2 × ES Taq 酶 12.5 μL，灭菌 ddH_2O 9.5μL。扩增程序：92 ℃预变性 3 min；92 ℃变性 15 s，58 ℃ 退火 30 s，72 ℃延伸 1 min，30 个循环，72 ℃终止延伸 10 min。PCR 扩增产物进行凝胶电泳，产物回收送至北京华大基因有限公司测序。

二、结果

（一）混合样品的 qRT-PCR 检测结果

58 组混合样品中阳性为 4 组，分别为 C 场>3 月龄且≤6 月龄奶牛耳组织样品、A 场>3 月龄且≤6 月龄奶牛耳组织样品、B 场围产期奶牛耳组织样品和 B 场围产期奶牛耳组织样品。

（二）BVDV 双抗夹心 ELISA 的检测

在 A 场 82 份>3 月龄且≤6 月龄奶牛耳组织样中检测出 1 份阳性样品，B 场 66 份围产期奶牛耳组织样品中检测出 2 份阳性样品，C 场 29 份>3 月龄且≤6 月龄奶牛耳组织样品中检测出 1 份阳性样品，共检测出 4 头 BVDV 抗原阳性牛。经计算，A 场阳性率为 0.5%（1/193）、B 场阳性率为 0.1%（2/875）、C 场阳性率为 1.8%（1/55）、D 场未检测出 BVDV 抗原阳性牛（0/163）。

（三）BVDV 的 RT-PCR 复检

由图 2-10 可见，2-5 泳道有明显大小的目的条带（244 bp），复检结果与之前检测结果的符合率为 100%。测序结果与 NCBI 发表的 BVDV NADL 标准株（Gene ID：105754171）同源性为 100%。

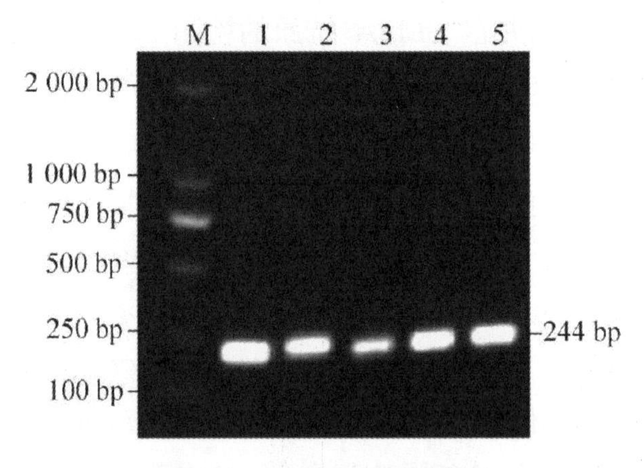

图 2-10　RP-PCR 复检结果

M：DL 2 000 Marker；1：阳性对照；2～5：复检耳组织样品。

三、讨论

研究发现，如妊娠 40～120 d 的母牛感染了 BVDV，即使妊娠期满后能顺利产下犊牛，犊牛也对该病毒有“免疫耐受”现象，并且会成为群体中新的传染源，妊娠期母牛通过这种方式产生的 PI 犊牛是重要的传染源。由于 PI 牛经常发生病毒血症并会持续向环境中排放病毒，因此对牛场环境严格管理及对 BVD-MD PI 牛的淘汰对于 BVD-MD 疫情的净化也至关重要。过去，人们常通过检测牛群中的 BVD-MD 抗体阳性率来判断牛群中是否存在 BVDV 的流行，但不清楚抗体阳性个体是不是 PI 牛，无法进行 BVD-MD 的净化。

本研究调查结果表明，来自 4 个奶牛场的 4 头牛被检出是 PI 牛，阳性率为 0.33%，2 头为>3 月龄且≤6 月龄犊牛，2 头为围产期母牛，在不同地区不同年龄段均检测出阳性牛只。李嘉采用 IDEXX BVDV 抗原检测试剂盒对黑龙江省部分地区牛场全群检测，PI 牛检出率为 4.23%；王金涛等采用 IDEXX BVDV 抗原检测试剂盒对黑龙江部分地区奶牛场奶牛随机采血检测，平均阳性率为 1.6%。本研究结果略低于上述结果，可能是样本数量较少导致检出率低于前两者。

本研究在提取 RNA 时选择混合样品进行分组检测，既减少了 RNA 提取试剂盒的用量，又减少了在进行 ELISA 试验时的工作量，考虑到 RNA 提取试剂盒对 RNA 提取量的上限，优化试验方案后，选择每组 25 个样本比较合适。另外，在试验中并没有出现 qRT-PCR 检测结果为阳性而 ELISA 检测结果为阴性的情况。1 个月后又对检测为阳性的牛只再次采集耳组织进行复检，检测结果均为阳性。说明本试验检测得到的 4 头牛为 PI 牛，现已被淘汰。本研究与丁金花建立的双抗夹心 ELISA 方法相比，在检测大量样本时有着操作简便和经济等优势。与商云鹏建立的 RT-LAMP 检测方法相比较，操作更加简洁，更适合大批量样品的检测，能从根本上对 BVD-MD 进行净化。以上结果说明本方法适合牛场的检疫净化，敏感性和准确性很高。

在全球范围内 BVD-MD 的净化仍处于起步阶段。此外，针对该病目前尚没有有效药物能够根治。因此，牛养殖户在日常饲养管理中有必要对牛群加强监护，根据实际情况进行检疫净化和疫苗免疫。

第六节 BVDV RT-RAA 可视化检测方法的建立及临床样本病原检测

近年来，随着我国市场经济的快速发展，我国边境贸易变得更加活跃，随之未经检测的动物及副产品流动会更加频繁，这无形中增加了动物疫病流行的风险。重组酶介导的等温扩增技术检测具有操作方法简单、检测时间短的优势，可以实现对牛病毒性腹泻感染的早期诊断，对 BVDV 检疫净化提供了有效的技术手段。目前，我国 BVDV 抗原阳性率较低，但该病依然是我国进出口贸易中监测的重要疫病，务必提高警惕，防止外国此病其他亚型进入境内。迄今为止，针对牛病毒性腹泻黏膜病还未研发出特别有效的疫苗和抗病毒药物，并且确诊 BVDV 操作技术烦琐，费用高昂，鉴定时间长会严重影响该病防控的时效性。

本团队（2022）以牛病毒性腹泻病毒重组酶聚合酶扩增技术为基础，结合 PCR 核酸试纸条，建立快速、简便、可视化的 BVDV 检测方法。应用该方法检测了临床样本。本研究内容可为探索我国牛病毒性腹泻/黏膜病的检疫净化新方法提供科学依据。

一、材料与方法

（一）毒株、质粒、细胞和菌株

牛传染性鼻气管炎病毒（IBR）、牛轮状病毒（BRV）、牛冠状病毒（BCV）由本实验室保存、BVDV-1 NADL 毒株与 BVDV-2 型由本实验室保存，猪瘟病毒由哈尔滨国生生物股份有限公司保存。PUC57 载体购自上海生工有限公司，克隆菌株 DH5α、表达菌株 BL21 购自北京索莱宝科技有限公司。牛肾细胞（MDBK 细胞）细胞为本实验室保存。

（二）主要试剂

本研究所用的主要试剂，见表 2-20。

表 2-20　主要试剂

主要试剂	生产厂家
DMEM 培养基	赛默飞世尔
胎牛血清	浙江天杭科技股份有限公司
青链霉素双抗	索莱宝生物科技有限公司
无水磷酸氢二钠	北京泉瑞科技有限公司
磷酸二氢钾	北京泉瑞科技有限公司
氯化钠	北京泉瑞科技有限公司
氯化钾	北京泉瑞科技有限公司
胰酶	江西瑞威尔生物科技有限公司
病毒 RNA 提取试剂盒	北京天根生化科技有限公司
TE 缓冲液	诺唯赞生物科技股份有限公司
无水乙醇溶液	诺唯赞生物科技股份有限公司
DL 2 000 DNA Marker	宝日医生物技术（北京）有限公司
RT-RAA 基础法试剂盒	杭州众测生物科技有限公司

续表

主要试剂	生产厂家
RT-RAA 荧光法试剂盒	杭州众测生物科技有限公司
RT-RAA 试纸条法试剂盒	杭州众测生物科技有限公司
FAM-生物素试纸条	杭州奥泰技术股份有限公司
质粒小提取试剂盒	爱思进生物科技有限公司
TaKaRa EX Taq 酶	宝日医生物技术（北京）有限公司

（三）仪器设备

本研究所用主要仪器设备，见表 2-21。

表 2-21 仪器设备

仪器名称	生产厂家
移液器	德国 Eppendorf 公司
电热恒温水槽	上海一恒科技有限公司
MLS-3750 高压灭菌锅	日本三洋电机株式会社
倒置显微镜	广州市明美光电技术有限公司
CO_2 培养箱	Thermo
超净工作台	哈尔滨市东联电子技术开发有限公司
-80 ℃冰箱	Thermo
涡旋振荡器	海门市其林贝尔有限公司
掌上离心机	杭州佑宁仪器有限公司
紫外凝胶成像仪	美国伯乐 Bio-Rad 公司
金属浴恒温器	天根生化科技（北京）有限公司
核酸电泳仪	北京君意仪器厂
高速冷冻离心机	Thermo
荧光定量 PCR 仪	西安天隆科技有限公司
高通量超微分光光度计	广州伯齐生物科技有限公司
PCR 仪	宝生物有限公司
生物安全柜	Thermo
电热恒温鼓风干燥箱	上海精宏实验设备有限公司
4 ℃冷藏箱	赛默飞
-20 ℃医用低温保存箱	深圳市海滨仪器有限公司
-40 ℃医用低温保存箱	深圳市海滨仪器有限公司

（四）病毒增殖

MDBK 细胞的复苏：打开水浴锅，设置温度 37 ℃，将烧杯置于水浴锅中，等待水温到达 37 ℃后，将细胞冻存管在烧杯中不断搅拌，直至融化，用移液枪将冻存管中的细胞转移至 15 mL 离心管中，加入双无的 DMEM 培养基，清洗细胞中残留的细胞冻存液，1 000 r/min 离心 5 min，弃掉上清，用 5 mL 含有 10%的胎牛血清和 1%的双抗的 DMEM 培养基重悬细胞沉淀，吹吸混匀后，用移液枪移至 T25 的细胞瓶中，放入 37 ℃含有 5%的 CO_2 培养箱中，培养 24 h 后，用倒置显微镜观察细胞生长状态，观察到细胞长满 T25 瓶底，将细胞传代。

MDBK 细胞的传代：将长满的 T25 细胞瓶用 3 mL PBS 清洗细胞，左右晃动，弃掉 PBS，清洗 3 遍后，在细胞瓶中加入 1 mL 胰酶，静置 1 min，用手轻轻拍细胞瓶，观察细胞脱落情况，消化差不多时加入 10 mL 含有 10%的胎牛血清和 1%的双抗的 DMEM 培养基，终止胰酶的消化，吹吸混匀，抽取 5 mL 培养液放入新的 T25，1∶2 传代。

接毒与收毒：将长满的细胞传代，观察细胞长至 60%～80%的时候，用 PBS 清洗 3 遍，弃 PBS，将 3 mL BVDV 病毒加入培养瓶中，左右摇晃混匀，使病毒液铺平细胞瓶底部，放入培养箱作用 1 h，每隔 15 min 摇晃一次，摇晃 4 次，作用结束后，弃掉病毒液，加入含有 2%胎牛血清和 1%双抗的 DMEM 培养液，放入培养箱中，观察细胞病变情况。大概 4 d 左右收毒。将病变明显的细胞冻于-80 ℃，过夜，取出细胞瓶反复冻融 3 次，收毒，分装到 1.5 mL EP 管中，冻于-80 ℃保存，备用。

（五）病毒 RNA 的提取

用病毒 RNA 提取试剂盒提取 BVDV 病毒 RNA，具体操作步骤：①在 1.5 mL EP 管中将试剂盒中带的裂解液与 Carrier RNA 混合，混合均匀。②在 EP 管中加入 140 μL 病毒液，用涡轮振荡器振荡 15 s。③室温条件下，静置 10 min。④用瞬离机快速离心 5 s。⑤加入提前预冷的无水乙醇溶液 560 μL，涡轮振荡混匀 15 s。⑥用瞬离机快速离心 5 s。⑦将试剂盒自带的吸附柱放入收集管中，EP 管中的液体转移到吸附柱，8 000 r/min 离心 1 min，弃掉收集管中的废液，将剩余 EP 管中液体重复上面操作。⑧打开吸附柱管盖，加入 500 μL 缓冲液 GD（在加 GD 缓冲液前要确定是否加入无水乙醇），8 000 r/min 离心 1 min，弃掉收集管中废液，将吸附柱重新放回收集管内。⑨打开吸附柱管盖，加入 500 μL 缓冲液 RW（在加 RW 缓冲液前要确定是否加入无水乙醇），8 000 r/min 离心 1 min，弃掉收集管中废液，将吸附柱重新放回收集管内。⑩重复操作步骤⑨。⑪12 000 r/min 离心 3 min，使吸附柱内膜变干，弃掉废液，将吸附柱重新放回收集管内。⑫将吸附柱管盖打开室温放置 3 min。⑬将无 RNA 酶双蒸水 50 μL 小心滴入吸附柱膜中间后，盖上管盖，转移吸附柱放置在一个新的无 RNA 酶 EP 管中，室温静置 5 min，8 000 r/min 离心 1 min。⑭弃掉吸附柱，盖上管盖，冻于-80 ℃，备用。

（六）BVDV 标准品质粒的构建

在 NCBI 上下载 BVDV 5'-UTR 非翻译区序列作为靶区，运用 DNAMAN 软件对比序列，找到保守区域，合成质粒（上海生工），选用 PUC57 载体质粒，构建质粒。将合成的质粒菌，挑出放在 10 mL 的液体 LB 培养基中，1 800 r/min 过夜摇菌，将混浊的菌液放在 4 ℃，取 100 μL 菌液加入 100 mL 含有氨苄抗性的 LB 液体培养基中，1 800 r/min，过夜摇菌，用无内毒素质粒大提试剂盒，提取质粒。具体步骤如下：①首先将吸附柱平衡处理：把吸附柱放在 50 mL 收集管中，加入 2.5 mL 的平衡液，8 000 r/min，离心 2 min，把收集管中的废液弃掉，将吸附柱放回收集管中。②取 200 mL 过夜摇的菌，加入离心管中 8 000 r/min 离心 3 min，弃掉上清。③向有沉淀的离心管中加入 8 mL 的溶液 a（溶液 a 中要提前加入 RNaseA），用涡轮振荡器充分悬浮细菌沉淀。④将悬浮起来的溶液中加入 8 mL 溶液 b，温和的上下颠倒混匀 7 次，充分混匀后，使菌体裂解，室温放置 5 min。⑤裂解完成后，加入 8 mL 溶液 c，温和的上下颠倒混匀，直至溶液出现白色絮状沉淀，室温放置 10 min，8 000 r/min 离心 10 min，将白色沉淀离心至管底，将全部溶液倒入过滤器中，避免将沉淀倒入过滤器中慢慢过滤，滤液收集在干净的 50 mL 离心管中。⑥向有滤液的离心管中加入 0.3 倍体积的异丙醇，温和的上下颠倒混匀几次后转移到吸附柱中，吸附柱放入 50 mL 离心管中，室温 8 000 r/min 离心 2 min，倒掉收集管中的废液，将吸附柱重新放回管中。⑦向吸附柱中加入 10 mL 漂洗液（请检查漂洗液中是否已加入无水乙醇），8 000 r/min 离心 2 min，弃掉废液，将吸附柱重新放回收集管中。⑧重复操作步骤⑦。⑨向吸附柱中加入 3 mL 无水乙醇，室温 8 000 r/min 离心 2 min，倒掉废液。⑩将吸附柱重新放回离心管，8 000 r/min 离心 5 min，是为了将吸附柱中残余的漂洗液去除。⑪将吸附柱置于干净离心管中，向吸附膜的中间部位滴加 1 ~ 2 mL 洗脱缓冲液，室温放置 5 min，8 000 r/min 离心 2 min，将 50 mL 离心管中的液体放入灭菌过的 2 mL 离心管中，-20 ℃保存。

（七）RT-RAA 反应体系的建立

1.引物探针与设计合成。

用 Primer5 软件设计引物，在软件设计的基础上手动改变下游引物的位置与大小，让引物对的配对情况更加合理，设计完成的引物用 DNAMAN 软件进行二级结构的检测，并检测下游引物与探针的自由能，自由能的绝对值越低，引物发生二聚体的情况越小。根据 RAA 试剂盒的设计原则，引物的长度最好在 30 ~ 35 bp，最好不低于 30 bp，可以根据实验结果合理设计引物，引物超过 35 bp 不会增加扩增性能，还会增加二级结构的可能，不同序列的引物在 RAA 反应中表现不同，但没有固定的规则来根据其引物的顺序和组成预测给定的扩增引物的工作效果。然而，一些指导方针是基于经验观察而发展起来的。在可能的情况下，最好避免引物中不寻常的序列，避免引物中出现大量重复与不寻常的序列元件，GC 含量过高或过低都对扩增效果有害，在设计引物时丢弃会促进二级结构和发夹结构的寡核苷酸，超过 500 bp 靶标会影响扩增效果，现有的 RAA 试剂都不能很好地扩增，最适合的靶标大小在 100 ~ 200 bp，靶标的大小影响着灵敏度与速度。在目标区域的选择上，建议具有相对“平均”的核苷酸序列，为保证目标的唯一性，避免引物上使用直接重复或反向重复，最大的允许长度为 5 个重复。

除了促进真正的扩增事件，RAA 反应环境也不希望发生引物相互作用（类似的现象与其他核酸扩增技术很常见，如 PCR）。这种相互作用可以是发生在分子内的发夹结构，或由引物二聚体形成的结果，两者都在相同或不同的寡核苷酸之间。这些结构可以为 DNA 聚合酶的延伸提供底物，因此产生的一些底物将作为进一步重组/延伸事件的模板，从而进入指数扩增阶段。这种类型的过程将产生可检测水平的相对低分子量 DNA，由引物衍生序列。引物二聚体反应与真正的扩增过程存在竞争，最终会抑制后者。产生的影响将限制引物对的灵敏度。因此，选择引物是很重要的，这将减少引物之间的竞争性。BVDV NCBI 参考序列与候选引物序列见表 2-22 和表 2-23。

表 2-22　BVDV NCBI 参考序列

GenBank	序列名称	基因型
KX280711.1	strain SC from China 5' UTR	BVDV-1
M96751.1	SD1	BVDV-1
AJ133738.1	isolate NADL	BVDV-1
AJ585412.1	strain VEDEVAC	BVDV-1
M96687.1	strain Osloss	BVDV-1
AF220247.1	Bovine viral diarrhea virus-1, complete genome	BVDV-1
KT943518.1	isolate BJ1201	BVDV-1
KF896608.1	isolate Bega-like	BVDV-1
AB078952.1	strain:KS86-1cp	BVDV-1
JN400273.1	isolate SD0803	BVDV-1
KC695810.1	isolate camel-6	BVDV-1
AF526381.1	strain ZM-95	BVDV-1
KT896495.1	isolate LN-1	BVDV-1

续表

GenBank	序列名称	基因型
KY964311.1	isolate Y2	BVDV-1
MW014288.1	isolate GXSS03	BVDV-1
MN188074.1	strain PI285	BVDV-1
MK381373.1	isolate 197-BA/17	BVDV-1
MN849041.1	isolate QL1903	BVDV-1
MN248479.1	isolate 99-134	BVDV-1
KP749797.1	strain JR1-2	BVDV-1
MN513408	isolate BVDV-2/FBS-H7_FBS 5' UTR	BVDV-2
AB567658	strain: Hokudai-Lab/09	BVDV-2
MH231126.1	isolate 3237 polyprotein gene	BVDV-2
JN967743	isolate F1-5/BR	BVDV-2
KP715136	isolate LV/N1156/13	BVDV-2
MG004720	isolate LV/N1156/13	BVDV-2
KJ000672	strain SD1301	BVDV-2
MK599227	Bovine viral diarrhea virus 2 strain SD-1	BVDV-2

表 2-23 候选引物序列

引物	序列
BVDV-1F1	TGCCCTTAGTAGGACTAGCAAAATGAG
BVDV-1R1	CATGTACAGCAGAGATTTTTAGTAGC
BVDV-1F2	TAGCAACAGTGGTGAGTTCGTTGGATGGC
BVDV-1R2	AGATTTTCAGTAGCAATACAGTGGGCCTCT
BVDV-1F3	CAGTGGTTCGACGCTTTGGAGGACAAGCCTC
BVDV-1R3	CTATCAGGCTGTATTCGTAGCGGTTGGTTA
BVDV-1F4	GAGTACAGGGTAGTCGTCAGTGGTTCGAC
BVDV-1R4	CCATGTACAGCAGAGATTTTTAGTAGC
BVDV-2F1	GCCCTTAGTAGGACTAGCAAAAAGAG
BVDV-2R1	ACGCAACCCCCGCATAGGTTAAGGTGTA
BVDV-2F2	CCTGAGTACAGGGAAGTCGTCAATGGTTCG
BVDV-2R2	CACAAAATGGTGCTTTCACCTACGCAACCC
BVDV-2F3	AGGGAAGTCGTCAATGGTTCGACGCTCTAG
BVDV-2R3	TACTAGCGGAGTAGCAGGTCTCTGCT

续表

引物	序列
BVDV-2F4	CCCTCAGCGAAGGCCGAAAAGAGGCTAGC
BVDV-2R4	CCCTCGTCCACATGGCATCTCGAGACTC

2.RT-RAA 最佳引物的筛选。

以 BVDV RNA 为模板，用 RT-RAA 的方法，设计一个 4×4 引物候选矩阵的方法筛选结果。所有正向引物（指定为 F1-F4）均用反向引物（R1）进行筛选，通过对单一反向引物对所有正向引物进行筛选，选择最佳的正向引物，然后用筛选的正向引物，找到最佳的反向引物。在 42 ℃恒温金属浴中反应，反应体系见表 2-24。

表 2-24 RT-RAA 反应体系

体系组分	用量
RNA 模板	5 μL
上游引物	2 μL
下游引物	2 μL
A buffer	25 μL
反应干粉	1 管
ddH_2O	13.5 μL
B buffer	2.5 μL

（八）RT-RAA 荧光法筛选引物探针组合

荧光探针的设计旨在提供特异和灵敏的扩增子检测，在用基础法 RT-RAA 方法筛选引物的基础上，设计探针，探针的设计原则：①探针的序列不与下游引物序列结合互补。②探针的碱基长度在 46 ~ 52 nt 之间。③避免内部自身形成二级结构。④作为核酸外切酶的识别位点；四氢呋喃（THF）位点的上游标记一个荧光基团 FAM，下游标记一个淬灭基团 BHQ1，两个基团的间距为 2 ~ 4 nt。⑤在探针的 5'端标记一种为 FAM 的抗原标记物。⑥在距离 5'端 35 nt 左右的 T 碱基上，用四氢呋喃替换 T 碱基。⑦在 3'末端标记一个阻断的修饰基团。由荧光团产生的任何荧光信号通常都会被位于荧光团上的 2 ~ 5 个碱基猝灭基团猝灭。在双链环境下，该试剂盒中的核酸外切酶将在 THF 位置对探针进行切割，从而产生一个新的 3'-羟基（有效地解除对探针的阻断），可以作为聚合酶延伸的引物位点，从而将探针转化为引物。结果的判定：荧光法结果判定，要有明显的扩增曲线的出现，出峰的时间要在 18 min 以内，*Ct* 值小于 36 时判定结果为阳性。

具体操作步骤：将上述反应中的上游引物、下游引物、探针、水、A buffer 混合均匀后加入反应干粉管中，向检测管中加入 5 μL RNA，在向检测管中加入 2.5 μL 的 B buffer，盖上管盖，上下颠倒混匀，瞬时离心，将检测管放入荧光检测仪中，开始检测。具体反应程序见表 2-25。

表 2-25 RT-RAA 荧光法反应程序

温度	时间	循环数	荧光信号采集
42 ℃	40s	1	否
42 ℃	30s	40	是

（九）RT-RAA-LFD 反应体系的建立

在用基础法 RT-RAA 方法筛选引物的基础上，设计探针，用荧光法检测引物与探针配对情况，将筛选好的引物探针序列设计成试纸条法要用的引物探针。试纸条法的引物探针设计原则，与荧光法相同。不同的地方在于标记上的区别，在筛选好的下游引物上标记生物素，在探针的 5'端标记 FAM 基团，探针内部含有碱基核苷酸类似物替代核酸四氢呋喃（THF），在 3'末端标记一个阻断的修饰基团 C3-spacer。没有固定的规则来确定一个探针和扩增引物的最佳位置，必须注意避免引物二聚体可以被探针检测到的可能性。虽然与探针方向相同的引物可以重叠其 5'部分，即引物的重叠应限制在探针的 5'最多 30 个核苷酸左右。这将防止引物无意中为探针敏感序列元件的杂交目标。与探针方向相反的引物不应重叠，以避免引物-探针二聚体的出现。

操作步骤：将上述反应中的上游引物、下游引物、探针、水、A buffer 混合均匀后加入反应干粉管中，向检测管中加入 5 μL RNA，在向检测管中加入 2.5 μL 的 B buffer，盖上管盖，上下颠倒混匀，瞬时离心，将检测管放入金属浴仪器上，温度设置在 42 ℃，时间为 30 min。反应结束后，将反应产物稀释 15 倍，抽取 10 μL 反应产物放入 140 μL 稀释液，混匀后将 100 μL 混合液滴加在试纸条上，等待 5 min 观察结果并记录拍照结果。

1.RT-RAA-LFD 反应温度的优化。

确定引物和探针后，在 RT-RAA-LFD 反应中，重组酶的反应温度在 37 ~ 42 ℃，将温度设置为 30 ℃、35 ℃、37 ℃、40 ℃、42 ℃、45 ℃、50 ℃的条件下，扩增反应 30 min，放置在恒温金属浴中，反应结束后，15 倍稀释产物，100 μL 滴加试纸条，5 min 后观察反应结果，确定最佳反应温度。

2.RT-RAA-LFD 反应时间的优化。

确定引物和探针后，为了优化反应时间，将时间分别设置为 5 min、10 min、15 min、

20 min、25 min、30 min，反应温度为最适时间 40 ℃。然后，在恒温金属浴中，按上述反应时间进行扩增。反应结束后，15 倍稀释产物，100 μL 滴入试纸条，5 min 后观察反应结果，确定最佳反应时间。

（十）RT-RAA-LFD 方法的特异性试验

选用 BVDV-1 型、BVDV-2 型、牛冠状病毒（BCoV）、猪瘟病毒（CSFV）、牛轮状病毒（BRV）、牛传染性鼻气管炎病毒（IBRV）等进行引物探针的特异性检测。其中，牛病毒性腹泻病毒标准毒株（BVDV NADL 株）的 RNA 作为阳性对照、DEPC 水为阴性对照，进行特异性分析。此外，选择 BVDV-1 型与 BVDV-2 型的引物序列检测两种基因型之间的特异性。用 BVDV-1 型的引物序列检测 BVDV-2 型病毒 RNA，用 BVDV-2 型的引物序列检测 BVDV-1 型病毒 RNA。

（十一）RT-RAA-LFD 方法的灵敏性试验

将标准品质粒浓度换算成拷贝数后，用 TE 缓冲液对质粒进行 10 倍比稀释，BVDV-1 型和 BVDV-2 型拷贝数质粒的浓度为 1.4×10^{10} 拷贝数/μL 和 1.8×10^{10} 拷贝数/μL，10 倍稀释后，将稀释的质粒加入反应体系中，40 ℃反应，反应时间 25 min，反应产物 15 倍稀释后，100 μL 滴入试纸条，观察最低检测线为多少拷贝数。

（十二）RT-RAA-LFD 方法的重复性试验

采用建立好的 RT-RAA-LFD 方法，按照反应体系，配置 3 个阳性样本和 3 个阴性对照样本，反应 25 min 后，滴加在试纸条上，5 min 后观察结果，观察反应条带的粗细与深浅，观察此方法的重复性。

（十三）RT-RAA-LFD 方法的临床样本检测

在黑龙江省大庆、牡丹江、佳木斯等地区牛场采集 267 头牛粪便样品，用 200 μL PBS 浸泡牛粪便样品，提取样本 RNA 为模板，进行 RT-RAA-LFD 法检测，检测结束后计算检出阳性率，同时，与 qRT-PCR 国标法检测结果进行符合率对比，符合率计算公式如下：符合率=（A+D）/（A+B+C+D）×100%。其中，A：两种方法的共同阳性数量；D：两种方法的共同阴性数量；A+B+C+D：检测临床样本总数。

二、结果

（一）病毒增殖

BVDV-1 cp 型感染 MDBK 细胞后，诱导 MDBK 细胞快速和广泛的空泡化，广泛的细胞质空泡化中含有细胞器和细胞碎片，能够与其他液泡融合并吞噬周围的细胞质物质，出现空洞和拉丝的现象。NCP 型 BVDV-2 感染 MDBK 细胞后，不会出现明显变化。

（二）标准品质粒浓度的计算

使用 PUC57 载体构建含有 BVDV-1 型与 BVDV-2 型基因的重组质粒，将质粒干粉用 100 μL TE 缓冲液稀释，标准品质粒的浓度用 BMG SPECTR Ostar Nano 高通量超微量分光光度计检测，BVDV-1 型的质粒浓度测定做了 2 个重复分别为 42.8 μg/mL、48.4 μg/mL，BVDV-2 型的质粒浓度分别为 55.7 μg/mL、62.3 μg/mL，取两次检测的平均值 BVDV-1 型和 BVDV-2 型的质粒浓度为 45.6 μg/mL、59 μg/mL，PUC57 载体的长度为 2 710 bp，BVDV-1 型的目的基因长度为 270 bp，BVDV-2 型的目的基因长度为 278 bp，重组质粒碱基数为 2 980 bp 和 2 988 bp。代入计算拷贝数的公式：拷贝数=$6.02 \times 10^{23} \times$ 质粒浓度平均值$\times 10^{-9}/660 \times$（质粒载体长度+目的基因长度）BVDV-1 型质粒拷贝数为 1.4×10^{10} 拷贝数/μL，BVDV-2 型质粒拷贝数为 1.8×10^{10} 拷贝数/μL。

（三）RT-RAA 引物筛选

为筛选最佳引物对，通过在 NCBI 中的 BLAST 对设计好的 4 对引物进行序列比对与分析主要对牛病的牛轮状病毒、牛冠状病毒、牛传染性鼻气管炎病毒和猪瘟病毒，与牛病毒性腹泻病毒同属于瘟病毒科的猪瘟病毒进行序列对比，结果表明，4 对引物的特异性好。用 Primer5 软件进行引物对的设计。通过对单一反向引物对所有正向引物进行筛选，选择最佳的正向引物，然后用筛选的正向引物，找到最佳的反向引物。最佳上游引物的筛选，以 R1 为下游引物，对上游引物 F1-F4 进行筛选，得出 BVDV-1 型的最佳上游引物为 F1。具体 PCR 结果见图 2-11。

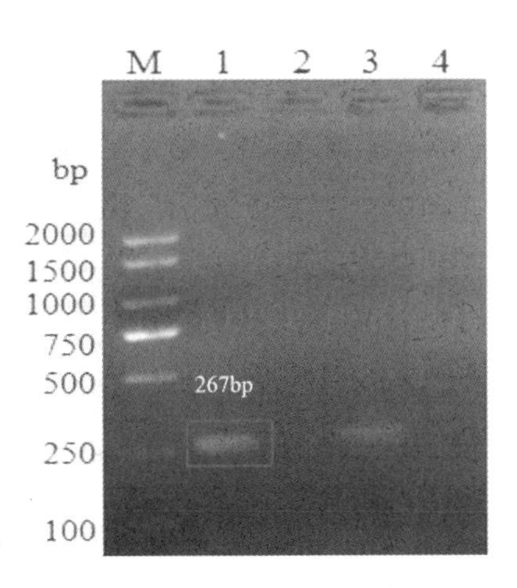

图 2-11　BVDV-1 RT-RAA 反应体系上游引物的筛选

M：DL2000 DNA Marker；1：F1+R1；2：F2+R1；3：F3+R1；4：F4+R1。

最佳上游引物的筛选确定 F1 最亮，用 F1 对下游引物的 R1 ~ R4 进行筛选，得出 BVDV-1 型下游引物 R1 最亮。具体 PCR 结果见图 2-12。

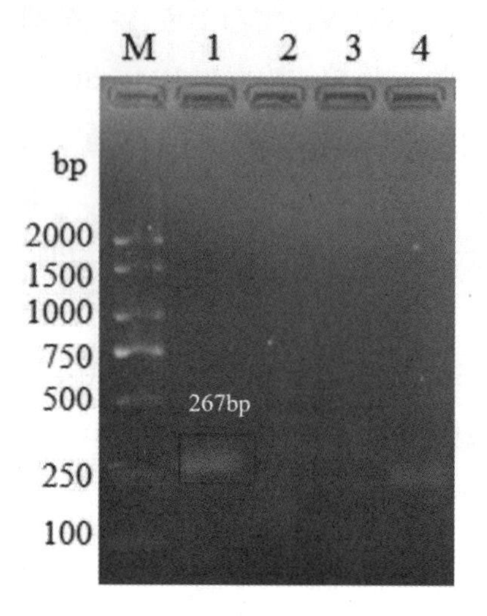

图 2-12　BVDV-1 RT-RAA **反应体系下游引物的筛选**

M：DL2000 DNA Marker；1：F1+R1；2：F1+R2；3：F1+R3；4：F1+R4。

BVDV-2 型最佳上游引物的筛选，以 R1 为下游引物，对上游引物 F1-F4 进行筛选，得出 BVDV-2 型的最佳上游引物为 F1。具体 PCR 结果见图 2-13。

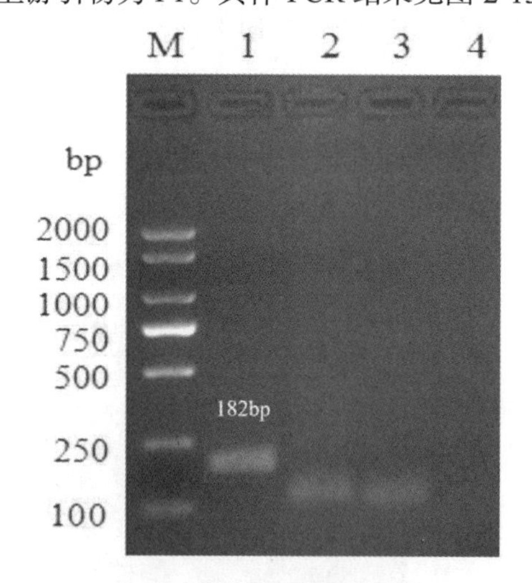

图 2-13　BVDV-2 RT-RAA **反应体系上游引物的筛选**

M：DL2000 DNA Marker；1：F1+R1；2：F2+R1；3：F3+R1；4：F4+R1。

BVDV-2 型最佳上游引物的筛选确定 F1 最亮，用 F1 对下游引物的 R1-R4 进行筛选，得出 BVDV-2 型下游引物 R1 最亮。具体 PCR 结果见图 2-14。

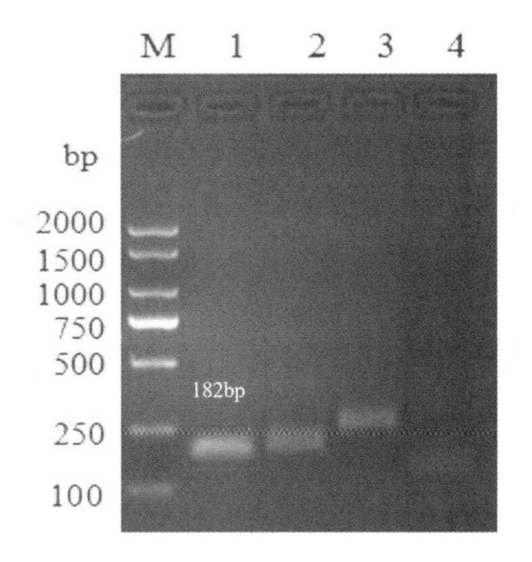

图 2-14 BVDV-2 RT-RAA 反应体系下游引物的筛选

M：DL2000 DNA Marker；1：F1+R1；2：F1+R2；3：F1+R3；4：F1+R4。

依据上述结果，筛选到 BVDV-1 型和 BVDV-2 型引物各一对，引物序列及目的片段大小见表 2-26。

表 2-26 引物序列

引物	序列	片段大小
BVDV-1F	TGCCCTTAGTAGGACTAGCAAAATGAG	267 bp
BVDV-1R	CATGTACAGCAGAGATTTTTAGTAGC	
BVDV-2F	GCCCTTAGTAGGACTAGCAAAAAGAG	182 bp
BVDV-2R	GCTGTGTTCATAACACCACAAAATGGT	

（四）RT-RAA 荧光法确定探针

用 BVDV-1 型和 BVDV-2 型病毒 RNA 为模板，阴性对照用 DEPC 水为模板，进行荧光 RT-RAA 扩增，用设计的探针（表 2-27）与基础法筛选的引物进行实验。实验结果表明，引物探针组合扩增效果良好，当 *Ct* 值为 7.46 和 12.01 时扩增曲线出现明显起峰，阴性对照组未起峰（图 2-15 和图 2-16）。

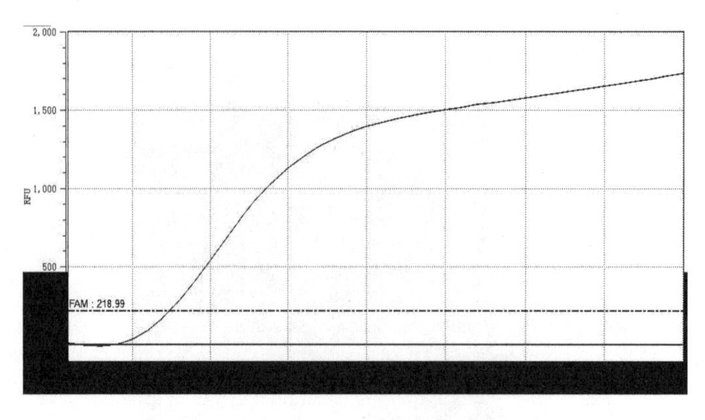

图 2-15　BVDV-1 RT-RAA 荧光法验证探针

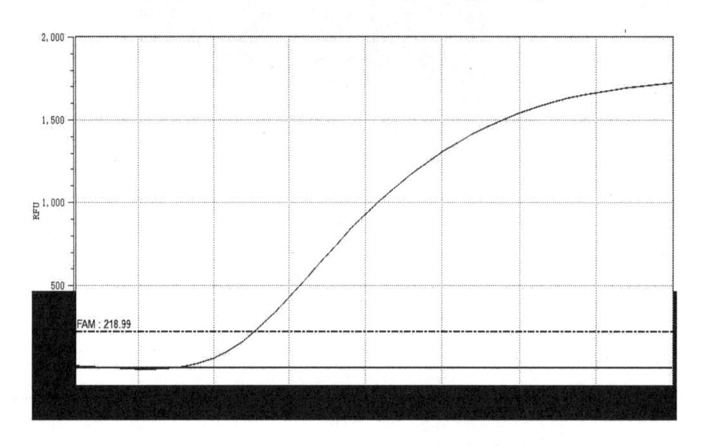

图 2-16　BVDV-2 RT-RAA 荧光法验证探针

表 2-27　探针序列

引物	探针序列
BVDV-1	TGGTGAGTTCGTTGGATGGCTGAAGCCCTGGTACAGGGTAG
BVDV-2	AGCGGTAGCAGTGAGTTCATTGGATGGCCGATCCCTGAGTACAG

（五）RT-RAA-LFD 方法的建立

结合基础法和荧光法筛选的引物和探针组合，建立 RT-RAA-LFD 检测方法。用 BVDV-1 型和 BVDV-2 型病毒 RNA 做阳性对照，以 DEPC 水做阴性对照，进行 RT-RAA-LFD 法检测，验证该方法的可行性。本方法在 5 ~ 10 min 内读数，判定结果才准确。试纸条结果的判定标准：在试纸条上有检测线（T）与质控线（C），阳性结果为 T 与 C 线都有红色条带，阴性结果是只有 C 线有红色条带而 T 线无条带，如果出现 T 线有红色条带而 C 线无条带的情况则检测结果无效。由图 2-17 可见，BVDV 阳性对照在 C

线与 T 线都有条带，阴性对照只有 C 线有条带，证明结果正确，该检测方法可用于后续实验。

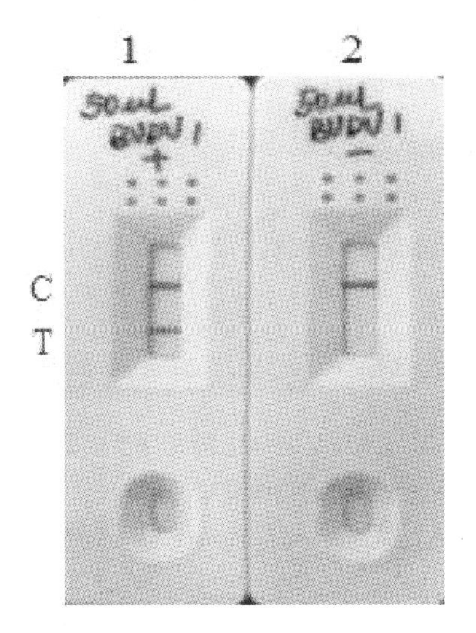

图 2-17　BVDV-1 RT-RAA-LFD **方法的建立**

1：阳性对照；2：加水的阴性对照。

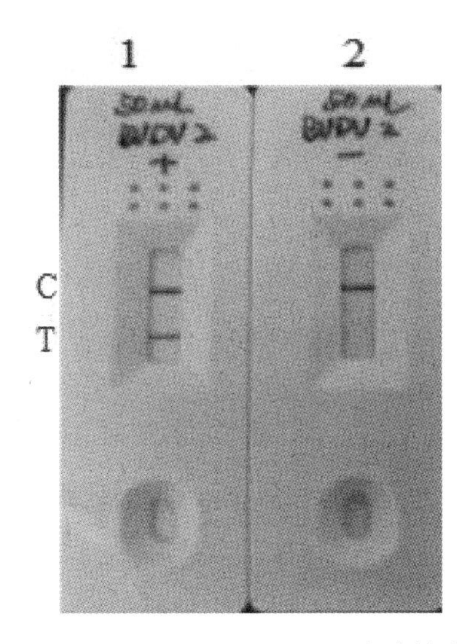

图 2-18　BVDV-2 RT-RAA-LFD **方法的建立**

1：阳性对照；2：加水的阴性对照。

将 RT-RAA-LFD 的反应产物进行琼脂糖凝胶电泳验证，检测目的条带大小是否正确。检测结果显示 BVDV-1 型的目的带在接近 267 bp 的位置，BVDV-2 型的目的带在接近 182 bp 位置左右，与预期条带大小相符，结果见图 2-19 和图 2-20。

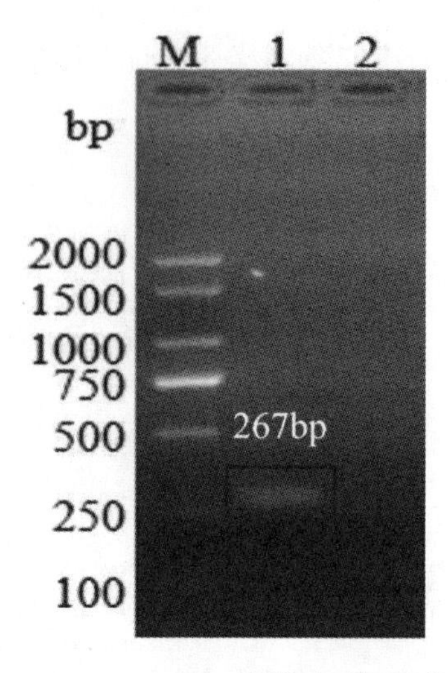

图 2-19　BVDV-1 RT-RAA 电泳法验证目的片段大小

M：DL2000 DNA Marker；1：BVDV-1 型 RT-RAA 法阳性；2：BVDV-1 型 RT-RAA 法阴性。

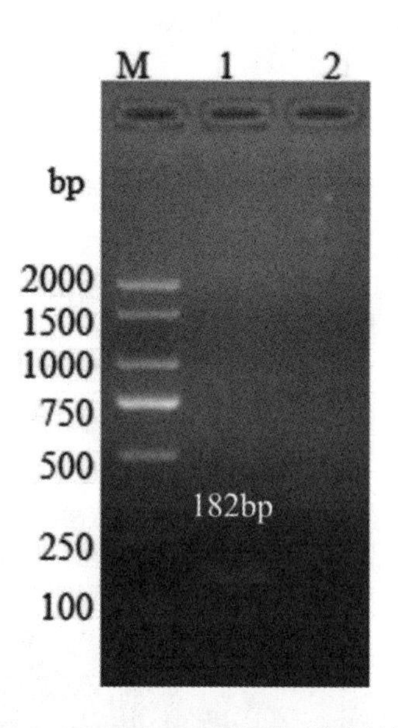

图 2-20　BVDV-2RT-RAA 电泳法验证目的片段大小

M：DL2000 DNA Marker；1：BVDV-2 型 RT-RAA 法阳性；2：BVDV-2 型 RT-RAA 法阴性。

（六）RT-RAA-LFD 反应条件的优化

1.RT-RAA-LFD 反应温度的优化。

如图 2-21 所示，针对 BVDV-1 型反应温度，本研究结果表明，在 30 ~ 45 ℃时 T 线都有红色条带出现，50 ℃时 T 线未出红色条带，在 40 ℃和 42 ℃温度下，T 线的条带粗细相同，为了临床上检测方便，选择温度 40 ℃为 BVDV-1 型的实验条件。如图 2-22 所示，针对 BVDV-2 型反应温度结果，本研究结果表明，在 30 ~ 45 ℃时 T 线都有红色条带出现，50 ℃时 T 线未出红色条带，在 40 ℃温度下，T 线的红色条带最粗，选择最粗的条带温度 40 ℃为 BVDV-2 型的实验条件。

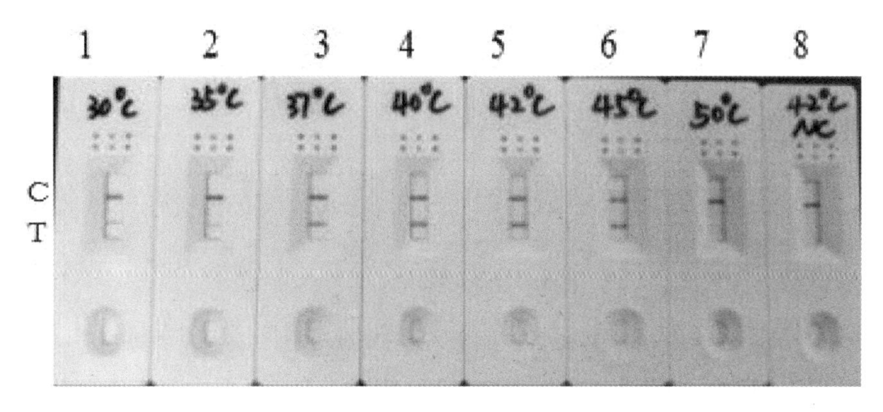

图 2-21　不同反应温度下 BVDV-1 RT-RAA-LFD 方法的检测结果

1：30 ℃；2：35 ℃；3：37 ℃；4：40 ℃；5：42 ℃；6：45 ℃；7：50 ℃；8：42 ℃阴性对照。

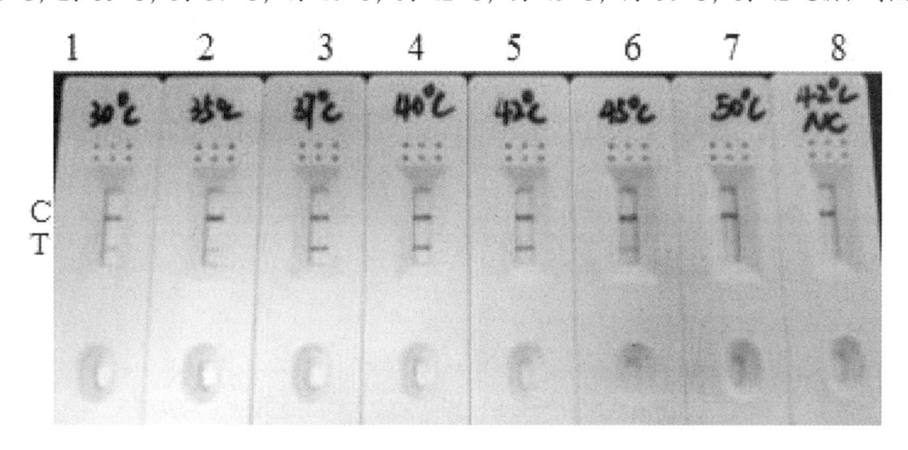

图 2-22　不同反应温度下 BVDV-2 RT-RAA-LFD 方法的检测结果

1：30 ℃；2：35 ℃；3：37 ℃；4：40 ℃；5：42 ℃；6：45 ℃；7：50 ℃；8：42 ℃阴性对照。

2.RT-RAA-LFD 反应时间的优化。

如图 2-23 所示，针对 BVDV-1 型反应时间，本研究结果表明，在 5 ~ 30 min 时 T 线都有红色条带出现，5 min 时 T 线可以看到特别浅的红色条带，10 min 往后 T 线的红色条带颜色逐渐变深，25 min 和 30 min 的结果，T 线的条带粗细相同，为缩短检测时间，选择反应时间 25 min 为 BVDV-1 型的反应时间。针对 BVDV-2 型反应温度，如图 2-24 所示，本研究结果表明，在 5 min 时 T 线未有红色条带出现，10 ~ 30 min 时 T 线都出红色条带，在 25 min 和 30 min 时，T 线的条带粗细相同，选择时间 25 min 为 BVDV-2 型的反应时间。

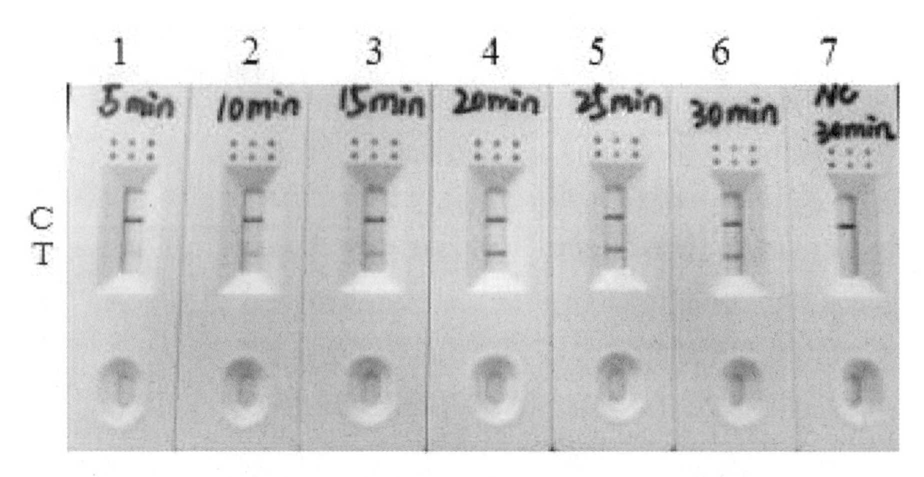

图 2-23　不同反应时间下 BVDV-1 RT-RAA-LFD 方法的检测结果

1：5 min；2：10 min；3：15 min；4：20 min；5：25 min；6：30 min；7：30 min 阴性对照。

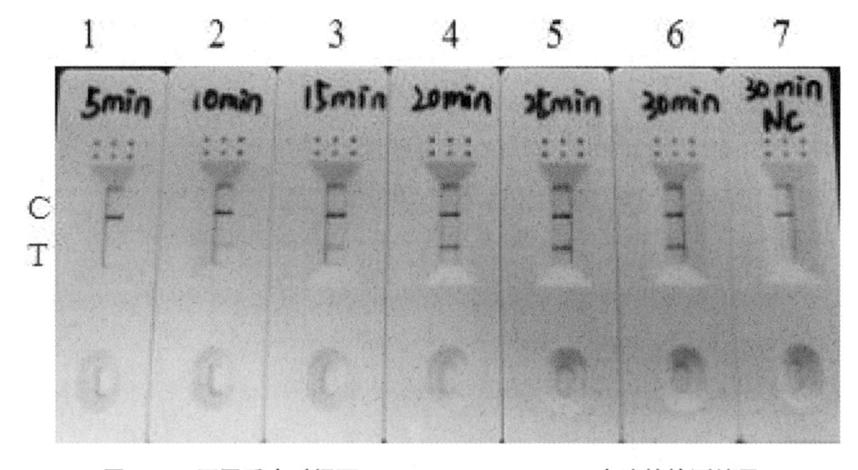

图 2-24　不同反应时间下 BVDV-2 RT-RAA-LFD 方法的检测结果

1：5 min；2：10 min；3：15 min；4：20 min；5：25 min；6：30 min；7：30 min 阴性对照。

（七）RT-RAA-LFD 方法的特异性

用建立好的 RT-RAA-LFD 反应体系检测 4 种相关病毒核酸。在 BVDV-1 型特异性检测中，只有 BVDV-1 型呈阳性，在 T 线上出现红色条带，而其他病原体的 T 线上均未出带（图 2-25）。在 BVDV-2 型的特异性检测中只有 BVDV-2 型呈阳性结果，而其他病原体的 T 线并没有被检出（图 2-26），证明 BVDV-1 型和 BVDV-2 型的序列特异性好。此外，BVDV-1 型和 BVDV-2 型特异性互检结果表明，两种检测方法不存在交叉反应，具体结果见图 2-27 与图 2-28。

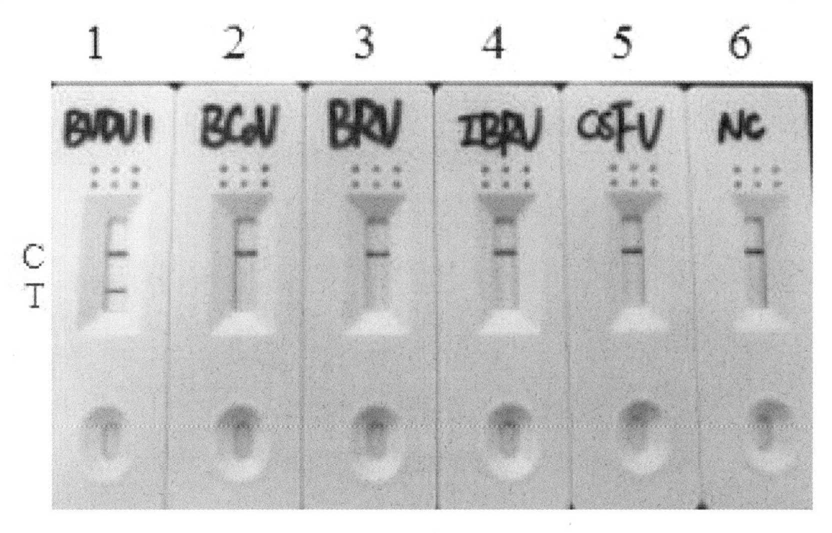

图 2-25 BVDV-1 RT-RAA-LFD 方法的特异性检测结果

1：阳性对照；2：BCoV；3：BRV；4：IBRV；5：CSFV；6：阴性对照。

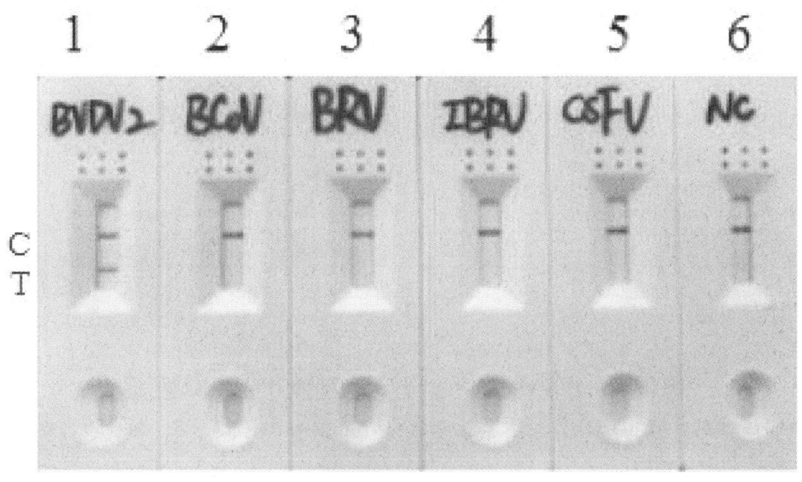

图 2-26 BVDV-2 RT-RAA-LFD 方法的特异性检测结果

1：阳性对照；2：BCoV；3：BRV；4：IBRV；5：CSFV；6：阴性对照。

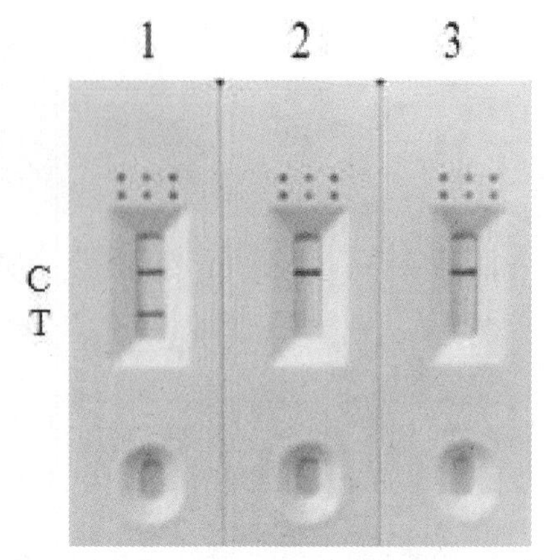

图 2-27　BVDV-1 RT-RAA-LFD 方法的 BVDV-2 检测结果

1：阳性对照；2：BVDV-1 型引物检测 BVDV-2 型病毒 RNA；3：加水的阴性对照。

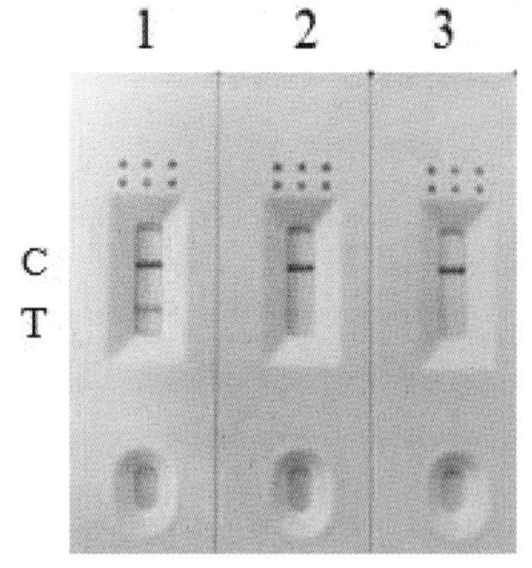

图 2-28　BVDV-2 RT-RAA-LFD 方法的 BVDV-1 检测结果

1：阳性对照；2：BVDV-2 型引物检测 BVDV-1 型病毒 RNA；3：加水的阴性对照。

（八）RT-RAA-LFD 方法的灵敏性

利用合成的标准品质粒检测 BVDV 的灵敏性，BVDV-1 型标准品质粒的浓度为 1.4×10^{10} copies/μL，BVDV-2 型质粒浓度为 1.8×10^{10} copies/μL，将质粒按照 10 倍比稀释的方式用 TE 缓冲液进行稀释，加入 RT-RAA-LFD 反应体系中，滴加试纸条。BVDV-1 型方法可检测到的最低病毒拷贝数为 1.4×10^{1} copies/μL，BVDV-2 型方法可检测到的最低病毒拷贝数为 1.8×10^{1} copies/μL，结果见图 2-29 和 2-30。

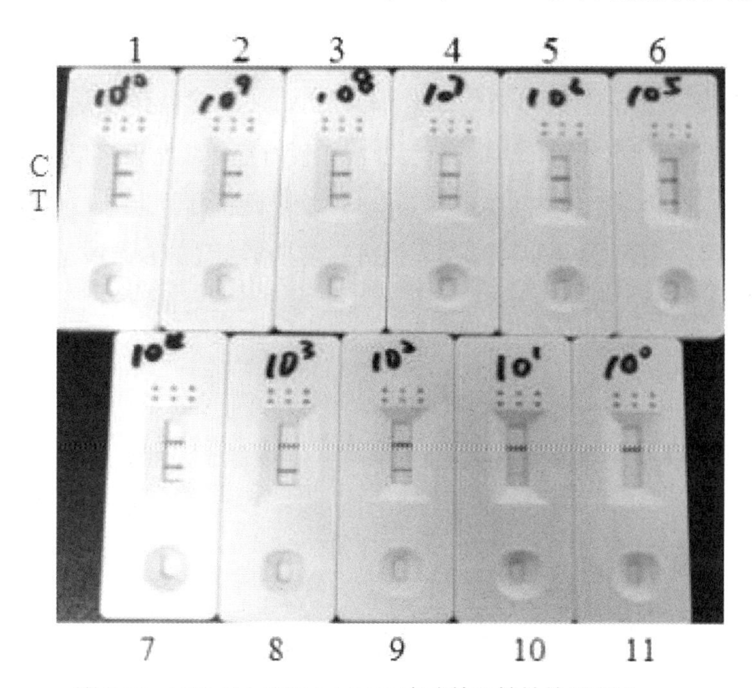

图 2-29 BVDV-1 RT-RAA-LFD 方法的灵敏性检测结果

1：1.4×10^{10}拷贝数；2：1.4×10^{9}拷贝数；3：1.4×10^{8}拷贝数；4：1.4×10^{7}拷贝数；5：1.4×10^{6}拷贝数；6：1.4×10^{5}拷贝数；7：1.4×10^{4}拷贝数；8：1.4×10^{3}拷贝数；9：1.4×10^{2}拷贝数；10：1.4×10^{1}拷贝数；11：1.4×10^{0}拷贝数。

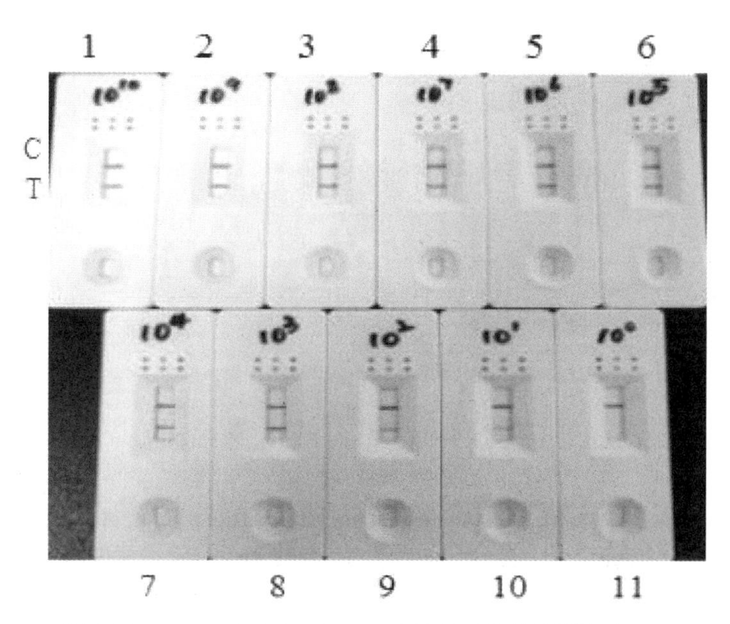

图 2-30 BVDV-2 RT-RAA-LFD 方法的灵敏性检测结果

1：1.8×10^{10}拷贝数；2：1.8×10^{9}拷贝数；3：1.8×10^{8}拷贝数；4：1.8×10^{7}拷贝数；5：1.8×10^{6}拷贝数；6：1.8×10^{5}拷贝数；7：1.8×10^{4}拷贝数；8：1.8×10^{3}拷贝数；9：1.8×10^{2}拷贝数；10：1.8×10^{1}拷贝数；11：1.8×10^{0}拷贝数。

（九）RT-RAA-LFD 方法的重复性

用建立好的 RT-RAA-LFD 反应体系，检测 BVDV-1 型和 BVDV-2 型。通过 3 次重复实验，分析该方法的重复性。结果表明，3 次阳性重复实验结果都是质控线（C）线有深红色条带的出现，检测线（T）有红色条带，3 次阴性重复结果为 C 线有深红色条带，T 线未有条带出现。具体结果见图 2-31。此外，BVDV-2 型与 BVDV-1 型检测结果相同，具体结果见图 2-32。

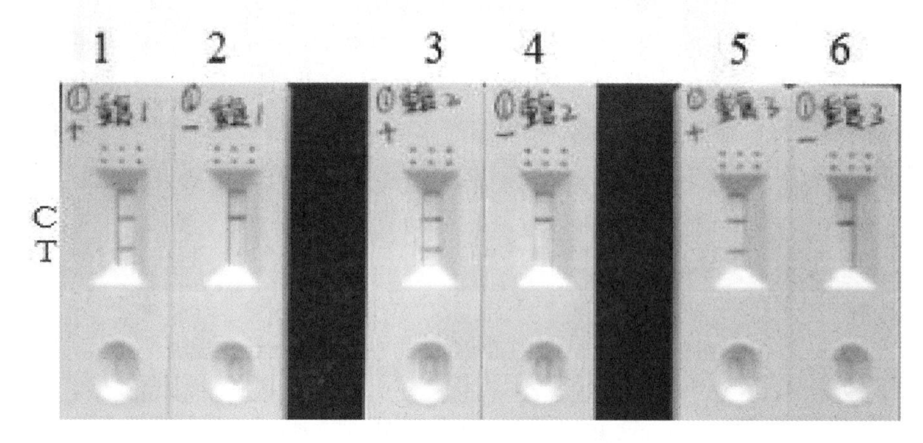

图 2-31　BVDV-1 RT-RAA-LFD 方法的重复性检测结果

1：第一次重复阳性；2：第一次重复阴性；3：第二次重复阳性；4：第二次重复阴性；5：第三次重复阳性；6：第三次重复阴性。

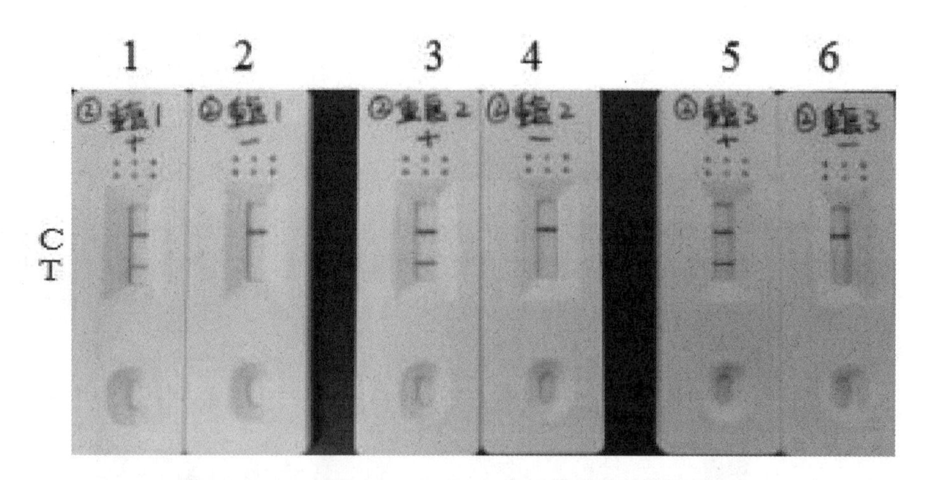

图 2-32　BVDV-2 RT-RAA-LFD 方法的重复性检测结果

1：第一次重复阳性；2：第一次重复阴性；3：第二次重复阳性；4：第二次重复阴性；5：第三次重复阳性；6：第三次重复阴性。

（十）RT-RAA-LFD 方法的临床样本检测

在对 267 份牛粪便临床样本 RNA 的检测中，用 RT-RAA-LFD 法检出 BVDV-1 型阳性样本 3 个（图 2-33），阳性率为 1.12 %（表 2-28），BVDV-2 型未检出（图 2-34）。用 qRT-PCR 国标法检出 BVDV 阳性样本 4 个(图 2-35),阳性检出率为 1.49 %(表 2-28)。两种方法的符合率高达 99 %。

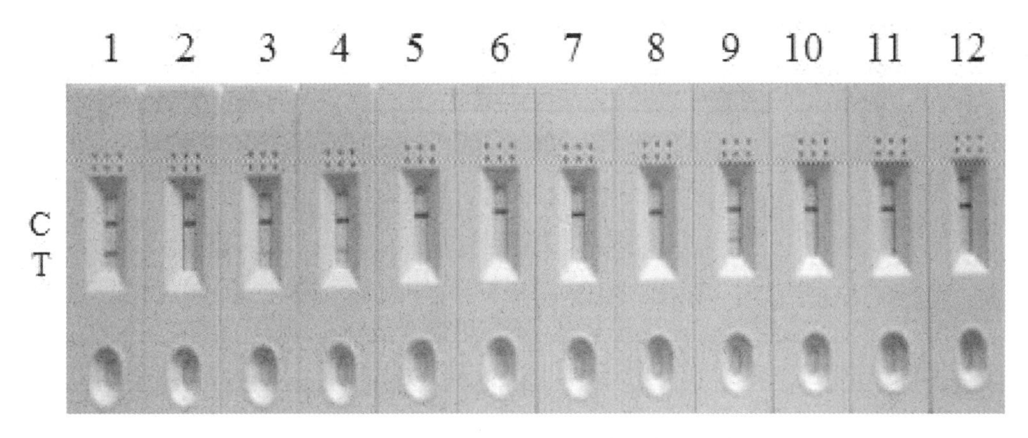

图 2-33　BVDV-1 RT-RAA-LFD 方法的临床样本检测结果

1：阳性对照；2：阴性对照；3～12 为 10 个临床样本。

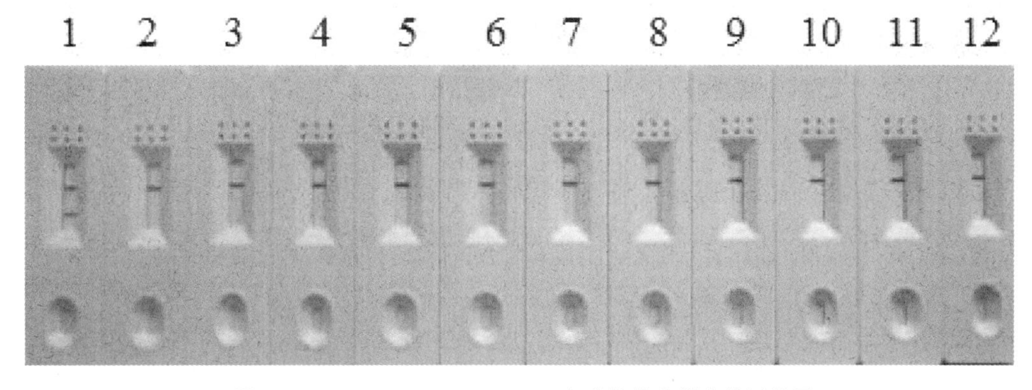

图 2-34　BVDV-2 RT-RAA-LFD 方法的临床样本检测结果

1：阳性对照；2 阴性对照；3～12：10 个临床样本。

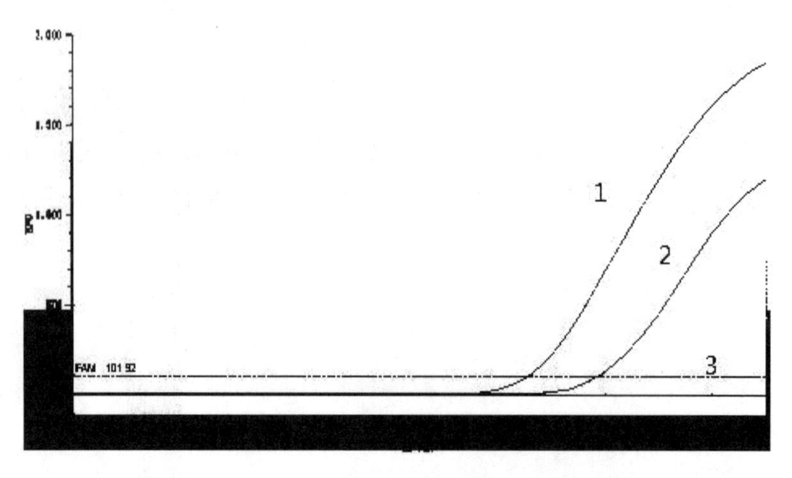

图 2-35　BVDV RT-qPCR 方法的临床样本检测结果

1：阳性对照；2：临床样本；3：阴性对照。

表 2-28　临床样品检测

检测方法	阳性数量	阴性数量	阳性率
RT-qPCR	4	263	1.49%
RT-RAA-LFD	3	264	1.12 %

三、讨论

BVDV 是世界大部分地区牛群中的一种地方病，并且由于其在奶牛和肉牛群中的高流行率和持续的经济损失，它被认为是畜牧业中最重要的传染性病原体之一。由于感染的性质，没有治疗方法来完全治愈被感染的动物，关键在于预防疾病和淘汰病牛。家养和野生种群中持续受感染的动物是该病毒的重要宿主，在其一生中传播大量病毒，并在畜群中传播。在许多国家使用的所有控制程序，在很大程度上都依赖于对 PI 动物的检测和去除，以及防止在畜群中引入 PI 动物。在早期阶段，特别是出生后不久检测 PI 动物对实施 BVDV 控制项目具有重要意义。但是在临床上并没有 BVDV 的现场诊断技术，所以建立一种快速，准确的检测 BVDV 的即时检测的方法，对控制和防疫 BVDV 具有重要的意义。BVD-MD 一旦发生，对养牛场造成的经济损失非常严重。在实验条件良好的化验室，可以通过高端的检测方法进行快速诊断，从而有效控制传染病。然而，大部分养殖场都建在郊区或农村，检测设备不完善，不能准确、高效的检测和淘汰 BVDV PI 牛。如果一旦该病在群体中建立流行，会很难控制。因此建立临床上快速诊断的方法对养殖业有很大的意义。

目前，针对 BVDV 有多种检测方式，例如：病毒分离法、电镜观察、ELISA 法、qPCR 法、PCR 法、免疫组化、间接免疫荧光等方法，病毒分离法在 BVDV 的检测上是金标准，但是病毒分离法有很多弊端，如操作烦琐，需要专业人士进行分离与培养，培养过程时间长，对实验室的环境要求高，也可能会污染实验室培养环境，造成损失，因此，检测 BVDV 多数已经不使用此方法了。而免疫组化需要专业人员操作，时间久，做出来的切片需要送到专门的实验室照相，费用大，烦琐。分子生物学检测和血清学检测是现在的常用方法，血清学检测的方法有间接免疫荧光法，此方法用时较短，但是需要昂贵的荧光倒置显微镜和专业的人员进行实验操作和仪器操作，对人员的要求上比较高。分子生物学诊断在实验中经常使用，如 qPCR 有检测时间短，灵敏度强，特异性好等优点，所以被广泛使用。唯一的缺点是需要用到荧光定量 PCR 仪，无法进行现场的即时检测。

RAA 是一种新型的核酸扩增方法，也是我国自主研发的项目，RAA 的优点是不需要昂贵的仪器，在恒温下就可以反应，操作简单，一人就可以完成，时间更短，与多则 1 个多小时检测时间的 PCR 反应相比，RAA 实验方法仅需要 30 min 就可以得到实验结果，不仅缩短了反应时间，还可以得到能检测到的扩增水平。侧流层析试纸条是可以用肉眼观察结果的方式，因此，将 RAA 与 LFD 相结合，是在及时诊断技术中非常有潜力的一种实验方法。本实验将 RAA 方法与 LFD 方法相结合，建立现场即时诊断技术，在 BVDV 5'-UTR 保守区域设计引物与探针，RT-RAA-LFD 方法的最低检测限能达到 14 copies，且特异性和重复性好，灵敏度高。此外，该方法操作简单，不需要大型仪器设备，反应时间仅为 25 min，即可明确检测结果，适用于临床 BVDV 检测。

目前，在病毒领域，已有关于 RT-RAA 检测方法建立的相关研究，如新型冠状病毒、人乳头状瘤病毒 6 型和 11 型、寨卡病毒、呼吸道合胞病毒。在寄生虫方面 RAA 技术也有相关的研究，如日本血吸虫病、细粒棘球绦虫病、广州管圆线虫等。在 BVDV 重组酶检测方法的相关研究中，2022 年有过相关文献报道，但是与之不同是，本研究方法使用的是我国自主研发的重组酶，价格上就会经济实惠。在检测方面，检测的引物与探针的设计也大不相同，文献中的引物探针检测的是 BVDV 的通用引物，而本方法采用的是将 BVDV-1 型与 BVDV-2 型分开检测，可以用于临床上对病毒的分型。

RAA 方法在检测灵敏度方面很好，日本血吸虫病的最低检测限在 10 copies/μL，寨卡病毒的最低检测限为 15 copies/μL，在霍乱弧菌中的最低检测限为 20 copies/μL。在 BVDV 相关研究中最低检测限为 20 copies/μL。而本研究方法的 BVDV-1 的最低检测限为 14 copies/μL，BVDV-2 最低检测限为 18 copies/μL，灵敏度相对更高。在灵敏度方面 LFD 法与 qRT-PCR 的方法相差不大，而 RT-RAA-LFD 更适合现场的临床诊断。尽管这样，本实验还是有些缺点需要继续优化，首先，在判读实验结果方面，由于是人为判断，可能会造成主观上的影响。其次，判读时间上也应该更精准，因为时间过长，会出现假阳性的结果，精准的控制读数时间，有利于避免假阳性的出现。

BVDV 发病会出现产奶量下降、流产、死胎等经济损失，当母牛怀孕 3 个月时，还没有获得母体足够的免疫力，感染 BVDV 可能就会产出 PI 牛，这些动物的所有体液这时都大量排毒，如果这头小牛出生并长大怀孕就会产出 PI 小牛的出生。控制并清除 BVDV 首先就是要做到，识别和去除 PI 动物，检测新生犊牛就是控制此病的方法。PI 犊牛出生后，由于初乳喂养的原因，犊牛用 ELISA 法检测不到 BVDV 抗原的存在，因为母源抗体的存在会干扰检测结果，使抗原检测变成阴性。PI 犊牛会持续排毒，感染牛群，这时建立一种不被母源抗体干扰的实验就很有意义，RT-RAA-LFD 法可以直接检测 BVDV 目的基因，而不被母源抗体所影响。

四、结论

本研究成功建立了可分别检测BVDV-1型和BVDV-2型RT-RAA侧流层析检测方法。该方法具有良好的特异性、灵敏性及重复性，其中，BVDV-1 型的检测结果与国标 RT-qPCR 方法的符合率高达 99%。

第七节　黑龙江省部分牛场 BVDV qRT-PCR 及副结核分枝杆菌抗体 ELISA 检测

牛病毒性腹泻（BVD）是造成养殖业重大经济损失的主要传染病之一。该病可导致免疫耐受、持续感染动物的产生和病毒的传播，影响着养牛业的健康发展。牛病毒性腹泻病毒为该病的病原，其感染可导致多系统临床症状，如消化系统、生殖系统、呼吸系统等。BVDV 是一种单链 RNA 病毒，根据遗传和抗原特征，主要分为 BVDV-1 型和 BVDV-2 型。近年来，科学家发现了一种属于瘟病毒 H 组的病毒，被称作 HoBi 样瘟病毒，又被叫作 BVDV-3 型。迄今为止，在中国尚未发现 BVDV-3 型病毒。随着我国经济的不断强大，BVDV 的抗原阳性率也在逐年增加，贸易的往来，使得 BVDV 的防控和检疫净化工作仍然任重道远。

牛副结核病是由副结核分枝杆菌引起的牛病。该病原菌可导致反刍动物慢性肠道感染、持续腹泻、消瘦、产奶量下降等症状。无症状感染牛会排出大量病原，但是不易被检测到。该病潜伏期很长，甚至可在感染后的 2 ~ 6 年才出现症状。目前，仍无特效药和疫苗，主要的防控方法就是检测和淘汰病牛。

为了明确黑龙江地区规模化牛场 BVDV 和副结核分枝杆菌的感染情况，本团队（2022）分别通过 qRT-PCR 和 ELISA 方法，对黑龙江嫩江地区某 3 个牛场的 900 份牛耳组织和血清样品进行了 BVDV 核酸和牛副结核分枝杆菌抗体检测。本研究数据可为黑龙江地区牛场牛病毒性腹泻和牛副结核病的防控与检疫净化提供依据。

一、材料与方法

（一）检测样品

2021 年本团队在黑龙江嫩江地区某 3 个规模化养牛场采集了 900 头牛的耳组织及血清样本。

（二）主要试剂

MagMAXTM CORE 核酸提取试剂盒（货号 A32700）、Vet MAXTM-Gold BVDV PI 检测试剂盒（货号 4413938）均购自赛默飞世尔科技有限公司。Parachek 牛副结核抗体检测试剂盒（货号 63325）购自瑞士 Prionics 公司。

（三）样品的处理

用灭菌过的剪刀剪去耳组织样品上多余的耳毛。处理好的牛耳朵，在中间取一小块，每 20 份牛耳组织样品为一组，放入 2 mL 的 EP 管中，用 PBS 将牛耳组织浸泡，4 ℃过夜，第二天用涡轮振荡器将 PBS 浸泡液混匀，抽取 200 μL，用核酸提取试剂盒提取浸泡液中的 RNA。将 RNA 保存在-80 ℃冰箱中备用。

（四）qRT-PCR 检测

用提取的牛耳组织 RNA 作为模板，反应体系为 25 μL，2 × qRT-PCR 缓冲液 12.5 μL，25 × BVDV 引探针混合物 1.0 μL，25 × RT-PCR 酶混合物 1.0 μL，无核酸酶水 2.5 μL，预混液总体积 17.0 μL。样品 RNA 8.0 μL，阴性对照 8.0 μL，分别与预混液混合为 25 μL 体系。25 × BVDV 对照 RNA1.0 μL，核酸稀释液 6.0 μL，提取的牛耳组织 RNA 模板 1.0 μL，与预混液混合为 25 μL 体系。扩增程序：45 ℃预变性 10 min；95 ℃变性 10 min，53.2 ℃退火 30 s，95 ℃延伸 15 s，40 个循环；60 ℃终延伸 45 s。利用 Bio-Rad CFX Manager 软件检测荧光信号并绘制扩增曲线。

（五）ELISA 抗体检测

根据 ELISA 试剂盒说明书进行操作，并测得 OD 值。试验结果有效的前提是满足以下两点：首先，阳性对照 OD 值大于 0.500；其次，取阳性对照与阴性对照的平均值。当结果阳性对照平均值/阴性对照平均值大于 5，表明该样品中牛副结核分枝杆菌抗体检测结果为阳性。

二、结果

（一）qRT-PCR 检测结果

阳性对照在第 28 个循环扩增曲线出现起峰，说明试验结果可信。此外，900 份牛耳组织样品中均未检测到 BVDV 核酸。

（二）2019 年与 2021 年 BVDV 检测结果的对比

2019 年，这 3 个牛场 BVDV 检测的平均阳性率为 0.31%，而本次检测的阳性率为 0。这可能与牛场将抗原阳性牛进行了淘汰和处理有关。

（三）ELISA 检测结果

养殖场 A 的副结核抗体阳性率为 2.65%、养殖场 B 的抗体阳性率为 3.49%、养殖场 C 区的抗体阳性率为 2.66%，平均抗体阳性率为 3.33%，具体结果见表 2-29。

表 2-29　牛副结核分枝杆菌抗体检测结果

养殖场	阳性	阴性	阳性率
A	10	255	2.65%
B	13	359	3.49%
C	7	256	2.66%

四、讨论

牛病毒性腹泻/黏膜病导致的经济损失是巨大的，包括亚临床疾病和早期胚胎损失、诊断和生物安全计划的增加以及预防和治疗疾病的药物成本。宋丽等对在黑龙江部分地区 5 规模化牛场的 5 022 份血清样本进行了 BVDV 抗原检测。结果表明，检测阳性率介于 0 ~ 0.7%之间，平均阳性率为 0.32%。黑龙江作为养牛地区的主要区域，牛病毒性腹泻/黏膜病的流行会对黑龙江省的养殖户构成威胁。本研究结果表明，黑龙江某地区三个规模化牛场 900 头牛的耳组织样品中 BVDV 检出率为 0。值得注意的是，2019 年这三个牛场 BVDV 检测的平均阳性率为 0.31%。由此可见，经过一年的 BVDV 检疫净化，3 个牛场将检测出的 BVDV 阳性牛进行了淘汰和处理，这些牛场均实现了对牛病毒性腹泻的净化。PI 牛的净化对于 BVDV 的清除与防控至关重要。在规模化牛场 BVDV 检测阳性率为零的情况下，如果能在本厂区内实行自繁自养，同时对新生犊牛定期进行 PI 检测和淘汰，既可以保障牛群健康，又能节约 BVDV 检测和防控的成本。因此，国内 BVDV 检疫净化相关工作仍需进一步加强。

牛副结核病在我国可导致养牛业经济效益的巨大损失。其中，主要的经济损失在于产奶量的减少，此项经济损失可达 500 元/头。本研究在黑龙江某地区 3 个规模化养牛场都检测出牛副结核病，平均阳性率为 3.33%。由此可见，该病在我国一些地区的牛场中仍然存在。值得注意的是，副结核病也属于人兽共患病，不仅影响着畜牧业的健康、可持续发展，也危害着人类的健康和安全。因此，该病的检疫净化工作至关重要，临床上一旦确诊，需要立即扑杀，处理病牛。

综上所述，牛病毒性腹泻黏膜病和牛副结核病仍然是危害养牛业健康发展的重要传染病。从畜产品安全和人类公共卫生安全角度来看，牛病毒性腹泻和牛副结核病的定期检测和净化工作非常有必要的。

参考文献

[1]MÓSENA A C S, CIBULSKI S P, WEBER M N, et al. Genomic and antigenic relationships between two ‘HoBi’-like strains and other members of the Pestivirus genus[J]. Archives of virology, 2017, 162(10): 3025-3034.

[2]赵静虎，王华欣，朱战波. 牛病毒性腹泻-粘膜病的流行状况及防控研究进展[J]. 黑龙江八一农垦大学学报, 2016, 28(6): 4.

[3]WERLING D, RURYK A, HEANEY J, et al. Ability to differentiate between cp and ncp BVDV by microarrays: Towards an application in clinical veterinary medicine? [J]. Veterinary immunology and immunopathology, 2005, 108(1-2): 157-164.

[4]马莉莉. 我国牛病毒性腹泻病毒流行情况的 Meta 分析及感染 BVDV 的 MDBK 细胞转录组学分析[D]. 大庆：黑龙江八一农垦大学, 2018.

[5]MA Y, WANG L, JIANG X, et al. Integrative transcriptomics and proteomics analysis provide a deep insight into bovine viral diarrhea virus-host interactions during BVDV

Infection[J]. Frontiers In Immunology, 2022, 16(3): 1-16.

[6]GOTO Y, YAEGASHI G, FUKUNARI K, et al. An importance of long-term clinical analysis to accurately diagnose calves persistently and acutely infected by bovine viral diarrhea virus 2[J]. Viruses, 2021, 13(12): 2431.

[7]赵静虎, 刘宇, 王华欣, 等. 黑龙江省部分地区进口荷斯坦奶牛病毒性腹泻血清流行病学调查[J]. 黑龙江畜牧兽医, 2018(2): 3.

[8]OLUM M O, MUNGUBE E O, NJANJA J, et al. Seroprevalence of canine neosporosis and bovine viral diarrhoea in dairy cattle in selected regions of Kenya[J]. Transboundary and emerging diseases, 2020, 67: 154-158.

[9]金爱华, 卫秀余, 沈强, 等. 奶牛病毒性腹泻病的血清学调查[J]. 上海畜牧兽医通讯, 2008(3): 31.

[10]姜海宇, 薛华平, 李家奎. 牛病毒性腹泻病毒（BVDV）的研究进展[J]. 养殖与饲, 2022,21(9): 107-112.

[11]HILL F, REICHEL M, MCCOY R, et al. Evaluation of two commercial enzyme-linked immunosorbent assays for detection of bovine viral diarrhoea virus in serum and skin biopsies of cattle[J]. New Zealand Veterinary Journal, 2007, 55(1): 45-48.

[12]姚伟. 辽宁地区规模化奶牛场牛病毒性腹泻-黏膜病血清学调查[J]. 现代畜牧兽医, 2015(4): 36-40.

[13]KENNEDY J A. Diagnostic efficacy of a reverse transcriptase-polymerase chain reaction assay to screen cattle for persistent bovine viral diarrhea virus infection[J]. Journal of the American Veterinary Medical Association, 2006, 229(9): 1472.

[14]杨泽林, 冉智光, 曾政, 等. 重庆市部分地区牛病毒性腹泻/黏膜病血清流行病学调查[J]. 畜牧市场, 2009(10): 28-29.

[15]LIANG D, SAINZ I F, ANSARI I H , et al. The envelope glycoprotein E2 is a determinant of cell culture tropism in ruminant pestiviruses[J]. Journal of General Virology, 2003, 84(Pt 5): 1269-1274.

[16]张会敏, 郑明学, 古少鹏, 等. 牛病毒性腹泻的流行情况及防制[J]. 中国畜牧兽医, 2009, 36(11): 120-122.

[17]BEDEKOVIĆ T, Lemo T, Nina L, et al. Implementation of immunohistochemistry on frozen ear notch tissue samples in diagnosis of bovine viral diarrhea virus in persistently infected cattle[J]. Acta Veterinaria Scandinavica, 2011, 53(1): 65.

[18]邢思毅. BVDV 重组 E2 蛋白间接 ELISA 检测方法的建立及初步应用[D]. 大庆：黑龙

江八一农垦大学, 2015.
[19]宋永峰, 张志, 张燕霞, 等. 猪源牛病毒性腹泻病毒的流行初探[J]. 中国动物检疫, 2008, 25(7): 25-27.
[20]BAUERMANN F V, FLORES E F, FALKENBERG S M, et al. Lack of evidence for the presence of emerging HoBi-like viruses in North American fetal bovine serum lots[J]. Journal of Veterinary Diagnostic Investigation, 2014, 26(1): 10-17.
[21]孟小林. 昌吉市区规模化牛场BVDV-PI牛的检测及BVDV的分离鉴定[D]. 乌鲁木齐: 新疆农业大学, 2016.
[22]BROCK K V. The persistence of bovine viral diarrhea virus[J]. Biologicals, 2003, 31(2): 133-135.
[23]刘斯齐. 河南省信阳市部分地区奶牛病毒性腹泻病血清学调查与分析[J]. 中国乳业, 2018(11): 54-56.
[24]GAO Y, ZHAO X, PU Z, et al. Screening of Ginseng Proteins Interacted with BVDV E0 Protein[J]. Journal of Animal and Veterinary Advances, 2013, 12(6): 699-704.
[25]徐承倩, 侯慧君, 姜轩, 等. 2018-2019年天津地区奶牛BVDV分子流行病学调查及流行毒株的分离鉴定[J]. 中国动物传染病学报, 2020, 28(4): 24-28.
[26]BIELANSKI A, ALGIRE J, LALONDE A . Transmission of bovine viral diarrhea virus (BVDV) via in vitro-fertilized embryos to recipients, but not to their off spring[J]. Theriogenology, 2009, 71: 499-508.
[27]王丽屏, 金显栋, 毕峻龙, 等. 云南省牛病毒性腹泻-黏膜病血清流行病学调查[J]. 中国牛业科学, 2021, 47(1): 19-22.
[28]郭启勇, 柳国锁, 黄海碧, 等. 规模化奶牛场牛病毒性腹泻流行病学调查与防控[J]. 畜牧与兽医, 2020, 52(12): 132-135.
[29]TIAN B, CAI D, LI W, et al. Identification and genotyping of a new subtype of bovine viral diarrhea virus 1 isolated from cattle with diarrhea[J]. Archives of virology, 2021, 166(4): 1259-1262.
[30]柳国锁, 郭启勇, 黄海碧, 等. 宁夏地区牛传染性鼻气管炎流行病学调查[J]. 畜牧与兽医, 2020, 52(09): 129-132.
[31]宋丽. 黑龙江省部分地区牛病毒性腹泻病的流行与防治体会[J]. 现代畜牧科技, 2019(08): 128-129.
[32]王生梅. 青海省海北州牦牛血清BVDV、IBRV流行病学调查[J]. 中国兽医杂志, 2021, 57(10): 67-71.

[33]WANG L, WU X, WANG C, et al. Origin and transmission of bovine viral diarrhea virus type 1 in China revealed by phylodynamic analysis[J]. Research in veterinary science, 2020, 128: 162-169.

[34]雷程红，郭芙莉，魏蕾，等．牛病毒性腹泻-黏膜病的血清学调查[J]．中国兽医杂志, 2013, 49(4): 18-19.

[35]FULTON R W, RIDPATH J F, CONFER A W, et al. Bovine viral diarrhoea virus antigenic diversity: impact on disease and vaccination programmes[J]. Biologicals, 2003, 31(2): 89-95.

[36]曲萍，赵柏林，胡冬梅，等．我国西部地区牛病毒性腹泻流行情况调查[J]．黑龙江畜牧兽医, 2016(06): 111-113.

[37]Byrne A W, Guelbenzu-Gonzalo M, STRAIN S, et al. Assessment of concurrent infection with bovine viral diarrhoea virus (BVDV) and Mycobacterium bovis : a herd-level risk factor analysis from Northern Ireland[J]. Preventive Veterinary Medicine, 2017, 141: 38-47.

[38]程凯慧，朱彤，侯佩莉，等．不同生物型BVDV感染宿主细胞侯差异基因分析[J].中国畜牧兽医, 2017, 44(11): 3113-3120.

[39]陈为宏，周玉龙，尹辉，等．牛病毒性腹泻病毒 E0 和 E2 蛋白的融合表达及纯化[J]．中国生物制品学杂志, 2014, 27(10): 1268-1271.

[40]张弦，黄克和，张克春．上海地区奶牛两种病毒性疾病血清学调查[J]．中国奶牛, 2015(14) : 54-59.

[41]LANG Q, WANG F, YIN L, et al. Specific Probe Selection from Landscape Phage Display Library and Its Application in Enzyme-Linked Immunosorbent Assay of Free Prostate-Specific Antigen[J]. Analytical Chemistry, 2014, 86(5): 2767-2774.

[42]魏伟，李岩，刘长军，等．黑龙江省部分奶牛场牛病毒性腹泻病毒感染的血清学调查[J]．中国兽医科学, 2009, 39(6): 561-563.

[43]REINHARDT HC, SCHUMACHER B. The p53 network: cellular and systemic DNA damage responses in aging and cancer[J]. Trends Genet, 2012, 28: 128-136.

[44]格松．青海省玉树地区牛病毒性腹泻病的血清学调查[J]．中国动物保健, 2016, 18(7): 10-11.

[45]QUINET C, CZAPLICKI G, DION E, et al. First Results in the Use of Bovine Ear Notch Tag for Bovine Viral Diarrhoea Virus Detection and Genetic Analysis[J]. Plos One, 2016, 11(10): e0164451.

[46]何延华，黄新，钟发刚，等. 牛病毒性腹泻病毒基因 1 型全基因组的测序分析[J]. 中国兽医科学, 2012, 42(3): 253-257.

[47]DENG M, JI S, FEI W, et al. Prevalence Study and Genetic Typing of Bovine Viral Diarrhea Virus (BVDV) in Four Bovine Species in China[J]. Plos One, 2015, 10(4): 0121718.

[48]权英存，刘虎守. 青海省部分地区 3 种牛病毒性腹泻病原的感染情况调查[J]. 中国畜牧兽医, 2014, 41(5): 220-223.

[49]BEAUDEAU F, BELLOC C, SEEGERS H, et al. Evaluation of a blocking ELISA for the detection of bovine viral diarrhoea virus (BVDV) antibodies in serum and milk[J]. Veterinary Microbiology, 2001, 80(4): 329-337.

[50]张世勋，刘宇，岳山，等. 黑龙江省某规模化奶牛场牛病毒性腹泻病毒 qRT-PCR 结合双抗夹心 ELISA 的检测[J]. 黑龙江畜牧兽医, 2019(22): 4.

[51]VIANA R B, MONTEIRO B M, SOUZA D C. Sensitivity and specificity of indirect ELISA for the detection of antibody titers against BVDV from beef cattle raised in Pará State[J]. Semina Ciências Agrárias, 2017, 38(5): 3049-3058.

[52]陈新诺，张朝辉，徐林，等. 青藏高原牦牛感染BVDV和BEV的分子流行病学调查[J]. 动物医学进展, 2016, 37(9): 35-38.

[53]ZHONG F, LI N, HUANG X, et al. Genetic typing and epidemiologic observation of bovine viral diarrhea virus in Western China[J]. Virus Genes, 2011, 42(2): 204-7.

[54]刘通. BVDV 非结构蛋白 N^{pro} 通过负调控 ELF4 拮抗 I 型干扰素表达的作用机制研究[D].黑龙江八一农垦大学, 2018.

[55]JONES L R, WEBER E L. Application of single-strand conformation polymorphism to the study of bovine viral diarrhea virus isolates[J]. Journal of Veterinary Diagnostic Investigation Official Publication of the American Association of Veterinary Laboratory Diagnosticians Inc, 2001, 13(1): 50.

[56]李智勇，石顺利，王艳杰，等. 内蒙古地区奶牛病毒性腹泻/黏膜病血清流行病学调查[J]. 畜牧与饲料科学, 2014, 35(3): 106-108.

[57]张信军，羊扬，林航，等. 江苏规模化奶牛场 BVD 与 IBR 流行病学调查[J]. 中国兽医学报, 2018, 38(1): 8.

[58]SUN W W, MENG Q F, CONG W, et al. Herd-level prevalence and associated risk factors for Toxoplasma gondii, Neospora caninum, Chlamydia abortus and bovine viral diarrhoea virus in commercial dairy and beef cattle in eastern, northern and northeastern China[J]. Parasitology Research, 2015, 114(11): 4211-4218.

[59]金鑫. 牛病毒性腹泻病毒 RT-RAA 侧流层析检测方法的建立与应用[D]. 大庆: 黑龙江八一农垦大学, 2022.

[60]金鑫, 赵志博, 黄宝银, 等. 黑龙江某地区 3 个规模化牛场 BVDV qRT-PCR 和 MAP 的 ELISA 检测报告[J]. 当代畜牧, 2022(5): 23-25.

第三章　BVDV的动物感染模型及其应用

牛病毒性腹泻病毒（BVDV）感染可导致黏膜疾病、呼吸道和胃肠道感染以及生殖问题。严重威胁着牛群健康及养牛业的发展。BVDV与丙肝病毒（HCV）、登革热病毒（DENV）、黄热病毒（YFV）、西尼罗河病毒（WNV）、猪瘟病毒（CFSV）同属黄病毒科。其感染宿主范围广，除感染牛外，还可感染羊、猪、骆驼、鹿等多种动物。临床表现为持续性感染和急性感染。持续性感染牛可终生带毒、排毒，是该病的重要传染源。急性感染牛死亡率较高，其中黏膜病病牛的死亡率高达90%以上。目前，BVDV感染多种动物的发病机制尚不清楚。

BVDV牛感染模型建立的相关研究较多。其中，Wei等用MDBK细胞培养法从牛鼻拭子样品中分离到BVDV-1a毒株。动物感染实验结果表明，4头BVDV感染犊牛出现精神沉郁、咳嗽、发热（40°C）、白细胞减少（下调40%）等临床症状。Lanyon等将BVDV通过鼻腔接种途径感染健康犊牛，病毒感染后第6 d即可以明显地观察得到体内淋巴细胞发生凋亡。Ohmann等对4只胎龄120～165 d的胎牛宫内接种了BVDV。接种3周后，胎儿出现体液免疫反应。其中，3个胎牛体内检测到IgM和IgG1，另1头胎牛的血清含有IgG2和IgA。在2个胎儿体内中检测到BVDV中和抗体。此外，通过免疫组化技术在胎牛的淋巴组织切片中检测到了BVDV抗原。此外，为了确定BVDV-2 NY-93分离株的毒力，Donis等将其通过鼻内途径接种于3头犊牛。在接种后第6 d感染牛表现出厌食、发热（42 ℃）、呼吸困难和出血性腹泻。随着感染时间的延长，犊牛病情逐渐恶化。死亡犊牛的病理切片观察可见，隐窝上皮变性坏死，回肠、结肠、直肠淋巴组织坏死，脾脏和淋巴结有淋巴细胞溶解和严重的淋巴细胞减少。BVDV抗原可在小动脉中膜细胞和内皮细胞中检出。组织中存在的病毒可能与循环中和抗体的缺乏有关。

BVDV感染其他动物模型的相关研究主要涉及了猪、羊、兔子、小鼠、豚鼠、鹿、羊驼等动物。其中，Seong等选择BALB/c小鼠作为研究对象，通过腹腔注射和鼻内途径对BALB/c小鼠接种3株BVDV的毒株。其RT-PCR的研究结果显示，BVDV的抗原可在小鼠的脾脏、肺脏等组织中被检测到。病理切片显示，肝脏中出现了炎性淋巴细胞浸润和中性粒细胞增多。免疫组化检测表明，脾脏是检测小鼠体内 BVDV 抗原最可靠的组织脏器。Bachofen 等研究结果显示，在 BVDV 感染后第 5 d 实验兔子的多个器官以及血液中均可检测到病毒，其中回肠的 BVDV 病毒载量最高。淋巴组织表现出了典型的病理组织学变化。周霞等对妊娠期的母羊和其胚胎羔羊进行了实验性 BVDV 感染。实验动物表现出明显的临床和病理症状。上述关于 BVDV 感染动物模型的相关研究，不仅可以为探索 BVDV 发病机制提供依据，同时也可为深入研究 BVDV 免疫抑制的分子机制提供动物模型基础。本章中我们总结了国内外关于 BVDV 感染动物模型的相关研究及本研究团队的最新研究发现。

第一节　BVDV 动物感染模型的研究进展

一、BVDV 感染牛的相关研究

根据基因组差异，可将 BVDV 分为两个不同的基因型（BVDV-1 和 BVDV-2）。而根据 BVDV-2 毒株之间的毒力差异可将其分为高毒力或低毒力。但未见 BVDV-1 毒株被归类为高毒力的报道。BVDV-1 分离株的急性感染通常是轻度的，症状中等的。病毒抗原的分布与报道的低毒力 BVDV-2 株相似。临床上，牛病毒性腹泻通常是由属于非细胞病变（NCP）生物型的病毒感染引起的，这种病毒体外感染上皮细胞后不会引起细胞病变效应。NCP 型 BVDV 毒株在血清阴性和免疫功能正常的感染牛中产生轻微疾病，发热期短，短暂的白细胞减少和淋巴细胞减少，且多数情况下不易被发现。该病毒具有对淋巴组织的特殊倾向。

Pedrera 等（2012）以 8 ~ 12 周未采食初乳的犊牛为实验动物，通过鼻腔接种的途径对犊牛接种 BVDV-1 7443 毒株。在感染后不同时间点检测血液和组织中的病毒核酸含量，明确病毒在不同组织器官中的复制和分布情况。研究结果显示，在接种犊牛中观察到中度的临床症状，如行动迟缓、精神沉郁等。在接毒后第 2 d 犊牛体温轻微升高，在第 7d 达到峰值（39.5 ℃）。在接毒后第 2 d 和第 6 d，犊牛出现了明显的白细胞（中性粒细胞和淋巴细胞）减少。ELISA 检测结果显示，接毒后第 5 ~ 12 d 犊牛存在病毒血症。此外。在 8 只接种 BVDV 的犊牛中，有 6 只犊牛在接毒后第 3 d 体内可检测到病毒 RNA。在接毒后第 5 ~ 12 d 所有接种犊牛中均可检测到病毒 RNA。在对照动物的血液中，ELISA 和

PCR 均未检测到病毒血症。在整个实验过程中犊牛未产生 BVDV 特异性抗体。

随着接毒时间的逐渐延长，病毒 RNA 水平逐渐升高。在接毒后第 6 ~ 9 d 达到最大峰值。从接毒后第 13 d 开始，仅在 2 只接种犊牛血液中检测到病毒 RNA，且水平非常低。未感染对照组犊牛的血液样本病毒 RNA 检测呈阴性。

组织样品病毒载量定量分析结果显示。在接毒后第 3 d，除 1 只犊牛的远端回肠样本以外，从 BVDV 感染犊牛体内的所有组织样本中均检测到 BVDV RNA。其中，扁桃体、回盲瓣和胸腺中病毒 RNA 水平较高，而回肠远端、淋巴结、脾脏、肝脏、肺脏中病毒 RNA 水平较低。在接毒后第 6 d，所有组织样品中均能检测到病毒 RNA。其中，回肠远端、回盲瓣和脾脏中病毒 RNA 水平最高。与前几天相比，回肠和脾脏的病毒 RNA 水平明显升高，但回盲瓣和胸腺中病毒 RNA 水平低于第 3 d 检测到的水平。肺的病毒 RNA 水平最低。接毒后第 9 d 病毒 RNA 水平达到峰值，其中，扁桃体、回肠淋巴结、远端回肠和脾脏的病毒载量最高。胸腺、肝脏和回盲瓣的病毒载量均低于前期检测水平。回盲瓣和肺的病毒载量最低。接毒后第 14 d，犊牛扁桃体、回肠淋巴结、远端回肠和脾脏的病毒载量急剧下降，而回盲瓣和胸腺的病毒载量仍然很低。相比之下，肝脏和肺脏的病毒载量高于之前，回肠淋巴结和远端回肠的病毒载量达到了峰值。未感染对照组犊牛的组织样本病毒 RNA 检测呈阴性。

依据上述检测结果，研究人员进行了如下讨论与分析。多数已发表的 BVD 感染牛相关研究均聚焦在 BVDV 的检测和基因分型上。其中，一些研究通过病毒分离和滴定等技术检测了急性 BVDV 感染期间动物血液和组织样本中病毒水平的变化，但其灵敏度低于 qRT-PCR。其他研究使用 qPCR 技术评估了血液样本中 BVDV 核酸水平的变化，但未评估组织样本。此外，病毒定量的检测主要是在感染后早期进行的。而本研究首次通过 qRT-PCR 详细分析了实验性 BVDV 感染犊牛的血液样本和几个组织中病毒的定量和分布。因此，本研究提供了有关 BVDV 载量变化的详细数据，且表明 qRT-PCR 是 BVDV 诊断和发病机制研究的可用检测手段。传统的病毒分离方法是从固定容量血液中定量病毒，而不考虑样本中的细胞数量。在急性 BVDV 感染期间，由于白细胞减少，病毒含量会出现波动波动。因此，为了使用 qRT-PCR 定量 BVDV RNA，必须通过内参基因从不同动物在不同感染时间点采集的样本检测出相对准确的病毒 RNA 水平。同样，当 qRT-PCR 应用于组织样本检测时，这些内参基因是最广泛使用的基因。在组织样本中，如果不使用内参基因，就无法精确定量细胞数量。在本研究中，每次 qRT-PCR 检测是均使用了内参基因 GAPDH。这使得每个样本中 BVDV cDNA 的相对定量成为可能。该内参基因被证明是一种理想的内控基因，在牛血液和组织以及其他哺乳动物组织中表达稳定且恒定。

另外，与传统 RT-PCR 和 ELISA 等方法相比，本研究中应用的 qRT-PCR 技术具有更高的灵敏度，可以在感染早期和晚期检测出血液中相对低水平的病毒核酸，也可以检测到感染中期血液中高水平病毒核酸。

在接毒后第 3 d 可观察到 BVDV 感染犊牛的温度升高与短暂性白细胞减少同时发生。这可能与淋巴细胞减少，以及病毒血症水平的增加有关。在感染中期也可观察到白细胞数量较低与病毒血症水平相一致。这也表明 BVDV 感染导致免疫抑制可能与上述变化有关。之前对 NCP 型 BVDV-1 株的体内实验研究表明，尽管在感染晚期（感染后第 14 d）可检测到 BVDV RNA，但抗体与病毒的结合，导致了病毒血症消失。然而，本研究第 14 d 的检测结果显示，病毒中和抗体仅在 1 头实验感染犊牛的体内检测到。这一观察结果与之前的研究一致。因此，本研究结果表明，在 BVDV 感染后期病毒从血液中的清除不应归因于特定抗体的存在，因为在实验期间感染犊牛中都没有检测到 BVDV 抗体。上述结果也表明，细胞免疫反应参与了 BVDV 的清除。因而，需要进一步通过监测血液中免疫细胞数量的变化来详细分析细胞免疫反应的水平，从而阐明其消除 BVDV 中的作用。

实验最初在扁桃体中可检测到病毒核酸，这表明扁桃体可能是最早的病毒复制位点之一。随后病毒载量迅速上升，在接毒后第 6 d 和第 9 d 检测到的高水平病毒血症与含有丰富淋巴组织的器官中的高水平病毒载量相一致。因此，从接毒后第 6 d 起，胸腺和回盲瓣病毒水平逐渐下降。然而，到接毒后第 9 d，扁桃体、回肠远端、回肠淋巴结和脾脏的病毒载量达到最大值。这些结果证明了淋巴组织在病毒复制中的重要作用，以及免疫细胞在 BVDV 形成全身扩散中的作用。并且，单核-巨噬细胞和树突状细胞被认为是 BVDV 的主要靶细胞。本研究发现第 6 d 几乎检测不到病毒水平，而第 9 d 扁桃体中的病毒大幅增加。这可能是由于犊牛之间的个体差异造成的。当然，也可能与病毒在机体中扩散后的强烈的晚期复制有关。这也凸显了该扁桃体在 BVDV 复制和致病机制中的重要作用。

猪瘟病毒的相关研究显示，在血液和组织样本中病毒载量及分布与本研究中的相似。然而，CSFV 在呼吸系统中的复制可在感染的较早阶段被检测到，且病毒载量较高。这可能导致更严重的呼吸道病变。此外，肝脏和肺部的病毒载量水平仅在感染后晚期才增加。这表明，上述器官在 BVDV 感染中的次要作用。然而，在实验的最后阶段，肺脏中病毒水平的增加可能会导致牛呼吸道疾病的出现。另外，BVDV 还能够促进其他病原的继发感染，从而导致因局部和/或全身免疫抑制引起的肺炎，但其机制尚不清楚。

总之，本研究中通过 qRT-PCR 方法检测了 BVDV 实验感染犊牛的血液和相关组织中的病毒载量。研究数据为深入探索 NCP 型 BVDV-1 的复制和发病机制提供了科学依据。

此外，在本研究中扁桃体是病毒最早的复制位点，也是病毒向其他淋巴组织和内脏器官扩散的主要来源。这也表明了淋巴组织中高病毒水平与病毒血症上升之间的关系。BVDV 感染也可能在继发性肺部感染中起到至关重要的作用。

繁殖障碍是与牛病毒性腹泻病毒（BVDV）感染导致养牛业经济损失的重要原因之一。BVDV 也可能通过妊娠母胎盘传播给胎牛，并导致其持续感染。在胎盘完全形成的妊娠奶牛中，BVDV 很容易传播给胎牛。然而，关于妊娠奶牛在着床期（怀孕 36 ~ 50 d）的 BVDV 感染对胎牛影响的相关研究较少。

Tsuboi 等（2013）选择 NCP 型 BVDV-1a 实验感染妊娠荷斯坦奶牛。在接毒后第 10 d 到第 24 d，检测病毒在胎体和胚胎中的分布，以及妊娠第 26 d 奶牛的免疫反应和 2-5A 合成酶和孕酮的分泌。在整个实验过程中，研究人员监测了感染牛的体温、临床症状和白细胞计数。从妊娠第 25 d（接种的前一天）开始，至接种后 10 d，每 2 d 采集一次血液样本，分离血清。感染牛安乐死后收集组织、胚胎和尿囊膜等样品，用于病毒检测。从生殖、内分泌、循环、呼吸、消化、泌尿、免疫、淋巴、肌肉骨骼、神经和皮肤等系统采集样本，用于病理切片的制备和病理组织学检测。

本研究中 2 号牛和 3 号牛在接毒后第 1 ~ 3 d 出现颤抖、厌食和短暂性体温升高（39.2 ~ 40.6 ℃）等临床症状。其中，2 号牛在接毒后 8 d 内有 4 次体温高于 40 ℃，3 号牛有 2 次体温高于 40 ℃。另一头牛（1 号牛）接种病毒后 6 ~ 8 d 体温为 39.5 ℃。所有接种病毒的奶牛在接种后 1 ~ 3 d 白细胞数显著下降。对照组奶牛无临床症状和白细胞数变化。在接毒后第 8 d 1 ~ 3 号奶牛中可检测到 BVDV 抗体，在接种后第 14 d 抗体水平增加，而在对照组奶牛中未观察到血清转化。 所有感染牛的 2 ~ 5A 合成酶水平均增加到 100 pmol/dl 以上，其中 2 号牛在接毒后第 5 d 后达到 433 pmol/dl，而对照组牛在接毒后第 5 d 低于 50 pmol/dl。此外，对照组奶牛和 1 号奶牛的孕酮浓度高于 1.0 ng/mL，2 号奶牛孕酮浓度在接毒后第 6 d 后下降到 1.0 ng/mL 以下，3 号奶牛孕酮浓度在接毒后第 22 d 下降到 1.0 ng/mL 以下。

病毒分离结果显示，1 号牛生殖系统和淋巴组织样本中可分离出 BVDV。病毒滴度为 101.75 ~ 103.25 $TCID_{50}$/g 组织。1 号牛腹膜样本中也可分离出病毒，但尿囊液和胚胎组织中未分离出病毒。2 号奶牛和 3 号奶牛的生殖系统或淋巴组织样品中也可分离出病毒。病理组织学检测结果显示，1 号牛体表淋巴结、脾脏、派尔集合淋巴结和肠系膜淋巴结可见淋巴滤泡轻度至中度萎缩，左子宫角固有层可见轻度淋巴堆积。2 号奶牛和 3 号奶牛派尔集合淋巴结中有淋巴滤泡轻度萎缩，3 号奶牛子宫固有层可见轻度中性粒细胞浸润。

在人医研究领域，2 ~ 5A 合成酶已被证实用于区分病毒性感染与细菌性感染，早期诊断病毒性疾病，以及评估干扰素治疗对轮状病毒、呼吸道合胞体病毒和乙型肝炎病毒感染的抗病毒作用。然而，在兽医研究领域尚未见类似报道。本研究结果表明，所有 BVDV 感染奶牛的 2 ~ 5A 合成酶水平均显著上调，而对照组奶牛的 2 ~ 5A 合成酶水平仍较低。此外，黄体酮检测和临床症状观察结果表明，2 号和 3 号牛在安乐死前发生了胎儿死亡。从 2 号牛的黄体酮数据（小于 1 ng/mL）来看，胎儿死亡可能发生在接毒后第 5 ~ 6 d。2 号牛的胚胎存活时间短于 1 号牛和 3 号牛。此外，2 号牛的体温有四次超过 40 ℃。2 号牛感染后 3 ~ 5 d 2 ~ 5A 合成酶水平超过 400 pmol/dL。由此可见，BVDV 可能通过上调 2 ~ 5A 合成酶水平和下调黄体酮水平，影响 2 号牛的妊娠状况。监测 2 ~ 5A 合成酶水平可能有助于评估牛的病毒感染水平。另外，3 号牛黄体酮的水平在接毒后第 22 d 下降。因此，其胎儿死亡可能发生在接毒后第 21 ~ 22 d。

在接毒后第 10 d BVDV 已由淋巴组织传播到生殖组织，并逐渐扩散至全身。但是，2 号牛和 3 号牛产生了 BVDV 抗体，并从感染中恢复。接种后第 17 ~ 24 d，BVDV 阳性组织数量减少。这些结果表明，BVDV 抗原在妊娠初期奶牛体内的分布随时间延长而不断变化。Pedrena 等（2009）研究了 NCP 型 BVDV-1 感染犊牛回肠的病理组织学变化，发现 BVDV 感染会影响犊牛肠道相关淋巴组织。并且在 NCP 型 BVDV 感染的小母牛中，病毒能够侵入卵巢，引起卵巢炎，并影响卵巢功能。本研究结果表明，BVDV 感染对妊娠奶牛的生殖器官也会产生不良影响。并且，所有感染奶牛派尔集合淋巴结的淋巴滤泡均出现轻度至中度萎缩。

Tsuboi 等研究发现，在静脉接种 BVDV 后第 6 d 两头奶牛的胚胎中均没有分离到病毒。本研究中未从 1 号牛的胚胎和尿囊液中分离到病毒。而 BVDV 在 2 号牛体内传播迅速，并影响胚胎及其周围组织。在 3 号牛中胎儿似乎在 21 ~ 22 d 死亡。这些结果表明，BVDV 并不总是能够到达胚胎。总之，BVDV 感染后其可分布于妊娠奶牛的全身，包括生殖器官，但不一定分布在胚胎中。BVDV 感染可能导致血浆孕酮水平下降，从而中断妊娠。检测 2 ~ 5A 合成酶水平是诊断 BVDV 早期感染的有效方法。

牛病毒性腹泻病毒（BVDV）感染已被证实可以诱导免疫抑制。研究表明，其可导致细胞免疫和体液免疫反应中免疫细胞的凋亡，以及细胞因子和共刺激分子表达的显著减少。细胞免疫反应中吞噬细胞和 T 淋巴细胞反应在对抗病毒感染中起着关键作用。几种 T 淋巴细胞亚群（$CD4^+$、$CD8^+$、γδT 淋巴细胞）与病毒感染的细胞相互作用，如病毒抗原肽-MHC 复合物的特异性接合。相反，B 淋巴细胞介导的体液免疫反应的特点是存在可溶性抗体，其能够结合完整的病毒颗粒。T 淋巴细胞与 B 淋巴细胞共同形成了适应性免疫。

$CD4^+T$ 淋巴细胞的主要作用是释放 IFN-γ等细胞因子，刺激巨噬细胞和中性粒细胞等先天免疫细胞，并协助 $CD8^+T$ 淋巴细胞和 B 淋巴细胞发展适应性免疫反应。此外，$CD8^+T$ 淋巴细胞是有效的抗病毒效应细胞，因为它们能够产生炎症介质和细胞毒性效应分子。然而，T 细胞的其他亚群，如γδT 淋巴细胞，在细胞免疫反应的复杂机制中发挥重要作用。γδT 淋巴细胞具有广泛的免疫功能，包括细胞因子的产生、免疫调节和炎症的调节。研究表明，γδT 淋巴细胞以一种非抗原依赖的刺激形式促进细胞毒活性，从而在先天性免疫中发挥免疫调节作用。此外，其在适应性免疫的特异性抗原依赖反应中也具有重要作用。因此，γδT 淋巴细胞在连接先天性和适应性免疫反应方面发挥着关键作用。

先天性免疫的非特异性反应是宿主对病毒感染的第一道防线，先于获得性免疫的特异性反应。这两类免疫反应之间的联系被证明与炎症反应，以及免疫细胞的刺激和激活有关。感染期间宿主炎症反应可通过测量不同急性期蛋白（acutephase proteins，APPs）的血清浓度来确定，即所谓的急性期反应（acute phase response，APR）。触珠蛋白（haptoglobin，HP）及淀粉样蛋白 A（serum amyloid A，SAA）被认为是牛的主要阳性 APPs，因为它们的血清水平在病毒感染期间会升高。在病毒感染期间，血浆纤维蛋白原水平也会增加。事实上，纤维蛋白原是首个被用于评估牛炎症反应的阳性 APPs。白蛋白是一种阴性 APPs，被广泛用作生物标志物，其血清水平在炎症反应中下降。血清 APPs 水平的改变是由活化的单核-巨噬细胞释放的促炎细胞因子（TNF-a, IL-1b 和 IL-6）介导的。这些细胞因子在疾病过程中被迅速诱导和表达。为了平衡促炎细胞因子的作用，需要抗炎细胞因子，如 IL-10。它可以抑制免疫反应，防止宿主自身免疫反应损伤。

此外，在牛的相关研究中，Th1 型和 Th2 型免疫反应取决于两种辅助性 T 淋巴细胞亚群分泌的细胞因子，以及细胞毒性 T 细胞和自然杀伤细胞的参与。具体来说，Th1 型反应（IFN-γ和 IL-12）与细胞免疫反应有关，有助于炎症过程，而 Th2 型反应（IL-4）可介导与体液免疫反应相关的中和抗体的产生。在小鼠和人类的相关研究中，研究人员已经证实机体对病毒的防御需要 Th1 型免疫反应。

BVDV 诱导的免疫抑制机制尚未完全清楚。已有研究发现，BVDV 可感染在宿主先天性和获得性免疫反应中起关键调节作用的免疫细胞，包括：粒细胞、单核-巨噬细胞、树突状细胞、$CD4^+T$ 淋巴细胞、$CD8^+T$ 淋巴细胞、γδT 淋巴细胞和 B 淋巴细胞。并且细胞免疫反应在 BVDV 感染中的效应机制已被证实。与此同时，随着 BVDV 感染在宿主中建立，一系列信号分子介导的信号转导被启动，激活细胞免疫反应。这些信号可调节树突细胞的局部迁移，干扰素及其他细胞因子和炎症介质的产生。针对 BVDV 的免疫反应类型尚未明确。Charleston 等（2002）证实，在 NCP 型 BVDV 急性感染期间为检测到 Th2 型反应。

为了探索 NCP 型 BVDV-1 株急性感染的免疫致病机制，以及各种细胞因子在病毒感染中的作用。Molina 等（2014）研究了 NCP 型 BVDV-1 实验性感染对犊牛细胞免疫反应的影响。其以 8 ~ 9 月龄弗里斯牛犊为实验动物，通过鼻腔接种途径对犊牛接种 NCP 型 BVDV 7443 毒株。在感染后不同时间点采集血液样本，重点检测了免疫细胞数量、APPs 和细胞因子表达，以及病毒血症和特异性抗体水平。本研究中 BVDV 感染组犊牛在接毒后第 3 d 时直肠温度升高到 39.5 ℃。随后，在接毒后第 7 d 出现第二次更明显的高热（40 ℃）。所有感染犊牛表现为轻度至中度的临床症状。轻微的临床症状最初是在接毒第 3 d 出现，如鼻分泌物增多和腹泻。从接毒后第 4 d 到第 7 d，BVDV 感染组观察到轻微流泪和中度的鼻分泌物增多和腹泻。在接毒后第 8 ~ 9 d，鼻分泌物减少，腹泻和流泪等症状消失。从接毒后第 10 d 至实验结束，未观察到上述临床症状。而对照组犊牛的直肠温度始终在正常范围内，约 38.6 ℃，且为见任何临床症状。

通过 PCR 检测在 BVDV 感染的血液样本中证实了 BVDV 的存在。在接毒后第 3 ~ 9 d 检测到病毒血症，并在第 6 d 达到峰值。在接毒后第 12 d，无论是在 BVDV 感染的血液样本中，还是在对照组犊牛的血液样本中，均为检测到 BVDV 感染的存在。此外，在整个实验过程中，对照组犊牛中均未检测到 BVDV 特异性血清抗体。

与对照组犊牛相比，BVDV 感染组犊牛的白细胞数量从接毒后第 3 d 显著下降。随后，数量逐渐增加。但在实验结束前仍显著低于对照组。与对照组相比，感染组中的白细胞减少主要是以淋巴细胞、单核细胞和中性粒细胞减少为主。淋巴细胞数量在接毒后第 3 ~ 9 d 显著下降，在第 12 d 缓慢上升，且直到实验结束均保持较低水平。单核细胞数量略有波动，在接毒后第 3 ~ 9 d 降至最低水平，并在最后一天恢复到接近对照组犊牛的数值。中性粒细胞数量显著下降，在接毒后第 3 d 时达到最小值。随后有所增加。但在第 12 d 之前仍显著低于对照犊牛。在整个实验过程中，对照组犊牛的白细胞总数无显著变化。

淋巴细胞亚群计数分析结果显示，$CD4^+$和 $CD8^+T$ 淋巴细胞计数变化相似。尽管 $CD4^+T$ 淋巴细胞数量在接毒后第 1 d 出现短暂的增加，但在接毒后第 3 ~ 6 d 显著下降，且达到最小值。随后，$CD4^+T$ 淋巴细胞数量开始逐渐上升，在接毒后第 9 d 达到接近对照组的数量。在接毒后第 12 d 仍高于对照组。然而，$CD8^+T$ 淋巴细胞计数在第 12 d 接近对照组犊牛。直到接毒后第 6 d，γδT 淋巴细胞数量持续缓慢下降，但与对照组犊牛相比没有显著差异。随后开始上升，并在接毒后第12 d处达到峰值。B淋巴细胞数量在BVDV感染后急剧下降，在3～9 d明显低于对照组，第6 d数值最低。然后，逐渐恢复至正常值。在整个实验过程中，对照组犊牛的各淋巴细胞亚群数量未见显著变化。

与对照组相比，BVDV感染犊牛的血清触珠蛋白和SAA蛋白表达水平显著增加。在接毒后第9 d时达到峰值（分别为1 175 mg/L和29 mg/L）。在接毒后第12 d，上述蛋白表达水平仍略高于参考值。然而，纤维蛋白原和白蛋白水平在实验期间未见显著变化。对照组动物血清APP浓度始终保持在较低水平。在BVDV感染犊牛的血清样本中，促炎细胞因子IL-1β和TNF-α含量存在显著差异。血清IL-1β水平在接毒后第9 d达到峰值（1.21 ng/mL），显著高于对照组，并在第12 d时保持较高水平。相比之下，血清TNF-α水平在接毒后第1 d出现轻微、不显著的增加。随后，从第3 d开始下降，且直到实验结束始终低于对照组。此外，Th1型细胞因子IFN-γ和IL-12的水平在感染早期开始上升。其中，IFN-γ水平在病毒感染早期显著增加，在接毒后第1～3 d达到最大值。从第6 d到实验结束，IFN-γ水平均高于对照组犊牛。血清IL-12水平也发生了变化，但出现变化的时间稍晚于IFN-γ。在接毒后第3～6 d IL-12水平高于对照组犊牛，随后从第9 d下降到与对照组相同。在整个实验过程中，Th2型细胞因子IL-4的血清水平始终保持在较低水平。IL-10水平从接毒后第3 d开始显著增加，直到第12 d仍显著高于对照组犊牛。

依据上述检测结果，研究人员进行了如下讨论与分析。NCP型BVDV-1急性感染可导致短暂的免疫抑制、免疫细胞凋亡，以及细胞因子表达和共刺激分子合成的显著下调。本研究选择NCP型BVDV-1，实验性感染犊牛。同时检测了细胞免疫反应相关指标，以便深入了解BVDV感染涉及的免疫抑制机制。

感染组犊牛表现出双相体温升高，在接毒后第3 d略有升高，在第7 d出现高热的峰值。在此期间，临床症状更加强烈，但强度从未达到中等。其他相关研究也使用了与本研究中类似的低毒力NCP型BVDV-1毒株，并观察到轻度至中度临床症状，但这些实验研究并未描述具体的临床症状。病毒感染后临床症状可能与宿主年龄、病毒接种途径或免疫状态等因素有关。本研究中在接毒后第3～9 d可检测到病毒血症，在第6 d达到峰值，与高热和临床症状相一致，这表明了病毒的致病作用。此外，其他研究与本研究均观察到了NCP型BVDV-1感染后的短暂性病毒血症，并在感染后第12 d消退。

本研究中病毒血症的程度与白细胞数量呈反比。在接毒后第3～9 d白细胞总数显著下降，淋巴细胞、单核细胞和中性粒细胞水平均下降，这表明BVDV对免疫细胞产生了不良影响。对淋巴细胞亚群的分析显示，总淋巴细胞数的下降是由于$CD4^+$和$CD8^+$T淋巴细胞以及B淋巴细胞在第3～6 d的急剧减少。随后，三个淋巴细胞亚群数量在第12 d恢复，与此同时，血液样本中未检测到BVDV。$CD4^{+}T$淋巴细胞数量的下降严重损害了犊牛对BVDV感染的免疫力。这也表明这些免疫细胞在BVDV细胞免疫反应中的重要性。然而，$CD8^{+}T$淋巴细胞耗竭似乎对病毒血症的长度或强度没有影响。然而，BVDV病毒血症与$CD4^{+}$和$CD8^{+}T$淋巴细胞衰竭同时被观察到，随后它们的数值逐渐恢复。这意味着$CD8^{+}T$淋巴细胞衰竭实际上与病毒血症的存在有关。Ganheim等（2005）发现γδT淋巴细胞数量减少，但在研究的早期阶段未检测到显著变化，在第12 d显著增加。由于本研究使用的单抗CACT6A不能标记整个γδT细胞群，因此必须谨慎解释相关结果。本研究中所涉及的这个γδT淋巴细胞亚群数量与对照组相比，在第12 d已经开始显著增加。虽然有研究表明γδT淋巴细胞在抵抗BVDV感染中不发挥主要作用，但这些细胞可能通过产生IL-12、TNF-α和IFN-γ参与感染早期免疫调节，以及在感染后期通过恢复$CD4^{+}$和$CD8^{+}T$淋巴细胞亚群数量来调控病原体介导的炎症的消退。有研究表明，不同BVDV对外周B淋巴细胞数量的影响差异很大。其中一些研究发现了B淋巴细胞数的短暂性增加，另一些研究未发现显著变化。然而，本研究结果显示，B淋巴细胞在接毒后第3～9 d显著减少，在第12 d恢复正常。

在本研究中研究人员未检测到BVDV特异性抗体，而其他研究发现在接毒后第12 d出现BVDV抗体。因此，本研究中BVDV特异性抗体检测阴性可能是由于监测时间较短，而不是由于B淋巴细胞数的急剧下降。研究表明，APPs可作为人类和动物病理状态是否存在和严重程度的指标。血清APPs水平的变化与许多炎症介质的释放有关，如促炎细胞因子TNF-α和IL-1β。牛的阳性APPs包括触珠蛋白、SAA和纤维蛋白原。其中，单一的纤维蛋白原不是该物种APR的可靠指标，并且在本研究中未观察到血清纤维蛋白原水平的显著变化。这可能与NCP型BVDV-17443毒株感染造成的低损伤有关。病毒感染通常会导致轻微的APR。然而，Ganheim等（2003年）发现，在BVDV实验感染犊牛中，纤维蛋白原水平在接毒后第8～9 d增加。此外，牛的阴性APP（白蛋白）水平在本研究中保持不变。这可能是由于NCP型BVDV-17 443毒株未形成足够严重的损伤，导致血管通透性降低，减少了体内液体和血浆蛋白质分布的变化。研究表明，APPs（SAA和触珠蛋白）是病毒感染期间急性炎症的重要指标。本研究发现触珠蛋白和SAA表达增加。在接毒后第9 d它们的血清浓度达到峰值，与IL-1β水平的增加相一致，而IL-1β在炎症过程中起到关键的调控作用。与IL-1β相反，血清TNF-α水平在接毒后第1 d略有上升，同时$CD4^{+}T$淋巴细胞数略有上升，但在APR过程中略有下降。相关体外研究表明，TNF-α水平的下降可能与NCP型BVDV感染导致的外周单核细胞数量减少和IL-10的产生有关，而IL-10是一种抗炎细胞因子。这表明，TNF-α在抗BVDV作用中并没有发挥关键作用，事实上，这种促炎细胞因子可能直接或间接地受到病毒的抑制，至少在感染的急性期是这样。

此外，本研究发现IFN-γ和IL-12水平在感染早期升高。其中，IL-12在接种后第3 d开始上升，第9 d恢复到接种前的水平，直到实验结束均未出现变化。然而，IFN-γ从接毒后第1 d显著上升。与此同时，TNF-α和$CD4^+$T淋巴细胞数量均略有增加。这表明Th1型细胞因子水平不受NCP型BVDV感染的影响。尽管如此，病毒血症在接毒后第6 d达到峰值，这也表明IFN-γ在抵抗BVDV感染方面为发挥明显作用。Th2型细胞因子，如IL-4，在感染后未见变化。在第3～12 d，IL-10略有增加，其与TNF-α的下降相匹配。Rhodes等（1999）在体外研究中发现了BVDV感染后$CD4^+$和$CD8^+$T淋巴细胞的细胞因子差异反应。其中，$CD4^+$T淋巴细胞产生IL-4而不产生IFN-γ，而$CD8^+$T淋巴细胞产生IFN-γ而不产生IL-4。然而，尽管$CD8^+$T淋巴细胞数量在较长时间内减少，但$CD4^+$T淋巴细胞释放IFN-γ的能力强于IL-4。本研究结果与Charleston等（2022）的研究结果一致，NCP型BVDV急性感染更倾向于诱导Th1型细胞因子反应。总之，本研究数据为探索NCP型BVDV-1感染的免疫发病机制及其感染牛动物模型的建立提供了科学依据。

母牛妊娠期间的BVDV感染可导致出生犊牛对感染毒株的免疫耐受，产生BVDV持续感染（PI）牛。PI牛是病毒重要储存宿主，持续释放大量传染性病毒颗粒。目前，BVDV防控策略主要包括清除牛群中的PI牛、严格的生物安全、疫苗接种及免疫监测。然而，疫苗诱导的群体免疫可能受到以下因素的影响。① 即使在牛群BVD的总体免疫水平较高时，PI牛的存在也可以导致新的感染牛出现。② 疫苗诱导的免疫保护作用的形成时间跨度较大。③ 疫苗中未包含的新病毒株的免疫原。④ 母源抗体的影响。这种情况下，除了采取防控措施外，还需要抗病毒治疗来降低易感牛对病毒的感染。

干扰素（IFN）因其良好的抗病毒作用而被熟知。具有生物活性的干扰素很容易通过不同的表达系统产生，如哺乳动物细胞、酵母、细菌等表达系统，或通过重组病毒产生。I型和III型干扰素主要在先天性免疫反应阶段产生。I型IFN包括不同的亚型，如IFN-α和IFN-β，它们已被用于几种病毒性疾病的生物疗法。虽然I型IFN是有效的，但它们对接受治疗个体体内的几乎所有细胞都具有刺激作用，易产生严重的副作用。在过去的10年里，III型IFN家族（IFN-λ）的抗病毒作用已经得到了广泛的认可。其具有与I型IFN相似的活性，但没有I型IFN的副作用。这是由于与由IL10Rß和IFNLR1组成的不同受体复合物的结合。IL10Rß和IFNLR1在上皮细胞上高度表达，在其他组织中没有发现。由于，呼吸道和消化道的上皮组织通常是最先面对入侵的病毒，因此在多种病毒感染中，如 HCV、HBV、流感病毒、鼻病毒、呼吸道合胞病毒（RSV）、淋巴细胞性脉络膜脑膜炎病毒（LCMV）、轮状病毒、呼肠孤病毒、诺瓦克病毒、西尼罗河病毒（WNV）。因此 IFN-λ可作为一种重要的抗病毒介质。然而，在鸡、狗和猪等动物的相关抗病毒研究领域，只有少数学者报道了 IFN-λ的成功使用。在牛中 IFN-λ已被证明可显著降低口蹄疫的严重程度。

Reid 等（2016）研究发现，BVDV 感染在体内诱导的酸性不稳定 IFN 比 I 型耐酸型 IFN 更多。BVDV 体外相关研究证实，几种不同基因型和生物型的 BVDV 毒株对牛 IFN-α 和 IFN-λ敏感，并且 IFN-λ可以在小鼠模型中预防 BVDV-2 感染。虽然体外数据显示 IFN-α 具有抗病毒活性，但在体内使用 IFN-α对抗 BVDV 的尝试并不成功。目前，IFN-λ是否可以用来预防或治疗牛 BVDV 感染尚未得到证实。针对这一问题，Quintana 等（2020）分析了真核细胞中产生的重组牛 IFN-λ（rIFN-λ）的抗 BVDV 作用、血细胞的毒性、牛体内应用的安全剂量。研究人员以 3 周龄荷斯坦犊牛为实验动物，选择 NCP 型 BVDV-2 98 ~ 124 毒株进行犊牛攻毒实验，并检测了相关指标。

IFN-λ受体主要位于上皮黏膜细胞。与 I 型 IFN 受体相反，I 型 IFN 受体表达范围较广，并可诱导血细胞凋亡。为了分析 IFN-λ的安全性，本研究检测了不同浓度的 rIFN-λ 和 rIFN-α对牛外周血单个核细胞（PBMC）凋亡的影响。结果显示，rIFN-α可诱导牛 PBMC 的凋亡，且凋亡以剂量依赖的方式增加。而 rIFN-λ即使在最高浓度下也未能诱导凋亡。此外，为了分析 IFN-λ的使用剂量，在试验期间对实验犊牛分别接种浓度为 3、6 或 12 IU/kg 的 IFN-λ，并进行血常规和肝脏常规检查。结果显示，在所有接种 rIFN-λ的犊牛中，相关参数均在正常范围内。这表明，rIFN-λ的体内安全性良好。因此，研究人员选了 6 IU/kg 的中间剂量用于动物感染试验。

2 只模拟治疗组犊牛和感染组犊牛出现了临床症状，包括：精神沉郁、厌食、流鼻涕和咳嗽。其中 1 头犊牛出现肺部啰音和呼吸困难。在感染后第 4 d 犊牛临床症状最明显，其中 2 只犊牛在第 10 和 14 d 恢复。在第 7 d 出现发热峰值。使用 rIFN-λ治疗的犊牛未出现临床症状，且在整个实验过程中体温都保持在正常范围内。

本研究对所有动物的血清样本进行了病毒抗原和核酸检测。在感染后第 2 ~ 7 d，BVDV 感染模拟治疗组犊牛血清中可检测到 NS3 蛋白，而在同一时间点，所有 rIFN-λ 治疗组犊牛血清中均未检测到 BVDV 抗原。并且，与对照组相比，rIFN-λ治疗组犊牛病毒血症显著减少。在感染后第 2 和 4 d，模拟治疗组中的 1 头犊牛血清中检测到 BVDV 核酸。感染后第 4 ~ 14 d，另 1 头犊牛血清中可检测到 BVDV 核酸。然而，只有 1 头经过 rIFN-λ治疗的犊牛在感染后第 7 d 检测到 BVDV 核酸，而其他 3 头犊牛 BVDV 核酸检测均为阴性。在感染后第 4 d，可检测到模拟治疗组犊牛的排毒。其中 1 头犊牛在第 7 d 排毒检测仍呈阳性，而 rIFN-λ治疗组犊牛的鼻拭子中未检测到病毒阳性。上述结果表明，应用 rIFN-λ可减少病毒血症和 BVDV 的排毒。

TNF-α、IL-10 和 IFN-γ的 ELISA 检测结果显示，与模拟治疗组犊牛相比，rIFN-λ组中多数犊牛的 TNF-α水平上调。在感染后第 4 d，模拟治疗组犊牛 IL-10 水平升高，而 IFN-γ未检测到。rIFN-λ治疗组犊牛总 IFN 水平高于模拟治疗组犊牛。此外，抗体检测结果显示，模拟治疗组犊牛直到感染后第 21 d 才产生了中和抗体。而 rIFN-λ治疗组犊牛中和抗体的产生比模拟治疗组犊牛更早，且在感染后第 14 d 产生了高滴度中和抗体。另外，研究人员应用 ELISA 法测定了针对 BVDV 非结构蛋白的特异性抗体。结果显示，模拟治疗组犊牛在感染后第 21 d 时产生了特异性免疫反应，而 rIFN-λ治疗组犊牛中 1 头犊牛检测结果为阳性，1 头犊牛产生了不确定的结果，另外 2 头犊牛检测结果为阴性。

依据上述检测结果，研究人员进行了如下讨论与分析。之前有研究已证实，牛 rIFN-λ在体外对 BVDV 具有抗病毒活性，并在 BVDV 感染小鼠模型中发现了 rIFN-λ抗 BVDV 感染的有效性。而本研究在 BVDV 感染犊牛动物模型中发现牛 rIFN-λ也具有抗 BVDV 感染的作用，其减少了感染犊牛的临床症状、病毒血症和排毒。此外，rIFN-λ可以促进中和抗体的产生，并上调全身 IFN-α的表达。上述研究发现表明，在 BVDV 感染中 rIFN-λ对先天性和获得性免疫反应具有重要的调节作用。

IFN-λ的优势在于其活性主要定位于黏膜表面，其对上皮细胞具有显著的特异性，这有助于降低毒性。本研究证实了 rIFN-α可在体外诱导牛 PBMC 凋亡，而 rIFN-λ未检测到类似的作用，这可能是由于 PBMC 上缺少相应的受体。此外，本研究团队未发表的数据显示，用 rIFN-α预处理 PBMC 可减少 80%的 BVDV 感染，而 IFN-λ仅减少 20%，这表明该细胞因子的抗病毒活性并不是直接作用于 PBMC。此外，本研究发现，6 IU/kg 剂量的 rIFN-λ便可减少 BVDV 感染犊牛的病毒血症和排毒。并且，与其他 IFN 相比，本研究的 rIFN-λ剂量较低，这使其具备了良好的应用与开发前景。研究表明，IFN-λ可显著减轻 2 种不同的口蹄疫病毒（FMDV）毒株引起疾病的严重程度，但并不是完全没有临床症状。

值得注意的是，尽管在体外试验中 IFN-α和 IFN-λ的抗 BVDV 活性相似，但 IFN-α的体内抗 BVDV 活性尚未得到证实。Peek 等（2004）选择 IFN-α对 BVDV PI 犊牛进行了长达 12 周处理。结果显示，未检测到 IFN-α的抗 NCP 型 BVDV-1 活性。而 BVDV 感染小鼠体内研究发现，IFN-α具有一定的抗病毒活性，但与 IFN-λ联合使用效果更好。这些结果表明，IFN-λ在抗 BVDV 生物制剂研究领域具有良好的开发前景。

在犊牛感染后不久，研究人员并未检测到治疗组动物的 IFN-λ全身水平的增加。这可能是由于接种的 rIFN-λ已经迅速被定向到黏膜表面。但由于本研究所使用的实验设计和动物模型的限制，研究人员并未检测 IFN-λ在病毒感染组织中的水平。此外，本研究中 IFN-α在治疗组犊牛中未检测到上调，但 HCV 的相关研究发现 IFN-λ可能是 IFNAR-1 表达部分恢复的原因，这也促进了 IFN-α反应。IFN-λ的免疫调节作用尚未完全清除，但已有研究证实了其可促进适应性免疫反应和调节炎症反应。Douam 等（2017）发现，IFN-λ可通过调节免疫反应防止黄热病毒逃避宿主免疫。然而，Reid 等（2016）发现，将牛单核细胞（moDC）暴露于 I 型和 III 型 IFN 会抑制 $CD4^{+}T$ 细胞增殖。此外，IFN 处理后牛 moDC 衍生的未成熟树突状细胞（DC）的抗原摄取会下调。体内研究表明，IFN-λ可上调 HLA I 类分子表达，也可增加参与抗原加工和抗原提呈的其他效应分子的表达。上述研究发现也有助于解释为什么 rIFN-λ治疗组犊牛可更早的产生中和抗体。此外，Ye 等（2019）也发现，IFN-λ在增强黏膜表面启动的适应性免疫反应中起着至关重要的作用。

值得注意的是，虽然在感染后第 14 d IFN-λ治疗组犊牛体内产生中和抗体了，但有 2 只 IFN-λ治疗组的犊牛在感染后第 21 d 时仍无法检测到针对非结构蛋白的抗体，而其他 2 只则为阳性。此外，2 只模拟治疗组犊牛抗体检测结果均是阳性的。本研究中非结构蛋白抗体和病毒血症等检测结果表明，BVDV 的全身感染是轻微的，可能只存在有限的黏膜复制。但这足以引起中和免疫反应，但对非结构蛋白的免疫反应较低。

总之，本研究通过 BVDV 感染犊牛模型分析了 rIFN-λ的免疫调节作用。研究结果表明，rIFN-λ在 BVDV 或其他可通过黏膜感染的病毒的免疫防控领域具备潜在的应用前景。此外，rIFN-λ与疫苗的联用可能有助于防止免疫保护建立前的 BVDV 感染。

二、BVDV 人工感染猪的相关研究

BVDV 与 CSFV、BDV 同属黄病毒科瘟病毒属，对世界各地的畜牧业造成重大经济损失。BVDV 的宿主范围广泛，可感染牛、绵羊、猪、山羊和其他野生动物。不同的病毒毒株对不同宿主会产生多种临床症状。CSFV 可感染家猪和野猪，引起猪瘟的发生。该病的临床症状为高热、嗜睡、黄色腹泻及耳朵、腹部和腿部的皮肤损伤。值得注意的是，BVDV 感染猪的许多临床症状与猪瘟病猪的一些症状相似，这导致临床上不易区分两种传染病，也会影响 CSFV 的预防和控制。因此，许多国家逐渐开始重视猪的 BVDV 感染问题。

一般认为，猪 BVDV 感染主要源自牛。在牛场附近的猪群中可检测到 BVDV 血清阳性样本。此外，小反刍动物可能是猪 BVDV 感染的另一个可能来源。猪也可以通过喂食牛奶和牛内脏感染 BVDV。由于 BVDV 的筛检并不能做到 100%，在细胞培养中使用

了大量受污染的血清，并且在使用牛源性组织或血清时可能导致 CSFV 疫苗的污染。Wensvoort 等（1988）研究发现，母猪接种被 BVDV 污染的 CSFV 疫苗后，仔猪可表现出 CSFV 感染的临床症状，并且这些仔猪先天感染了 BVDV。在法国，由于 BVDV 污染了伪狂犬病疫苗，母猪的繁殖力下降，畸形胎儿患病率增加。Woods 等（1999）从接种了 BVDV 污染的传染性胃肠炎病毒（TGEV）疫苗的仔猪体内分离出 BVDV-1 毒株。Yang 等（2011）发现，在猪瘟抗体水平高的农场，BVDV 血清阳性率也较高，这表明猪瘟疫苗可能被 BVDV 污染了。Fan 等（2010）对 23 批猪瘟细胞疫苗进行了 RT-PCR 检测，BVDV 污染率为 21.74%。Tao 等（2012）在猪瘟疫苗中鉴定出了 BVDV-2 毒株。上述发现表明，一些猪用疫苗和牛血清存在 BVDV 的污染，这可能导致 BVDV 在猪群中的广泛存在。

Langohr 等（2011）研究了共感染 BVDV 和猪圆环病毒 2 型（PCV-2）对猪的影响。研究人员将分别包含 BVDV-1、PCV-2a、PCV-2b 病毒的患病猪组织匀浆接种于实验猪。结果显示，2 头共感染了 PCV-2b 和 BVDV-1 猪表现为共济失调和后肢轻瘫，而另 1 头猪症状较为短暂。接种后第 21 d，实验猪突然出现厌食、嗜睡和明显呼吸困难，最后死亡。其他组均未观察到明显的临床症状。一头接种了 PCV-2b 的猪在 12 d 内仅出现了毛发粗糙，皮肤苍白和轻度嗜睡等症状。然而，在第 30 d 出现了明显的呼吸困难并死亡。对照组猪和其他接种猪未表现出任何临床症状。在 6 ~ 7 周时，每组中都有几只动物出现了轻度关节肿胀。对患病动物肌肉注射了庆大霉素后症状有所改善，这表明动物出现了细菌性关节炎。

剖检病变局限于接种部位，如腹股沟淋巴结和下颌骨淋巴结的肿大。第 21 d 死亡的猪只（PCV-2b 和 BVDV-1）出现了全身性淋巴结肿大、肺实质性病变和明显的小叶间隔水肿、小肠增厚，呈波纹状，肠系膜淋巴管肿大，肠系膜水肿、轻度脾肿大、肾盂轻度水肿。第 14 d，PCV-2 感染组猪中有 3 头出现淋巴肿大。第 35 d，7 头猪出现了淋巴肿大和遍布整个肾脏的针尖状白色坏死灶。第 30 d 死亡的动物出现大量胸水、中度间质水肿和双肺颅腹侧肺炎。这些病变与在其他相关研究中的病变相似。在临床诊断为关节炎的动物中，滑膜增厚、关节液过多和多个脏器浆膜表面的纤维渗出表明有败血症的存在。在第 10 d 对实验猪进行安乐死，病理切片显示，共感染组（PCV-2b 和 BVDV-1）猪只肺细支气管周围、肝脏和脑外侧及第四脑室的脉络丛有轻度的、局灶性到多局灶性淋巴组织细胞炎症。第 21 和 22 d 安乐死的猪只病理切片显示，共感染组（PCV-2a 和 BVDV-1）中的 1 头猪比第 10 d 死亡的猪存在更广泛和更严重的炎症病变。气管黏膜下层、肺实质、心肌、舌骨骼肌、食管、胃和肠黏膜下层、肾间质、膀胱壁、脑膜、脑和脊髓神经实质以及脉络膜丛均有不同程度的灶性或多灶性淋巴组织细胞炎症。此外，共感染组（PCV-2b 和 BVDV-1）中 3 头猪的腹股沟淋巴结出现小肉芽肿。第 21 d 死亡的猪中可观察到淋巴组织细胞性支气管间质肺炎、淋巴组织细胞性肠炎、明显的肺和肠系膜水肿、坏死性动脉炎、肠系膜和小肠淋巴管炎和淋巴管扩张。该猪淋巴组织中可见淋巴细胞明显减少和巨噬细胞浸润。在第 21 和 22 d，BVDV-1 组猪的肺、心脏、胃和大脑脉系膜丛均出现了轻微的淋巴细胞炎症。第 14 d，PCV-2b 组猪的淋巴结、脾脏、扁桃体、肺、肾、肝、心、食管、胃和肾上腺有淋巴组织细胞炎症。第 35 d，PCV-2b 组猪的淋巴结、脾脏、扁桃体、肺、肾、肝、心、食管、胃、肾上腺和脑有淋巴组织细胞炎症。PCV-2b 和 BVDV-1 共感染组猪只的肾、肺和脑炎症病变显著高于 PCV-2b 组。淋巴样病变在 PCV-2b 组猪只中最为突出，在阴性对照组和 BVDV-1 组猪只中几乎没有或不存在。这些病变以内皮细胞肥大、内膜增生、节段性纤维样内侧变性、内侧和外周淋巴细胞炎症为特征。PCV-2b 组死亡的猪只存在明显的肺水肿，伴有急性血管炎，其特征是肺和卵巢动脉管状分支的小动脉和小动脉出血和纤维样变性。

PCV-2 核酸在接种该病毒的所有组猪只的组织中均可检测到。核酸在细胞质中最常见，在淋巴组织的单核和多核细胞中含量最多。少量核酸也可在非淋巴组织中被检出，如浸润的巨噬细胞，但很少在上皮细胞和内皮细胞中被检出。在 2 头死亡猪的淋巴组织和非淋巴组织中都检测到大量 PCV-2 核酸。在剖宫产并禁食初乳的猪中，非淋巴组织只有轻微的炎症，在实质细胞和驻留的单个核细胞中检测到大量的 PCV-2 核酸。PCV-2 核酸位于内皮细胞、平滑肌样细胞和受影响的动脉内外炎症细胞中。在其他 PCV-2 感染病变猪的多个组织中，未感染血管的罕见内皮细胞中也检测到 PCV-2 核酸。但在未接种该病毒的猪相关组织中未检测到 PCV-2 核酸。淋巴结、肺和回肠的冷冻样本取自接种了 BVDV-1 的猪。切片被安装在玻片上，风干，并用丙酮固定，用于后续检测。结果显示，接种 BVDV-1 的猪肺、回肠和淋巴结冷冻切片中存在散在的细胞质免疫荧光阳性细胞。在肺中，免疫荧光主要见于支气管腺上皮细胞。在回肠和淋巴结内，免疫荧光细胞单独分布于肠壁和淋巴结中心。阴性对照组猪均未出现任何阳性结果。

病毒分离结果显示，在第 10 d，PCV-2b 和 BVDV-1 共感染组中 4 头猪的淋巴组织中分离到了 PCV-2。PCV-2b 组猪的淋巴结和扁桃体中可分离到 PCV-2，这些猪在第 4、14 和 35 d 被安乐死。此外，只有 BVDV-1 组猪的淋巴结和肺中可分离到 BVDV。血清学检测显示，所有猪在第 0 d 和第 10 d ELISA 和 IFAT 检测均为 PCV-2 血清阴性。在第 21 和 22 d 可检测到 PCV-2 血清抗体。PCV-2 组死亡的猪对 PCV-2 的 IFAT 滴度为 1 ∶80。PCV-2b 和 BVDV-1 共感染组猪对同一病毒的 IFAT 滴度为 1 ∶1 280。PCV-2a

和 BVDV-1 共感染组猪对 PCV-2 的 IFAT 滴度为 1∶80 或 1∶320。所有猪对 PPV、PRRSV 和猪肺炎分枝杆菌的特异性抗体检测均为阴性。

多数猪在 BVDV 感染后没有明显的临床症状。然而，母猪的生殖障碍和虚弱仔猪的出生、流产和木乃伊化胎儿则与 BVDV 感染有关。怀孕母猪经胎盘感染 BVDV 后，可能出现流产、死产、弱仔猪出生、胎儿畸形甚至 PI 仔猪出生。研究表明，妊娠母猪在第 65 d 实验接种 BVDV-1 后未检测到垂直传播。BVDV 感染在其他妊娠期的影响尚未被调查。此外，宫内实验性感染 BVDV 可引起繁殖障碍，这与低致病性的 CSFV 感染情况相似。目前，关于 BVDV 感染母猪的研究较少。

Pereira 等将 12 头母猪分为 5 组，在不同妊娠阶段分别接种 BVDV-2 SV-253 毒株。其中，G0 组为受精前 30 d 接毒，G1 为受精后 30 d 接毒，G2 为受精后 60 d 接毒，G3 为受精后 90d 接毒，G4 为未接毒组。在分娩前每 3 d 采集母猪的血液和鼻拭子样本，进行病毒中和试验（VN）、qRT-PCR 和血球计数。旨在阐明 BVDV-2 感染在怀孕母猪中的致病性和繁殖性能，以及病毒在宿主中的复制和病毒感染对体液免疫反应的影响。结果显示，在整个试验过程中母猪的体温保持在正常范围内。只有 323 号母猪在流产当天体温为 40.5 ℃。经鼻接种 BVDV-2 后，G0 组母猪（323 号）在妊娠第 60 d 发生流产（胎长 12 cm），G2 组母猪（364 号）在受精后 42 d 恢复了发情。每组都有一头母猪产了死胎，但 G3 组中只有一头母猪产了木乃伊化的胎儿。

血小板计数显示，G2 组中的两头母猪（364 和 729 号）在接种 BVDV-2 后第 36 d 出现血小板减少，G0 组（392 号）在接毒后第 24 d 出现血小板减少。血红蛋白值和 MCHC 均正常。G1（355 头）和 G2（729 头）母猪在接毒后第 36 d，红细胞和血细胞比容低于正常水平，其余各组每天保持正常水平。在淋巴细胞数量方面，6 头母猪在接种后 3～6 d 出现轻度淋巴细胞增多，随后迅速恢复正常。2 头母猪在接毒后 24、27 和 36 d 出现中性粒细胞增加。未检出嗜碱性细胞或杆状核粒细胞，单核细胞和嗜酸性粒细胞计数正常。此外，抗体检测结果显示，除对照组（G4）和 G3 组外，所有接毒组母猪在接毒后第 12～33 d 检测到抗 BVDV 中和抗体。G0 组血清转化平均为 20 d，G1 为 27 d，G2 为 12 d。三组的总血清转化为 20 d，抗体滴度范围为 10～160。其中，G0 的滴度大于 G1 和 G2。所有感染组和对照组母猪的仔猪血清中均未检测到抗 BVDV 抗体。

对 452 份样本进行了 BVDV qRT-PCR 分析，包括 130 份母猪鼻拭子样本、150 份母猪血液样本、37 份仔猪血液样本、11 份胎盘样本和 124 份仔猪组织样本。在母猪中可检测到病毒血症（全血样本）和病毒脱落（鼻拭子）。但由于仔猪的 qRT-PCR 检测结果均为阴性，所以未检测到垂直传播。在 G0、G1、G2 和 G3 组的 4 头母猪（392、427、729、

348 号）中检测到病毒血症。G0 组、G1 组和 G2 组中的 4 头母猪（323、392、355、1386 号）检测到病毒排毒。母猪在接毒后 3 ~ 12 d 出现短暂性病毒血症，6 ~ 24 d 出现鼻途径排毒，病毒定量为 107 ~ 490 TCID50/mL。病理组织学检测显示，小肠、肺、肾、扁桃体、肝、胸腺、脾、脑或肠系膜淋巴结均未见明显病理变化。

依据上述检测结果，研究人员进行了如下讨论与分析。由于猪对 BVDV 具有易感性，建立 BVDV 感染猪的动物模型对于 BVDV 在猪群中的防控至关重要。本研究选用的毒株为 CP 型 BVDV-2 SV253 株，因为之前的研究已经证实了其对猪具有感染性。相关研究表明，实验接种 NCP 型 BVDV-2 SV260 株后所有母猪血清转化为 2 ~ 3 周，抗 BVDV-2 抗体滴度在 20 ~ 40。另一项研究发现，妊娠期 65 d 的母猪接种 NCP 型 BVDV-1 21d 后可出现血清转化，滴度从 64 ~ 512。并且感染程度各不相同，这可能与牛的接触、猪的年龄和用于血清学的毒株的同源性程度有关。

本研究中血常规结果显示血小板减少。Makoschey 等（2002）研究中也得到了类似的结果。其对 6 周龄的猪接种了 NCP 和 CP 型 BVDV-2，导致实验猪只出现轻度白细胞减少和血小板减少。研究表明，一些 BVDV-2 毒株具有高毒力，能够在牛中引起严重的血小板减少症和出血。这些结果表明，BVDV 感染可能与血小板减少有关。在本研究中，在感染后几天内淋巴细胞数增加，这可能是与 $CD8^{+}T$ 淋巴细胞活化有关。在接种后第 12 d 出现淋巴细胞下降，但仍在猪的正常范围内。

有研究表明，猪感染 BVDV 后通常没有明显的临床症状，这使得病毒能够悄无声息地感染猪群。值得注意的是，自然感染可导致繁殖障碍、流产和死胎。本研究中母猪 364（G2）在妊娠后 42 d 恢复发情，但未发现流产，而母猪 323（G0）发生了流产。对照组和感染组胎儿血清中未检测到 BVDV 中和抗体。新生仔猪样本是在未摄入初乳的情况下采集的。这与 Mechler 等（2018）研究结果结果一致。其研究发现，经口鼻接种 BVDV-2 母猪所产仔猪未产生病毒中和抗体。通过 qRT-PCR 只能在实验组接毒母猪的血液和鼻拭子样本中检测到 BVDV 核酸，在对照组（G4）和感染组（G0 ~ G3）出生的仔猪的组织和血液中未检测到 BVDV 核酸。此外，Mechler 等通过组织病理学检测发现，BVDV-2 宫内感染的仔猪没有出现明显的病理组织学变化。

本研究发现，妊娠母猪在接种了 CP 型 BVDV-2 SV253 株后表现出一过性病毒血症。其中，G0、G1、G2 和 G3 组母猪在接种病毒后第 3 d 和 12 d，其血液样本中可检测到病毒血症。G0 和 G1 母猪在接种病毒后 6 ~ 24 d，其鼻拭子样品中可检测到病毒排泄。尽管其他多数相关研究也证实母猪存在病毒血症和血清转化，但直肠温度的升高均未观察到。另外。病毒经胎盘感染可能与多个因素有关，如发生感染的胎龄和病毒株等。本研究针对母猪的不同妊娠期研究了 BVDV-2 感染对胎儿的影响。结果证实，仔猪未被垂直感染。这与 Walz 等（2004）的结果一致，其发现病毒经胎盘感染的效率极低。

总之，本研究结果显示，所有接种 CP 型 BVDV-2 SV253 株的母猪均表现出血清转化。在血液和鼻拭子中可检测到病毒 RNA。在妊娠第 30、60 和 90 d 实验接种的母猪中没有发现胎盘感染的证据，因为在感染母猪所生的仔猪中没有检测到 BVDV 抗体或核酸。本研究发现为后续研究 BVDV 感染的发病机制提供了依据。

三、BVDV 人工感染羊的相关研究

BVDV-2 分离株最先在美国和加拿大的严重急性黏膜病（BVD）疫情中被发现。随后在欧洲和南美也被发现。BVDV-2 被认为是一种新的高毒性病毒。研究表明，其已在北美牛群中传播了至少 20 年。然而，流行病学和系统进化树分析显示，在美国和欧洲的羊群中也存在 BVDV-2。为了明确 BVDV-2 感染对妊娠母羊及其胎儿的影响，Scherer 等（2001）选用 NCP 型 BVDV-2 VS-260 分离株在妊娠期的三个不同阶段分别实验感染 2 ~ 4 岁妊娠考力代羊。接种分离株 VS-260 的妊娠母羊中 6 只母羊出现中度和短暂的体温上升，5 只母羊出现轻微到中度的鼻分泌物，由浆液变为黏液和脓性黏液，持续 2 ~ 6 d。并未观察到采食、精神状况或粪便的变化。其中，一只母羊从第 7 d 开始出现角膜不清，持续约 1 周。19 只接毒母羊中有 12 只母羊体内可分离到病毒。多数母羊在一到两次采样中便可检测出病毒血症，但有两只母羊在连续四次采样中检测均呈阳性。在第 15 d 首次检测到 BVDV 抗体，所有母羊在第 30 d 出现血清转化。急性感染期间，三组母羊在临床、病毒学和血清学上均无明显差异。其余 10 只对照母羊在整个实验过程中均健康，BVDV 血清阴性，并产下 12 只健康的羊羔。在接种病毒后只有少数母羊体温出现短暂的轻微上升和轻度浆液的排出。在 6 只母羊中检测到细胞相关病毒血症。

在妊娠第 55 ~ 60 d 接毒，可导致 77%的母羊胎儿损失（流产、胎儿死亡和围产期死亡）。7 只母羊怀胎足月，产下可受孕、存活或无法存活的单胎或双胎(1 只可受孕，另 1 只死胎)。7 只足月出生的羊羔（3 只死产，4 只活产），在出生时 BVDV 检测呈阳性。其中 1 只（175 号）在出生后 12 h 内死亡，另外 2 只（156 号和 102 号）分别存活 24 d 和 60 d。第 4 只感染 BVDV 的羔羊（125 号，由 102 号母羊所生）正常饲养，6 月龄时死于其他原因。从 156 号和 102 号羔羊的白细胞中分离 BVDV，直至其死亡。通过每周采血和 BVDV 检测确认了 125 号羔羊的持续感染（PI）状态。该羔羊的 BVDV 中和抗体滴度从 4 日龄时的>320 下降到 150 日龄时的<40。在妊娠第 65 ~ 70 d 接毒，可导致 66.6%的母羊胎儿损失（流产、胎儿死亡和围产期死亡）。2 只母羊流产，另外 3 只分别分娩

了自产、死产或不能存活的羊羔。2 只母羊生了 3 只健康的羊羔。所有足月出生的羊羔均未感染 BVDV，其中 6 只羔羊携带 BVDV 抗体。115 号母羊所生的健康的双胞胎羊羔在第 10 d 完全失去了羊毛。在这些动物的皮肤活检样本中未检测到病毒、病毒抗原或炎症反应。在妊娠第 120 ~ 125 d 接毒的母羊产下了 3 只健康的、血清学阳性和病毒阴性的羊羔。

接种后不同时间点检测了病毒及病毒抗原。病毒最初是在 2 个胎儿的胎盘中检测到的。在第 10 d，胎盘、胎液和一些组织含有中至高滴度的感染性。肺和胸腺中检测到的滴度最高，其次是肾脏、大脑、肝脏和胎盘。从第 10 ~ 28 d，病毒在胎盘、肾、肺中检测数据较一致，而在肝脏、脾脏、胸腺和大脑中检测数据不一致。在小肠中可短暂检测到少量病毒（第 10 d）。在胎盘中，直到第 36 d 都可检测到感染性病毒。对感染性呈阳性的组织进行了免疫组化检测。多数情况下病毒分离的结果与病毒抗原的检测结果一致。然而，在一些病毒阳性组织中，主要是存在少量病毒的组织，在检查的切片中没有清楚地观察到抗原阳性细胞。在胎盘中，通常可观察到大量含有 BVDV 抗原的细胞。BVDV 阳性细胞在该组织中的分布模式从早期的局灶性或多灶性，到感染晚期的区域性和最终广泛分布。在母隐细胞和胎儿上皮细胞中均检测到 BVDV 抗原阳性的细胞，大多数在胎儿侧。胎儿侧的少数双核滋养细胞也可发现病毒抗原阳性。胎儿组织中血管壁染色最明显，即少量平滑肌和内皮细胞。在病毒阳性的新生羔羊中，大脑中 BVDV 抗原染色结果最显著。病毒抗原主要存在于血管壁，多见于毛细血管内皮细胞和大脑皮层小血管。在大脑和小脑脑膜的小血管中可见大量 BVDV 阳性细胞。此外，在隐窝上皮细胞和小肠固有层的少数细胞中也发现了 BVDV 抗原。

从接毒后第 7 d 到第 14 d 并未观察到胎儿出现明显或微小的变化。2 个胎儿（第 21 d 和 28 d）心肌有点状出血。在第 28 d 可观察到腹腔积血和血凝块。在第 36 d 死亡的母羊中，可观察到其胎儿侧胎盘有严重的糜烂性和纤维性胎盘炎，胎液中分布有丰富的纤维蛋白。胎儿可能死亡不久，未见明显或微小的变化。在第 43 d 宰杀的母羊体内发现了一个刚死亡的胎儿。在这个病例中，唯一的病理发现是腹膜腔中的纤维蛋白聚集。胎儿组织中未观察到其他肉眼可见或显微镜下的变化。一些母羊分娩的胎儿中有 3 只死胎的肝脏中度肿大，肺呈黄白色。在检查的组织中未观察到其他肉眼或显微镜下的病变。此外，在实验组一（接毒时间为 55 ~ 60 d）母羊中，从第 7 d 到第 28 d，BVDV 可在胎盘中被持续检测到。在第 10 d 首次在组织中检测到病毒，随后在直到第 28 d 可在多个组织中被检测到。在这个时间点之后，胎儿未接受其他检查。7 只足月出生的羊羔，在出生时 BVDV 呈阳性。在死胎和无法存活羔羊的多种组织中可检测到 BVDV。在第 10 d 宰杀的实验组三（接毒时间为120～125 d）母羊中，胎盘、胎液和胎儿组织中BVDV呈阳性。病毒在胎盘中的复制一直持续到第36 d。在第21、28和36 d仅有胎儿的胎盘、胎液和少数组织中存在感染性BVDV。从第28 d开始，BVDV特异性中和抗体在胎儿血清中的出现，BVDV从胎儿组织中的逐渐被清除。这使得继续怀孕的3只母羊产下了3只健康的、BVDV抗体阳性和抗原阴性的羊羔。

依据上述检测结果，研究人员进行了如下讨论与分析。值得注意的，研究人员选择NCP型BVDV-2感染了妊娠母羊，再现了BVDV-1感染牛后的相似症状。接种病毒导致有效的先天性传播，导致胎儿死亡、流产、死产和PI的羊羔出生。胎儿感染的病程和转归与接种病毒的妊娠期有关。在妊娠中期、早期感染可导致严重的胎儿损失，并产生PI羔羊，而晚期感染K可导致健康的血清阳性羔羊的出生。上述发现与之前关于牛自然和实验感染BVDV的报道结果一致。此外，本研究中BVDV-2感染妊娠母羊的发病机制可能与BVDV-1感染牛的发病机制相似。相关研究表明，在妊娠早期（26～45 d）给妊娠绵羊接种CP型BVDV会导致严重的胎儿损失，未接种的母羊产下活羊羔。妊娠后期（50～75 d）感染也导致严重的胎儿死亡。本研究中我们在第55～60 d（实验组一）和第65～70 d（实验组二）观察到类似的结果。2个实验组中母羊的胎儿发生死亡、流产、死产。这两组之间的重要区别是，实验组一的母羊产下了几只病毒阳性（持续病毒血症）的羊羔。相反，实验组二的母羊产下的羊羔没有检测到病毒阳性。宫内感染后存活下来的羔羊中有4只具有前结肠BVDV中和抗体。实验组一母羊接种病毒的胎龄可能是产生持续病毒血症羔羊的关键。此外，在妊娠40～120 d期间感染NCP型BVDV常可导致PI犊牛的形成，这与胎儿的免疫耐受状态密切相关。相关研究表明，在妊娠第38～78 d，自然或实验感染NCP型BVDV和BDV的妊娠绵羊也会产生病毒血症羔羊。与本研究的结果相似，这些羊羔中有许多出生时很虚弱，存活率低。另外，在实验组一母羊中，另一个常见的发现是足月出生的双胞胎中一只羔羊是活胎/死胎，另一只则是自产的。这是BVDV和BDV感染妊娠绵羊的一个共同特征。可能与双胞胎胎儿不同的感染时间或胎儿对感染的不同反应有关。

接种VS-260后胎盘和胎儿感染的相关检测数据证实了BVDV对绵羊胎盘和胎儿组织的嗜性。胎盘中病毒检测结果表明，病毒这些部位的复制先于病毒的先天性传播，这可能是病毒先天性传播所必需的。病毒和病毒抗原在胎儿组织中的分布与其BVDV急性感染的妊娠奶牛中的分布相似。BVDV感染牛的相关研究发现，在第14 d前胎盘或胎儿组织中未检测到病毒或病毒抗原，胎盘中BVDV抗原的染色主要局限于胎儿侧。然而，本研究对胚胎和母体界面均进行了BVDV抗原染色。此外，在2只母羊中观察到严重的胎盘病理损伤。这些结果表明，胎盘感染和功能障碍可能导致了妊娠羊急性 BVDV 感染时胎儿病理损伤和死亡。

相关研究表明，羊胎儿宫内感染 BVDV 通常与脑部病理和畸形有关，如低髓鞘或小脑发育不全。并且，CP 和 NCP 型 BVDV 均可能经胎盘感染绵羊胎儿，但只有 CP 型 BVDV 与脑畸形有关。然而，也有研究发现，怀孕的母羊暴露于 NCP 型 BVDV 后羊羔能观察到先天性脑病理。在本研究中，BVDV 和 BVDV 抗原可在胎儿的大脑以及死胎和新生羔羊的大脑、小脑皮质和脑膜血管中被检测到。但在这些部位并未观察到肉眼或显微镜下的病理变化。在之前的一项研究中，实验感染的绵羊胎儿大脑中 BVDV 抗原阳性细胞的存在与显著的组织病理学变化呈正相关，即使在感染的早期阶段也是如此。在后期接受检查的胎儿中可观察到严重的脑部病变，但此时病毒抗原已不再被检测到。这表明分离到的 VS-260 对发育中的绵羊大脑可能具有低致病力。

在妊娠第 120 ~ 125 d 接毒的母羊（实验组三），其胎儿组织中存在短暂、限制性病毒复制。病毒复制的减少伴随着胎儿体内抗体的出现。在胎龄 60 ~ 80 d，胎儿获得了 BVDV 特异性免疫力，这种免疫反应通常可以清除经胎盘感染胎儿的病毒。可能是由于胎儿自身的免疫反应能力。在妊娠期的最后三分之一阶段，宫内 BVDV 感染通常不会对胎儿造成严重后果。本研究中实验组二母羊所生的一些羊羔体内产生了 BVDV 抗体，并在宫内感染中幸存下来。总之，本研究结果表明，BVDV-2 VS-260 感染妊娠绵羊的生物学性质与 BVDV-1 感染的妊娠牛的生物学性质基本相似。胎盘传播是病毒感染胎儿非常有效的途径，并导致胎儿死亡和 PI 羔羊的产生。此外，未观察到先天性脑畸形，这可能反映了该毒株的特异性致病特性。本研究数据证实，豚鼠可作为一种 BVDV 感染动物模型，为后续研究先天性 BVDV-2 感染发病机制提供基础。

研究表明，BVDV 可感染小反刍动物，这些动物的临床症状与牛的相似。BVDV 感染山羊的临床病例通常以繁殖障碍为特征，包括流产和新生胎儿生存能力下降。BVDV 感染萨能山羊的相关研究发现，在该山羊中检测到 BVDV 的自然感染。这些感染 BVDV 的山羊均无临床症状。然而，BVDV 在这些山羊中的传播途径尚未确定。在韩国饲养的大多数山羊与牛共用栖息地，BVDV 在这些动物中的传播频率可能更高。近些年，韩国本土山羊的数量正在逐渐增加，与其相关的主要产品是肉和奶。在韩国，关于 BVDV 在山羊中感染的研究很少，对 BVDV 在山羊养殖场中的传播情况也知之甚少。研究发现，BVDV-1b 是韩国本土牛群中流行的主要基因型。由此，Oen 等（2019）以韩国本土山羊为实验动物，研究了 BVDV 是否可以通过鼻内接种（IN）感染山羊。并在此基础上，评估了 BVDV 在牛和韩国本土山羊之间的传播情况。

结果显示，通过 IN 接种感染 BVDV 的 4 只韩国山羊中，有 2 只山羊出现咳嗽和流鼻涕的症状。1 只山羊在感染后 2 ~ 5 d 出现咳嗽，12 ~ 19 d 现鼻分泌物。这只山羊的呼吸道症状明显且持续时间长。另一只山羊只表现出鼻分泌物，没有观察到其他临床症状，如食欲缺乏、腹泻和发热。其余 2 只山羊在实验结束前均未出现临床症状。在模拟感染组山羊中未观察到临床症状。本研究并未采取其他诊断方法，进对 2 只山羊的鼻分泌物仅进行了 BVDV 检测。接毒前山羊的 BVDV 抗原和抗体均为阴性，并且在模拟感染动物中未检测到病毒 RNA。在 2 只接种 BVDV 山羊（山羊 1 和山羊 3）的鼻拭子中检测到病毒 RNA。在山羊 1 的血液样本中检测到病毒 RNA。在鼻拭子中未检测到病毒 RNA，但在感染后第 7 和 12 d，采用针对 N^{pro} 的引物检测时，在 1 号山羊的血液中检测到病毒 RNA。在整个实验过程中，模拟感染的山羊血清学检测均呈阴性。2 只接种了 BVDV 的山羊（山羊 1 号和山羊 3 号）产生了病毒中和抗体，而其他 2 只山羊在实验期间均保持血清学检测阴性。

本研究分别对 5'-UTR 和 N^{pro} 基因进行了核苷酸序列分析，以确认山羊中 BVDV 感染。并将 BVDV 感染山羊的分离株和 BVDV 感染牛的分离株（11Q472 亲本株）基因组序列进行了对比。基于 5'-UTR 的系统发育分析显示，从山羊 1 号和山羊 3 号的鼻拭子和山羊 1 号第 7、19 d 的血液中获得的序列与 NCP 型 BVDV-1b 相对应，且这三个序列属于同一个分支。而从山羊 1 号第 19 d 的血液中获得的序列属于一个单独分支。N^{pro} 的系统发育分析显示，1 号山羊血液第 7、12 d 扩增的序列与牛分离株 BVDV-1b 的序列不同。值得注意的是，BVDV-11Q472 株接毒前后核苷酸序列差异显著。这些核苷酸序列的差异在 N^{pro} 区域比在 5'-UTR 区域出现的更为频繁。

依据上述检测结果，研究人员进行了如下讨论与分析。BVDV 在小反刍动物中的感染与牛的感染相似。产后感染可引起轻微的临床症状，包括发热和白细胞减少，怀孕的小反刍动物感染可导致生殖失败。本研究结果显示，通过 IN 途径实验感染 BVDV 的韩国本土山羊只有轻微的呼吸道症状，如咳嗽和流鼻涕，没有引起发热、厌食和腹泻。之前一项研究报道了萨能山羊的 BVDV 感染，该山羊没有表现出临床症状。此外，多项研究表明，绵羊和山羊 BVDV 感染的临床表现可能因接种途径、宿主年龄和 BVDV 菌株差异而有所不同。不同接种方式和病毒株对 BVDV 感染羊临床症状的影响有待于进一步研究。

本研究仅在 2 只表现出咳嗽和鼻分泌物的接毒山羊中检测到了病毒 RNA 和血清学转化。用 2 种引物检测了这些山羊 BVDV 的感染，但针对 5'-UTR 和 N^{pro} 基因的 PCR 结果略有不同。虽然不能确定哪个基因对 BVDV 的诊断准确性更高，但这 2 个基因的共同使用，有助于更准确地诊断 BVDV。此外，研究表明，山羊的血清学反应与牛不同。小反刍动物的血清阳性率为 3%～35%，山羊的血清阳性率较绵羊低。山羊和绵羊的抗体产量可能不同。之前对犊牛的相关研究发现，接种 BVDV 后不到 1 周就出现了明显的血清转化。而在本研究中，山羊接种后大约 2 周产生了 BVDV 特异性抗体。这表明血清转化存在宿主特异性差异，并且 BVDV 在新宿主中诱导感染可能需要更长的时间。

另外，本研究在 BVDV 感染山羊中观察到的核苷酸序列的变化，这可能是病毒传播和感染新宿主的一种策略。因此，这些序列上的差异可能对 BVDV 在新宿主中建立感染至关重要。据报道，RN'11A 毒株比其他毒株变异更为频繁。病毒可能通过这种方式提前适应新的宿主。这些核苷酸序列的变化可能增强病毒在新宿主中建立感染的能力。Bachofen 等评估了 BVDV 从牛到山羊的种间传播，但没有发现 5'-UTR 中的核苷酸变化。然而，在 E2 编码区观察到了变化，这与本研究结果不同。虽然研究中没有评估 E2 核苷酸序列的差异，但我们在韩国本土山羊的 5'-UTR 和 N^{pro} 区域均发现了 BVDV 感染后的基因变化。并且在 N^{pro} 区域的基因变化非常显著。这些核苷酸序列的变化可能是 BVDV 从牛传播到山羊所必需的。

总之，本研究结果证实，BVDV 可以在韩国本土山羊中建立感染，并表现出轻微的临床症状；感染山羊很可能在 BVDV 的传播和流行中发挥作用。深入研究 BVDV 在不同物种间的传播机制，可能对 BVDV 的防控至关重要。

四、BVDV 人工感染兔的相关研究

BVDV 可以跨越物种传播，尤其是在绵羊中感染引起的疾病在临床症状上与边界病毒引起的疾病不易区分。在多种野生或家养反刍动物和猪种中均检测到了 BVDV 抗体。在绵羊、山羊、猪、羊驼、白尾鹿、麋鹿、鼠鹿和美洲山羊中也发现了 BVDV 的持续感染研究表明，BVDV 的广泛流行可能与非牛宿主的病毒库有关。早期研究中为了确定 BVDV 宿主范围，研究人员还对各种的非偶蹄动物，如马、猫、狗、几种小型实验动物（豚鼠、小鼠、兔）和鸡胚接种了病毒。其中，采取静脉接种途径的唯一非偶蹄动物是兔子。Baker 等感染了 BVDV 的兔脾脏匀浆接种犊牛。犊牛表现出了短暂性 BVDV 感染的典型临床症状。此外，BVDV 可以利用淋巴细胞悬浮液在兔体内和兔与牛之间连续传代。此外，一项血清学调查研究显示，100 只野兔的血清样本中 40%的样本中 BVDV 中和抗体滴度较低。三分之一的样本 ELISA 检测呈阳性。然而，未能从兔子体内分离出病毒。因此，兔子可能是 BVDV 自然感染的宿主，但缺乏明确的实验或流行病学证据。英国和爱尔兰等国的兔子数量大，通常栖息在牧场中或牧场附近。兔子携带 BVDV 可能对

这些国家的 BVDV 防控产生重大影响，尤其是根除计划。

为了研究兔子作为 BVDV 潜在宿主的作用，Bachofen 等（2014）通过静脉注射和口鼻接毒等途径将兔子暴露于 BVDV。结果表明，兔子确实可以被 BVDV 感染。BVDV 不仅可通过静脉感染，还可以通过更自然的感染途径感染。本研究的整个实验过程中，接种 BVDV 的兔子未表现出任何临床症状或体温的显著变化。在接毒后第 0、3、5、8、14、22 和 28 d 兔子口腔拭子样本的 BVDV RT-PCR 检测结果均为阴性。因此，无法确定 BVDV 可以通过口腔途径传播。同一时间点的 EDTA 抗凝全血样本的 BVDV 检测结果均为阴性。 然而，感染第 5 d 死亡兔子的血液样本中的白细胞样本呈 BVDV 检测阳性。研究人员还对肠道相关淋巴组织(GALT)的器官进行了病毒检测。兔子的 GALT 主要位于阑尾和圆球囊（回肠回盲连接处的囊状扩张）。此外，还对脾脏进行了 BVDV 检测。因为先前的研究表明，BVDV 可以通过脾脏匀浆从兔子传播给小牛。在 BVDV 攻毒后第 5 d，实验 IV 组的 3 只兔子体内样本 qRT-PCR 检测结果均为 BVDV 阳性。其中，*Ct* 值最低的是回肠（24.3 ~ 30.5）和阑尾（25.6 ~ 33.6），而脾脏（35.6 ~ 36.7）检测到的病毒 RNA 较少。在雾化组中，3 只死亡兔子中 1 只兔子的三个组织样本中均检测到 BVDV 阳性，1 只在阑尾和脾脏中呈阳性，1 只只在脾脏中呈阳性。模拟暴露组兔子的各脏器均为检测到 BVDV。为了验证 qRT-PCR 阳性兔子体内是否存在传染性病毒。研究人员用实验 IV 组兔子回肠（圆形球囊）匀浆接种 BT 细胞。结果显示，在 BVDV 攻毒兔子的脏器样本中检测到了传染性病毒，而模拟感染组兔子的回肠中病毒检测为阴性。

为了检测暴露组兔子的 BVDV 特异性抗体反应，对所有兔子第 0、3、5 d 和第 8、14、22 和 28 d 的血浆样本进行 BVDV 抗体捕获 ELISA 检测。结果显示，实验 IV 组的所有 BVDV 暴露兔子 S/P 比在第 5 d 后显著升高，而模拟暴露组兔子的 S/P 仍为阴性。此结果与雾化组非常相似，除了抗体反应产生的起始时间比静脉注射组稍有延迟。在 H 组，病毒特异性抗体反应仅在 14 d 后才被检测到。在这一组中，6 只暴露兔子中有 4 只显示出 S/P 比值的增加。与 H 组兔子处于同一房间的 2 只哨兵兔子的血液样本 BVDV 抗体 ELISA 检测为阴性。为了确定抗体对病毒的中和能力，对第 28 d 采集的血清样本进行了 SNT 检测。由于死前采集的血液量较少，较早采样时间点的血清样本量不足。实验 IV 组兔子的中和抗体滴度在 11 ~ 32，实验 N 组兔子的中和抗体滴度在 8 ~ 23，而 H 组中单个兔子的中和抗体滴度为 11。在模拟暴露组兔子中未检测到中和抗体。

感染后第 5 d 兔子的病理组织学分析显示，脑、肺、心、肝、肾均无病理学变化。然而，所有暴露于 BVDV 的兔子回肠和阑尾的 GALT 中观察到不同程度的淋巴细胞耗损，但在模拟暴露组兔子中未观察到。N 组 2 只兔子的肠组织在固定前发生了轻度自溶，因此无法明确区分淋巴细胞减少和自溶。此外，在第 5 d 对死亡兔子的所有组织进行免疫组化分析。结果显示，BVDV 抗原均为阴性。

依据上述检测结果，研究人员进行了如下讨论与分析。虽然 BVDV 是一种重要的可感染牛的病毒，但其宿主并不局限于牛。BVDV 通常被认为不会感染非偶蹄动物。然而，研究表明兔子可以传播病毒。血清学检测也发现兔子可能发生 BVDV 的自然感染。通过自然途径的 BVDV 实验性暴露研究未见报道。兔子是不是 BVDV 感染的自然宿主尚不清楚。本研究通过不同途径对兔子进行了 BVDV 攻毒，监测了病毒血症的发展和病毒特异性抗体反应情况。此外，静脉接种病毒的兔子作为阳性对照。因为，之前已有报道通过该途径 BVDV 可以成功感染兔子。经鼻注射病毒可能是一种更为自然的病毒感染途径。先前的研究表明，病毒反复暴露可以促进其种间传播。因此，本研究在第 14 d 后重新挑战对实验 IV 组和 N 组兔子进行了 BVDV 接毒。此外，第三组兔子通过一种更为天然的牛/兔传播途径，即接触被病毒污染的干草。在实验开始前 2 周，每天将这些干草饲喂兔子。另外，本研究所用的病毒，不是已建立的、适应组织培养的实验室毒株，而是野外分离的病毒株。并且，为了保持病毒感染的准种多样性，进行了最低限度的传代。这样不仅可以更好地反应 PI 动物的自然感染情况，同时也更适用于病毒中间传播的研究。

值得注意的是，一些 BVDV 感染兔子中可观察到病毒血症和 GALT 耗损。在全血样本中未检测到病毒 RNA，但在第 5 d 从实验 IV 组和 N 组动物中分离出白细胞样本中可检测到病毒 RNA。这表明，病毒血症期间 BVDV 载量较低，且与不同细胞相关。这与短暂感染牛的情况类似。在牛感染 BVDV 后，病毒血症发生的时间与本研究兔子发生病毒血症的时间相似，通常是短暂的。值得注意的是，牛的病毒血症在所有 BVDV 感染病例中均不易检测到，且病毒排毒量有限。这与本研究中兔子口腔拭子样本中未检测到 BVDV RNA 的结果相符。相比之下，在第 5 d，实验组 IV 组和 N 组兔子脾脏中可到 BVDV RNA。研究结果表明病毒血症似乎主要与白细胞有关。这也解释了为什么在脾脏中可检测到病毒 RNA，以及以前的研究中成功地使用脾脏匀浆建立了病毒传播。值得注意的是，在回肠的圆球囊样本可检测到 BVDV RNA，该组织也被用于病毒分离，且相当于牛的派尔集合淋巴结。在 PI 牛中，BVDV 通常存在于派尔集合淋巴结中。在黏膜病发作后，派尔集合淋巴结可遭受严重的淋巴衰竭。在牛短暂感染 BVDV 时，也报告了轻度到中度的派尔集合淋巴结耗竭。同样，在所有暴露于 BVDV 的兔子中也可观察到回肠和阑尾中 GALT 的轻度到重度耗竭。

从在第 5 d 检测到病毒血症后，到第 14 d，实验 IV 组和 N 组兔子均检测到抗体反应，但在模拟暴露组兔子中未检测到抗体反应。由于没有有效的兔血清 BVDV ELISA 检测试剂盒，缺乏数据来建立临界值，很难定义血清转换。然而，本文使用的改良ELISA是双相分析的。因此，可以在很大程度上排除由于非特异性抗体与包被抗原或反应板组分结合而导致的假阳性反应。此外，在任何暴露前兔子样品中均未检测到BVDV特异性反应性。在模拟暴露组兔的血浆中未观察到S/P值的增加。尽管我们不能准确地确定兔子血清转化的时间点，但在第5 d和第14 d之间观察到抗体开始增加。因此，ELISA测量抗体反应的时间过程似乎与在牛中观察到的反应相似，据报道，牛的血清转化发生在感染后2～3周。与ELISA相比，SNT主要检测针对结构蛋白E2的抗体。有趣的是，虽然兔子ELISA检测结果似乎与BVDV短暂感染牛的抗体反应程度相似，但4 w后SNT滴度很低。据报道，在BVDV感染牛现场病例的血清中抗体滴度高出10倍。然而，牛的SNT滴度在感染后10～12周才趋于平稳。因此，如果饲养时间较长，兔子的中和滴度可能会达到更高的滴度。本研究中用于SNT的病毒株与攻击兔子的病毒属于相同的BVDV-1a亚群。因此，抗原差异不应是低滴度的原因。研究表明，E2蛋白决定瘟病毒属病毒宿主物种选择的主要决定因素，E2编码区已知在BVDV分离株之间高度可变。然而，感染了BVDV的野生兔子中和抗体滴度与BVDV实验感染兔子的中和抗体滴度非常相似。低的抗体滴度似乎不太可能对再次感染提供保护，尤其是对不同的BVDV毒株。然而，除了中和抗体外，已知细胞免疫对于防止牛的BVDV再感染也很重要。在兔子中细胞免疫的情况如何需要进一步研究明确。

总之，本研究结果表明，兔子易受BVDV感染，且感染不会引起明显的临床症状。病毒可以在兔子体内繁殖。更重要的是，在静脉感染和经鼻感染病毒时均发现了病毒繁殖的证据。虽然接触了病毒污染干草的兔子被BVDV感染的可能性较低，但这种间接传播途径导致了BVDV免疫反应的出现。此外，需要进一步的实验来证实持续感染的兔子是否可以导致牛的BVDV感染。

多项研究表明，兔子可能是BVDV自然感染的宿主，但明确的实验或流行病学证据较少。健康牛与其他持续感染牛之间的直接或间接接触被认为是BVDV初次感染或继发感染的主要原因。并可能导致在动物生产中的经济损失。此外，其他易感动物也会将病毒传播给牛。例如，最近一项研究报道了BVDV可感染猪。BVDV阳性猪群出现通常与同一农场饲养的牛群有关。兔子在一些国家数量丰富，经常出没于家畜牧场或附近。兔子可能成为BVDV的宿主，并对这些国家的BVDV根除计划构成重大威胁，特别是在根除计划即将结束时。

BVDV具有长度12.3～12.5 kb的正股单链RNA基因组。根据BVDV在细胞培养中的生物特性，将其分为细胞病变型和非细胞病变型。单个开放阅读框

（ORF）可被翻译成一个多聚蛋白，然后加工成 12 个病毒多肽，包括：Npro-C-E^{rns}-E1-E2-p7-NS2/NS3-NS4A-NS4B-NS5A-NS5B-COOH。根据 5'-UTR 的核苷酸序列分析，将其分为 3 个主要种的基因型，包括：BVDV-1、BVDV-2、BVDV-3（HoBi 样瘟病毒）。BVDV-1 和 BVDV-2 可进一步分为不同的亚群，目前已鉴定出至少 20 个 BVDV-1 亚群和 4 个 BVDV-2 亚群。

毒力评价对了于解 BVDV 感染的发病机制具有重要意义。之前，北京某农场出现了 BVDV 毒株突发性临床感染病例，研究人员对感染毒株进行分离鉴定，并与其他 BVDV 毒株进行毒力对比分析。同时，选择临床分离株作为攻毒株，对现有商品化疫苗进行免疫效果评价。这是防止其感染在养牛场暴发的重要措施。截至目前，我国主要的 BVDV 流行毒株为 BVDV-1，而 BVDV-2 种则很少发现。不同 BVDV-2 毒株之间的毒力差异已被广泛报道，但关于不同 BVDV-1 毒株之间毒力差异的分析较少。研究表明，BVDV 异源疫苗的交叉保护力较差。因此，分析 BVDV 临床分离株的基因亚型是必要的。目前，国内已分离出多种 BVDV-1 亚基因型。此外，之前的研究已经报道了，BVDV-1m 和 BVDV-1a 是北京地区主要的亚基因型。然而，BVDV-1c 在北京地区少见。

因此，Yang 等分析了 BVDV 新分离株在未接种 BVDV 疫苗，且有临床腹泻症状的荷斯坦牛中的遗传进化。同时，评估了兔子作为 BVDV 储存宿主的可能性，观察了 BVDV BJ175170 在腹腔途径感染兔子中的致病性。首先，研究人员以 5'-UTR 基因组序列为基础，对 BVDV BJ175170 进行了分离、鉴定和系统发育关系分析。然后，通过腹腔注射将 BVDV BJ175170 接种于健康兔子。采用 ELISA、HE 染色和 IHC 检测技术评价了该病毒株的致病性和免疫原性。

病毒分离结果显示，从血液样本中分离出 BVDV BJ175170，将其接种于 MDBK 细胞，传代 3 次。MDBK 细胞未表现出明显的细胞病变效应（CPE），在培养 48 h 内呈单层聚集，并形成网状结构。接种 BVDV NADL 株的细胞生长缓慢，呈单层网状结构，死亡细胞较多。同时，在未接种的对照组细胞中未发现 CP。采用 IFA 检测了 BVDV 的存在。结果显示，在感染了 BVDV 的 MDBK 细胞的细胞质中观察到以颗粒形式分布的特异性荧光。透射电镜观察显示，BVDV 在感染细胞中的颗粒接近圆形，直径 50 ~ 100 nm，呈典型的瘟病毒形态。

研究人员通过扩增 5'-UTR 和 N^{pro} 基因，鉴定 BVDV 分离株。基于 BVDV BJ175170 分离株 5'-UTR 基因扩增和测序结果，进行了系统发育分析。应用 MEGA-6 程序将分离得到的 BVDV 毒株序列与参考序列进行比对，从而分析 BVDV BJ175170 与其他毒株的进化关系。结果表明，分离得到的 BVDV BJ175170 株与我国国内其他地区分离到的

BVDV 株具有显著的同源性。BVDV BJ175170 分离株与 MF-5 毒株同源性达到 85%。根据上述结果，BVDV BJ175170 株初步确定为 BVDV-1c 基因亚型。

分别在腹腔攻毒后第 0、1、3、5、7、14、21、28 d，检测攻毒组和对照组兔子血液中白细胞的数量。BVDV 感染兔子白细胞数量虽有变化，但均在正常范围内。从攻毒后第 3 d 开始，用 ELISA 法检测感染兔子血清中 BVDV 特异性抗体。攻毒后滴度逐渐升高，在第 21 d 达到峰值。

为了评估 BVDV BJ175170 菌株对兔子的致病性，研究人员分析了感染兔子的病理组织学变化。结果显示，在腹腔攻毒后第 28 d 可观察到兔子的肺、肝、心、肠、脾、空肠淋巴结和圆囊病变。攻毒组肺部出现充血、肺泡扩张、肺泡壁增厚和支气管上皮细胞脱屑。攻毒组肝脏细胞坏死，细胞质空泡化。小叶间门静脉区出现充血和淋巴细胞内充。攻毒组心脏组织病理改变严重，心肌间质疏松水肿。攻毒组兔子肠道病变表现为绒毛变钝、黏膜下水肿、细胞坏死和脱落。攻毒组兔子脾脏结构受损，淋巴滤泡减少，脾结节萎缩，淋巴结节内淋巴细胞坏死较对照组严重。此外，攻毒组兔子空肠淋巴结及圆形包膜的病理变化与脾脏组织相似。对照组兔子肺、肝、心、肠、脾、空肠淋巴结、圆囊未见明显病变。

在攻毒后第 28 d，研究人员通过免疫组化（IHC）检测了肺、肝、心、肠、脾、空肠淋巴结及圆形囊内病毒抗原。结果显示，BVDV BJ175170 感染组兔子的肺、肝、心、肠组织均存在大量 BVDV 阳性细胞。上述结果表明，病毒在感染家兔体内广泛存在。此外，感染组兔子的脾脏、空肠淋巴结、圆囊等免疫器官也可检测到 BVDV 阳性，而未感染组兔子未检测到 BVDV 抗原阳性。

依据上述检测结果，研究人员进行了如下讨论与分析。研究表明，导致 BVDV 传播的重要原因之一是 BVDV 毒株具有多种不同的基因型，而不同基因型在病毒毒力和抗原表位方面存在显著差异。本研究结果对于深入了解 BVDV 的分子流行病学和发病机制具有重要意义。分离到的临床 BVDV 毒株可用于开发针对相关流行毒株的有效疫苗。

本研究是首次从中国北京地区牛群中分离到 BVDV-1c 的报道，并通过实验感染兔对其发病机制进行了验证。本研究进一步证实了 BVDV 可感染兔，其可能成为 BVDV 的储存宿主，对牛群构成 BVDV 感染风险。病毒分离株的系统发育关系分析对分子流行病学研究和疫苗研究具有重要意义。

中国流行的 BVDV 毒株至少有 9 个 BVDV-1 亚基因型，包括：1a、1b、1c、1d、1m、1o、1p、1q 和 1u。已有研究报道显示，BVDV-1 m 和 1a 是北京地区的优势亚基因型，且毒株高度分化。自 2009 年以来，BVDV-1c 在北京很少报道。BVDV-1c 是中国西部优势亚基因型。本研究从北京养牛场的牛血液样品中分离到 BVDV。根据 5'-UTR 基因序列将该毒株归类为 BVDV-1c。既往研究表明，在中国西部地区检测到的 BVDV 样本与 BVDV-1c 亚型的澳大利亚毒株具有较高的同源性（94.4%）。此外，BVDV-1c 已被描述为澳大利亚的主要基因型。与此同时，中国西部的荷斯坦牛大多是从澳大利亚进口的。因此，从本研究中从北京地区分离到的 BVDV-1c 毒株可能与动物进口有关。

BVDV 可以感染牛和其他动物物种，通常它被认为是牛的病原体，但其不局限于此宿主。以往的研究显示，在苏格兰和英格兰北部野生兔血清样本中可检测到 BVDV 特异性抗体。这表明，野生兔中可能存在 BVDV 的自然感染。感染 BVDV 的野兔对 BVDV 阴性牛群造成再感染的风险很小，但并非零风险。然而，为了明确兔是否可以作为 BVDV 的储存宿主，学者们进行了相关实验研究。结果显示，在 BVDV 实验感染后，检测到兔体内的抗体反应和病毒血症。本研究中感染家兔临床症状和白细胞计数结果与对照组相比不明显，这与既往报道结果一致。BVDV 结果显示，感染小鼠腹腔内脾脏、空肠淋巴结、圆囊、肺淋巴组织、胃等组织脏器中检测到 BVDV 阳性。根据病理组织学和免疫组化分析结果表明，BVDV 可在家兔免疫器官中感染和复制。并且兔的感染机制与牛的感染机制相似。因此，以家兔为模型，对于评价新疫苗的免疫保护作用和新流行 BVDV 毒株的致病性具有重要的意义。本研究中肺、肝、心、肠、脾、空肠淋巴结及圆囊的相关病理结果可为 BVDV 实验感染兔模型的建立提供参考。然而，本研究并未证实 BVDV 感染的兔子是否可以排出病毒，从而对健康的兔子或其他易感动物中引起感染。但由于 BVDV 可感染兔，这可能构成病毒传播的风险。

五、BVDV 人工感染小鼠的相关研究

病毒感染小鼠模型已成为病毒性传染病研究领域的重要研究工具。国内外诸多学者已对 BVDV 感染小鼠模型进行了深入研究。为了明确 BVDV 是否可感染小鼠，Seong 等（2015）腹腔注射（IP）和鼻内接种（IN）途径对 BALB/c 小鼠接种了三种不同的 BVDV 毒株（NCP 型 BVDV-1 11Q472 株、NCP 型 BVDV-2 11F011 株和 CP 型 BVDV-1 NADL 株）。在感染后第 7 d，病毒在体内活跃复制时，所有小鼠被执行安乐死，并采集血液和组织样品。其中，脾脏、肝脏、肾脏、肺、肠系膜淋巴结和胃等组织样品进行 HE 染色，评估 BVDV 感染小鼠病理组织学变化的严重程度。提取血液样品 RNA，qRT-PCR 检测 BVDV 5'-UTR。对脾脏、肝脏、肾脏、肺、肠系膜淋巴结和胃的组织进行免疫组化染色。

临床观察结果显示，所有接种小鼠均为表现出明显的临床症状。qRT-PCR 检测结果显示，在 IP 组，5 只小鼠血液样本为 BVDV 阳性。而 IN 组中只有 1 只小鼠感染了 CP

型 BVDV-1。在模拟感染组小鼠中未检测到病毒 RNA。免疫组化分析显示，在模拟感染组小鼠的组织样本中未检测到 BVDV 抗原。在 IP 组小鼠的脾脏（5/6，83.3%）、肠系膜淋巴结（4/6，67%）、肺淋巴组织（3/6，50%）均可检测到 BVDV 抗原。在脾脏的在淋巴细胞中可检测到 BVDV 抗原。在肠系膜淋巴结坏死病灶的淋巴细胞和皮层中可检测到 BVDV 抗原。在肺脏中，肺泡巨噬细胞中可检测到 BVDV 抗原。在胃中，BVDV 抗原存在于分层的鳞状上皮细胞中。在 IN 组中，1 只 CP 型 BVDV-1 感染小鼠的肺（1/6，6.7%）和肠系膜淋巴结（1/6，16.7%）可检测到 BVDV 抗原。此外，BVDV 抗原还存在于肺支气管上皮细胞和肠系膜淋巴结淋巴细胞中。与 IP 组相比，IN 组小鼠的脾脏中不存在 BVDV 抗原。IP 组和 IN 组小鼠的肝脏或肾脏中 BVDV 抗原检测结果为阴性。

病理组织学检测结果显示，IP 组小鼠存在轻度至重度的病理组织学病变，而模拟感染组小鼠为检测到病变。IN 组中仅有 1 只小鼠存在病理组织学变化。NCP 型 BVDV-1 感染小鼠的肝脏中存在巨噬细胞和中性粒细胞的局部聚集，在门脉三联体中未见凋亡细胞。CP 型 BVDV-1 感染小鼠的肝脏出现中度病变。相比之下，NCP 型 BVDV-2 感染小鼠肝脏表现出更严重的炎症病变和组织损伤，包括整个门脉周围区域的炎症细胞浸润。此外，NCP 型 BVDV-2 感染小鼠比 NCP 型 BVDV-1 感染小鼠存在更大程度的局灶性坏死和大量的凋亡细胞。在 NCP 型 BVDV-2 感染小鼠的肝脏中发现大量的炎症细胞，包括大量的中性粒细胞和巨噬细胞浸润。与 NCP 型 BVDV-1 或 NCP 型 BVDV-2 感染的小鼠相比，感染 CP 型 BVDV-1 小鼠的肾脏表现出明显的肾小球萎缩。 在肺部观察到的最常见病变是肺泡壁增厚，这在 CP 型 BVDV-1 感染的小鼠中最为显著。而 IN 组小鼠的肺部仅表现出轻微的病理组织学病变。与 CP 型 BVDV-1 或 NCP 型 BVDV-2 感染小鼠相比，NCP 型 BVDV-1 感染小鼠脾脏出现髓外造血，淋巴结节内淋巴细胞坏死更严重。虽然，在 1 只 NCP 型 BVDV-1 感染小鼠中未检测到 BVDV 抗原，但与其他 NCP 型 BVDV-1 感染小鼠相比，该小鼠脾脏的病理组织学病变显示出更显著的变化。在 IP 组，肠系膜淋巴结的病理组织学变化在小鼠之间略有不同。IP 注射小鼠出现淋巴溶解和中度至重度淋巴细胞减少，而 IN 组小鼠中可见中度淋巴细胞减少。

在 6 只 IP 组小鼠的全血中可检测到病毒 RNA，而在 IN 组仅有 1 只小鼠中可检测到病毒 RNA。这表明，IN 途径可能限制了病毒的进入。后续，需要使用更多数量的小鼠来评估接毒后不同时间点病毒血症情况。在 IP 组中，BVDV 抗原检出最多的脏器为脾脏。此外，在 6 只感染小鼠中有 4 只小鼠的肠系膜淋巴结中可检测到 BVDV 抗原。在 CP 型 BVDV-2 和 NCP 型 BVDV-2 感染小鼠的肺淋巴组织中可检测到 BVDV 抗原，但在 NCP 型 BVDV-1 感染小鼠中并未检测到。此外，在 IN 组中仅有 1 只 CP 型 BVDV-1 感染小鼠的肺和肠系膜淋巴结中可检测到 BVDV 抗原。值得注意的是，BVDV 抗原可在胃的分层鳞状上皮细胞和肺的支气管上皮细胞中检测到。上述结果表明， 通过 IP 和 IN 途径，BVDV 可在小鼠体内建立感染。本研究证实了非偶蹄动物可自然感染 BVDV，并伴随着病理组织学的变化。这与其他相关研究报道的结果相一致。Bachofen 等研究表明，兔子暴露于 BVDV 后，其淋巴器官发生了典型的 BVDV 短暂感染的病理组织学变化，且 qRT-PCR 结果显示 BVDV 阳性。与 BVDV 感染兔子的研究相似，本研究结果显示，在 BVDV 感染小鼠的组织中存在轻度到严重的病理组织学变化。BVDV 感染小鼠中病理组织学变化存在差异的原因尚不清楚。可能与本研究中使用的病毒株的毒力和组织嗜性的差异有关。病毒抗原分布与组织病理病变之间的相关性尚不清楚。例如，尽管肝脏和肾脏有明显的病理组织学改变，但并未检测到病毒抗原。病毒抗原在小鼠体内分布存在明显差异的原因尚不清楚。研究人员推测，这可能与病毒对不同感染组织的易感性，或者只是短暂性 BVDV 感染的结果有关。此外，本研究结果表明，在小鼠体内应用免疫组化技术检测 BVDV 抗原时，脾脏是最可靠的检测组织。

Baker 等研究表明，皮下注射了 BVDV 感染小牛脾脏匀浆的小鼠未表现出 BVDV 的感染。该结果与本研究结果并不一致。这种差异可能与感染途径、病毒剂量或感染持续时间的不同有关。本研究结果表明，通过 IP 或 IN 途径对小鼠接种 BVDV 可建立感染，并且在接种后第 7 d 可检测到病毒血症、BVDV 抗原和病理变化。值得注意的是，IN 组所有感染小鼠均未出现病毒血症，脾脏未检测到 BVDV 抗原。而 IP 组的 6 只小鼠中有 5 只出现病毒血症，且存在 BVDV 抗原，6 只小鼠均表现出轻度至重度的组织病理改变。这些结果表明，通过 IN 途径接种小鼠，可能会限制 BVDV 的进入和复制。

综上所述，本研究是 BVDV 在小鼠体内建立感染的首次报道。病毒血症检测结果表明， BVDV 可以感染小鼠，感染小鼠未表现出明显的临床症状。IP 组小鼠表现出更严重的病理变化。本研究发现为 BVDV 感染小鼠模型的建立提供了依据。而 BVDV 感染小鼠的发病机制有待于进一步研究。

随着 BVDV 感染相关机制研究的不断深入，研究人员需要更适合的 BVDV 感染小动物模型。之前，Seong 等（2015）评估了小鼠作为 BVDV 感染模型的可能性，通过腹腔注射途径成功诱导 BVDV 感染 BALB/c 小鼠。然而，小鼠作为 BVDV 感染宿主的作用尚未得到详细研究。随后，其又发表了另一篇相关研究（2016），选择口服途径对 6 ~ 8 周龄 BALB/c 小鼠接种 CP 型 BVDV NADL 株，评估 BVDV 感染小鼠过程。通过血常规、病毒学、免疫组化和病理组织学来表征疾病感染进程。并与 IP 途径进行了相比，分析了血液或组织感染的差异对 BVDV 感染的影响。

结果显示，多数 BVDV 感染小鼠表现出运动减少、喜卧、粪便疏松、食欲缺乏和饮水减少等临床症状。其中，运动减少和喜卧等行为主要在感染早期被监测到，而粪便疏松、食欲缺乏和饮水减少等症状在整个实验期间持续存在。体重监测结果显示，直到第 5 d，高剂量感染小鼠的体重略有增加。与模拟感染组和低剂量感染组小鼠相比，仅在高剂量感染小鼠中观察到体重减轻。在所有感染小鼠中未观察到脾肿大。低剂量感染动物的脾脏重量增加，而高剂量感染小鼠的脾脏重量在 5 d 后略有增加，直到第 9 d 保持不变。在接毒后第 9 d，高剂量感染小鼠脾脏重量小于未感染小鼠。

所有 BVDV 感染小鼠的血小板计数均显著降低。与模拟感染组小鼠相比，低剂量病毒感染小鼠的血小板计数在第 9 d 显著降低。低剂量感染小鼠在第 9 d 观察到淋巴细胞减少。在第 5 d 高剂量感染小鼠出现严重的淋巴细胞减少。高剂量感染小鼠在第 5 d 出现白细胞减少，低剂量感染小鼠在第 9 d 观察到白细胞减少。其他白细胞亚群，如中性粒细胞、单核细胞、嗜酸性粒细胞和嗜碱性粒细胞，均在正常范围内。

qRT-PCR 检测结果显示，在接毒后第 2 d，低剂量和高剂量感染小鼠的全血样本中检测到病毒 RNA 的存在，但在第 5 d 未检测到病毒 RNA。而高剂量感染小鼠仅在第 9 d 可检测到病毒 RNA。12 只小鼠中有 6 只小鼠血液样本的 BVDV 检测呈阳性。在模拟感染组小鼠中未检测到病毒 RNA。免疫组化分析显示，在模拟感染组小鼠的组织样本中未检测到 BVDV 抗原。在感染小鼠的脾脏（12/12）、骨髓（12/12）和肠系膜淋巴结（4/12）中可检测到病毒抗原。此外，在脾脏、骨髓和肠系膜淋巴结的淋巴细胞中可检测到 BVDV 抗原阳性反应，但在巨核细胞中未检测到阳性抗原反应。其他组织的病毒抗原检测结果也呈阴性。

病理组织学检查结果显示，在接毒后第 9 d，与模拟感染组小鼠相比，感染组小鼠表现出高度的病理组织学变化。在所有感染小鼠的脾脏和骨髓中均可观察到巨核细胞浸润增加。在骨髓中，除了巨核细胞数量增加外，未发现其他病变。在所有感染小鼠的脾脏中可观察到出血和淋巴细胞的耗损，在肠系膜淋巴结中发现严重的淋巴细胞减少。与模拟感染组小鼠相比，口服接种 BVDV 后小鼠脾脏和骨髓中的巨核细胞数量显著增加。在低剂量感染组小鼠中，脾脏巨核细胞数量在第 5 d 显著增加，在第 9 d 显著减少。然而，在高剂量感染组小鼠中，直到第 9 d 可观察到巨核细胞数量的增加。在低剂量和高剂量感染组小鼠中，直到第 9 d 可观察到骨髓巨核细胞数量的增加。骨髓中的巨核细胞数量低于脾脏中的巨核细胞数量。

本研究结果表明，CP 型 BVDV-1 可通过口服途径感染小鼠。尽管在 12 只小鼠中只有 6 只小鼠的全血样本中可检测到病毒 RNA，但大多数小鼠出现了临床症状，并且在所有小鼠的脾脏和骨髓中均检测到了 BVDV 抗原。在所有 BVDV 感染小鼠中也观察到病理组织学变化。主要集中在脾脏和骨髓浸润巨核细胞数量明显增加，脾脏淋巴细胞减少，肠系膜淋巴结出现严重淋巴细胞耗损。在病毒感染的小鼠中还能观察到短暂性淋巴细胞减少和血小板减少。上述结果表明，口服接种 CP 型 BVDV-1 可能影响小鼠的造血组织，从而影响小鼠脾脏和骨髓的血小板生成。

之前的研究发现 IP 或 IN 途径接种 BVDV 的小鼠均没有表现出明显的临床症状，这与本研究结果相反。口服接种 CP 型 BVDV-1 导致小鼠表现出临床症状。除高剂量感染小鼠出现体重减轻外，所有小鼠均表现出相同的临床症状。研究人员推测，在 IP 途径中脾脏可能是 BVDV 复制的主要位点，而口服途径中，BVDV 的主要复制位点可能是口腔。因此，口服接种途径可能为病毒的感染和传播提供了一个有效的入口。本研究结果也提示，为了诱导 BVDV 感染小鼠产生临床症状，应考虑到接种途径和病毒剂量。

在本研究中 12 只小鼠中有 6 只检测到了病毒血症，感染小鼠的脾脏和骨髓中都检测到了病毒抗原。这与之前的研究中 IP 接种途径所得到的结果不一致。在 IP 组中，除 1 只感染小鼠外，其余小鼠均检测到病毒血症，脾脏均检测到病毒抗原，6 只感染小鼠中有 4 只在肠系膜淋巴结检测到病毒抗原。然而，本研究发现，在口服接种组中低剂量接种小鼠的肠系膜淋巴结在第 2 d 和第 9 d 可检测到病毒抗原，而在第 5 d 未检测到病毒抗原。虽然，qRT-PCR 在小鼠中未检测到病毒血症，但免疫组化结果表明所有小鼠都感染了病毒。这也表明，免疫组化是检测小鼠 BVDV 的合适方法，且脾脏是可靠的检测组织。

在 IP 组小鼠中仅在淋巴器官中观察到了病理组织学变化，存在肠系膜淋巴结淋巴细胞和脾脏淋巴细胞的减少。感染期间脾脏和骨髓巨核细胞数量明显增加。尽管巨核细胞增多，但免疫组化无法检测到脾脏和骨髓巨核细胞内的病毒抗原。然而，其他相关研究表明，在其他感染动物的巨核细胞中存在病毒抗原。上述检测结果的差异可能与宿主差异有关。此外，本研究发现口服途径接毒后小鼠肠系膜淋巴结和脾脏的淋巴细胞均出现减少，其可能与 BVDV 急性感染诱导的淋巴细胞迁移到淋巴组织有关。BVDV 引起血小板减少症的能力已在多项研究中被证实。本研究结果证实，BVDV 感染也导致了小鼠的血小板减少。值得注意的是，本研究中巨核细胞数量增加，但其与 BVDV 感染小鼠血小板减少的发生是否有关有待进一步研究。综上所述，本研究发现为 BVDV 感染小鼠模型的建立提供了依据和新发现，但 BVDV 感染小鼠的发病机制仍需深入研究。

研究表明，高毒力 NCP 型 BVDV-2 感染可导致牛共刺激分子和抗原提呈水平显著下调。体外 NCP 型 BVDV-1 感染后 1 h IL-12 mRNA 水平升高，在 24 h 无影响。此外，NCP 型 BVDV 体内感染导致淋巴组织中 T 淋巴细胞减少，这取决于菌株的毒力。NCP 型 BVDV

在畜群内传播可能引起继发感染或其他严重疾病。在之前的研究中 Seong 等发现，尽管接毒小鼠没有表现出明显的临床症状，但通过 IP 途径 BVDV 可成功感染小鼠。在 NCP 型 BVDV-1 和 NCP 型 BVDV-2 感染小鼠研究中病理组织学检查结果显示，两种毒株在导致小鼠组织病理损伤方面存在差异。与 NCP 型 BVDV-1 感染小鼠相比，NCP 型 BVDV-2 感染小鼠的病理组织学变化为中度至重度。此外，Seong 等还通过口服途径对小鼠接种了 CP 型 BVDV。与 IP 途径相比，口服接种导致小鼠存在与 BVDV 感染牛相似的症状，如食欲缺乏、血小板减少、淋巴细胞减少、脾脏和骨髓中的巨核细胞增加等。上述结果表明，小鼠可作为一种 BVDV 感染小动物模型，用于 BVDV 发病机制的研究。

为了更深入的了解 NCP 型 BVDV 感染小鼠的发病机制，Seong 等（2015）选择 NCP 型 BVDV-1 472 株和 NCP 型 BVDV-2 001 株感染 6 ~ 8 周 BALB/c 小鼠。研究了两个毒株在致病性、免疫学和细胞因子产生方面的差异，分析了 NCP 型 BVDV 感染小鼠的免疫致病机制。临床症状观察结果显示，通过 IP 途径感染 NCP 型 BVDV 的小鼠均为表现出明显的临床症状。在模拟感染组小鼠的组织样本中未检测到 BVDV 抗原。免疫组化结果显示，病毒抗原检测结果存在，这种差异取决于感染时间。从第 4 d 到第 14 d，所有感染组小鼠的脾脏中均能检测到病毒抗原。此外，在肠系膜淋巴结、肠道相关淋巴组织（GALT）、心脏、肾脏、肠道和支气管相关淋巴组织（BALT）中可检测到病毒抗原。与 NCP 型 BVDV-2 感染小鼠相比，NCP 型 BVDV-1 感染小鼠体内的病毒抗原在第 4 d 和第 10 d 含量更高。值得注意的是，接毒后第 4 d 在心脏和肾脏中可检测到病毒抗原，第 10 d 未检测到，第 14 d 再次被检测到。然而，在第 14 d，只在 2 只小鼠的心脏组织和 4 只小鼠的肾脏组织中发现了病毒抗原。这些病毒抗原可在脾脏淋巴细胞、肠系膜淋巴结、GALT 和 BALT 中被检测到。在肾脏肾小球的足细胞、心脏的肌细胞和肠的固有层中也检测到了病毒抗原。这些结果表明，脾脏可能是检测 BVDV 感染最可靠的靶器官。

流式细胞分析显示，B、T 淋巴细胞的相对比例、共刺激分子（CD80、CD86）和 MHC II 类分子的表达在 2 个病毒感染组小鼠脾脏中存在差异。与模拟感染组小鼠相比，在 NCP 型 BVDV-1 感染小鼠中 $CD4^+$T 淋巴细胞数量在第 7 d 达到峰值，在第 14 d 逐渐下降。其细胞数量大于 NCP 型 BVDV-1 感染组小鼠。NCP 型 BVDV-1 感染小鼠的 T 淋巴细胞在第 10 d 达到峰值，随后在第 14 d 显著降低。但与 NCP 型 BVDV-1 感染小鼠相比，NCP 型 BVDV-2 感染小鼠的 $CD4^+$T 淋巴细胞数量在第 7 d 升高，第 10 d 显著降低。$CD8^+$T 淋巴细胞数量在接毒后第 10 d 之前无显著变化，之后逐渐减少。

NCP 型 BVDV-1 感染小鼠脾脏中 $CD4^+$和 $CD8^+$T 淋巴细胞数量增加。B 淋巴细胞的数量加在接毒后第 10 d 之前增加，第 14 d 下降。而在 NCP 型 BVDV-2 感染小鼠中，B

细胞的数量在第 7 d 增加，随后在第 10 d 减少。直到第 10 d，NCP 型 BVDV-1 和 NCP 型 BVDV-2 感染小鼠的 B 淋巴细胞数量显著高于模拟感染组小鼠。NCP 型 BVDV-2 感染小鼠的 CD80、CD86 和 MHC II 类分子的表达在第 4 ~ 14 d 低于模拟感染组小鼠。其中，在第 10 d（$p<0.05$，CD80 和 CD86）和 14 d（$p<0.01$，CD80 和 CD86；$p<0.05$，MHC II）显著降低。NCP 型 BVDV-1 感染小鼠的 CD80、CD86 和 MHC II 类分子的表达在第 4 d 和第 10 d 高于 NCP 型 BVDV-2 感染小鼠，在第 14 d 下降。这些结果表明，NCP 型 BVDV-2 感染在第 4 d 和第 14 d 之间导致共刺激分子和 MHC II 类分子表达的同时降低。

病理组织学分析显示，所有 BVDV 感染小鼠从第 4 d 至第 14 d 均出现脾脏淋巴细胞减少。NCP 型 BVDV-1 和 NCP 型 BVDV-2 感染小鼠脾脏卵泡内 B 淋巴细胞的聚集量均显著高于模拟感染组小鼠脾脏内 B 淋巴细胞的聚集量。虽然，大多数 B 淋巴细胞主要局限于小的生发中心，但少数 B 淋巴细胞分布于 NCP 型 BVDV-1 感染小鼠的脾窦。免疫组化检测结果显示，与 NCP 型 BVDV-1 感染小鼠相比，在接毒后第 7 d，NCP 型 BVDV-2 感染小鼠脾脏中 $CD4^+$和 $CD8^+$T 淋巴细胞数量显著减少。在 NCP 型 BVDV-2 感染小鼠中，$CD4^+$T 淋巴细胞的数量与模拟感染组小鼠相比，在第 7 d 时显著降低。

细胞因子检测结果显示，在 NCP 型 BVDV 感染小鼠血浆中相关细胞因子的水平较低或未检测到。两组小鼠中仅检测到低水平的 IL-6、IL-12 和 MCP-1，其他细胞因子未检测到。IL-12 仅在 NCP 型 BVDV-1 感染后第 4 d 产生。此外，模拟感染组小鼠不产生任何细胞因子。在 NCP 型 BVDV-2 感染小鼠中，IL-6 水平在接毒后第 4 d 比 NCP 型 BVDV-1 感染小鼠高 6 倍，第 7 d 下降，此后未检测到 IL-6 水平。而 NCP 型 BVDV-1 感染小鼠仅在第 4 d 可检测到 IL-6。此外，两组间 MCP-1 水平存在差异。在 NCP 型 BVDV-1 感染小鼠中，MCP-1 仅在第 4 d 被检测到，在第 7 ~ 14 d 未被检测到。相反，在 NCP 型 BVDV-2 感染小鼠中，在第 10 d 可检测到 MCP-1，其水平显著高于 NCP 型 BVDV-1 感染小鼠。

依据上述检测结果，研究人员进行了如下讨论与分析。病原体和宿主之间的相互作用与感染的建立密切相关。然而，在 BVDV 感染小鼠中这种相互作用的免疫学影响尚不清楚。在本研究中，我们证明了 NCP 型 BVDV-1 和 NCP 型 BVDV-2 在感染小鼠过程中引起宿主免疫功能的变化。值得注意的是，NCP 型 BVDV-2 感染不仅导致了 $CD4^+$和 $CD8^+$T 淋巴细胞的减少，还下调了共刺激（CD80 和 CD86）分子和 MHC II 类分子的表达，而 NCP 型 BVDV-1 并未对上述指标产生影响。NCP 型 BVDV-2 感染也能诱导促炎细胞因子 IL-6 和 MCP-1 的产生。本研究结果表明，NCP 型 BVDV-2 可通过负向调节免疫细胞活性对宿主免疫系统产生影响。该研究也是首次利用 BVDV 感染小鼠模型分析

NCP 型 BVDV-1 和 NCP 型 BVDV-2 的免疫发病机制的研究。

在整个实验过程中病毒抗原始终可以在脾脏中被检测到。在肠系膜淋巴结、GALT、心脏、肾脏、肠道和 BALT 中也可检测到病毒抗原。有趣的是，在接毒后第 4 d 病毒抗原在心脏、肾脏和肠道中可检测到，在第 7 d 和第 10 d 未检测到，在第 14 d 再次被检测到。出现这种情况的原因尚不清楚。在自然宿主中，BVDV 抗原广泛存在于淋巴组织和多灶性肠黏膜。Tenorio 等研究发现，在接种了高毒力 NCP 型 BVDV-2 牛的肾脏和心脏中可检测到病毒抗原，表明该毒株已扩散到更多的器官和组织。由此可见，自然宿主与小鼠在病毒抗原的检出时间和分布上存在显著差异。

与 NCP 型 BVDV-2 相比，NCP 型 BVDV-1 感染提高了小鼠 $CD4^+$和 $CD8^+$T 淋巴细胞，及 B 淋巴细胞的数量。$CD4^+$T 淋巴细胞在提高机体先天性免疫应答和抗病毒效应功能方面发挥着重要作用。因此，NCP 型 BVDV-1 感染小鼠中 $CD4^+$T 淋巴细胞数量的增加可能促进了 $CD8^+$T 淋巴细胞和 B 淋巴细胞数量的上调。与 NCP 型 BVDV-1 感染小鼠不同,NCP 型 BVDV-2 感染小鼠的 $CD4^+$和 $CD8^+$T 淋巴细胞和 B 淋巴细胞明显减少。Ellis 等研究证实，牛感染 NCP 型 BVDV-1 后会出现短暂性白细胞减少，其特征是外周血 T 和 B 淋巴细胞的绝对数量显著减少。然而，本研究结果显示，在 NCP 型 BVDV-2 感染时，这些细胞的数量减少了。两组之间的差异可能与使用的病毒株不同有关。NCP 型 BVDV 感染可诱导 Th2 反应,导致高水平的抗体产生。NCP 型 BVDV-1 感染诱导的 $CD4^+$T 细胞可能给与 MHC II 类分子和共刺激分子的上调有关。这表明,$CD4^+$T 淋巴细胞在 NCP 型 BVDV-1 感染中发挥了重要的免疫保护作用。$CD4^+$T 淋巴细胞数量的上调可能调节了炎症反应，介导了病毒控制和清除。而 NCP 型 BVDV-2 感染可能破坏了这种病毒控制和清除策略。因此，NCP 型 BVDV 感染中的免疫抑制作用可能与 $CD4^+$T 淋巴细胞密切相关。

在 NCP 型 BVDV-1 和 NCP 型 BVDV-2 感染中,MHC II 类分子和共刺激分子（CD80 和 CD86）的表达明显不同。而这些分子的表达是产生有效免疫反应所必需的。在 NCP 型 BVDV-2 感染小鼠中，这些分子的表达水平显著降低。NCP 型 BVDV-2 感染犊牛的相关研究也报道了类似的结果。因此，缺乏共刺激分子可能通过诱导了 T 淋巴细胞的无能或凋亡。MHC II 类分子表达的减少可能会下调 T 淋巴细胞对受病毒感染细胞的识别，从而使病毒逃避适应性免疫反应。BVDV 在被感染动物中持续存在，可能与其逃避免疫系统的识别密切相关。本研究中 NCP 型 BVDV-1 和 NCP 型 BVDV-2 感染小鼠的重要区别在于抗原递呈和共刺激分子的表达和先天免疫反应水平。因此，在 NCP 型 BVDV-2 感染小鼠中这些分子表达的下调可能有助于了解自然宿主中 BVDV 免疫抑制的机制。

此外，本研究中两种 NCP 型 BVDV 感染小鼠均会产生 IL-6、MCP-1 和 IL-12，但分泌水平较低。促炎细胞因子的分泌可促进炎症反应。更重要的是，在 NCP 型 BVDV-2 感染小鼠中 MCP-1 产量的增加可以影响病毒的致病性和毒力，以及控制感染的传播，从而导致病毒清除和抗病毒作用的下降。IL-12 可促进针对细胞内病原体的有效免疫反应。本研究中 IL-12 在 NCP 型 BVDV-2 感染小鼠中产量极低或检测不到。该细胞因子的缺失能与病毒感染的长期持续密切相关。NCP 型 BVDV 将免疫反应转向 Th2 反应，并限制了高水平细胞免疫反应的产生。之前的研究表明，在 NCP 型 BVDV-1 和 NCP 型 BVDV-2 感染中未检测到 TNF-a 的变化，但 IFN-γ在 NCP 型 BVDV-1 感染小牛中产量增加。而本研究中 BVDV 感染小鼠体内，这些细胞因子的产生很可能受到 $CD4^+T$ 淋巴细胞的调节。$CD4^+T$ 淋巴细胞是 BVDV 感染的主要靶细胞之一。不同生物型或毒力的病毒可对其相关信号通路转导和 Th1/Th2 反应的转化产生不同的影响。

总之，本研究发现，NCP 型 BVDV-1 和 NCP 型 BVDV-2 以不同的方式调节宿主免疫反应。其中，NCP 型 BVDV-2 下调了 $CD4^+$和 $CD8^+T$ 淋巴细胞及 B 淋巴细胞数量，抗原提呈水平，共刺激分子表达，诱导的促炎细胞因子分泌。这表明，NCP 型 BVDV-2 通过下调抗原递呈和共刺激信号，促进病毒感染、传播及自然宿主的免疫抑制。上述结果为探索 NCP 型 BVDV-1 和 NCP 型 BVDV-2 感染小鼠的免疫发病机制提供了新的思路。

国内学者阮文强等（2018）以 6～8 周龄 BALB/c 小鼠为实验动物，通过腹腔注射途径对小鼠接种了 2 株牦牛源 CP 型 BVDV-1 毒株（SMU-Z6/1a/SC/2016 和 SMU-Z6/1a/SC/2016）。在接毒后第 5、7、10 d 分别采集小鼠外周血、粪便及组织样本。通过血常规、qRT-PCR、免疫组化和病理组织学的技术，评估病毒对小鼠的致病性。

结果显示，多数感染小鼠表现出了一定的临床症状，如精神沉郁、被毛粗糙、腹泻、聚堆等。SMU-Z6/1a/SC/2015 和 SMU-Z6/1a/SC/2016 感染小鼠的肝和肺部可见出血点。qRT-PCR 检测结果显示，接毒后第 5 d，感染组小鼠的空肠、结肠未检测到病毒 RNA，其他组织均可检测到。接毒后第 7 d，SMU-Z6/1a/SC/2016 感染小鼠的空肠未检测病毒，SMU-DJ2/1d/QH/2015 感染小鼠的空肠和结肠未检测到病毒，其他组织均能检测到病毒。接毒后第 10 d，SMU-Z6/1a/SC/2016 感染小鼠的空肠和回肠未检测到病毒，SMU-DJ2/1d/QH/2015 感染小鼠的肝脏、回肠、结肠未检测到病毒，其他组织均能检测到病毒。所有感染小鼠的粪便中均能检测到病毒。SMU-Z6/1a/SC/2016 感染小鼠肺脏的病毒载量为 1.47×10^7 copies/μL，而 SMU-DJ2/1d/QH/2015 感染小鼠肺脏的病毒载量为 3.30×10^6 copies/μL，且 SMU-Z6/1a/SC/2016 感染小鼠肺脏和肝脏中病毒的检出率显著高于 SMU-DJ2/1d/QH/2015 感染小鼠。此外，肺脏、肝脏和脾脏的病毒载量高于其他组织。

由此可见，肺脏和肝脏可能是上述病毒复制的主要器官。体重检测结果显示，SMU-Z6/1a/SC/2016 感染小鼠体重在接毒后第 5 d 和第 7 d 均出现显著下降，且存在显著差异。接毒后第 10 d，SMU-Z6/1a/SC/2015 和 SMU-DJ2/1d/QH/2016 感染小鼠与对照组小鼠相比，体重差异显著。

血常规检测结果显示，所有病毒感染组小鼠的白细胞、淋巴细胞和血小板数均低于正常值。接毒后第 5 d，SMU-Z6/1a/SC/2016 感染小鼠的白细胞数显著低于对照组小鼠。接毒后第 7 d，SMU-Z6/1a/SC/2015 和 SMU-Z6/1a/SC/2016 感染小鼠的白细胞数显著低于对照组小鼠。接毒后第 10 d，SMU-Z6/1a/SC/2016 感染小鼠的白细胞数显著低于对照组小鼠。此外，接毒后第 5 d，SMU-Z6/1a/SC/2015 感染小鼠和 SMU-DJ2/1d/QH/2016 感染小鼠的淋巴细胞显著低于对照组小鼠。接毒后第 7 d，SMU-Z6/1a/SC/2016 感染小鼠的淋巴细胞显著低于对照组。接毒后第 10 d，SMU-Z6/1a/SC/2016 感染小鼠的淋巴细胞显著低于对照组。另外，SMU-DJ2/1d/QH/2015 感染小鼠血小板数先增加，然后下降。而 SMU-Z6/1a/SC/2016 感染小鼠在整个实验过程中血小板数持续降低。接毒后第 7 d，SMU-DJ2/1d/QH/2015 感染小鼠血小板数显著低于对照组。接毒后第 10 d，SMU-DJ2/1d/QH/2015 感染小鼠血小板数显著低于对照组。而对照组小鼠的血小板数始终保持在正常值范围内。

病理组织病理学检测结果显示，接毒后第 5 d，SMU-DJ2/1d/QH/2015 感染小鼠十二指肠黏膜下存在层少量炎性细胞浸润，肺出血。SMU-Z6/1a/SC/2016 感染小鼠脾脏中可见红髓内巨噬细胞增加。接毒后第 7 d，SMU-DJ2/1d/QH/2015 小鼠肝细胞中存在空泡或颗粒样物，肺泡内存在大量蛋白样沉积、间质内中性粒细胞浸润，其他病理变化与接毒后第 5 d 相似。SMU-Z6/1a/SC/2016 感染小鼠十二指肠固有层内存在大量淋巴细胞聚集，肝细胞存在空泡样变形和炎性细胞浸润，部分肺泡萎缩，肺泡腔塌陷。接毒后第 10 d，SMU-DJ2/1d/QH/2015 感染小鼠肝细胞存在少量颗粒状物，肝胞质内存在空泡状物，肝窦内存在单核样细胞浸润，脾淋巴细胞增多，空肠黏膜上皮细胞坏死、脱落。SMU-Z6/1a/SC/2016 感染小鼠肺泡萎缩、血管内存在大量蛋白样物质沉积，脾脏红髓区内巨噬细胞增多，空肠和回肠的上皮及固有层细胞坏死或脱落。与 SMU-DJ2/1d/QH/2015 感染小鼠相比，SMU-Z6/1a/SC/2016 感染小鼠的病理组织学病变更明显。

依据上述检测结果，研究人员进行了如下讨论与分析。Seong 等研究表明，低毒力 CP 型 BVDV-1 感染小鼠血液中血小板和淋巴细胞数显著降低，与本研究结果相一致。Corapi 等研究发现，BVDV 急性感染可导致白细胞减少和血小板减少。上述结果可能与 BVDV 感染和复制有关。此外，Seong 等研究发现，口服途径接种 CP 型 BVDV-1 后，感染小鼠存在临床症状和体重下降。本研究也发现 BVDV 感染小鼠的体重减少。此外，之前的研究表明，小鼠腹腔注射 NCP 型 BVDV-1 后，其不同组织中可检测到病毒病原，该结果与本研究结果相一致。另外，通过腹腔注射病毒后感染小鼠未表现出明显的临床症状，但病毒可在脾脏中被检测到，该结果与本研究结果不一致。这种不同可能与病毒感染位置、病毒毒力、接毒途径和剂量的不同有关。在病理组织学检测方面，Seong 等数据显示，腹腔注射和滴鼻途径感染中小鼠肝脏存在炎性细胞浸润和中性粒细胞增多。其中，腹腔注射途径感染小鼠的肠系膜淋巴中淋巴细胞存在中度至严重的减少。滴鼻途径感染小鼠的肠系膜淋巴结皮质内淋巴细胞的减少水平较小。上述结果表明，BVDV 感染可导致 BALB/c 小鼠的肝脏炎性细胞浸润和肠系膜淋巴结中淋巴细胞数量的减少。

六、BVDV 人工感染豚鼠的相关研究

目前，挪威、瑞典等国家已通过消除 BVDV 持续感染（PI）动物，实现了 BVD 的净化。在 BVD 流行的地区，采用疫苗免疫来提高动物的抵抗力，降低 PI 产生的风险，是一种可行的措施。减毒活疫苗在北美已被广泛使用，但存在通过胎盘屏障感染胎儿的风险。灭活疫苗相对安全，但存在免疫活性低、免疫持续时间短的问题。而且，这两种疫苗由于流行株与疫苗株的基因亚型不同，都存在疫苗免疫失效的可能性。在 BVD 新疫苗方面，E2 亚单位疫苗、DNA 疫苗、DNA 初级免疫联合亚单位疫苗增强免疫抗原呈递细胞靶向多价亚单位疫苗、树突状细胞靶向口服亚单位疫苗、活载体疫苗等均在研究中。

类病毒粒子（VLPs）是一种由病毒结构蛋白组装而成的新型亚单位疫苗，与天然病毒类似，具有良好的体液和细胞免疫反应及安全性，已成为新型疫苗的研究热点。Gao 等（2022）选取国内流行的 BVDV-1b 毒株结构蛋白编码基因，通过杆状病毒和昆虫细胞表达系统制备 BVDV VLPs，并通过豚鼠模型初步评价了其免疫原性。研究人员以 TOPO-NE2 质粒为模板，用特异性引物扩增得到目的片段，其包含 C-E -E1-E2 编码区，大小为 2 718 bp。酶切后将其插入 pFBD 载体。测序结果表明，重组载体 pFBD-BVDV-1 的阅读序列准确。重组杆状病毒载体 Bacmid-BVDV-1 通过转化 DH10 Bac 感受态细胞获得。通过载体引物 pUC/M13F 和 pUC/M13R，扩增出大小为 5.2 kb 的目的条带，与预期大小一致。这表明研究人员成功构建了 Bacmid-BVDV-1。用 Bacmid-BVDV-1 转染至 Sf9 细胞，培养 72 h，可观察到明显的细胞病变效应。重组杆状病毒 Baculo-BVDV-1 培养至第三代后，保存于微生物保藏中心，编号为 CCTCC No. V201803。

免疫荧光结果显示，重组杆状病毒 Baculo-BVDV-1 感染 Sf9 细胞后可观察到特异性

绿色荧光，而在对照组和野生型杆状病毒感染细胞中未观察到荧光。Western Blot 可检测大小分别为 15 kDa、24 kDa、35 kDa 和 60 kDa 的目标条带。目的蛋白主要存在于细胞裂解上清液中。结果表明，在重组杆状病毒 Baculo-BVDV-14 感染后，BVDV 的 4 种结构蛋白在 sf9 细胞中成功表达。此外，将重组杆状病毒接种于 Sf9 细胞，制备并浓缩样品，磷钨酸染色后，进行电镜观察。结果显示，可观察到形态均匀、直径 30 ~ 50 nm 的颗粒。这表明 BVDV VLPs 成功组装。

提取重组杆状病毒感染的 Sf9 细胞中病毒蛋白，制备病 BVDV VLPs 抗原。将其接种豚鼠后观察实验动物的临床症状并测定抗体效价。结果显示，免疫豚鼠的精神状态、采食和排便未见异常。采用微量中和试验测定免疫豚鼠的抗体效价。结果显示，第一次免疫后，VLPs 组豚鼠中和抗体滴度均值为 1∶56，与对照组差异显著（$p<0.05$）。而商品化疫苗免疫组豚鼠第一次免疫后平均中和抗体效价为 1∶45，第二次免疫后平均中和抗体效价为 1∶143，与对照组差异显著。VLPs 免疫组与商品化疫苗免疫组相比，第一次免疫和第二次免疫的中和抗体效价均差异不显著。CCK-8 检测结果显示，Con A 对 VLPs 免疫组、商品化疫苗免疫组和对照组豚鼠的淋巴细胞增殖均有较高水平的刺激作用。在灭活 BVDV 刺激下，VLPs 免疫组豚鼠淋巴细胞的增殖显著高于商品疫苗免疫组。BVDV AV69 株攻毒后其可在豚鼠体内低水平复制。血液中 BVDV 核酸在攻毒后第 6 d 达到峰值。但 qRT-PCR 检测到的 *Ct* 值约为 32，这表明 BVDV 核酸水平较低。攻毒后，VLPs 免疫组和商品化疫苗免疫组豚鼠体内均可检测到 BVDV 核酸，但病毒核酸较对照组显著减少。特别是在攻毒后第 6 d，VLPs 免疫组豚鼠的血液中病毒核酸水平显著低于对照组，但 VLPs 免疫组与商品疫苗免疫组之间无显著差异。然而，在攻毒 9 d 后，所有实验组中的多数豚鼠血液样本中检测不到病毒核酸。

依据上述检测结果，研究人员进行了如下讨论与分析。在本研究中，研究人员利用杆状病毒和 sf9 细胞表达系统成功制备了 BVDV VLPs。并建立了豚鼠动物模型。将 BVDV VLPs 接种豚鼠后对其免疫原性进行了评价。此外，流行病学调查结果显示，BVDV-1 在世界范围内流行。在中国，存在多种 BVDV-1 亚型，其中 BVDV-1b 亚型是中国西北地区流行的优势亚型之一。因此，本研究选择了 BVDV-1b GS4 相关抗原基因。研究表明，BVDV 的结构蛋白会被细胞蛋白酶切割加工。其中，BVDV 抗原蛋白的糖基化修饰对其免疫原性具有较大影响。因此，本研究选用了 sf9 细胞表达系统，其可模拟哺乳动物细胞，对重组蛋白进行翻译后修饰。将 BVDV 结构蛋白以多蛋白的形式在 sf9 细胞中表达，切割成 4 种结构蛋白后自动组装成 BVDV VLPs，从而避免蛋白纯化的烦琐过程，以及胞外蛋白组装各种问题。

研究表明，豚鼠模型可用于评估 BVDV 商品化灭活疫苗的中和抗体反应。虽然，BVD 灭活疫苗含有病毒抗原含量较高，且免疫后能刺激机体产生中和抗体，但 BVDV 的不同基因型毒株刺激产生的抗体水平差异较大。本研究以 BVDV-1b 流行毒株抗原基因为基础，成功制备了 BVDV VLPs。其可刺激豚鼠产生与商品化疫苗相似或更高的中和抗体水平，这种高水平的中和抗体足以对牛产生良好的免疫保护。作为一种独特的亚单位疫苗，本研究中的 BVDV VLPs 可激活豚鼠体内的细胞免疫，效果优于其他报道中的亚单位疫苗。但与 DNA 疫苗、载体活疫苗和减毒活疫苗相比略低。值得注意的是，本研究制备的 BVDV VLPs 不存在任何非结构蛋白。不会对 BVDV NS3 抗体检测试剂盒检测结果带来干扰，便于区分自然感染与疫苗株感染。另外，NS3 蛋白的优势在于其具有 T 细胞表位。其在 BVDV 疫苗研究领域具有良好的前景。这也提示，在后续研究工作中可在 BVDV VLPs 中补充 T 细胞表位抗原，同时提升机体细胞免疫反应。

目前，BVDV 感染豚鼠的相关研究报道尚未发现。研究人员前期通过 NCP 型 BVDV cell-con-1 和 camel-6 株接种豚鼠。检测发现，豚鼠血液中 BVDV 核酸水平极低，且存在时间小于 3 d。但 CP 型 BVDV AV69 接毒后，其核酸在血液中的持续时间更长。同时低水平 BVDV 也导致分离病毒较为困难。因此，本研究以豚鼠的 GAPDH 作为内参基因，便于减少提取核酸的误差，提高了 qRT-PCR 检测结果的准确性。此外，接种 VLPs 可显著降低豚鼠的 BVDV 病毒血症，这与 BVDV 灭活疫苗的免疫效果相一致。总之，本研究成功制备了 BVDV VLPs，建立了 BVDV 感染豚鼠模型，相关数据为后续 BVDV 新型亚单位疫苗的研发及动物模型的建立提供了依据。

七、BVDV 人工感染鹿的相关研究

BVDV 流行病学调查显示，BVDV PI 动物是牛群内和牛群之间病毒传播的主要来源，并使病毒在牛群中持续存在。关于牛以外物种发生 BVDV PI 的报道主要涉及了绵羊、山羊和猪等家畜。其他物种中也有 BVDV PI 的相关报道，如 PI 羊驼和小马来亚鼠鹿等。Simpson 等发现，BVDV 的野生动物宿主可能是 BVDV 根除计划失败的原因之一。

白尾鹿是北美许多地区最丰富的野生反刍动物物种。在美国至少有 1 500 万只白尾鹿，最高可能达到 3 000 万只。考虑到白尾鹿的数量，牛和鹿之间的接触是很常见的。在过去的 50 年里，为了评估白尾鹿的 BVDV 感染，进行了许多病毒学和血清学研究。结果表明，白尾鹿可以被感染，并可能在种群中持续存在病毒。在牛群中，PI 动物的流行病学调查至关重要。而白尾鹿中 BVDV PI 鹿的检测与识别，同样对 BVDV 的防控或根除至关重要。然而，妊娠白尾鹿感染 BVDV，导致 PI 鹿出生的报道尚未发现。本研究

中，Passler 等（2007）选择 NCP 型 BVDV-1 BJ 株和 NCP 型 BVDV-2 PA131 株，通过鼻内接种途径实验感染妊娠白尾鹿，评估其是否会导致 PI 后代的产生。

超声检查结果显示，接毒当日所有鹿均怀孕 1 ~ 2 胎。胎龄在 30 ~ 80 d 之间。在接毒后第 1 d，由于抓捕和接种应激导致 5 只实验鹿死亡。对所有死亡白尾鹿进行剖检和组织样品采集，并进行病毒检测：死亡白尾鹿中未发现明显病变；从组织样本（脾脏、肺、肝、肾、胎盘和胎儿）中未分离到病毒。之后，一只雄性小鹿被发现，并立即从鹿圈中移走。小鹿体表已变干，且表现机警，能走动，估计出生约 12 h。小鹿出生时的体重是 1.5 公斤（3.3 磅），这是亚拉巴马州新生白尾鹿体重的下限。在该小鹿附近发现了一个木乃伊化的胎儿。对木乃伊化胎儿冠臀长度的测量表明，胎儿在怀孕约 94 d 时死亡，即接种后约 50 d。在预计没有进一步分娩的情况下，所有成年鹿都被注射了镇静剂，并被安乐死。此时，所有的死亡白尾鹿均已妊娠，也没有发现更多的木乃伊胎儿。

所有成年白尾鹿的血清病毒中和抗体检测均为阳性，包括未接种的雄鹿。病毒未从安乐死白尾鹿的血清和组织样本中分离出。将小鹿转移到隔离区域后，采集了血液样本和皮肤样本进行病毒学检测。用标准病毒中和法未检测到中和抗体，但血清和白细胞中可检测到 BVDV。免疫组化检测结果显示，皮肤样品呈 BVDV 阳性。小鹿的免疫组化染色结果与 PI 犊牛的皮肤检测结果相似。巢式 RT-PCR 检测结果显示，小鹿血清和全血均为 BVDV 阳性，这与病毒分离结果相符。PCR 产物测序发现该 BVDV 为 BVDV-2 基因型，是本研究中用于接种的 NCP 型 BVDV-2 PA131 株。在小鹿产后第 31 d 和 60 d，对其进行了 BVDV 的复检。结果显示，从全血、血清和鼻拭子中可分离到病毒。RT-PCR 检测显示 BVDV 阳性。这也验证了小鹿的 PI 状态。BVDV 中和抗体效价维持在＜12。直到出生第 94 d，小鹿仍然未见明显的临床症状，且发育正常。

依据上述检测结果，研究人员进行了如下讨论与分析。本研究证明了妊娠白尾鹿的实验性感染 NCP 型 BVDV，可导致 PI 后代的产生。这也是首次在该物种中实验诱导 BVDV 持续感染的报道。然而，之前的研究表明，自然感染 BVDV 也可引起白尾鹿的持续感染。有趣的是，和本研究中持续感染小鹿体内分离的 BVDV 基因型一样，从野生 PI 白尾鹿中分离得到的 BVDV 也被确定为基因型 2 型。这些发现与其他物种（如鼠鹿和羊驼）持续感染研究报道存在不同，这些研究中 PI 病毒基因型为 1 型。

本研究对妊娠白尾鹿接种了两种基因型的 NCP 型 BVDV 毒株，以确定哪种基因型 BVDV 可产生 PI 后代。本研究中使用的接毒程序是参考了 BVDV 感染牛模型的疫苗评估方案。值得注意的是，上述牛的相关研究中，所用的两种基因型 BVDV 均是从 PI 胎牛的全血样本中分离的，而本研究中只有 BVDV-2 是从 PI 小鹿的血液样本中分离出来的。

此外，在牛相关研究中，与 BVDV-1 相比，从多种组织样本中可分离出 BVDV-2 毒株。这表明 BVDV-2 在体内的存在和复制更为广泛，可能具有更好的宿主适应性，并且所有成年动物体内抗体检测结果显示，与 BVDV-1 相比，BVDV-2 的抗体滴度明显更高。另外，病毒学检测时间点的不同可能导致了两个研究中结果存在差异。牛的样本检测时间是在接种后第 60 d，而小鹿的样本检测时间是在接种后第 167 d。不同基因型 BVDV 对白尾鹿 PI 状态的影响仍有待进一步研究。

在美国规划 BVDV 根除或防控计划时，可能需要考虑白尾鹿持续感染的影响。白尾鹿已经被认为是多种病原体的野生动物宿主，如查菲埃利希体和牛分枝杆菌。在密歇根州白尾鹿体内牛分枝杆菌的发现被认为是牛外溢感染的结果，这表明白尾鹿数量的增加以及野生动物和牛群管理因素的变化可能影响传染病的流行。病原体自身的传染性并不会导致野生动物宿主的产生。其他因素，如传染源的持续排毒，群体间的充分接触，以及在野生动物种群中传染源的维持，都是产生野生动物宿主的必要因素。然而，这些因素是否促使白尾鹿成为了 BVDV 的野生动物宿主，目前尚不清楚。PI 牛在 BVDV 流行病学中的核心作用和本研究的发现表明，白尾鹿可能成为 BVDV 的野生动物宿主。

繁殖障碍，包括受孕率降低、胚胎早期死亡和流产，通常与妊娠动物 BVDV 感染有关。由于本研究所有的实验动物均为野生圈养白尾鹿，无法进行近距离观察。因此，多数实验感染鹿的流产原因只能通过推测。抓捕和接种后胎儿损失的潜在原因可能与抓捕和接种应激、注射镇静剂相关的低氧血症或 BVDV 感染有关。其中低氧血症和高热是镇静剂对鹿的常见副作用。

白尾鹿胎儿免疫系统发育的胎龄尚不清楚。因此，确定 BVDV 可能导致白尾鹿持续感染的胎龄是很难预测的。牛胎儿免疫系统的发育是在妊娠 125 ~ 150 d 之前完成的。之前的研究发现，在妊娠第 75 d，试验接种本研究中的 BVDV-1 和 BVDV-2 毒株，所有胎牛均出现 PI 状态。上述相关数据有助于推断白尾鹿持续感染的妊娠时间。白尾鹿的妊娠期为 200 ~ 205 d。其持续感染的妊娠时间可能与牛相似。在牛中，妊娠中期的前 3 个月胎儿最容易形成 PI。研究人员推测，PI 小鹿和木乃伊胎儿的母鹿是在妊娠第 43 d 接种了病毒。白尾鹿胎儿发生 PI 感染的胎龄仍尚需进一步研究。

研究表明，牧场围栏接触途径和其他动物运输途径已被确定为 BVDV 传入未感染畜群的重要危险因素。受感染的野生或家养动物与它们活动范围交界面的易感畜群直接或间接接触是导致传染病暴发的一个重要因素。此外，许多可影响家畜健康的病原体在野生动物种群中广泛存在。因此，如果一种野生动物是某种可感染家畜病原的储存库，则该病原导致的疾病可能会对家畜养殖业造成严重的经济损失。

血清学调查和病毒分离数据显示，BVDV 可感染野生动物。对自由放养和圈养野生动物的血清学调查表明，苏格兰马鹿、狍、欧洲野牛等多种野生动物均感染了 BVDV。因此，BVDV 通过野生动物传入畜群，导致感染是合理的。家畜传染病病原的野生动物宿主会导致易感动物数量的增加，从而对相关传染病的防控造成不良影响，特别是在野生动物与家畜的交界面处。正如 Simpson 等提出的，BVDV 重新被引入阴性牛群可能是由于牛群与野生动物传染源接触造成的。

为了阐明 BVDV 感染的宿主动力学，以及它与病毒在白尾鹿种群中维持的相关性。Raizman 等（2009）以白尾鹿幼鹿为实验动物，选择从印第安纳州自由放养的白尾鹿中分离出的 NCP 型 BVDV-1 544 WTD 毒株，通过鼻内接种的途径感染幼鹿。评估接种 BVDV 是否会导致白尾鹿出现典型的临床和病理症状，以及它们是否通过粪便和其他分泌物排出病毒。分析自由放养的白尾鹿和牛群之间的 BVDV 种间传播的潜在风险。从而为 BVDV 生物安全防控措施的改进和完善提供依据。

在整个研究过程中，感染组和对照组白尾鹿幼鹿均为表现出明显的临床症状。接种前后幼鹿的体温、脉搏和呼吸均保持在同一范围内；接种后食欲保持良好。在研究之前和研究期间，所有幼鹿的粪便中偶尔可观察到带有新鲜血液，但该症状不会连续 3 天存在。此外，生命体征、活动水平和食欲均未受到影响。对其中 1 只幼鹿的粪便进行了检查。发现存在艾美耳虫卵囊和乳头圆线虫卵。所有动物在出现排血症状时，均通过安溴铵进行治疗。所有实验动物在接种前和整个研究期间，BVDV-1 中和抗体检测均为阴性。在接种 BVDV 后第 7 d，2 只幼鹿外周血白细胞和咽拭子样本的 BVDV 检测均呈阳性。其中 1 只幼鹿直肠拭子 BVDV 检测呈阳性。在接毒后第 14 d，其余 2 只接种病毒的幼鹿和 1 只阴性对照组幼鹿的鼻拭子和直肠拭子以及白细胞样本中均未检测到 BVDV。然而，所有接毒幼鹿的肺和淋巴结中可分离出 BVDV。此外，在接种后第 7 d 和第 14 d 对接毒组幼鹿进行剖检和病毒检测，结果显示，在派尔集合淋巴结和肠系膜淋巴结的淋巴细胞和肌神经丛的分散神经节细胞中可检测到 BVDV，而阴性对照组幼鹿中未检测到 BVDV。

在所有实验幼鹿中均未发现明显病变。在接毒后第 7 d，BVDV 感染幼鹿出现轻度的淋巴细胞减少，派尔集合淋巴结和肠系膜淋巴结出现坏死和淋巴细胞凋亡。直到接毒后第 14 d，在感染鹿的骨髓、胰腺、肾脏、小肠和大肠的一些小口径肌性动脉中可观察到严重的淋巴衰竭、轻度淋巴细胞性血管炎、部分平滑肌细胞变性和坏死。

依据上述检测结果，研究人员进行了如下讨论与分析。本研究证实，NCP 型 BVDV-1 544 WTD 毒株可实验感染牛白尾鹿幼鹿，导致组织学病变，感染幼鹿可通过粪便和鼻分泌物排出病毒。Ridpath 等（2007）也开展了类似的研究，其将从野生白尾鹿中分离的 BVDV 接种给小鹿。然而，与 Ridpath 等研究不同的是，本研究中尽管 BVDV 感染成功，但感染的幼鹿未观察到临床症状。两项研究之间的差异可能是由于使用了不同的 BVDV 分离株或接毒剂量。Campen 等（1997）以骡鹿和白尾鹿为实验动物，开展了类似的研究。其所用的病毒为牛源 NCP 型 BVDV NY-1 毒株。与本研究相似，Campen 等发现，接毒动物均未出现临床症状，并在接毒后第 15 d 就康复了。

由于感染了 BVDV 的鹿缺乏临床症状，这增加了白尾鹿与牛持续接触和成为病毒库的机会。PI 动物可释放大量病毒，导致该传染病在牛群中传播。在流行病学上，PI 白尾鹿在 BVDV 传播中的作用有待进一步研究。为了研究鹿的 BVDV PI，Passler 等（2007）选择牛源 NCP 型 BVDV，在妊娠第 50 d 实验感染了白尾鹿。结果显示，1 只母鹿产下了 1 只 PI 幼鹿和 1 只木乃伊化胎儿。目前，BVDV PI 白尾鹿和短暂感染鹿对牛群 BVDV 防控的影响尚不清楚。本研究表明，从鹿体内分离的 BVDV-1 毒株对幼鹿具有感染性，并可引起病变。因此，感染鹿有可能将 BVDV 释放到环境中。BVDV 也可能在白尾鹿之间水平传播。值得注意的是，在某些地区，由于牛场附近通常存在大量鹿。鹿和牛之间通过直接和间接接触途径传播 BVDV 的可能性有待与深入研究。

八、BVDV 人工感染羊驼的相关研究

BVDV 感染可对养牛业造成重大经济损失。研究表明，BVDV 可感染多种动物，并可在羊驼中建立持续感染。2006—2007 年 63 个美国羊驼群的流行病学调查结果显示，6.3%的羊驼群中存在 BVDV PI 羊驼，这羊驼在美国 BVDV 感染流行中的重要性。研究人员已对牛的急性、慢性和持续性 BVDV 感染进行了深入且广泛的研究。在牛中，BVDV 是嗜淋巴性的，有助于免疫抑制和增强继发病毒和细菌等病原体的感染。在患有呼吸系统疾病的养牛场中 BVDV 流行毒株的生物型为 NCP 型，基因型为 1b。关于 BVDV 感染羊驼研究证实，BVDV 可实验性和自然感染羊驼，并且 BVDV 是羊驼的主要病毒性病原体。BVDV 感染也在羊驼中引发免疫抑制和继发性细菌和病毒的感染，这与牛中的情况类似。研究表明，可感染北美羊驼的 BVDV 毒株的基因型为 1b。

之前的研究表明，牛和羊驼在急性 BVDV 感染后的 3 ~ 7 d 内可发生淋巴细胞减少。显微镜下，病毒抗原沉积和淋巴细胞耗损发生在肠道相关淋巴组织（GALT）。利用免疫组织化学和原代 T 细胞和 B 细胞特异性单克隆抗体检测发现，急性 BVDV 感染后羊驼 GALT 中 B 淋巴细胞减少。 在犊牛的相关研究中，研究人员选用 BVDV-1b 毒株实验性感染犊牛。流式细胞分析显示，胸腺组织中 $CD4^{+}$和 $CD8^{+}$T 淋巴细胞亚群数量显著下降，派尔集合淋巴结中 B 淋巴细胞亚群数量显著下降。然而，BVDV-1b 急性感染对羊驼

免疫系统影响的相关研究尚未见报道。

Topliff 等（2017）选择 NCP 型 BVDV-1b CO-06 株实验性感染羊驼，并设置了模拟感染对照组。通过测定外周血和肠道相关淋巴组织（GALT）中的淋巴细胞亚群比例、血清干扰素水平，研究了急性 BVDV 感染对羊驼免疫系统的影响。研究人员在感染后第 0、3、6、9 d，采集并分离外周血白细胞，在感染后第 9 d 分离 GALT 白细胞。用流式细胞术检测细胞比例，每日测定血清干扰素水平。

外周血淋巴细胞的流式分析显示，与对照组相比，在感染后第 3 d 感染组羊驼的外周血 $CD4^+$、$CD8^+$和γδT 淋巴细胞比例显著下调，单核细胞显著增加。在感染后第 9 d $CD4^+$、$CD8^+$T 淋巴细胞比例和 T 淋巴细胞的活化水平升高。在感染后第 3 d，BVDV 感染羊驼的 $CD4^+$T 淋巴细胞的平均百分比降低到 7.8%，而对照组羊驼的平均百分比为 15.4%。$CD8^+$T 淋巴细胞的平均百分比降低到 5.3%，而对照组羊驼的平均百分比为 12.1%。BVDV 感染羊驼的 $CD4^+$和 $CD8^+$T 淋巴细胞在感染后第 6 d 下降，但与对照组羊驼相比无显著差异。BVDV 感染组羊驼的 $CD8^+$T 淋巴细胞在感染后第 9 d 时恢复到基线值，而 BVDV 感染组羊驼的 $CD4^+$T 淋巴细胞与对照组羊驼无显著差异。BVDV 感染组羊驼与对照组羊驼在外周血淋巴细胞亚群、活化的 T 淋巴细胞和单核细胞中存在显著差异。在感染后第 3 d，BVDV 感染组羊驼的γδT 淋巴细胞比例（14.8%）显著低于对照组（32.8%）。在感染后第 9 d，γδT 淋巴细胞比例恢复到基线值。在感染后第 3 d，BVDV 感染组羊驼的单核细胞数量（64.8%）显著高于对照组（44.4%）。在感染后第 9 d，BVDV 感染组羊驼的活化 T 淋巴细胞比例（2.4%）显著高于对照组（1.0%），而 B 淋巴细胞比例在两组间无明显差异。在感染后第 9 d，BVDV 感染组羊驼 GALT 中 T 淋巴细胞（19.8%）显著增加。表达激活型分子的白细胞（6.8%）显著低于对照组（23.9%）。感染组羊驼的 GALT 和派尔集合淋巴结中的其他外周血淋巴细胞亚群比例与对照组相比未见显著差异。此外，在 BVDV 感染的羊驼中，血清干扰素浓度在感染后 3 ~ 6 d 显著高于基准水平，在感染后第 3 d 达到峰值。在感染后第 8 d 血清干扰素浓度恢复到基准水平。对照组羊驼血干扰素浓度未见增加。

依据上述检测结果，研究人员进行了如下讨论与分析。本研究证实了 BVDV 是羊驼的主要病原体，BVDV 感染会刺激免疫功能正常的羊驼产生显著的干扰素反应，并改变外周血和 GALT 中的白细胞亚群比例。与未感染的对照组羊驼相比，感染组羊驼可观察到轻微或不明显的临床症状，并在感染后第 3 ~ 6 d 产生显著的干扰素反应。羊驼中干扰素浓度的增加与牛在急性 BVDV 感染后观察到的干扰素浓度的增加相一致。据报道，急性 BVDV 感染后犊牛血清干扰素浓度也在感染后第 3 ~ 6 d 增加。之前的研究表明，当细胞在体外被双链 RNA 刺激或被 NCP 型 BVDV 感染时，羊驼细胞对刺激的反应比牛细胞更强烈，导致 I 型干扰素反应升高。急性 BVDV 感染后羊驼的临床症状是轻微或不明显的，这与在牛中报道的情况相似。本研究发现的 BVDV 实验性感染羊驼干扰素反应的显著提高，以及先前体外研究发现的干扰素反应的上调，可能与 BVDV 感染后羊驼的轻微或不明显的临床症状有关。

之前的研究表明，实验感染 BVDV-1b，羊驼外周血中总白细胞和淋巴细胞比例分别在感染后第 3 ~ 7 d 和 3 ~ 6 d 显著减少。而本研究中，$CD4^+$、$CD8^+$和γδT 淋巴细胞比例在感染后第 3 d 显著减少，这与先前报道相符。值得注意的是，本研究中外周血 B 淋巴细胞比例未见明显变化。而 BVDV 感染犊牛的相关研究在 B 淋巴细胞比例方面所得出的结论差异较大。病毒感染后犊牛外周血 B 淋巴细胞水平可能存在下降、上升或不变等情况。牛的这些不同结果可能是由于 BVDV 毒株或宿主免疫状态的差异造成的。此外，本研究中可观察到 BVDV 感染羊驼的外周血淋巴细胞亚群比例、活化的淋巴细胞比例以及 GALT 中 $CD8^+$T 淋巴细胞比例的升高。这表明，在 BVDV 感染早期出现免疫抑制反应后，宿主免疫反应逐渐升高，以清除病毒感染，并重新补充淋巴组织中的淋巴细胞。因此，直到淋巴细胞被重新补充之前，这些感染羊驼对其他病毒和细菌病原体的易感性可能更高。

第二节　BVDV 对泌乳兔的致病性研究（实例）

牛病毒性腹泻病毒、猪瘟病毒和羊边界病毒同属于黄病毒科瘟病毒属，这三种病毒在血清学上有具有一定交叉反应，牛病毒性腹泻病毒能感染牛、鹿、山羊、绵羊和猪等多种偶蹄动物。BVDV 是牛群中最重要的病原之一，给各国奶牛业和肉牛业均造成巨大的经济损失。牛感染 BVDV 的症状为腹泻、产奶量下降和发热等。牛感染 BVDV 还能出现免疫抑制，造成病牛潜在感染其他病原微生物。如果 BVDV 感染妊娠阶段母牛，BVDV 可穿透胎盘，可引起胎儿流产和弱胎，影响奶牛繁殖性能。感染 BVDV 免疫耐受的胎儿，可存活胎儿后向外界排毒。兔子可以感染猪瘟病毒，而牛病毒性腹泻病毒与猪瘟病毒同为一个病毒属，它们在抗原性和结构上联系较密，牛病毒性腹泻病毒是否能够人工感染泌乳兔尚不清楚。因此，我们进行了 BVDV 人工感染泌乳兔试验，现报告如下。

一、材料与方法

1.毒株与细胞株。

BVDV JH-1 毒株和 MDBK 细胞均由黑龙江八一农垦大学预防兽医实验室保存。

2.引物的设计与合成。

根据 Gen Bank 中 BVDV 基因序列，参考文献，设计了扩增片段为 288 bp 的特异引物，并优化了反应条件，由哈尔滨博仕生物公司合成。

引物序列为：BVDV-F：5'-ATGCCCTATAGTAGGACTAGCA-3'，BVDV-R：5'-TCAACTCCATGTGCCATGTAC-3'。

3.实验动物。

实验动物购自吉林大学实验动物中心，体重 0.5 ~ 1.0 kg 泌乳兔，营养状况良好，临床观察健康。隔离饲养观察 15 d，每天测体温 2 次，达到清洁级实验动物的要求，经 BVDV 检测抗原、抗体均为阴性。

4.主要试剂。

RNA 提取试剂盒购自北京博凌科为生物科技有限公司；反转录试剂盒购自 TaKaRa 公司；PCR 相关试剂购自 Thermo 公司。

5.毒株制备将 BVDV HJ-1 毒株接种于长满单层 MDBK 中，收获病毒细胞培养物，-70 ℃保存备用。

6.病毒毒价测定采用 Reed-Muench 法计算测定病毒的 TCID50，病毒效价为 105.2TCID50/mL。

7.攻毒方法。

将 21 只泌乳兔随机分为 4 组，前 3 组为实验组，每组 6 只，对照组 3 只。将 BVDV JH-1 毒株病毒液分别运用滴鼻攻毒、口腔灌胃攻毒和静脉注射的方法攻毒泌乳兔。滴鼻攻毒计量为 2、4 和 8 mL；口腔灌胃攻毒计量为 0.5、1 和 2 mL；静脉注射攻毒计量为 1、2 和 4 mL。每个攻毒计量作重复 2 只，2 只/笼。对照组接种同等剂量的 MDBK 细胞液。接种后每天采集粪便，冷冻备用，于攻毒后 7 d 剖杀，无菌采取肠道黏膜、呼吸道黏膜、脾脏、肝脏和肺脏等置于-70 ℃保存备用。

8.临床观察接种后每天于下午 4 点测 1 次试验泌乳兔直肠温体温和观察临床症状，记录数据。

9.BVDV 病原学检测以 cDNA 为模板利用特异性引物 BVDV-F/BVDV-R 进行 PCR 反应。进行扩增产物 1%琼脂糖凝胶电泳鉴定。

二、结果

（一）临床症状和剖检观察

攻毒后 2 d 内如个别兔食欲略有减少，饮欲增加，活动减少，两天后即恢复正常。静脉注射感染 2 mL 组泌乳兔出现腹泻，其他未出现腹泻现象。如图 3-1 所示，脉注射感染 2 mL 组泌乳兔有排出肠黏膜现象。剖检观察，泌乳兔出现胃黏膜脱落、肠溃疡灶，其他器官无明显病变。

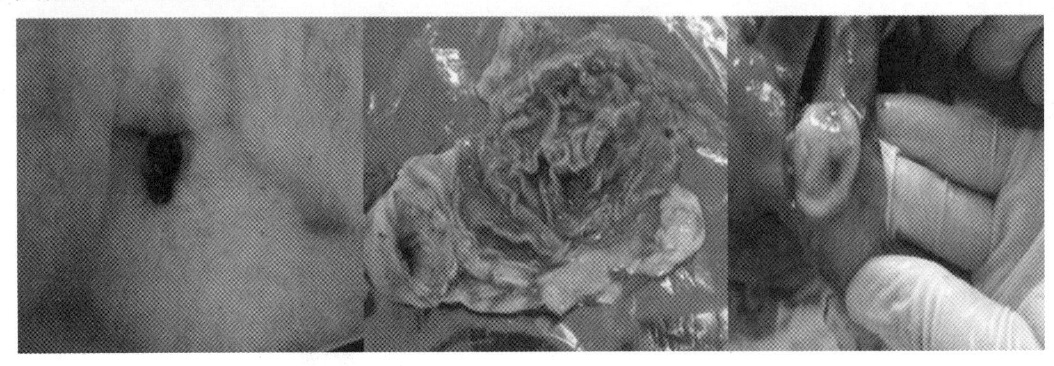

图 3-1　泌乳兔的临床症状和剖检观察

（二）体温变化

攻毒后泌乳兔体温的变化（图 3-2），攻毒后 2 d 内泌乳兔体温均有不同程度的升高，最高体温达到 39.5 ℃，但均在泌乳兔正常体温范围之内。2 d 后试验组泌乳兔体温均恢复正常，直至处死，体温一直处于正常状态。整个试验过程中，对照组泌乳兔体温正常。

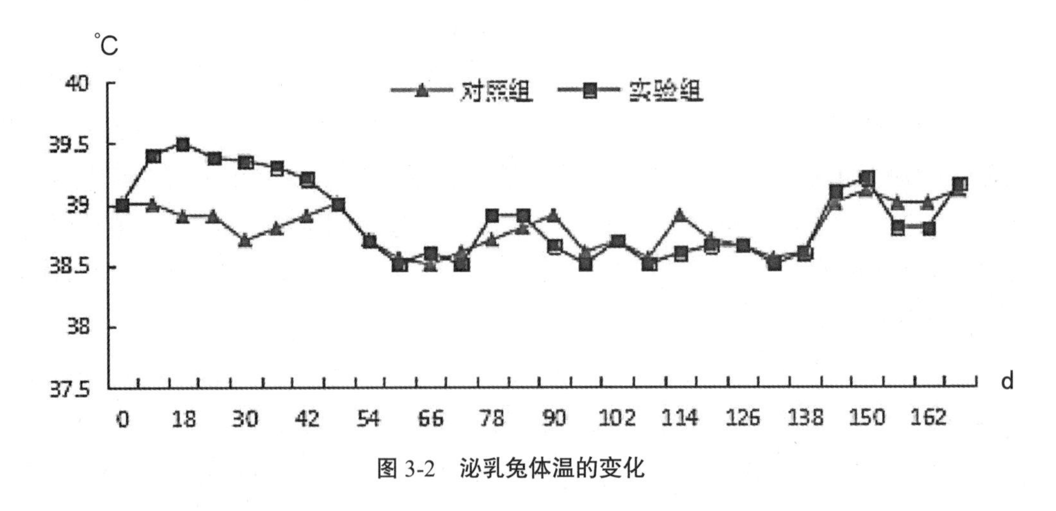

图 3-2　泌乳兔体温的变化

（三）病原学检测

将采集呼吸道黏膜、肠道黏膜、肺脏、肝脏和脾脏等组织处理进行 PCR 检测，试验结果表明，仅肠道黏膜为阳性，扩增出大小为 288 bp 条带（图 3-3），扩增片段与预期目的片段大小相符。

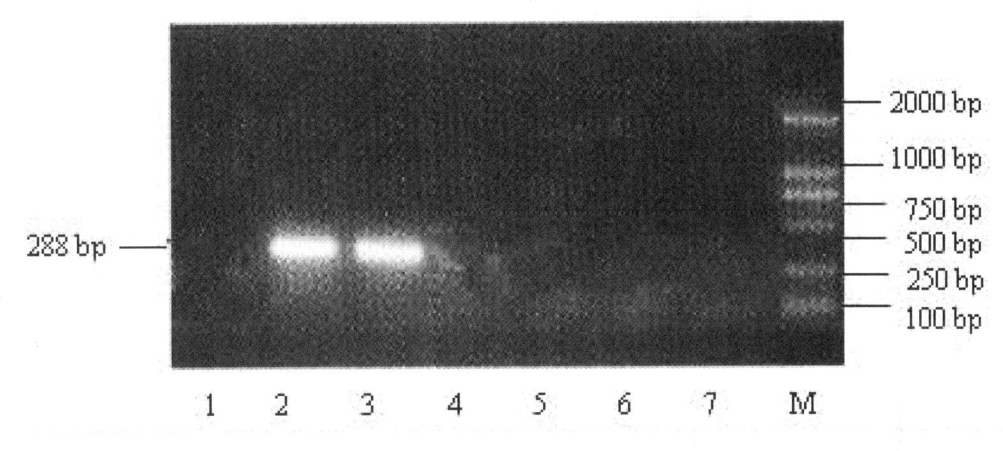

图 3-3 主要组织器官 PCR 检测结果

1：BVDV 阴性对照；2：BVDV 阳性对照；3：肠道黏膜；4：呼吸道黏膜；5：肺脏；6：肝脏；7：脾脏；M：DNA Marker DL 2000。

三、讨论

牛病毒性腹泻病毒以本源动物作为实验对象来深入探讨疾病的发生机制，在时间和空间上存在局限性，且许多实验在经费和方法上也受到限制。因此，借助于感染动物模型的间接研究，可以有意识地改变那些在自然条件下不可能或不易排除的因素，以便更准确地观察模型的实验结果并与本源动物疾病进行比较研究。牛病毒性腹泻病毒与猪瘟病毒同属于瘟病毒属，血清学检测和核苷酸序列上分析表明两者在抗原和蛋白组成上有相似性，并有较高的同源性，它们具有较高的亲缘关系。猪瘟病毒攻毒感染兔子可使其产生定型热，而试验结果表明，牛病毒性腹泻病毒攻毒泌乳兔后虽然在攻毒后 2 d 体温有所升高，但泌乳兔攻毒后没有出现定型热反应。2006 年，邓宇等用耳缘静脉的方法将 BVDV Oregon C24 标准毒株感染兔子（3 kg），研究了 BVDV 对兔子致病性表现，结果显示兔子攻毒后 6 h 体温有所升高，但 6 h 后即恢复正常，兔子对 BVDV 毒力具有减弱作用，通过剖检和临床观察，BVDV 对兔子无致病性表现。2014 年，卜凡亮等用牛病毒性腹泻病毒河南分离株对兔子的采用腹腔注射方法进行感染，通过体温测定、临床观察 1 周后剖杀，采用 PCR 技术对血清、脾脏、肝脏、淋巴结和肠黏膜进行检测。结果显示，兔子对牛病毒性腹泻病毒（河南分离株）的感染不呈现明显症状，牛病毒性腹泻病毒分离株对兔子无明显致病变影响。我们的研究表明，泌乳兔静脉注射 BVDV-2 mL 后，体温均在正常范围内，感染后 2 d 内个别泌乳兔出现腹泻、排出肠黏膜等现象，剖检出现胃黏膜脱落、肠溃疡灶病变。这表明 BVDV 感染泌乳兔后，对其产生了致病性。

四、结论

本研究成功建立了 BVDV HJ-1 毒株感染泌乳兔动物模型。静脉注射接途径对泌乳兔接种 BVDV HJ-1，可导致其出现腹泻，排出肠黏膜等临床症状。本研究为 BVDV 感染兔模型的建立提供依据。

第三节　BVDV 小鼠感染模型的根皮苷抗病毒活性研究

牛病毒性腹泻病毒是严重影响全球养牛业健康发展的重要病原体之一，也是大型养牛场和国际贸易中主要检疫的病原，给养牛业造成严重的经济损失。其感染可导致牛病毒性腹泻/黏膜病，对疾病仍然没有有效的治疗方法。由于抗生素在动物疾病治疗中的使用受到严格限制，这进一步提高了该病的治疗难度。近年来，使用中药和天然来源的饲料添加剂来防治动物疾病受到了广泛的关注。

根皮苷是一种从苹果树根、树叶和果实中提取的功能性食品，也是一种中药。根皮苷已被广泛应用于中草药补充剂和食品添加剂，也有可能作为动物饲料添加剂。在本研究中，本团队利用 BVDV 感染小鼠模型和 MDBK 细胞研究了根皮苷的抗病毒作用。

一、材料与方法

（一）病毒、细胞和试剂

CP 型 BVDV NADL 株、NCP 型 BVDV NY-1 株、NCP 型 BVDV YNJG2020 株及 MDBK 细胞保存于本实验室。根皮苷（>98% HPLC）购自成都优选生物技术公司，抗 BVDV E0 特异性小鼠单克隆抗体为本实验室构建，单克隆抗体 beclin-1 和 LC3B 购自 ImmunoWay 生物技术有限公司。CCK-8 试剂盒购自百时生物科技有限公司。

（二）实验动物

BALB/c 小鼠（6 ~ 8 周龄）购自哈尔滨医科大学实验动物系。将小鼠置于室温（23±2 ℃），自由饮水和采食。按照黑龙江八一农垦大学实验动物中心（MCEAC）管理委员会（MCEAC-2021-0032）批准的程序进行实验。

（三）动物实验方案

根据本团队之前的实验方法，建立 BVDV 感染小鼠模型。将 BALB/c 小鼠随机分为 6 组，每组 6 只，研究根皮苷对 CP 型 BVDV 感染的影响。具体分组为：对照组、BVDV 组、根皮苷（6.25、12.5、25 mg/kg）+BVDV 组、根皮苷（25 mg/kg）组。为进一步研究根皮苷对 NCP 型 BVDV 感染的影响，将小鼠随机平均分为 5 组，每组 6 只，分为对照组、NY-1 感染组、根皮苷（25 mg/kg）+NY-1 组、YNJG2020 组、根皮苷（25 mg/kg）+YNJG2020 组。在 BVDV 感染前的 14 d 及感染过程中，每天灌胃 1 次根皮苷。在 BVDV 感染的第 7 d，对小鼠实施安乐死，采集十二指肠、脾脏和血液，检测病毒载量和病理组织学变化。

（四）病理组织学分析

各组小鼠十二指肠和脾脏样品被固定于 4%多聚甲醛中。组织切片经冲洗、脱水、透明、上蜡、包埋、切片、铺展、苏木精-伊红（HE）染色、密封制备。显微镜下观察十二指肠和脾脏的病理组织学变化。

（五）细胞毒性实验

将大约 4×10^4 细胞在 96 孔板中培养，37 ℃孵育 24 h。随后，加入不同浓度（0 ~ 25 μg/mL）的根皮苷，处理 24 h。用 CCK-8 试剂盒检测细胞活力。

（六）病毒吸附、内化和复制检测

用 25 μg/mL 根皮苷预处理 MDBK 细胞 1 h 后，用 5.0 MOI BVDV 在 4 ℃下孵育 1 h，冷 PBS 洗涤 3 次后，收集细胞裂解液，用 qRT-PCR 和 Western Blot 检测 BVDV RNA 和蛋白水平。用 MOI=5.0 的 BVDV 在 4 ℃下接种 MDBK 细胞 1 h。然后用冷 PBS 洗涤 3 次。加入浓度为 25 μg/mL 的根皮苷，在 37 ℃下处理 1 h。收集细胞裂解液检测 BVDV RNA 和蛋白水平。用 MOI=1.0 的 BVDV 在 37 ℃接种 MDBK 细胞 1 h 后，PBS 洗涤 3 次。加入根皮苷（25 μg/mL），37 ℃处理 48 h。收集细胞裂解液检测 BVDV RNA 和蛋白水平。

（七）qRT-PCR 检测

用 TRIzol 试剂从 MDBK 细胞中提取总 RNA，在 260/280 nm 分光光度法测定纯度和浓度。将 RNA 反转录为 cDNA，采用 7500 Fast real-time PCR 系统检测 beclin-1、LC3B、

IFN-α、IFN-β、IL-1β、RIG-I、MDA5、TLR3、NLRP3 和 BVDV 5'-UTR mRNA 水平。GAPDH 作为内参基因。数据用 $2^{-\Delta\Delta Ct}$ 进行分析。

（八）Western Blot 分析

在感染 7 d 后取小鼠十二指肠和处理后的 MDBK 细胞。加入 RIPA 裂解液提取总蛋白。采用 BCA 蛋白检测试剂盒检测蛋白浓度。SDS-PAGE 电泳分离，将蛋白转移到 PVDF 膜上。然后用 5%脱脂牛奶依次阻断膜 2 h，分别用 BVDV E0、beclin-1、LC3B 一抗孵育过夜。用特异性二抗孵育 1 h，最后用 Western Blot 检测条带。β-tubulin 作为内参对照。

（九）免疫荧光分析

小鼠安乐死后，取十二指肠，石蜡包埋，制作切片。切片脱蜡，水合，用 1% PBS-Tween 清洗。然后用 3%的双氧水处理切片，并用 10%的山羊血清阻断切片。PBS-Tween 洗涤后，加入 BVDV E0 一抗，37 ℃孵育 1 h。最后用荧光二抗继续孵育 1 h，进行 DAPI 染色，并分析荧光强度。

MDBK 细胞用 4%多聚甲醛固定 15 min，PBS 洗涤 3 次。然后用 0.5%Triton X-100 处理 20 min。PBS 洗涤 3 次后，加入 BVDV E0 一抗和荧光二抗，37 ℃孵育 1.5 h，用抗荧光猝灭剂封样，荧光显微镜下观察图像

（十）数据分析

所有数据以均数±标准差（SD）表示，并使用 SPSS 17.0 进行统计。每个实验重复 3 次。数据采用 two-tailed Student T 检验分析。$^*p<0.05$ 为差异显著。

二、结果

（一）根皮苷抑制小鼠 CP BVDV 复制

为研究根皮苷对 BVDV 的抗病毒作用，我们检测了病毒 RNA 和蛋白水平。结果显示，与 BVDV 组相比，根皮苷显著抑制十二指肠、脾脏和血液中的 BVDV RNA 水平，并呈剂量依赖性（图 3-4 A ~ C）。此外，还对十二指肠样品进行了 Western Blot 检测。如图 3-4 D 和 E 所示，根皮苷处理后 BVDV E0 水平显著降低。IFA 结果也显示，与 BVDV 组相比，在 6.25 ~ 25.00 mg/kg 浓度范围内，根皮苷组阳性信号数量（Green）逐渐减少（图 3-4 F 和 G，见附录彩图）。

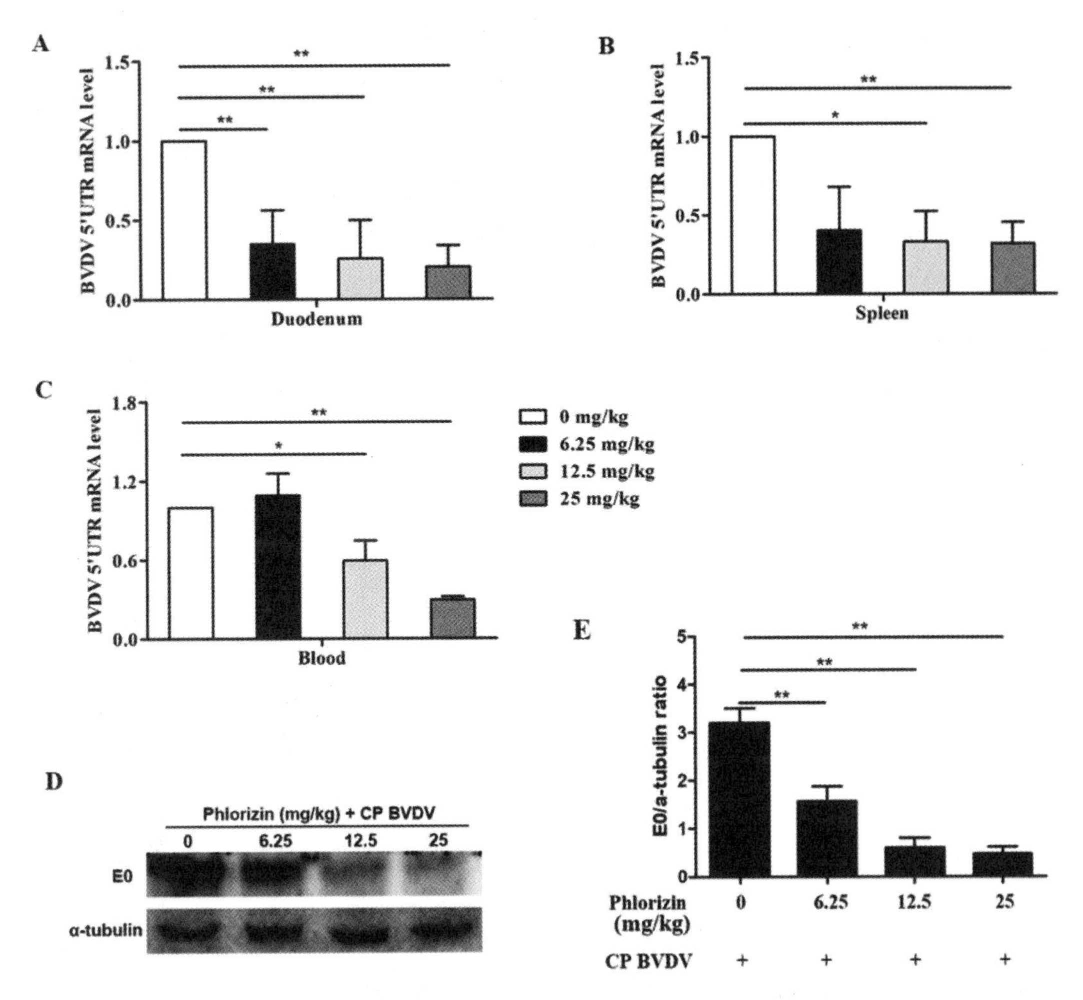

图 3-4　根皮苷抑制小鼠中 CP 型 BVDV 的复制

A～C：十二指肠、脾脏和血液中 BVDV RNA 水平。D：BVDV E0 蛋白在十二指肠的表达。E：BVDV E0 蛋白的相对表达（α-tubulin）。F～G：采用 IFA 法测定根皮苷对十二指肠和脾脏 BVDV 的抗病毒活性。细胞核用 DAPI 染色（蓝色）。BVDV E0 用绿色表示。数据以均值±标准差表示。*$p<0.05$，**$p<0.01$。

（二）CP 型 BVDV 感染小鼠病理组织学变化

结果显示，与对照组相比，BVDV 感染导致十二指肠黏膜上皮破坏，炎症细胞浸润，杯状细胞丢失。然而，根皮苷显著抑制了这些病理组织学变化（图 3-5 中的 A）。由于脾脏是 BVDV 感染的重要器官。我们发现，与对照组比较，BVDV 组脾脏可见变性、坏死、间质水肿。在 6.25、12.5 和 25 mg/kg 剂量的根皮苷治疗后，这些组织病理学变化也得到了改善（图 3-5 中的 B，见附录彩图）。此外，只有 25 mg/kg 根皮苷处理组没有产生组织病理学变化。

（三）CP 型 BVDV 在 MDBK 细胞中的复制

为了进一步证明根皮苷的抗病毒作用，我们在 MDBK 细胞中检测了 BVDV 的复制。首次用 CCK8 分析了根皮苷对细胞活力的影响。如图 3-5 中的 A 所示，根皮苷（6.25 ~ 25.00 μg/mL）对细胞存活率无影响。由此可见，在 6.25、12.5 和 25 μg/mL 浓度下，根皮苷对 BVDV 感染的 MDBK 细胞有明显的抗病毒作用。与体内实验结果一致，与 BVDV 组相比，根皮苷显著抑制 BVDV RNA 水平（图 3-5 中的 B）。Western Blot 和免疫荧光检测结果也表明，根皮苷以剂量依赖的方式抑制 BVDV E0 的表达（图 3-5 中的 C 至 E，其中图 3-5 中的 E 见附录彩图）。

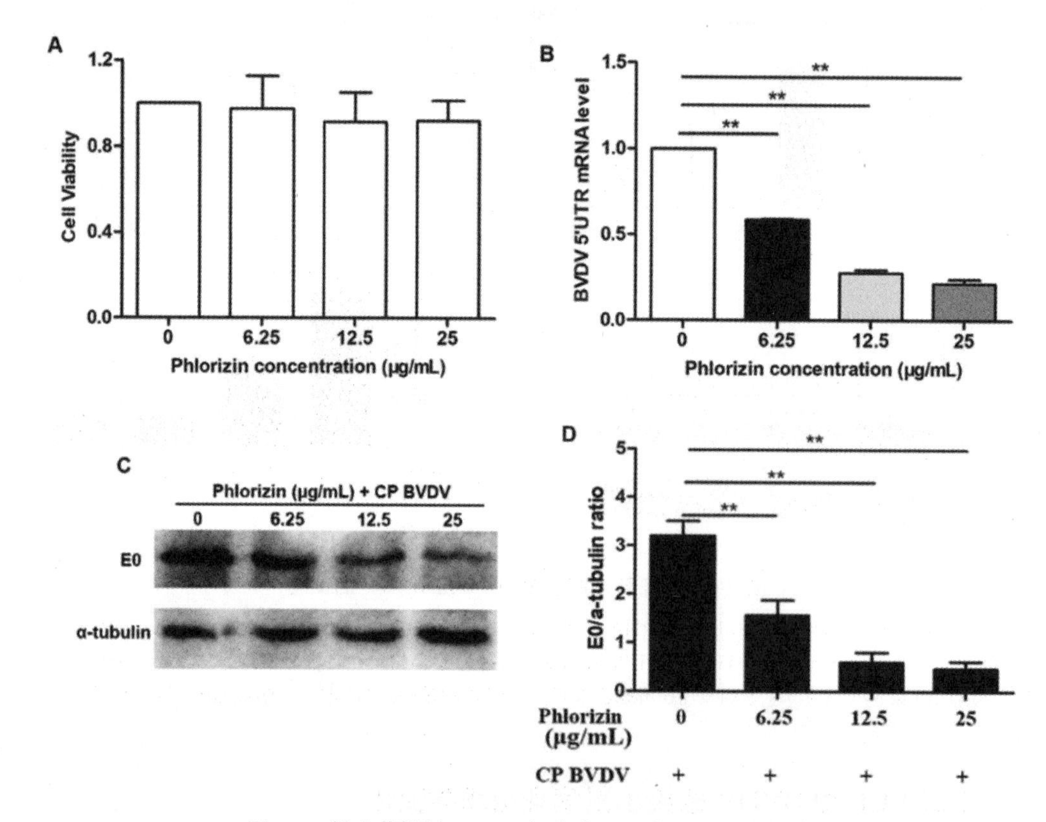

图 3-5　根皮苷抑制 MDBK 细胞中 CP 型 BVDV 的复制

A：CCK-8 法测定细胞活力。B：采用 qRT-PCR 检测 BVDV RNA 水平。C：Western Blot 检测 BVDV E0 蛋白的表达。D：BVDV E0 蛋白的相对表达（α-tubulin）。E：见附图，采用 IFA 法测定根皮苷对 MDBK 细胞中 BVDV 的抗病毒活性。BVDV E0 用绿色表示。数据以均值±标准差表示。$^{*}p<0.05$，$^{**}p<0.01$。

（四）CP 型 BVDV 感染 MDBK 细胞中 beclin-1 和 LC3B 水平的降低

为分析根皮苷抗 BVDV 的机制，我们检测了自噬相关蛋白 beclin-1 和 LC3B 的表达。如图 3-6 中的 A 和 B 所示，感染后 48 h，beclin-1 和 LC3B mRNA 水平明显升高。Western

Blot 结果也显示，感染后 48 h，beclin-1 水平和 LC3B-I 向 LC3B-II 的转化率显著增强（图 3-6 中的 C ~ E）。与 BVDV 组相比，根皮苷显著抑制 beclin-1 和 LC3B 蛋白表达水平。

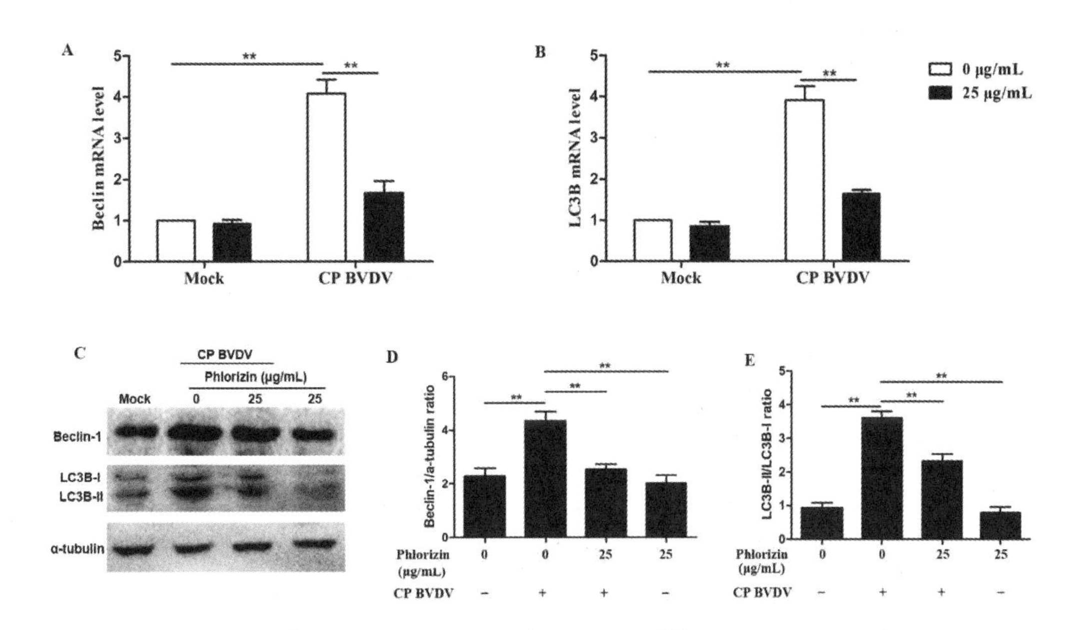

图 3-6 根皮苷下调 CP 型 BVDV 感染 MDBK 细胞的 beclin-1 和 LC3B 水平

A ~ B：beclin-1 和 LC3B mRNA 的表达水平。C：Western Blot 检测 beclin-1 和 LC3B 蛋白水平。D：beclin-1 的相对蛋白表达（α-tubulin）。E：LC3B-II 相对蛋白表达（LC3B-I）。数据以均值±标准差表示。$*p<0.05$，$**p<0.01$。

（五）根皮苷通过调节自噬发挥抗 BVDV 的作用

为了进一步研究自噬在根皮苷抗 BVDV 中的作用，我们使用了 3-MA（一种自噬抑制剂）。如图 3-7 所示，经 3-MA 处理后，根皮苷对 BVDV RNA 水平的抑制减弱。同时，我们还发现 BVDV E0 蛋白水平的变化与 RNA 水平相似，说明自噬可能在根皮苷抗 BVDV 中起重要作用。然而，进一步的研究表明，与 BVDV+3-MA 组相比，根皮苷处理后 BVDV RNA 和蛋白的表达仍明显受到抑制，提示根皮苷可能通过多种途径发挥抗 BVDV 的作用。

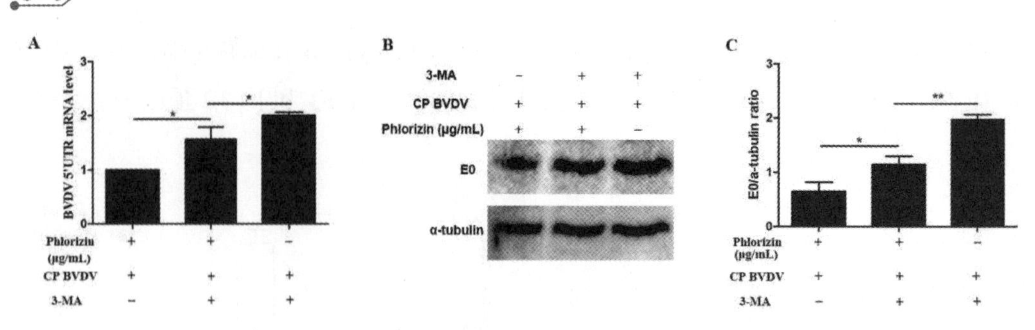

图 3-7　根皮苷通过调节自噬发挥抗 BVDV 作用

A：qRT-PCR 检测 BVDV RNA 水平。B：Western Blot 检测 BVDV E0 蛋白水平。C：BVDV E0 蛋白的相对表达（α-tubulin）。数据以均值±标准差表示。*$p<0.05$，**$p<0.01$。

（六）根皮苷在 BVDV 感染过程中的作用

为了进一步研究根皮苷在 BVDV 感染过程中的作用，我们在 25 μg/mL 浓度的根皮苷处理的 MDBK 细胞中，研究了根皮苷在 BVDV 感染的早期阶段中的作用，包括附着、内化和复制阶段。结果显示，与 BVDV 组相比，根皮苷不影响 BVDV 感染的吸附期（图 3-8 中的 A～C）。虽然根皮苷抑制了 BVDV 感染的内化，但没有统计学差异（图 3-8 中的 D～F）。然而，我们发现根皮苷在 BVDV 复制阶段显著抑制了 BVDV RNA 和蛋白质的合成（图 3-8 中的 G～I）。

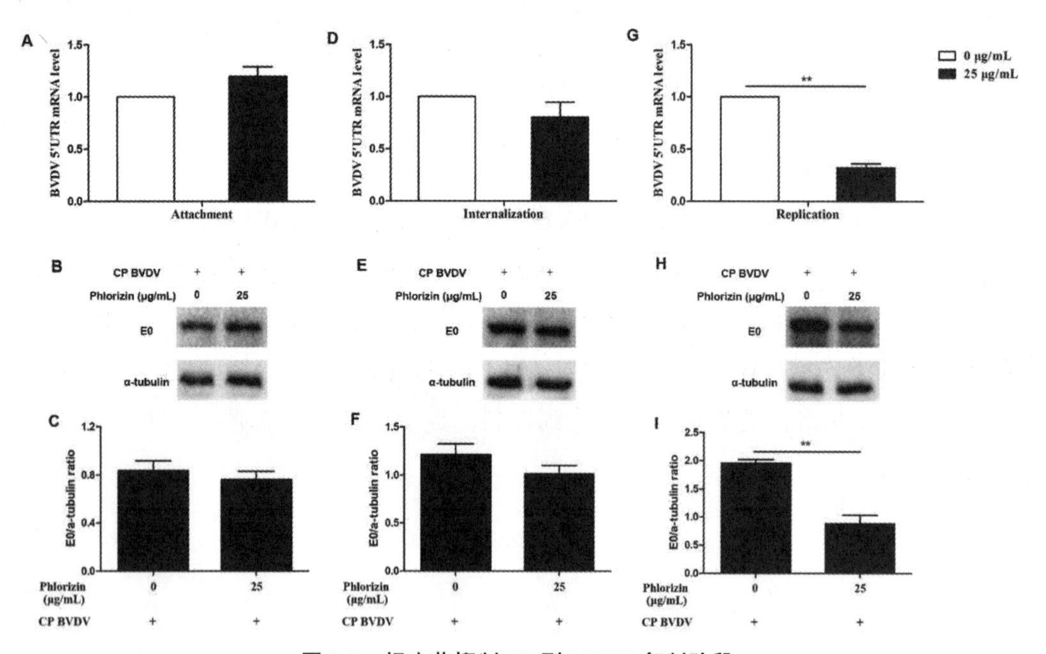

图 3-8　根皮苷抑制 CP 型 BVDV 复制阶段

A、D、G：病毒附着、内化和复制的 qRT-PCR 分析。B、E、H：病毒附着、内化和复制的 Western Blot 分析。C、F、I：BVDV E0 在附着、内化和复制阶段的相对蛋白表达（α-tubulin）。数据以均值±标准差表示。*$p<0.05$，　**$p<0.01$。

（七）CP 型 BVDV 感染 MDBK 细胞中细胞因子 mRNA 水平的调控

为了进一步研究根皮苷抑制 BVDV 复制的机制，我们检测了几种抗病毒和促炎相关细胞因子的表达。结果表明，与对照组相比，BVDV 组抗病毒细胞因子 IFN-α和 IFN-β mRNA 水平显著降低。有趣的是，根皮苷处理显著增加了 IFN-α和 IFN-β的表达。与此同时，我们还发现，与对照组相比，只有根皮苷能促进 IFN-α和 IFN-β的表达（图 3-9 中的 A 和 B），说明根皮苷可能是一种重要的抗病毒药物。与抗病毒细胞因子不同，BVDV 感染后 IL-1β和 IL-6 mRNA 水平较对照组明显升高。然而，与 BVDV 组相比，根皮苷处理减少了这些变化（图 3-9 中的 C 和 D）。

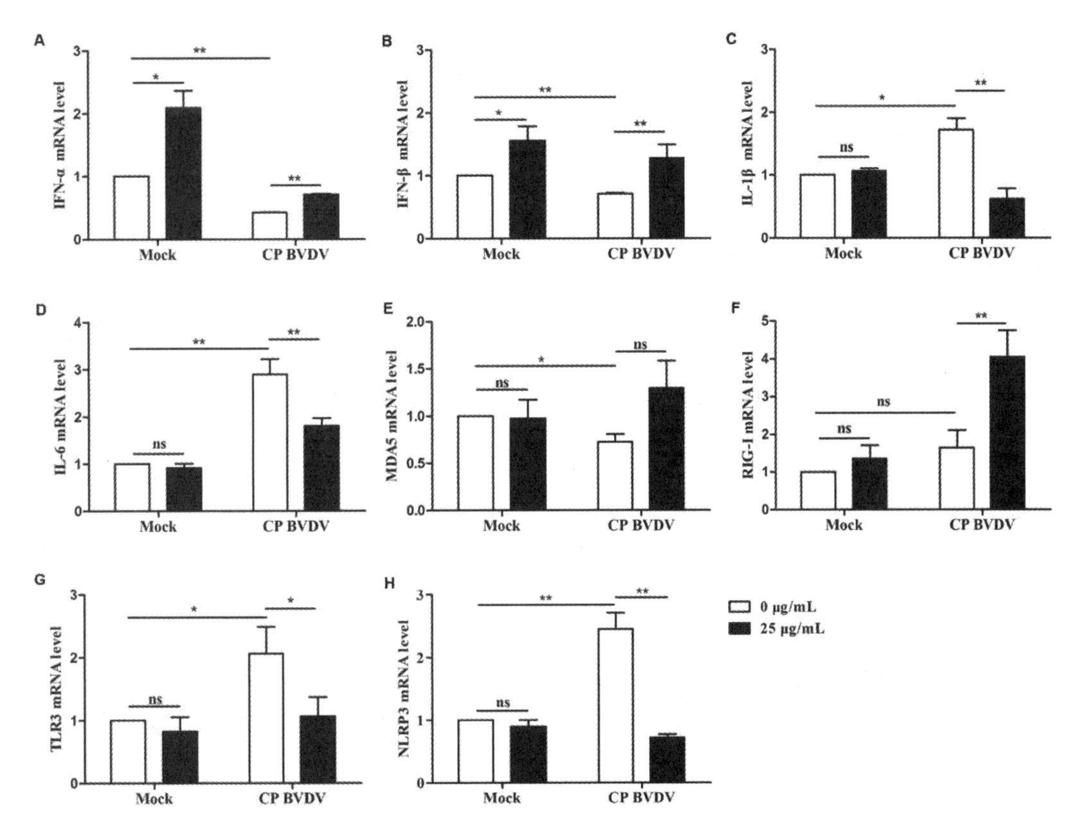

图 3-9 根皮苷在 CP 型 BVDV 感染的 MDBK 细胞中调控细胞因子和信号分子水平。

A～B：qRT-PCR 分析抗病毒细胞因子 IFN-α和 IFN-β mRNA 水平。C～D：促炎细胞因子 IL-1β和 IL-6 mRNA 水平的 qRT-PCR 分析。E～H：qRT-PCR 检测 MDA5、RIG-I、TLR3、NLRP3 mRNA 水平。数据以均值±标准差表示。*$p<0.05$，**$p<0.01$。

（八）CP 型 BVDV 感染 MDBK 细胞中 MDA5、RIG-I、TLR3 和 NLRP3 的 mRNA 水平

为进一步探讨根皮苷调节细胞因子的分子机制，我们初步检测了几种主要的先天免疫受体。如图 3-9 中的 D ~ G 所示，与对照组相比，BVDV 组 TLR3、NLRP3 mRNA 水平明显升高，MDA5 表达明显被抑制。与 BVDV 组相比，根皮苷处理显著降低 BVDV 诱导的 TLR3 和 NLRP3 mRNA 水平，而提高 RIG-I 水平。

（九）根皮苷抑制了 NCP 型 BVDV 在 MDBK 细胞中的复制

为进一步研究根皮苷对 NCP 型 BVDV 复制的影响，采用 NCP 型 BVDV NY-1 和 YNJG2020 感染 MDBK 细胞。如图 3-10 中的 A 所示，根皮苷处理显著降低了 MDBK 细胞中 NY-1 和 YNJG2020 的 RNA 和蛋白水平（图 3-10 中的 A ~ D）。为进一步验证根根皮苷抗 NCP 型 BVDV 的作用，采用免疫荧光法检测了 BVDV E0 蛋白水平。结果显示，根皮苷处理导致 NY-1 和 YNJG2020 E0 水平显著降低（图 3-10 中的 E，见附录彩图）。

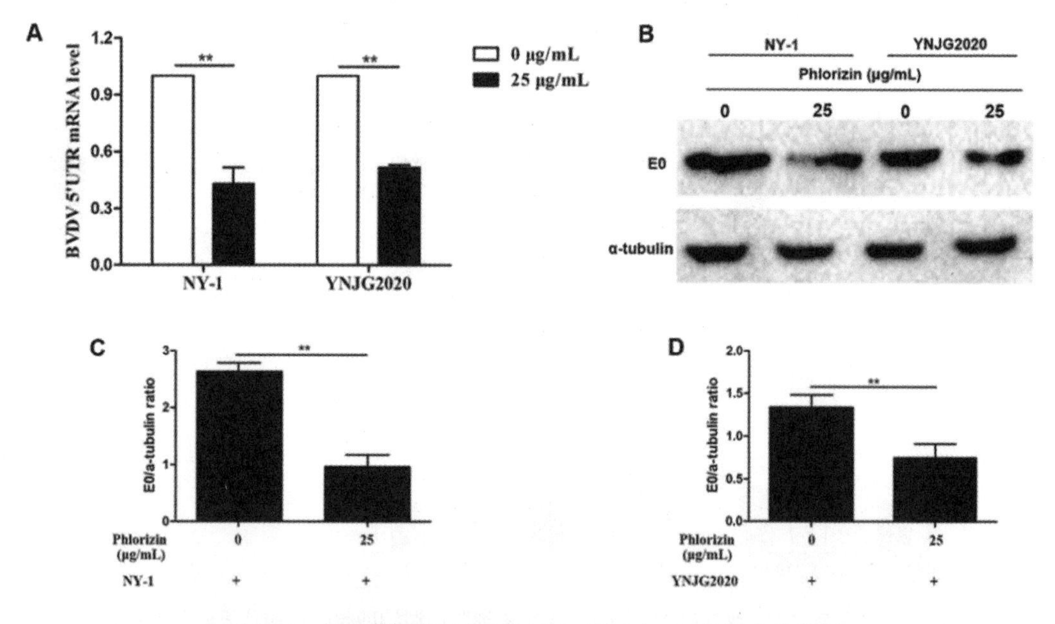

图 3-10　根皮苷抑制 NCP 型 BVDV 在 MDBK 细胞中的复制

A：采用 qRT-PCR 检测 NY-1 和 YNJG2020 的 RNA 水平。B：Western Blot 检测 NY-1 和 YNJG2020 E0 蛋白的表达。C ~ D：NY-1 E0 和 YNJG2020 E0 的相对蛋白表达（α-tubulin）。E：见附图，采用 IFA 法测定根皮苷对 MDBK 细胞 NY-1 和 YNJG2020 的抗病毒活性。E0 蛋白以绿色表示。数据以均值±标准差表示。*$p<0.05$，**$p<0.01$。

（十）根皮苷抑制小鼠中 NCP 型 BVDV 的复制

我们分析了根皮苷在体内抗 NCP 型 BVDV 的作用。与 CP 型 BVDV 结果一致，根皮苷显著降低了小鼠十二指肠（图 3-11 中的 A）、脾脏（图 3-11 中的 B）和血液（图 3-11 中的 C）中 NY-1 和 YNJG2020 RNA 水平。Western Blot（图 3-11 中的 D ~ F）和免疫荧光（图 3-11 中的 G）分析也表明，根皮苷处理抑制了小鼠十二指肠中 NY-1 和 YNJG2020 蛋白的表达。

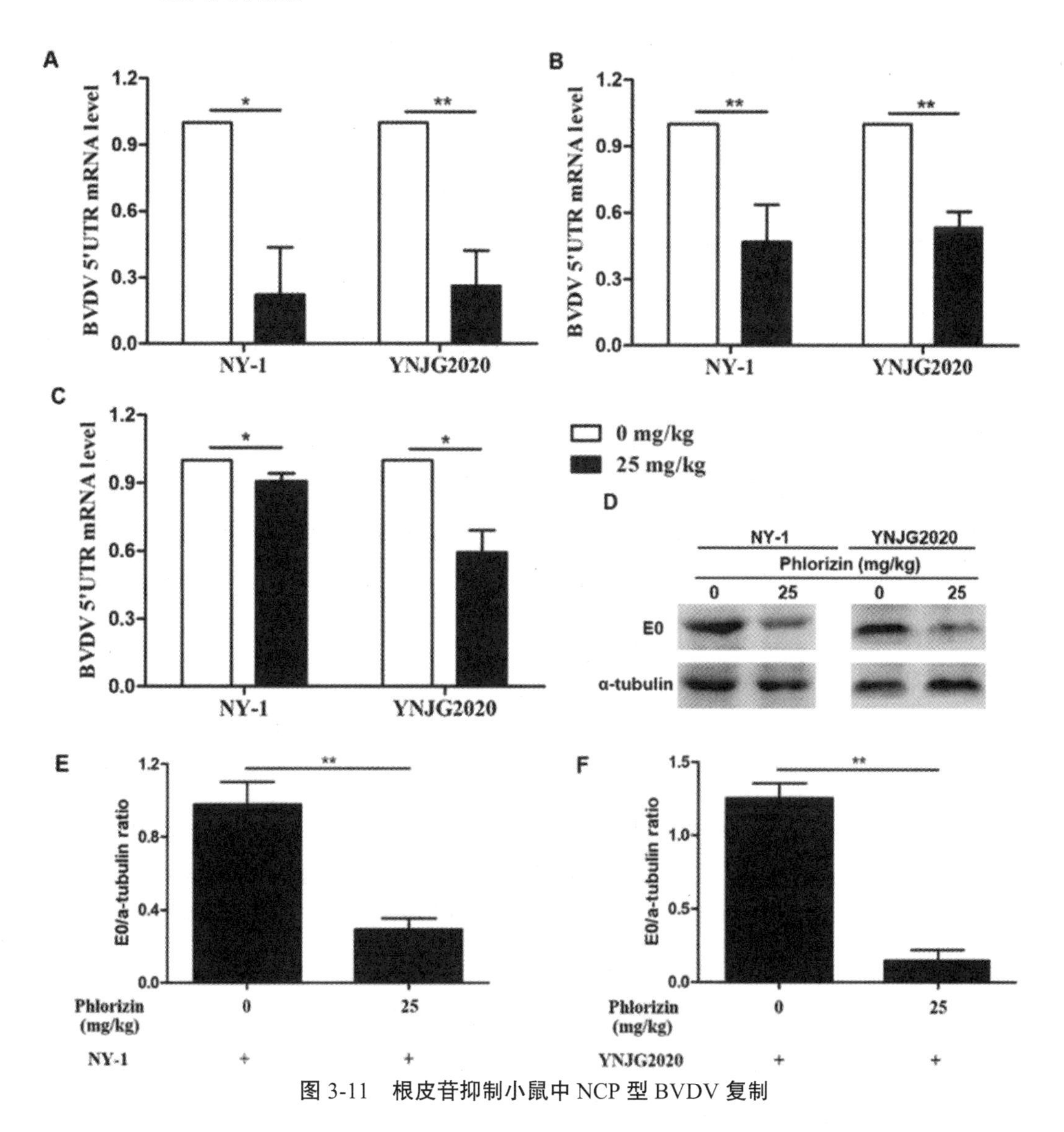

图 3-11　根皮苷抑制小鼠中 NCP 型 BVDV 复制

A ~ C：qRT-PCR 检测十二指肠、脾脏和血液中 NY-1 和 YNJG2020 RNA 水平。D：十二指肠 NY-1 和 YNJG2020 E0 蛋白的表达。E 和 F：NY-1 和 YNJG2020 E0 的相对蛋白表达（α-tubulin）。数据以均值±标准差表示。*$p<0.05$，**$p<0.01$。

三、讨论

牛病毒性腹泻病毒（BVDV）是引起牛病毒性腹泻(BVD)的病原体，会给奶牛产业造成严重的经济损失。BVDV 的主要宿主是牛，但其他动物如羊、猪和鹿也可能被感染。牛 BVDV 的症状和发病机制复杂，其中持续感染和免疫抑制是难以根除 BVDV 的重要原因之一。寻找抗 BVDV 活性物质对临床防控 BVDV 感染至关重要。越来越多的研究证实，中药在抗菌抗病毒方面克服了抗生素残留和细菌耐药的问题，在多途径、多靶点预防和治疗疾病方面发挥了令人满意的作用。近年来，利用天然来源的中药饲料添加剂预防和治疗动物疾病，受到人们的广泛关注。将功能性中药化合物应用于疾病的防治，具有广阔的前景。

根皮苷是一种具有抗炎、抗氧化、抗菌等多种生物活性的中药单体。其药理作用已被广泛研究，但关于根皮苷抗病毒活性的研究较少。在本研究中，我们评估了根皮苷抗 BVDV 的作用，并探讨了该作用的潜在分子机制。本研究结果可为 BVDV 和黄病毒科其他病毒的防治提供科学依据。根皮苷抗 CP 型 BVDV 的作用显著。在之前的研究中，我们成功建立了 BVDV 感染的小鼠模型，并证实了 BVDV 感染后第 7 d，小鼠组织和血液中的病毒载量较高，组织病理学变化较为典型。本研究探讨了根皮苷对 CP 型 BVDV 感染小鼠的保护作用。与预期的一样，根皮苷显著抑制了 BVDV 感染小鼠十二指肠、脾脏和血液中病毒 RNA 和蛋白质水平。IFA 分析也进一步证实了根皮苷具有抗 BVDV 的作用。更重要的是，根皮苷还显著改善了 BVDV 诱导的十二指肠和脾脏病理组织损伤。这表明根皮苷对 BVDV 感染小鼠具有保护作用。为了进一步证实根皮苷的抗病毒作用，我们使用了 BVDV 感染的 MDBK 细胞。与体内实验结果一致，根皮苷显著降低了 BVDV RNA 和蛋白的表达。这些结果进一步表明，根皮苷可能成为临床防治 BVDV 感染的候选药物。

尽管 BVDV 的发病机制复杂且未知，但已有研究表明自噬与 BVDV 感染相关。自噬是一种进化保守的细胞自救行为，在应激条件下对维持细胞稳态和细胞存活起着重要作用。beclin-1 和 LC3B 是反应自噬水平的两个关键生物标志物。beclin-1 作为自噬不可缺少的调控因子，通过不断招募自噬相关蛋白，在自噬启动过程中发挥关键作用。LC3B 是一种自噬特异性蛋白，参与并调节自噬体的形成。LC3B 在细胞内合成，加工成细胞质 LC3B-I。在不同应激条件下，细胞自噬水平发生变化，部分 LC3B-I 转化为膜结合的 LC3B-II。LC3B-II 是反应自噬活性的公认标记物。已有研究表明，BVDV 通过增强自噬形成，促进病毒复制。在本研究中，BVDV 可能通过增加 beclin-1 的表达和 LC3B-I 到 LC3B-II 的转化率来诱导自噬的形成。而根皮苷对 beclin-1 和 LC3B-II 表达水平有抑制作用。为了进一步研究自噬在根皮苷抗 BVDV 中的作用，用自噬抑制剂 3-MA 处理 MDBK 细胞。结果表明，经 3-MA 处理后，根皮苷对 BVDV RNA 和蛋白水平的抑制作用减弱。这表明，自噬在根皮苷抗 BVDV 中具有重要的调节作用。有趣的是，我们发现与 BVDV+3-MA 组相比，根皮苷仍然显著抑制了 BVDV 的复制。这表明，根皮苷可能通过多种靶点发挥抗 BVDV 的作用。

众所周知，病毒侵入宿主细胞是建立感染的必要前提，也是决定宿主范围、组织趋向性和致病性的决定因素之一。已有研究证实，BVDV 可通过内吞作用侵入细胞，干扰 BVDV 依赖的内吞作用，可抑制病毒感染。为了进一步探索根皮苷抗 BVDV 的机制，我们研究了根皮苷在病毒感染的附着、内化和复制阶段的作用。研究结果表明，根皮苷不影响 BVDV 感染的早期阶段，包括附着和内化，但显著抑制了 BVDV 的复制阶段。

细胞因子在对抗病毒感染的免疫中起着不可或缺的作用，但细胞因子的过量产生会导致组织和细胞损伤。为了进一步探讨根皮苷抑制 BVDV 复制的机制，我们检测了几种促炎和抗病毒细胞因子。结果显示，BVDV 诱导的 IL-1β和 IL-6 水平明显高于对照组，提示根皮苷可减轻炎症副作用。干扰素（IFN）是一种多功能细胞因子，其抗病毒作用已得到充分证实。IFN 的抗病毒作用不是直接灭活病毒，而是通过调节细胞内的抗病毒蛋白来阻止病毒 mRNA 的形成或抑制病毒 DNA 和 RNA 的合成。在本研究中，我们检测了 I 型干扰素，包括 IFN-α和 IFN-β。正如预期的那样，感染 BVDV 后 IFN-α和 IFN-β的表达下降，而这一下降受到了根皮苷的正向调节。有趣的是，只有根皮苷能提高 IFN-α和 IFN-β的水平，提示根皮苷的抗 BVDV 作用可能与其调控 I 型干扰素的表达有关。

病毒建立持续性感染的前提是必须克服先天免疫反应的防御机制。TLR3 是 TLRs 家族的重要成员之一，通过识别病毒 dsRNA 激活 IRF3/ IRF7，导致受体二聚并募集 TRIF 和 MyD88。RIG-I 和 MDA5 通过识别病毒 RNA 激活 IRF3/IRF7。一旦 IRF3 和 IRF7 被激活，它们将被运输到细胞核，并诱导 IFN-α和 IFN-β产生。为了进一步探讨根皮苷调节 I 型干扰素表达的机制，我们检测了 RIG-I、MDA5 和 TLR3 mRNA 的水平。结果表明，感染后 48 h，根皮苷显著提高了 RIG-I mRNA 水平，抑制了 TLR3 mRNA 水平。此外，我们发现 MDA5 mRNA 在感染后 48 h 被显著抑制。虽然无统计学差异，但根皮苷处理增加了 MDA5 的表达。这些结果表明，在 BVDV 感染期间，根皮苷可能主要通过调节 RIG-I 和 MDA5 来诱导 I 型干扰素的产生。此外，我们通过 qRT-PCR 检测了 NLRP3 mRNA 水平。结果显示，NLRP3 mRNA 在感染后 48 h 显著升高。NLRP3 属于 NOD 样受体家族，与多种病毒的发病机制密切相关。IL-1β的表达取决于 NLRP3 的激活。在本研究中，NLRP3 和 IL-1β mRNA 在 BVDV 感染后呈高表达，根皮苷可抑制它们的高表达。这表明，

NLRP3 炎性小体可能与 BVDV 的发病机制有关。

BVDV 根据其生物型，分为细胞病变（CP）和非细胞病变（NCP）生物学类型。在之前研究中，根皮苷的抗 CP 型 BVDV 作用得到了证实。然而，抗病毒药物在治疗疾病时可能具有毒株依赖性。例如，Zhang 等研究表明，吉马酮不仅能抑制 PRRSV GD-XH 株的复制，还能降低传统 II 型 PRRSV 株（CH-1A）和另一种高致病性 II 型 PRRSV 株（11FS11-GD）的感染。这表明，吉马酮对经典和高致病性 II 型 PRRSV 株均具有良好的抑制作用。然而，最近的一项研究发现，黄芩苷对不同的禽白血病病毒 J 亚群毒株的感染有抑制作用，但对禽白血病病毒 A 亚群毒株没有抑制作用。为了进一步探讨根皮苷的抗 BVDV 活性是否依赖于毒株特异性，本研究检测了根皮苷对另外两株 NCP 型 BVDV 毒株感染的影响。与 CP 型 BVDV 一致，根皮苷显著抑制了 BVDV 感染小鼠中病毒 RNA 和蛋白水平。体外实验也证实了上述结果。这表明，根皮苷可能对两种生物型 BVDV 感染均有抑制作用。

综上所述，本研究结果首次证明了根皮苷在体内外均能有效抑制 BVDV 感染，其机制可能与靶向自噬、抑制病毒复制阶段、调控 I 型干扰素表达及其上游信号分子表达有关。这些结果表明，根皮苷可能是防控不同生物型 BVDV 感染的潜在抗病毒药物。

第四节　BVDV 小鼠感染模型的建立及 PD-1 调控机制研究

BVDV 急性感染可导致特征性的牛外周血淋巴细胞减少症，引起免疫抑制。然而，其发病机制尚不明确。值得注意的是，SARS 病毒、MERS 病毒到新型冠状病毒、HIV、AIV 等均能导致严重的淋巴细胞减少症，引起免疫抑制，受到广泛关注。其中 82.1%的新型冠状病毒感染者出现淋巴细胞减少，这也是重症患者治疗困难的重要因素。BVDV 急性感染并没有对单核细胞和树突状细胞等抗原递呈细胞（APC）造成不良影响，在 BVDV 感染的淋巴组织中可以观察到单核细胞衍生的巨噬细胞和树突状细胞被凋亡的淋巴细胞所围绕。BVDV 可能利用 APC 及其相关的免疫机制途径，引发淋巴细胞凋亡和减少。BVDV 感染导致淋巴细胞减少症的发病机理是国内外研究的焦点。深入研究 BVDV 急性感染导致淋巴细胞减少的发病机制，对于探索 BVDV 等病毒感染引起免疫抑制的分子机制具有重要意义。为 BVDV 等病毒引发的淋巴细胞减少症提供新的治疗思路。

T 淋巴细胞（TLs）是淋巴细胞的主要组分，对动物机体免疫系统发挥正常的抗病毒功能至关重要。众所周知，活化 T 细胞需要双信号，TLs 受体（TCR）识别 APC 上的抗原肽和 MHC 分子的复合物，传递第一信号，TLs 表面的协同信号分子结合 APC 上相应配体，传递第二信号，双信号协同调控 TLs 的活化、增殖和抗病毒效应。其中，协同信号分子分为共刺激分子和共抑制分子（免疫检查点分子），分别正向和负向调控 TLs 的免疫应答。研究发现：人类免疫缺陷病毒（HIV）、乙肝病毒（HCV）、牛白血病病毒（BLV）、猪瘟病毒（CSFV）等病毒感染均能诱导 TLs 表面高表达免疫检查点分子，如 PD-1、BTLA、细胞毒性 T 淋巴细胞相关抗原-4（CTLA-4）、T 细胞免疫球蛋白及黏蛋白结构域分子-3（TIM-3）、淋巴细胞激活基因-3（LAG-3）等，介导免疫负调控作用，抑制 TLs 的活化、增殖和抗病毒功能，引发凋亡和 TLs 减少。阻断免疫检查点通路恢复 TLs 应答的免疫治疗策略在肿瘤的临床治疗中效果显著，也被纳入新型冠状病毒、HIV、HCV 感染的临床治疗试验，基于 PD-1 等 T 细胞负调控信号网络的联合免疫治疗前景广阔。

本团队前期体外研究证实，CP 型 BVDV 通过 PD-1 调控下游 PI3K/Akt/mTOR，caspase 9/caspase 3 和 ERK 信号通路，抑制 $CD4^+$和 $CD8^+$TLs 的增殖，引发凋亡和 TLs 减少。然而，NCP 型 BVDV 急性感染中阻断 PD-1 并未完全恢复 $CD8^+$TLs 增殖和功能。相关研究数据发表在 SCI 兽医学一区 TOP 期刊 *Veterinary Microbiology*（2018）和免疫学二区期刊 *Frontiers in Immunology*（2020）。为了在体内进一步验证体内的研究结果，本研究在前期体外研究的基础上，拟建立 BVDV 感染小鼠的模型。应用该模型在体内进一步明确 PD-1 在 BVDV 急性感染导致外周血淋巴细胞减少症中的免疫调节作用，为探索 BVDV 等病毒引发淋巴细胞减少症的分子机制和免疫控制提供依据。

一、不同生物型 BVDV 感染小鼠模型的建立

目前 BVDV 对于全球的养殖业造成了巨大的经济损失，已经有许多学者在兔子和羊上建立了感染模型。但小鼠模型在研究方面相对更方便，因此有学者在 BALB/c 小鼠中建立了 BVDV 感染模型。但 BVDV 生物型多，不同的生物型在小鼠体内造成的影响不同，而且腹腔注射感染成功率高于其他感染方式，所以本研究中我们选择 CP 型 BVDV NADL 株和 NCP 型 BVDV NY-1 株，通过腹腔注射途径感染 BALB/c 小鼠，建立两种不同生物型 BVDV 感染小鼠模型，为进一步在体内研究 BVDV 致病机制奠定基础。

（一）材料与方法

1.实验动物。

SPF 级 6 ~ 8 周龄 BALB/c 小鼠，购于哈尔滨医科大学实验动物学部。

2.细胞与病毒。

MDBK 细胞、CP 型 BVDV NADL 株、NCP 型 BVDV NY-1 株均由本团队实验室保存。

3.试剂。

本研究所用试剂明细见表 3-1。

表 3-1 主要试剂

试剂名称	生产公司
SYBR Premix Ex Taq II	Takata 公司
DMEM	四季青
胎牛血清	四季青
反转录试剂盒	Takata 公司
DAB 显色液	中杉金桥
SYBR Premix Taq II	Takata 公司
免疫组化染色试剂盒	Bioss 公司

4.仪器和设备。

本研究所用仪器设备明细见表 3-2。

表 3-2 主要仪器和设备

仪器名称	生产公司
09 MA081 制冰机	意大利 Manitowoc
905 超低温冰箱	Thermo Fisher Scientific 公司
SUNRISE-BASIC TECAN 酶标仪	日本 sunrise 公司
2-16K 高速冷冻离心机	德国 SIGMA 公司
DT5-2B 倒置生物显微镜	德国 LEeica 公司
MLS-3750 高压灭菌器	日本 SANYO 公司
DHG-9055A 鼓风干燥箱	上海一恒科学仪器有限公司
DT5-2B 低速台式离心机	北京时代北利离心机有限公司
QL-861 振荡器	海林市其林贝尔公司
Bio-Rad QPCR 检测仪	美国 Bio-Rad 公司
E200 生物显微镜	日本尼康公司

5.病毒感染小鼠及病料采集。

将 BALB/c 雌性小鼠放入动物房饲养，在小鼠适应 5 d 之后。CP 组和 NCP 组各小鼠均腹腔注射 0.4 mL 的 10^4 TCID50 的病毒液。阴性对照组的各小鼠均腹腔注射 0.4 mL DMEM。感染完成后让小鼠自由采食饮水，每天观察小鼠的活动情况和精神状态情况并且记录。感染后 4 d、7 d 和 10 d 将每组进行随机拉颈处死 3 只小鼠，采集小鼠粪便、组织脏器和血液。每天进行定时的测量小鼠体重并且记录下来。本研究采用含有 EDTA 的抗凝管进行眼球采血方式采集小鼠的血液用于血常规检测及 BVDV 载量的检测，血常规中主要的检测指标有：白细胞、淋巴细胞以及血小板。在无菌操作台上解剖小鼠，收集每只小鼠的心脏、肝脏、脾脏、肺脏和肠道。将肠道分段收集，分为结肠、回肠、空肠和十二指肠。收集的组织脏器一部分和粪便用来检测 BVDV 载量；一部分组织浸泡在甲醛固定液中，用于后续的组织病理检查以及免疫组化的实验。

6.RNA 提取。

将组织放入研磨棒中并加入 1 mL 灭菌水进行研磨，粪便用 1 mL 灭菌水混匀。将离心机提前进行 4 ℃预冷处理，将制备好的组织细胞悬液经过-80 ℃反复的冻融 3 次，进行 3 000 r/min 离心，离心时间为 10 min，吸取出上清弃沉淀。使用手提法提取 RNA，具体操作步骤如下：取处理后的组织及粪便上清液和血液，加入 Trizol 裂解液进行裂解细胞。将 2 mL EP 管中的液体混匀后使用旋涡振荡器进行剧烈的震荡，置于冰上静置放置 10 min。加入 200 μL 氯仿，将 EP 管剧烈摇晃 1 min，使其能更好地萃取核酸，冰上静置 10 min。12 000 r/min 离心时间为 15 min，抽取试管中透明液体的三分之二上清液，加入等量的异丙醇轻轻地混匀。冰上静置 10 min。12 000 r/min 离心时间为 10 min，进行 75%无水乙醇的配置。弃去上清，加入 1 mL 配制好的 75%无水乙醇，轻轻摇晃 EP 管。8 000 r/min 4 ℃离心 6 min，弃掉上清，EP 管室温晾干 10 min 以去除管中的 75%无水乙醇。加入 10 μL DEPC 无菌水溶解沉淀，放置于-80 ℃冰箱备用。将 RNA 按照试剂盒说明书进行反转录成 cDNA，放置于-20 ℃备用。

7.荧光定量 PCR 的检测。

本研究应用本实验室建立的荧光定量 PCR 方法对采集的组织、粪便和血液中的 BVDV 病毒载量和 BVDV 感染率进行检测。引物序列见表 3-3，反应体系见表 3-4。反应程序：94 ℃ 2 min，94 ℃ 15 s，60 ℃ 30 s，72 ℃ 5 min，增加一个溶解段，扩增 40 个循环。

表 3-3　引物序列

编号	序列
BVDV F	5'-GAGTACAGGGTAGTCGTCAG-3'
BVDV R	5'-CTCTGCAGCACCCTATCAGG-3'

表 3-4 反应体系

试剂	剂量
SYBR II	12.5 μL
上游引物	1 μL
下游引物	1 μL
cDNA 模板	1 μL
ddH_2O	9.5 μL

8.血液血常规检测。

将采集的血液在全自动动物血细胞检测仪上进行小鼠血常规的检测，检测的指标主要包括三个，分别是：白细胞（WBC）、淋巴细胞（LYM）及血小板（PLT）。

9.免疫组化步骤。

将 4%甲醛固定完成的组织块取出，取材适当的组织放入到包埋盒中并做好标记，将组织用自来水流水进行冲洗 4 h，将组织中浸泡的甲醛全部冲洗干净。将组织块浸润到混合固定液当中室温过夜浸泡。将分级的酒精提前放入中进 60 ℃的烘干箱中提前预热，使酒精温热后再进行脱水处理，每个溶液及处理时间分别为：70% ~ 100%酒精分别浸泡 5 ~ 20 min，混合脱水液浸泡 5 ~ 20 min。将脱好水的组织放入腊 I 中，腊 I 的融点 52 ~ 54 ℃，浸泡 1 h；放入腊 II 中，腊 II 融点 54 ~ 56 ℃，浸泡 30 min；放入腊 III 中，腊 III 融点 56 ~ 58 ℃ 1 h。在模具中先加入少量融化的石蜡，在将完成浸腊的组织置于模具之中，将组织块摆放平整在模具中间，将做好标记的包埋盒放在模具上，将蜡液倒满模具。待石蜡凝固后放入-20 ℃冰箱中 2 h。将包埋好的组织蜡块固定在切片机上，将切片刀安装在切片机上，转动厚度调节器将切片的厚度控制在 4 ~ 6 μm。用毛笔轻轻卷起已经被切好的组织，放入温水中将组织舒展，再用载玻片挑出，倾斜除去余水。将展好的组织放入恒温箱中进行干燥处理。把干燥好的组织玻片在分级酒精中进行脱蜡至水。蒸馏水进行冲洗，在 PBS 中浸泡 5 min。胰酶进行组织中的抗原修复工作，室温进行孵育 20 min。3% H_2O_2 去离子水在室温环境下孵育 15 ~ 20 min，以消除内源性过氧化物酶的活性影响。倾倒去除 3% H_2O_2，滴加试剂 A 室温下进行孵育 15 ~ 20 min，倾去液体。滴加 1∶600 稀释好的 BVDV N^{pro} 多克隆抗体作为一抗，4 ℃冰箱中进行过夜孵育。PBS 进行冲洗 3 次，放入 37 ℃中每次 3 min。滴加试剂 B（生物素化二抗工作液），37 ℃进行孵育 15 ~ 20 min。在 37 ℃ PBS 冲洗 3 次每次 3 min。使用 DAB 显色液对组织切片进行显色，用水充分冲洗，显微镜下观察。烘干箱进行烘干，苏木精染色液进行细胞核的染色。显微镜观察染色情况，烘干箱烘干。用中性树胶进行封片，拍照留图。

10.HE 染色步骤。

将切好的组织载玻片放入分级酒精中进行常规脱蜡，蒸馏水进行冲洗，烘干水分。浸泡入苏木精染色液中在室温下进行染色 18 min，蒸馏水洗涤 4 min。进行烘干，浸泡入伊红染色液中室温进行染色 11 min，蒸馏水洗涤 10 s。显微镜观察染色情况，烘干箱烘干，中性树胶进行封片，拍照留图。

11.病毒感染的激光共聚焦分析。

采用密度梯度离心法分离外周血淋巴细胞和脾淋巴细胞。4 ℃ 1 000 g 离心 5 min 收集外周血淋巴细胞和脾淋巴细胞，PBS 冲洗 1 次，20 μL 外周血淋巴细胞重悬。将悬浮液滴在多聚赖氨酸包被的载玻片上，在 37 ℃下干燥 15 min。将细胞与小鼠抗 BVDV N^{pro} 多克隆抗体（1：100）在 4 ℃孵育过夜，然后与 coralite 488 标记的山羊抗小鼠 IgG（H+L）孵育。细胞膜荧光探针（FAST Dil）用于染色细胞膜。用 DAPI 进行核染色，使用激光共聚焦显微镜进行观察。

（二）结果

1.小鼠的临床症状及剖检病理变化。

本研究中所有感染小鼠及未感染的对照组小鼠未见明显的临床症状及病理变化。

2.血常规检测。

使用全自动动物血细胞分析仪检测用含有 EDTA 的抗凝管采集的血液，检测小鼠血液中的白细胞、淋巴细胞和血小板。从图 3-12 中能够看出腹腔注射后 CP 组和 NCP 组与对照组相比在白细胞、淋巴细胞和血小板数量上均有降低并且低于小鼠的正常值。如图 3-12 中的 A 所示，与对照组相比在感染后第 4 d，CP 组和 NCP 组白细胞均差异不显著；在感染后第 7 d CP 组白细胞差异极显著（$p<0.001$），NCP 组白细胞差异极显著（$p<0.01$）；在感染后第 10 d，CP 组白细胞 CP 组白细胞差异极显著（$p<0.01$），NCP 组白细胞差异不显著。在实验过程中，CP 组和 NCP 组白细胞先降低后升高，在第 7 d 降到最低。对照组白细胞基本保持不变且在正常值范围内。

如图 3-12 中的 B 所示，与对照组在感染后第 4 d，CP 组和 NCP 组淋巴细胞均差异不显著；在感染后第 7 d，CP 组淋巴细胞差异极显著（$p<0.001$），NCP 组淋巴细胞差异极显著（$p<0.01$）；在感染后第 10 d，CP 组淋巴细胞差异极显著（$p<0.01$），NCP 组淋巴细胞差异显著（$p<0.05$）。在实验过程中，CP 组和 NCP 组淋巴细胞先降低后升高，在第 7 d 降到最低。对照组淋巴细胞基本保持不变且在正常值范围内。

如图 3-12 中的 C 所示，与对照组，感染后第 4 d，CP 组血小板差异极显著（$p<0.01$），NCP 组血小板差异不显著；在感染后第 7 d，CP 组血小板差异极显著（$p<0.001$），NCP

组血小板且差异极显著（$p<0.01$）；在感染后第 10 d，CP 组血小板差异极显著（$p<0.01$），NCP 组血小板差异极显著（$p<0.01$）。在实验过程中，CP 组和 NCP 组血小板先降低后升高，在第 7 d 降到最低。对照组血小板基本保持不变且在正常值范围内。结果表明 BVDV 经过腹腔注射感染 BALB/c 小鼠，能够引起白细胞、淋巴细胞和血小板的降低。

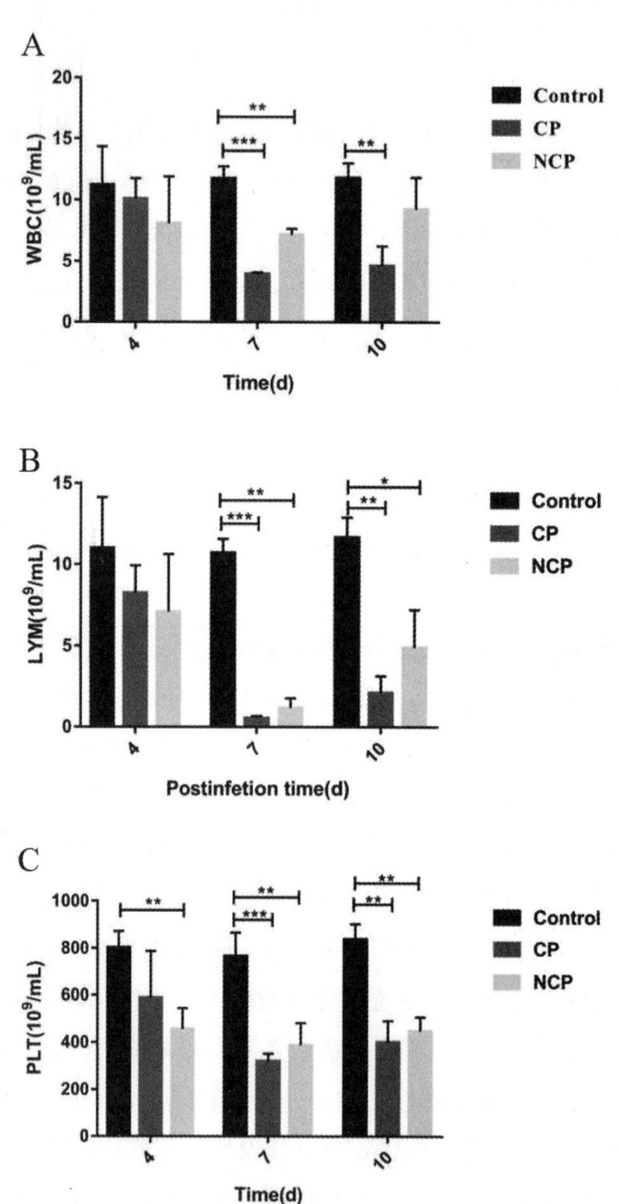

图 3-12　血常规检测结果

A：白细胞图；B：淋巴细胞；图 C：血小板。

*$p<0.05$ 表示为差异显著，**$p<0.01$ 表示为差异极显著，***$p<0.001$ 表示为差异极显著（数据表示为平均值±SD，每组 $n=3$）。

3.感染小鼠体重变化。

每天定时称量并记录感染后 BALB/c 小鼠的体重变化。如图 3-13 所示：与对照组相比，能够看出在第 4 d CP 组小鼠体重变化没有明显的差异，NCP 组小鼠体重没有明显差异；在第 7 d CP 组小鼠体重变化有显著的差异（$p<0.01$），而 NCP 组小鼠体重变化没有明显的差异；在第 10 d CP 组小鼠体重变化有显著差异（$p<0.01$），NCP 组小鼠体重变化有极显著差异（$p<0.001$）。在整个实验过程中，CP 组和 NCP 组小鼠体重的增长均无明显变化，而对照组小鼠的体重增长明显。

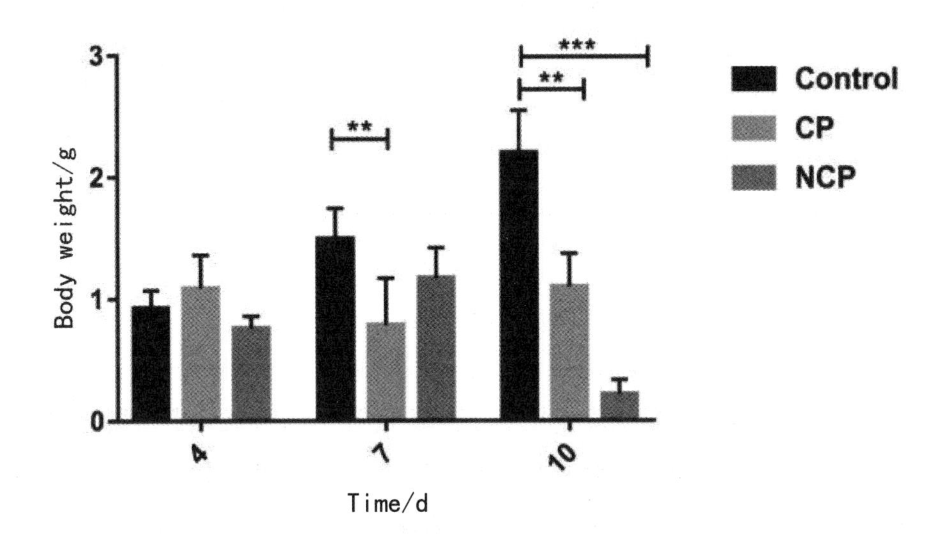

图 3-13 小鼠体重变化结果

$^{**}p<0.01$，$^{***}p<0.001$；数据表示为平均值±SD（每组 $n=3$）。

4.荧光定量 PCR 检测结果。

本研究通过 qRT-PCR 的方法检测小鼠各脏器中的 BVDV 载量（Copies/mL）以及检出率。具体结果见表 3-5，研究发现小鼠在感染后，在第 4 d CP 组空肠，NCP 组回肠未检测到 BVDV，在其他的组织中均能检测到 BVDV。在感染后第 7 d CP 组和 NCP 组小鼠均能检测到 BVDV。在感染后第 10 d CP 组肝脏、十二指肠和结肠未能检测到 BVDV，NCP 组肺脏未能检测到 BVDV。在整个实验的过程中，心脏、脾脏、回肠、粪便以及血液中均能检测到 BVDV。血液中的 BVDV 检出率最高。猜测脾脏可能是 BVDV 复制的主要器官。

表 3-5 BVDV 病毒载量结果

样本	4 d				7 d				10 d			
	CP（$\times 10^7$）		NCP（$\times 10^7$）		CP（$\times 10^7$）		NCP（$\times 10^7$）		CP（$\times 10^7$）		NCP（$\times 10^7$）	
心脏	2/3	7.29	2/3	9.23	2/3	0.65	1/3	1.53	2/3	0.53	1/3	0.34
肝脏	2/3	7.62	1/3	1.5	3/3	6.84	1/3	9.26	0/3	0	1/3	1.26
脾脏	3/3	6.4	2/3	9.89	3/3	0.63	2/3	7.25	3/3	0.13	2/3	0.72
肺脏	2/3	1.53	1/3	0.72	1/3	9.13	2/3	7.71	2/3	1.34	0/3	0
十二指肠	1/3	0.96	1/3	0.08	2/3	4.52	2/3	1.28	0/3	0	2/3	0.15
空肠	0/3	0	1/3	6.8	3/3	0.54	2/3	6.94	2/3	0.08	1/3	5.6
回肠	1/3	4.61	1/3	7.92	2/3	11.4	1/3	11.5	1/3	6.24	1/3	0.63
结肠	2/3	0.01	0/3	0	1/3	0.05	2/3	0.1	0/3	0	1/3	0.13
粪便	3/3	0.76	2/3	0.72	2/3	6.92	3/3	6.04	3/3	0.32	2/3	0.05
血液	3/3	6.84	3/3	7.75	3/3	8.25	3/3	10.3	3/3	5.31	3/3	3.51

5.免疫组化结果。

将感染后 7 d 小鼠各组织进行免疫组化检测 BVDV 抗原。结果显示，CP 组脾脏中淋巴细胞和巨噬细胞 BVDV 表达阳性，肝脏中少量肝细胞和巨噬细胞 BVDV 表达阳性，空肠黏膜中上皮细胞和肠上皮细胞 BVDV 表达阳性，十二指肠中黏膜上皮细胞和肠上皮细胞 BVDV 表达阳性。NCP 组脾脏中淋巴细胞 BVDV 表达阳性，肝脏中巨噬细胞 BVDV 表达阳性，空肠黏膜上皮细胞和肠上皮细胞 BVDV 表达阳性，十二指肠黏膜上皮细胞、肠上皮细胞 BVDV 表达阳性。镜检可见，CP 组褐色抗原沉积点的数量高于 NCP 组，表明 CP 型 BVDV 具有更强的组织嗜性。

6.组织病理变化结果。

用 HE 染色方法检测在感染后第 7 d 各脏器组织的病理变化。结果显示，感染组小鼠各脏器：与健康对照小鼠脾脏相比，CP 组小鼠脾脏淋巴细胞可见变性和坏死、间质疏松水肿，NCP 组小鼠脾脏淋巴细胞可见变性和坏死、间质疏松水肿；与对照组小鼠肝脏相比，CP 组小鼠肝脏肝细胞肿胀、空泡变性和坏死，NCP 组小鼠肝脏肝血窦可见炎细胞浸润，以淋巴细胞为主；与对照组小鼠空肠相比，CP 组小鼠空肠黏膜上皮细胞完全脱落、固有层疏松水肿和炎性细胞浸润，NCP 组小鼠空肠腺上皮细胞坏死、炎性细胞浸润；与对照组小鼠十二指肠相比，CP 组小鼠十二指肠黏膜上皮细胞变性坏死脱落、间质疏松水肿和炎细胞浸润，NCP 组小鼠十二指肠肠腺上皮变性坏死脱落、间质疏松水肿和炎细胞浸润。结果表明，两种生物型 BVDV 感染小鼠后均可引起组织病理损伤，CP 组小鼠组织病理损伤最严重，NCP组较轻，对照组无明显病理变化。

7.病毒感染的激光共聚焦分析。

为确定外周血淋巴细胞和脾淋巴细胞是否被病毒感染，在感染后第7 d采用激光共聚焦法对感染BVDV的小鼠外周血淋巴细胞和脾淋巴细胞进行检测。CLSM观察直观显示，外周血淋巴细胞和脾淋巴细胞在感染后第7 d被病毒感染。

（三）讨论

牛病毒性腹泻病毒是一种呼吸系统、腹泻和生殖系统的接触性的传染病，给全世界养牛业造成了很严重的经济损失。有研究表明BVDV接种妊娠母羊和胚胎后，产生了明显的临床症状。兔子在食用了被病毒进行污染的饲料后，在绝大多数器官检测出呈阳性，淋巴器官也表现出了典型性的组织病理学改变。小鼠作为实验动物更方便研究的开展。有研究表明，BVDV利用腹腔注射的方式感染小鼠的成功率更大一些。所以本研究采用的感染方式是腹腔注射。

之前的研究表明，BVDV感染小鼠后小鼠不仅出现了背毛粗糙、扎堆、精神萎靡等临床症状，还出现了腹泻的临床症状。本研究通过腹腔注射CP型和NCP型BVDV感染BALB/c小鼠后，所有小鼠均未见明显临床症状。这一差异可能是病毒的强弱、注射的病毒量以及注射的体积不同所导致的。

BVDV急性感染犊牛后可导致白细胞、淋巴细胞和血小板数量降低，BVDV急性感染BALB/c小鼠后出现了白细胞降低及淋巴细胞减少症状，这与本研究的结果相似。本研究中血常规检测结果显示，与对照组相比，在感染后第4、7和10 d，CP组和NCP组小鼠血液中的白细胞、淋巴细胞和血小板数量均降低。感染后第7 d和10 d CP组的白细胞、淋巴细胞和血小板的数量均比NCP组的低。由此推测CP型BVDV比NCP型BVDV感染小鼠的致病性可能更强。此外，研究表明，通过腹腔注射BVDV的方式感染BALB/c小鼠，在感染组的脾脏中BVDV检出率最高，这与本研究的结果相似。其他研究还发现，通过腹腔注射CP BVDV感染小鼠，在感染组的肺脏和肝脏的BVDV检出率最高。本研究使用qRT-PCR方法检测了感染组中小鼠的心脏、肝脏、和空肠等组织以及粪便和血液中BVDV病毒载量。感染后第7 d CP组和NCP组各脏器、粪便和血液中均能检测到病毒，小鼠的血液和脾脏中BVDV的检出率最高，差异不显著。上述研究结果间的差异可能是由病毒的强弱、注射的病毒量以及注射的体积不同所导致的。Seong等通过腹腔注射方式感染BALB/c小鼠，免疫组化结果表明，在感染后第7 d小鼠的肺脏、脾脏和肠等脏器中均检测到了BVDV抗原。本研究中感染后7 d各脏器均能检测到BVDV抗原，而CP组褐色BVDV抗原沉积比NCP组褐色BVDV抗原沉积更多。由此推测，CP BVDV

比 NCP BVDV 的组织嗜性更强一些。

本研究分析了 BALB/c 小鼠在感染 BVDV 后组织中存在的病理组织学变化。组织病理切片染色可见十二指肠肠腺上皮变性坏死脱落、炎细胞浸润、肠黏膜坏死脱落，肝细胞坏死、肝血窦淋巴细胞炎性浸润，脾脏淋巴细胞可见变性和坏死等病理变化。CP 组小鼠组织病理变化最严重，NCP 组较轻。Seong 等将 BVDV 感染 BALB/c 小鼠，通过病理组织学检测也发现了病理损伤。结果显示，肝脏中出现了炎性细胞浸润以及中性粒细胞增多等组织病理改变。

（四）小结

在本部分工作中我们成功建立了 CP 型和 NCP 型 BVDV 小鼠急性感染模型。

二、BVDV 感染小鼠模型中 PD-1 对外周血淋巴细胞减少的调控作用及其分子机制研究

（一）材料与方法

1.试验动物。

6～8 周龄 SPF BALB/c 小鼠（18～22g）购自哈尔滨医科大学实验动物系，所有试验动物均在无病原体条件下饲养。

2.主要试剂。

CP 型 BVDV NADL 株购自中国兽医药品监察所（CIVDC）。NCP 型 BVDV NY-1 株由黑龙江省牛病防控工程技术研究中心保存。牛和鼠 PBMC 分离试剂盒（天津灏洋，中国）；红细胞裂解液（Biolegend，美国）；mouse anti-bovine CD14 mAb（Bio-Rad，美国）; mouse anti-IgG1（Miltenyi Biotech，德国）; 免疫磁珠 MACS 细胞分选架（Miltenyi Biotech，德国）；TRIzol 试剂（Invitrogen，美国）；反转录试剂盒（TaKaRa，日本）；SYBR Premix Ex Taq II（TaKaRa，日本）；100units/mL 青霉素、100μg/mL 链霉素、1% Glutamax-1（Invitrogen，美国）；胎牛血清（FBS）（Gibco，美国）；PMA+ionomycin（Sigma，美国）；BCA 蛋白浓度检测试剂盒（碧云天，中国）；RIPA 裂解液（碧云天，中国）；PMSF（碧云天，中国）； ECL 显色液（Millipore，美国）；PVDF 膜（0.22 μm，0.45 μm，Millipore，德国）；蛋白电泳凝胶试剂盒（碧云天，中国）；PD-1（Abcam，美国）；PD-L1（Abcam，美国）；BTLA（Abcam，美国）；HVEM（Abcam，美国）；β-actin（Proteintech，美国）；HRP-羊抗鼠 IgG（H+L）（Proteintech，美国）；HRP-羊抗兔 IgG（H+L）（Proteintech，美国）；Annexin V-FITC 凋亡流式检测试剂盒（碧云天，

中国）；RPMI-1640（Gibco，美国）；CCK-8 细胞增殖检测试剂盒（Dojindo Laboratories，日本）；PI3K（Abcam，美国）；p-PI3K（Abcam，美国）；AKT（Cell Signaling Technology，美国）；p-AKT（Cell Signaling Technology，美国）；caspase 9（Abcam，美国）；caspase 3（Proteintech，美国）；ERK（Cell Signaling Technology，美国）；p-ERK（Cell Signaling Technology，美国）；mTOR（Abcam，美国）；p-mTOR（Abcam，美国）；β-actin（Proteintech，美国）；HRP-羊抗鼠 IgG（H+L）（Proteintech，美国）；HRP-羊抗兔 IgG（H+L）（Proteintech，美国）。

3.主要仪器设备。

免疫磁珠细胞分选架（Miltenyi Biotech，德国）；CytoFLEX flow cytometer（Beckman Coulter，美国）；电子天平（METTLER TOLEDO，瑞士）；ChemipocXRS+凝胶成像系统（Bio-Rad，美国）；CFX96 Touch Real-Time PCR 检测系统（Bio-Rad，美国）；倒置生物显微镜（Leica，德国）；二氧化碳培养箱（Thermo Fisher Scientific，美国）；高压灭菌器（SANYO，日本）；低速台式离心机（上海安亭，中国）；半干转膜仪（Bio-Rad，美国）；GraphPad Prism 6.0（La Jolla，美国）；酶标仪（Sunrise，日本）；超低温冰箱（Thermo Fisher Scientific，美国）；激光共聚焦（Leica，德国）；自动移液器（Brand，德国）；电泳仪（Bio-Rad，美国）；电泳槽（Bio-Rad，美国）；超声波破碎仪（宁波新艺，中国）；全自动纯水装置（上海摩速，中国）；全自动核酸浓度测定仪（Thermo Fisher Scientific，美国）；制冰机（Manitowoc，意大利）；高速冷冻离心机（Eppendorf，德国）。

4.BVDV 感染小鼠模型建立。

参照本研究模型建立部分内容。

5.PD-1 和 PD-L1 表达分析。

（1）PBMC 制备。

通过梯度密度离心法从新鲜肝素化小鼠静脉血中分离 PBMC。用贴壁培养法和磁性细胞分离技术纯化外周血淋巴细胞（PBL）和外周血单核细胞（$CD14^+PBM$）。首先，PBMC 在 37 °C 与 5%的 CO_2 孵育至少 2 h。用 PBS 分别冲洗非贴壁细胞（淋巴细胞）和贴壁细胞 2 次。用小鼠抗牛 CD14 单抗孵育贴壁细胞，然后加入与小鼠抗 IgG1 结合的磁珠。根据制造商的说明书，使用磁性细胞分离技术阳性选择 $CD14^+PBM$。

（2）PD-1 和 PD-L1 mRNA 表达分析。

为研究 BVDV 感染小鼠后 PD-1/PD-L1 mRNA 的表达，分别用 TRIzol 试剂提取 PBL 和 PBM 中的总 RNA。采用 CFX96 Touch Real-Time PCR 检测系统和 SYBR Premix Ex Taq II 检测感染后第 4、7 和 10 d PBL 和 PBM 中 PD-1 和 PD-L1 mRNA 的表达。反应体系参

见 TaKaRa 的 qRT-PCR 试剂盒说明书。其中，PD-1 引物序列为 5’-AAT GAC AGC GGC GTC TAC TT-3'和 5'-GAT GAC CAG GCT CTG CAT CT-3'，PD-L1 引物序列为 5'-GGG GGT TTA CTG TTG CTT GA-3'和 5'-GCC ACC TCA GGA CTT GGT GAT-3'，β-actin 引物序列为 5'-CGC ACC ACT GGC ATT GTC AT-3'和 5'-TCC AAG GCG ACG TAG CAG AG-3'。反应条件为：95 ℃ 30 s，95 ℃ 5 s，60 ℃ 30 s，70 ℃ 30 s，40 个循环。以 0.1 ℃ /s 的速率连续采集，在 65 ~ 95 ℃ 范围内进行最终熔解曲线分析。每个测试样本重复三次，差异基因表达计算使用 $2^{-\Delta\Delta Ct}$ 方法。

（3）PD-1 和 PD-L1 蛋白表达分析。

通过免疫印迹法（Western blot）检测感染后第 7 d PBL 中 PD-1 和 PBM 中 PD-L1 蛋白的表达。为了提取 PBL 和 PBM 总蛋白，采用 150 μL RIPA 裂解液与 15 mM PMSF 混合液裂解 PBL 和 PBM 细胞样品，4 ℃条件下裂解 15 ~ 20 min。然后，12 000 g，4 ℃条件下离心 5 min，采用增强型 BCA 蛋白检测试剂盒检测上清液蛋白浓度，参照说明书操作方法，绘制出标准曲线，计算蛋白浓度。选择 5 × SDS-PAGE buffer 与蛋白样品按 1：4 的比例均匀混合后，在 95 ℃条件下煮 5 min，取出备用。

参照 SDS-PAGE 凝胶配制试剂盒说明书，选择适合浓度的分离胶和浓缩胶，取大约 30 μg 总蛋白质样品上样，蛋白 Marker 上样量为 5 μL，进行 SDS-PAGE。首先 50V 恒压电泳 30 min，样品条带进入浓缩胶后，80V 恒压电泳 30 min，保持样品条带整齐度，再 120V 恒压电泳，直到电泳完成。然后选择 PVDF 膜进行转膜。PVDF 膜提前用甲醇浸泡 1 min，激活后再用转膜液清洗，备用。将裁剪好的适当大小的半干转滤纸裁浸泡在转膜液中，备用。取出电泳后的胶板，根据蛋白 Maker 位置切割目的胶条，将滤纸放在转膜仪上，上层依次摆放 PVDF 膜、目的胶条和滤纸，保持每层湿润，避免最上层滤纸与最下层滤纸接触，设定 15V 恒电压转膜，根据目的蛋白的分子量选定相应的转膜时间。转膜结束后采用 TBST 配制 5%脱脂乳，室温封闭 PVDF 膜 1 h，TBST 洗膜 1 次，一抗 4 ℃孵育过夜，主要的一抗为：PD-1，PD-L1，β-actin。然后，膜用 TBST 冲洗 5 次，每次 10 min，二抗室温孵育 1 h，二抗为：HRP-羊抗鼠 IgG（H+L）和 HRP-羊抗兔 IgG（H+L），膜再次用 TBST 冲洗 5 次，每次 10 min，采用 ECL 显影液避光孵育 1 ~ 2 min，然后进行膜曝光。最后用 Image Lab Software 分析各蛋白的灰度值。

6.PD-1 阻断方法。

为了在体内评估 PD-1 通路对 T 细胞亚群比例、PBL 的凋亡和增殖以及血清中细胞因子产生的影响，通过抗 PD-1 抗体体内阻断 PD-1/PD-L1 的相互作用。每组感染小鼠在感染后第 1 d 腹腔注射抗 PD-1 抗体 200 μg 或 IgG2a 同型对照 200 μg。

7.T 细胞亚群的流式检测。

为了研究体内 PD-1 阻断对 $CD3^+$、$CD4^+$、$CD8^+$T 细胞亚群比例的影响，在 BVDV 感染小鼠后第 7 d 通过流式细胞术分析了 T 细胞亚群比例。将 PBMC 分别与 FITC 偶联的抗 CD3 单克隆抗体、APC 偶联的抗 CD4 单克隆抗体和 PE 偶联的抗 CD8 单克隆抗体在室温下避光孵育 20 min，PBS 洗 2 次，用 200 μL PBS 重悬。悬浮液立即在 CytoFLEX 流式细胞仪上进行分析。

8.细胞凋亡流式分析。

为了分析 PD-1 阻断对 BVDV 感染小鼠 PBL 细胞凋亡的影响,参照说明书操作要求,使用 Annexin-V-FITC 凋亡试剂盒和碘化丙啶对 PBL 进行 15 min 的染色，然后立即在 CytoFLEX 流式细胞仪上进行分析。

9.细胞增殖检测。

为了评估 PD-1 阻断对 BVDV 感染小鼠 PBL 增殖的影响,将 PBMC 置于 RPMI-1640 中,以 1×10^4/孔置于 96 孔细胞板上。然后,在 37 ℃, 5% CO_2 条件下,将细胞与 10 ng/mL PMA 和 500 ng/mL ionomycin 共同孵育。依据 Cell Counting Kit-8 使用说明书，每隔 24 h 测量一次 PBL 的增殖。

10.IL-2 和 IFN-γ的 ELISA 检测。

为了检测 PD-1 阻断对感染后第 7 d 血清 IL-2 和 IFN-γ产生的影响，从小鼠尾部采血 400 μL，离心取血清。根据试剂盒说明书，通过 ELISA 检测血清中 IL-2 和 IFN-γ的产量。

11.PD-1 阻断对病毒复制的影响。

为了检测 PD-1 阻断对感染后第 4、7、10 d 病毒在小鼠血液和脾脏中的复制，采集小鼠血液和脾脏样本，通过 qRT-PCR 检测病毒复制曲线。

12.PD-1 通路下游信号分子的 Western Blot 分析。

通过 Western Blot 检测 BVDV 感染后第 7 d 小鼠 PBL 中 PD-1 下游信号分子的表达。其中，一抗为 PI3K、p-PI3K、AKT、p-AKT、ERK、p-ERK、mTOR、p-mTOR、β-actin。二抗为 HRP-羊抗鼠 IgG（H+L）和 HRP-羊抗兔 IgG（H+L）。

（二）结果

1.PD-1 和 PD-L1 mRNA 的表达分析。

我们的数据显示，与对照组小鼠相比，BVDV 感染小鼠的 PBL 中 PD-1 mRNA 水平在感染后第 7 d 显著上调（CP 型 BVDV，$p<0.0001$，图 3-15A；NCP 型 BVDV，$p<0.01$，图 3-15 A）。同时，在感染后第 7 d，BVDV 感染小鼠 PBM 中 PD-L1 mRNA 的表达明显高于对照组小鼠 PBM（CP BVDV，$p<0.001$，图 3-15 B；NCP BVDV，$p<0.01$，图 3-14 中的 B）。

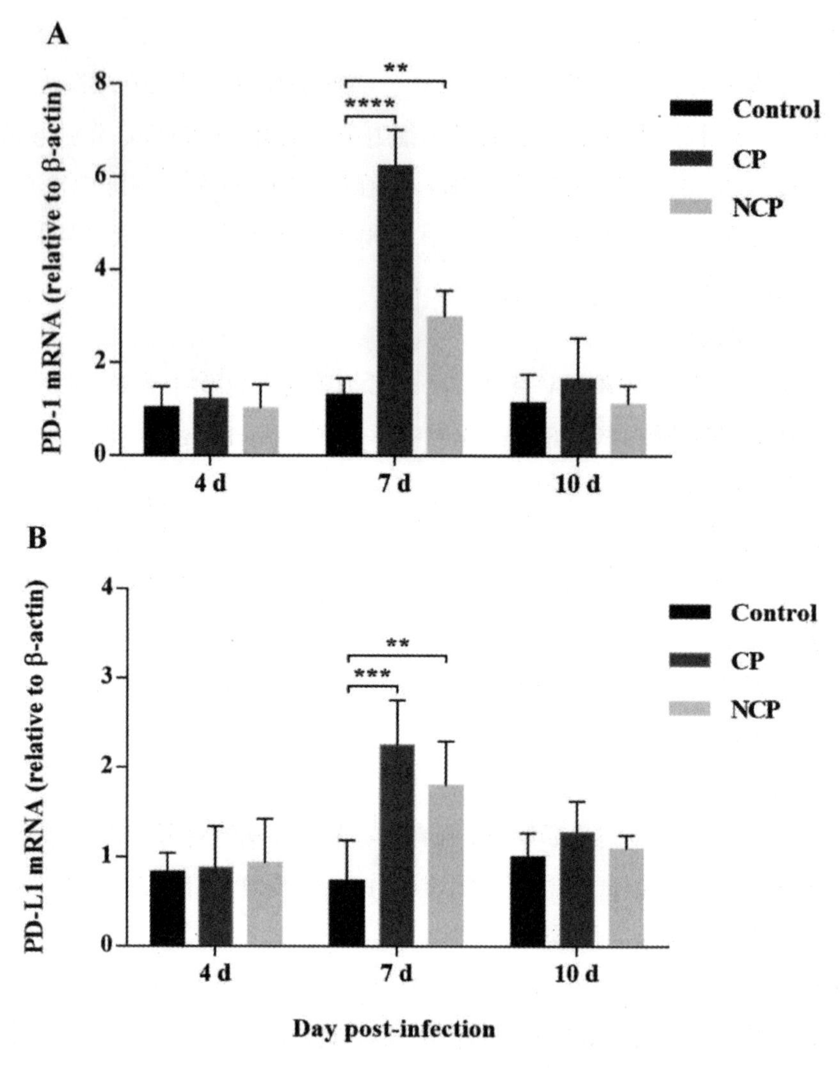

图 3-14　PD-1 和 PD-L1 mRNA 的表达分析

A：PBL 中 PD-1 mRNA 的表达分析。B：PBM 中 PD-L1 mRNA 的表达分析。****$p<0.0001$，***$p<0.001$，**$p<0.01$。以模拟感染小鼠为对照组。数据以平均值±标准差表示（每组 n＝5），并进行方差分析。

2.PD-1 和 PD-L1 蛋白表达分析。

Western Blot 结果显示，与对照组小鼠相比，在感染后第 7 d CP（$p<0.01$，图 3-15 中的 A）和 NCP（$p<0.01$，图 3-15 中的 A）型 BVDV 感染小鼠 PBL 中 PD-1 表达显著上调。同样，与模拟感染的小鼠相比，CP 和 NCP 型 BVDV 感染的 PBM 中 PD-L1 的表达在感染后第 7 d 显著上调（$p<0.01$，图 3-15 中的 B）和（$p<0.05$，图 3-15 中的 B）。另外，CP 和 NCP 型 BVDV 感染后第 10 d PD-1 和 PD-L1 的表达均无明显变化，如图 3-15 中的 C 和 3-15 中的 D 所示。

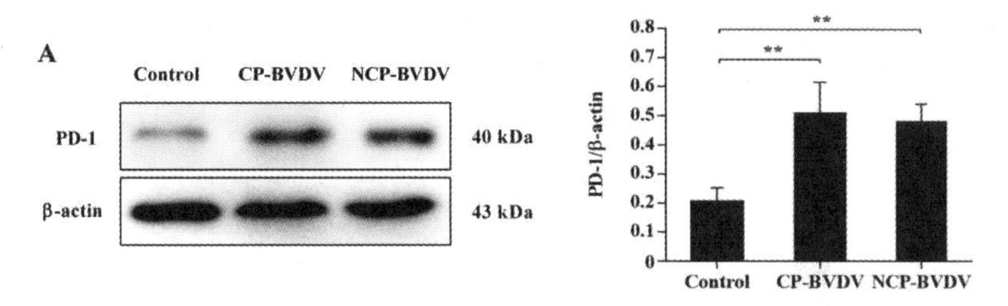

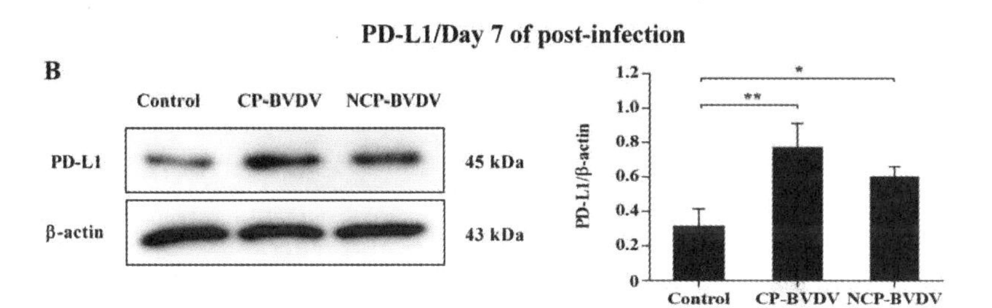

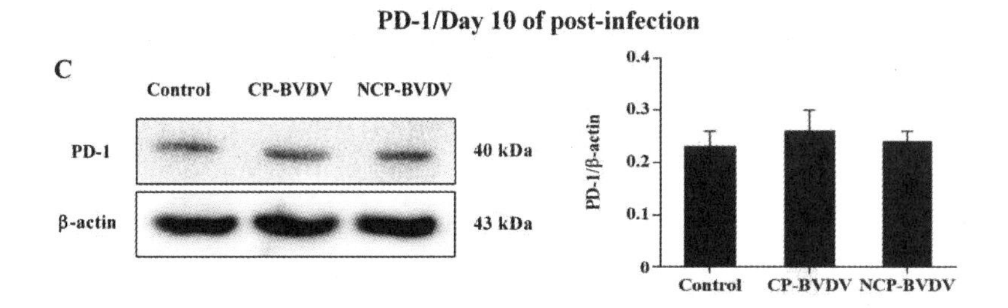

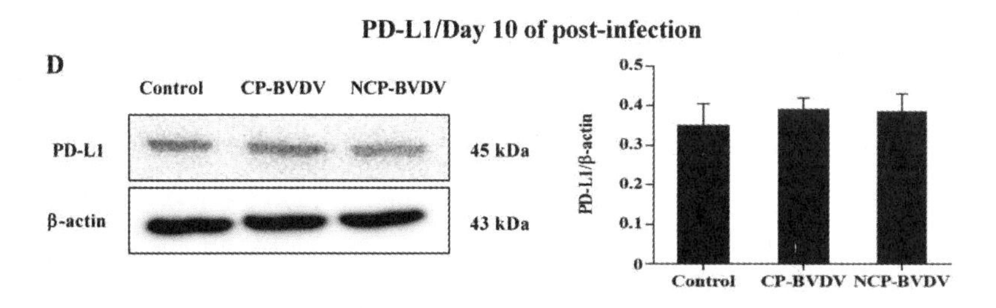

图 3-15 PD-1 和 PD-L1 蛋白表达分析

A：感染后第 7 d PBL 中 PD-1 蛋白的表达。B：感染后第 7 d PBM 中 PD-L1 蛋白的表达。C：感染后第 10 d PBL 中 PD-1 蛋白的表达。D：感染后第 10 d PBM 中 PD-L1 蛋白的表达。**$p<0.01$，*$p<0.05$。以模拟感染小鼠为对照组。数据以平均值±标准差表示（每组 $n=5$），并进行方差分析。

3.PD-1 阻断恢复了 BVDV 感染小鼠的体重。

由图 3-16 可知，随着时间的延长，对照组小鼠的体重逐渐增加，而 CP 和 NCP 型 BVDV 感染组小鼠的体重基本保持不变。此外，BVDV 感染小鼠的体重在第 7 d（CP 型

BVDV，$p<0.001$）和第 10 d（CP 型 BVDV，$p<0.0001$；NCP 型 BVDV，$p<0.0001$）显著减少。值得注意的是，感染后第 10 d PD-1 阻断显著提高了 BVDV 感染小鼠的体重(CP 型 BVDV，$p<0.01$；NCP 型 BVDV，$p<0.05$)。此外，与 BVDV 感染小鼠相比，同型 IgG 抗体处理组小鼠的体重没有显著变化。

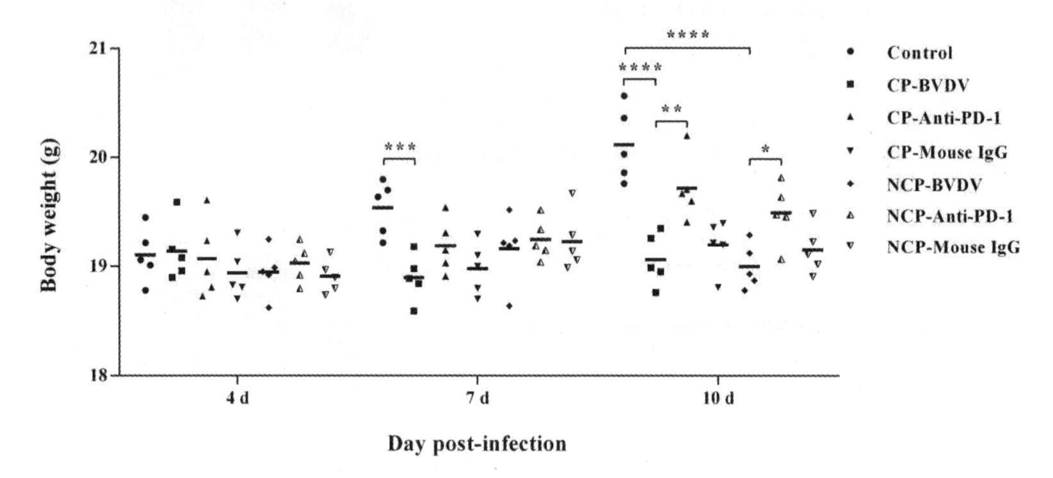

图 3-16　PD-1 阻断对 BVDV 感染小鼠体重的影响

****$p<0.0001$，***$p<0.001$，**$p<0.01$，*$p<0.05$。以模拟感染小鼠为对照组。数据以平均值±标准差表示（每组 $n=5$），并进行方差分析。

4.PD-1 阻断小鼠外周血白细胞和淋巴细胞数量的影响。

血常规分析结果显示，BVDV 感染小鼠在第 7 d（CP 型 BVDV，$p<0.0001$，图 3-17 中的 A；NCP 型 BVDV，$p<0.001$，图 3-17 中的 A）和 10 d（CP 型 BVDV，$p<0.0001$，图 3-17 中的 A）出现白细胞减少。此外，BVDV 感染小鼠在第 7 d（CP BVDV，$p<0.0001$，图 3-17 中的 B；NCP 型 BVDV，$p<0.0001$，图 3-17 中的 B）和 10（CP 型 BVDV，$p<0.0001$，图 3-17 中的 B；NCP 型 BVDV，$p<0.0001$，图 3-17 中的 B）感染后也发现淋巴细胞减少。BVDV 感染小鼠的血小板在第 4 d（CP BVDV，$p<0.05$，图 3-17 中的 C；NCP 型 BVDV，$p<0.0001$，图 3-17 中的 C）、7 d（CP 型 BVDV，$p<0.0001$，图 3-17 中的 C；NCP 型 BVDV，$p<0.001$，图 3-17 中的 C）和 10 d（CP 型 BVDV，$p<0.0001$，图 3-17 中的 C；NCP 型 BVDV，$p<0.001$，图 3-17 中的 C）均显著下降。PD-1 阻断显著增加了 BVDV 感染小鼠第 7 d（CP 型 BVDV，$p<0.05$，图 3-17 中的 A）和第 10 d（CP 型 BVDV，$p<0.05$，图 3-17 中的 A）的白细胞数量。同时，PD-1 阻断显著也增加了 BVDV 感染小鼠第 7 d（CP BVDV，$p<0.01$，图 3-17 中的 B；NCP 型 BVDV，$p<0.05$，图 3-17 中的 B）和 10 d（CP BVDV，$p<0.05$，图 3-17 中的 B；NCP 型 BVDV，$p<0.05$，图 3-17 中的 B）的淋巴细胞数量。

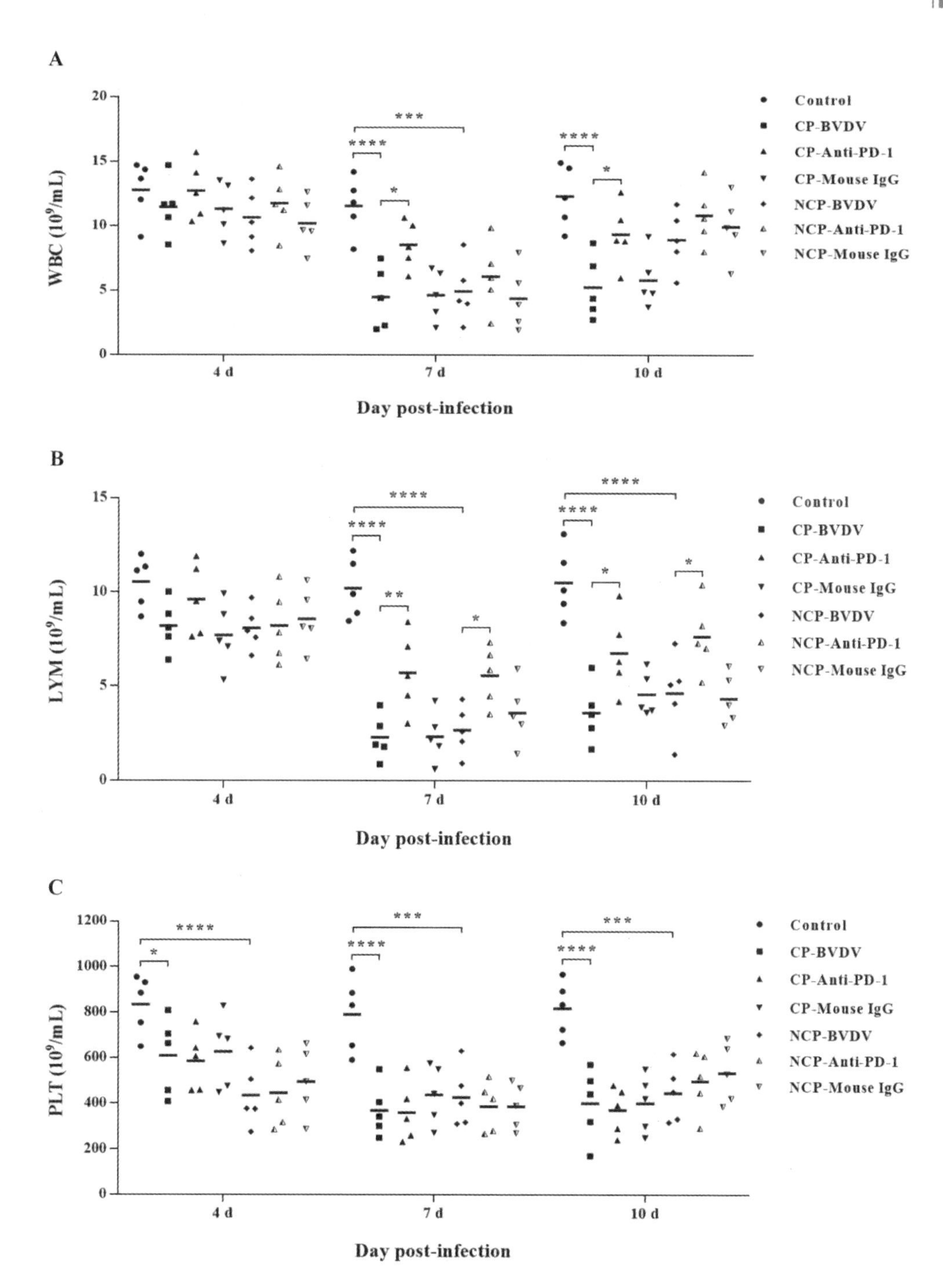

图 3-17　BVDV 感染小鼠的血常规分析

A：白细胞（WBC），B：淋巴细胞（LYM），C：血小板（PLT）。****$p<0.0001$，***$p<0.001$，*$p<0.05$。以模拟感染小鼠为对照组。数据以平均值±标准差表示（每组 $n=5$），并进行方差分析。

5.PD-1 阻断对外周血淋巴细胞亚群比例的影响。

流式分析显示，BVDV 感染小鼠 $CD3^{+}T$ 细胞（CP 型 BVDV，$p<0.0001$，图 3-18 中的 A；NCP 型 BVDV，$p<0.0001$，图 3-18 中的 A），$CD4^{+}T$ 细胞（CP 型 BVDV，$p<0.0001$，图 3-18 中的 B；NCP 型 BVDV，$p<0.0001$，图 3-18 中的 B）和 $CD8^{+}T$ 细胞（CP 型 BVDV，$p<0.0001$，图 3-18 中的 C；NCP 型 BVDV，$p<0.0001$，图 3-18 中的 C）比例在感染后第 7 d 显著降低。PD-1 阻断显著增加了 $CD3^{+}T$ 细胞（CP 型 BVDV，$p<0.001$，图 3-18 中的 A；NCP 型 BVDV，$p<0.01$，图 3-18 中的 A)，$CD4^{+}T$ 细胞（CP 型 BVDV，$p<0.01$，图 3-18 中的 B；NCP 型 BVDV，$p<0.05$，图 3-18 中的 B）和 $CD8^{+}T$ 细胞（CP 型 BVDV，$p<0.001$，图 3-18 中的 C；NCP 型 BVDV，$p<0.001$，图 3-18 中的 C）的比例。

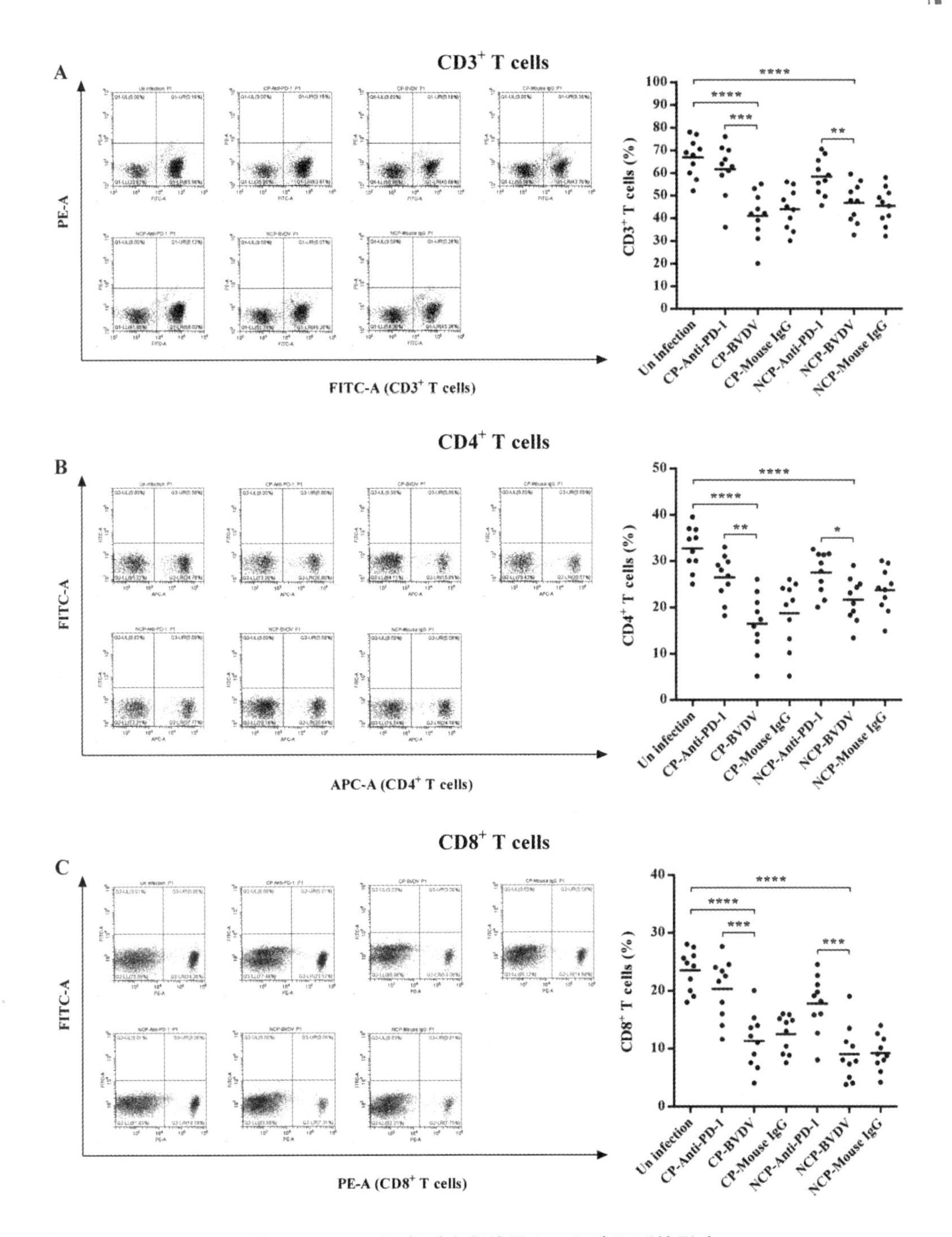

图 3-18 PD-1 阻断对小鼠外周血 T 细胞亚群的影响

A：CD3$^+$T 细胞，B：CD4$^+$T 细胞，C：CD8$^+$T 细胞。****$p<0.0001$，***$p<0.001$，**$p<0.01$，*$p<0.05$。将动物分为 7 组，分别为模拟感染组、CP 型 BVDV 感染组、CP 型 BVDV+抗 PD-1 组、CP 型 BVDV+小鼠 IgG 组、NCP 型 BVDV 感染组、NCP 型 BVDV+抗 PD-1 组、NCP 型 BVDV+小鼠 IgG 组。以感染 CP 和 NCP 型 BVDV 的小鼠为对照。数据以平均值±标准差表示(每组 $n=10$)，并进行方差分析。

6.PD-1 阻断对 PBL 凋亡的影响。

如图 3-20 所示，在小鼠感染后第 7 d CP（$p<0.0001$）和 NCP（$p<0.0001$）型 BVDV 感染导致 PBL 的细胞凋亡显著增加。值得注意的是，PD-1 阻断显著降低了 BVDV 感染小鼠 PBL 的凋亡（CP 型 BVDV，$p<0.001$，图 3-20 B；NCP BVDV，$p<0.01$，图 3-20 B）。

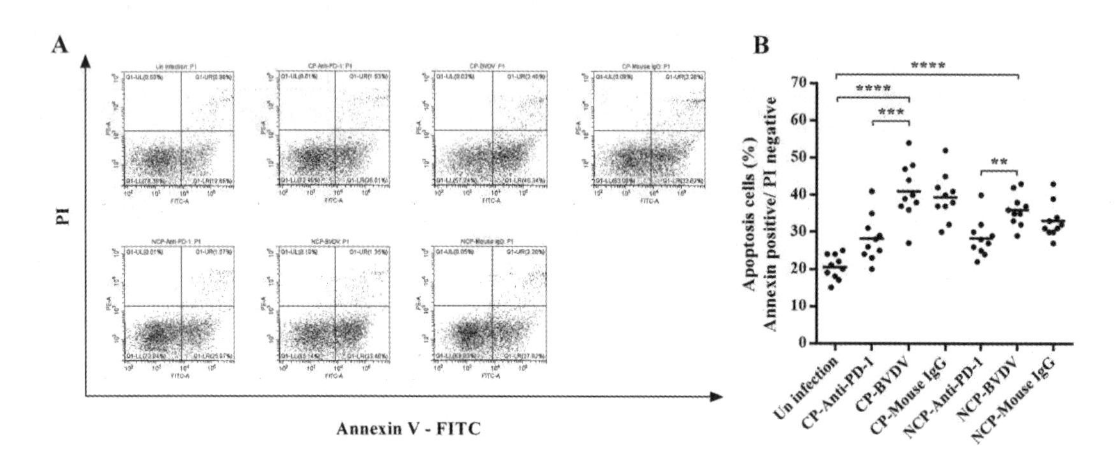

图 3-19　PD-1 阻断对 BVDV 感染小鼠 PBL 凋亡的影响

A：PBL 细胞凋亡流式图。B: PBL 细胞凋亡的统计分析。****$p<0.0001$，***$p<0.001$，**$p<0.01$。将动物分为 7 组，分别为模拟感染组、CP 型 BVDV 感染组、CP 型 BVDV+抗 PD-1 组、CP 型 BVDV+小鼠 IgG 组、NCP 型 BVDV 感染组、NCP 型 BVDV+抗 PD-1 组、NCP 型 BVDV+小鼠 IgG 组。以感染 CP 和 NCP 型 BVDV 的小鼠为对照。数据以平均值±标准差表示（每组 $n=10$），并进行方差分析。

7.PD-1 阻断对 PBL 增殖的影响。

CCK8 检测结果表明，CP 型 BVDV（图 3-20 中的 A）和 NCP 型 BVDV（图 3-20 中的 B）均能抑制 PBL 的增殖，并且这种抑制作用可通过 PD-1 阻断恢复。在 CP 型 BVDV 感染的小鼠中 PD-1 阻断显著增加了 72～168 h 的 PBL 增殖（图 3-20 中的 A）。然而，在 NCP 型感染小鼠中 PD-1 阻断并未显著恢复 PBL 的增殖（图 3-20 中的 B）。

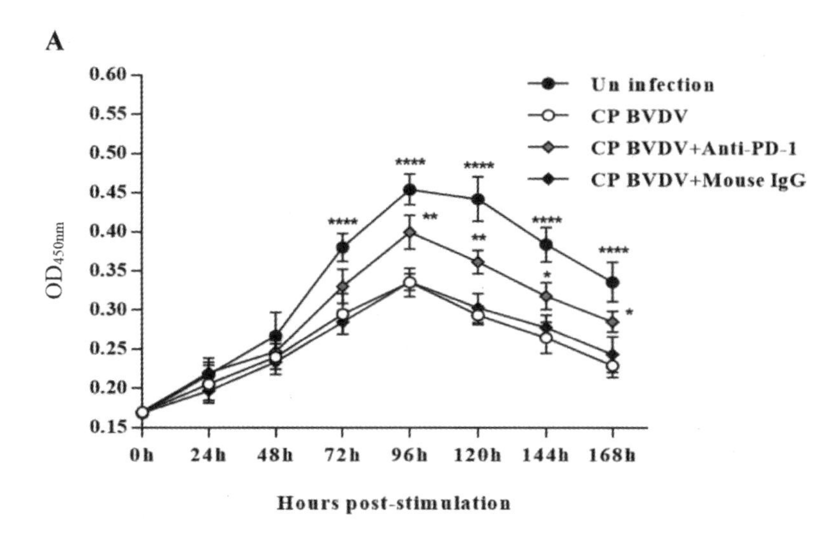

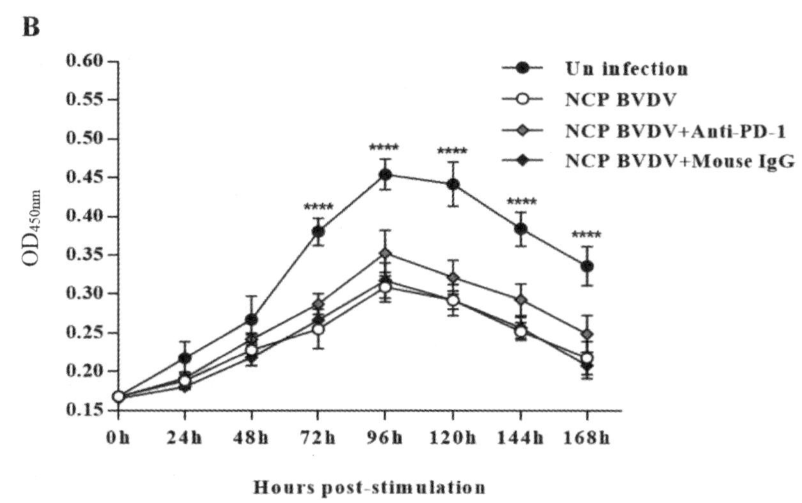

图 3-20 PD-1 阻断对 PBL 增殖的影响

A：CP 型 BVDV 感染小鼠 PBL 的增殖。B：NCP 型 BVDV 感染小鼠 PBL 的增殖。****$p<0.0001$，**$p<0.01$，*$p<0.05$。将动物分为 7 组，分别为模拟感染组、CP 型 BVDV 感染组、CP 型 BVDV+抗 PD-1 组、CP 型 BVDV+小鼠 IgG 组、NCP 型 BVDV 感染组、NCP 型 BVDV+抗 PD-1 组、NCP 型 BVDV+小鼠 IgG 组。以感染 CP 和 NCP 型 BVDV 的小鼠为对照。数据以平均值±标准差表示（每组 $n=10$），并进行方差分析。

8.PD-1 阻断对 IFN-γ和 IL-2 产量影响。

ELISA 检测结果表明，PD-1 阻断显著增加了 CP 型 BVDV 感染小鼠第 7 d 血清中 IL-2（$p<0.05$，图 3-21 中的 A）和 IFN-γ（$p<0.05$，图 3-21 中的 B）的产量。此外，PD-1 阻断也显著增加了 NCP 型 BVDV 感染小鼠血清 IFN-γ（$p<0.05$，图 3-21 中的 D）的产量，但没有显著影响 IL-2（图 3-21 中的 C）的产量。

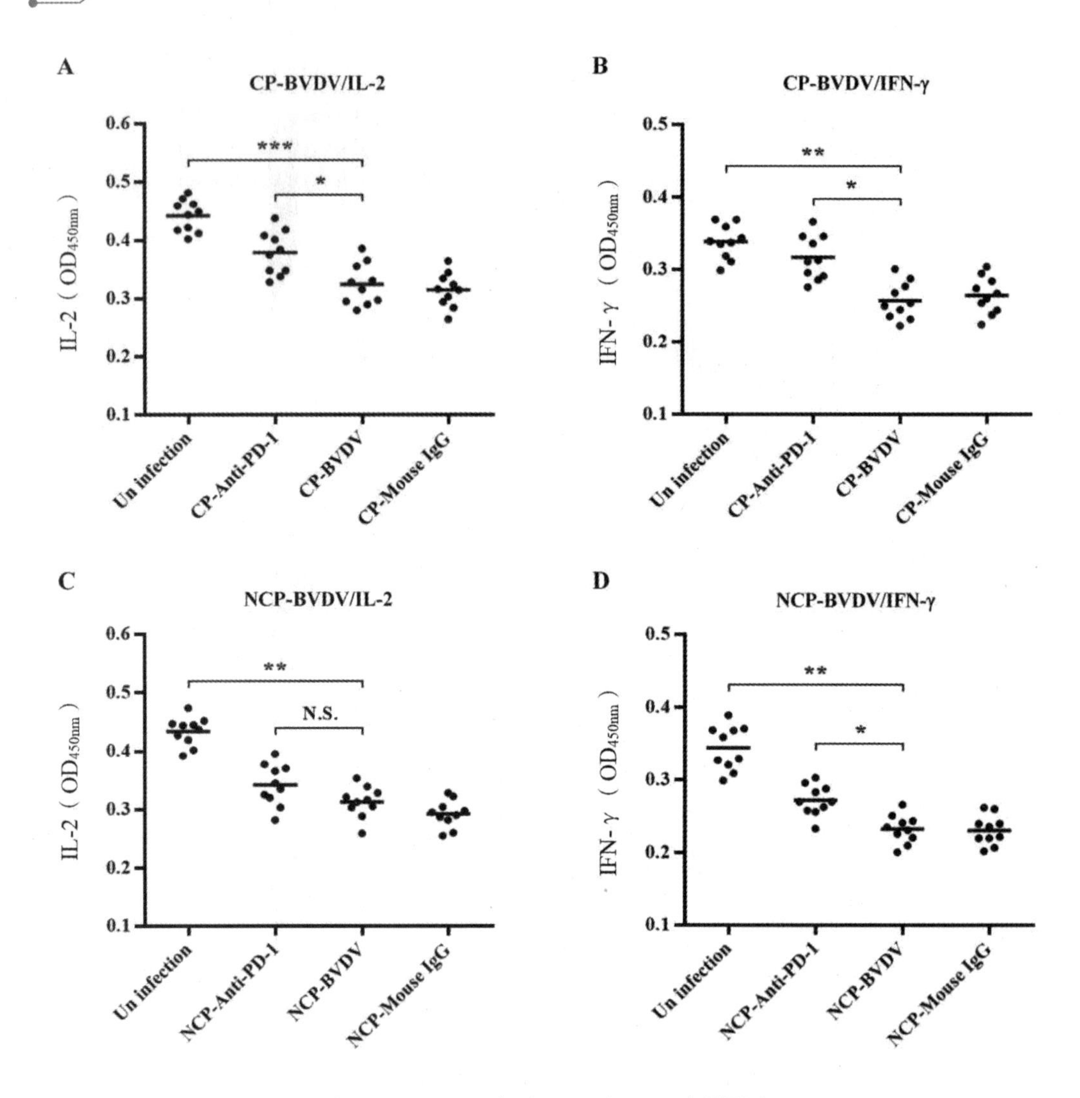

图 3-21 PD-1 阻断对 IFN-γ和 IL-2 产量影响

A：CP 型 BVDV 感染小鼠血清中 IL-2 的产量。B：CP 型 BVDV 感染小鼠血清中 IFN-γ的产量。C：NCP 型 BVDV 感染小鼠血清中 IL-2 的产量。D：NCP 型 BVDV 感染小鼠血清中 IFN-γ的产量。***$p<0.001$，**$p<0.01$，*$p<0.05$。将动物分为 7 组，分别为模拟感染组、CP 型 BVDV 感染组、CP 型 BVDV+抗 PD-1 组、CP 型 BVDV+小鼠 IgG 组、NCP 型 BVDV 感染组、NCP 型 BVDV+抗 PD-1 组、NCP 型 BVDV+小鼠 IgG 组。以感染 CP 和 NCP 型 BVDV 的小鼠为对照。数据以平均值±标准差表示（每组 $n=10$），并进行方差分析。

9.PD-1 阻断对小鼠体内病毒复制的影响。

在感染后第 4 d，除 CP 型 BVDV 感染小鼠空肠和 NCP 型 BVDV 感染小鼠结肠外，其他所有样本中国均能检测到病毒的拷贝数（图 3-22 中的 A）。在感染后第 7 d CP 和 NCP 型 BVDV 感染小鼠的所有样本中均能检测到拷贝数（图 3-22 中的 B）。在感染后第 10 d，CP 型 BVDV 感染小鼠中除肝脏、十二指肠和结肠外的其他样本中均能检测到拷贝数，NCP 型 BVDV 感染小鼠中除肺外的所有样本均能检测到拷贝数（图 3-22 中的 C）。在整个实验期间，CP 和 NCP 型 BVDV 感染小鼠的脾脏和血液样本中拷贝数都很高（图 3-22）。随着感染时间的延长，CP 和 NCP 型 BVDV 感染小鼠脾脏样本的拷贝数均逐渐下降，而肺、回肠和粪便样本的拷贝数均先上升后下降（图 3-22）。值得注意的是，经抗 PD-1 抗体治疗后，血液中 CP（$p<0.01$，图 3-23 中的 A）和 NCP 型 BVDV（$p<0.05$，图 3-23 中的 C）的拷贝数在感染后第 7 d 均显著降低。此外，在脾脏中，感染后第 4（$p<0.01$，图 3-23 中的 B）和 7（$p<0.05$，图 3-23 中的 B）d PD-1 阻断显著抑制了 CP 型 BVDV 的复制。同样的，感染后第 4（$p<0.05$，图 3-23 中的 D）和 7（$p<0.05$，图 3-23 中的 D）d PD-1 阻断也显著抑制了 NCP 型 BVDV 的复制。

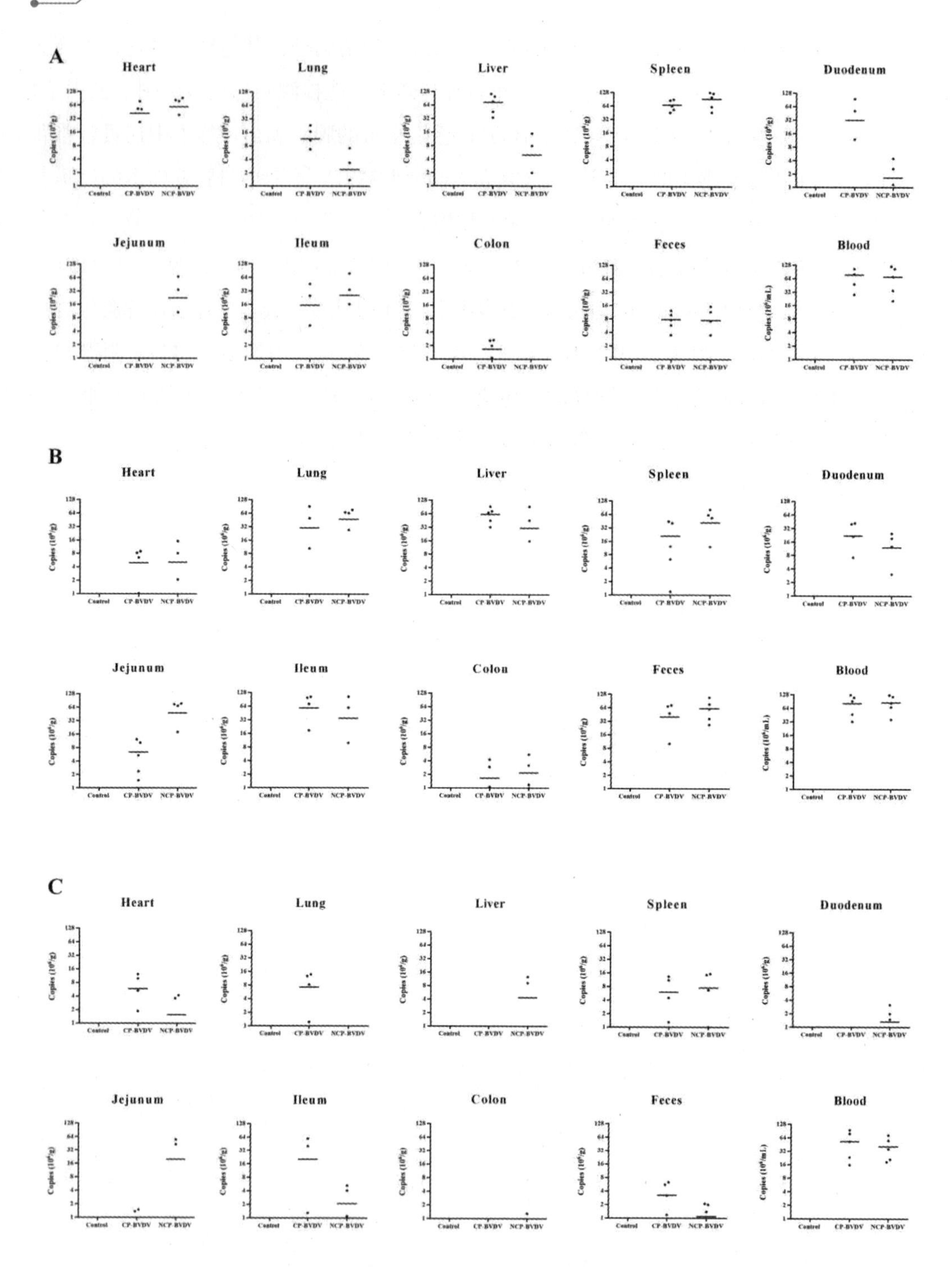

图 3-22　BVDV 感染小鼠的病毒拷贝数检测

A：感染后第 4 d，B：感染后第 7 d，C：感染后第 10 d。以模拟感染小鼠为对照组。数据以均数±标准差表示（每组 $n=5$）。小鼠组织和粪便中数据的单位为 copies/g，血液中为 copies/mL。

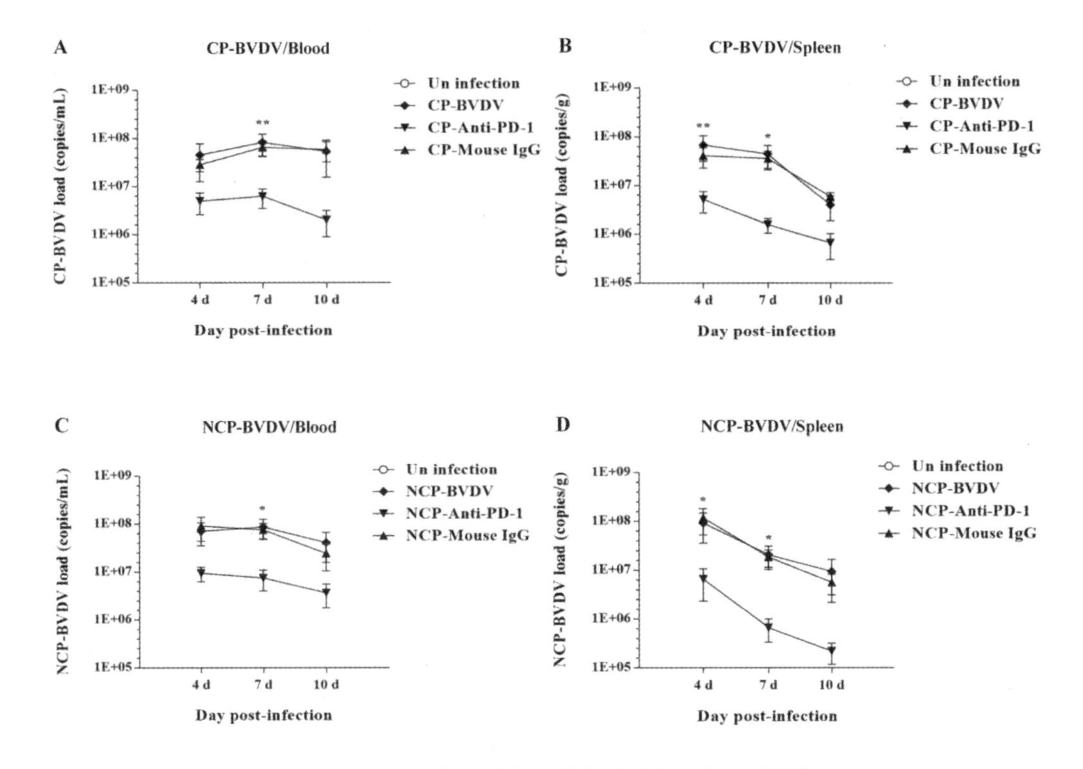

图 3-23 PD-1 阻断对小鼠血液和脾脏中病毒复制的影响

A：CP 型 BVDV 在血液中的复制。B：CP BVDV 在脾脏的复制。C：NCP 型 BVDV 在血液中的复制。D: NCP 型 BVDV 在脾脏的复制。$^{**}p<0.01$，$^{*}p<0.05$。将动物分为 7 组，分别为模拟感染组、CP 型 BVDV 感染组、CP 型 BVDV+抗 PD-1 组、CP 型 BVDV+小鼠 IgG 组、NCP 型 BVDV 感染组、NCP 型 BVDV+抗 PD-1 组、NCP 型 BVDV+小鼠 IgG 组。以感染 CP 和 NCP 型 BVDV 的小鼠为对照。数据以平均值±标准差表示（每组 $n=5$），并进行方差分析。

10.PD-1 阻断对信号分子表达的影响。

在 CP 型 BVDV 感染小鼠中，PD-1 阻断可显著上调 PBL 中 p-PI3K、p-Akt、p-mTOR 和 p-ERK 的表达水平（图 3-24 中的 A）。此外，在 NCP 型 BVDV 感染的小鼠中，PD-1 阻断可显著上 p-PI3K、p-Akt 和 p-mTOR 的表达（图 3-24 中的 B）。值得注意的是，PD-1 阻断对 NCP 型 BVDV 感染小鼠 PBL 中 p-ERK 的表达没有显著影响（图 3-24 中的 B）。

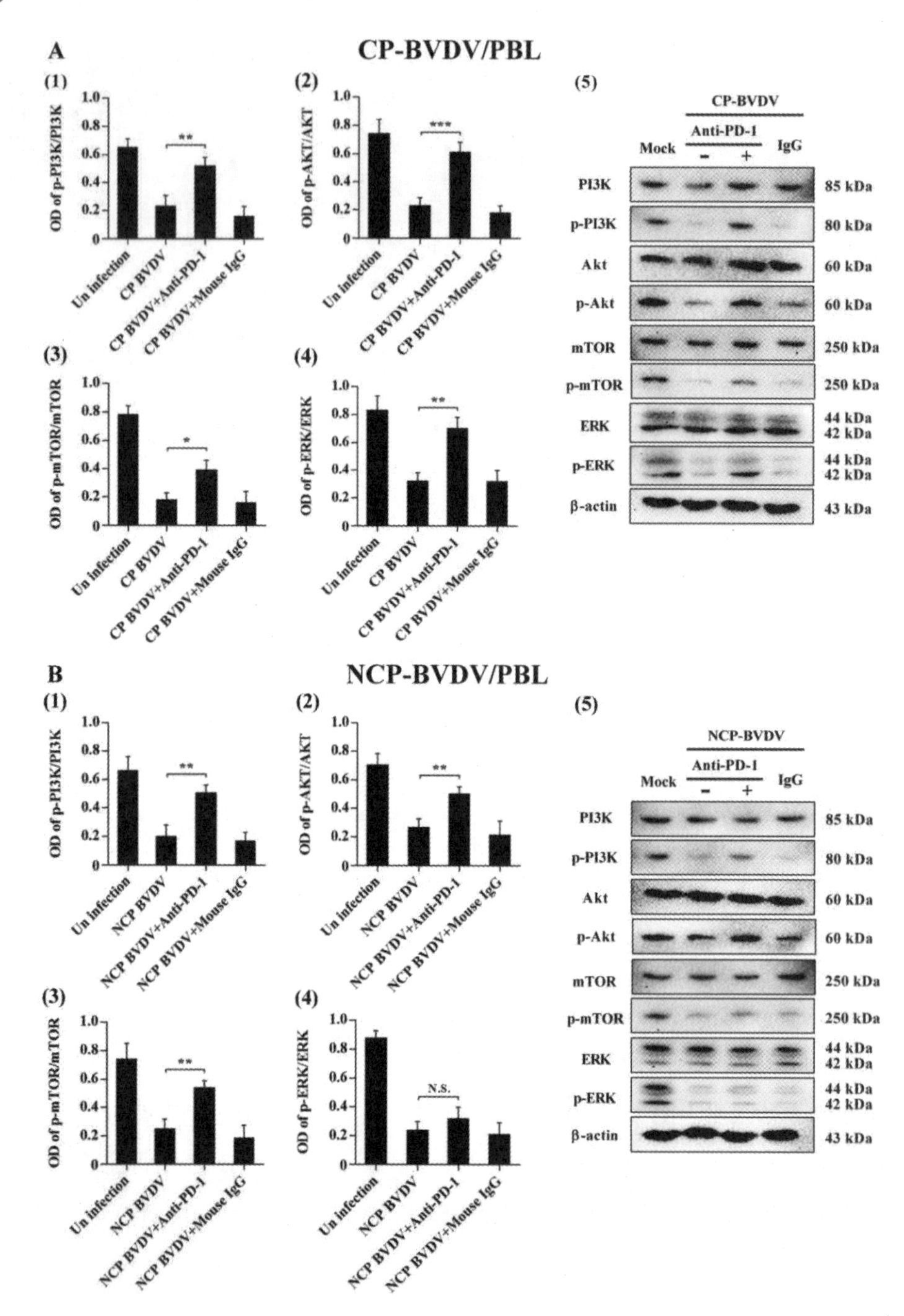

图 3-24　PD-1 阻断对 BVDV 感染小鼠 PBL 中相关信号分子表达的影响

A：CP 型 BVDV 感染小鼠相关信号分子光密度分析的结果，包括 p-PI3K（1）、p-Akt（2）、p-mTOR（3）、p-ERK（4）、免疫印迹图（5）；B：NCP 型 BVDV 感染小鼠相关信号分子光密度分析的结果，包括 p-PI3K（1）、p-Akt（2）、p-mTOR（3）、p-ERK（4）、免疫印迹图（5）。$^{***}p<0.001$, $^{**}p<0.01$, $^{*}p<0.05$。将动物分为 7 组，分别为模拟感染组、CP 型 BVDV 感染组、CP 型 BVDV+抗 PD-1 组、CP 型 BVDV+小鼠 IgG 组、NCP 型 BVDV 感染组、NCP 型 BVDV+抗 PD-1 组、NCP 型 BVDV+小鼠 IgG 组。以感染 CP 和 NCP 型 BVDV 的小鼠为对照。数据以平均值±标准差表示（每组 $n=5$），并进行方差分析。

（三）讨论

PD-1在免疫调节中起着至关重要的作用，在许多病毒感染中，PD-1的表达上调通常与淋巴细胞减少和细胞凋亡有关，如HIV和HCV。在之前的研究中，我们在体外报道了PD-1在急性BVDV感染引起的外周血淋巴细胞减少和凋亡中发挥重要作用。同时，PD-1阻断可抑制PBL的凋亡，恢复PBL的增殖和抗病毒免疫功能。然而，体内情况还有待进一步研究和证实。在本研究中，我们进一步证实了PD-1在BVDV感染小鼠外周血淋巴细胞减少中的免疫调节作用。关于PD-1的表达，既往研究表明，PD-1和PD-L1的表达水平在多种疾病的进展中与病毒载量相关，如HCV和HIV。此外，在猪瘟感染中PD-1和PD-1表达与病毒载量呈正相关。猪瘟病毒与BVDV同属于黄病毒科瘟病毒属。PD-1的表达在CSFV感染期间和感染后第7 d显著上调，与HCV和HIV感染一致。感染后第7 d，血液中CSFV载量最高。在本研究中，我们在BVDV中观察到类似的结果。值得注意的是，之前的研究表明，HCV核心蛋白和HIV-1附属蛋白Nef都能诱导PD-1的表达。因此，尽管从目前的数据还不能明确PD-1和PD-L1水平是由BVDV相关蛋白调控，但在急性BVDV感染过程中BVDV感染确实导致了PD-1和PD-L1水平的上调，此外，我们之前的研究已经证实BVDV感染牛的$CD4^+$和$CD8^+$T细胞比例下降。在本研究中，我们发现CP和NCP型BVDV感染小鼠外周血中$CD3^+$、$CD4^+$和$CD8^+$T细胞百分比下降，PD-1阻断可恢复$CD3^+$、$CD4^+$和$CD8^+$T细胞百分比，抑制PBL凋亡。本研究为进一步在体内研究PD-1通路对PBL主要亚群的免疫调节作用提供了基础。

在本研究中，我们发现PD-1阻断恢复了CP型BVDV感染小鼠PBL增殖和IL-2的产生，但对NCP型BVDV感染小鼠没有影响。此前发表在*Archives of Virology*上的一篇文章显示，CP型BVDV感染后检测到ERK磷酸化增强，而NCP型BVDV感染后未检测到。值得注意的是，ERK是PD-1通路下游的重要信号分子，可以调节细胞增殖和IL-2的产生。PD-1阻断通过激活ERK通路恢复淋巴细胞增殖。特别是，我们之前的研究在体外证实，PD-1阻断显著增加CP型BVDV感染后淋巴细胞增殖和p-ERK水平，但在NCP型BVDV感染后并未显著影响增殖和p-ERK水平。PD-1阻断对CP和NCP型BVDV感染中淋巴细胞增殖和IL-2产生影响的差异，可能与感染后两种病毒对ERK通路影响的不同有关。

IFN-γ是一种重要的细胞因子，在先天和适应性免疫和抗病毒过程中发挥重要作用。已经确定的是特异性抗体阻断PD-1可以上调IFN-γ的产生并恢复抗病毒免疫。在本研究中，PD-1的阻断也增加了IFN-γ的产生，与之前的研究结果一致。IL-2表达和T细胞增殖是T细胞活化的重要特征。已有研究表明，激活PD-1/PD-L1通路可以抑制T细胞增殖和 IL-2 的表达。阻断 PD-1 通路可促进 T 细胞增殖，上调淋巴细胞 IFN-γ和 IL-2 的分泌，恢复 HBV 特异性 T 淋巴细胞的免疫功能。在本研究中，我们发现阻断 PD-1 可以显著增加 CP 型 BVDV 感染小鼠的 IL-2 的生成并恢复 PBL 的增殖，但对 NCP 型 BVDV 感染小鼠的 PBL 增殖和 IL-2 的生成没有显著影响，这与我们之前的研究结果一致。

（四）小结

在前期建立的BVDV感染小鼠模型基础上，我们在体内进一步证实了PD-1在BVDV急性感染导致外周血淋巴细胞减少中的免疫调节作用，及其调控下游。

参考文献

[1]LIU YU, WU C, CHEN N, et al. PD-1 Blockade Restores the Proliferation of Peripheral Blood Lymphocyte and Inhibits Lymphocyte Apoptosis in a BALB/c Mouse Model of CP BVDV Acute Infection[J]. Frontiers in Immunology, 2021, 12: 727254

[2]CHEN N, LIU Y, BAI T, et al. Quercetin Inhibits Hsp70 Blocking of Bovine Viral Diarrhea Virus Infection and Replication in the Early Stage of Virus Infection[J]. Viruses. 2022, 14(11): 2365.

[3]ZHANG Z, HUANG J, ZHAO Z, et al. In Vivo and In Vitro Antiviral Activity of Phlorizin Against Bovine Viral Diarrhea Virus[J]. J Agric Food Chem, 2022, 70(47): 14841-14850.

[4]邢思毅，常敬伟，周玉龙，等. 牛病毒性腹泻病毒人工感染泌乳兔试验[J]. 黑龙江八一农垦大学学报, 2017, 29(6): 13-15.

[5]PASSLER T, WALZ P H, DITCHKOFF S S, et al. Experimental persistent infection with bovine viral diarrhea virus in white-tailed deer[J]. Veterinary Microbiology, 2007, 122(3): 350-356.

[6]KUCA T, PASSLER T, NEWCOMER B W, et al. Changes Introduced in the Open Reading Frame of Bovine Viral Diarrhea Virus During Serial Infection of Pregnant Swine[J]. Frontiers in Microbiology, 2020, 11: 1138.

[7]RAIZMAN E A, POGRANICHNIY R, LÉVY M, et al. Experimental infection of white-tailed deer fawns (Odocoileus virginianus) with bovine viral diarrhea virus type-1 isolated from free-ranging white-tailed deer[J]. J Wildl Dis, 2009, 45(3): 653-660.

[8]TSUBOI T, OSAWA T, HIRATA T I, et al. Experimental infection of pregnant cows with

noncytopathogenic bovine viral diarrhoea virus between days 26 and 50 postbreeding[J]. Research in Veterinary Science, 2013, 94(3): 803-805.
[9]FERNÁNDEZ GA, CASTRO E F, ROSAS R A, et al. Design and Optimization of Quinazoline Derivatives: New Non-nucleoside Inhibitors of Bovine Viral Diarrhea Virus[J]. Frontiers in Chemistry, 2020, 10: 590235.
[10]PETRILLO A D, ORRÙ G, FAIS A, et al. Quercetin and its derivates as antiviral potentials: A comprehensive review[J]. Phytotherapy Research, 2022, 36: 266-278.
[11]YANG G, ZOU Y, YANG R, et al. A Bovine Viral Diarrhea Virus Type 1c Strain in China: Isolation, Identification, and Assessment of Pathogenicity in Rabbits[J]. Curr Microbiol, 2022, 79(12): 356.
[12]BACHOFEN C, GRANT D M, WILLOUGHBY K, et al. Experimental infection of rabbits with bovine viral diarrhoea virus by a natural route of exposure[J]. Vet Res, 2014;45(1): 34.
[13]PUJHARI S, BRUSTOLIN M, MACIAS V M, et al. Heat shock protein 70 (Hsp70) mediates Zika virus entry, replication, and egress from host cells[J]. Emerging Microbes and Infections, 2019, 8(1): 8-16.
[14]HAN Y J, KWON Y J, LEE K H, et al. Experimental infection with non-cytopathic bovine viral diarrhea virus 1 in mice induces inflammatory cell infiltration in the spleen[J]. Archives of Virology, 2016, 161(9): 1-9.
[15]TAKASHIMA K, OSHIUMI H, MATSUMOTO M, et al. DNAJB1/HSP40 Suppresses Melanoma Differentiation-Associated Gene 5-Mitochondrial Antiviral Signaling Protein Function in Conjunction with HSP70[J]. Journal of Innate Immunity, 2018, 10: 44-55.
[16]WANG S, HOU P, PAN W, et al. DDIT3 Targets Innate Immunity via the DDIT3-OTUD1-MAVS Pathway To Promote Bovine Viral Diarrhea Virus Replication.[J]. American Society for Microbiology, 2021, 95(6): e02351-20.
[17]KAMDI S P, RAVAL A, NAKHATE K T. Phloridzin attenuates lipopolysaccharide-induced cognitive impairment via antioxidant, anti-inflammatory and neuromodulatory activities[J]. Cytokine, 2021, 139(1): 155408.
[18]SEONG G, OEM J K, LEE K H, et al. Experimental infection of mice with bovine viral diarrhea virus[J]. Arch Virol, 2015, 160(6): 1565-1571.
[19]阮文强. 两株牦牛源 BVDV1 型对小鼠的致病性研究及灭活疫苗的初步制备[D].成都：西南民族大学, 2019.

[20]BUCKWOLD V E, BEER B E, DONIS R O. Bovine viral diarrhea virus as a surrogate model of hepatitis C virus for the evaluation of antiviral agents[J]. Antiviral Res, 2003, 60(1): 1-15.

[21]NELSON D D, DUPRAU J L, WOLFF P L, et al. Persistent Bovine Viral Diarrhea Virus Infection in Domestic and Wild Small Ruminants and Camelids Including the Mountain Goat (Oreamnos americanus) [J]. Front Microbiol, 2016, 6: 1415.

[22]SCHERER C, FLORES E F, WEIBLEN R, et al. Experimental infection of pregnant ewes with bovine viral diarrhea virus type-2 (BVDV-2): effects on the pregnancy and fetus[J]. Veterinary Microbiology, 2001, 79(4): 285-299.

[23]VILLALBA M, FREDERICKSEN F, OTTH C, et al. Transcriptomic analysis of responses to cytopathic bovine viral diarrhea virus-1 (BVDV-1) infection in MDBK cells[J]. Molecular Immunology, 2016, 71: 192-202.

[24]SEONG G, LEE J S, LEE K H, et al. Experimental infection with cytopathic bovine viral diarrhea virus in mice induces megakaryopoiesis in the spleen and bone marrow[J]. Archives of Virology, 2016, 161(2): 417-424.

[25]SEONG G, LEE J S, LEE K H, et al. Noncytopathic bovine viral diarrhea virus 2 impairs virus control in a mouse model[J]. Archives of Virology, 2016, 161(2): 395-403.

[26]阮文强, 陈新诺, 任玉鹏, 等. 不同来源的 3 株牛病毒性腹泻病毒对小鼠的致病性分析[J]. 畜牧兽医学报, 2018, 49(10): 8.

[27]SCHERER C, FLORES E F, WEIBLEN R, et al. Experimental infection of pregnant ewes with bovine viral diarrhea virus type-2 (BVDV-2): effects on the pregnancy and fetus[J]. Veterinary Microbiology, 2001, 79(4): 285-299.

[28]DANIELE A, JULIANA B, HENRIQUE M, et al. Experimental inoculation of gilts with bovine viral diarrhea virus 2 (BVDV-2) does not induce transplacental infection[J]. Veterinary Microbiology, 2018, 225: 25-30.

[29]LANGOHR I M, STEVENSON G W, NELSON E A, et al. Experimental co-infection of pigs with Bovine viral diarrhea virus 1 and Porcine circovirus-2[J]. J Vet Diagn Invest, 2012, 24(1): 51-64

[30]PAN P, SHEN M, YU Z, et al. SARS-CoV-2 N promotes the NLRP3 inflammasome activation to induce hyperinflammation[J]. Nature communications, 2021, 12(1): 4664.

[31]TAO J, LIAO J, WANG Y, et al. Bovine viral diarrhea virus (BVDV) infections in pigs[J]. Veterinary Microbiology, 2013, 165(3-4): 185-189.

[32]GAO S, ZHANG Z, TIAN Z, et al. Preparation of bovine viral diarrhea disease virus 1 virus-like particles and evaluation of its immunogenicity in a guinea pig model[J]. Sheng Wu Gong Cheng Xue Bao, 2022, 8(1): 130-138.

[33]TOPLIFF CL, ALKHERAIF A A, KUSZYNSKI C A, et al. Experimental acute infection of alpacas with Bovine viral diarrhea virus 1 subgenotype b alters peripheral blood and GALT leukocyte subsets[J]. J Vet Diagn Invest, 2017, 29(2): 186-192.

[34]RAJPUT M K, DARWEESH M F, PARK K, et al. The effect of bovine viral diarrhea virus (BVDV) strains on bovine monocyte-derived dendritic cells (Mo-DC) phenotype and capacity to produce BVDV[J]. Virology Journal, 2014, 11: 44.

[35]YANG G, ZHANG J, WANG S, et al. Gypenoside Inhibits Bovine Viral Diarrhea Virus Replication by Interfering with Viral Attachment and Internalization and Activating Apoptosis of Infected Cells[J]. Viruses, 2021, 13(9): 1810.

[36]FU Q, SHI H, ZHANG H, et al. Autophagy during early stages contributes to bovine viral diarrhea virus replication in MDBK cells[J]. Journal of Basic Microbiology, 2015, 54(10): 1044-1052.

第四章　BVDV 感染的免疫抑制机制及其调控

牛病毒性腹泻病毒（BVDV）属黄病毒科瘟病毒属，可分为致细胞病变（CP）型和非致细胞病变（NCP）两种生物型。其在世界范围内分布广泛，严重制约着养牛业的持续健康发展。BVDV 感染可导致腹泻、繁殖障碍、免疫抑制及病毒持续性感染（PI）。其中，CP 型和 NCP 型 BVDV 的急性感染可引起免疫抑制。而 NCP 型 BVDV 在母牛妊娠早期通过宫内感染可导致 PI 胎牛的形成。PI 牛也是该病毒重要的储存库和传染源。BVDV 感染导致免疫抑制和 PI 的分子机制尚不清楚。免疫反应可分为先天性反应和获得性免疫反应，它们之间的协同作用对于病毒的清除至关重要。深入研究 BVDV 感染与先天性免疫反应和获得性免疫反应之间的相互影响，对于明确 BVDV 感染导致免疫抑制和 PI 的致病机制具有重要意义。本章中我们总结了国内外关于 BVDV 感染与免疫反应的相关研究及本研究团队的最新研究发现。旨在为探索 BVDV 免疫抑制和 PI 的免疫致病机制，以及 BVDV 感染的免疫防治策略提供依据。

第一节　BVDV 感染与先天性免疫反应

随着人们对 BVDV 感染与免疫反应相关研究的不断深入，BVDV 感染对巨噬细胞、树突状细胞及自然杀伤细胞功能、干扰素分泌、抗原提成和 T 淋巴细胞凋亡的影响及其分子机制不断被人们所发现和了解。例如，Peterhans 等发现了病毒 N^{pro} 和 E^{rns} 蛋白在先天免疫中所起的独特作用，以及 N^{pro} 和 E^{rns} 对“先天免疫耐受性”的作用。在本部分内容中我们总结了 BVDV 感染导致免疫抑制和 PI 的免疫机制研究，尤其是 BVDV 感染对先天免疫反应的影响及其机制。

一、BVDV 感染与巨噬细胞和树突状细胞

BVDV 与巨噬细胞的相互作用一直是国内外学者研究的热点。体外或体内 BVDV 感染相关研究表明，无论是 CP 型还是 NCP 型 BVDV 均能导致肺泡巨噬细胞(alveolar macrophage, AM)吞噬被抑制，以及 Fc 受体和补体受体表达、抗病毒活性和趋化因子表达的下调。在体内 BVDV 感染中巨噬细胞的抗病毒活性下降程度最大。AM 在体内的感染率很低，但体外的感染率可以通过改变培养条件来提高。AM 感染 CP 型 BVDV Singer 株或 NC 型 BVDV 890 株后，LPS 诱导促凝血活性增加。由此产生的纤维蛋白可以通过破坏正常的细胞间相互作用促进细菌定植，对肺脏的正常防御机制产生不利影响。此外，单核细胞衍生的巨噬细胞对 BVDV BJ、PA-131、28508-2、1373、890 和 Singer 等毒株均敏感。然而，只有 20%～30%的巨噬细胞可表达 BVDV 蛋白。并且，只有高毒力毒（1373 和 890）和 Singer 毒株可抑制巨噬细胞的吞噬和抗病毒活性，而无毒力的 BJ、PA-131、28508-2 毒株无抑制作用。此外，革兰氏阴性菌的巨噬细胞受体 CD14 表达在高毒力毒株和 Singer 毒株感染中分别下调了 60%和 40%，而无毒力毒株对 CD14 表达无影响。

巨噬细胞被 CP 型或 NCP 型 BVDV 感染后超氧阴离子的形成和肿瘤坏死因子α（TNF-a）的产生会下调。虽然 BVDV 感染不会直接诱导 TNF-a 表达水平的变化，但其极大程度地降低了牛骨髓来源的巨噬细胞针对都柏林沙门氏菌（S.dublin）产生 TNF-a 的能力。这种下调在 NCP 型病毒感染的骨髓巨噬细胞中更为显著。TNF-a 是一种主要由巨噬细胞产生的细胞因子。其可通过调节多种细胞因子的产生，在激活免疫应答中发挥重要作用。TNF-a 的表达可能受到多种调控机制的影响。其中，白细胞介素-10（IL-10）和转化生长因子-beta（TGF-β）的产生与 TNF-a 的下调有关。IL-10 的产生是 Th2 型反应的特征之一。Th2 细胞因子反应的其他特征是 IL-2 的产生减少，以及对外源性 IL-2 的反应减少。此外，只有 NCP 型 BVDV 感染的巨噬细胞可激发细胞增强一氧化氮（NO）的产生，以响应 LPS。超氧阴离子、TNF、增强 NO 合成的启动子都可能有助于免疫抑制的形成。BVDV 感染巨噬细胞还可诱导其他免疫抑制效应，如前列腺素 E2 合成的刺激，IL-1 抑制剂的诱导，以及细胞因子诱导的趋化性的降低等。

CP 型 BVDV 感染的巨噬细胞可释放可溶性因子，导致未感染的巨噬细胞和上皮细胞凋亡。研究表明，高毒力 NCP 型 BVDV 1373 株感染的巨噬细胞上清液，可诱导 MDBK 细胞凋亡。然而，一些无毒力的 NCP 型 BVDV 毒株不能诱导 MDBK 细胞凋亡和淋巴组织中的细胞凋亡病变。高毒力 BVDV 的淋巴组织病理变化也可能与可溶性因子诱导的细胞凋亡有关，而不是直接的病毒复制。

另外，BVDV 感染可导致特征性的是外周血白细胞减少，其中，以淋巴细胞减少为

主，如辅助性 T 淋巴细胞，细胞毒性 T 淋巴细胞、γδ T 淋巴细胞和 B 淋巴细胞。这些淋巴细胞亚群在 BVDV 感染后发生细胞凋亡，凋亡程度与 BVDV 毒株的毒力有关。此外，血液循环的 B 淋巴细胞水平相对正常，但其耗竭主要发生在淋巴结的生发中心。值得注意的是，BVDV 感染对血液循环的单核细胞没有影响，尽管在体外感染的单核细胞会导致 BVDV 的产生。同样，在单核细胞向单核细胞衍生的树突状细胞（MDDC）成熟过程中，在 IL-4 和 GM-SCSF 存在下培养的单核细胞最出可产生病毒。但在体外培养后 48 h 内，病毒的产生逐渐降低，并在培养 120 h 后完全停止。有趣的是，尽管存在病毒蛋白和子代病毒 RNA，单核细胞衍生的巨噬细胞（MDM）不能产生子代病毒。BVDV 感染后对 MDDC 或 MDM 活力无影响。在 BVDV 感染的淋巴组织中巨噬细胞和树突状细胞（DC）似乎未被感染，并且被凋亡的淋巴细胞围绕着。

巨噬细胞可释放不同的细胞因子，在某些情况下这些细胞因子可能会诱导淋巴细胞凋亡。这种机制也可能被 BVDV 所利用。巨噬细胞可能以“杀手”的角色发挥作用，诱导可能会被激活的淋巴细胞的凋亡。研究表明，在感染猪瘟病毒（CSFV）后也可观察到巨噬细胞和 DC 存活及淋巴细胞衰竭。CSFV 的研究表明，参与淋巴细胞凋亡的细胞因子可能包括白细胞介素 1（IL-1）、白细胞介素 6（IL-6）和肿瘤坏死因子α（TNF-α）。有趣的是，对体外感染 BVDV 或 CSFV 的巨噬细胞检测发现，IL-1 和 IL-6 产量增加，TNF-α的产量没有明显变化，没有增加。然而，CSFV 体内感染研究发现，淋巴结和脾脏巨噬细胞中 TNF-α水平较高。巨噬细胞周围有凋亡的淋巴细胞。BVDV 感染中情况如何仍有待于进一步研究。

二、BVDV 感染与自然杀伤细胞

NK 细胞是动物机体先天性抗病毒防御的重要组成部分。关于病毒感染后 NK 细胞表型或功能的相关数据很少，尤其是在牛相关病毒中。2004 年，NK 细胞首次在牛身上被发现。NK 细胞占血液单个核细胞的 1% ~ 10%，NK 细胞在血液中的百分比与年龄有关。和淋巴细胞一样，NK 细胞在骨髓中产生，在接触微生物后存在于淋巴组织中。尽管淋巴组织中的 NK 细胞数量相对较低，但淋巴组织中的 NK 细胞总数是外周血的 10 倍。NK 细胞在淋巴结中的分布因淋巴结类型而异，2% ~ 4%的 NK 细胞存在于黏膜淋巴结，6% ~ 10%的 NK 细胞存在于脾脏和非黏膜淋巴结。NK 细胞存在于牛淋巴结的皮质旁区和髓质区，除了生发中心存在少量 NK 细胞外，其他位置 NK 细胞分布较均匀。黏膜淋巴结中淋巴滤泡较多且较大，而非黏膜淋巴结中滤泡较小且较少。淋巴滤泡内的 NK 细胞可表达白细胞介素-2 受体（CD25），并成为淋巴因子激活的杀伤细胞（LAK），导致被感染的体细胞死亡。这些细胞还可产生 IFN-γ，进一步激活 DC，辅助性 T 淋巴细胞和巨噬细胞。

与其他淋巴细胞不同，NK 细胞免疫抑制可能是由于缺乏成熟的 NK 细胞，而不是由于细胞群整体数量的减少。NK 细胞的发育和成熟依赖于 IL-15。研究表明，BVDV-2 1373 株感染的牛支气管淋巴结中 IL-15 水平显著下降。这表明，NK 激活下调。与巨噬细胞和 DC 一样，BVDV-2 1373 或 BVDV-2 28508-5 株感染对牛体内 NK 细胞的活力没有影响。明确 BVDV 感染对 NK 细胞免疫功能的影响及其机制，已成为探索病毒感染导致免疫抑制研究领域的一个新的研究方向。研究表明，NK 细胞的一个重要作用是清除缺少 MHC I 类分子的细胞。这种作用已在癌症、相关病毒感染和移植反应中被证实。而 BVDV 可以毒株依赖的方式下调 MHC I 类分子的表达，BVDV 感染对 NK 细胞功能的影响有待于进一步深入研究。

NK 细胞有很多细胞受体，有些是激活性受体（触发型），有些是抑制性受体。NK 的主要表型标志物是天然细胞毒性激活（触发）受体（NCR1），也被称为 NKp46。其配体尚不明确，可能是一种肿瘤或病毒的蛋白。此外，IgG Fc 受体 IIIA（CD16）可结合 IgG 分子的恒定区，对 NK 细胞的抗体依赖的细胞介导的细胞毒性（antibody-dependent cell-medicated cytotoxicity，ADCC）功能至关重要。研究表明，在血液循环中 NK 细胞（$CD2^{+}$）和淋巴组织细胞（$CD2^{-}$）存在表型差异。此外，牛 NK 细胞还存在另一种激活/抑制性受体家族，即杀伤细胞免疫球蛋白样受体（killer cell immnoglobulin-like receptor，KIRs）。然而，在牛 NK 激活/抑制过程中其作用机制仍有待于明确。在人类和小鼠模型中也发现了其他 NK 激活/抑制受体。然而，在反刍动物中还没有发现它们的同源物。另外，在 IL-2 刺激的 NK 细胞中，高毒株 BVDV-2 1373 或弱毒株 BVDV-2 28508-5 感染 NK 细胞后，$NKCD2^{+}$和 MHC I 表达显著降低。但 CD25 表达检测结果显示，NK 细胞的活化未受到显著影响。BVDV-2 1373 株上调了 NKp46+NK 细胞的数量，且两种毒株均降低了 NK 细胞的杀伤能力。其中 BVDV-2 28508-5 弱毒株对 NK 细胞杀伤能力的影响最大。上述研究表明，BVDV 感染对 NK 细胞表型和活化的影响具有毒株依赖性。这些影响可能与免疫抑制密切相关。

三、BVDV 感染与中性粒细胞

中性粒细胞作为一种“细菌杀手”，其在病毒性感染中作用研究较少。中性粒细胞占血液白细胞的 20%～70%，这取决于动物的年龄。BVDV 感染可影响中性粒细胞的功能，导致其杀灭微生物、趋化和抗体依赖的细胞介导的细胞毒性等作用受损。此外，虽然中性粒细胞在BVDV感染后数量会减少，但减少的幅度远小于淋巴细胞。在BVDV感染或接种疫苗（包括Singer和NADL两种疫苗株）后中性粒细胞的吞噬和杀伤能力的急剧下降，并可持续2周。

CD18是一种与牛白细胞黏附缺陷（Bovine leukocyte adhesion deficiency，BLAD）相关的特异性白细胞黏附受体。体外研究表明，中性粒细胞暴露于CP型或NCP型BVDV，不会导致细胞凋亡，但会降低CD18和CD62L的表达。这两种受体与内皮细胞的黏附作用有关，对于中性粒细胞渗出作用至关重要。这表明，BVDV可以抑制中性粒细胞的迁移。此外，暴露于BVDV后CD14表达也有所增加。相反，在BVDV感染的牛巨噬细胞中，CD14以毒株依赖的方式下调。CD14是一种多特异性受体，主要识别革兰氏阴性细菌细胞壁的脂多糖（LPS）。CD14是Toll样受体-4（TLR-4）复合物的一部分。TLR-4是病原体识别的重要受体。与单核/巨噬细胞不同，中性粒细胞CD14不是组成性表达，而是由病原体相关分子模式（PAMP）所诱导，如LPS。CD14与配体的结合可导致促炎细胞因子TNF-α和IL-1的产生。与单核/巨噬细胞一样，中性粒细胞CD14也存在可溶性形式（sCD14）。研究表明，sCD14可下调炎症反应。BVDV感染会导致早期的促炎反应，而抗炎反应通常会降低。这可能与中性粒细胞CD14表达的增加和向sCD14的转化有关。缓和的炎症反应和减少细胞渗出可能会导致病毒感染后病情的加重，这可能与BVDV感染导致免疫抑制有关。此外，虽然在体外研究中未观察到细胞凋亡，但在体内却观察到中性粒细胞数量的下降。在中性粒细胞上的CD14可能被巨噬细胞识别，并作为诱导细胞凋亡的靶点。由此可见，在BVDV体外感染中深入研究巨噬细胞和中性粒细胞之间的相互作用和细胞因子特征，对于探索BVDV免疫抑制的作用机制具有重要意义。

四、BVDV感染与肝脏枯否氏细胞（Kupffer cells，KCs）

BVDV PI机制的相关研究认为PI的建立是由于胎儿在妊娠早期的免疫功能不健全。正常情况下，在妊娠第42 d、第55 d和第60 d，胎牛的胸腺、脾脏和一些外周淋巴结均有淋巴样发育。然而，BVDV感染相关研究表明，直到妊娠中期(175 d)可观察到肠道相关淋巴组织（GALT）。在抗原刺激的胚胎中生发中心和部分IgM在第59 d出现，IgG在第145 d出现在血液循环中。胎牛免疫能力可在妊娠中期（第150 d）建立。BVDV如何建立免疫逃避，改变妊娠早期胎牛免疫参数，仍有待于深入研究。肝脏是也一个重要的免疫器官，在胎儿发育过程中起着至关重要的作用。在妊娠100 d，肝脏是造血和免疫发育的主要部位。研究表明，肝脏就像淋巴结一样，可激活原始T淋巴细胞。有趣的是，淋巴细胞在何处被激活对其相应抗原呈递反应具有重大的影响。因为淋巴结中激活的淋巴细胞与肝脏中激活的淋巴细胞的分化方式明显不同。研究表明，肝组织中的淋巴细胞对免疫耐受有强烈的偏向性。肝脏中的这种反应确保了免疫系统不会对消化抗原做出不适当的反应，并且在肝脏中建立的免疫反应也可以引导其他免疫组织的反应。

肝脏的结构框架使其在平衡宿主免疫反应中起着关键作用。成人胃肠道的富含抗原的血液和胎儿的富含营养的血液分别通过门脉和脐循环到达肝脏，为消化和储存提供营养物质。血液通过一个小直径的高压正弦血管网络注入。高阻力显著减缓血流，并允许最大限度地暴露于占肝脏 20%～40%的非实质细胞。这一群体包括：内皮细胞、Kupffer 细胞（KCs）以及调节性 T 淋巴细胞、辅助性 T 淋巴细胞、细胞毒性 T 淋巴细胞、γδT 淋巴细胞、B 淋巴细胞、胆管细胞和星状细胞等。其中，KCs 被认为是肝脏的巨噬细胞，并具有许多巨噬细胞的相关功能，包括细胞因子分泌，MHC 呈现，以及通过产生氧衍生自由基杀灭微生物。KCs 在与白细胞的相互作用中表现出兴奋性和耐受性，并能够分泌 IL-1、IL-6 和 TNF-α等炎症介质，以及 IL-10 等耐受性细胞因子。KCs 的免疫反应起始于针对病毒感染的 IL-12 和 IL-18 的产生，激活局部 NK 细胞产生 IFN-γ。然而，在这种激活之后，KCs 会释放 IL-10。IL-10 可下调炎症介质 IL-6 和 TNF-α，恢复肝脏微环境的耐受性。

KCs 还可通过表达共抑制分子，介导对特定抗原的局部和外周免疫抑制。这种共抑制因子被称为程序性细胞死亡配体 1（PD-L1），它可定位于血液循环中的 $CD8^+$和 $CD4^+$T 淋巴细胞。此外，肝脏中的 $CD8^+$T 淋巴细胞可表达细胞毒性淋巴细胞抗原-4（CTLA-4），诱导 naive 和 effector $CD4^+$T 淋巴细胞转化为调节性 T 淋巴细胞，从而建立免疫耐受，抑制免疫反应。如果肝组织中的 KCs 被耗尽，所有上述免疫反应，包括门静脉耐受，都会消失。另外，在一项早期研究中，研究人员从妊娠 75 d 感染 BVDV 的胎牛中分离出 KCs，然后在妊娠 82 d 和 89 d（母体感染后第 7 d 和 14 d）收集胎牛，检测 BVDV 抗原。结果显示，妊娠 82 d 时胎牛中未检出 BVDV 抗原。然而，在妊娠 89 d 通过免疫组化可在胎牛肝脏中检测到 BVDV。值得注意的是，在胎儿肝脏内，只有 KCs 中可检测到 BVDV 抗原。胎儿肝脏中 KCs 的数量在 89 d 时增加，这与 BVDV 急性感染相关研究结果相一致。在妊娠 89 d 时，BVDV 感染犊牛 KCs 的 MHC I 表达量是未感染的对照组胎牛 KCs 的 3 倍，MHC II 的表达量是未感染组的 2 倍。将分离的 KC 培养 24 h，检测培养上清中细胞因子水平。结果表明，促炎细胞因子（TNF-α，IL-6 和 IL-1β）水平显著低于对照组上清。妊娠 89 d 在胎牛肝脏中还可发现大量 $CD3^+$淋巴细胞聚集。综上所述，KCs 的相关研究提示，KCs 可能与胎牛的 BVDV PI 有关。这也为探索 BVDV PI 的分子机制提供了新方向。

五、BVDV 感染与干扰素反应

干扰素是先天性免疫防御中最重要的抗病毒细胞因子。用高剂量（10^4 units/mL）人干扰素-α（IFN-α）处理外周血单个核白细胞或胎牛肌肉细胞，可在体外阻止 NCP 型和 CP 型 BVDV 的复制。用剂量为 10^4 units/mL IFN-α处理 PI 牛的外周血单个核白细胞，可阻止传染性病毒的产生。而用 10^4 units/mL IFN-α处理后，随着处理时间的推移病毒的产生逐渐减少，并在处理 5 d 后完全阻止传染性病毒的产生。使用人干扰素-γ、TNF-α或 TNF-β处理不能预防 BVDV 感染或阻止 BVDV 复制。此外，CP 型 BVDV 可诱导 IFN-α的产生。然而，IFN-α是否可以通过凋亡途径来消除病毒感染细胞是存在争议的。研究表明，凋亡途径可能包括干扰素依赖途径和非干扰素依赖途径。

在 BVDV 免疫学相关研究中 NCP 型 BVDV 感染对干扰素产生的影响一直是学者们关注的焦点。在体外研究中，与 CP 型 BVDV 相比，NCP 型 BVDV 感染的骨髓巨噬细胞产生较少的 IFN-α。NCP 型 BVDV 还能通过抑制 IFN-α和 IFN-β mRNA 的合成，来抑制双链 RNA 诱导的细胞凋亡和干扰素合成。研究表明，BVDV E2 和 NS5A 蛋白可直接与蛋白激酶 R 相互作用，抑制 poly IC 诱导的细胞凋亡和 IFN 的抗病毒活性。然而，NCP 型 BVDV 感染犊牛的相关研究表明，病毒感染诱导了强烈干扰素反应。这些反应可能与血清中 TGF-β水平的降低有关。NCP 型 BVDV 感染引起的免疫抑制可能与下调的干扰素反应或 TGF-β水平的升高无关。然而，这并不排除 NCP 型 BVDV 可能在其感染早期抑制 IFN 免疫应答反应。此外，研究表明，CP 型 BVDV 感染可导致胎牛产生 IFN，这可能阻止了病毒 PI 的建立，而 NCP 型 BVDV 感染不能诱导胎牛 IFN-α的产生。值得注意的是，NCP 型 BVDV PI 却能使奶牛产生 IFN-α。这一发现使人们对 BVDV PI 的致病机制和 IFN 的作用有了更深入的理解。

六、BVDV 感染与抗原呈递

抗原呈递细胞（APC）在 BVDV 免疫应答的诱导和调控中起关键作用。APC（如树突状细胞、巨噬细胞和单核细胞）利用与主要组织相容性 II 分子（MHC II）相关的肽结合位点内化抗原，并将 BVDV 抗原肽呈递给辅助性 T 淋巴细胞。此外，一些细胞因子（如 IFN-γ、IL-12）和其他辅助受体分子（如 B7）是抗原呈递和辅助性 T 淋巴细胞刺激所必需的。BVDV 感染可导致 APC 的 Fc 和 C3 受体表达减少，这些受体是吞噬活性所必需的。BVDV 感染降低了单核细胞向辅助性 T 淋巴细胞呈递抗原的能力。研究表明，在高毒力 NCP 型 BVDV 感染中牛外周血单个核细胞表面标记物 MHC II 和 B7 表达显著下调。

对于巨噬细胞，CP 型 BVDV Singer 株和高毒力 NCP 型 BVDV 毒株均可下调 MHC II 的表达，而无毒力毒株对 MHC II 的表达没有影响。此外，BVDV 感染小牛的淋巴结和派尔集合淋巴结中表达 MHC II 的细胞减少了 30% ~ 50%。树突状细胞是淋巴结中重要的 APC 之一，在 BVDV 感染中其向辅助性 T 淋巴细胞呈递抗原的能力和相关表面标记物的表达均未受影响，并且，在高毒力 BVDV 感染中树突状细胞被凋亡淋巴细胞包围着。

第二节　BVDV 感染与获得性免疫反应

CP 型和 NCP 型 BVDV 感染均可引起获得性免疫应答的免疫抑制，获得性免疫反应的抑制水平具有毒株依赖性。由于 CP 型 BVDV 是最早被鉴定的 BVDV 病毒，许多重要的研究发现都是在 CP 型 BVDV 的急性感染中完成的。虽然这些研究发现为深入了解 BVDV 和免疫系统的相互作用奠定了基础，但临床上 CP 型急性感染的病例较少，而 NCP 型 BVDV 毒株是临床中的主要生物型。并且在对免疫反应的影响中 NCP 型 BVDV 与 CP 型 BVDV 存在很大的差异。研究表明，NCP 型 BVDV 可以更快地激活获得性免疫系统，并且其可转运到更多的免疫器官，尤其是与黏膜免疫相关的器官。NCP 型 BVDV 抗原在免疫组织中存在的时间比 CP 型 BVDV 长。在本部分内容中我们总结了 CP 型和 NCP 型 BVDV 感染对获得性免疫反应和相关免疫细胞影响及其作用机制。

一、BVDV 感染对 T 淋巴细胞的影响

（一）BVDV 感染与外周血 T 淋巴细胞

T 淋巴细胞是细胞免疫反应的重要组成部分 T 淋巴细胞可分为 3 大类：辅助性 T 淋巴细胞（$CD4^+$）、细胞毒性 T 淋巴细胞（$CD8^+$）和γδT 淋巴细胞。BVDV 感染对外周血 T 淋巴细胞数量的影响具有毒株依赖性，NCP 型 BVDV-1b NY-1 株感染中淋巴细胞减少了 10% ~ 20%，NCP 型 BVDV-1b R2360 毒株感染中减少了 40% ~ 50%，NCP 型 BVDV-2 24515 株或 NCP 型 BVDV-1b CA0401186a 株中减少了 50% ~ 70%。此外，NCP 型 BVDV 参考毒株 NY-1 或 NCP 型 BVDV 临床分离株均可导致 T 淋巴细胞亚群减少。其中，细胞毒性 T 淋巴细胞减少最多，其次是辅助性 T 淋巴细胞。动物暴露于 NCP 型 BVDV-1 野生毒株后，从感染后 11 ~ 22 d，外周血中γδT 淋巴细胞显著减少，而 NY-1 株感染中γδT 淋巴细胞数量几乎没有影响。

（二）BVDV 感染与支气管肺泡 T 淋巴细胞

BVDV 感染后肺部会发生局部侵袭性 T 淋巴细胞反应。研究表明，CP 型 BVDV-1a Singer 感染中可检测到支气管肺泡间隙中存在大量淋巴细胞。在感染后第 10 d，$CD4^+$和$CD8^+$T 淋巴细胞的总数提高了 200 倍以上。再次感染 BVDV Singer 株 31 d 后淋巴细胞总数提高了 70 倍。γδT 淋巴细胞在感染后第 7 d 增加了 100 倍。在整个 62 d 的研究中 T 淋巴细胞总数始终比感染前至少提高了 10 倍。活化的$CD4^+$和$CD8^+$细胞在感染后第 10 d 分别增加了近 300 倍和 150 倍，在继发感染后 4 d 分别增加到 100 倍和 50 倍。而$CD4^+$和$CD8^+$T 淋巴细胞的记忆亚群在第 10 d 分别增加到 170 倍和 120 倍，在第二次感染后第 7 d 分别提高到约 400 倍和 300 倍。大量涌入的细胞表明，记忆性 T 淋巴细胞存在于肺中，可能对病毒的清除至关重要。

（三）BVDV 感染与淋巴组织中 T 淋巴细胞

BVDV 感染对胸腺和滤泡 T 淋巴细胞存在重要影响。NCP 型 BVDV NY-1 株感染的胸腺中$CD4^+$和$CD8^+$T 淋巴细胞均显著减少。显微镜观察显示。高毒力 NCP 型 BVDV 感染的扁桃体淋巴滤泡和淋巴结中存在严重的 T 淋巴细胞耗竭，高毒力 NCP 型 BVDV 感染淋巴结，而在黏膜病（MD）和高毒力 NCP 型 BVDV-2 1373 株急性感染中派尔集合淋巴结的淋巴滤泡发生耗损。此外，低毒力 BVDV-2 28508-5 株或 BVDV-2 RS886 株感染后，派尔集合淋巴结及胸腺、扁桃体和淋巴结出现淋巴滤泡均出现短暂性淋巴细胞减少，但淋巴滤泡在感染后 12 ~ 15d 可迅速重新充满淋巴细胞。

（四）BVDV 感染与 T 淋巴细胞亚群

已有多项研究分析了 BVDV 感染对 T 淋巴细胞亚群的影响。研究表明，用小鼠单克隆抗体处理犊牛后，$CD4^+$、$CD8^+$和γδT 淋巴细胞三个亚群均被消耗殆尽。然后，用 NCP 型 BVDV-1 pe515 株鼻内感染动物，测量病毒血症和排毒。结果显示，$CD4^+$T 淋巴细胞的耗竭使排毒时间延长了 7 ~ 10 d，病毒水平比对照组高。这与$CD8^+$和γδT 淋巴细胞耗竭相反，后者对排毒期没有影响。在另一项研究中$CD4^+$T 淋巴细胞亚群在疫苗加强免疫和 BVDV-2 攻毒后均可产生 IFN-γ。这表明，辅助性 T 淋巴细胞在 BVDV 相关免疫反应中具有重要作用。

辅助性 T 淋巴细胞在病毒感染早期细胞免疫反应的调节中起着关键作用。这些$CD4^+$T 淋巴细胞主要针对 BVDV NS3 和 E2 蛋白，也针对衣壳蛋白（C）、糖蛋白 E^{rns}、氨基末端蛋白酶（N^{pro}）和非结构蛋白 2-3（NS2-3）。增殖试验检测结果显示，与 NCP 型 BVDV 相比，CP 型 BVDV 感染中$CD4^+$T 淋巴细胞的增殖发生得更快。在 CP 和 NCP

型 BVDV 感染的动物中，T 淋巴细胞增殖具有毒株交叉反应性和 MHC 限制性。在攻毒后，最初感染 CP 型 BVDV 的动物产生了 2～5 倍的细胞免疫反应（Th1），这一趋势在攻毒后的 10 周内保持不变。这表明，NCP 型 BVDV 倾向于将免疫反应转向 Th2 反应，并限制了高水平细胞免疫反应的产生。此外，来源于 BVDV-1 Oregon C24 株 E2、NS3 的解旋酶结构域或 NS5a 的 C 结构域的抗原肽可刺激猪 $CD4^+T$ 淋巴细胞产生 IFN-γ干扰素。在体内，NCP 型 BVDV 可诱导 Th2 反应，导致高水平的抗体产生。Th2 样 $CD4^+T$ 淋巴细胞反应是以极高水平的 B 淋巴细胞生长因子和 IL-4 活性为特征。同一动物的 $CD4^+T$ 淋巴细胞具有低水平的 IL-2 和 IFN-γ。然而，在 BVDV-1b PI 小牛模型中，暴露于 BVDV 的牛血清 IL-4 水平与促炎细胞因子一起升高。IL-4 过表达可通过减少 Th-1 细胞的招募、扩张或活性对免疫系统产生不利影响，从而导致强烈的 TH2 反应。研究表明，Th-1 反应中 IL-2 受体（IL-2R）在 IL-2 水平升高时表达上调。在 NCP 型 BVDV 感染中未接种 BVDV 疫苗犊牛的外周血单个核细胞 IL-2R 表达几乎没有增加，而在 8 株 CP 型 BVDV 毒株中有 5 株感染后 IL-2R 受体表达增加。另外，NCP 型 BVDV 急性感染可导致 IFN-γ的下调，抑制针对牛分枝杆菌的细胞免疫反应。

$CD8^+$细胞毒性 T 淋巴细胞（CTL）在 BVDV 急性感染的免疫应答中发挥重要作用。增殖的 $CD8^+T$ 淋巴细胞可产生 IL-2 和 IFN-γ，表明 BVDV 血清阳性牛体内存在 1 型免疫记忆反应。在牛感染 BVDV 9 个月后其体内 CTL 具有杀伤作用。然而，需要长时间的体外培养。这表明外周血 BVDV 特异性 CTL 的数量较少。BVDV CTL 表位的准确定位尚未完成。基于 MHC I 结合域对 CTL 表位的预测研究表明，BVDV C、E^{rns}、E2 和 NS2-3 中的区域可能是 BVDV CTL 表位。此外，MHC I 类分子在感染细胞上的表达可影响 CTL 反应。相关研究表明，NCP 型 BVDV 感染对外周血单个核细胞、单核细胞或树突状细胞的 MHC I 类分子表达无影响。蛋白质组学分析表明，CP 和 NCP 型 BVDV 感染均可导致 MHC I 类分子的表达下调。其中，NCP 型 BVDV NY-1 株感染中下降幅度更大。这种差异可能与毒株或蛋白质测序的不同有关。

γδT 淋巴细胞在 BVDV 感染中的作用尚不清楚。反刍动物的γδT 淋巴细胞水平高于其他物种。在人类新生儿外周血中，高达 60%的淋巴细胞是γδT 淋巴细胞，在 1 岁时该比例下降到 30%，成人中其比例只有 5%～10%。此外，在肠上皮和固有层中存在相似的检测结果。尽管它们在形态上类似淋巴细胞，但它们的功能似乎更与先天免疫中的自然杀伤细胞更相似。值得注意的是，无需抗原加工和 APC，γδT 淋巴细胞便可识别病毒感染细胞。

二、BVDV 感染与 B 淋巴细胞

研究表明，不同的 BVDV 毒株感染对外周血 B 淋巴细胞数量的影响存在。在 NCP 型 BVDV NY-1 株感染后第 3 ~ 12 d，B 淋巴细胞数量显著减少。在 NCP 型 BVDV-2 24515 株感染中无变化。在 NCP 型 BVDV NY-1 株感染后第 2 d 和第 6 d 短暂增加。BVDV 感染主要影响滤泡 B 淋巴细胞。在淋巴组织中，B 淋巴细胞耗竭发生在高毒力 NCP 型 BVDV 感染的淋巴结淋巴滤泡中，以及黏膜病和高毒力 BVDV 感染的派尔集合淋巴结中。NCP 型 BVDV 1373 株感染后 6 d 内派尔集合淋巴结淋巴滤泡内 B 淋巴细胞发生凋亡。BVDV 阳性的巨噬细胞和星状细胞在淋巴细胞耗竭的淋巴滤泡中广泛存在。另外，BL-3 细胞是一种牛 B 淋巴细胞淋巴肉瘤细胞系，对不同的 BVDV 毒株具有不同的敏感性。BL-3 对不同毒力 NCP 型 BVDV 毒株的反应不同。毒力高的 NCP 型 BVDV 可导致细胞死亡，而毒力低的 NCP 型 BVDV 对细胞活力无影响。BL-3 作为一种 B 淋巴细胞体外模型，为研究 B 淋巴细胞对不同毒力病毒产生不同反应的机制提供了基础。

BVDV 含有 4 种主要结构蛋白。衣壳蛋白（C）是病毒粒子的主要结构蛋白，其不能引起抗体反应。糖蛋白 E^{rns} 是一种高度糖基化的包膜蛋白，可引起高水平抗体的产生。但针对 E^{rns} 的抗体的中和活性有限。糖蛋白 E1 是另一种包膜糖蛋白，在病毒粒子中通过二硫键与 E2 共价连接。恢复期牛血清中 E1 抗体相对较低。糖蛋白 E2 是最大的糖蛋白和抗原靶点。E2 是最容易被免疫系统识别的抗原。在病毒感染或接种活疫苗和灭活疫苗后，其可诱导宿主产生中和抗体。BVDV-1 E2 蛋白有一个免疫显性表位，BVDV-2 有三个免疫显性表位。尽管 BVDV-1 和 BVDV-2 的 E2 抗体之间存在广泛的交叉反应性，但现已发现了一种 BVDV-1 特异性单抗，仅与 BVDV-1 分离株反应。非结构蛋白 2-3（NS2-3）包含一个特定区域，该区域可被分为两个独立的多肽，即 NS2 和 NS3。其在感染细胞中非常稳定，具有高度的免疫原性。接种 BVDV 自然感染或改良活疫苗接种的牛对 NS2/3 的抗体反应强烈，而接种灭活疫苗的牛对 NS2/3 的抗体反应较弱。BVDV NS2/3 抗体可以瘟病毒属的其他病毒，如 CSFV 和边界病毒（BDV），存在交叉反应。猪源 NS2-3 抗体可与 BVDV 和 BDV 发生交叉反应。羊 BDV 抗体可与 BVDV 或 CSFV 的 NS2-3 发生交叉反应。非结构蛋白 3（NS3）是瘟病毒属中最保守的蛋白，是 CP 型 BVDV 的标记物。该蛋白在感染细胞中非常稳定，具有高度的免疫原性。

BVDV 抗体对 BVDV 感染的保护力取决于病毒株、抗体水平和类型。在 BVDV Singer 株感染中支气管肺泡液（BAF）样本中的 BVDV 特异性 IgA 含量在初次感染后第 7 d 和继发感染后第 7 d 均显著升高。初次感染后第 10 d，BAF 中的 BVDV 特异性 IgG 增加了 5 倍，病毒再次感染后第 4 d，BAF 中出现了记忆反应。3 ~ 8 日龄犊牛鼻内免疫 BVDV，

可在接种后第 7 d 产生分泌性 IgA 抗体。多项研究测量了 BVDV 毒株的抗体中和和交叉中和反应。中和抗体可预防同源毒株攻毒后疾病的发展。然而，接种 E2 亚单位疫苗后动物机体可产生相应的中和抗体。然而，40% ~ 60%的抗体阳性动物在受到同源病毒攻毒时会出现病毒血症。与 CP 型 BVDV 感染动物相比，NCP 型 BVDV 感染动物体内中和抗体产生得更快，且水平更高。

研究表明，即使存在血清中和抗体，同源病毒攻毒仍能导致鼻分泌物的 BVDV 排毒。虽然，针对 BVDV-1 和 BVDV-2 中和抗体的滴度增加了 5 ~ 7 倍，但疾病的发病率并没有降低。这种抗体水平的增加可能与疫苗接种的增加有关。也可能与临床暴露于 NCP 型 BVDV 野毒株有关。这种情况下产生的抗体水平更高，持续时间更长。BVDV E2 亚单位疫苗相关研究表明，对同源基因型的体外滴度最高，但对异源基因型的滴度最低。BVDV-1 E2 疫苗的异源反应确实对 BVDV-2 攻毒提供了部分保护。BVDV 体外交叉中和反应研究表明，改良活疫苗（MLV）或灭活疫苗接种的牛血清可分别对 12、18 或 22 种不同的 BVDV 毒株产生广泛的交叉中和作用。此外，BVDV-1a MLV 或 BVDV-1a 灭活疫苗接种的动物产生了相似水平的针对 BVDV-2 的交叉中和抗体。另外，BVDV NY-1 株不仅产生了针对 BVDV-2 的交叉中和抗体，还产生了针对猪瘟病毒和边界病毒的交叉中和抗体。

三、BVDV PI 与获得性免疫反应

为了了解 BVDV 持续感染（PI）动物的适应性免疫缺陷，多项研究分析了 PI 动物和黏膜病（MD）动物的外周血淋巴细胞。结果显示，PI 动物的总淋巴细胞、B 淋巴细胞及 $CD4^+$、$CD8^+$T 淋巴细胞与对照组无明显差异。在患有 MD 的 PI 动物中，B 淋巴细胞从正常动物的 20%增加到 MD 动物的 35%，γδT 淋巴细胞减少了 50%。PI 动物的 APC 能够刺激病毒特异性 $CD4^+$和 $CD8^+$T 淋巴细胞反应，但 BVDV 阴性犊牛的 APC 却不能。值得注意的是，PI 动物的 APC 可以刺激 T 淋巴细胞对同源病毒的反应，这表明 PI 的机制可能不涉及抗原呈递。

关于 PI 动物耐受性及其机制的相关研究表明，PI 的机制可能与 $CD4^+$T 淋巴细胞的耐受性有关。这种耐受性具有特异性，主要表现在 PI 动物可以对小到单个氨基酸的同源病毒序列做出反应。这有助于解释为什么一些 PI 动物可以对同源病毒产生抗体反应。研究表明，E2 中单个氨基酸的变化足以引起免疫反应。然而，在具有不同 E2 序列的健康 PI 动物中，PI 动物没有产生抗体反应，这说明 PI 动物的免疫识别是复杂的，需要进一步研究。PI 动物生发中心的免疫复合物表明，动物机体内存在病毒特异性 B 淋巴细胞反

应。这些免疫复合物的存在可能归因于不完全的 B 淋巴细胞耐受性。而外周血中未检测到抗体可能与是 B 淋巴细胞反应的失败和 PI 动物中可溶性抗原的高负荷有关。

研究人员将 PI 动物暴露于其他 BVDV 毒株，在感染了抗原相关 CP 型 BVDV 的 PI 动物中 50%的动物发展为黏膜病。2 只γδT 淋巴细胞水平为 5% ~ 10%的 PI 动物发生了 MD，而 2 只γδT 淋巴细胞水平大于 30%的 PI 动物没有发生 MD，只是在皱胃、回肠和肠系膜淋巴结有 MD 样病变。值得注意的是，1 岁或更大日龄的 PI 动物更易发生 MD，这可能与γδT 淋巴细胞数量的减少有关。高水平的γδT 淋巴细胞可能有助于 PI 动物产生针对 CP 型 BVDV 再次感染的中和抗体和恢复。

在 PI 动物对疫苗反应的相关研究中，研究人员将含有 CP 型或 NCP 型 BVDV 和溶血性曼氏杆菌的疫苗接种于 BVDV-1b 耐受的 PI 动物。抗体检测结果显示，只有接种了含有异源 BVDV-1a 疫苗的动物产生了抗体反应。所有 PI 动物对溶血性曼氏杆菌的抗体反应较低。其中，对溶血性曼氏杆菌白细胞毒素疫苗几乎无反应，对溶血性曼氏杆菌全菌体疫苗抗体反应降低了 30% ~ 60%。

四、BVDV 获得性免疫反应与母源抗体

研究表明，在母源抗体存在的情况下感染 BVDV 犊牛产生了 T 淋巴细胞反应。选择 2 ~ 5 周龄的犊牛，通过鼻内途径感染 BVDV。然后检测其体内特异性 $CD4^+$、$CD8^+$和γδT 淋巴细胞反应。结果显示，最快的免疫反应出现在感染后 2 ~ 10 周，表现为同源 BVDV-2A 刺激下的 $CD4^+$辅助性 T 淋巴细胞反应。这种 $CD4^+$T 淋巴细胞激活反应的水平与感染后 11 ~ 20 周相似，在感染后 21 ~ 32 周下降至 50%。$CD8^+$T 淋巴细胞对同源病毒的反应也在感染后 2 ~ 10 周出现，并在感染后 11 ~ 20 周达到峰值。γδT 淋巴细胞反应直到 11 ~ 20 周才出现，在 21 ~ 32 周达到峰值。T 淋巴细胞对异源 BVDV-2a 的反应表明，T 淋巴细胞表位存在交叉反应，尽管反应的程度比同源病毒低 15% ~ 20%。$CD4^+$和 $CD8^+$T 淋巴细胞对 BVDV-1 的交叉反应性相对较低。在感染后 21 ~ 32 周，交叉反应的γδT 淋巴细胞显著升高，但仍比同源病毒低 40% ~ 50%。此外，研究人员用包含 BVDV-1、BVDV-2 的改良活疫苗分别接种 1 ~ 2 周龄，4 ~ 5 周龄或 7 ~ 8 周龄犊牛。接种后 3 个月检测发现，三组犊牛均产生了 BVDV 特异性 $CD4^+$、$CD8^+$和γδT 淋巴细胞。在这些实验牛中未检测到全身抗体反应，并且存在 BVDV T 淋巴细胞反应的实验牛获得了攻毒保护。

母源抗体存在的情况下动物机体产生抗体反应可能与感染途径或疫苗接种有关。最近一项鼻内 BVDV 1 型和 2 型联合疫苗的研究表明，3 ~ 8 日龄犊牛鼻内接种包含 BVDV-1 和 BVDV-2 疫苗 1 周后，动物机体产生了 BVDV 特异性黏膜 IgA 反应。这种反应在接种

后 3 周继续增加。当犊牛在接种后 35 d 再次鼻内接种该疫苗时，产生记忆性黏膜 IgA 反应。值得注意的是，虽然，这些犊牛不会产生血清抗体，但其获得了 BVDV 攻毒保护，这可能与上述 T 淋巴细胞反应有关。

总之，BVDV 感染对获得性免疫反应的影响始于先天性免疫反应的最早阶段。BVDV 会影响先天性免疫反应的促炎通路。该通路负责招募循环淋巴细胞和提高骨髓中淋巴细胞造血作用。然后，BVDV 通过引起淋巴组织广泛的凋亡，影响 T 和 B 淋巴细胞免疫功能。这种效应受 BVDV 毒株和生物型的影响。$CD4^{+}$T 辅助细胞是 BVDV 感染的主要靶标，并且不同生物型 BVDV 对相关信号传导和 Th1/Th2 动态平衡的影响存在差异。此外，BVDV 的保护性免疫反应具有基因型特异性。在一些基因型之间存在交叉保护。$CD8^{+}$ 细胞毒性 T 淋巴细胞和抗体对于预防 BVDV 感染均至关重要。母体抗体阻断全身抗体反应，但抗 BVDV 的 T 淋巴细胞反应为动物提供了保护作用。γδT 淋巴细胞似乎对 PI 动物黏膜病的产生具有重要的预防作用。

第三节　PD-1 通路在 BVDV 抑制牛外周血 T 淋巴细胞增殖、诱导凋亡中的作用及其机制

BVD-MD 对世界各国奶牛和牛肉产业造成了巨大的经济损失，尽管各个国家均采取了诸多 BVD 防控措施，但 BVD 仍然在世界范围内广泛流行。BVDV 急性感染可以引起牛外周血白细胞减少，其中主要以外周血淋巴细胞（PBL）减少和凋亡为主。但 BVDV 急性感染引起淋巴细胞减少的免疫致病机制尚不明确。深入研究 BVDV 急性感染引起 PBL 减少的分子机制，对于探索 BVDV 免疫抑制的分子机制和预防 BVDV 感染与传播具有重要的理论和现实意义。

PD-1 通路作为一个经典的免疫抑制性信号通路已被证实与淋巴细胞功能性衰竭密切相关。HIV 和 HCV 急性感染均能诱导淋巴细胞表面 PD-1 高表达，通过 PD-1 通路抑制淋巴细胞的活化、增殖和抗病毒功能，诱导淋巴细胞凋亡。与 BVDV 同科同属的 CSFV 相关研究也证实了 CSFV 体内感染导致了外周血单个核细胞 PD-1 及其配体 PD-L1 表达显著上调，并伴随着 T 淋巴细胞增殖的显著下调，CSFV 载量的上升。然而，在 BVDV 急性感染中 PD-1 通路是否与 PBL 减少和凋亡有关，尚不清楚。针对上述科学问题，本研究团队开展了如下研究工作。

一、BVDV 急性感染中 PD-1 通路与牛 PBL 凋亡和增殖的相关性研究

在本章试验中，我们首先从 BVDV 急性感染牛颈静脉血中分离外周血单个核细胞（PBMC），从中分选出 PBL 和 CD14^{+}外周血单核细胞，检测两个细胞亚群的 PD-1 和 PD-L1 表达水平，以及 PBL 增殖和凋亡情况。其次，从健康牛颈静脉血中分离 PBMC，选择 CP 型 BVDV-1 NADL 株和 NCP 型 BVDV-1 KD 株分别进行体外感染，再分选出感染的 PBL 和 CD14^{+} PBM，检测 PD-1 和 PD-1 表达水平，以及 PBL 增殖和凋亡情况。最终，依据体内和体外检测结果，确定 PD-1 通路是否与 BVDV 急性感染导致的 PBL 减少和凋亡具有相关性。

（一）材料与方法

1.试验动物。

5 头 6 ~ 18 月龄 BVDV 急性感染牛和 10 头 12 月龄健康奶牛，来自中国黑龙江省大庆市周边荷斯坦奶牛场。其中，通过对奶牛临床症状、抗原和抗体进行定期监测，确定 5 头病牛为 BVDV 急性感染牛，均为 NCP 型 BVDV-1 急性感染。临床症状表现为：精神沉郁，采食量下降，消瘦，发热、不同程度的腹泻。第一周 BVDV 抗原检测结果为阳性，第二周后 BVDV 抗原检测结果为阴性，抗体检测结果为阳性。PCR 检测牛白血病病毒（BLV）、传染性牛鼻气管炎病毒（IBRV）、牛免疫缺陷病毒（BIV）均为阴性，具体方法参见文献。10 头 12 月龄健康奶牛体况良好，采食、反刍正常，无临床症状，BVDV 抗体和 BVDV 抗原均为阴性，PCR 检测牛 BLV、IBRV、BIV 均为阴性。

2.仪器设备与试剂。

免疫磁珠细胞分选架（Miltenyi Biotech，德国）；CytoFLEX flow cytometer（Beckman Coulter，美国）；ChemipocXRS+凝胶成像系统（Bio-Rad，美国）；CFX96 Touch Real-Time PCR 检测系统（Bio-Rad，美国）；细胞培养箱（Thermo Fisher Scientific，美国）；半干转膜仪（Bio-Rad，美国）；GraphPad Prism 6.0（La Jolla，美国）；酶标仪（Sunrise，日本）；超低温冰箱（Thermo Fisher Scientific，美国）。

牛 PBMC 分离试剂盒（天津灏洋，中国）；mouse anti-bovine CD14 mAb（Bio-Rad，美国）；mouse anti-IgG1（Miltenyi Biotech，德国）；免疫磁珠 MACS 细胞分选架（Miltenyi Biotech，德国）；TRIzol 试剂（Invitrogen，美国）；反转录试剂盒（TaKaRa，日本）；SYBR Premix Ex Taq II（TaKaRa，日本）；胎牛血清（FBS）（Gibco，美国）；PMA+ionomycin（Sigma，美国）；BCA 蛋白浓度检测试剂盒（碧云天，中国）；蛋白电泳凝胶试剂盒（碧云天，中国）；PD-1（Abcam，美国）；PD-L1（Abcam，美国）；β-actin（Proteintech，

美国）；HRP-羊抗鼠 IgG（H+L）（Proteintech，美国）；HRP-羊抗兔 IgG（H+L）（Proteintech，美国）；Annexin V-FITC 凋亡流式检测试剂盒（碧云天，中国）；RPMI-1640（Gibco，美国）；CCK-8 细胞增殖检测试剂盒（Dojindo Laboratories，日本）。

3.外周血样品采集与 PBMC 制备。

通过无菌操作法采集牛颈静脉肝素抗凝血，按照牛 PBMC 分离试剂盒说明书操作，采用梯度密度离心法分离新鲜的 PBMC。首先，取 2.5 mL 新鲜抗凝血加入等量的稀释液混匀，取 15 mL 离心管加入 5 mL PBMC 分离液，用吸管吸取稀释后的 5 mL 血液样本，缓慢的加在分离液上层，将离心管置于水平离心机内，500 g 离心 25 min。离心后取出试管，试管内样品可分为四层，由上至下第一层为血浆，第二层为白色的 PBMC，第三层为分离液，第四层为红细胞。用 200 μL 微量移液器缓慢吸取第二层的 PBMC，放入装有 10 mL 清洗液的 15 mL 离心管内，混匀。250 ~ 300 g 离心 10 min，弃去上清液，加入 1 ~ 2 mL 红细胞裂解液，混匀，室温作用 1min，250 ~ 300 g 离心 10 min，弃去上清液。再加入 5 mL 清洗液重悬细胞，250 g 离心 10 min，弃上清液，再重复清洗一次，离心获得 PBMC 沉淀。急性感染牛 PBMC 直接用于分选 PBL 和 $CD14^{+}$PBM。健康牛 PBMC 用于后续 BVDV 体外感染试验，感染后再分选 PBL 和 $CD14^{+}$PBM。

通过免疫磁珠法从急性感染牛 PBMC 中分选出 PBL 和 $CD14^{+}$PBM。首先，取 100 μL PBS 重悬 PBMC，加入 2 μL mouse anti-bovine CD14 mAb，4 ℃避光孵育 30 min，300 g 离心 10 min，弃去上清，再加入 1 mL 细胞分选 buffer（200 μL pH 7.2 PBS，1 g BSA，0.116 g EDTA）清洗细胞，300 g 离心 10 min，弃去上清，100 μL 分选 buffer 重悬细胞，加入 mouse anti-IgG1 磁珠抗体（20 μL/10^{7} 个细胞），4 ℃避光孵育 15 min。MS 磁珠分选柱置于 MACS 架子上，孵育后的细胞悬液过 MS 磁珠分选柱阳性分选 $CD14^{+}$PBM，具体步骤按照磁珠抗体说明书操作，分选出的 PBL 和 $CD14^{+}$PBM 用于后续 PD-1 和 PD-L1 表达、凋亡和增殖检测。

4.BVDV 体外感染。

健康牛 PBMC（约 1×10^{7}/孔）置于含有 RPMI-1640 的平底 6 孔细胞培养板，同时补充 100 units/mL 青霉素、100 μg/mL 链霉素、1% Glutamax-1、10% 无 BVDV 抗体和抗原的胎牛血清（FBS）和 10 ng/mL PMA and 500 ng/mL ionomycin，然后分别接种 0.01 MOI 的 CP 和 NCP 型 BVDV 毒株。其中，CP 型 BVDV-1 NADL 株购自中国兽医药品监察所（CIVDC）。NCP 型 BVDV-1 KD 株分离自大庆市周边牛场 BVDV 持续感染牛外周血，经黑龙江省牛病防治工程技术研究中心鉴定与保存。随后，将 PBMC 置于 37 °C，5% CO_2 条件下培养 120 h，每隔 24 h 收集一次细胞。通过免疫磁珠法从 BVDV 感染后的 PBMC

分选出 PBL 和 CD14$^+$PBM，分选出的 PBL 和 CD14$^+$PBM 用于后续 PD-1 和 PD-L1 表达、凋亡和增殖检测。

5.PD-1 和 PD-L1 mRNA 表达分析。

为了研究 PD-1 和 PD-L1 mRNA 的表达情况，采用实时荧光定量聚合酶链反应（qRT-PCR）技术检测 mRNA 表达。首先，选用 TRIzol 试剂分别从 PBL 和 PBM 中提取总 RNA，在细胞沉淀中加入 800 μL Trizol，混匀后裂解 5 min，加入 200 μL 预冷的氯仿，混匀后静置 15 min，4 ℃条件下 12 000 r/min 离心 15 ~ 20 min，吸取上层液体，置于 1.5 ml 离心管内，加入等体积的异丙醇，均匀混合后室温静置 15 ~ 20 min，4 ℃条件下 12 000 r/min 离心 15 ~ 20 min 离心，弃去上清，加入 1 mL 预冷的 75%乙醇，重悬沉淀，4 ℃条件下 8 000 r/min 离心 5 min，弃去乙醇，室温下干燥后，加入适量 DEPC 水溶解 RNA，通过反转录试剂盒将 RNA 转录为 cDNA，具体操作参照反转录试剂盒说明书。

采用 qRT-PCR 试剂盒 SYBR Premix Ex Taq II 和 CFX96 Touch Real-Time PCR 检测系统检测 PBL 中 PD-1 和 CD14$^+$PBM 中 PD-L1 mRNA 的表达水平，反应体系参见 TaKaRa 的 qRT-PCR 试剂盒说明书。参照相关文献合成 PD-1、PD-L1 和β-actin 引物。其中，PD-1 引物序列为 5'-AAT GAC AGC GGC GTC TAC TT-3'和 5'-GAT GAC CAG GCT CTG CAT CT-3'，PD-L1 引物序列为 5'-GGG GGT TTA CTG TTG CTT GA-3'and 5'-GCC ACC TCA GGA CTT GGT GAT-3'，β-actin 引物序列为 5'-CGC ACC ACT GGC ATT GTC AT-3'和 5'-TCC AAG GCG ACG TAG CAG AG-3'。反应条件为：95 ℃ 30 s，95 ℃ 5 s，60 ℃ 30 s，70 ℃ 30 s，40 个循环。以 0.1 ℃ /s 的速率连续采集，在 65 ~ 95 ℃ 范围内进行最终熔解曲线分析。每个测试样本重复 3 次，差异基因表达计算使用 $2^{-\Delta\Delta Ct}$ 方法。

6.PD-1 和 PD-L1 蛋白表达分析。

为了提取 PBL 和 PBM 总蛋白，采用 150 μL RIPA 裂解液与 15 mM PMSF 混合液裂解 PBL 和 PBM 细胞样品，4 ℃条件下裂解 15 ~ 20 min。然后，12 000 g，4 ℃条件下离心 5 min，采用增强型 BCA 蛋白检测试剂盒检测上清液蛋白浓度，参照说明书操作方法，绘制出标准曲线，计算蛋白浓度。选择 5 × SDS-PAGE buffer 与蛋白样品按 1：4 的比例均匀混合后，在 95 ℃条件下煮 5 min，取出备用。

参照 SDS-PAGE 凝胶配制试剂盒说明书，选择适合浓度的分离胶和浓缩胶，取大约 30 μg 总蛋白质样品上样，蛋白 Marker 上样量为 5 μL，进行 SDS-PAGE。首先 50 V 恒压电泳 30 min，样品条带进入浓缩胶后，80 V 恒压电泳 30 min，保持样品条带整齐度，再 120 V 恒压电泳，直到电泳完成。然后选择 PVDF 膜进行转膜。PVDF 膜提前用甲醇浸泡 1 min，激活后再用转膜液清洗，备用。将裁剪好的适当大小的半干转滤纸裁浸泡在转膜液中，备用。取出电泳后的胶板，根据蛋白 Maker 位置切割目的胶条，将滤纸放在转膜仪上，上层依次摆放 PVDF 膜、目的胶条和滤纸，保持每层湿润，避免最上层滤纸与最下层滤纸接触，设定 15V 恒电压转膜，根据目的蛋白的分子量选定相应的转膜时间。转膜结束后采用 TBST 配制 5%脱脂乳，室温封闭 PVDF 膜 1 h，TBST 洗膜一次，一抗 4 ℃孵育过夜，主要的一抗为：PD-1，PD-L1，β-actin。然后，膜用 TBST 冲洗 5 次，每次 10 min，二抗室温孵育 1 h，二抗为：HRP-羊抗鼠 IgG（H+L）和 HRP-羊抗兔 IgG（H+L），膜再次用 TBST 冲洗 5 次，每次 10 min，采用 ECL 显影液避光孵育 1 ~ 2 min，然后进行膜曝光。最后用 Image Lab software 分析各蛋白的灰度值。

7.细胞凋亡流式细胞术分析。

为了分析 PBL 凋亡情况，根据 Annexin V-FITC 凋亡流式检测试剂盒说明书操作。首先将分选得到 PBL 用 PBS 清洗 1 次，500 g 离心 10 min，弃去上清，加入 195 μL Annexin-V-FITC 结合液重选 PBL，设置为染色组、Annexin-V-FITC 单染组、碘化丙钠（PI）单染组和双染组，再加入 5 μL Annexin-V-FITC 和 10 μL PI，混匀，室温，避光染色 15 min，期间重悬 PBL 2 次，染色效果更理想。然后置于冰浴中，避光备用，用 CytoFLEX flow cytometer 对 PBL 进行实时凋亡分析，Annexin V-FITC 染色后呈绿色荧光，PI 染色后呈红色荧光，Annexin V-FITC（+）/PI（-）为凋亡细胞，Annexin V-FITC（+）/PI（+）为坏死细胞，Annexin V-FITC（-）/PI（+）为许可范围内的检测误差。

8.细胞增殖检测。

为了检测 PBL 的增殖情况，将 PBMC（1×10^4/孔）置于含有 RPMI-1640 平底 96 孔微量细胞培养板，同时补充 100 units/mL 青霉素、100 μg/mL 链霉素、1% Glutamax-1、10% BVDV 抗体和 BVDV-free 胎牛血清（FBS）和 10 ng/mL PMA and 500 ng/mL ionomycin（用于刺激 T 淋巴细胞和 B 淋巴细胞增殖），在 37 °C，5% CO_2 的条件下培养 168 h，每隔 24 h 检测一次 450 nm 波长的吸光度值。按照 CCK-8 细胞增殖检测试剂盒说明书操作，首先，每孔细胞中加入 20 μL CCK-8 试剂（含有水溶性四唑盐-WST-8，PBL 线粒体中的脱氢酶可以还原 WST-8 为黄色甲臜，甲臜的量与活细胞数量呈相关），轻轻混匀，避免液面出现气泡，孵育 2 h，用酶标仪检测 450 nm 吸光度值（OD_{450nm}），分析 PBL 增殖情况。

9.数据统计分析。

采用 GraphPad Prism 6.0 中的 Student's unpaired t-test，One-way ANOVA 和 Two-way ANOVA 分析方法对 qRT-PCR、Western Blot、细胞凋亡以及细胞增殖检测数据进行统计分析。统计分析数据的表示方式为均数±标准差。$p<0.05$ 为差异有统计学意义。

（二）结果

1.BVDV 急性感染牛外周血 PD-1 和 PD-L1 mRNA 表达情况。

qRT-PCR 结果表明，与健康牛相比，BVDV 急性感染牛 PBL 的 PD-1 mRNA 表达显著上调（图 4-1 中的 A，$p<0.01$）。同时，$CD14^{+}PBM$ 的 PD-L1 mRNA 表达也显著上调（图 4-1 中的 B，$p<0.001$）。

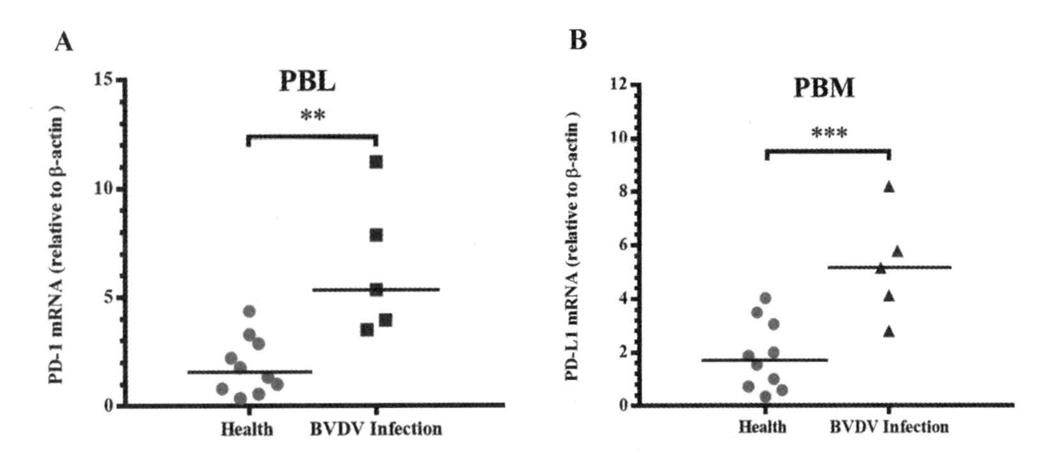

图 4-1 BVDV 感染牛 PBL 的 PD-1 和 $CD14^{+}PBM$ 的 PD-L1 mRNA 表达情况

A：PBL 的 PD-1 mRNA 表达分析。B：$CD14^{+}PBM$ 的 PD-L1 mRNA 表达分析。BVDV 急性感染组（n=5），健康牛的 PBL 和 PBM 为对照组（n=10）。***$p<0.001$，**$p<0.01$。统计分析数据的表示方式为均数±标准差。

2.BVDV 急性感染牛 PD-1 和 PD-L1 蛋白表达情况。

Western Blot 结果表明，与健康牛相比，BVDV 急性感染牛 PBL 的 PD-1 蛋白表达显著上调（图 4-2 中的 A，$p<0.01$）。同时，$CD14^{+}PBM$ 的 PD-L1 蛋白表达也显著上调（图 4-2 中的 B，$p<0.01$）。

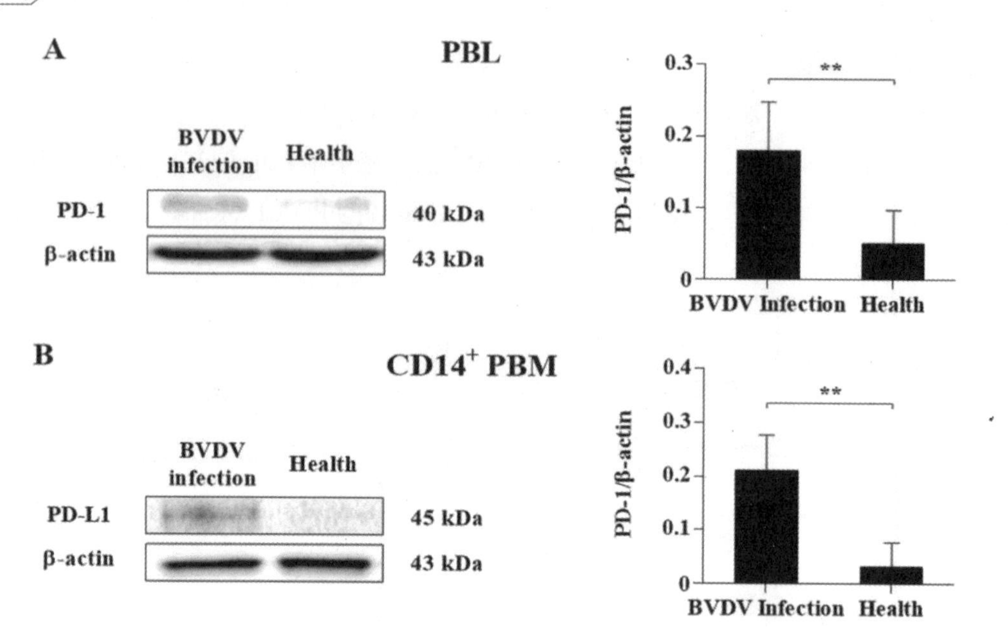

图 4-2　BVDV 急性感染牛 PBL 的 PD-1 和 $CD14^+$PBM 的 PD-L1 蛋白表达情况

A：PBL 的 PD-1 mRNA 表达分析。B：$CD14^+$PBM 的 PD-L1 mRNA 表达分析。健康牛的 PBL 和 $CD14^+$PBM 为对照组。$^{**}p<0.01$，$n=5$。统计分析数据的表示方式为均数±标准差。

3.BVDV 急性感染牛 PBL 凋亡情况。

流式细胞凋亡检测结果表明，与健康牛相比，BVDV 急性感染牛 PBL 的凋亡显著上调（图 4-3，$p<0.001$）。

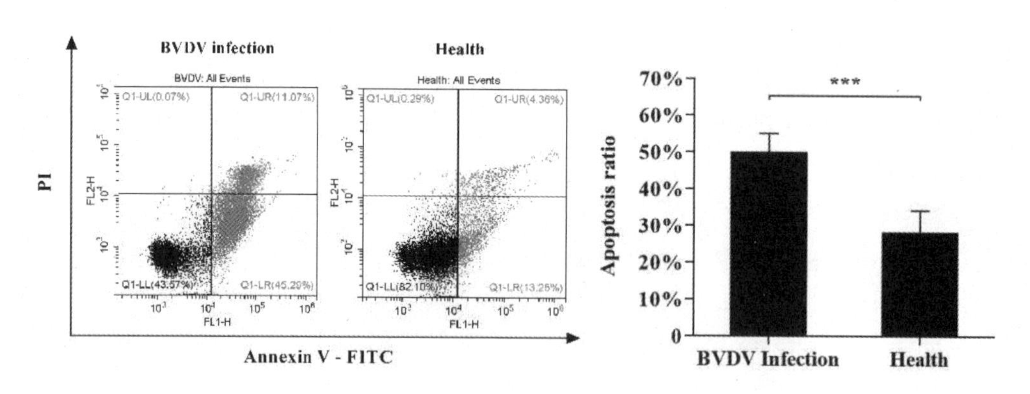

图 4-3　BVDV 急性感染牛 PBL 凋亡流式检测结果

健康牛 PBL 为对照组。$^{***}p<0.001$，$n=5$。统计分析数据的表示方式为均数±标准差。

4.BVDV 急性感染牛 PBL 增殖情况。

CCK-8 细胞增殖检测结果表明，从培养 72 h ~ 144 h，健康牛 PBL 增殖水平显著高于 BVDV 急性感染牛（图 4-4，72 h，$p<0.05$；96 h，$p<0.05$；120 h，$p<0.01$；144 h，$p<$

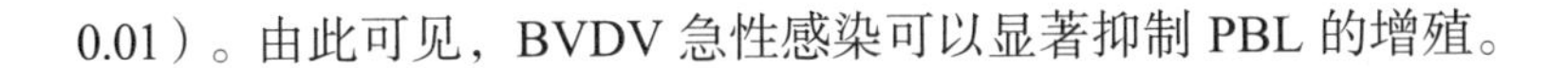

0.01）。由此可见，BVDV 急性感染可以显著抑制 PBL 的增殖。

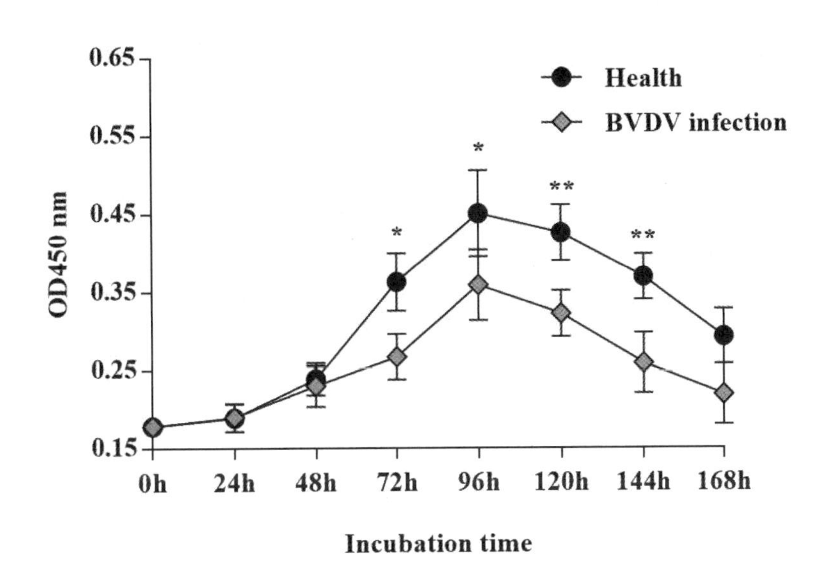

图 4-4 BVDV 急性感染牛 PBL 增殖检测结果

BVDV 急性感染牛 PBL 为对照组。$^{**}p<0.01$，$^{*}p<0.05$，$n=5$。统计分析数据的表示方式为均数±标准差。

5.BVDV 体外感染对 PD-1 和 PD-L1 mRNA 表达情况。

qRT-PCR 结果表明，在 CP 型和 NCP 型 BVDV 体外感染中 PBL 的 PD-1 mRNA 表达水平随着感染时间的延长逐渐升高，在感染后 96 h 达到最高，120 h 开始下降（图 4-5）。在 CP 型 BVDV 感染中 $CD14^{+}$PBM 的 PD-L1 mRNA 表达水平在感染后 72 h 达到最高，96 h 开始下降（图 4-5）。然而在 NCP 型 BVDV 感染中 PD-L1 mRNA 表达水平在感染后 96 h 达到最高，120 h 开始下降（图 4-5）。

此外，在 CP 型 BVDV 感染中 PBL 的 PD-1 mRNA 表达水平在感染后 72 h（$p<0.01$）、96 h（$p<0.001$）和 120 h（$p<0.05$）显著高于对照组（图 4-5 中的 A）。$CD14^{+}$ PBM 的 PD-L1 mRNA 表达水平在感染后 48 h（$p<0.05$）、72 h（$p<0.001$）和 96 h（$p<0.05$）显著高于对照组（图 4-5 中的 B）。在 NCP 型 BVDV 感染中 PBL 的 PD-1 mRNA 表达水平在感染后 72 h（$p<0.05$）、96 h（$p<0.0001$）和 120 h（$p<0.001$）显著高于对照组（图 4-5 中的 A）。$CD14^{+}$ PBM 的 PD-L1 mRNA 表达水平在感染后 72 h（$p<0.05$）、96 h（$p<0.001$）和 12 h（$p<0.01$）显著高于对照组（图 4-5 中的 B）。

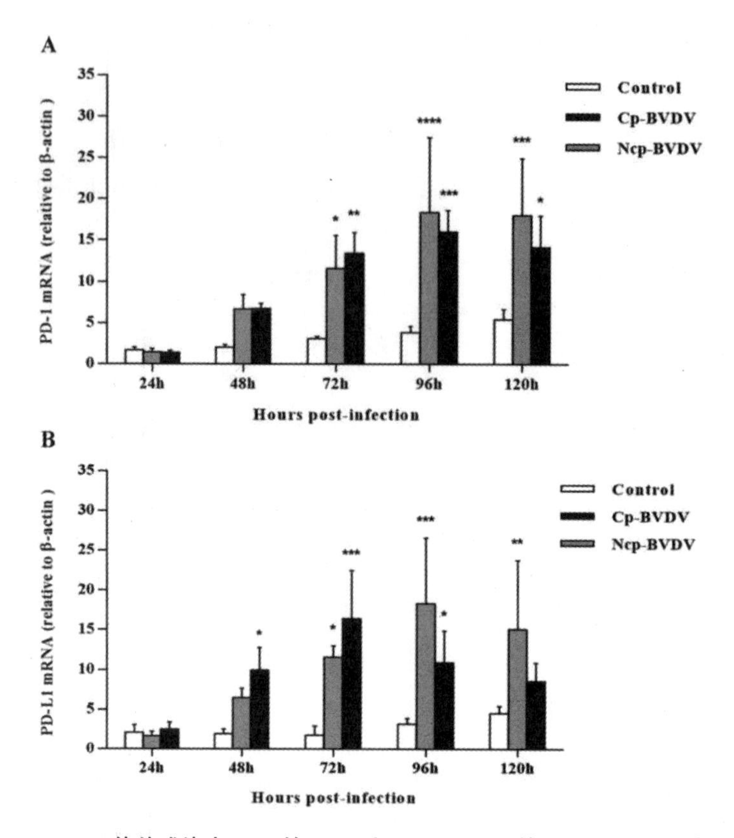

图 4-5　BVDV 体外感染中 PBL 的 PD-1 和 CD14⁺PBM 的 PD-L1 mRNA 表达情况

A：PBL 的 PD-1 mRNA 表达分析。B：CD14$^+$PBM 的 PD-L1 mRNA 表达分析。无 BVDV 感染的健康牛 PBL 和 CD14$^+$PBM 为对照组。****$p<0.001$，***$p<0.001$，**$p<0.01$，*$p<0.05$，$n=3$。统计分析数据的表示方式为均数±标准差。

6.BVDV 体外感染对 PBMC 表面 PD-1 和 PD-L1 蛋白表达情况。

依据 PD-1 和 PD-L1 mRNA 表达分析结果，在 CP 型 BVDV 体外感染后 72 h PD-1 和 PD-L1 表达显著上调，且表达量最高，此时，在 NCP 型 BVDV 体外感染中 PD-1 和 PD-L1 表达也显著上调。因此，我们选择了 BVDV 体外感染后 72 h 作为蛋白表达检测时间点。Western Blot 结果表明，在感染后 72 h，CP 和 NCP 型 BVDV 均可诱导 PBL 的 PD-1（CP，$p<0.001$，图 4-6 中的 A；NCP，$p<0.001$，图 4-6 中的 C）和 CD14$^+$ PBM 的 PD-L1（CP，$p<0.001$，图 4-6 中的 B；NCP，$p<0.001$，图 4-6 中的 D）蛋白表达显著上调。

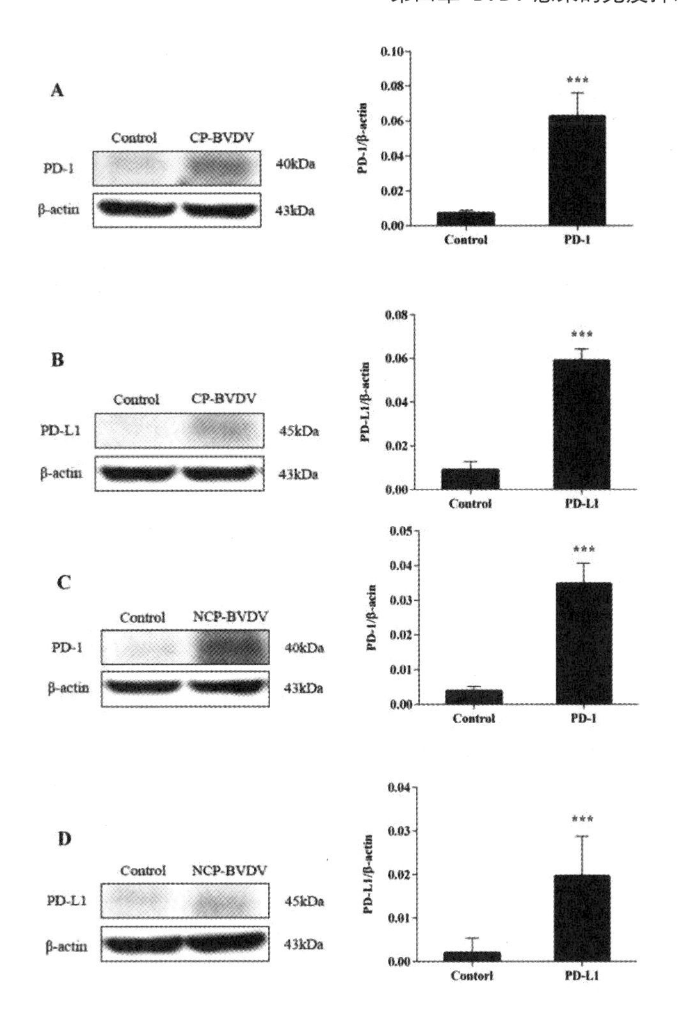

图 4-6 BVDV 体外感染中 PBL 的 PD-1 和 CD14⁺PBM PD-L1 蛋白表达情况

A:CP 型 BVDV 感染中 PBL 的 PD-1 蛋白表达分析。B:CP 型 BVDV 感染中 CD14⁺ PBM 的 PD-L1 蛋白表达分析。C: NCP 型 BVDV 感染中 PBL 的 PD-1 蛋白表达分析。D: NCP 型 BVDV 感染中 CD14⁺PBM 的 PD-L1 蛋白表达分析。无 BVDV 感染的健康牛的 PBL 和 PBM 为对照组。***$p<0.001$, $n=3$。统计分析数据的表示方式为均数±标准差。

7.BVDV 体外感染对 PBL 凋亡的影响。

依据 PD-1 和 PD-L1 表达分析结果，在 CP 型 BVDV 体外感染后 72 h PD-1 和 PD-L1 表达显著上调，且表达量最高，此时，在 NCP 型 BVDV 体外感染中 PD-1 和 PD-L1 表达也显著上调。因此，我们选择了 BVDV 体外感染后 72 h 作为细胞凋亡检测时间点。流式细胞凋亡检测结果表明，CP 和 NCP 型 BVDV4-体外感染均可诱导牛 PBL 凋亡的显著上调（CP，$p<0.05$，图 4-7 中的 A；NCP，$p<0.05$，图 4-7 中的 B）。

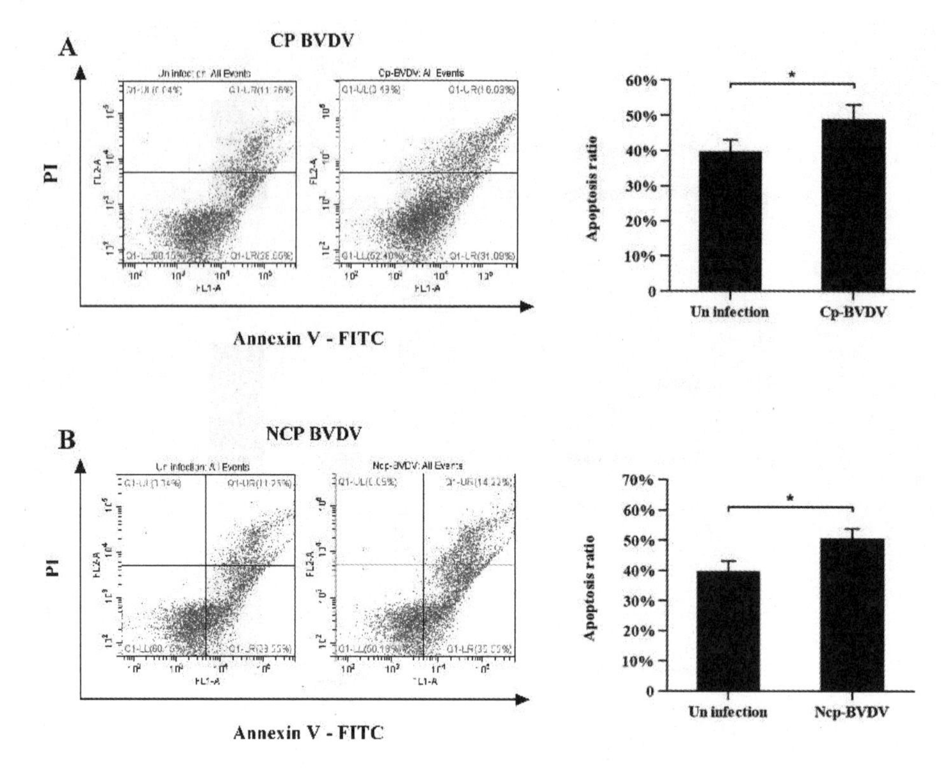

图 4-7　BVDV 体外感染对牛 PBL 凋亡的影响

A：CP 型 BVDV 感染的 PBL 凋亡的流式分析。B：NCP 型 BVDV 感染的 PBL 凋亡的流式分析。未感染的 PBL 为对照组。*$p<0.05$，n=3。统计分析数据的表示方式为均数±标准差。

8.BVDV 体外感染对 PBL 增殖的影响

细胞增殖检测结果表明，CP 和 NCP 型 BVDV 体外感染均能显著抑制 PBL 的增殖（感染后 72～168 h，图 4-8）。

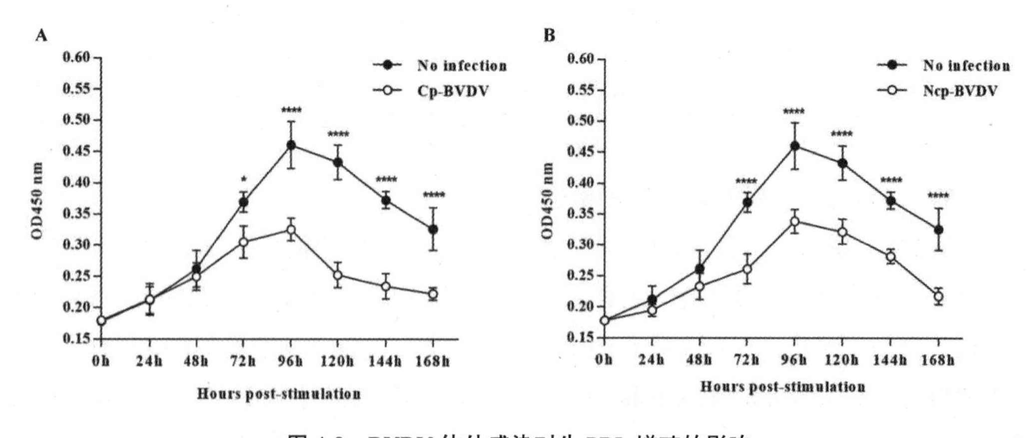

图 4-8　BVDV 体外感染对牛 PBL 增殖的影响

A：CP 型 BVDV 感染的 PBL 增殖的影响。B：NCP 型 BVDV 感染的 PBL 增殖的影响。未感染的 PBL 为对照组。****$p<0.0001$，*$p<0.05$，n=3。统计分析数据的表示方式为均数±标准差。

（三）讨论

在慢性病毒感染中PD-1已被证实起着至关重要的免疫调节作用。PD-1与其配体互作可以介导协同抑制信号，抑制淋巴细胞的活化、增殖，诱导凋亡与衰竭，如HIV、LCMV和HBV等。然而，在急性病毒感染中PD-1通路对淋巴细胞的调控作用并不明确。多数急性病毒感染过程中宿主的先天性免疫和获得性免疫反应能够被迅速激活，清除病毒，很少引起淋巴细胞衰竭。但一些免疫抑制性病毒急性感染中高表达的PD-1也会抑制淋巴细胞活化、增殖和免疫功能。另外，也有报道证明PD-1通路对T淋巴细胞具有正向的免疫调节作用，如利于Memory-T淋巴细胞的形成。值得注意的是，BVDV急性感染可引起淋巴细胞减少和凋亡。然而，在BVDV急性感染中PD-1通路是否与PBL减少和凋亡有关，尚不清楚。

CP型和NCP型BVDV均可引起急性感染，但临床急性感染病例中主要以NCP型BVDV引起的急性感染为主。本章试验中通过制定了长期的临床监测和试验室诊断方案，在城市周边的10个不同规模的荷斯坦奶牛场确诊了5头BVDV急性感染牛，均为NCP型BVDV-1急性感染，在有限的5个BVDV急性感染病例中我们仍然得到了预期的研究结果。此外，虽然NCP型急性感染在临床病例中占多数，但CP型急性感染也有发生。因此，我们在BVDV体外感染试验中选择了CP型BVDV-1 NADL标准株和NCP型BVDV-1 KD分离株作为试验用毒株，评估PD-1在两种生物型BVDV急性感染中的免疫调节作用。

急性HCV感染可以诱导淋巴细胞表面PD-1高表达，与淋巴细胞衰竭有关。Yue等人研究也表明CSFV感染也能抑制T淋巴细胞增殖，与PD-1和PD-L1表达上调密切相关。在本章研究中BVDV急性感染牛PBL的PD-1和$CD14^+$PBM的PD-L1表达水平显著上调，并伴随着PBL凋亡的显著增加和增殖的显著减少，并且在CP和NCP型BVDV体外感染中也得到了相同的结论。证实PD-1通路可能在BVDV急性感染导致的PBL减少和凋亡中也起到了重要的调控作用。此外，CSFV、HCV与BVDV同属于黄病毒科。我们的发现也为探索BVDV或黄病毒科的其他病毒成员的免疫病理机制提供了新的依据。

（四）小结

1.BVDV诱导了牛PBL PD-1和$CD14^+$PBM PD-L1表达的显著上调。

2.PD-1和PD-L1表达上调伴随着PBL增殖的减少和凋亡的增加。

3.PD-1可能在BVDV抑制PBL增殖、诱导凋亡中起到调控作用。

二、BVDV 体外感染中 PD-1 抗体阻断对 PBL 凋亡和增殖的影响

在上部分研究中我们发现在 BVDV 急性感染中 PD-1 通路可能与 PBL 减少和凋亡有关，但仍有待于进一步研究与明确。值得注意的是，PD-1 介导的抑制信号具有可逆性，阻断该信号通路，可以恢复淋巴细胞增殖和抗病毒功能，抑制细胞凋亡。Edward 等研究结果表明，抗体阻断 PD-1 通路后 HIV 载量显著减少，$CD8^{+}$ T 淋巴细胞增殖显著增加。体外阻断 PD-1 通路可以恢复 HIV 特异性 $CD4^{+}T$ 淋巴细胞功能，同时上调 IFN-γ和 IL-2 的分泌。此外，PD-1 阻断还能恢复 HBV 特异性 $CD4^{+}T$ 淋巴细胞增殖，提高 IFN-γ和 IL-2 的分泌。上述结论为我们通过抗体阻断方法研究 PD-1 通路在 BVDV 急性感染中对 PBL 的免疫负调控作用提供了科学依据。

（一）材料与方法

1.试验动物。

本章试验选用 3 头 12 月龄健康牛，来自中国黑龙江省大庆市周边荷斯坦奶牛场。通过 BVDV 抗体和抗原捕获 ELISA 试剂盒（IDEXX Laboratories, Westbrook, ME, USA），检测牛 BVDV 抗体和 BVDV 抗原均为阴性，PCR 检测牛 BLV、IBRV、BIV 感染均为阴性。

2.仪器设备与试剂。

自动移液器（Brand，德国）；电泳仪（Bio-Rad，美国）；电泳槽（Bio-Rad，美国）；超声波破碎仪（宁波新艺，中国）；全自动纯水装置（上海摩速，中国）。

anti-PD-1 mAb（Abcam，ab52587，美国）；mouse IgG1 isotype control（eBioscience，美国）；mouse anti-bovine CD14 mAb（Bio-Rad，美国）；mouse anti-IgG1 微珠（Miltenyi Biotech，德国）；IFN-γ ELISA 检测试剂盒（USCN Life Science，中国）；IL-2 ELISA 检测试剂盒（USCN Life Science，中国）；IL-4 ELISA 检测试剂盒（USCN Life Science，中国）；IL-10 ELISA 检测试剂盒（USCN Life Science，中国）。

3.BVDV 体外感染与 PD-1 阻断。

为了封阻 PD-1 与其配体的相互作用，选用 anti-PD-1 mAb 进行阻断。PBMC 分别接种 0.01 MOI 的 CP 和 NCP 型 BVDV 毒株，然后分别加入 10 μg/mL anti-PD-1 抗体或 mouse IgG1 isotype control，在 37 ℃，5% CO2 条件下培养 72 h（检测细胞凋亡，细胞因子和病毒载量）或 168 h（间隔 24 h 检测细胞增殖）。

4.细胞凋亡与增殖检测。

为了研究 BVDV 体外感染及 PD-1 阻断对 PBL 凋亡的影响，采用 Annexin V-FITC 细胞凋亡检测试剂盒检测 PBL 凋亡情况。为了研究 BVDV 体外感染及 PD-1 阻断对 PBL

增殖的影响，采用 CCK-8 细胞增殖检测试剂盒检测细胞增殖。

5.病毒载量检测。

为了研究 BVDV 体外感染及 PD-1 阻断对病毒载量的影响，采用 qRT-PCR 技术定量检测 PBMC 悬液中 BVDV 病毒载量。首先，取 200 μL PBMC 悬液，加入 600 μL Trizol，混匀后进行裂解，提取 RNA，并进行反转录。将 BVDV 5'非编码区（UTR）核苷酸序列扩增并克隆到pMD18-T载体中，建立qRT-PCR检测方法。5'-UTR定量引物为5'-GAG TAC AGG GTA GTC GTC AG-3'和 5'-CTC TGC AGC ACC CTA TCA GG-3'，β-actin 定量引物为 5'CGC ACC ACT GGC ATT GTC AT-3'和 5'-TCC AAG GCG ACG TAG CAG AG-3'。选用 pH 8.0 TE buffer 10 倍稀释（10-1 ~ 10-7）pMD18-T/5'-UTR 重组质粒，稀释后的质粒作为模板进行qRT-PCR，根据Ct值和浓度绘制标准曲线，计算BVDV病毒载量(copies/mL)。反应条件为：95 ℃ 30 s，95 ℃ 5 s，60 ℃ 30 s，70 ℃ 30 s，45 个循环。以 0.1 ℃/s 的速率连续采集，在 65 ~ 95 ℃范围内进行最终熔化曲线分析。

6.细胞因子检测。

为了研究 BVDV 体外感染及 PD-1 阻断对 PBMC 培养液上清中 IFN-γ、IL-2、IL-4 和 IL-10 产量的影响，收集感染后 72 h 的 PBMC 悬液，4 ℃，1000 g 离心 10 min，收集上清。采用 ELISA 检测试剂盒检测上清液中 IFN-γ、IL-2、IL-4 和 IL-10 的含量，具体方法参见试剂盒说明书。

7.数据统计分析。

采用 GraphPad Prism 6.0（La Jolla，美国）中的 Student's unpaired t-test，One-way ANOVA 和 Two-way ANOVA 分析方法对 qRT-PCR、Western Blot、细胞凋亡检测以及细胞增殖数据进行统计分析。统计分析数据的表示方式为均数±标准差。$p<0.05$ 为差异有统计学意义。

（二）结果

1.体外阻断 PD-1 通路对 PBL 凋亡的影响。

流式细胞凋亡检测结果表明，在BVDV体外感染中阻断PD-1通路可以显著减少PBL凋亡（CP 型 BVDV，$p<0.05$，图 4-9 中的 C；NCP 型 BVDV，$p<0.05$，图 4-9 中的 D），但同型对照抗体差异不显著（图 4-9）。在 CP 型 BVDV 感染中 PD-1 阻断使 PBL 的凋亡率由 47.6%±2.4%下降到 38.9±2.2%（图 4-9 中的 A）。在 NCP 型 BVDV 感染中 PD-1 阻断使 PBL 的凋亡率由 49.8%±1.8%下降到 42.3±2.1%（$p<0.05$，图 4-9 中的 B）。

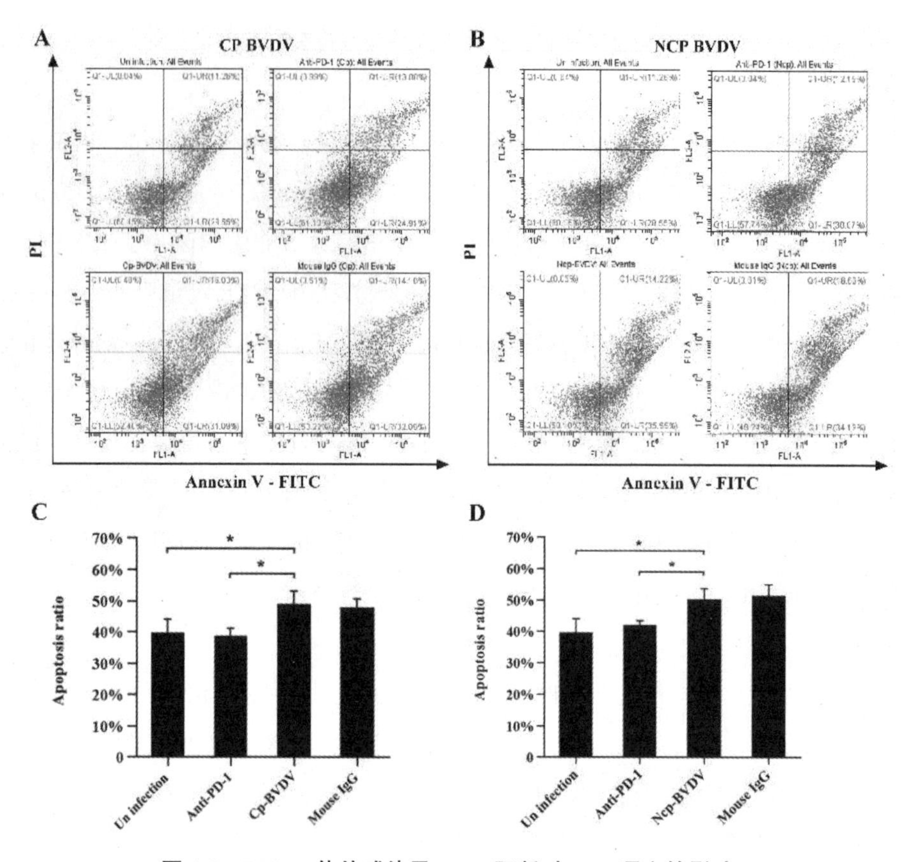

图 4-9　BVDV 体外感染及 PD-1 阻断对 PBL 凋亡的影响

A：CP 型 BVDV 体外感染中 PBL 的流式细胞凋亡检测结果。B：NCP 型 BVDV 体外感染中 PBL 的流式细胞凋亡检测结果。C：CP 型 BVDV 体外感染中 PBL 凋亡的统计分析。D：NCP 型 BVDV 体外感染中 PBL 凋亡的统计分析。未加阻断抗体的 BVDV 感染 PBL 为对照组，$*p<0.05$，$n=3$。统计分析数据的表示方式为均数±标准差。

2.体外阻断 PD-1 通路对 PBL 增殖的影响。

细胞增殖检测结果表明，在 CP 型 BVDV 感染中阻断 PD-1 通路可以显著恢复 PBL 的增殖（感染后 72 h，$p<0.05$；96 h，$p<0.001$；120 h，$p<0.001$；144 h，$p<0.01$，图 4-10 中的 A），然而在 NCP 型 BVDV 感染中 PD-1 阻断也在一定程度上恢复了 PBL 的增殖，但差异不显著（图 4-10 中的 B）。

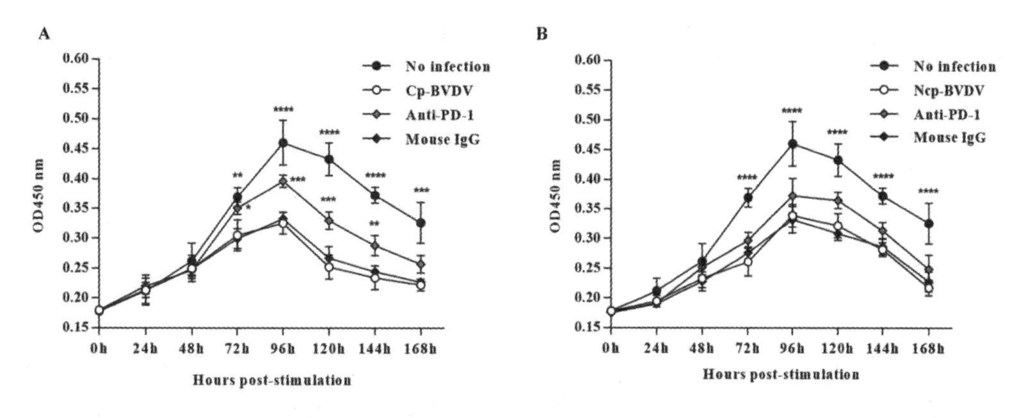

图 4-10 BVDV 体外感染及 PD-1 阻断对 PBL 增殖的影响

A：CP 型 BVDV 体外感染及 PD-1 阻断对 PBL 增殖的影响。B：NCP 型 BVDV 体外感染及 PD-1 阻断对 PBL 增殖的影响。未加阻断抗体的 BVDV 感染的 PBL 为对照组，****$p<0.001$，***$p<0.001$，**$p<0.01$，*$p<0.05$，$n=3$。统计分析数据的表示方式为均数±标准差。

3.体外阻断 PD-1 通路对病毒载量的影响。

BVDV 病毒载量的 qRT-PCR 检测结果表明，在 BVDV 体外感染中 PD-1 阻断可以显著降低 PBMC 悬液中 BVDV 病毒载量（CP 型 BVDV，p<0.01，图 4-11 中的 A；NCP 型 BVDV，p<0.05，图 4-11 中的 B）。

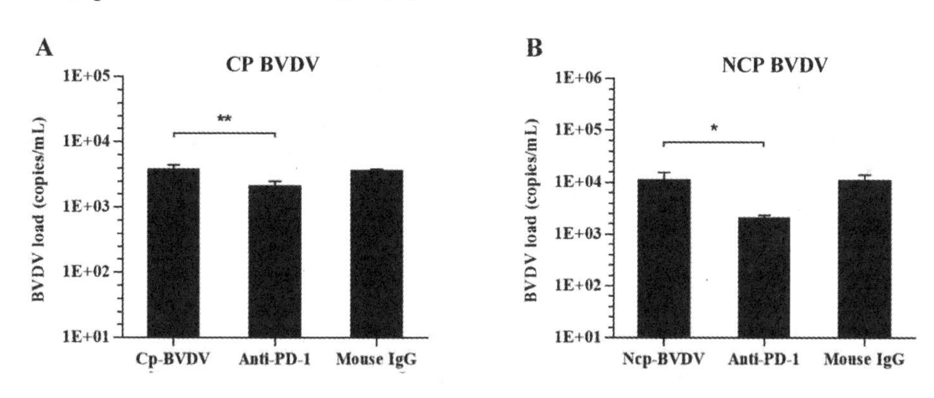

图 4-11 PD-1 阻断对 BVDV 病毒载量的影响

A：CP 型 BVDV 体外感染及 PD-1 阻断对 PBMC 悬液中 BVDV 病毒载量的影响。B：NCP 型 BVDV 体外感染及 PD-1 阻断对 PBMC 悬液中 BVDV 病毒载量的影响。未加阻断抗体的 BVDV 感染的 PBMC 为对照组，**$p<0.01$，*$p<0.05$，$n=3$。统计分析数据的表示方式为均数±标准差。

4.体外阻断 PD-1 通路对细胞因子的影响。

应用细胞因子 ELISA 检测试剂盒对 PBMC 培养液上清中 IFN-γ、IL-2、IL-4 和 IL-10 含量进行了检测。结果表明，在 CP 型 BVDV 体外感染中 PD-1 阻断显著提高了 IFN-γ（p<0.01，图 4-12 中的 A）和 IL-2（p<0.05，图 4-12 中的 B）的表达量，但对 IL-4 和

IL-10 表达量的影响差异不显著（图 4-12 中的 C 和 D）。在 NCP 型 BVDV 体外感染中 PD-1 阻断显著提高了 IL-2（$p<0.05$，图 4-12 中的 F）的表达量，但对 IL-4 表达量的影响差异不显著（图 4-12 中的 G），此外，虽然在一定程度上提高了 IFN-γ和降低了 IL-10 的表达量，但差异不显著（图 4-12 中的 E 和 H）。

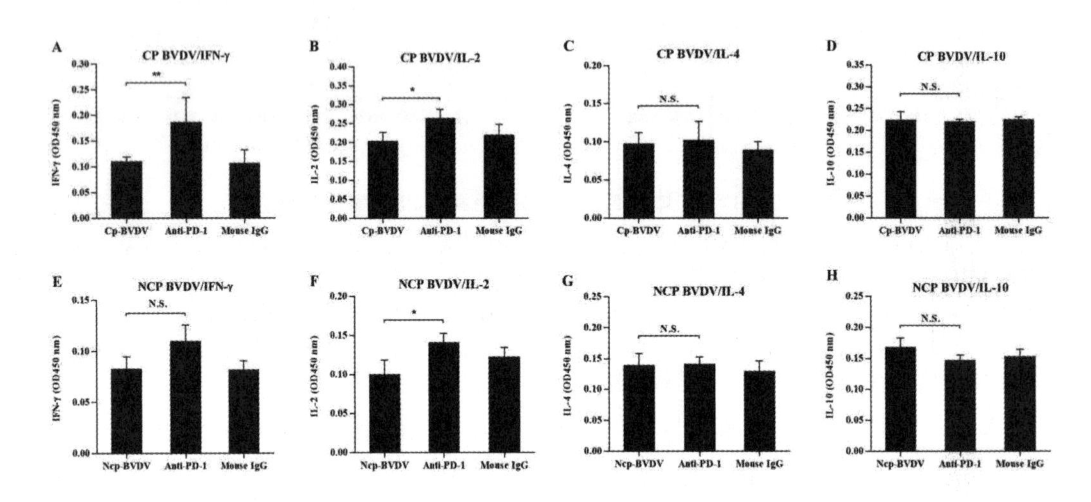

图 4-12　PD-1 阻断对 IFN-γ、IL-2、IL-4 和 IL-10 表达量的影响

A：CP 型 BVDV 体外感染及 PD-1 阻断对 IFN-γ的影响。B：CP 型 BVDV 体外感染及 PD-1 阻断对 IL-2 的影响。C：CP 型 BVDV 体外感染及 PD-1 阻断对 IL-4 的影响。D：CP 型 BVDV 体外感染及 PD-1 阻断对 IL-10 的影响。E：NCP 型 BVDV 体外感染及 PD-1 阻断对 IFN-γ的影响。F：NCP 型 BVDV 体外感染及 PD-1 阻断对 IL-2 的影响。G：NCP 型 BVDV 体外感染及 PD-1 阻断对 IL-4 的影响。H：NCP 型 BVDV 体外感染及 PD-1 阻断对 IL-10 的影响。未加阻断抗体的 BVDV 感染的 PBL 为对照组，**$p<0.01$，*$p<0.05$，N.S.差异不显著，n=3。统计分析数据的表示方式为均数±标准差。

（三）讨论

在本章研究中 PD-1 阻断能显著恢复 PBL 增殖，尤其是在 CP 型 BVDV 感染后的 96 h 和 120 h。但在 NCP 型 BVDV 感染中 PD-1 阻断也在一定程度上恢复了 PBL 的增殖，但与病毒感染组相比差异不显著。CTLA-4 作为一个共抑制分子可以与 CD28 分子竞争共同的配体，并且 CTLA-4 对配体的亲和力更强，从而抑制 CD28 介导的 T 淋巴细胞活化和增殖。Walker 等人报道针对 PD-1 和 CTLA-4 的联合免疫治疗在恢复 T 淋巴细胞免疫活性方面可以起到协同作用。此外，Kehry 等人报道，与单一抗体阻断疗法相比，通过抗体联合阻断 PD-1、TIM-3 和 LAG-3 通路可以更有效地恢复 T 淋巴细胞抗肿瘤免疫功能。我们推测，在 NCP 型 BVDV 感染中可能存在其他免疫负调控通路（如 CTLA-4、TIM-3 或 LAG-3 等）协同调控了 PBL 增殖，但仍有待于进一步研究与阐明。

IFN-γ是一个至关重要的细胞因子，无论在先天和适应性免疫还是在抗病毒过程中均扮演着重要的角色。目前，BLV 的相关研究已经证实了通过特异性抗体封阻 PD-1 通路可以显著上调 IFN-γ表达量，并相应地下调 BLV 前病毒载量，此外，在 HIV 相关研究中也报道了相似的研究结果。而我们的研究也证实了阻断 PD-1 通路能提高 IFN-γ表达量，降低 BVDV 病毒载量。研究结果也揭示了 PD-1 阻断提高了 PBL 抗 BVDV 的功能。IL-2 表达和 T 淋巴细胞增殖是 T 淋巴细胞活化的重要特征，Laura 等人研究表明，激活 PD-1/PD-L1 通路，可抑制 T 淋巴细胞增殖和 IL-2 表达。Fisicaro 等人研究结果表明，阻断 PD-1/PD-L1 信号通路可促进 $CD8^+T$ 淋巴细胞的增殖，上调肝内淋巴细胞 IFN-γ和 IL-2 的分泌，恢复肝内 HBV 特异性 $CD8^+T$ 淋巴细胞免疫功能，进而清除病毒。我们的结果表明，在 CP 和 NCP 型 BVDV 感染中 PD-1 阻断能够显著上调 IL-2 的表达。值得注意的是，在 CP 型 BVDV 感染中 IL-2 显著上调伴随着 PBL 增殖水平的提高，但在 NCP 型 BVDV 感染中虽然 IL-2 表达显著上调但是 PBL 增殖水平变化不显著，这也提示在 NCP 型 BVDV 感染中仍存在其他可以诱导 PBL 增殖下调的因素。此外，IL-10 是一种免疫抑制相关细胞因子，可以抑制先天免疫和适应性免疫。在我们的研究中阻断 PD-1 通路并没有显著降低 IL-10 的表达量，这与 BLV 相关研究报道得出的结论相似。推测在 BVDV 感染过程中 PD-1 阻断似乎不能完全恢复 PBL 的抗病毒免疫功能。

应用 PD-1 特异性抗体阻断 PD-1 通路在抗病毒治疗领域已被证实具有潜在的应用前景。值得注意的是，PD-1 治疗性抗体，如 Nivolumab 和 Pembrolizumab，已被广泛用于特定类型癌症的免疫治疗，如黑色素瘤和肾细胞癌。值得注意的是，Guihot 等人最新研究报道了，使用 Nivolumab 治疗肺癌的患者时病人体内的 HIV 病毒库也急剧减少了，这表明 PD-1 通路是治疗 HIV 感染的潜在靶点。我们研究也表明，PD-1 抗体阻断也可能是一种潜在的治疗 BVDV 感染的策略。

（四）小结

1.在 BVDV 体外感染中阻断 PD-1 通路可以恢复 PBL 增殖和抗病毒功能，抑制凋亡。

2.明确了 PD-1 通路在 BVDV 抑制 PBL 增殖、诱导凋亡中的作用，为探索 BVDV 免疫抑制机制提供了新的依据。

三、PD-1 抗体阻断对 BVDV 体外感染的 CD4+和 CD8+ T 淋巴细胞凋亡和增殖的影响

淋巴细胞，如 T 淋巴细胞和 B 淋巴细胞，在动物机体抵御外在病毒侵袭和清除感染病毒中发挥着至关重要的作用。然而，许多免疫抑制病毒感染动物机体后可以诱导淋巴

细胞不同亚群 PD-1 的高表达，如 $CD4^+$和 $CD8^+$ T 淋巴细胞。这些淋巴细胞亚群表面的 PD-1 与其配体（如 PD-L1）结合后可以介导协同抑制信号，抑制淋巴细胞活化、增殖，诱导其凋亡。我们在前两部分研究中已经证实了 PD-1 通路在急性 BVDV 感染导致的 PBL 减少和凋亡中起到了重要的调控作用，并且阻断 PD-1 通路可以恢复 PBL 增殖和抗病毒功能，抑制凋亡。然而，在 BVDV 感染中 PD-1 通路究竟对哪些淋巴细胞亚群（如辅助性 T 淋巴细胞、细胞毒性 T 淋巴细胞、B 淋巴细胞等）起到了关键的免疫调控作用，我们尚不清楚。

（一）材料与方法

1.试验动物。

本章试验选用 5 头 12 月龄健康牛，来自中国黑龙江省大庆市周边荷斯坦奶牛场。

2.仪器设备与试剂。

全自动核酸浓度测定仪（Thermo Fisher Scientific，美国）；制冰机（Manitowoc，意大利）；高速冷冻离心机（Eppendorf，德国）；荧光显微镜（Leica，德国）。

牛 PBL 分离试剂盒（天津灏洋，中国）；牛 PBMC 分离试剂盒（天津灏洋，中国）；mouse anti-bovine CD4（MCA834GA，Bio-Rad，美国）；CD8（MCA837GA，Bio-Rad，美国）；CD21（MCA1424GA，Bio-Rad，美国）；mouse anti-bovine CD14 mAb（Bio-Rad，美国）；mouse anti-IgG1 或者 IgG2a+b（Miltenyi Biotech，德国）。

3.PBL 亚群分选。

通过免疫磁珠分选技术从 PBMC 中纯化 PBL 亚群，主要包括：CD4+T 淋巴细胞、CD8+T 淋巴细胞和 CD21+B 细胞。具体方法如下：PBL 分别用 CD4、CD8 和 CD21 一抗，4 ℃孵育 30 min，然后加入与一抗同型的磁珠二抗：mouse anti-IgG1 或者 IgG2a+b，4 ℃孵育 15 ~ 30 min。按照磁珠抗体说明书操作流程，采用免疫磁珠细胞分选架进行 CD4+T 淋巴细胞、CD8+T 淋巴细胞和 CD21+B 淋巴细胞的阳性分选。

4.PBL 亚群 PD-1 蛋白的 Western Blot 分析。

具体方法参照之前章节。

5.PD-1 阻断。

具体方法参照之前章节。

6.细胞凋亡流式细胞术分析。

阻断 PD-1 通路后分别分选出 CD4+和 CD8+T 淋巴细胞，通过流式检测细胞凋亡，具体方法参照之前章节。

7.细胞增殖检测。

阳性分选 CD4+T 淋巴细胞、CD8+T 淋巴细胞和 CD14+PBM，将 CD4+T 淋巴细胞或 CD8+T 淋巴细胞按照 5：1 的细胞数比例，分别与 CD14+PBM 共培养。再分别用 CP 和 NCP 型 BVDV 体外感染共培养细胞，同时加入单抗阻断 PD-1 通路，感染和阻断方法同之前章节。在 37 °C，5% CO2 的条件下培养 168 h，每隔 24 h 检测一次 450 nm 波长的吸光度值，按照 CCK-8 细胞增殖检测试剂盒说明书，根据吸光度值分析细胞增殖水平。

8.数据统计分析。

采用 GraphPad Prism 6.0 中的 Student's unpaired t-test，One-way ANOVA 和 Two-way ANOVA 分析方法对 qRT-PCR、Western Blot、细胞凋亡检测以及细胞增殖数据进行统计分析。统计分析数据的表示方式为均数±标准差。$p<0.05$ 为差异有统计学意义。

（二）结果

1.PBL 亚群 PD-1 蛋白表达情况。

Western Blot 结果表明，CP 和 NCP 型 BVDV 体外感染均能显著提高 CD4+（CP 型 BVDV，$p<0.01$，图 4-13 中的 A；NCP 型 BVDV，$p<0.001$，图 4-14 中的 A）和 CD8+T 淋巴细胞（CP 型 BVDV，$p<0.001$，图 4-13 中的 B；NCP 型 BVDV，$p<0.05$，图 4-14 中的 B）PD-1 表达。但 CD21+B 淋巴细胞 PD-1 表达差异不显著（图 4-13 和图 4-14）。

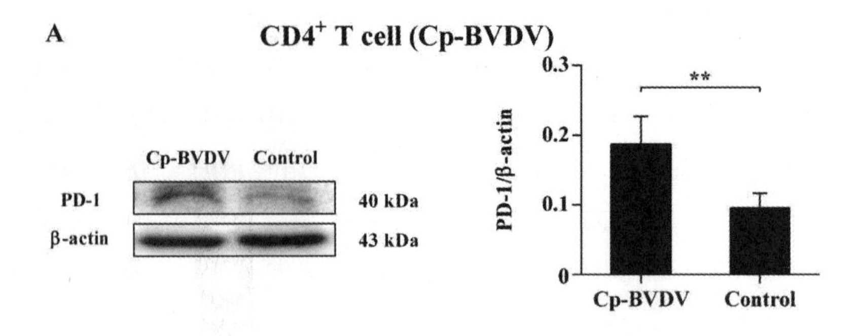

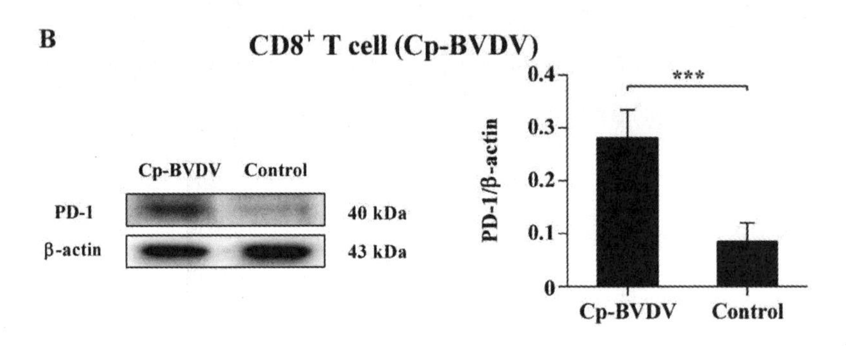

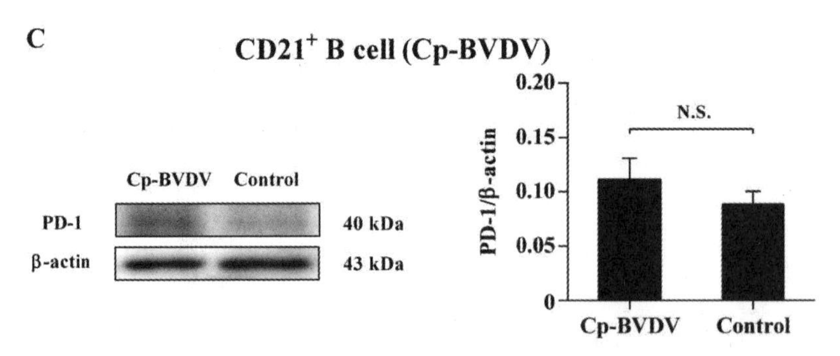

图 4-13　CP 型 BVDV 体外感染对 PBL 亚群 PD-L 蛋白表达的影响

A：$CD4^+$T 淋巴细胞 PD-1 蛋白表达分析。B：$CD48^+$T 淋巴细胞 PD-1 蛋白表达分析。C：$CD21^+$B 淋巴细胞 PD-1 蛋白表达分析。无 BVDV 感染细胞为对照组。***$p<0.001$，**$p<0.01$，N.S.差异不显著，n=5。统计分析数据的表示方式为均数±标准差。

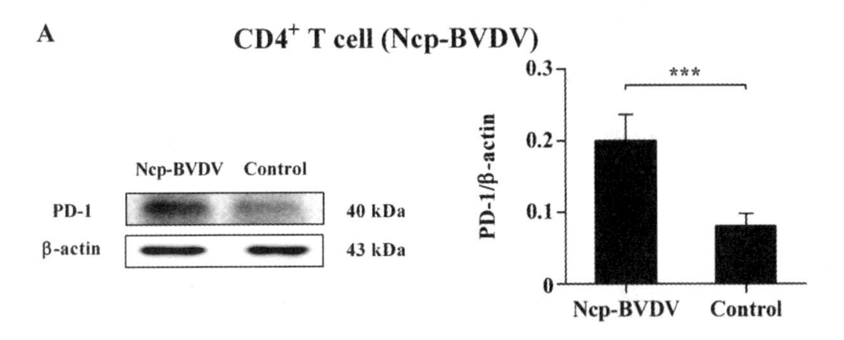

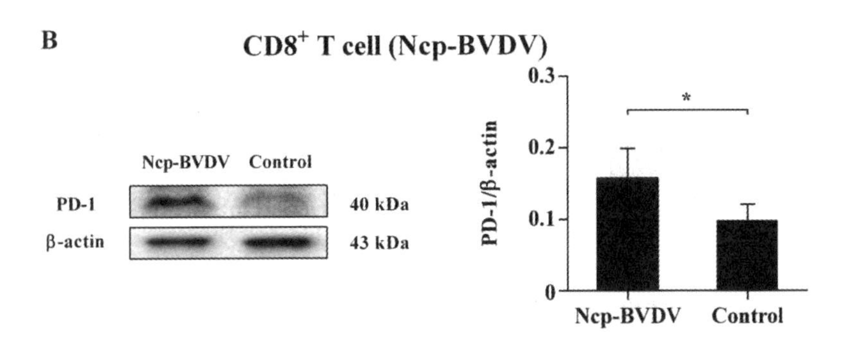

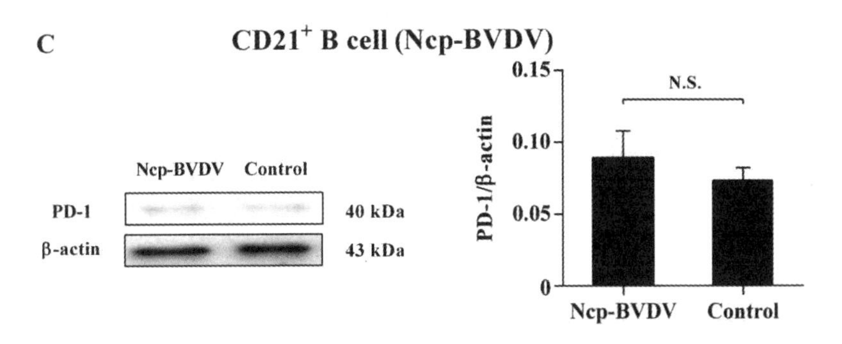

图 4-14 NCP 型 BVDV 体外感染对 PBL 亚群 PD-1 蛋白表达的影响

A：$CD4^{+}$T 淋巴细胞 PD-1 蛋白表达分析。B：$CD48^{+}$T 淋巴细胞 PD-1 蛋白表达分析。C：$CD21^{+}$B 淋巴细胞 PD-1 蛋白表达分析。无 BVDV 感染细胞为对照组。***$p<0.001$，*$p<0.05$，N.S.差异不显著，n=5。统计分析数据的表示方式为均数±标准差。

2.体外阻断 PD-1 通路对 CD4+和 CD8+T 淋巴细胞凋亡的影响。

我们检测了 PD-1 阻断对高表达 PD-1 的 CD4+和 CD8+T 淋巴细胞亚群凋亡的影响。结果表明，PD-1 阻断可显著减少 BVDV 感染导致的 CD4+（CP 型 BVDV，p<0.05，图 4-15 中的 A；NCP 型 BVDV，p<0.05，图 4-15 中的 C）和 CD8+（CP 型 BVDV，p<0.01，图 4-15 中的 B；NCP 型 BVDV，p<0.05，图 4-15 中的 D）T 淋巴细胞凋亡。值得注意的是，在 CP 型 BVDV 感染中 CD8+T 淋巴细胞凋亡率（55.63±4.1%，图 4-15 中的 B）

比 $CD4^+T$ 淋巴细胞更高（51.33%±2.8%，图 4-15 中的 A），而在 NCP 型 BVDV 感染中 $CD4^+T$ 淋巴细胞凋亡率（58.95%±3.6%，图 4-15 中的 C）比 $CD8^+T$ 淋巴细胞更高（51.22%±3.1%，图 4-15 中的 D）。

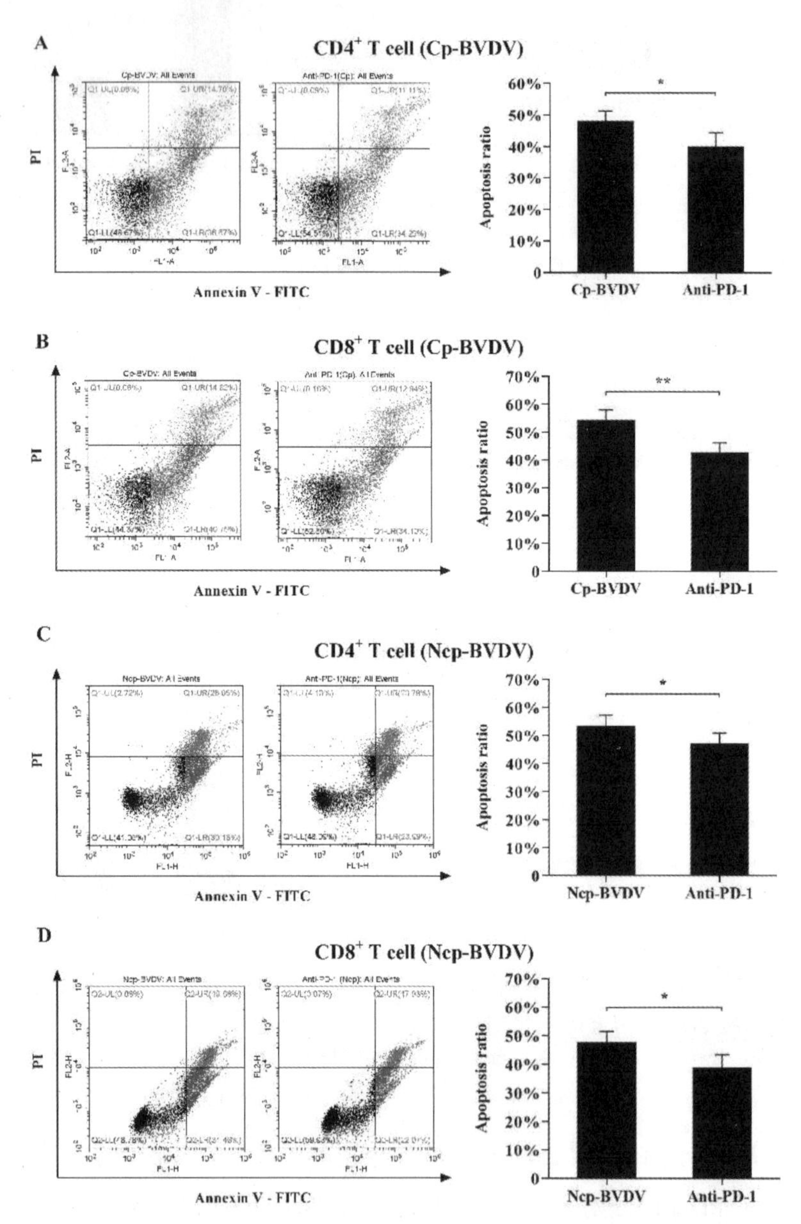

图 4-15　PD-1 阻断对 $CD4^+$和 $CD8^+T$ 淋巴细胞凋亡的影响

A：CP 型 BVDV 体外感染中 PD-1 阻断对 $CD4^+$ T 淋巴细胞凋亡的影响。B：CP 型 BVDV 体外感染中 PD-1 阻断对 $CD8^+T$ 淋巴细胞凋亡的影响。C：NCP 型 BVDV 体外感染中 PD-1 阻断对 $CD4^+T$ 淋巴细胞凋亡的影响。D：NCP 型 BVDV 体外感染中 PD-1 阻断对 $CD8^+T$ 淋巴细胞凋亡的影响。未加阻断抗体的 BVDV 感染的 $CD4^+$和 $CD8^+T$ 淋巴细胞为对照组，$^{**}p<0.05$，$^{*}p<0.05$，$n=5$。统计分析数据的表示方式为均数±标准差。

3.体外阻断 PD-1 通路对 CD4+和 CD8+ T 淋巴细胞增殖的影响。

在 CP 型 BVDV 感染中 PD-1 阻断可以显著恢复 CD4+(感染后 72 h, $p<0.05$; 96 h, $p<0.01$; 120 h, $p<0.05$; 144 h, $p<0.05$, 图 4-16 中的 A)和 CD8+(感染后 72 h, $p<0.01$; 96 h, $p<0.001$; 120 h, $p<0.01$; 144 h, $p<0.05$, 图 4-16 中的 B)T 淋巴细胞增殖。值得注意的是，在 NCP 型 BVDV 感染中 PD-1 阻断仅在感染后 72 h($p<0.05$)和 96 h($p<0.05$)显著恢复了 $CD4^{+}$T 淋巴细胞增殖(图 4-16 中的 C)，此外，虽然也在一定程度上恢复了 $CD8^{+}$T 淋巴细胞增殖水平，但与对照组相比差异不显著(图 4-16 中的 D)。

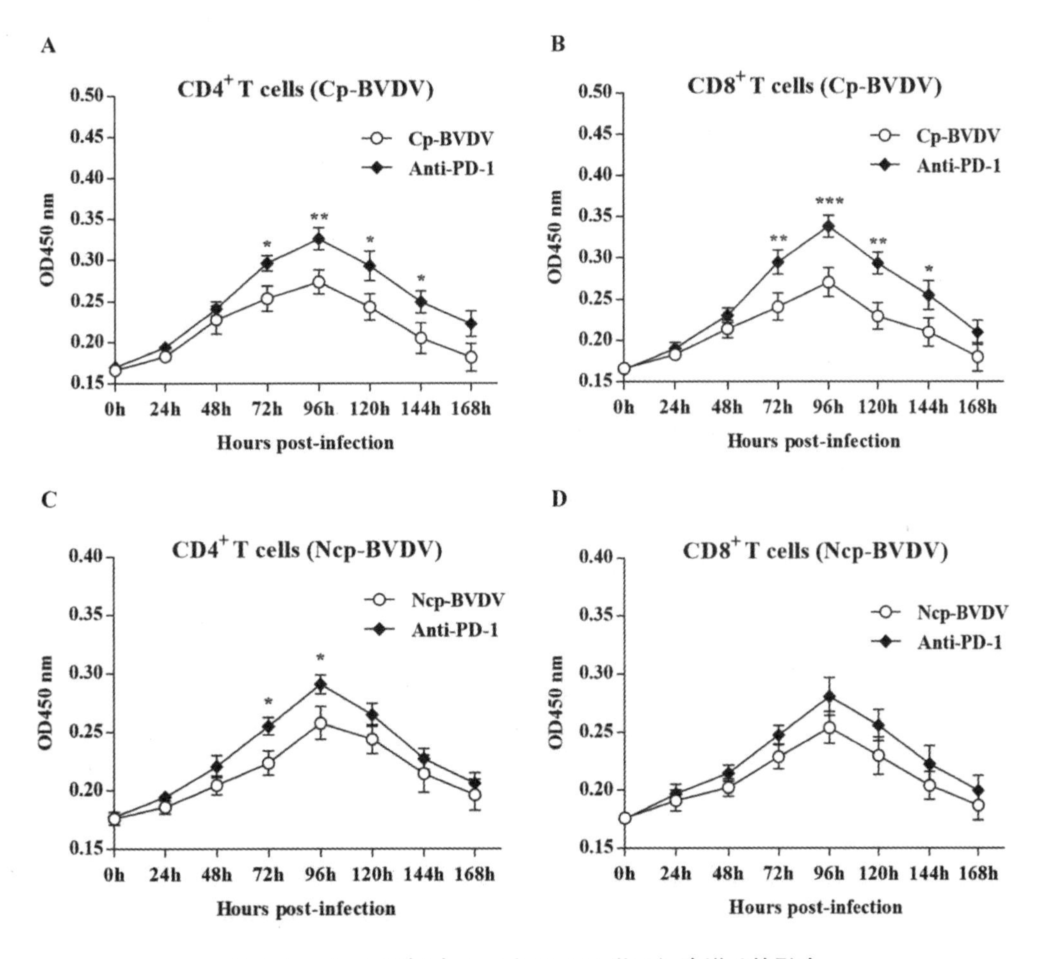

图 4-16 PD-1 阻断对 $CD4^{+}$和 $CD8^{+}$T 淋巴细胞增殖的影响

A：CP 型 BVDV 体外感染中 PD-1 阻断对 $CD4^{+}$T 淋巴细胞增殖的影响。B：CP 型 BVDV 体外感染中 PD-1 阻断对 $CD8^{+}$T 淋巴细胞增殖的影响。C：NCP 型 BVDV 体外感染中 PD-1 阻断对 $CD4^{+}$T 淋巴细胞增殖的影响。D：CP 型 BVDV 体外感染中 PD-1 阻断对 $CD8^{+}$T 淋巴细胞增殖的影响。未加阻断抗体的 BVDV 感染 $CD4^{+}$和 $CD8^{+}$T 淋巴细胞为对照组，$^{***}p<0.001$，$^{**}p<0.01$，$^{*}p<0.05$，$n=5$。统计分析数据的表示方式为均数±标准差。

（三）讨论

淋巴细胞，如辅助性 T 淋巴细胞、细胞毒性 T 淋巴细胞和 B 淋巴细胞，在控制病毒感染和消除感染细胞中的病毒方面发挥着重要作用。淋巴细胞活化的调控不仅需要抗原特异性 TCR 或 BCR 对抗原的识别，还需要共信号分子（包括共刺激和共抑制分子）。共刺激分子可以介导协同刺激信号，正向调节淋巴细胞活化，促进淋巴细胞分化、增殖。共抑制分子可以介导协同抑制信号，负向调节淋巴细胞活化，抑制淋巴细胞分化、增殖，使淋巴细胞进入克隆无效应和衰竭状态。PD-1 作为一种共抑制分子，通过与 PD-L1 等配体结合抑制 TCR 或 BCR 介导的各类淋巴细胞亚群的活化，诱导凋亡和免疫功能障碍。已有研究表明在 HIV 感染中 $CD4^+$和 $CD8^+$T 淋巴细胞表面 PD-1 表达的显著上调损坏 T 淋巴细胞免疫功能，减少 $CD4^+$T 淋巴细胞数量，增加了 HIV 载量，阻断 PD-1 信号通路可以恢复 $CD4^+$和 $CD8^+$T 淋巴细胞功能。HBV 感染研究表明，体外阻断 PD-1 通路可以减少 HBV 特异性 $CD8^+$T 淋巴细胞凋亡和 IL-10 的产量。此外，PD-1 还能抑制 BCR 信号介导的 B 淋巴细胞活化和增殖，但在病毒感染中的相关研究较少。

BVDV 感染可导致外周血辅助性 T 淋巴细胞、细胞毒性 T 淋巴细胞和 B 淋巴细胞等主要 PBL 亚群的凋亡。在前两章的研究中我们证实了 PD-1 在急性 BVDV 感染导致的外周血淋巴细胞减少和凋亡中发挥重要的调节作用。然而，PD-1 通路对急性 BVDV 感染中辅助性 T 淋巴细胞、细胞毒性 T 淋巴细胞和 B 淋巴细胞等主要 PBL 亚群的免疫调节作用尚不清楚。因此，在本章研究中我们检测了 BVDV 体外感染后 PBL 亚群 PD-1 的表达情况，并分析了阻断 PD-1 通路对高表达 PD-1 的 $CD4^+$和 $CD8^+$T 淋巴细胞的凋亡和增殖的影响。我们的研究结果进一步阐明了，在体外感染 CP 和 NCP 型 BVDV 后 $CD4^+$和 $CD8^+$T 淋巴细胞表面 PD-1 表达显著上调，而 $CD21^+$B 淋巴细胞 PD-1 表达变化不显著。此外，PD-1 阻断能显著降低 $CD4^+$和 $CD8^+$T 淋巴细胞的凋亡。但值得注意的是，CP 型 BVDV 导致了更高 $CD8^+$T 淋巴细胞的凋亡率，而 NCP 型 BVDV 导致了更高的 $CD4^+$T 淋巴细胞凋亡率。这也表明，两种生物型 BVDV 在诱导外周血淋巴细胞减少和凋亡方面可能存在不同的免疫致病机制，仍有待于进一步研究。

PD-1 共抑制通路可以抑制病毒特异性 $CD4^+$和 $CD8^+$T 淋巴细胞的增殖，阻断 PD-1 通路可以恢复 T 淋巴细胞的增殖和抗病毒免疫功能。在本章研究中我们观察到 PD-1 阻断显著提高了 CP 型 BVDV 感染中 $CD4^+$和 $CD8^+$T 淋巴细胞的增殖。然而，在 NCP 型 BVDV 感染中阻断 PD-1 仅显著恢复了 $CD4^+$T 淋巴细胞的增殖，但 $CD8^+$T 淋巴细胞增殖变化不显著。众所周知，T 淋巴细胞活化和增殖的负调控由多个共抑制分子介导，如 CTLA-4、Tim-3、LAG-3 和 BTLA 等。因此，我们推测 NCP 型 BVDV 可能通过多个共

抑制信号通路抑制 $CD8^+$ T 淋巴细胞的增殖，但推论仍有待进一步研究和证实。

（四）小结

（1）CP 型和 NCP 型 BVDV 均可诱导牛外周血 $CD4^+$和 CD8+T 淋巴细胞表面 PD-1 表达的显著上调，但不能诱导 $CD21^+$B 淋巴细胞 PD-1 表达的显著上调。

（2)阻断 PD-1 通路能显著减少 CP 和 NCP 型 BVDV 诱导的 $CD4^+$和 $CD8^+$T 淋巴细胞凋亡。

（3）在 CP 型 BVDV 体外感染中阻断 PD-1 通路显著恢复了 $CD4^+$和 $CD8^+$T 淋巴细胞的增殖。在 NCP 型 BVDV 体外感染中阻断 PD-1 通路仅显著恢复了 $CD4^+$T 淋巴细胞增殖，但对 $CD8^+$T 淋巴细胞增殖影响不显著。

四、BVDV 体外感染中 PD-1 通路调控 CD4+和 CD8+T 淋巴细胞凋亡和增殖的分子机制研究

活化 T 淋巴细胞需要两个信号，包括：T 淋巴细胞受体（TCR）识别抗原递呈细胞（APC）上的抗原肽和 MHC 分子的复合物为第一信号，T 淋巴细胞和抗原提呈细胞上的多个协同刺激分子对结合介导的协同刺激信号为第二信号，在双信号协同作用下细胞开始活化、增殖。B7 家族中的 B7-1 和 B7-2 是抗原提呈细胞表面主要的协同刺激分子，与 T 淋巴细胞表面 CD28 分子结合，提供协同刺激信号。然而，近年来大量研究发现的 B7 家族新成员 PD-L1，与其 T 淋巴细胞表面受体 PD-1 结合，传递协同抑制信号，介导免疫负调控作用，抑制 T 淋巴细胞的活化、增殖，诱导 T 淋巴细胞凋亡。

PD-1 与 PD-L1 结合后 PD-1 胞质尾区的 ITSM 发生磷酸化，ITSM 相对应的磷酸化肽可以作为 SHP-2 的锚定位点，SHP-1/2 被募集到 ITSM，SHP-2 可以使 CD3ζ、Lck 和 ZAP-70 等 TCR 近端信号分子去磷酸化，进而抑制下游信号通路转导，如 PI3K/Akt/mTOR 和 Ras/MEK/ERK 通路等。通过这些信号通路调节 T 淋巴细胞的活化、增殖和凋亡。在第四章的研究中我们证实了 PD-1 在 BVDV 体外感染引起的牛 $CD4^+$和 $CD8^+$T 淋巴细胞减少和凋亡中发挥了重要免疫调控作用，但其调控作用的分子机制尚不清楚。本章试验通过 Western Blot 检测阻断 PD-1 通路对下游调控凋亡和增殖的关键信号分子蛋白丰度和磷酸化水平的影响。明确 BVDV 体外感染过程中 PD-1 通路调控 $CD4^+$和 $CD8^+$T 淋巴细胞凋亡和增殖的分子机制。

（一）材料与方法

1.试验动物。

参照之前章节。

2.主要试剂。

PI3K（Abcam，美国）；p-PI3K（Abcam，美国）；AKT（Cell Signaling Technology，美国）；p-AKT（Cell Signaling Technology，美国）；caspase 9（Abcam，美国）；caspase 3（Proteintech，美国）；ERK（Cell Signaling Technology，美国）；p-ERK（Cell Signaling Technology，美国）；mTOR（Abcam，美国）；p-mTOR（Abcam，美国）；β-actin（Proteintech，美国）；HRP-羊抗鼠 IgG（H+L）（Proteintech，美国）；HRP-羊抗兔 IgG（H+L）（Proteintech，美国）。其他试剂同 3.1.3。

3.外周血样品采集与 PBMC 制备。

具体方法参照之前章节。

4.BVDV 感染与 PD-1 阻断。

具体方法参照之前章节。

5.CD4+和 CD8+T 淋巴细胞分选。

具体方法参照之前章节。

6.PD-1 通路下游关键信号分子检测。

为了明确 PD-1 通路调控 CD4+和 CD8+T 淋巴细胞凋亡和增殖的分子机制，本章采用 Western Blot 方法检测 CD4+和 CD8+T 淋巴细胞中 PD-1 通路下游与调控细胞凋亡和增殖相关的信号分子表达情况，一抗为 PI3K、p-PI3K、AKT、p-AKT、caspase 9、caspase 3、ERK、p-ERK、mTOR、p-mTOR、β-actin。二抗为 HRP-羊抗鼠 IgG（H+L）和 HRP-羊抗兔 IgG（H+L）。

7.数据统计分析

采用 GraphPad Prism 6.0（La Jolla，美国）中的 Student' s unpaired t-test 分析方法对 Western Blot 数据进行统计分析。统计分析数据的表示方式为均数±标准差。$p<0.05$ 为差异有统计学意义。

（二）结果

1.CP 型 BVDV 体外感染中阻断 PD-1 通路对下游关键信号分子的影响。

为了明确 CP 型 BVDV 感染中 PD-1 通路调控 CD4+和 CD8+T 淋巴细胞凋亡和增殖的分子机制，我们研究了 PD-1 阻断后下游与凋亡和增殖相关的信号通路变化情况，重点监测 PD-1 通路下游 PI3K/Akt/mTOR，caspase 9/caspase 3，ERK 通路中关键信号分子的变化。结果表明，在 CP 型 BVDV 体外感染中阻断 PD-1 通路可以显著上调 $CD4^+$和 $CD8^+$T 淋巴细胞的 p-PI3K（CD4，$p<0.05$，图 4-17 中的 A；CD8，$p<0.01$，图 4-18 中的 A）、p-Akt（CD4，$p<0.01$，图 4-17 中的 B；CD8，$p<0.001$，图 4-18 中的 B）、p-mTOR（CD4，$p<0.01$，图 4-17 中的 E；CD8，$p<0.01$，图 4-18 中的 E）、p-ERK（CD4，$p<0.001$，图 4-17 中的 F；CD8，$p<0.001$，图 4-18 中的 F）表达水平，同时显著下调 cleaved-caspase 9（CD4，$p<0.01$，图 4-17 中的 C；CD8，$p<0.01$，图 4-18 中的 C）和 cleaved-caspase 3（CD4，$p<0.05$，图 4-17 中的 D；CD8，$p<0.01$，图 4-18 中的 D）表达水平。

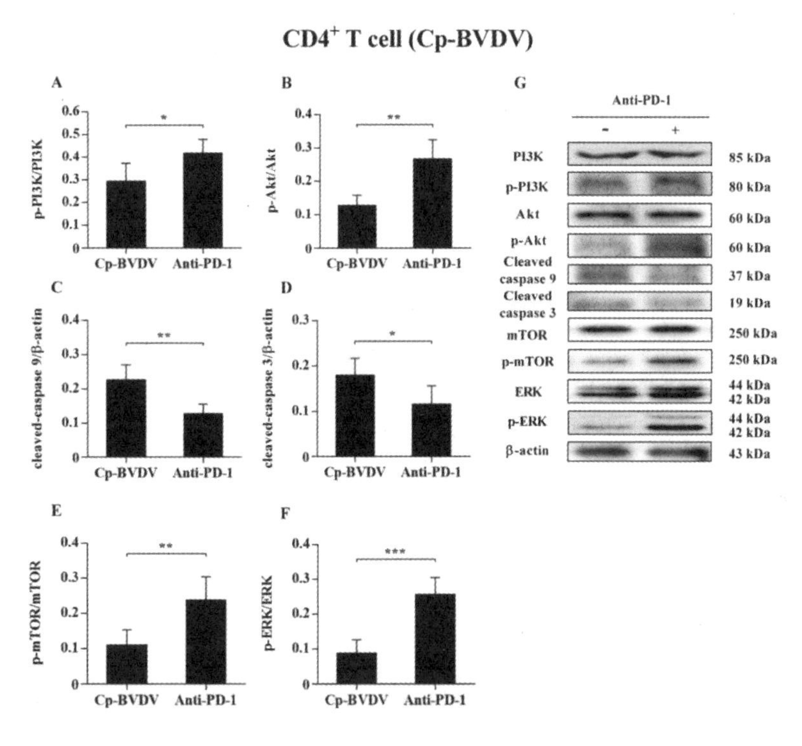

图 4-17 CP 型 BVDV 感染的 $CD4^+$T 淋巴细胞中阻断 PD-1 通路对其下游信号分子的影响

A：p-PI3K 表达分析；B：p-AKT 表达分析；C：cleaved-caspase 9 表达分析；D：cleaved-caspase 3 表达分析；E：p-mTOR 表达分析；F：p-ERK 表达分析；G：信号分子 PI3K、p-PI3K、Akt、p-Akt、cleaved-caspase 9、cleaved-caspase 3、mTOR、p-mTOR、ERK、p-ERK、β-actin 的 Western Blot 条带图。CP 型 BVDV 感染的 $CD4^+$T 淋巴细胞为对照组。***$p<0.001$，**$p<0.01$，*$p<0.05$，$n=5$。统计分析数据的表示方式为均数±标准差。

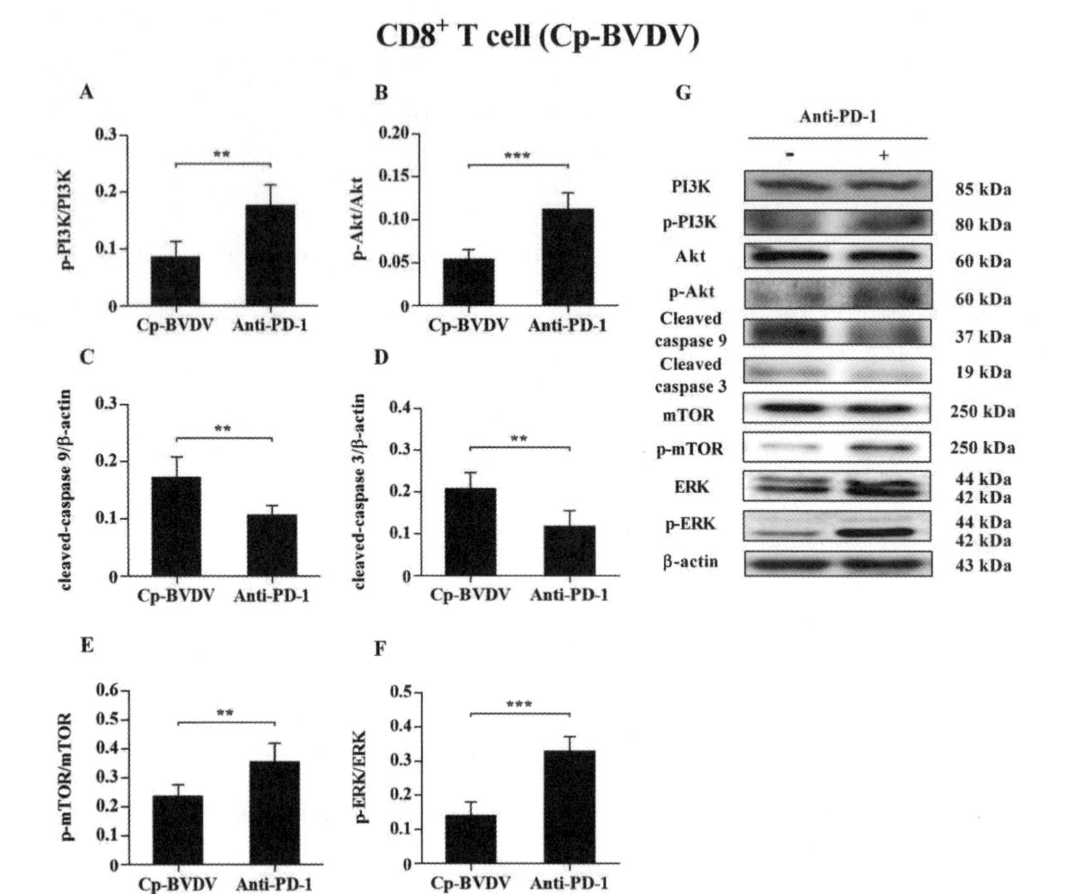

图 4-18　CP 型 BVDV 感染的 CD8⁺T 淋巴细胞中阻断 PD-1 通路对其下游信号分子的影响

A：p-PI3K 表达分析；B：p-AKT 表达分析；C：cleaved-caspase 9 表达分析；D：cleaved-caspase 3 表达分析；E：p-mTOR 表达分析；F：p-ERK 表达分析；G：信号分子 PI3K、p-PI3K、Akt、p-Akt、cleaved-caspase 9、cleaved-caspase 3、mTOR、p-mTOR、ERK、p-ERK、β-actin 的 Western Blot 条带图。CP 型 BVDV 感染的 $CD8^+T$ 淋巴细胞为对照组。$^{***}p<0.001$，$^{**}p<0.01$，$n=5$。统计分析数据的表示方式为均数±标准差。

2.NCP 型 BVDV 体外感染中阻断 PD-1 通路对下游关键信号分子的影响。

在 NCP 型 BVDV 体外感染中阻断 PD-1 通路可以显著上调 $CD4^+$和 $CD8^+T$ 淋巴细胞的 p-PI3K（CD4，$p<0.01$，图 4-19 中的 A；CD8，$p<0.01$，图 4-20 中的 A）、p-Akt（CD4，$p<0.01$，图 4-19 中的 B；CD8，$p<0.001$，图 4-20 中的 B）表水平，同时显著下调 cleaved-caspase 9（CD4，$p<0.01$，图 4-19 中的 C；CD8，$p<0.01$，图 4-20 中的 C）和 cleaved-caspase 3（CD4，$p<0.001$，图 4-19 中的 D；CD8，$p<0.01$，图 4-20 中的 D）表达水平。值得注意的是，PD-1 阻断显著上调了 $CD4^+T$ 淋巴细胞 p-mTOR 的

表达（$p<0.01$，图 4-19 中的 E），但 CD8⁺T 淋巴细胞中 p-mTOR 表达变化不显著（$p>0.05$，图 4-20 中的 E）。此外，CD4⁺（$p>0.05$，图 4-19 中的 F）和 CD8⁺（$p>0.05$，图 4-20 中的 F）T 淋巴细胞中 p-ERK 表达变化均不显著。

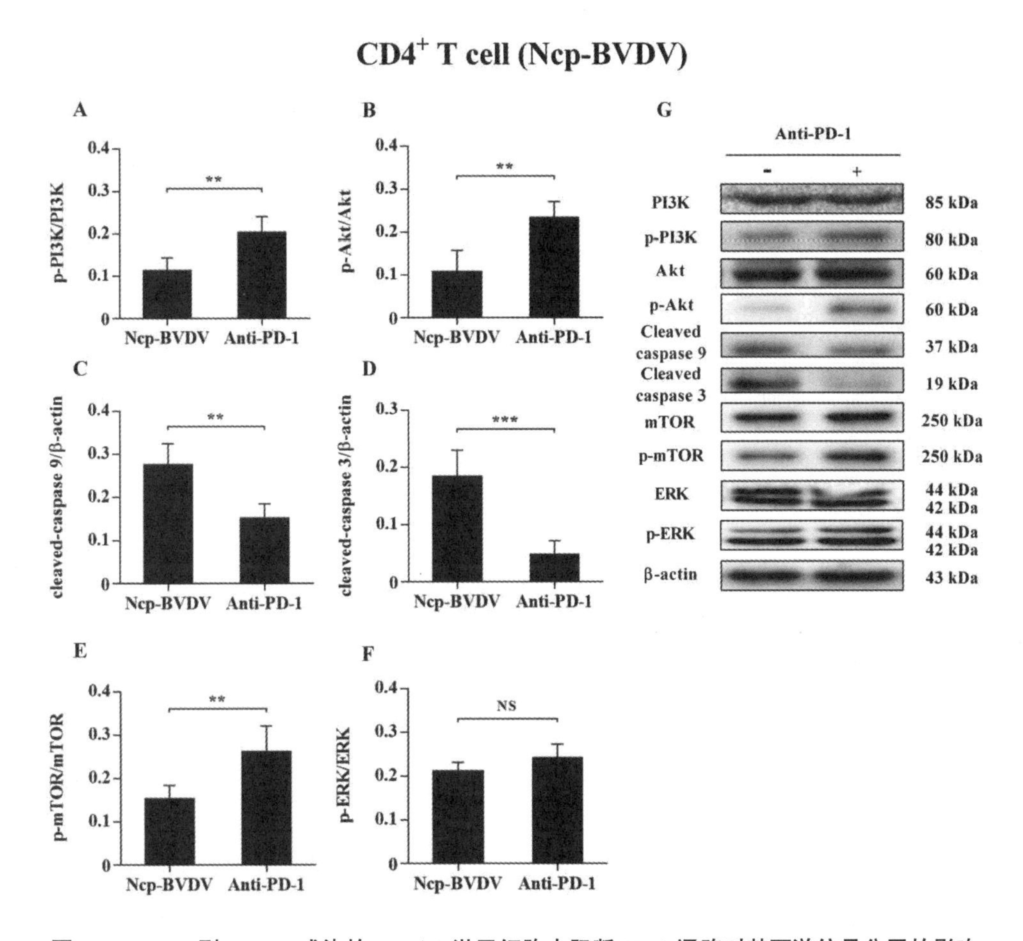

图 4-19 NCP 型 BVDV 感染的 CD4⁺T 淋巴细胞中阻断 PD-1 通路对其下游信号分子的影响

A：p-PI3K 表达分析；B：p-AKT 表达分析；C：cleaved-caspase 9 表达分析；D：cleaved-caspase 3 表达分析；E：p-mTOR 表达分析；F：p-ERK 表达分析；G：信号分子 PI3K, p-PI3K, Akt, p-Akt, cleaved-caspase 9, cleaved-caspase 3, mTOR, p-mTOR, ERK, p-ERK, β-actin 的 Western Blot 条带图。NCP 型 BVDV 感染的 CD4⁺ T 淋巴细胞为对照组。***$p<0.001$，**$p<0.01$，N.S.差异不显著，n=5。统计分析数据的表示方式为均数±标准差。

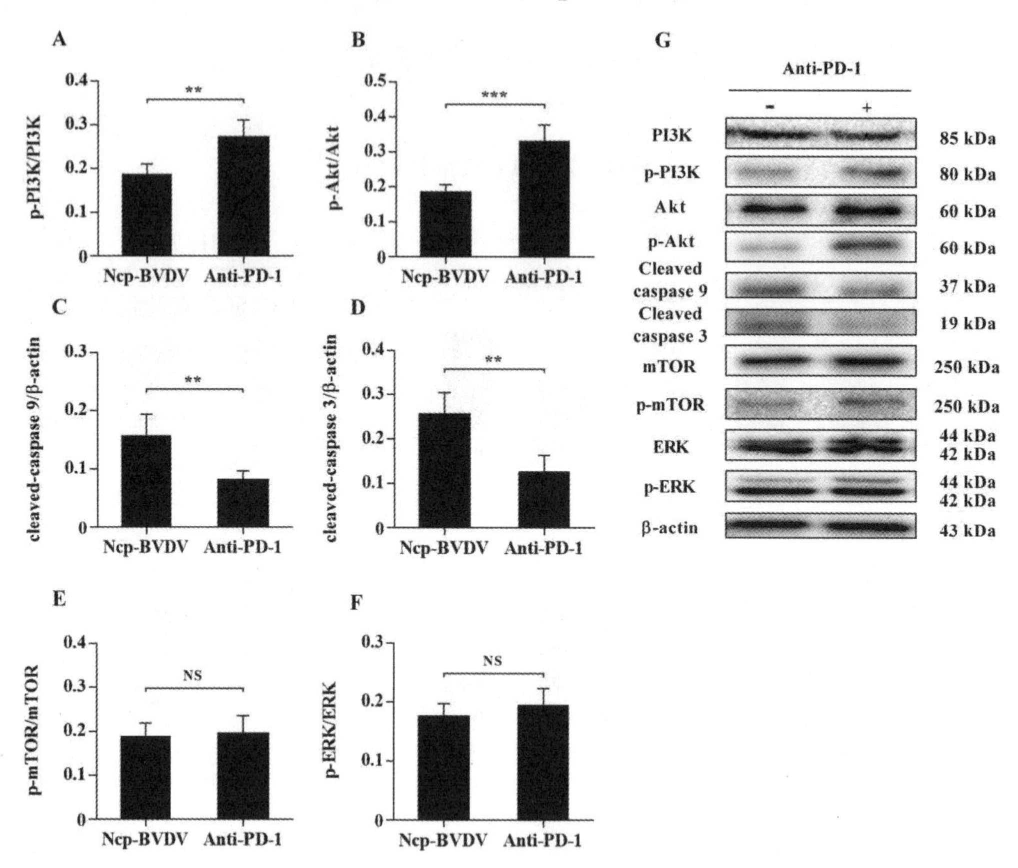

图 4-20　NCP 型 BVDV 感染的 CD8⁺ T 淋巴细胞中阻断 PD-1 通路对其下游信号分子的影响

A：p-PI3K 表达分析；B：p-AKT 表达分析；C：cleaved-caspase 9 表达分析；D：cleaved-caspase 3 表达分析；E：p-mTOR 表达分析；F：p-ERK 表达分析；G：信号分子 PI3K、p-PI3K、Akt、p-Akt、cleaved-caspase 9、cleaved-caspase 3、mTOR、p-mTOR、ERK、p-ERK、β-actin 的 Western Blot 条带图。NCP 型 BVDV 感染的 $CD8^+$ T 淋巴细胞为对照组。$^{***}p<0.001$，$^{**}p<0.01$，N.S.差异不显著，n=5。统计分析数据的表示方式为均数±标准差。

（三）讨论

PI3K/Akt/mTOR 信号通路具有调控细胞增殖和凋亡的功能，在一些人类恶性肿瘤中我们可以观察到其表面 mTOR 表达的异常升高，促进了肿瘤的增殖和转移。此外，mTOR 信号通路在先天性和获得性免疫中也起到了至关重要的免疫调节作用。激活的 PI3K/Akt/mTOR 通路可以提高 T 淋巴细胞代谢功能，养分摄取和能量产生，调控细胞周期和凋亡，影响 T 淋巴细胞的活化和免疫功能。值得注意的是，阻断 PD-1 和 PD-L1 的互作可以重新激活下游 PI3K/Akt/mTOR 信号通路，恢复衰竭 $CD8^+$T 淋巴细胞的免疫功能。另外，Ras/MEK/ERK 信号通路的激活可以促进细胞蛋白质合成和提高蛋白质稳定性，促进细胞增殖。阻断 PD-1 通路可以重新激活下游 Ras/MEK/ERK 信号通路，恢复 T 淋巴细胞增殖，提高其抗病毒功能。此外，Caspase 9 是 PI3K/Akt 信号通路下游的一个关键的促凋亡信号分子，是线粒体凋亡途径中的重要起始因子，激活的 PI3K/Akt 信号通路可以抑制 caspase 9 下游的 caspase 级联反应，发挥抗凋亡调控作用。在 BVDV 感染中 caspase 9 参与了细胞凋亡的调控，但是否与 PD-1 抑制 PI3K/Akt，进而激活 caspase 9 通路有关，尚不清楚。

本章研究中我们检测了 PD-1 通路下游关键信号分子 p-PI3K、p-Akt、p-mTOR、p-ERK、cleaved-caspase 9、cleaved-caspase 3 的蛋白表达水平，证实了在 CP 型 BVDV 感染的 $CD4^+$ 和 $CD8^+$ T 淋巴细胞中 PD-1 阻断可以显著上调 p-PI3K、p-Akt、p-mTOR、p-ERK 的表达，下调 cleaved-caspase 9 和 cleaved-caspase 3 的表达。结果表明，CP 型 BVDV 体外感染可以诱导 $CD4^+$ 和 $CD8^+$T 淋巴细胞表面 PD-1 的高表达，通过 PD-1 调控下游 PI3K/Akt/m-TOR、caspase 9/caspase 3 和 ERK 通路，进而抑制 $CD4^+$和 $CD8^+$T 淋巴细胞增殖，诱导凋亡。然而，在 NCP 型 BVDV 感染的 $CD4^+$T 淋巴细胞中阻断 PD-1 通路可以显著上调 p-PI3K、p-Akt 和 p-mTOR 表达，同时显著下调 cleaved-caspase 9 和 cleaved-caspase 3 表达，但是 p-ERK 表达变化不显著。然而，在 NCP 型 BVDV 感染的 $CD8^+$T 淋巴细胞中阻断 PD-1 通路仅显著上调了 p-PI3K 和 p-Akt，下调了 cleaved-caspase 9 和 cleaved-caspase 3 的表达，但是 p-mTOR 和 p-ERK 表达变化不显著。结果表明，NCP 型 BVDV 通过 PD-1 通路抑制 ERK 通路，进而抑制 $CD4^+$T 淋巴细胞增殖，通过激活 caspase 9/caspase 3 通路，诱导 $CD4^+$和 $CD8^+$T 淋巴细胞凋亡，但不能通过抑制 PI3K/Akt/mTOR 和 ERK 通路，来抑制 $CD8^+$T 淋巴细胞的增殖。

T 淋巴细胞活化和增殖的负调控可由多种共抑制分子介导。Golden-Mason 等人研究表明，在 HCV 感染中 $CD4^+$和 $CD8^+$T 淋巴细胞表面过表达共抑制分子 Tim-3，抗体阻断 Tim-3 可以恢复 T 淋巴细胞增殖和 IFN-γ分泌水平。通过抗体阻断共抑制分子 BTLA 或 TIM-3 可以增强 HIV 特异性 $CD8^+$T 淋巴细胞的增殖。此外，阻断 CTLA-4 可以增强肿瘤特异性 $CD8^+$T 淋巴细胞的活化和增殖。因此，我们推测 NCP 型 BVDV 可能通过 PD-1 以外的其他共抑制分子或多个共抑制分子协同介导的免疫负调控信号，抑制 $CD8^+$T 淋巴细胞的增殖，该推论仍有待于进一步研究。

（四）小结

（1）CP 型 BVDV 可以诱导 $CD4^+$和 $CD8^+$T 淋巴细胞 PD-1 的高表达，通过 PD-1 调控下游 PI3K/Akt/mTOR、PI3K/Akt/caspase 9 和 ERK 通路，进而抑制 $CD4^+$和 $CD8^+$T 淋巴细胞增殖，诱导凋亡。

（2）NCP 型 BVDV 通过 PD-1 调控下游 ERK 通路，进而抑制 $CD4^+T$ 淋巴细胞增殖。通过 PD-1 调控下游 PI3K/Akt/caspase 9 通路，诱导 $CD4^+$和 $CD8^+T$ 淋巴细胞凋亡。但不能调控 PI3K/Akt/mTOR 和 ERK 通路，来抑制 $CD8^+T$ 淋巴细胞的增殖。

（3）NCP 型 BVDV 可能通过 PD-1 以外的其他共抑制分子或多个共抑制分子协同介导的免疫负调控信号，抑制 $CD8^+T$ 淋巴细胞的增殖。

第四节　牛 PD-1 多抗阻断对 BVDV 感染诱导外周血淋巴细胞增殖和凋亡的影响

牛病毒性腹泻-黏膜病是由牛病毒性腹泻病毒（Bovine Viral Diarrhea Virus，BVDV）引起机体呼吸系统疾病、腹泻和生殖障碍的接触性传染病，BVDV 能够在主要淋巴细胞亚群以及辅助细胞中复制，感染机体后可能会导致白细胞减少症，影响 B 淋巴细胞以及 $CD4^+$或 $CD8^+T$ 淋巴细胞亚群活性，进而造成免疫抑制。而 PD-1/PD-L 通路是主要的共抑制途径之一，介导免疫耐受和自身免疫之间平衡的抑制信号。

目前，在牛白血病病毒 （BLV）、人类免疫缺陷病毒（HIV），以及与 BVDV 同种属的丙型肝炎病毒（HCV）和猪瘟病毒（CSFV）等研究中，发现病毒感染后 IL-2 和 IFN-γ 表达量显著下调，与程序性细胞死亡-1/程序性细胞死亡-配体 1 通路引起的免疫抑制有关，阻断 PD-1/PD-L1 通路，可恢复 T 淋巴细胞分化、增殖和免疫功能，降低病毒载量。进而推测，当 BVDV 感染机体时，PD-1/PD-L1 信号通路可能也影响淋巴细胞的免疫能力，并与机体免疫抑制关系紧密，干扰 PD-1/PD-L1，可能再次激活 T 淋巴细胞的功能及细胞因子的产生。本团队以此为切入点，制备抗牛 PD-1 mAb，研究其在 BVDV 感染中的调控作用，为研究 PD-1/PD-L1 对 BVDV 感染的淋巴细胞免疫功能和病毒载量的影响奠定基础。

一、牛外周血淋巴细胞 PD-1 胞外区蛋白的原核表达及鉴定

Yasumasa Ishida、Tasuku Honjo 及其同事于 1992 年在京都大学筛选与细胞凋亡相关的基因时，发现了 PD-1 基因。1999 年，PD-1 被证实是免疫应答的负调节因子。PD-1 包含 268 个氨基酸，蛋白的细胞外区是一个 IgV 类结构域。研究证明，慢性病毒抗原刺激后，在衰竭的 T 淋巴细胞上可以检测到高表达的 PD-1。在干扰 PD-1/PD-L1 相互作用后，可以再次活化 T 淋巴细胞功能，使 T 淋巴细胞增殖并产生效应细胞因子。本团队前期试验表明，PD-1 及 PD-L1 在 BVDV 感染的牛外周血淋巴细胞表面高表达，且在 BVDV

感染到外周血淋巴细胞减少中具有免疫调控作用。本研究在前期发现的基础上，利用原核表达体系，通过将牛 PD-1 胞外区基因片段插入原核表达载体 pET-28a（+），获得牛 PD-1 重组蛋白，为制备抗牛 PD-1 单克隆抗体奠定基础。

（一）材料与方法

1.载体和细胞。

大肠埃希菌 DH5α、大肠埃希菌 BL21 菌株和原核载体 pET-28a（+）均由黑龙江八一农垦大学动物科技学院动物传染病病原学与生物安全实验室保存。pMD18-T simple vecter，TaKaRa 公司产品。

2.试剂。

具体试剂明细见表 4-1。

表 4-1 主要试剂

试剂名称	公司
RNA 提取试剂盒	TIANGEN 公司
反转录试剂盒	TaKaRa 公司
Taq Master Mix 酶	TaKaRa 公司
DNA Marker	北京康为世纪生物科技有限公司
T4DNA 连接酶	Thermo Scientific 公司
EcoR I内切酶	Thermo Scientific 公司
Hind III内切酶	Thermo Scientific 公司
胶回收试剂盒	Axygen 公司
质粒提取试剂盒	Axygen 公司
HRP 标记羊抗鼠 IgG	北京中杉金桥生物公司产品
鼠抗 His 单克隆抗体	北京中杉金桥生物公司产品
AEC 显色试剂盒	北京中杉金桥生物公司产品
牛外周血淋巴细胞分离试剂盒	天津灏洋公司
胰蛋白胨	OXOID 公司
酵母粉	OXOID 公司
氯化钠	天津市有大化学有限公司
氨苄青霉素	Amresco 公司
硫酸卡那霉素	Amresco 公司
IPTG	Amresco 公司
脱脂乳	Biofrox 公司

续表

试剂名称	公司
甘氨酸	青岛捷世康生物科技有限公司
Tris-Hcl	Biofrox 公司
尿素	纳川生物技术工作室

3.仪器与设备。

具体仪器设备明细见表 4-2。

表 4-2 主要仪器和设备

仪 器 名 称	生 产 公司
905 超低温冰箱	Thermo Fisher Scientific 公司
Xinyi-I 超声波细胞粉碎机	宁波新艺超声设备有限公司
Trans-BiotSD 半干转印槽	美国 Bio-Rad 公司
Accu-jetpro 电动移液器	德国 Brand 公司
DHG-9055A 鼓风干燥箱	上海一恒科学仪器有限公司
DT5-2B 型低速台式离心机	北京时代北利离心机有限公司
JY-SPCT 水平电泳槽	北京君意东方电泳设备有限公司
powerPacUniversal 电泳仪	美国伯乐公司
CFX96 real time PCR 仪器	美国伯乐公司
ME203E 电子天平	梅特勒-托利多仪器（上海）有限公司
2-16K 高速冷冻离心机	德国 SiGMA 公司
MLS-3750 高压灭菌器	日本 SANYO 公司
MiniProTEANTetracell 电泳槽	美国 Bio-Rad 公司
ALPHR 1-2 LD 冻干机	德国 Christ 公司
ND-2000C 核酸蛋质测定仪	美国热电公司
ZWY-2102 恒温培养振荡器	上海智城分析仪器制造有限公司
09 MA081 制冰机	意大利 Manitowoc
SUNRISE-BASIC TECAN 酶标仪	日本 Sunrise 公司
chemipocXRS+ 凝胶成像系统	美国伯乐公司
TS-1 水平摇床	海门市其林贝尔公司
QL-861 振荡器	海门市其林贝尔公司
DK-8D 型电热恒温水槽	上海一恒科技有限公司
DRP-9272 型电热恒温培养箱	上海森信实验仪器有限公司

4.目的基因片段的扩增与纯化。

根据已发表在 Gen Bank 牛 PD-1 序列 AB_510901.1，设计牛 PD-1 胞外区引物，扩增牛 PD-1 胞外序列，引物序列见表 4-3。采集新鲜的牛外周血，加入抗凝剂防止凝血，使用细胞分离试剂盒，在灭菌台中分离牛外周血单个核细胞（PBMC）。TRZOL 裂解牛 PBMC，提取的 RNA 模板经反转录试剂盒提取 cDNA。将 PBMC cDNA 作为 PCR 模板，利用设计的牛 PD-1 胞外区引物，进行 PCR 扩增，使用凝胶电泳检测产物条带大小。

表 4-3 引物序列

编号	序列	长度
PD-1F	5'-cggaattctccagcaggccctgga-3'（EcoR I）	448 bp
PD-1R	5'-cgaagcttgatgaccaggctctgcatctgg-3'（Hind III）	

5.牛 PD-1 胞外区基因片段与 pMD18-T 克隆载体连接。

将回收的牛 PD-1 片段插入克隆载体中，使用 16 ℃的连接仪将产物过夜连接。连接产物 pMD18-T-PD-1 通过冷热刺激的方法转化至 DH5α感受态细胞中。在 37 ℃ 180 r/min 条件下在空气浴摇床中震荡培养 1h。5 000 r/min，离心 5 min，轻轻吸走 800 μL 上清，剩余液体使用移液枪抽吸混匀菌体，滴加在事先预热好的 LB（Amp，100 μg/mL）平板上，使用 L 棒涂均匀，37 ℃恒温箱中培养过夜。观察平板上菌落生长情况，金属圈挑取单菌落加入 5 mL LB（Amp，100 μg/mL）液体培养基中，在 37 ℃ 180 r/min 空气浴摇床中培养 10 h，抽取 2 mL 菌液提取质粒，用于 pMD18-T-PD-1 质粒的酶切鉴定，主要通过菌液 PCR 和内切酶酶切两种方法，将鉴定正确后送公司测序，与 Genbank 中的原有序列比较分析。利用生物信息学软件对蛋白结构分析牛 PD-1 胞外区序列。

6.构建牛 pET-28a（+）-PD-1 原核表达载体。

经鉴定后，PD-1-pET-28a（+）重组质粒转化到 BL21 感受态细胞中，使用 L 棒将感受态细胞均匀涂布在 LB（Kan+，100 μg/mL）固体培养基上。用金属棒挑去单菌落加入 LB（Kan+）培养液，37 ℃、180 r/min 的条件下，震荡培养至 OD=0.4 ~ 0.6，分别加入 0 ~ 0.8 mmol/L 的 IPTG 进行诱导表达，并继续在 37 ℃、180 r/min 的条件下空气浴摇床中，震荡摇床中培养 4 h，收集诱导表达的牛 PD-1 胞外区蛋白菌液，12 000 r/min，离心 1 min，移液枪吸取 PBS 吹打混匀菌体，超声破碎仪破碎菌体后，12 000 r/min，离心 5 min，将上清和包涵体分开保存。PBS 缓冲液重悬包涵体，分别取上清和包涵体，加入 5 × SDS 上样缓冲液，进行 SDS-PAGE 电泳检测，电泳结束后将蛋白胶取出放入平皿中，加入考马斯亮蓝染色液，水平摇床上染色 1 h，清水冲洗，然后加入脱色液，水平摇床作用 30 min，10 min 换一次，最后脱色过夜。第二天进行凝胶成像观察。

将水浴锅提前调至 37 ℃，将鉴定正确的 pMD18-T-PD-1、pET-28a（+）原核表达载体、EcoRI、HindIII两种限制性内切酶和公用缓冲液加入 EP 管中混匀，放入水浴过中酶切 4 h。酶切完成后，需要再次进行琼脂糖电泳，在紫外下将相应位置的条带切下来，使用试剂盒胶回收，然后 pMD18-T-PD-1 回收产物、pET-28a（+）双酶切回收产物，使用 T4 DNA 连接酶和缓冲 Buffer 16 ℃过夜连接。之后，将 pMD18-T-PD-1 和 pET-28a（+）的连接物加入 DH5α感受态中，设立 pET-28a（+）空载体质粒及感受态细胞对照。将可疑单菌落接种于 5 mL LB（Kan+，100 μg/mL）液体营养液中，在 37 ℃ 180 r/min 空气浴摇床中培养 10 h，抽取 2 mL 菌液提取质粒，进行菌液 PCR、PD-1-pET-28a（+）质粒双酶切鉴定。

7.牛 PD-1 胞外区蛋白 Western Blot 鉴定。

将鉴定表达的牛 PD-1 胞外区蛋白再次进行 SDS-PAGE 电泳，然后转移至 NC 膜。蛋白印迹详细方法如下：剪裁 NC 膜时一般按照胶的大小，滤纸和 NC 膜放入转膜缓冲液孵育 15 min，然后依次放在半干转膜仪上，滤纸放在最下层，NC 膜放在滤纸上，然后放蛋白胶，最后是与胶大小相等的滤纸，注意气泡，15 V 电压条件下，转印 30 min。转印结束后，将膜放入装有 TBST 的平皿中，在摇床上，清洗 3 次，每次 10 min。洗完膜后，用 TBST 配置的 5%脱脂乳替换平皿中的清洗液，室温 2 h。封闭完成后，需要再次使用清洗液清洗 5 次，每次 10 min。清洗过后，用 TBST 按照说明书 1：2 000 稀释 Anti-His mAb 作为一抗，浸泡孵育膜，4 ℃过夜。清洗液洗膜 5 次，10 min 一次。清洗过后，TBST 稀释液 1∶10 000 稀释山羊抗鼠 IgG 作为二抗，然后使用二抗孵育膜，室温 90 min。结束后，清洗液洗 NC 膜 5 次，10 min 一次。DAB 显色液需要提前配制好，将显色液滴加在 NC 膜表面，显色后用清水立即冲洗，观察蛋白大小。

8.牛 PD-1 胞外区蛋白纯化。

为了获得大量的牛 PD-1 重组蛋白，将表达的牛 PD-1 蛋白的菌液，加入 1 000 mL、LB（Kan+）培养液中，37 ℃ 180 r/min 条件下，空气浴摇床震荡培养至 OD=0.4 ~ 0.6，灭菌台中无菌加入 IPTG 诱导，并放回空气浴摇床继续培养 4 h，收集诱导后的 PD-1 重组蛋白菌液，5 000 r/min 离心 20 min，倒掉上清，使用超声破碎仪超声波破碎，破碎前加入 PBS 清洗，8 000 r/min 离心 20 min，倒净上清，留下牛 PD-1 包涵体蛋白用镍柱进行纯化。

9.牛 PD-1 胞外区蛋白的复性和浓缩。

将处理好的透析袋中加入适当的纯化好的目的蛋白，然后依次放入 8 ~ 0.5 mol/L 逐次降低的尿素溶液中，每个梯度透析 4 ~ 5 h，最后使用大量的磷酸盐缓冲溶液透析。透析完成后，抽取透析袋内的蛋白，使用冻干机进行浓缩，冻干后用 PBS 进行稀释，使用 BCA 进行浓度测定。

（二）结果

1.牛 PD-1 胞外区基因的 PCR 鉴定及序列分析。

以牛 PBMC 提取 RNA，反转录后获得的 cDNA 进行 PCR 扩增，基因产物经琼脂糖凝胶电泳检测，在 448 bp 处出现与目的条带大小相符合的片段（图 4-21）。

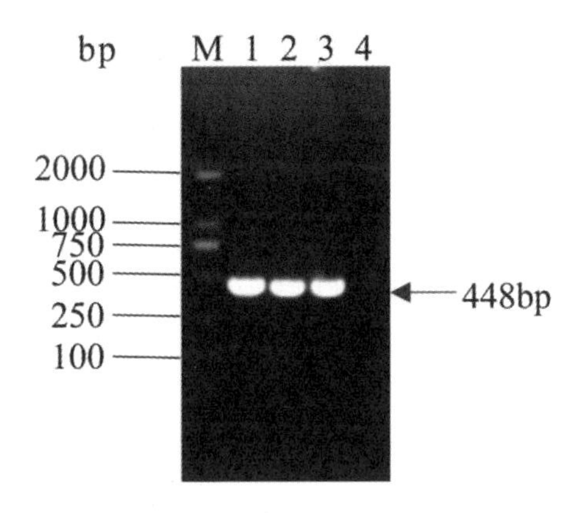

图 4-21 牛 PD-1 胞外区 PCR 鉴定

M：DL2000 标准，1 ~ 3：PD-1 产物，4：阴性对照。

2.pMD18-T-PD-1 重组克隆质粒的构建。

将连接好的 pMD18-T-PD-1 的菌液，使用 PD-1 胞外区引物 PCR 鉴定及双酶切鉴定（图 4-22 中的 A 和图 4-22 中的 B），鉴定正确后送公司测序，将测序结果与 GenBank 中公布的牛 PD-1 序列进行比对，同源性 100%。

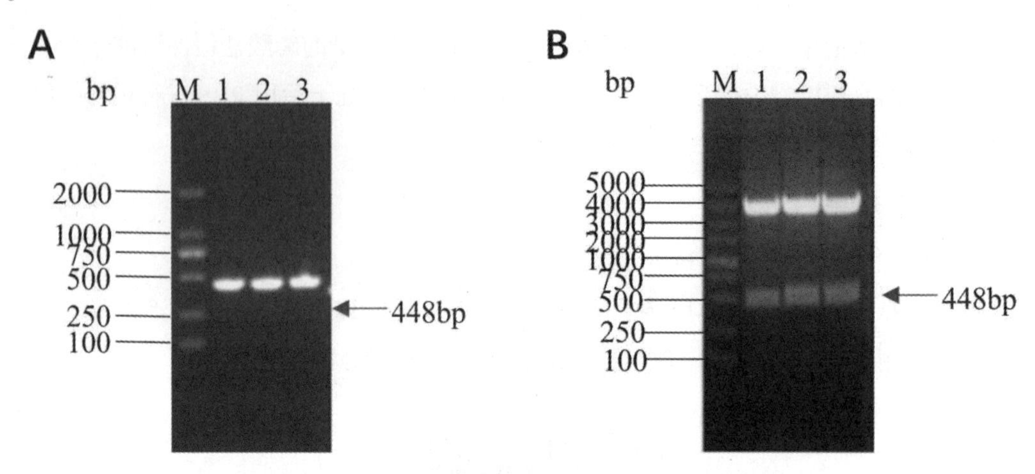

图 4-22　pMD18-T-PD-1 菌液 PCR 鉴定和双酶切鉴定

图 A 中 M：DL2000 标准；1～3：菌液 PCR 模板。图 B 中 M：DL2000 标准；1～3：pMD18-T-PD-1 重组质粒。

3.牛 PD-1 胞外区的生物信息学分析。

（1）牛 PD-1 胞外区的序列分析。

通过 MEGE6 和 Lasergene 进行同源性比较（图 4-23 中的 A，图 4-23 中的 B），可以发现构建 PD-1 胞外区质粒与奶牛和瘤牛 PD-1 胞外区序列同源性达到 100%，与牦牛、野生牦牛和水牛的同源性为 99.3%、98.9%和 97.7%，与绵羊和山羊的同源性为 93.6%和 91.5%。与人和鼠的序列相比同源性分别为 79%和 71%。

A

Percent Identity

Divergence

	1	2	3	4	5	6	7	8	9	10		
1		100.0	100.0	99.3	98.9	97.7	93.6	91.5	77.0	70.6	1	荷斯坦奶牛 PD-1 胞外区
2	0.0		100.0	99.3	98.9	97.7	93.6	91.5	77.0	70.6	2	奶牛 AB510901.1
3	0.0	0.0		99.3	98.9	97.7	93.6	91.5	77.0	70.6	3	瘤牛 XM_019958076.1
4	0.7	0.7	0.7		99.1	97.0	93.1	91.0	76.8	70.6	4	水牛 LC271173.1
5	1.2	1.2	1.2	0.9		96.6	92.6	90.6	76.6	70.1	5	牦牛 XM_005901507.2
6	2.4	2.4	2.4	3.1	3.6		93.6	92.0	77.7	71.7	6	野牦牛 XM_025287340.1
7	6.0	6.0	6.0	6.5	7.0	6.0		96.8	78.2	69.9	7	山羊 XM_027964169.1
8	8.4	8.4	8.4	8.9	9.4	7.9	3.3		77.2	69.4	8	绵羊 XM_018044475.1
9	27.9	27.9	27.9	28.2	28.5	26.9	25.3	26.6		73.6	9	人 NM_005018.2
10	38.6	38.6	38.6	38.6	39.5	36.6	38.8	39.6	33.7		10	鼠 NM_008798.2
	1	2	3	4	5	6	7	8	9	10		

B

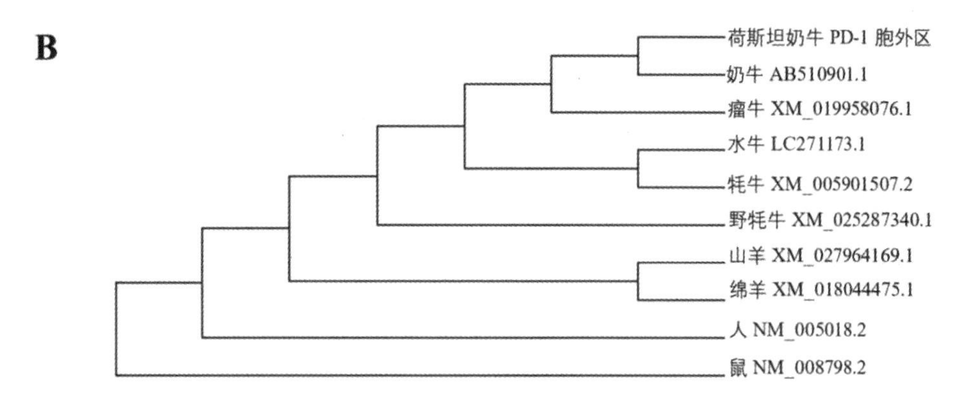

图 4-23 牛 PD-1 胞外区序列分析

图 A：PD-1 胞外区蛋白的同源性分析；图 B：PD-1 胞外区蛋白的进化树分析。

（2）牛 PD-1 胞外区的理化性质。

分析发现牛 PD-1 胞外区基因包含 147 个 AA，M=16.04 kDa，PI=7.77，化学分子式为 C708H1095N201O214S6，蛋白的不稳定系数是 66.29，是一种不稳定蛋白，脂溶系数 57.97，总平均亲水性-0.619，表明是一种亲水性蛋白。对蛋白结构分析表明，牛 PD-1 胞外区蛋白是免疫球蛋白（Ig）结构域，属于 Ig 超家族成员。

（3）氨基酸的组成和疏水性分析。

氨基酸组成见表 4-4，14 个带负电荷的残基（Asp + Glu），16 个带正电荷的残基总数（Arg + Lys + His）。经蛋白质疏水性预测分析表明，按分值大小划分其疏水最大值为 1.844，是 97 位的甘氨酸（Gly），亲水最小值为-3.133，是位于 63 位的丝氨酸（Ser），如图 4-24。

表 4-4　牛 PD-1 胞外区氨基酸组成

氨基酸 Amino acid	数目 Number	百分比（%） Percentage	氨基酸 Amino acid	数目 Number	百分比（%） Percentage
ALa(A)	10	7.0	Lys(K)	3	2.1
Arg(R)	12	8.4	Met(M)	4	2.8
Asn(N)	6	4.2	Phe(F)	8	5.6
Asp(D)	5	3.5	Pro(P)	19	13.3
Cys(C)	2	1.4	Ser(S)	17	11.9
Gln(Q)	9	6.3	Thr(T)	7	4.9
Glu(E)	9	6.3	Trp(W)	2	1.4
Gly(G)	5	3.5	Tyr(Y)	3	2.1
His(H)	1	0.7	Val(V)	9	6.3
Ile(I)	3	2.1	Pyl(O)	0	0.0
Leu(L)	9	6.3	Sec(U)	0	0.0

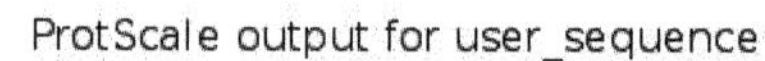

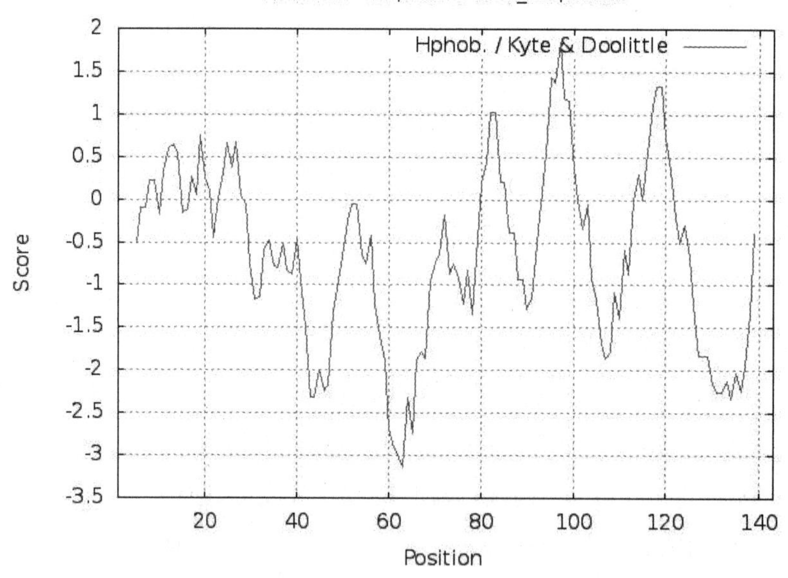

图 4-24　PD-1 胞外区基因疏水性预测

（4）氨基酸的磷酸化位点分析。

利用软件预测牛 PD-1 胞外区蛋白磷酸化位点的数量，主要计算 Poential 值和 Threshold 值，高出 Threshold 值就存在磷酸化位点，结果（图 4-25）表明，牛 PD-1 胞外区存在潜在的磷酸化位点，13 个丝氨酸 Ser、4 个苏氨酸 Thr 可能成为磷酸化位点。

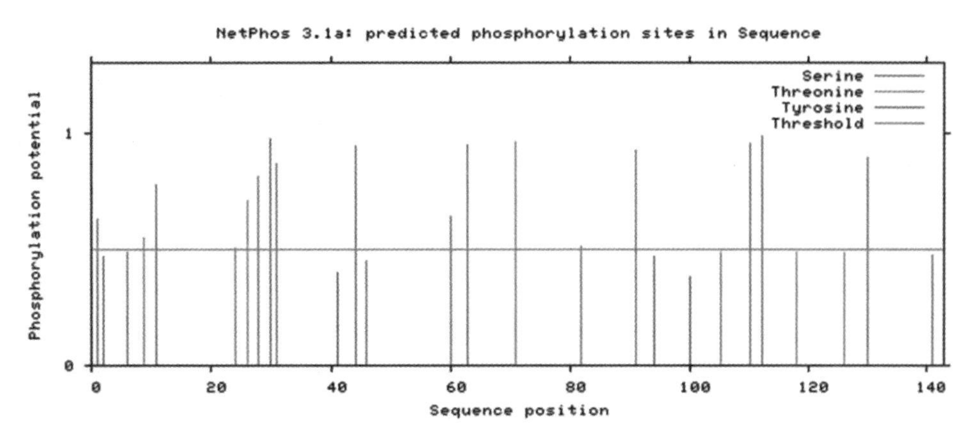

图 4-25 磷酸化位点预测分析

（5）牛 PD-1 胞外区蛋白的高级结构预测。

根据 PHD 分析结果表明牛 PD-1 胞外区蛋白的二级结构主要是由 13.29%的α螺旋，21.68%的延伸链，65.03%的无规则卷曲构成，推测无规则卷曲是 PD-1 胞外区蛋白的主要结构，如图 4-26 中的 A。预测的牛 PD-1 胞外区蛋白的三级结构，如图 4-26 中的 B。

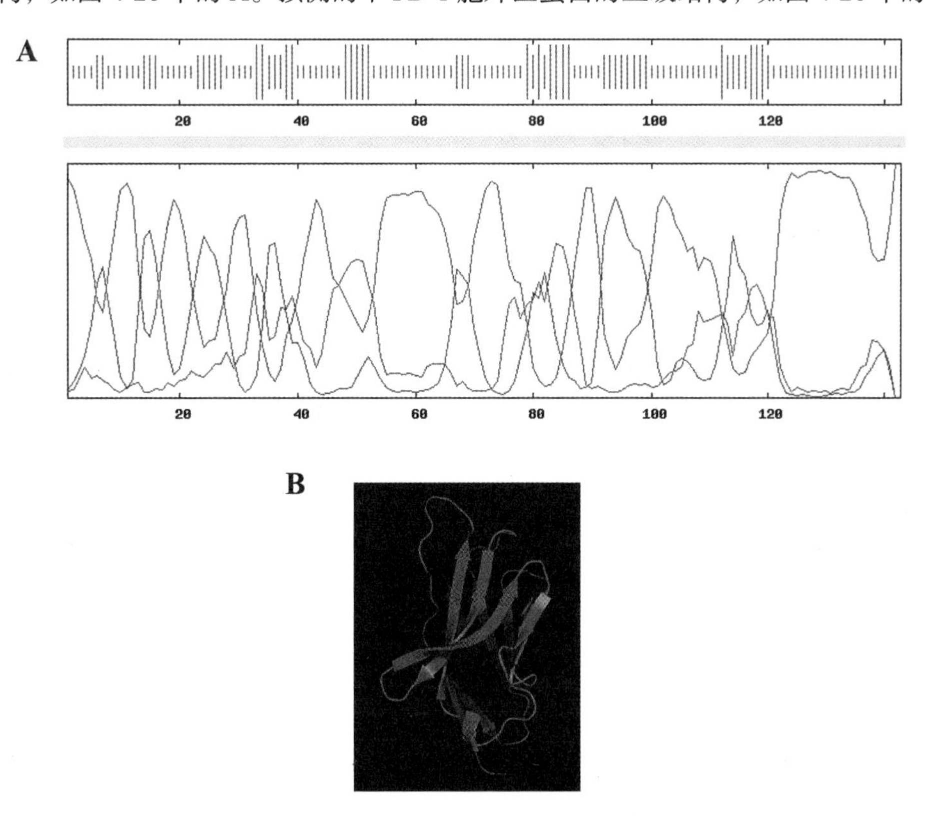

图 4-26　牛 PD-1 胞外区蛋白高级结构预测

图 A：牛 PD-1 蛋白的胞外区二级结构预测；图 B：牛 PD-1 胞外区蛋白三级结构预测。

（6）pET-28a（+）-PD-1 重组表达质粒的构建。

将重组质粒 pET-28a（+）-PD-1 在 37 ℃水浴锅中酶切 4 h，加入上样缓冲液，琼脂糖胶检测酶切条带，发现在 448 bp 的位置有目的条带，证明成功构建了牛的 pET-28a（+）-PD-1 重组原核表达质粒（图 4-27）。

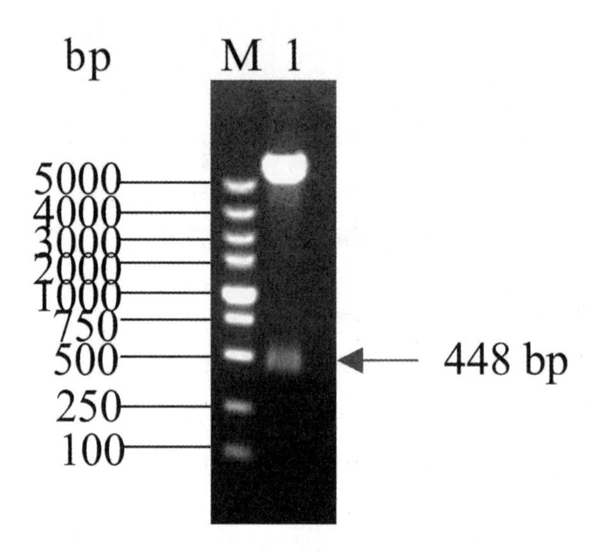

图 4-27　pET-28a-PD-1 重组质粒的酶切鉴定

M：DL2000 标准，1：pET-28a-PD-1 酶切产物。

（7）PD-1-pET-28a（+）重组蛋白的表达及可溶性分析。

SDS-PAGE 检测诱导后的 PD-1 重组蛋白，通过扫描可以看到大约在 19 kDa 的地方出现目的蛋白（图 4-28），取破碎后的菌液上清和沉淀分别进行 PAGE 胶检测，检测蛋白的可溶性和诱导条件，结果显示在 37 ℃、0.8 mmol/L IPTG 条件下诱导，沉淀包涵体中含有大量牛 PD-1 胞外区重组蛋白（图 4-29），说明牛 PD-1 重组蛋白主要表达在包涵体里。

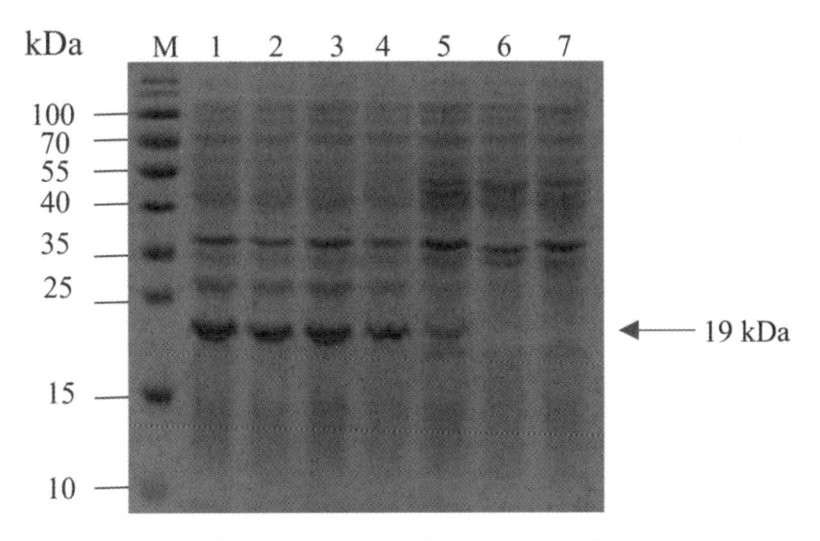

图 4-28 原核表达产物 SDS-PAGE 分析

M：蛋白 Marker；1、2、3：0.2 mmol/L IPTG 诱导的 PD-1 重组蛋白菌体；4、5：未诱导的 PD-1 重组蛋白菌体；6：转化 pET-28a（+）的大肠杆菌 BL21；7：大肠杆菌 BL21。

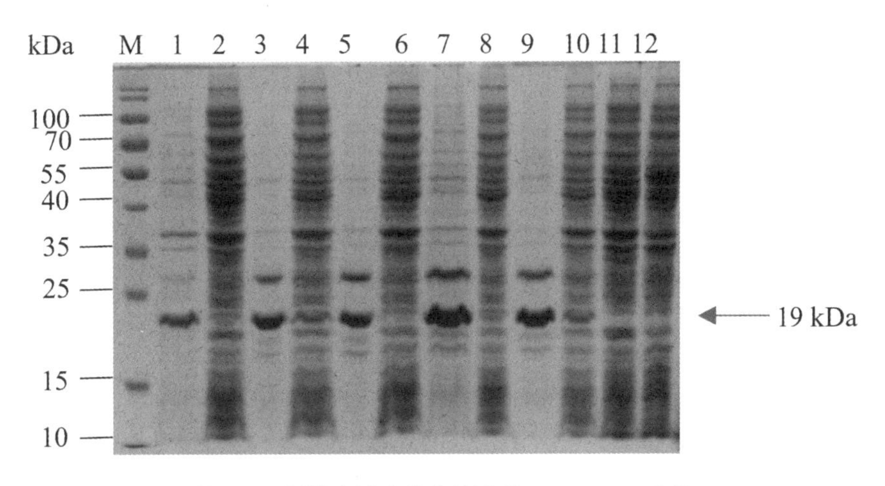

图 4-29 原核表达产物表达形式 SDS-PAGE 分析

M：蛋白 Marker；1、3、5、7、9：超声处理的 PD-1 重组蛋白的沉淀，IPTG 的诱导剂剂量为 0 mmol/L、0.2 mmol/L、0.4 mmol/L、0.8 mmol/L、1 mmol/L；2、4、6、8、10：超声处理的 PD-1 重组蛋白的上清，IPTG 的诱导剂剂量为 0 mmol/L、0.2 mmol/L、0.4 mmol/L、0.8 mmol/L、1 mmol/L；11：转化 pET-28a（+）的大肠杆菌 BL21；12：大肠杆菌 BL21。

（8）PD-1-pET-28a（+）重组蛋白的纯化与 Western Blot 鉴定。

将通过 Ni 柱纯化，并收集洗脱液，并加入上样缓冲液，对牛 PD-1 蛋白进行 SDS-PAGE 检测，使用考马斯亮蓝对 SDS-PAGE 胶进行染色，染色后使用脱色液脱色，摇床过夜，使用凝胶成像系统照胶。结果表明，与未纯化前的 PD-1 胞外区蛋白相比，获得了较纯的与目的蛋白大小一致的牛 PD-1 胞外区蛋白（图 4-30 中的 A）。使用纯化后的牛 PD-1

胞外区蛋白作为抗原，抗 His 标签的单克隆抗体作为一抗，通过 Western Blot 分析，结果表明，该目的蛋白能够与 His 标签单抗反应，在约 19 kDa 处出现了特异的条带（图 4-30 中的 B）。结果证明成功诱导表达了牛 PD-1 胞外区重组蛋白，并且该蛋白具有良好的抗原性。

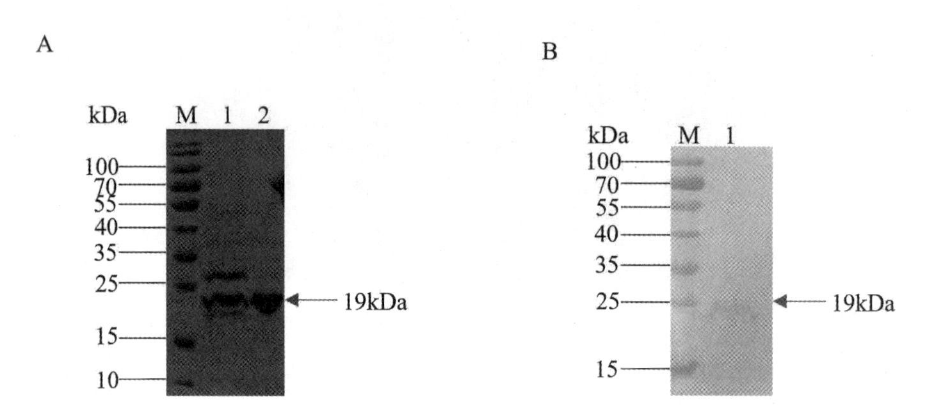

图 4-30 纯化目的蛋白的 SDS-PAGE **和** Western Blot **分析**

图 A 中 M：蛋白 Marker；1：超声处理的 PD-1 重组蛋白的沉淀，2：纯化的 PD-1 重组蛋白。

图 B 中 M：蛋白 Marker；1：纯化的 PD-1 重组目的蛋白与 His 标签单抗反应。

（三）讨论

程序性细胞死亡-1（PD-1）是 CD28 超家族的成员，通过消减杂交从凋亡诱导的 T 淋巴细胞杂交瘤 2B4.11 中分离。本次试验利用分离的牛 PBMC，采用 RT-PCR 的方法扩增牛 PD-1 的胞外区基因序列，测序后经生物信息学软件分析发现该牛 PD-1 胞外区基因读码框编码 147 个氨基酸，分子量为 16.04 kDa，等电点为 7.77，总平均亲水性-0.619。人的 PD-1 胞外区蛋白为 148 个氨基酸，牛的 PD-1 胞外区蛋白与人的大小相似。利用 NCBI 数据库中的 BLASTP 结构域分析结果同样表明，牛 PD-1 胞外区蛋白具有免疫球蛋白（Ig）结构域，属于 Ig 超家族成员，与 Ikebuchi 等发表的 PD-1 分子结构中描述的基本一致，Ikebuchi 发现牛 PD-1 是 282 个氨基酸的 I 型跨膜蛋白，27 ~ 171 的细胞外结构域含有免疫球蛋白结构域。磷酸化位点分析发现牛 PD-1 胞外区存在 13 个 Ser、4 个 Thr 的潜在磷酸化位点，有利于蛋白的翻译和信号传导等功能。

对测序结果进行了 NCBI-blast 比对，发现与已发表的牛 PD-1 基因序列（AB-510901.1）的同源性为 100%，并且通过 MEGE6 和 DNASTAR 同源性及进化树分析发现与奶牛和瘤牛 PD-1 胞外区序列同源性达到 100%，与牦牛、野生牦牛和水牛的同源性为 99.3%、98.9% 和 97.7%，与绵羊和山羊的同源性为 93.6%和 91.5%。与人和鼠的序列相比同源性分别为

79%和 71%。

有研究显示当病毒感染机体后，多种免疫细胞分泌效应性细胞因子，诱导 PD-1、PD-L1 高效表达，有研究发现重组 PD-1 融合蛋白能够激活 T 淋巴细胞的增殖能力。本研究为了能够表达牛 PD-1 的胞外区蛋白，方便研究牛 PD-1 在免疫调节中的作用，构建了 PD-1 胞外区的原核表达质粒，利用原核表达体系构建牛胞外区重组蛋白，通过 SDS-PAGE 表明获得了约 19 kDa 大小的蛋白，蛋白印记结果表明牛 PD-1 重组蛋白与抗 His 标签单抗在约 19 kDa 处出现了特异的条带，本试验表达的抗牛 PD-1 胞外区蛋白与史继静等人利用原核表达体系表达的人 PD-1 胞外蛋白一样具有良好的抗原性，可以用作免疫原免疫小鼠。

（四）小结

本试验利用原核表达载体 pET-28a（+）成功构建出牛 PD-1-pET-28a 重组质粒，并获得了具有良好抗原性的牛 PD-1 胞外区重组蛋白。

二、PD-1 多抗阻断对 BVDV 感染外周血淋巴细胞增殖和凋亡的影响

（一）材料与方法

1.毒株和细胞。

BVDV BA 株购自国家兽医微生物菌种保藏中心，分离株 BVDV NCP 株为 2088 实验室分离，6 ~ 8 月龄健康荷斯坦牛的抗凝血分离外周血淋巴细胞由 2088 实验室采集。

2.主要试剂。

所用试剂的具体明细见表 4-5。

表 4-5 主要试剂

试剂名称	公司
牛外周血淋巴细胞分离试剂盒	天津灏洋公司
RPMI-1640 培养液	Gibco 公司
pMD18-T simple vecter	Takata 公司
SYBR Premix Taq II	Takata 公司
CCK-8 试剂	Dojindo 日本同仁化学
细胞凋亡检测试剂盒	碧云天生物技术有限公司

3.牛 PD-1 胞外区重组蛋白多抗血清的制备和鉴定。

将纯化复性后的重组蛋白与弗氏完全佐剂进行等量混合，使用三通阀进行乳化，乳

化完全后，首次免疫小鼠，小鼠皮下注射 50 ~ 100 μg 蛋白，分别在第 15 d、30 d、45 d 时进行一次加强免疫，重组蛋白与弗氏不完全佐剂进行等量乳化混合后，皮下免疫，共免疫 3 次。完成免疫后，尾静脉采小鼠的血清，进行 ELISA 检测牛 PD-1 抗体血清效价。间接 ELISA 判定标准：以被检血清的 OD_{450nm} 值/阴性样本 OD_{450nm} 值为 2 或 3 倍，即为阳性。将制备的多抗血清作为一抗，依据抗体效价进行稀释，Western Blot 检测抗体免疫活性。

4.Q-PCR 检测病毒拷贝数。

使用 MDBK 细胞培养 BVDV BA 病毒株，达到 70%病变时，反复冻融 3 次，收集病毒液，使用 RNA 提取试剂盒，提取 RNA，使用反转录试剂盒反转录成 cDNA，以反转录的 BVDV BA 株的 cDNA 为模板，利用本实验室王华欣等设计的 BVDV5'端非编码区的保守核苷酸序列引物进行 PCR 扩增，引物序列见表 4-6。PCR 的反应条件见表 4-7，反应体系见表 4-8。反应结束后，将样品进行胶回收，插入 pMD-18T 质粒中，构建重组质粒 pMD-18T-BVDV，提取质粒，琼脂糖凝胶电泳双酶切鉴定正确后，测序。将比对正确的 pMD-18T-BVDV 作为标准样品。使用核酸检测仪测定质粒浓度后，按照公式拷贝数=（质量/分子量）$\times 6.023 \times 10^{23}$ 计算拷贝数，置-20 ℃冻存备用。

表 4-6　引物序列

编号	序列
BVDV F	5'-GAGTACAGGGTAGTCGTCAG-3'
BVDV R	5'-CTCTGCAGCACCCTATCAGG-3'

表 4-7　引物反应条件

预变性	变性	退火	延伸	循环	终止延伸
94 ℃ 2 min	94 ℃ 30 s	56 ℃ 30 s	72 ℃ 1 min	35	72 ℃ 5 min

表 4-8　反应体系

组分	25 μl
Taq Master Mix	12.5 μL
上游引物	1 μL
下游引物	1 μL
模版（cDNA）	1 μL
水（ddH_2O）	9.5 μL
总体积	25 μL

5.BVDV 标准曲线的建立。

10 倍系列稀释后的 BVDV 标准品作为模板进行扩增，反应体系和反应条件见表 4-9 和表 4-10。

表 4-9 反应体系

组分	25 μl
SYBR Premix Ex Taq	12.5 μl
上游引物	1 μl
下游引物	1 μl
标准品	1 μl
水（ddH_2O）	9.5 μl
总体积	25 μl

表 4-10 反应条件

预变性	变性	退火	延伸	循环	终止延伸
95 ℃	95 ℃	60 ℃	72 ℃	40	72 ℃
30 s	30 s	30 s	30 s		5 min

6.BVDV 拷贝数检测。

从牛外周血中分离淋巴细胞，RPMI-1640 完全培养基培养，设置未感染组，单独 BVDV BA 株和 BVDV NCP 感染组，使用 BVDV BA 株+PD-1 多抗和 BVDV NCP+PD-1 多抗孵育组，每个试验组设置 3 组重复，培养 72 h 后提取总 RNA，反转录成 cDNA，采用 SYBR 染料法检测病毒的拷贝数，与标准品一同进行定量 PCR，得出标准方程，将数据代入标准方程，计算未知样品的病毒拷贝数。

7.CCK-8 细胞增殖检测。

分离培养牛外周血淋巴细胞（PBL），96 孔板中保证每孔含有 10 000 个淋巴细胞，并加入 5 μg/mL ConA 刺激细胞生长，设置未感染组，单独 BVDV BA 株和 NCP 型 BVDV 感染组，使用 BVDV BA 株+PD-1 多抗和 NCP 型 BVDV+PD-1 多抗孵育组，每个试验组设置 3 组重复，于 0 d、1 d、2 d、3 d、4 d、5 d、6 d、7 d、8 d 使用酶标仪检测 OD_{450nm} 值。

8.细胞凋亡检测。

配置 RPMI-1640 培养基，包含 10%胎牛血清和 1%轻链霉素，使用配置好的完全培养基培养分里的 PBL 细胞，使用 12 孔板培养牛 PBL 细胞，5×10^5/孔，并加入 5 μg/mL ConA

刺激淋巴细胞生长，设置未感染组作为对照组，单独 BVDV BA 株和 NCP 型 BVDV 感染组，使用 BVDV BA 株+PD-1 多抗和 NCP 型 BVDV +PD-1 多抗孵育治疗组，每个试验组设置 3 组重复，细胞培养箱中培养 72 h。轻轻用移液枪吹起 PBL 细胞，并混匀，用于检测细胞凋亡。

9.数据分析。

使用 GraphPad Prism 6.0 版进行非配对 t 检验，单向 ANOVA 和双向 ANOVA，所有数据表示形式是（平均值±SD），$p<0.05$ 表示差异有统计学意义，所有样品重复检测 3 次。

（二）结果

1. PD-1-pET-28a（+）重组蛋白多抗血清效价检测。

使用分离的小鼠血清作为一抗，ELISA 检测牛重组 PD-1 蛋白的多抗效价结果见表 10。根据判定依据，PD-1 的多抗血清效价 1 号小鼠为 1∶102 400，2 号小鼠为 1∶12 800，3 号小鼠为 1∶204 800。

表 4-11　抗 PD-1 胞外区重组蛋白的小鼠多抗血清抗体效价

血清稀释倍数	1	2	3	阴性	空白
1∶200	3.469	2.722	3.12	0.316	0.074
1∶400	3.349	2.705	2.988	0.304	0.088
1∶800	3.335	2.391	2.9	0.281	0.098
1∶1 600	3.251	2.375	2.711	0.297	-
1∶3 200	2.49	1.76	2.52	0.28	-
1∶6 400	2.237	1.364	2.19	0.27	-
1∶12 800	1.942	0.945	1.873	0.288	-
1∶25 600	1.779	0.508	1.82	0.298	-
1∶51 200	1.268	0.4	1.542	0.291	-
1∶102 400	0.904	0.389	1.0	-	-
1∶204 800	0.632	0.331	0.701	-	-

2.PD-1-pET-28a（+）重组蛋白多抗血清免疫活性检测。

使用分离的牛 PD-1 多抗血清作为一抗，检测多抗血清的免疫活性，将纯化后的牛 PD-1-pET-28a（+）重组蛋白的 Western Blot 分析，结果表明表达的目的蛋白能够与多抗血清反应，在约 19 kDa 处出现了特异的条带（图 4-31），说明多抗血清具有良好的免疫活性。

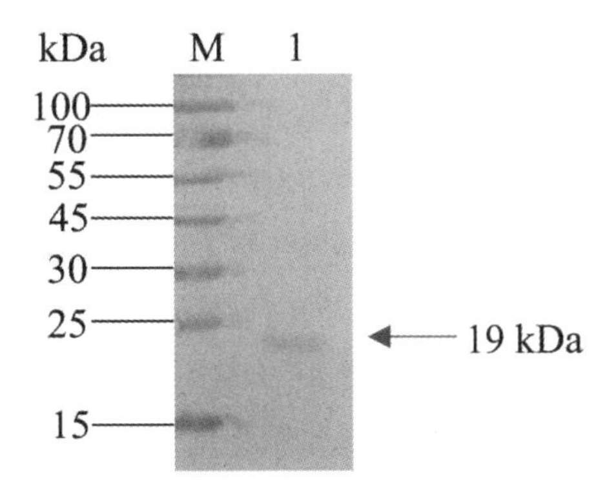

图 4-31 纯化目的蛋白与 PD-1 多抗血清的反应

M：蛋白 Marker；1：纯化的 PD-1 重组目的蛋白。

3.BVDV 标准曲线的建立及 BVDV 病毒量检测。

荧光定量 PCR 反应结束后，得出标准方程为：Y=-3.437lg$x$+49.166，扩增效率为 95.4%，相关系数 R^2 为 0.997，可以看出扩增曲线良好。检测的四组淋巴细胞样品值均落在标准曲线上，根据标准方程，计算各组 BVDV 病毒拷贝数，将感染 72 h 后的 CP 和 NCP 型 BVDV 的淋巴细胞模板 cDNA 进行荧光定量 PCR 结果显示，CP 型 BVDV 组中，只加病毒组（BVDV CP 组）的病毒拷贝数为 547 拷贝/μL，加抗体组（BVDV CP+多抗组）的病毒拷贝数为 437 拷贝/μL，可知抗体阻断后病毒拷贝数降低 1.25 倍（图 4-32 中的 A）。NCP 型 BVDV 组中，只加病毒组（BVDV NCP 组）的病毒拷贝数为 1400 拷贝/μL，加抗体组（BVDV NCP+多抗组）的病毒拷贝数为 263 拷贝/μL，阻断后病毒拷贝数降低 5.32 倍（图 4-32 中的 B）。分析数据见图 4-32，在 72 h 后感染的淋巴细胞悬浮液中 CP 和 NCP 型 BVDV 与对照组相比拷贝数显著降低，差异显著。因此，PD-1 阻断导致感染 BVDV 的淋巴细胞悬浮液中 BVDV 载量显著降低

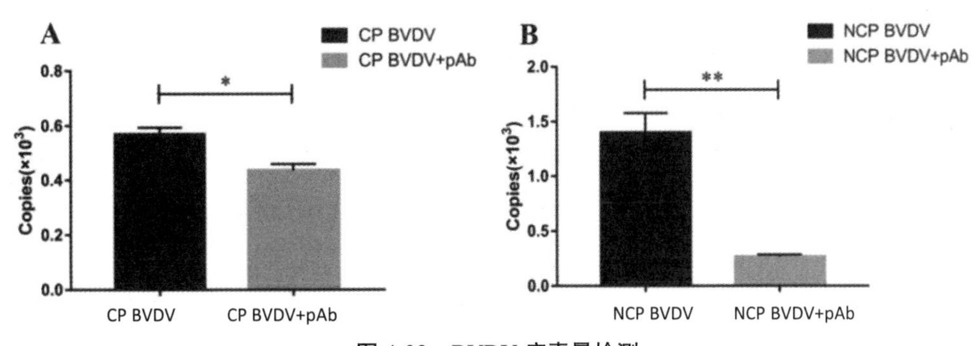

图 4-32 BVDV 病毒量检测

图 A：CP 型 BVDV 体外感染外周血淋巴细胞。图 B：NCP 型 BVDV 体外感染外周血淋巴细胞。*p<0.05，**p<0.01，***p<0.001，****p<0.0001；数据表示为平均值±SD（每组 n = 3）。

4.CCK-8 细胞增殖检测淋巴细胞活性。

在本研究中，我们利用 CCK-8 试剂检测细胞增殖能力，观察 PD-1 多克隆抗体对感染了不同型 BVDV 的外周血淋巴细胞增值情况影响。经过 168 h 的观察，结果显示，CP 型 BVDV 显著抑制 ConA 诱导的外周血淋巴细胞（PBL）增殖；而使用 PD-1 抗体阻断后，恢复了外周血 T 淋巴细胞（PBL）的增殖活性（图 4-33）。经过 GraphPad Prism 分析可以发现在 CP 型 BVDV 感染的 PBMC 中，使用 PD-1 pAb 处理后的淋巴细胞，与感染 BVDV 的淋巴细胞和未感染病毒的淋巴细胞相比，72 ~ 144 h 的时间段里，细胞增殖显著，PD-1 阻断显得增加了 PBL 增殖（图 4-33 中的 A）。然而，在 NCP 型 BVDV 感染的 PBMC 中，PD-1 阻断虽然也增加了 PBL 增殖，但是 PD-1 抗体阻断组与 NCP 病毒组之间没有显著差异（图 4-33 中的 B）

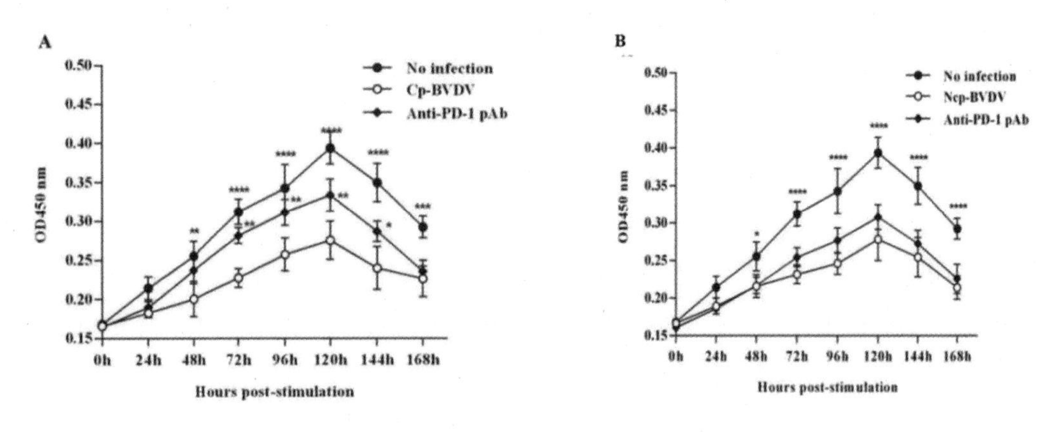

图 4-33　牛外周血淋巴细胞增殖检测

图 A：CP 型 BVDV 体外感染外周血淋巴细胞。图 B：NCP 型 BVDV 体外感染外周血淋巴细胞。*$p<0.05$，**$p<0.01$，***$p<0.001$，****$p<0.0001$；数据表示为平均值±SD（每组 $n=3$））。

5.流式细胞仪检测细胞凋亡。

为了检测 PD-1 阻断后对 BVDV 感染的淋巴细胞凋亡的影响，使用凋亡检测试剂盒和流式细胞仪分析细胞凋亡情况。结果显示 PD-1 阻断在 BVDV 感染的 PBL 中凋亡细胞的比例显著降低（图 4-34）。在感染 CP 型 BVDV 的 PBL 中，加入抗 PD-1 抗体的淋巴细胞中，凋亡细胞的比例从 35.83%±1.5%显著降低至 31.91%±2.2%（$p<0.01$；图 4-34 A），在感染 NCP 型 BVDV 的 PBL 中，加入抗 PD-1 抗体的淋巴细胞中，PBL 中的凋亡细胞比例从 36.5%±2.1%降至 35.04%±1.9%感染 NCP BVDV（$p<0.05$；图 4-34 中的 B）

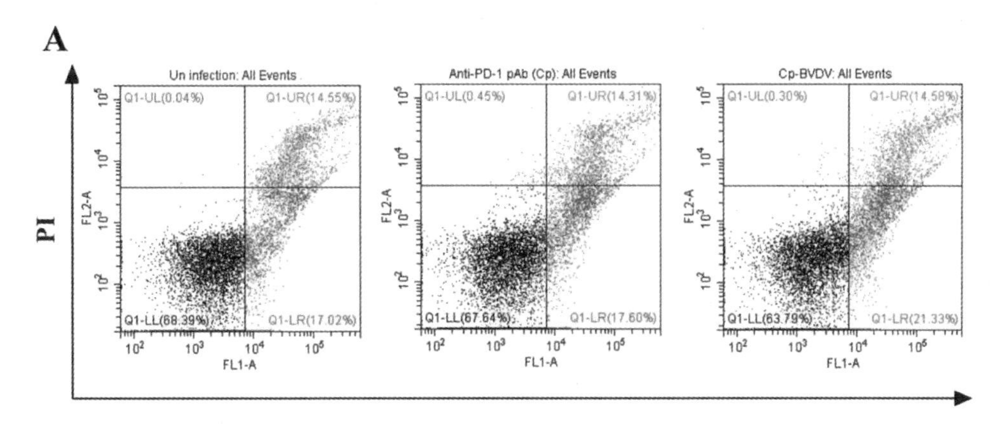

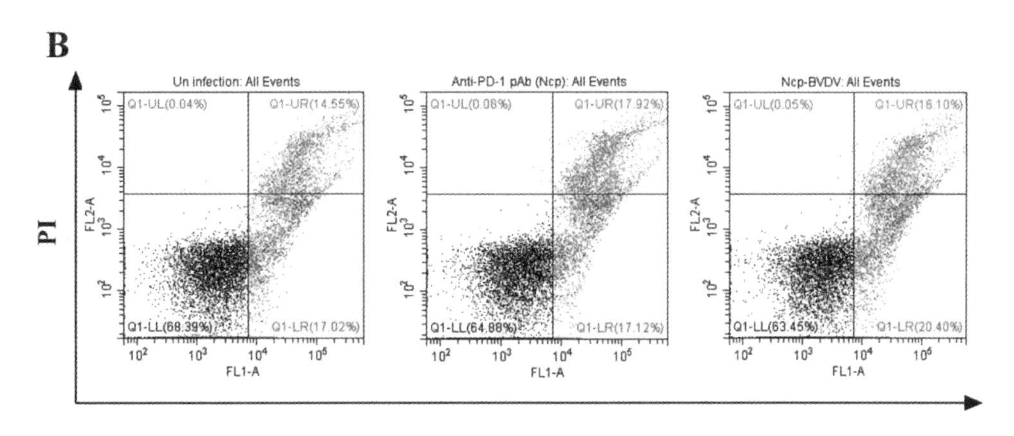

图 4-34　PD-1 阻断对外周血 T 淋巴细胞（PBTL）凋亡的影响

图 A：CP 型 BVDV（BA 株）感染牛外周血淋巴细胞的流式细胞分析；图 B：NCP 型 BVDV（分离株）感染牛外周血淋巴细胞的流式细胞分析。

（三）讨论

研究表明，HIV、HBV、LCMV、BLV、CSFV 等病毒能诱导活化的 T 淋巴细胞表面 PD-1 持续高表达，并且发现当使用 PD-1 抗体干扰 PD-1/PD-L1 的结合，可以逆转 T 淋巴细胞衰竭。为了研究 PD-1/PD-L1 通路对 BVDV 感染引起的淋巴细胞减少是否有影响，本文使用纯化后具有良好的免疫原性的牛 PD-1 重组蛋白免疫小鼠，眼球采血制备多克隆抗体，为后续阻断试验奠定基础。许多研究均采取 ELISA 和 Western Blot 检测多抗的效价和特异性，覃晓琳等制备人 PD-1 多抗，李博文等制备鸡 PD-1 多抗时均采用了这两种方法，本研究以多抗作为一抗，证实了所获得多抗能与牛 PD-1 蛋白发生反应，具有较好的免疫学活性。酶标仪测定后发现抗体效价 1 号小鼠为 1∶102 400，2 号小鼠为 1∶12 800，3 号小鼠为 1∶204 800。

在 BVDV 急性或持续感染期间，病毒复制发生在位于体表、消化道、神经系统、呼吸道和免疫系统中的多种细胞类型中。尽管许多细胞类型允许病毒复制，但 BVDV 在免疫系统细胞中（特别是淋巴细胞）的复制能力更强。本研究采集牛外周血淋巴细胞进行试验，体外感染 BVDV，使用 Q-PCR 进行绝对荧光定量检测病毒量，目前这种方法已经广泛应用于检测细胞内病毒量，本研究中，我们使用王华欣建立的荧光定量检测 BVDV 病毒量的方法，进行荧光定量 PCR 反应，得出了标准方程为：$Y=-3.437\lg x+49.166$ ，根据扩增效率和相关系数 R^2 的值，我们可以看出扩增曲线良好。目前，已经有关于在犬、牛等免疫抑制性疾病的抗 PD-1 单克隆抗体阻断试验，发现阻断后病毒载量下降。本试验使用多抗血清阻断体外感染 BVDV 后的 PBMC 细胞，根据标准方程，得出各试验组 BVDV 病毒拷贝数，在 72 h 后感染 CP 和 NCP BVDV 的 PBMC 悬浮液提取 RNA 反转录 cDNA 进行荧光定量 PCR 结果显示，可知抗体阻断后病毒拷贝数降低 1.25 倍。NCP BVDV 感染的外周血淋巴细胞中，阻断后病毒拷贝数降低 5.32 倍。因此，我们发现在 PD-1 抗体阻断后 CP 和 NCP BVDV 感染的 PBMC 悬浮液中病毒拷贝数与对照组相比均显著降低，PD-1 阻断导致感染 BVDV 的 PBMC 悬浮液中 BVDV 复制能力降低。在 BVDV 的感染期间，淋巴细胞中的病毒复制可以直接或间接地改变免疫功能并增强疾病的严重性，因此，PD-1/PD-L1 通路的阻断导致的 BVDV 复制能力减弱也许能够提高感染 BVDV 的牛的机体免疫能力。这与 HIV、HBV、HCV 等阻断 PD-1/PD-L1 通路后，病毒的复制能力减弱结果相似。

BVDV 与免疫抑制相关，许多免疫细胞对 BVDV 感染敏感，包括单核细胞和粒细胞。BVDV 感染导致淋巴细胞群的严重减少，总外周血淋巴细胞群包括特异性 T 淋巴细胞和 B 淋巴细胞。T 淋巴细胞及其亚群对于诱导针对 BVDV 感染细胞的细胞介导的免疫应答是重要的。由于 BVDV 毒株的毒力的不同，导致的淋巴耗竭可以是轻度至严重的，具有可变的恢复水平。因此本试验研究阻断 PD-1/PD-L1 通路对 CP-BVDV 和 NCP-BVDV 对外周血淋巴细胞增殖和凋亡的影响。先前的研究表明，PD-1 和 PD-L1 表达上调与 HCV 或 CSFV 抑制 T 淋巴细胞增殖相关。BVDV 和 HCV、CSFV 都属于黄病毒科瘟病毒属，本研究同样在 BVDV 中证实了类似的结论，经过 168 h 的观察，CP BVDV 和 NCP BVDV 均抑制 ConA 诱导的外周血 T 淋巴细胞（PBTL）增殖；而使用 PD-1 抗体阻断后，恢复了外周血 T 淋巴细胞（PBTL）的增殖活性。并且，发现在 CP BVDV 感染的 PBMC 中，使用 PD-1 抗体处理后的淋巴细胞，与感染 BVDV 的淋巴细胞和未感染病毒的淋巴细胞相比，72 ~ 144 h 的时间段里，细胞增殖显著，PD-1 阻断显得增加了 PBTL 增殖。然而，在 NCP BVDV 感染的 PBMC 中，PD-1 阻断也增加了 PBTL 增殖，但是 PD-1 抗体阻断组与 NCP 病毒组之间没有显著差异。有研究显示 BVDV 感染后 T 淋巴细胞数量与毒株毒力相关，以毒株依赖性方式降低。因此，本试验中出现的 NCP 和 CP 对淋巴细胞增殖不同影响可能是由于毒力的不同引起的。

有报道显示与 BVDV 引起的细胞死亡是由细胞凋亡介导的。研究表明，内源性途径在诱导淋巴细胞凋亡中可能仅起次要作用，Bcl-2 蛋白的过度表达可能在阻止淋巴细胞凋亡方面起主要作用，而 Bcl-2 的低表达可能与 BVDV 感染过程中发生的滤泡淋巴细胞凋亡有关。并且 PD-1 可以通过调节 Bcl-2，控制淋巴结中抗原特异性 T 淋巴细胞的聚集，进而抑制 T 淋巴细胞功能。因此，我们有理由推测 PD-1 可能参与 BVDV 感染引起的细胞凋亡。在同病毒科 HCV 的 PD-1 阻断研究已经发现，抗体治疗后淋巴细胞的功能得到恢复，细胞凋亡率降低。本研究结果同样显示 PD-1 阻断在两种生物型 CP 和 NCP BVDV 感染的 PBL 中凋亡细胞的比例显著降低。最近，淋巴细胞系（BL3）的体引起的外感染表明，不仅生物型而且给定病毒株的毒力在凋亡诱导中起重要作用，这可以解释两种生物型对淋巴细胞凋亡情况产生的不同影响。

（四）小结

本研究制备了抗牛 PD-1 的多克隆抗体，发现使用牛 PD-1 多克隆抗体阻断可以逆转由 BVDV 感染导致淋巴细胞严重减少的现象，降低 BVDV 病毒的复制能力。

三、牛 PD-1 胞外区蛋白单克隆抗体的制备和鉴定

单克隆抗体（mAb）是由单个免疫细胞分泌的一种针对抗原的特异性抗体。由于单克隆抗体能够结合单一表位，使其单价亲和力较高。相反，多克隆抗体与多个表位结合，并且通常由几种不同的浆细胞谱系制备。还可以通过将一种单一单克隆抗体的治疗靶标增加至两个表位来改造双特异性单克隆抗体。

程序性细胞死亡蛋白-1（PD-1 和 CD279）大多表达于活化的免疫细胞表面，主要通过负调控免疫细胞、干扰免疫应答进而抑制机体的免疫系统，并且促进机体自身免疫耐受。它既可以预防自身免疫性疾病，但也可以阻止免疫系统杀死癌细胞，因此目前 PD-1 已经被评为新的免疫检查点之一，PD-1 可以促进抗原特异性 T 淋巴细胞的凋亡和减少调节性 T 淋巴细胞的细胞凋亡。PD-1 抑制剂可激活机体免疫系统来攻击病毒和肿瘤，目前已经成为治疗某些癌症的新型药物，并且目前已经有许多 PD-1 抗体被批准用于某些癌症治疗，同时也为治疗其他免疫疾病提供了新的研究方向。

（一）材料与方法

1.细胞和动物。

SP/20 细胞由黑龙江八一农垦大学动物科技学院 2088 实验室保存；BALB/C 小鼠购自北京维通利华动物有限公司。

2.主要试剂。

试剂明细见表 4-12。

表 4-12　主要试剂

试剂名称	公司
弗氏完全佐剂	Sigma-Aldrich 公司
弗氏不完全佐剂	Sigma-Aldrich 公司
HT	Sigma-Aldrich 公司
HAT	Sigma-Aldrich 公司
PEG1460	Sigma-Aldrich 公司
胎牛血清	Gibco Life Technologies 公司
DMEM	Hyclone 公司
TMB 可溶性底物显色液	北京康为世纪生物科技有限公司
蛋白 maker	赛默飞世尔科技（中国）有限公司
BCA 试剂盒	碧云天公司
SBA Clonotyping System-HRP	Southern Biotech 公司

3.免疫原的制备和免疫动物。

使用 BCA 蛋白浓度试剂和测定纯化后的 PD-1-PET-28a 蛋白浓度。将纯化后的牛 PD-1 重组蛋白加入等体积的完全弗氏佐剂和不完全弗氏佐剂，通过三通阀和注射器反复抽吸进行乳化。免疫 BALB/C 小鼠的免疫程序见表 4-13。

表 4-13　免疫程序

抗原	免疫剂量/（μg/只）	免疫时间/d	免疫途径
完全弗氏佐剂乳化的蛋白	50 ~ 100	0	皮下注射
弗氏不安全佐剂乳化的蛋白	50 ~ 100	15	皮下注射
弗氏不安全佐剂乳化的蛋白	50 ~ 100	30	皮下注射
弗氏不安全佐剂乳化的蛋白	50 ~ 100	45	腹腔注射

4.小鼠血清抗体效价检测。

在第二次加强免疫后的第 10 d，检测小鼠的抗体效价，尾静脉采血收集血清进行 ELISA 检测。

5.骨髓瘤细胞 SP2/0 的扩增培养。

取出本实验室在液氮中保存的 SP2/0 细胞，将细胞冻存管快速放入装有 37 ℃水的烧杯中，使细胞快速融化。细胞融化后抽出，加入 15 mL 的离心管中，再补充 9 mL 的完全培养基，1 000 r/min，离心 3 min。吸走培养液，重新使用 5 mL 新的完全培养基重悬 SP2/0，放入 5 mL 培养皿中，细胞恒温培养箱中增殖培养。12 h 后换液，当细胞长满培养皿底部时，进行传代培养。

6.饲养层细胞的制备。

小鼠拉颈处死，浸泡在装有 75 %的酒精的烧杯中，消毒体表。在灭菌台中进行试验操作，首先剪开小鼠腹部表面皮肤。吸取 8 mL 无血清培养液注入小鼠腹腔，是培养液充分在腹腔中混匀，反复轻轻抽吸 3 ~ 5 次，获取尽量多的腹腔细胞。吸出培养液，注入 15 mL 的离心管中，无血清 DMEM 补至 12 mL。1 000 r/min 离心 5 min，去上清，再次加入完全培养基，吹吸细胞，调节细胞浓度为 2×10^5/mL，加入培养板中，96 孔板每孔加 100 μL。

7.细胞融合。

同样的方法处死小鼠，75 %酒精小鼠体表消毒。在无菌台中用消毒的剪刀剪开腹腔，找到并取出小鼠脾脏，剥离脾脏周围的结缔组织和脂肪，用无血清 DMEM 冲洗一下。5 mL 注射器向脾脏内注入 DMEM 培养液，反复抽吸数次，将脾细胞冲出，放入 15 mL 离心管中，加培养液至 10 ml，混匀。1 000 r/min 离心 5 min，计数板计数。将传代培养的骨髓瘤细胞 SP2/0，1 000 r/min 离心 5 min，吸走上清，用 DMEM 混悬细胞，记细胞数。将骨髓瘤细胞与 5 ~ 10 倍数量的脾细胞混合在一起，加入 50 mL 离心管内，培养液洗 1 次，1 000 r/min 离心 5 min，保留细胞。在 1 min 内加入预热的 1 mL 50%PEG，边加边晃动。于 37 ℃培养箱中孵育 2 min。加入培养液，停止 PEG 融合。第一个 1 min 加入 2 mL DMEM，第二分钟加入 10 mL DMEM，边加边轻轻晃动，但不要太用力。1 000 r/min 离心 5 min，轻轻吸走上清培养液。用 10 mL 1%HAT 培养液轻轻混悬，将融合后细胞悬液 100 μL/孔，加入含有饲养细胞的 96 孔细胞培养板，37 ℃、5% CO_2 孵箱培养。在培养的 7 ~ 10 d 用 HAT 培养液变量换液，以后每隔 2 ~ 3 d 半量换液一次。2 ~ 3 周后出现杂交细胞集落，待集落增殖生长至 1/3 孔时，应进行抗体检测。

8.单抗的杂交瘤细胞株的建立。

筛选单个杂交瘤细胞株时，通常采用倍比稀释法。先使用间接 ELISA 检测板中出现细胞群落的孔，结果显示阳性的孔用移液枪吹打孔内的细胞使其散开，加入 1 mL HAT 培养液。混匀后每孔 100 μL，加入装有 100 μL 培养液的 96 孔板第一排孔中，混匀后吸出 100 μL 加入第二排孔中，如此操作直到最后一排，培养箱中培养。逐日观察孔内是否有单克隆的细胞，检测其是否阳性。阳性孔再继续传到 24 或 12 孔板中。重复稀释克隆 2 ~ 3 次。将克隆后的能分泌牛 PD-1 抗体的杂交瘤细胞用 5 mL 培养瓶培养，及时冻存。收集培养液作单克隆抗体鉴定。其余的细胞继续传代，并且每隔 2 ~ 3 代检测一次，测效价，并将杂交瘤细胞经过 4 次冻存与复苏，测定复苏后效价，以确定杂交瘤细胞的活性和分泌抗体的稳定性。

9.杂交瘤上清单抗效价的测定。

收集杂交瘤细胞上清，检测上清抗体效价。

10.单克隆抗体鉴定。

取纯化牛 PD-1 蛋白样进行 Western Blot 检测。用 TBST 稀释的杂交瘤上清作为一抗。抗鼠 IgG 为二抗，结束后，加入显色液，显色后用清水立即冲洗，观察蛋白大小。根据已发表在 Gen Bank 牛 PD-1 序列 AB510901.1，运用生物信息学软件设计特异性引物，引物序列见表 4-14。扩增牛 PD-1 全长序列，PCR 反应体系和反应条件见表 4-15 和 4-16。凝胶电泳检测条带大小，鉴定正确后，再次进行琼脂糖电泳，紫外照射切下目的条带，使用胶回收试剂盒回收牛 PD-1 片段。

表 4-14 引物序列

编号	序列
PD-1 F	5'-cccAAGCTTATGGGGACCCCGCGGGCGCT -3'
PD-1 R	5'- cgGAATTCAGAGGGGCCAGGAGCAGT -3'

表 4-15 反应体系

组分	25 μl
SYBR Premix Ex Taq	12.5 μl
上游引物	1 μl
下游引物	1 μl
牛外周血淋巴细胞模板	1 μl
水（ddH_2O）	9.5 μl
总体积	25 μl

表 4-16 反应条件

预变性	变性	退火	延伸	循环	终延伸
94 ℃	94 ℃	65 ℃	72 ℃	35	72 ℃
5 min	30 s	30 s	30 s		10 min

提前预热 37 ℃水浴锅，牛 PD-1 基因和 pCDNA-3.1（+）真核表达载体，分别用 EcoR I和 Hind III两种限制性内切酶，将样品放到水浴锅中酶切 4 h。双酶切产物进行胶回收，使用连接酶 16 ℃过夜连接。之后，将连接物转化 DH5α感受态，然后使用 L 棒将各组感受态涂到 LB（Amp、100μg/mL）固体培养基上。金属环挑起单个菌落，加入于 5mL LB（Amp、100μg/mL）液体培养基中，在 37 ℃ 180 r/min 恒温箱中过夜培养，抽取 2mL 菌液提取质粒，进行 PCR、双酶切鉴定，将鉴定正确的质粒与-20 ℃冰箱保存。将生长状态良好的 CHO 细胞胰酶消化下来，使用 DMEM-F12 完全培养基混匀，以 104 个细胞接种于 96 孔细胞培养板中，显微镜下观察 CHO 细胞大约长至细胞板底的 60%-70%时候，可以进行转染。移液枪吹打混匀，室温条件下，作用 10 ~ 15 min。将质粒混合液轻轻地滴入培养板中，移液枪轻轻抽吸混匀，置于培养箱中，6 ~ 8 h 后换液。当牛 PD-1 转染 24 h 后，进行间接免疫荧光检测抗体特异性。

（三）结果

1.小鼠血清抗体效价检测。

在最后一次加强免疫后第 9 d，小鼠绑定，通过尾静脉采血，分离血清，ELISA 检测血清效价。血清效价达到 1：102 400＞10^4，就可以进行脾细胞与 SP/20 细胞的融合，多抗血清于-80 ℃保存备用。

2.杂交瘤细胞株的建立。

细胞融合后加入事先准备好的铺有腹腔巨噬细胞的 96 孔板中进行阳性细胞株的筛选，每隔 3 ~ 4 d 进行半量换液，每天观察细胞融合后的生长状态，融合后第 8 d，显微镜观察可发现融合后生长的细胞群落。当细胞群落达到长至 96 孔的 1/3 时，ELISA 检测阳性孔。

3.杂交瘤细胞上清单抗 SDS-PAGE 检测。

将杂交瘤细胞培养液上清将入上样缓冲液，进行 SDS-PAGE 蛋白胶检测，扫描后看到抗体的重链和轻链，如图 4-35。

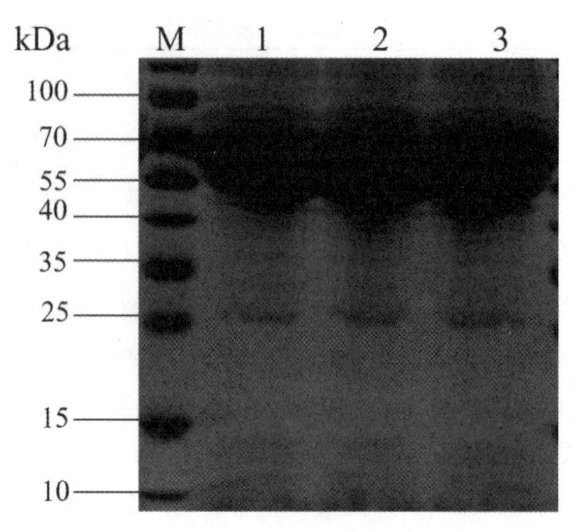

图 4-35　杂交瘤上清 SDS-PAGE

M 蛋白 Marker；1：杂交瘤培养液上清。

4.杂交瘤上清单抗 ELISA 和 Western Blot 检测。

将 ELISA 检测为阳性空的杂交瘤细胞上清收集保存，以单克隆抗体为 ELISA 检测的一抗，结果显示抗体效价为 1∶26，将纯化后的 PD-1 重组蛋白转膜，Western Blot 结果表明表达的牛 PD-1 蛋白能够与杂交瘤上清单抗反应，在约 19 kDa 处出现了特异的条带（图 4-36），说明杂交瘤细胞能够分泌抗 PD-1 特异性抗体。

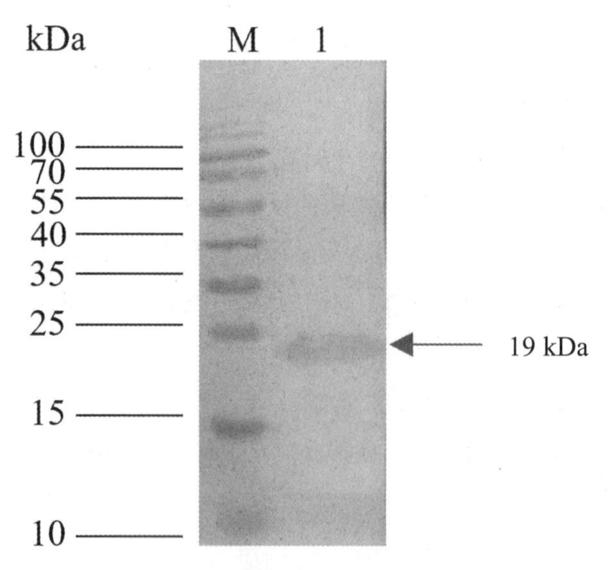

图 4-36　目的蛋白与单抗反应

M：蛋白 Marker；1：纯化的 PD-1 重组目的蛋白。

5.牛 PD-1 全长基因的克隆。

使用琼脂糖凝胶电泳检测牛 PD-1 基因产物，扫描成像后在 1237 bp 处观察到与目的条带大小相符合的片段（图 4-37）。

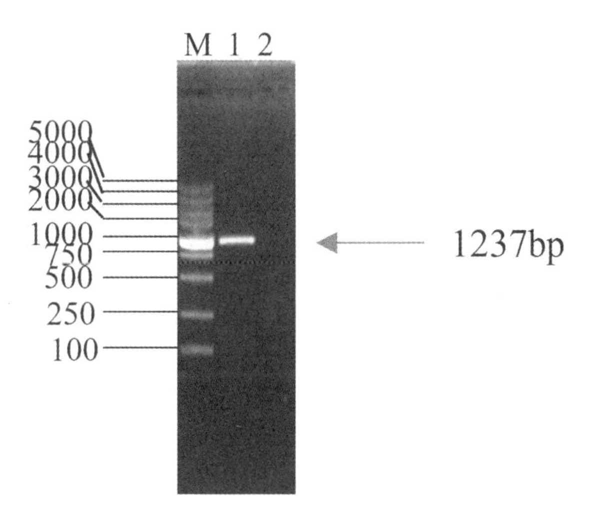

图 4-37 牛 PD-1 基因 PCR 鉴定

M：DL5000 标准；1：牛 PD-1 基因，2：阴性对照。

6.牛 PD-1-pCDNA-3.1（+）重组质粒鉴定。

向双酶切后的重组质粒 PD-1-pCDNA3.0（+）中加入 6×上样 buffer，通过琼脂糖电泳见条带的大小（图 4-38），测序结果进行 NCBI-blast 比对同源性为 99%。

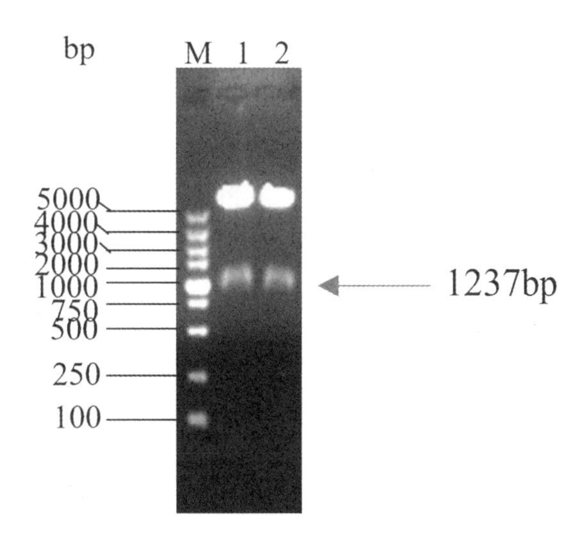

图 4-38 牛 PD-1-pCDNA3.0（+）重组质粒的酶切鉴定

M：DL5000 标准；1、2：PD-1-pCDNA3.0（+）重组质粒。

7.细胞间接免疫荧光检测。

构建牛 PD-1-pCDNA3.0（+）重组质粒转染 CHO 细胞 24 h 后，进行间接免疫荧光检测，检测 PD-1 单克隆抗体与转染的 PD-1 抗原是否能够结合，可以观察到抗 PD-1 抗体能够识别在 CHO 细胞中表达的 PD-1 蛋白。

（三）讨论

研究表明，将能够无限复制的小鼠骨髓瘤细胞与小鼠的脾细胞进行融合，能够使融合后的细胞具有无限增殖和分泌特异性抗体的特性，可用于建立杂交瘤细胞体系。Cortellis 数据库的统计分析结果显示，至今全球有效研发阶段的 PD-1/PD-L1 单克隆抗体共有 10^7 个，其中 37.4%的抗体已经被用于临床阶段。由此可见 PD-1/PD-L1 单克隆抗体已经成为热点研究对象。

目前已经有许多研究利用原核表达的蛋白作为免疫原制备 PD-1 单克隆抗体，杨媛等利用克隆、原核表达、细胞融合等技术制备猪 PD-1 单克隆抗体，本研究通过同样方法克隆牛 PD-1 胞外区基因，利用原核表达体系表达的 PD-1 蛋白作为抗原，与弗氏佐剂进行乳化制备免疫原免疫小鼠，利用细胞融合技术建立分泌抗体的细胞株，制备牛 PD-1 单克隆抗体。王玲玲等也通过此方法获得了鸡 PD-1 单克隆抗体。使用 ELISA 进行单克隆抗体的筛选，筛选的阳性孔进行克隆株筛选，并对阳性孔细胞进行冻存。

目前，大多使用 IFA 和 Western Blot 检测抗体特异性和敏感性。因此，本试验为了检测单克隆抗体的特异性，以制备的单抗作为一抗，通过 Western Blot 试验证实所获得单抗能与蛋白发生反应，特异性较好，说明获取的 PD-1 胞外区单抗具有较好的特异性。段文元等利用 CHO 成功表达 PD1 蛋白，因此本研究为了检测 PD-1 单克隆抗体是否能够结合 PD-1 蛋白，本试验克隆牛 PD-1 基因，并转染 CHO 细胞，使用 PD-1 抗体作为一抗进行 IFA 检测，与 Ikebuchi 等人利用 CHO 表达牛 PD-1 蛋白一样，牛 PD-1 抗体能够识别外源性的 PD-1 蛋白。我们获得了特异性的牛 PD-1 单克隆抗体，为使用 PD-1 单克隆抗体阻断 PD-1/PD-L1 通路研究其在牛免疫抑制性疾病中扮演的角色奠定基础。

（四）小结

通过原核表达和细胞融合等技术获得了抗牛 PD-1 胞外区蛋白的单克隆抗体，通过 IFA 和 Western Blot 等技术证明该抗体能够识别 PD-1 蛋白，且具有良好的特异性和反应原性。

第五节 BTLA 与 PD-1 在 NCP 型 BVDV 急性感染导致 $CD8^+$TLs 减少中的调控作用研究

本团队前期体外研究证实，CP 型 BVDV 通过 PD-1 调控下游 PI3K/Akt/mTOR, caspase 9/caspase 3 和 ERK 信号通路，抑制 $CD4^+$和 $CD8^+$TLs 的增殖，引发凋亡和 TLs 减少。然而，NCP 型 BVDV 急性感染中阻断 PD-1 并未完全恢复 $CD8^+$TLs 增殖和功能。推测，NCP 型 BVDV 感染中可能存在其他免疫检查点分子同时参与调控了 $CD8^+$TLs 的活化、增殖和抗病毒功能。相关研究数据发表在 SCI 兽医学一区 TOP 期刊 *Veterinary Microbiology* 和免疫学二区期刊 *Frontiers in Immunology*。

此外，我们通过 mRNA 和细胞增殖等检测发现，除 PD-1 外，NCP 型 BVDV 感染的 $CD8^+$TLs 表面还高表 BTLA，细胞增殖被抑制，IFN-γ分泌减少。因此，推测在 NCP 型 BVDV 急性感染中 BTLA 主导的旁路途径协同 PD-1 负调控了 $CD8^+$TLs 的活化、增殖和抗病毒功能，其调控 ERK、AKT/mTOR 等信号通路的分子机制有待于研究。

本研究拟结合 BVDV 免疫抑制致病机制和免疫检查点联合阻断干预策略相关理论，以 $CD8^+$TLs 为研究对象，利用免疫微珠分选、流式细胞术、蛋白免疫印迹、荧光标记、激光共聚焦显微成像、抑制剂阻断等技术，确定 NCP 型 BVDV 感染中 BTLA 表达与 $CD8^+$TLs 活化和增殖的相关性及其对杀伤功能及病毒复制的影响，揭示 BTLA 与 PD-1 分子的协同作用。对于探索 BVDV 感染引起免疫抑制的分子机制具有重要意义，为 BVDV 等病毒引发的淋巴细胞减少症提供新的治疗思路。

一、材料与方法

（一）主要试剂

CP 型 BVDV NADL 株购自中国兽医药品监察所（CIVDC）。NCP 型 BVDV NY-1 株由黑龙江省牛病防治工程技术研究中心保存。牛 PBMC 分离试剂盒（天津灏洋，中国）；红细胞裂解液（Biolegend，美国）；mouse anti-bovine CD14 mAb（Bio-Rad，美国）；mouse anti-IgG1（Miltenyi Biotech，德国）；免疫磁珠 MACS 细胞分选架（Miltenyi Biotech，德国）；TRIzol 试剂（Invitrogen，美国）；反转录试剂盒（TaKaRa，日本）；SYBR Premix Ex Taq II（TaKaRa，日本）；100units/mL 青霉素、100μg/mL 链霉素、1% Glutamax-1

（Invitrogen，美国）；胎牛血清（FBS）（Gibco，美国）；PMA+ionomycin（Sigma，美国）；BCA 蛋白浓度检测试剂盒（碧云天，中国）；PD-1（Abcam，美国）；PD-L1（Abcam，美国）；BTLA（Abcam，美国）；HVEM（Abcam，美国）；β-actin（Proteintech，美国）；HRP-羊抗鼠 IgG（H+L）（Proteintech，美国）；HRP-羊抗兔 IgG（H+L）（Proteintech，美国）；Annexin V-FITC 凋亡流式检测试剂盒（碧云天，中国）；RPMI-1640（Gibco，美国）；CCK-8 细胞增殖检测试剂盒（Dojindo Laboratories，日本）。

（二）主要仪器设备

免疫磁珠细胞分选架（Miltenyi Biotech，德国）；CytoFLEX flow cytometer（Beckman Coulter，美国）；电子天平（METTLER TOLEDO，瑞士）；ChemipocXRS+凝胶成像系统（Bio-Rad，美国）；CFX96 Touch Real-Time PCR 检测系统（Bio-Rad，美国）；倒置生物显微镜（Leica，德国）；二氧化碳培养箱（Thermo Fisher Scientific，美国）；半干转膜仪（Bio-Rad，美国）；GraphPad Prism 6.0（La Jolla，美国）；酶标仪（Sunrise，日本）；高速冷冻离心机（Eppendorf，德国）。

（三）牛外周血样品采集与 PBMC 制备

通过无菌操作法采集牛颈静脉肝素抗凝血，按照牛 PBMC 分离试剂盒说明书操作，采用梯度密度离心法分离新鲜的 PBMC。首先，取 2.5 mL 新鲜抗凝血加入等量的稀释液混匀，取 15 mL 离心管加入 5 mL PBMC 分离液，用吸管吸取稀释后的 5 mL 血液样本，缓慢的加在分离液上层，将离心管置于水平离心机内，500 g 离心 25 min。离心后取出试管，试管内样品可分为四层，由上至下第一层为血浆，第二层为白色的 PBMC，第三层为分离液，第四层为红细胞。用 200 μL 微量移液器缓慢吸取第二层的 PBMC，放入装有 10 mL 清洗液的 15 mL 离心管内，混匀。250 ~ 300 g 离心 10 min，弃去上清液，加入 1 ~ 2 mL 红细胞裂解液，混匀，室温作用 1 min，250 ~ 300 g 离心 10 min，弃去上清液。再加入 5 mL 清洗液重悬细胞，250 g 离心 10 min，弃上清液，再重复清洗一次，离心获得 PBMC 沉淀。急性感染牛 PBMC 直接用于分选 PBL 和 $CD14^+$PBM。健康牛 PBMC 用于后续 BVDV 体外感染试验。

（四）病毒感染细胞

健康牛 PBMC（约 1×10^7/孔）置于含有 RPMI-1640 的平底 6 孔细胞培养板，同时补充 100units/mL 青霉素、100 μg/mL 链霉素、1% Glutamax-1、10% 无 BVDV 抗体和抗原的胎牛血清（FBS）和 10 ng/mL PMA and 500 ng/mL ionomycin，然后分别接种 0.01 MOI 的 CP 和 NCP 型 BVDV 毒株。随后，将 PBMC 置于 37 °C，5% CO_2条件下培养 168 h。

（五）免疫检查点分子表达分析

为研究 BVDV 体外感染 PBMC 后 PBL 的免疫检查点分子（除 PD-1 以外）mRNA 表达水平，我们在 BVDV 感染后 72 h 从 PBL 中分离 $CD8^+$T 淋巴细胞。分离方法如下：将 PBL 用牛 CD8 一抗，4 ℃孵育 30 min，然后加入与一抗同型的磁珠二抗，4 ℃孵育 15 ~ 30 min。按照磁珠抗体说明书操作流程，采用免疫磁珠细胞分选架进行 $CD8^+$T 淋巴细胞的阳性分选。通过 qRT-PCR 方法检测 $CD8^+$T 淋巴细胞 CTLA-4、LAG-3、TIM-3、BTLA 的 mRNA 表达水平。此外，分别在感染后 0、24、48、72、96 h 通过 qRT-PCR 检测 $CD8^+$T 淋巴细胞 BTLA 和 $CD14^+$PBM HVEM 的 mRNA 表达水平，并绘制曲线。然后，在感染后 72 h 通过 Western Blot 检测 $CD8^+$T 淋巴细胞 BTLA 和 $CD14^+$PBM HVEM 的蛋白表达水平。

（六）BTLA 和 PD-1 阻断方法

为了阻断 BTLA 及 PD-1 与其配体的相互作用，选用 anti-BTLA mAb 和 anti-BTLA mAb 进行阻断。PBMC 接种 0.01 MOI 的 NCP 型 BVDV 毒株，然后分别加入 10 μg/mL anti-BTLA 和（或）anti-PD-1 抗体。然后，再加入等量的 mouse IgG1 isotype control，在 37 °C，5% CO_2 条件下培养 72 h。

（七）细胞凋亡流式分析

为了研究 BVDV 体外感染中 BTLA 和 PD-1 阻断对 $CD8^+$T 淋巴细胞凋亡的影响，采用 Annexin V-FITC 细胞凋亡检测试剂盒检测 PBL 凋亡情况。

（八）细胞增殖检测

为了研究 BVDV 体外感染中 BTLA 和 PD-1 阻断对 $CD8^+$T 淋巴细胞增殖的影响，采用 CCK-8 细胞增殖检测试剂盒检测细胞增殖。

（九）IL-2 和 IFN-γ的 ELISA 检测

为了研究 BVDV 体外感染中 BTLA 和 PD-1 阻断对 PBMC 培养液上清中 IFN-γ、IL-2 产量的影响，收集感染后 72 h 的 PBMC 悬液，4 ℃，1 000 g 离心 10 min，收集上清。采用 ELISA 检测试剂盒检测上清液中 IFN-γ、IL-2 的含量，具体方法参见试剂盒说明书。

（十）病毒载量检测

为了研究 BVDV 体外感染中 BTLA 和 PD-1 阻断对病毒载量的影响，采用 qRT-PCR 技术定量检测 PBMC 悬液中 BVDV 病毒载量。

二、结果

1. CTLA-4、LAG-3、TIM-3、BTLA 的 mRNA 表达水平。

qRT-PCR 检测结果表明，NCP 型 BVDV 感染可导致牛外周血 $CD8^+T$ 淋巴细胞 BTLA mRNA 表达显著上调（图 4-39 中的 D）。而 CTLA-4、LAG-3、TIM-3 等分子的表达水平未见显著改变。

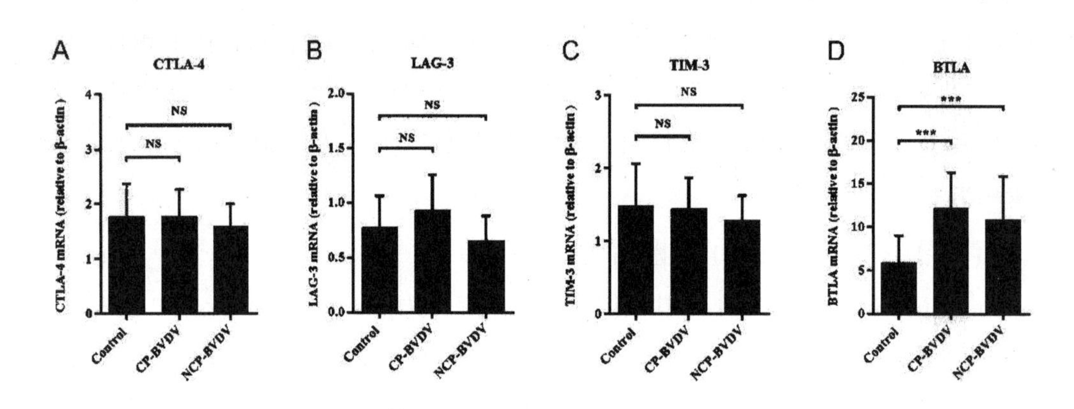

图 4-39　CTLA-4、LAG-3、TIM-3、BTLA 的 mRNA 表达分析

A：CTLA-4；B：LAG-3；C：TIM-3；D：BTLA。$^{***}p<0.001$。以未感染病毒组为对照组。数据以平均值±标准差表示（每组 $n=3$），并进行方差分析。

2. BTLA 和 HVEM mRNA 表达趋势分析。

qRT-PCR 结果表明，在 NCP 型 BVDV 体外感染中 $CD8^+T$ 淋巴细胞 BTLA 和 $CD14^+PBM$ HVEM 的 mRNA 表达水平均随着感染时间的延长逐渐升高，在感染 72 h 达到最高（BTLA，$p<0.001$；HVEM，$p<0.05$），96 h 开始下降（图 4-40）。

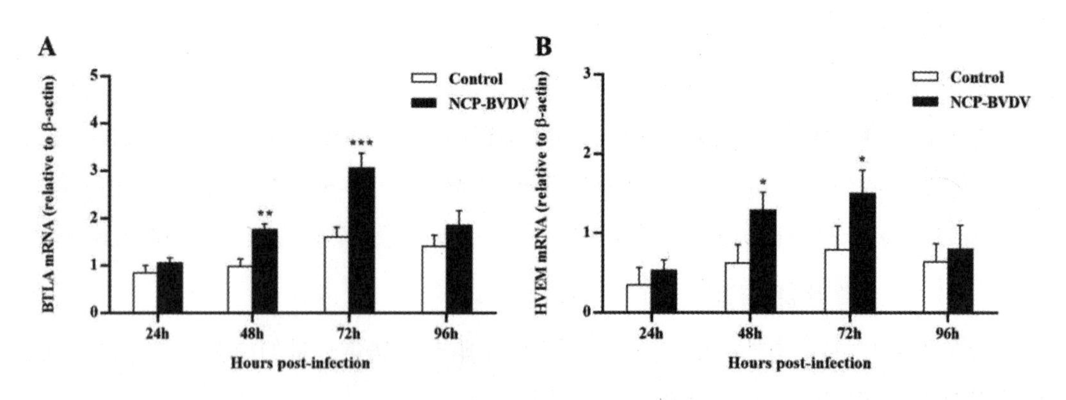

图 4-40　BTLA 和 HVEM mRNA 表达趋势分析

A：BTLA；B：HVEM。$^{**}p<0.01$、$^{*}p<0.05$。以未感染病毒组为对照组。数据以平均值±标准差表示（每组 $n=3$），并进行方差分析。

3.BTLA 和 HVEM 蛋白表达分析。

Western Blot 检测结果表明，在 NCP 型 BVDV 感染后 72h，$CD8^+T$ 淋巴细胞 BTLA 和 $CD14^+PBM$ HVEM 的蛋白表达水平显著升高（图 4-41）。

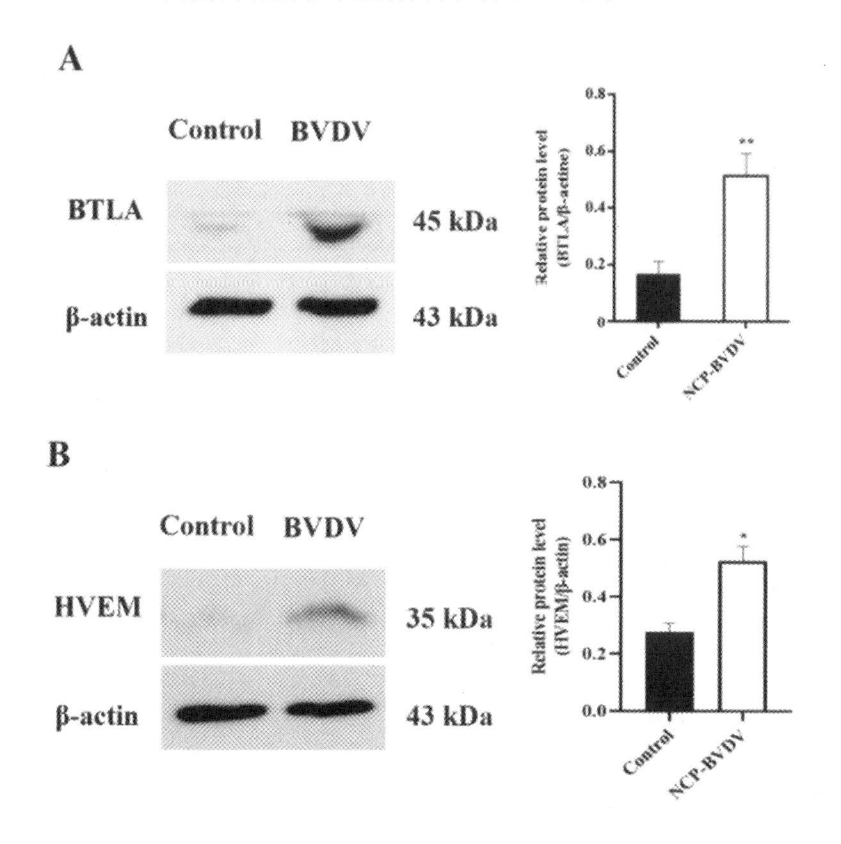

图 4-41　BTLA 和 HVEM 蛋白表达分析

A：BTLA；B：HVEM。$^{**}p<0.01$、$^{*}p<0.05$。以未感染病毒组为对照组。数据以平均值±标准差表示（每组 $n=3$），并进行方差分析。

4.BTLA 和 PD-1 阻断对细胞凋亡的影响。

流式细胞凋亡检测结果表明（图 4-42），在 NCP 型 BVDV 感染中单独阻断 BTLA 或 PD-1 以及协同阻断 BTLA 和 PD-1 通路均可显著减少 $CD8^+T$ 细胞凋亡（BTLA，$p<0.05$；PD-1，$p<0.01$；BTLA+PD-1，$p<0.001$），但同型对照抗体组差异不显著。此外，与单独阻断组相比，协同阻断 BTLA 和 PD-1 并未显著影响 $CD8^+T$ 细胞的凋亡。

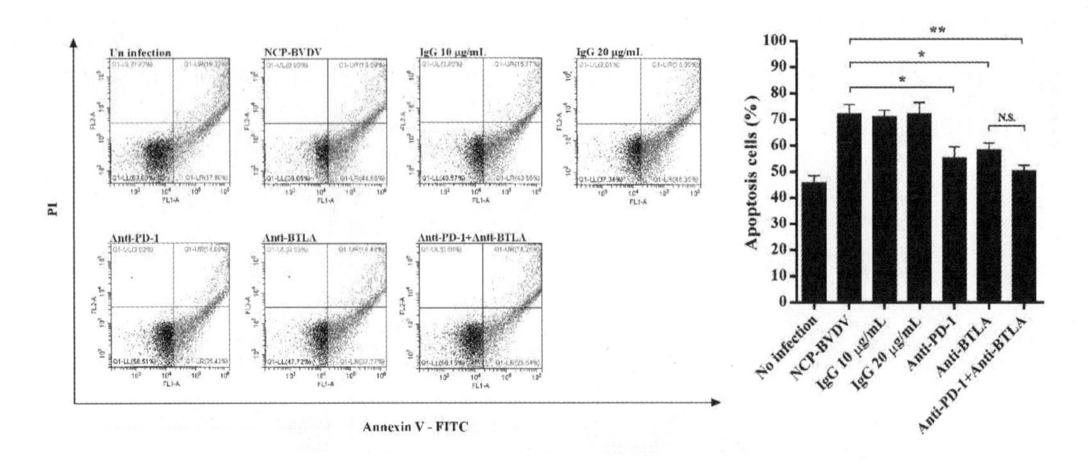

图 4-42　BTLA 和 PD-1 阻断对细胞凋亡的影响

共分为 7 组，分别为无感染组、NCP 型 BVDV 感染组、10 μg/mL 同型抗体组、20 μg/mL 同型抗体组、抗 PD-1 组、抗 BTLA 组、抗 PD-1+BTLA 组。以 NCP 型 BVDV 感染组为对照。数据以平均值±标准差表示（每组 $n=3$），并进行方差分析，$^{**}p<0.01$，$^{*}p<0.05$。

5.BTLA 和 PD-1 阻断对细胞增殖的影响。

细胞增殖检测结果表明（图 4-43），在 NCP 型 BVDV 感染中单独阻断 BTLA（感染后 72 h，$p<0.01$；96 h，$p<0.05$；120 h，$p<0.01$）或协同阻断 PD-1+BTLA（感染后 72 h，$p<0.0001$；96 h，$p<0.0001$；120 h，$p<0.0001$）通路均显著恢复 $CD8^{+}T$ 淋巴细胞的增殖，然而单独 PD-1 阻断并未显著影响 $CD8^{+}T$ 淋巴细胞的增殖。此外，与单独阻断 BTLA 相比，协同阻断 PD-1+BTLA 显著恢复了 $CD8^{+}T$ 淋巴细胞的增殖（感染后 96 h，$p<0.05$）。

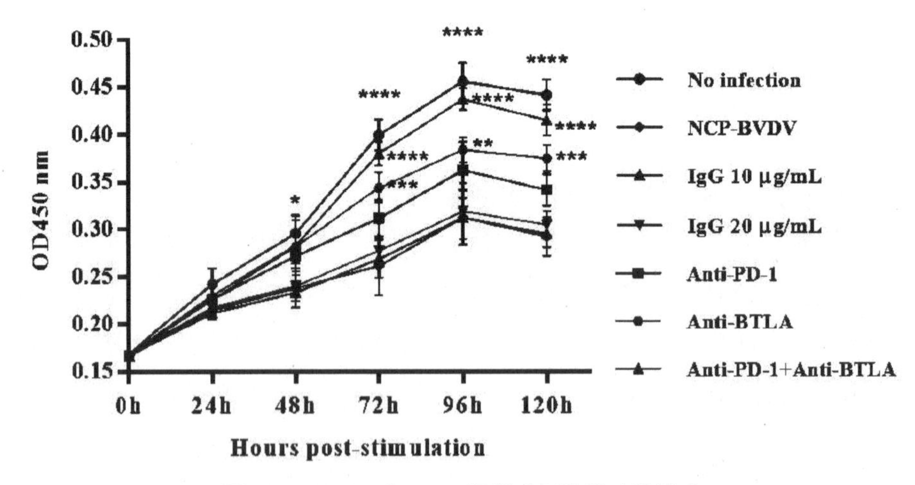

图 4-43　BTLA 和 PD-1 阻断对细胞增殖的影响

共分为 7 组，分别为无感染组、NCP 型 BVDV 感染组、10 μg/mL 同型抗体组、20 μg/mL 同型抗体组、抗 PD-1 组、抗 BTLA 组、抗 PD-1+BTLA 组。以 NCP 型 BVDV 感染组为对照。数据以平均值±标准差表示（每组 $n=3$），并进行方差分析，$^{****}p<0.0001$，$^{**}p<0.01$，$^{*}p<0.05$。

6.BTLA 和 PD-1 阻断对细胞因子的影响。

ELISA 检测结果表明，在 NCP 型 BVDV 体外感染中单独阻断 PD-1 或协同阻断 BTLA+PD-1 均能显著提高 IFN-γ（PD-1，$p<0.05$；BTLA+PD-1，$p<0.01$，图 4-44 中的 A）。单独阻断 BTLA 或协同阻断 BTLA+PD-1 均能显著提高 IL-2（BTLA，$p<0.05$；BTLA+PD-1，$p<0.05$，图 4-44 中的 B）的表达量。此外，与单独阻断 PD-1 相比，协同阻断 BTLA+PD-1 显著影响 IFN-γ的产量。

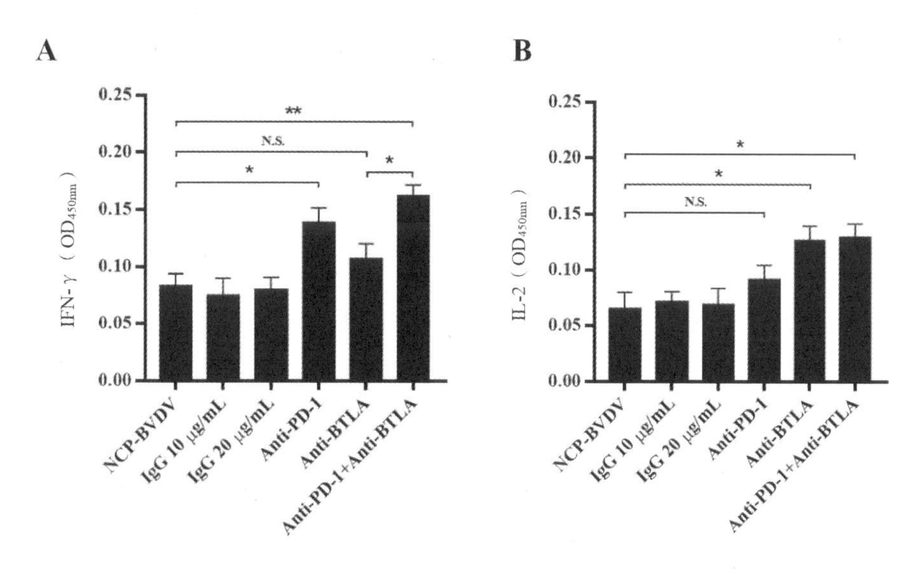

图 4-44 BTLA 和 PD-1 阻断对 IFN-γ和 IL-2 产量的影响

共分为 6 组，分别为 NCP 型 BVDV 感染组、10 μg/mL 同型抗体组、20 μg/mL 同型抗体组、抗 PD-1 组、抗 BTLA 组、抗 PD-1+BTLA 组。以 NCP 型 BVDV 感染组为对照。数据以平均值±标准差表示（每组 $n=3$），并进行方差分析，$^{**}p<0.01$，$^{*}p<0.05$。

7. BTLA 和 PD-1 阻断对病毒载量的影响。

BVDV 病毒载量的 qRT-PCR 检测结果表明（图 4-45），单独阻断 PD-1（$p<0.05$）以及协同阻断 BTLA 和 PD-1（$p<0.01$）均能显著降低 PBMC 悬液中 BVDV 病毒载量。值得注意的是，与单独阻断 BTLA 相比，协同阻断 BTLA 和 PD-1 显著降低了 BVDV 病毒载量（$p<0.05$）。

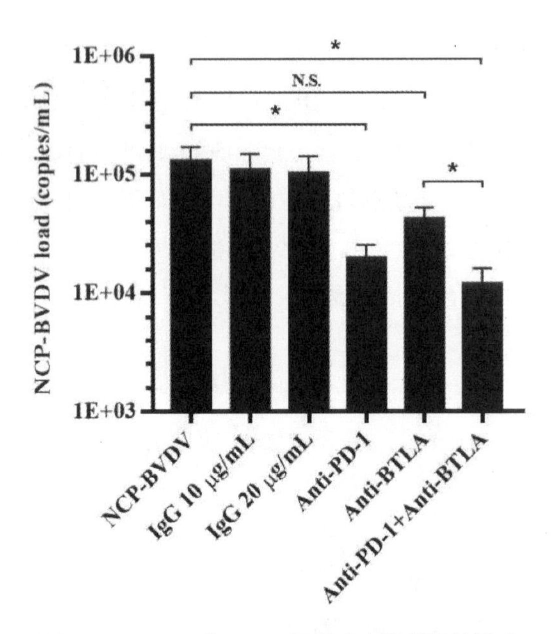

图 4-45　BTLA 和 PD-1 阻断对病毒载量的影响

共分为 6 组，分别为 NCP 型 BVDV 感染组、10 μg/mL 同型抗体组、20 μg/mL 同型抗体组、抗 PD-1 组、抗 BTLA 组、抗 PD-1+BTLA 组。以 NCP 型 BVDV 感染组为对照。数据以平均值±标准差表示（每组 $n = 3$），并进行方差分析，$^{*}p<0.05$。

三、讨论

结合前期体外研究和本研究中体内研究结果，我们推测 NCP 型 BVDV 感染中可能存在其他免疫检查点分子同时参与调控了 $CD8^{+}TLs$ 的活化、增殖和抗病毒功能。由此在 NCP 型 BVDV 感染中我们检测了 $CD8^{+}TLs$ 的免疫检查点分子（除 PD-1 以外）表达情况。我们发现，NCP 型 BVDV 感染可诱导牛外周血 $CD8^{+}TLs$ 高表达 BTLA、$CD14^{+}PBM$ 高表达 HVEM，协同阻断 PD-1 和 BTLA 显著减少了 $CD8^{+}T$ 淋巴细胞凋亡和 BVDV 病毒载量，恢复了细胞增殖，提高了 IFN-γ和 IL-2 的产量。值得注意的，单独 PD-1 阻断并未显著影响 $CD8^{+}T$ 淋巴细胞的增殖，而单独阻断 BTLA 显著恢复了 $CD8^{+}T$ 淋巴细胞的增殖。此外，与单独阻断 BTLA 相比，协同阻断 PD-1+BTLA 在感染后 96 h 显著恢复了 $CD8^{+}T$ 淋巴细胞的增殖。这表明，在 NCP 型 BVDV 感染中 BTLA 在调控 $CD8^{+}T$ 淋巴细胞的增殖中起到了至关重要的作用。

另外，虽然单独 BTLA 或 PD-1 阻断以及协同 BTLA 和 PD-1 阻断均能显著降低 PBMC 悬液中 BVDV 病毒载量。但值得注意的是，与单独 PD-1 阻断相比，协同 BTLA 和 PD-1 显著降低了 BVDV 病毒载量。这表明，在 NCP 型 BVDV 感染中 BTLA 和 PD-1 在抗病毒复制中可能存在协同作用。此外，IFN-γ为重要的抗病毒细胞因子。在本研究中我们发现单独阻断 BTLA 或协同阻断 BTLA+PD-1 均能显著提高了 IFN-γ的产量。但单独阻断 PD-1 并未显著影响 IFN-γ的产量。虽然，与单独阻断 BTLA 相比，协同阻断 BTLA+PD-1 并未显著影响 IFN-γ的产量，但其在一定程度上还是提高 IFN-γ的产量。这可能解释了 PD-1 或 BTLA 阻断在抑制病毒复制中的差异。

综上所述，在 NCP 型 BVDV 感染的牛 $CD8^{+}T$ 淋巴细胞中我们进一步证实了 BTLA 协同 PD-1 的免疫负调控作用。本研究结果为深入探索 BVDV 感染引起免疫抑制的分子机制提供了科学依据。

第六节 NLRP3 炎性小体在抗 CP 型 BVDV 感染中的调控作用及机制

牛病毒性腹泻病毒（Bovine Viral Diarrhea Virus，BVDV）为单股正链 RNA 病毒，属于黄病毒科、瘟病毒属成员。研究表明 BVDV 急性感染牛表现白细胞减少和免疫抑制。NLRP3 炎性小体是宿主天然免疫系统的一个重要成员，参与了针对多种病原体的宿主防御反应，可招募和激活半胱氨酸蛋白酶-1（Caspase-1），进而介导炎性细胞因子 IL-1β/IL-18 的分泌，诱发免疫反应。Morales-Aguilar A 等研究发现 BVDV 感染牛单核巨噬细胞可通过触发 Caspase-1 依赖性途径介导 IL-1β释放，且该途径的活化影响 BVDV 复制，表明 NLRP3 炎性小体可能参与 BVDV 的致病机制。为此，本研究以 BVDV 感染小鼠和牛腹腔巨噬细胞为研究模型，以 NLRP3 炎性小体为研究对象，深入探究 BVDV 感染诱发 NLRP3 炎性小体的活化规律及其对 BVDV 复制的影响，该研究为 BVDV 的防控提供理论依据。

一、NLRP3 炎性小体活化与 BVDV 感染的相关性研究

（一）材料与方法

1.细胞和病毒。

细胞和病毒：MDBK 细胞和 CP BVDV 病毒（NADL 株）由黑龙江省牛病防控工程技术研究中心保存。

2.实验动物。

出生 4～6 周龄雌性的 SPF 级 BALB/c 小鼠购买于哈尔滨医科大学实验动物医学部，饲养于独立通风系统中，小鼠相关动物试验经黑龙江八一农垦大学科学技术伦理委员会批准后实施。

3.主要试剂。

试剂明细见表 4-16。

表 4-16 试验所用试剂

试剂名称	厂家
DMEM	Gibco 公司
异丙醇	上海生工生物公司
胎牛血清	Gibco 公司
氯仿	上海生工生物公司
无水乙醇	上海生工生物公司
胎牛血清	Gibco 公司
RIPA 裂解液	碧云天生物技术有限公司
青链霉素混合液	Gibco 公司
反转录试剂盒	TaKaRa 公司
SYBR Premix Ex Taq II	TaKaRa 公司
Tubulin Antibody rabbit	Proteintech 公司
NLRP3 Antibody rabbit	Immunoway 公司
Caspase-1 Antibody rabbit	Immunoway 公司
IL-1β Antibody rabbit	Immunoway 公司
Trizol	Invitrogen 公司
辣根标记山羊抗小鼠/兔 IgG	北京中杉金桥公司
小量提取质粒试剂盒	Axygen 公司

4.主要设备和仪器。

仪器设备明细见表 4-17。

表 4-17 主要仪器设备

试剂名称	生产厂家
TS-1 水平摇床	海门市其林贝尔公司
JY300C 电泳仪	北京君意东方电泳设备有限公司
高压灭菌器	赛默飞科技有限公司

续表

试剂名称	生产厂家
3-18PK 高速冷冻离心机	美国 Bio-Rad 公司
C1000 DNA 扩增仪	美国 Bio-Rad 公司
chemipocXRS+凝胶成像系统	美国 Bio-Rad 公司
电泳槽	赛默飞世尔科技有限公司
JY-SPDT 电泳槽	北京君意东方电泳设备有限公司
YDS-120-216 液氮罐	成都金凤液氮容器有限公司
BCN-1360B 超净工作台	德国 Sigma 公司
09 MA081 制冰机	意大利 Manitowoc
酶标仪	美国 Bio Tek 伯腾仪器有限公司
DT5-2B 型低速台式离心机	北京时代北利离心机有限公司
DRP 培养箱	海门市其林贝尔公司
Trans-BiotSD 湿转印仪	美国 Bio-Rad 公司
荧光倒置显微镜	海门市其林贝尔公司
pH 计	梅特勒-托利多仪器有限公司
恒温器	海门市其林贝尔公司
超低温冰箱	美国 Bio-Rad 公司
311 型二氧化碳培养箱	海门市其林贝尔公司
电子天平	赛默飞世尔科技有限公司
细胞电转仪 EBXP-H1	苏州壹达生物科技有限公司
ALPHR1-2 LD 冻干机	德国 Christ

5.细胞复苏、培养与冻存。

把细胞从液氮中移出，放到装有 42 ℃温水的烧杯中，慢慢摇动直到完全融化，1 000 r/min，离心 5 min，之后转入紫外灯照射过的超净台内，弃上清，使用少量的完全培养基（含有 10% FBS 和 1%双抗）将细胞团重悬起来直到成为单个悬浮细胞，并转入干净的 T25 细胞培养瓶内，补加一定量的完全培养基，充分吹吸混匀，最后放入 37 ℃，含有 5%二氧化碳的加湿环境中培养。

MDBK 细胞传代：当细胞融合度达到 80%细胞生长状态良好且没有细菌或真菌等污染的情况下，按 1∶3 的比例进行传代。弃掉培养液，用高压灭菌过的 PBS 清洗细胞，共 3 次，将细胞瓶底部剩余的 PBS 吸净后加入适量的胰酶进行消化，终止消化后，转入到新的 T25 细胞培养瓶中，继续培养。

超净工作台紫外灭菌，至少 30 min，先将需要冻存的细胞按照细胞传代操作进行，1 000 r/min，离心 5 min，弃上清，用冻存液将细胞团重悬起来直到成为单个悬浮细胞，转移到干净并无菌的冻存管内。在冻存管上标注冻存日期，细胞名称和冻存者姓名。-80 ℃过夜后，次日放入液氮罐中保存。（冻存液配置：双无培养基：FBS：DMSO=7：2：1）

6.BVDV 的增殖与滴度测定。

根据扩增病毒量的需求，当细胞培养瓶中的 MDBK 细胞融合度达到 70%～80%接种一定量无菌的 BVDV 病毒液，使病毒液均匀的平铺在细胞表面，进行感作，1 h 后吸附结束弃掉病毒液并加入细胞维持液（只含 1%双抗的 DMEM）。每天观察细胞的病变程度，待细胞病变达到 70%时，将细胞反复冻融，共 3 次，最后一次融化后在超净工作台将病毒液用 0.22 μm 进行无菌分装，放在-80 ℃超低温冰箱里，保存备用。

待 96 孔板中 MDBK 细胞融合度达到 70%～80%时，接种 BVDV。将 BVDV 做 10 倍梯度的稀释从 10^{-1} 至 10^{-10}，每个不同稀释度重复 8 个孔，每孔加入 100 μL 病毒液，并设置两排对照孔。每天在显微镜下对病变孔计数，接种后连续培养 7 d，根据 Karber 法计算 BVDV 的感染滴度（用 TCID50/mL 表示）。

7.动物实验。

将 BALB/c 小鼠在隔离器中预饲喂适应 1 周后，随机分成 8 组即 1 个对照组和 7 个攻毒组，每组各 5 只。攻毒组每只腹腔注射 10^5TCID50 的 CP 型 BVDV，对照组注射等量的 PBS，小鼠自由采食和饮水。在攻毒后的不同时间点（0 h、6 h、12 h、24 h、48 h、96 h、168 h、240 h）眼球采血，断颈处死后取小鼠的脾脏和肠道，一部分放在 4%的多聚甲醛中进行固定，剩余部分则放到 EP 管中，用于后续研究。

8.组织的 RNA 提取、反转录及荧光定量 PCR。

将保存在-80 ℃超低温冰箱的小鼠十二指肠和脾脏剪取约 40 mg 放入提前预冷的研磨棒中，并加入 400 μL 的 PBS 进行反复研磨，随后收集到 EP 管中并加入 1 mL 的 TRIzoI 使细胞充分裂解。加入 0.2 mL 三氯甲烷（$CHCl_3$），剧烈震荡，低温下静置 10 min，离心 12 000 r/min，4 ℃，15 min。收集水相至新的无酶 EP 管中，加入等量的异丙醇（IPA），颠倒混匀后放置-20 ℃冰箱，静置 10 min。离心 12 000 r/min，4 ℃，15 min，弃上清。洗涤沉淀，离心 12 000 r/min，4 ℃，离心 5 min，弃上清。干燥沉淀后溶解于无酶水中。分光光度仪测 RNA 浓度，根据 OD_{260nm} 和 OD_{260nm}/OD_{280nm} 记录 RNA 浓度和纯度。然后，按照其说明书，将得到的 RNA 反转录为 cDNA。反应的过程和体系见表 4-19 和 4-20。将表 4-19 中的试剂逐一加到 PCR 管中吹打混匀后进行短时间的瞬离，放在 42 ℃水浴锅里 2 min，随后低温保存。将表 4-20 中的试剂按照顺序混匀和第一步骤的试剂吹打混匀后瞬离，放在 37 ℃的水浴锅里进行反应，15 min 后取出并放在 85 ℃的水浴锅热激 5 s。热激完成后将反转录产物 cDNA 通过分光光度仪测其浓度，最后放到-20 ℃冰箱里保存以备后续使用。

表 4-19　反转录体系I混合配置液

试剂名称	剂量
Total RNA	1000 ~ 1500 ng
gDNA Eraser（1 剂）	1 μL
5×gDNA Eraser Buffer（2 剂）	2 μL
ddH_2O（6 剂）	to10 μL

表 4-20　反转录体系II混合配置液

试剂名称	剂量
5×Prime Script Buffer	2 μL
RT Primer mix4（5 剂）	1 μL
Prime Script RT Enzyme mixI（3 剂）	1 μL
ddH_2O（6 剂）	to10 μL

相对定量 PCR：NLRP3、Caspase-1、IL-1β、BVDV 与β-actin 的扩增引物见表 4-21，反应体系配置见 4-22。每个处理 3 个重复。加样完成后将八联管的盖子盖好，在盖的边缘处做好标记，尽量在无光照下加样；在开始运行程序前八联管要进行一个短时间的瞬离直到消除八联管液体内的气泡。将八联管按照上述标记好的顺序放入仪器内，用以下程序进行扩增：95 ℃ 30 s，95 ℃ 30 s，60 ℃ 30 s，72 ℃ 30 s 条件下共 45 个循环。其中相对定量用 SteponePlus 软件测定其 *Ct* 值，将正常对照组设定为 1，采用 $2^{-\triangle\triangle Ct}$进行 mRNA 表达水平，△△*Ct*=实验组（*Ct* 目的基因-*Ct* 内参基因）-对照组（*Ct* 目的基因-*Ct* 内参基因）。

BVDV 绝对荧光定量标准品的制备：DH5α感受态细胞从-80 ℃超低温冰箱里取出，使其在冰上融化，然后将保存在-20 ℃冰箱中的 BVDV 质粒取 1 μL 加入 DH5α感受态细胞中慢慢地吹吸混匀，冰浴 30 min 后放在 42 ℃水浴锅热激 90 s，随后放到冰上 5 min，最后在超净台中加入 1 mL 普通 LB 液体培养基，将摇床调到 37 ℃、180 r/min 振荡培养 45 min。震荡结束后，4 000 r/min 离心 5 min 随后弃掉 950 μL 的上清，将留下的上清液与沉淀混匀，均匀地涂在含有 Amp+抗性的固体 LB 培养基上，放在 37 ℃细菌培养箱中进行长达 12 ~ 16 h 的培养。在超净台中挑取上述平板中的单个菌落于装有 5 mL 带 Amp+

抗性的 LB 液体培养基的试管中 37 ℃震荡培养过夜，根据质粒抽提试剂盒说明书抽提质粒。质粒提取结束后将质粒进行稀释并测定 OD 值，确定 DNA 的浓度和纯度，并取少量进行测序鉴定，剩余的质粒分装保存于-20 ℃以备后续实验使用。

标准曲线的制作和病毒拷贝数的计算：根据质粒的碱基数计算出质粒的拷贝数，拷贝数计算公式为：拷贝数（copy/mL）=［浓度（g/mL）$\times 6.02\times 10^{23}$（copy/mol）］/M（bp）× W（g/mol）］其中，M 为 PCR 扩增片段长度与 T 载体长度之和，W 是碱基的分子量，dsDNA 分子量是 660 g/mol，ssDNA 分子量是 330 g/mol。将质粒调整为 copies/μL 后做 8 倍的梯度稀释，稀释 8 个反应孔，进行标准曲线制备。根据不同稀释倍数的标准质粒 *Ct* 值制作标准曲线，把质粒浓度作为 X 轴，*Ct* 值作为 Y 轴。使用 R^2 值需要大于 0.99。待测细胞液的 *Ct* 值根据标准质粒制作的标准曲线来测定。

表 4-21　荧光定量 PCR 引物

引物名称	序列（5'-3'）
NLRP3-F	GCCGTCTACGTCTTCTTCCTTTCC
NLRP3-R	CATCCGCAGCCAGTGAACAGAG
Caspase-1-F	TGAATACAACCACTCGTACACGTCTTG
Caspase-1-R	TCCTCCAGCAGCAACTTCATTTCTC
IL-1β-F	TCGCAGCAGCACATCAACAAGAG
IL-1β-R	AGGTCCACGGGAAAGACACAGG
β-actin-F	TGCTGTCCCTGTATGCCTCT
β-actin-R	TGTCACGCACGATTTCCC
BVDV-F	GAGTACAGGGTAGTCGTCAG
BVDV-R	CTCTGCAGCACCCTATCAGG

表 4-22　荧光定量 PCR 反应体系

组成成分	体系
SYBR Premix Ex Taq II	12.5 μL
模板	1 μL
Reverse Primer(10 μM)	1 μL
Forward Primer(10 μM)	1 μL
dd H_2O	9.5 μL
Total volume	25 μL

9.Western Blot 检测。

将保存在-80 ℃超低温冰箱的小鼠十二指肠组织剪取约 40 mg 放入提前预冷的研磨棒中，并加入 400 μL 的蛋白裂解液反复研磨，将装有匀浆的 EP 管放在碎冰上进行长达 30 min 的裂解，12 000 r/min 离心 10 min，离心结束后，抽取上清液并放到干净的 EP 管中，随后将所得的蛋白样品放入-80 ℃超低温冰箱中，用于蛋白浓度测定和 Western Blot 实验。

蛋白标准曲线的制备：将准备好的 0.5 mg/mL 蛋白标准液分别在 96 孔板中加入 0、1、2、4、8、12、16 和 20 μL，随后加入相应体积的灭菌超纯水补至 20 μL 使其浓度变为 0、0.025、0.05、0.1、0.2、0.3、0.4 和 0.5 mg/mL。蛋白样品的准备：每孔加入 1 ~ 2 μL 蛋白样品，加入灭菌超纯水补至 20 μL，设置 3 个重复孔。随后每孔加入 200 μL 的 BCA 工作液（试剂 A：试剂 B=1：50），在 37 ℃环境下作用 30 min。反应结束后在 562 nm 处检测 OD 值，并记录结果。根据检测出来的样品的吸光度，绘制出蛋白标准曲线，根据曲线的公式计算出蛋白浓度并用无菌水将蛋白稀释成所要的浓度并算出上样体积。加入适量的 Loading Buffer 放入 100 ℃的沸水中使其变性。

配制 12%分离胶，将配胶所需要的试剂混匀后用移液枪注入玻璃板夹层中，距离玻璃板顶部 1.0 ~ 1.5 cm 停止灌胶，注入无水乙醇溶液将气泡赶走并隔绝空气，分离胶在 45 min 凝固后，弃去上层的无水乙醇溶液。随后配制 5%浓缩胶，将配胶所需要的试剂混匀后将其缓慢注入分离胶上层，在没有气泡的情况下将大孔梳子小心的插入，30 min 后浓缩胶凝固，梳子被拔出后就会形成蛋白样品的上样槽。电泳：电泳槽中加入配置好的 1×电泳液后即可开始上样，电泳开始初期样品在浓缩胶时电泳电压调为 80 V，待样品电泳至分离胶后调为 120 V，随时注意观察蓝色上样缓冲液的位置，待其完全跑到分离胶最下层后停止电泳，电泳期间配制好 1 × 转膜液，放于 4 ℃预冷；转膜：按负极（黑的一面）、滤纸、凝胶、PVDF 膜、凝胶、滤纸、正极（透明一面）的顺序夹好后放入转膜槽中，转膜槽中加大小合适的冰袋，加入 1 × 预冷后的转膜液，置于冰上恒压 80 V 转膜 45 min，期间配制封闭液（5%脱脂奶粉）于摇床上混匀；封闭：湿转结束后，将 PVDF 膜放到用 PBST 配置的 5%脱脂奶粉中，室温下在摇床上封闭 2 h。封闭结束后用预冷的 PBST 洗去 PVDF 膜上的脱脂奶粉进行抗体的孵育。

抗体杂交：将 PVDF 膜与一抗在 4 ℃下孵育过夜，第二天将一抗进行回收并做好标记。预冷的 PBST 震荡清洗 PVDF 膜 10 min，共 4 次，随后，根据一抗的来源不同，加入用 PBST 稀释的 HRP 标记二抗（以 1：8 000 稀释），将 PVDF 膜与二抗在室温条件下孵育 1.5 ~ 2.0 h，随后继续用 PBST 震荡清洗 10 min，共 4 次；显影：使用 ECL 试剂进行可视化，免疫印迹检测通过化学发光成像系统曝光实现，使用 Image J 软件进行灰度值分析，并对数据进行处理。

10.十二指肠和脾脏病理组织学检查。

将采集的小鼠十二指肠和脾脏组织放在装有 4%多聚甲醛的 EP 管中，使蛋白质充分变性，保持细胞原来的形态结构，随后进行一系列的不同浓度乙醇脱水后，将其包埋在石蜡中，凝固后进行切片。最后，进行 HE 染色观察小鼠十二指肠及脾脏组织病理损伤情况。

11.统计分析。

数据采用 SPSS 25.0 统计学软件处理。计量资料用“均数±标准差”（$X \pm S$）表示，组间两两比较采用独立样本 T 检验，$p>0.05$ 差异不显著，$^*p<0.05$ 差异显著，$^{**}p<0.01$ 差异极显著具有统计学意义。

（二）结果

1.BVDV NADL 株的扩增及滴度检测。

取出在-80 ℃保存的 BVDV，对 BVDV 进行扩增并进行病毒滴度的检测，实验结果显示，BVDV 病毒原液稀释到 10^{-4} 后，仍有半数的细胞发生空泡、拉丝等病变（图 4-46，见附录彩图）。根据 Karber 法计算 BVDV 的病毒滴度为 $10^{5.5}$ TCID50/mL。

2.BVDV 感染早期小鼠体内 NLRP3、Caspase-1 和 IL-1β的基因表达水平。

为初步探究 BVDV 体内感染早期与 NLRP3 炎症小体的关联，本研究应用 qRT-PCR 的方法对 BVDV 感染早期小鼠十二指肠中 NLRP3、Caspase-1 和 IL-1β的 mRNA 表达水平进行检测。结果表明，与空白对照组小鼠相比，BVDV 感染组十二指肠中 NLRP3、Caspase-1 和 IL-1β的 mRNA 水平均出现了不同程度的升高，其表达量从第 12 h 开始逐步升高，24 h 时达到高峰（$p<0.05$）；48 h 有所下降，但仍高于对照组，不具有统计学意义（$p>0.05$）。该结果表明，在病毒感染早期可在基因水平上激活 NLRP3 炎性小体。具体结果见图 4-47。

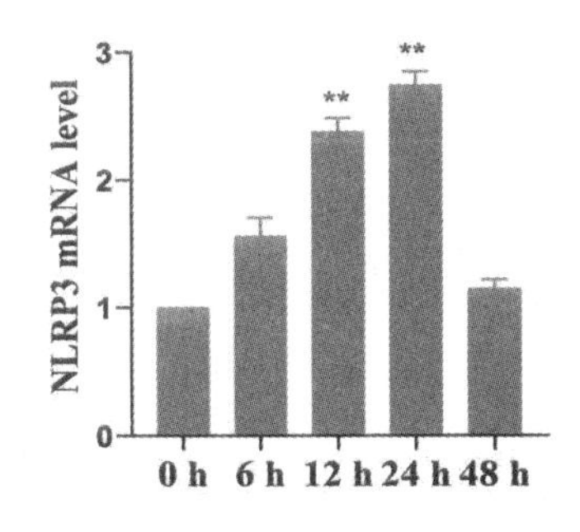

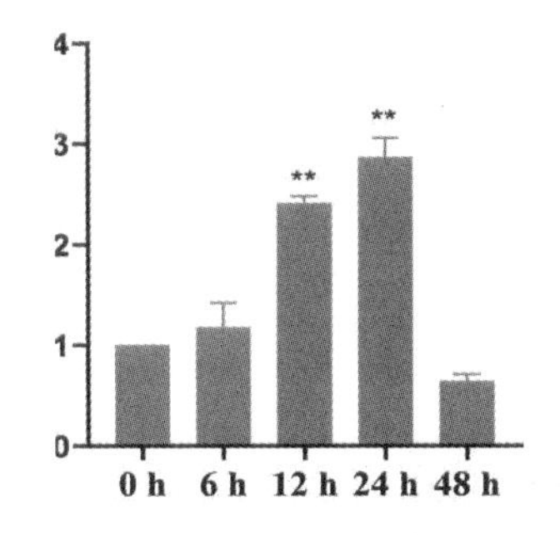

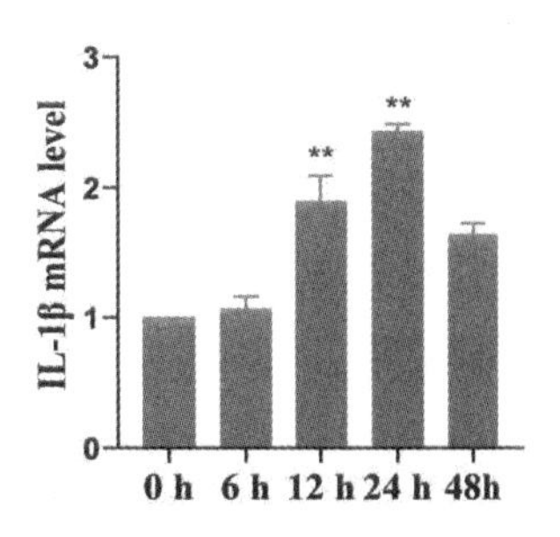

图 4-47 BVDV 感染早期小鼠十二指肠 NLRP3、Caspase-1 和 IL-1β的 mRNA 表达水平

*$p<0.05$; **$p<0.01$。

3.BVDV 感染早期小鼠体内 NLRP3、Caspase-1 和 IL-1β蛋白表达情况。

鉴于以上研究结果，试验进一步应用免疫组织化学（IHC）方法对 BVDV 感染早期小鼠十二指肠蛋白表达情况进行检测。与对照组相比较，在 BVDV 感染 12 h 时 NLRP3、Caspase-1 和 IL-1β蛋白的表达略有升高，而当 BVDV 感染小鼠第 24 h 时 NLRP3、Caspase-1 和 IL-1β的蛋白表达高于感染的第 12 h 且更明显高于对照组（图 4-48，见附录彩图）。这与基因水平趋势一致，表明在 BVDV 感染早期可以激活 NLRP3 炎性小体相关蛋白的表达。

上述研究结果表明，在 BVDV 感染早期，NLRP3、Caspase-1 和 IL-1β的蛋白表达升高，第 24 h 时，NLRP3、Caspase-1 和 IL-1β的蛋白表达量达到最高。为了进一步验证 NLRP3 炎性小体与 BVDV 感染间的相关性，实验应用了 Western Blot 方法对小鼠十二指肠进行检测。结果显示，BVDV 感染小鼠 24 h 时小鼠十二指肠中 NLRP3、Caspase-1 和 IL-1β的蛋白表达均显著高于空白对照组。以上结果进一步表明，BVDV 体内感染早期可以诱导 NLRP3 炎性小体的活化。具体结果见图 4-49。

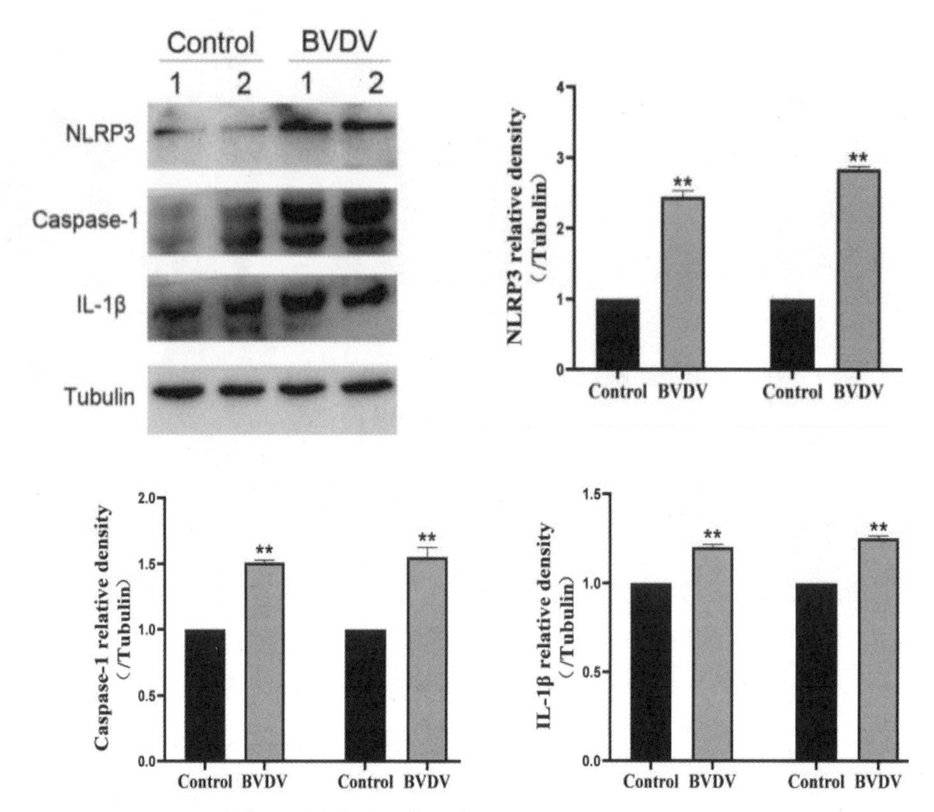

图 4-49 BVDV 感染 24 h 小鼠十二指肠中 NLRP3、Caspase-1 和 IL-1β蛋白表达

1 和 2 分别代表各组中 2 个不同小鼠的十二指肠样本。

4.BVDV 感染后期小鼠体内 NLRP3、Caspase-1 和 IL-1β的基因表达水平。

前期研究结果表明，在感染早期无论从基因还是蛋白水平上都可以激活 NLRP3 炎性小体。为进一步明确 NLRP3 炎性小体活化在 BVDV 感染中的变化规律，试验又在 BVDV 感染后期对小鼠体内 NLRP3 炎性小体活化情况进行了研究。qRT-PCR 结果表明，在感染后期小鼠十二指肠中 NLRP3、Caspase-1 和 IL-1β的 mRNA 表达量在第 4 d 有升高的趋势但与对照组相比差异并无统计学意义（$p>0.05$），感染第 7 d 其表达量与对照相比显著降低（$p<0.05$），第 10 d 有一定的恢复。结果表明，BVDV 感染后期可在基因水平上抑制 NLRP3 炎性小体活化。具体结果见图 4-50。

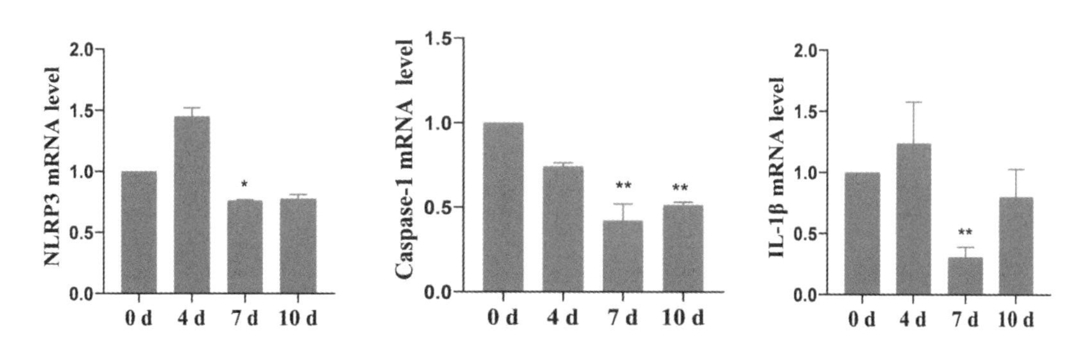

图 4-50 BVDV 感染后期小鼠十二指肠 NLRP3、Caspase-1 和 IL-1β的 mRNA 表达水平

5.BVDV 感染后期抑制 NLRP3 炎性小体的活化。

为了明确 NLRP3 炎性小体蛋白表达情况，实验采用了 IHC 和 Western Blot 方法对感染第 7 d 小鼠十二指肠中 NLRP3 炎性小体相关蛋白表达情况进行检测，结果显示，BVDV 感染第 7 d 时，小鼠十二指肠中的 NLRP3、Caspase-1 和 IL-1β的蛋白表达水平与对照组相比显著降低，此变化趋势与 mRNA 表达水平的结果相一致，以上结果表明，BVDV 感染小鼠第 7 d，抑制了 NLRP3 炎性小体的活化。具体结果见图 4-51（见附录彩图）和 4-52。

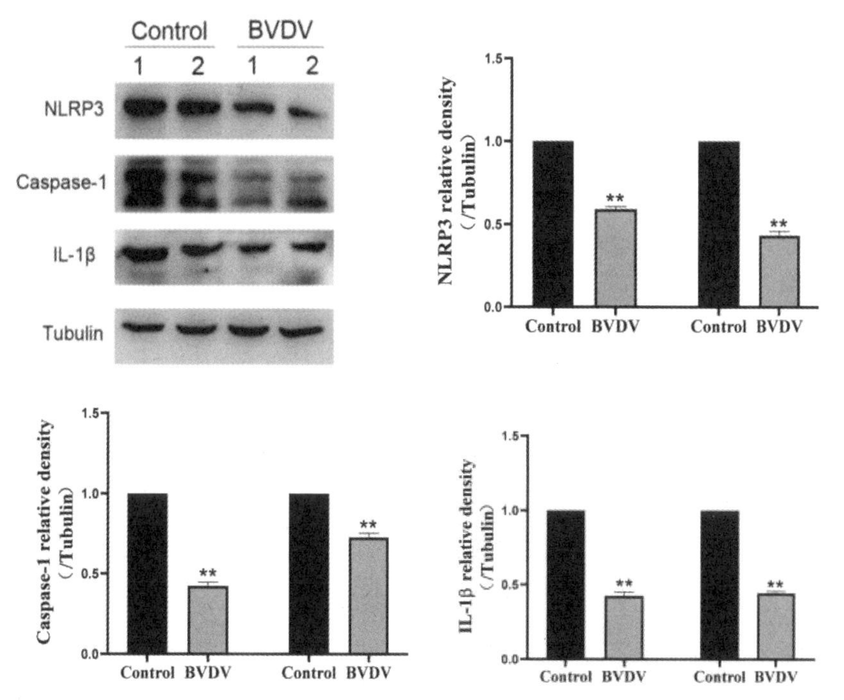

图 4-52 BVDV 感染 7 d 小鼠十二指肠中 NLRP3、Caspase-1 和 IL-1β蛋白相对表达量

1 和 2 分别代表各组中 2 个不同小鼠的十二指肠样本。

6.BVDV 感染后小鼠体内病毒含量的检测。

为了研究 BVDV 在小鼠体内不同时间的复制规律，研究采用 qRT-PCR 的方法对小鼠十二指肠、脾脏和血液中的病毒含量进行了检测。结果表明，BVDV 感染小鼠十二指肠、脾脏的病毒载量在病毒感染早期（12 ~ 24 h）略微下降后，随时间变化逐步增加，然而血液中病毒载量逐渐下降，均在 168 h 达到高峰。具体结果见图 4-53。

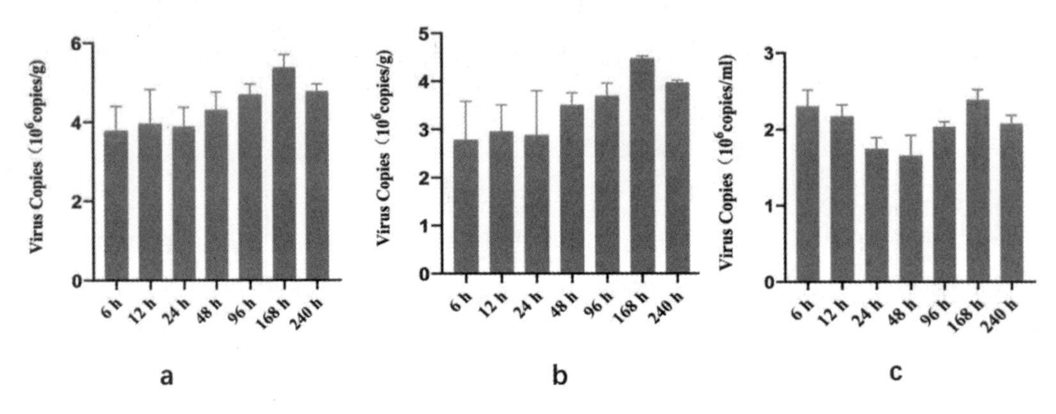

图 4-53　小鼠十二指肠、脾脏和血液病毒载量

a：小鼠十二指肠；b：小鼠脾脏；c：小鼠血液。

7.BVDV 感染对小鼠十二指肠和脾脏的病理组织学变化的影响。

采集小鼠十二指肠进行病理组织学检测，结果表明与空白对照组小鼠相比较，BVDV 感染后第 7 d 可以明显观察到肠腺上皮大量坏死，基层变厚并且有较多的炎性细胞浸润；脾脏可见淋巴细胞变性、坏死，间质疏松和水肿（图 4-54，见附录彩图）。

（三）讨论

截至目前，NLRP3 炎性小体是被研究的最多的 NLR 家族成员，它的活化包含两个步骤：首先，宿主细胞对微生物的模式识别诱导了 pro-IL-1β和 NLRP3 的转录；其次，NLRP3 炎症小体被激活会导致 Caspase-1 的活化，并将细胞因子前体切割为成熟的具有生物活性的 IL-1β和 IL-18，以及触发细胞焦亡。IL-1β作为炎症反应上游的细胞因子，能够促进炎症反应并起到清除病原体的作用。炎性小体的激活可使 Caspase-1 活化进而对 IL-1β或 IL-18 前体进行剪切，成熟的 IL-1β和 IL-18 的产生和分泌，引起炎症反应。本研究发现，与空白对照组相比，小鼠感染 BVDV 早期 NLRP3、Caspase-1 和 IL-1β水平随时间推移逐步升高，在感染后 24 h 的 mRNA 和蛋白的表达水平均显著高于对照组，表明 BVDV 感染早期可以导致小鼠体内 NLRP3 炎性小体激活。

NLRP3 炎症小体在许多抗病毒免疫中被激活，然而，研究表明 NLRP3 炎性小体的活化在不同病毒致病机制中发挥的作用可能存在差异。Cui 等研究证实，ZIKV 感染可以通过介导 NLRP3 炎性小体激活促进 cGAS 的降解，进而抑制I型干扰素的产生，导致 ZIKV 逃避宿主抗病毒反应。另外，有研究表明，丙型肝炎病毒具有抑制 LPS 诱导的 NLRP3 炎性小体活化的作用。近期研究也证实，甲型流感病毒感染小鼠一周时，NLRP3 和 Caspase-1 的表达比感染早期进一步升高，IL-1β的转录和分泌也进一步增强，促进了甲型流感病毒感染。本研究中，与许多前期研究结果相似的是，在 BVDV 感染早期，NLRP3 炎性小体被激活，然而在 BVDV 感染小鼠的第 7 d，却发现 NLRP3、Caspase-1 和 IL-1β 基因和蛋白的表达量均明显降低。

进一步对小鼠血液、脾脏和十二指肠中病毒载量进行检测发现，感染早期的小鼠十二指肠和脾脏中病毒载量逐渐升高，血液中病毒载量逐渐下降。然而，在 BVDV 感染的第 7 d 病毒载量均达到高峰，这与实验室前期构建的 BVDV 感染小鼠模型结果相一致。通过病理组织学检查证明 BVDV 感染后引起了病理损伤，感染模型成立。NLRP3 炎性小体活化及病毒载量变化规律表明 NLRP3 炎症小体在病毒感染早期被激活后，在一定程度上抑制了病毒的复制，但对病毒感染后期抑制效果不明显。值得注意的是，小鼠十二指肠、脾脏和血液的病毒载量在感染第 7 d 最高，第 10 d 的病毒载量开始下降，可能是特异性免疫应答被激活，其机制有待于进一步研究。

综上所述，在小鼠体内，BVDV 感染早期 NLRP3 炎性小体被激活，然而随着宿主体内病毒载量增加，可能对其激活具有一定的抑制作用。本研究初步揭示了 BVDV 感染与 NLRP3 炎性小体活化的相关性，为 BVDV 拮抗宿主先天性免疫的机制研究奠定了基础。然而，BVDV 感染本体动物后 NLRP3 炎性小体激活及其抗病毒机制仍有待于进一步研究。

（四）小结

1.BVDV 感染早期，NLRP3 炎性小体被激活。

2.BVDV 感染第 7 d 时，NLRP3 炎性小体活化被抑制的最为显著，且与病毒载量呈负相关。

二、NLRP3 炎性小体在 BVDV 感染小鼠中的作用研究

（一）材料与方法

1.实验动物。

健康雌性 C57BL/6 背景为 NLRP3 基因敲除小鼠由吉林大学赠予。出生 4 ~ 6 周龄雌

性的 SPF 级 BALB/c 小鼠购买于哈尔滨医科大学实验动物医学部，饲养于小鼠 IVC 独立通风饲养系统中，小鼠相关动物试验经黑龙江八一农垦大学科学技术伦理委员会批准后实施。

2.主要试剂。

试剂具体明细见表 4-23。

表 4-23　试验所用试剂

试剂名称	厂家
MCC950	美国 Selleck 公司
Nigericin	美国 Selleck 公司
DMSO	北京 Solarbio 公司
无水乙醇	赛默飞世尔科技有限公司

3.NLRP3 抑制剂 MCC950 的实验分组和给药方式。

将购买的 BALB/c 小鼠，在一周适应期间进行详细观察，以确保动物健康，1 周后记录个体重量进行给药。将健康的小鼠随机分为 4 组：对照组、BVDV 感染组（105TCID50，i.p）、MCC950 组、MCC950+BVDV 组，每组 5 只小鼠。MCC950 的处理方式为：共处理 2 次，20 mg/（kg・次），即在攻毒前 1 d 腹腔注射给药，在注射 BVDV 前 1 h 给药，进行第 2 次处理，24 h 后将动物处死进行后续研究。

4.NLRP3 基因敲除小鼠的实验分组和给药方式。

将健康的 C57/B6 小鼠，在 1 周适应期间进行详细的观察，以确保动物健康，1 周后进行试验。共分为 4 组：野生型小鼠 WT 组、WT-BVDV 组、NLRP3-/--BVDV 组，NLRP3-/-组，每组 5 只小鼠。WT-BVDV 组和 NLRP3-/--BVDV 组腹腔注射 BVDV（10^5TCID50），感染 24 h 后，将动物安乐死，进行相关研究。

5.NLRP3 激动剂 Nigericin 的实验分组和给药方式。

将购买的 BALB/c 小鼠，在 1 周适应期间进行详细的观察，以确保动物健康，1 周后记录个体重量进行给药。将健康的小鼠随机分为 4 组：对照组、BVDV 感染组（10^5TCID50，i.p）、Nigericin【40 mg/（kg・2 d），i.p】组、Nigericin+BVDV 组，每组 5 只小鼠。Nigericin+BVDV 组小鼠腹腔注射 Nigericin【40 mg/（kg・2 d），i.p】，在注射 BVDV 前 1 h 给药，7 d 后将动物处死进行后续研究。

6.组织的 RNA 提取、反转录及荧光定量 PCR。

RNA 的提取及反转录参照上一章节方法操作。绝对荧光定量 PCR 扩增所用引物由北京生物公司合成，具体见表 4-24。荧光定量 PCR 反应体系见表 4-25。反应条件见表 4-26。荧光定量 PCR 反应后，将 *Ct* 值代入标准品的曲线方程中计算病毒载量。

表 4-24 荧光定量 PCR 引物

引物名称	序列（5'-3'）
BVDV-F	GAGTACAGGGTAGTCGTCAG
BVDV-R	CTCTGCAGCACCCTATCAGG

表 4-25 荧光定量 PCR 反应体系

组成成分	体系
SYBR Premix Ex Taq II	12.5 μL
模板	1 μL
Reverse Primer(10 μM)	1 μL
Forward Primer(10 μM)	1 μL
dd H_2O	9.5 μL
Total volume	25 μL

表 4-26 荧光定量 PCR 反应条件

步骤	设置
聚合酶激活/变性	95 ℃，5 min
扩增 40 个循环	95 ℃，3 min
	60 ℃，30 s
	72 ℃，30 s
溶解曲线分析	—

7.组织的 Western Blot 检测。

蛋白组织的提取、蛋白定量与变性、配胶与灌胶、电泳、转膜和封闭、抗体杂交和显影等操作步骤参照之前的章节。

（二）结果

1.MCC950 在病毒感染早期促进 BVDV 病毒的复制。

为了明确 NLRP3 炎症小体的活化对 BVDV 复制的影响，试验利用 NLRP3 抑制剂 MCC950 注射小鼠体内，再以 BVDV 进行感染，小鼠体内 MCC950 最适浓度按照其使用说明并通过相关文献确定，在注射 BVDV 前 1 h 给药，设置正常感染组作为对照，在感染 24 h 时收集小鼠的十二指肠、脾脏和血液，采用 qRT-PCR 和 Western Blot 技术对病毒的拷贝数和病毒蛋白的表达进行检测。结果显示，与单独 BVDV 感染组相比 BVDV＋MCC950 组显著提高了 BVDV 的病毒拷贝数和病毒蛋白的表达。具体结果见图 4-55 和图 4-56。

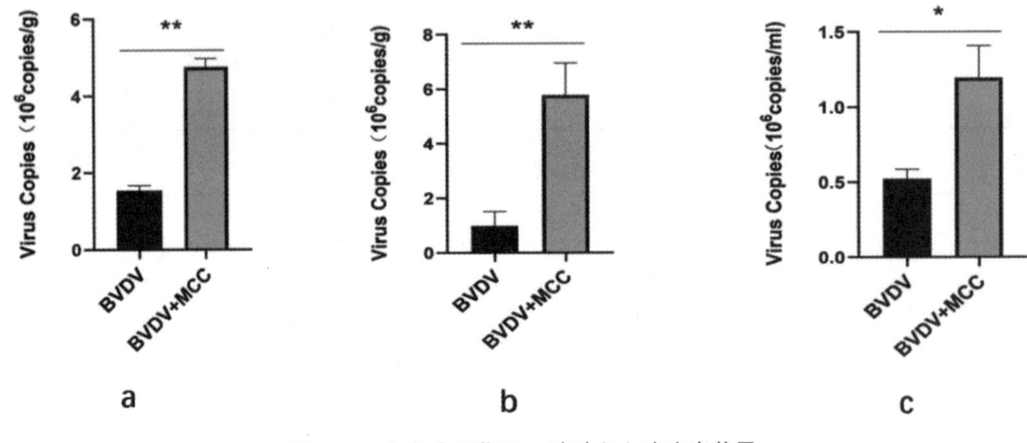

图 4-55 小鼠十二指肠、脾脏和血液病毒载量

a：小鼠十二指肠；b：小鼠脾脏；c：小鼠血液。

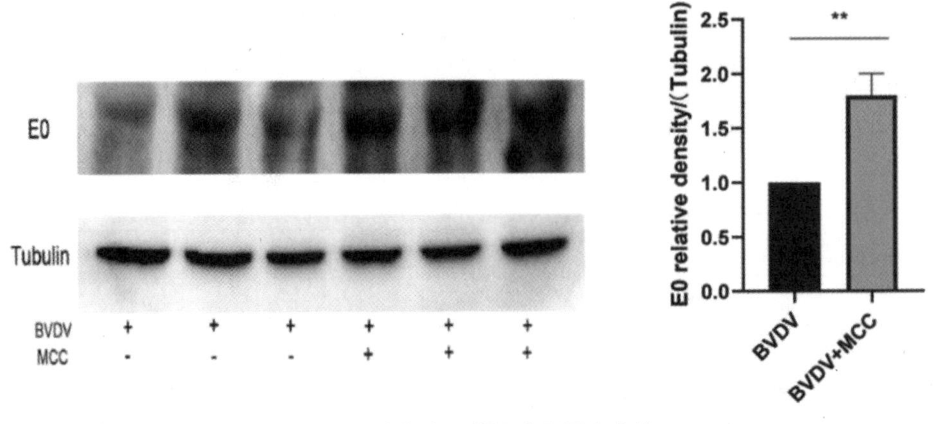

图 4-56 小鼠十二指肠病毒蛋白表达

2.BVDV 感染小鼠早期 IL-1β的产生依赖 NLRP3 炎性小体的活化。

前期试验证明了抑制 NLRP3 炎性小体的活化可以促进病毒的复制，本实验应用 Western Blot 检测 BVDV 感染 24 h 时，MCC950 对小鼠十二指肠中 NLRP3 炎性小体通路蛋白的变化。结果表明，与对照组比较，MCC950 组中的 NLRP3、Caspase-1 以及 IL-1β的蛋白水平呈现一个明显降低趋势，BVDV 单独感染组中 NLRP3、Caspase-1 以及 IL-1β蛋白表达显著升高。此外，与单独 BVDV 组相比，BVDV+MCC950 组 NLRP3、Caspase-1 和 IL-1β的蛋白表达出现明显下降。具体结果见图 4-57。

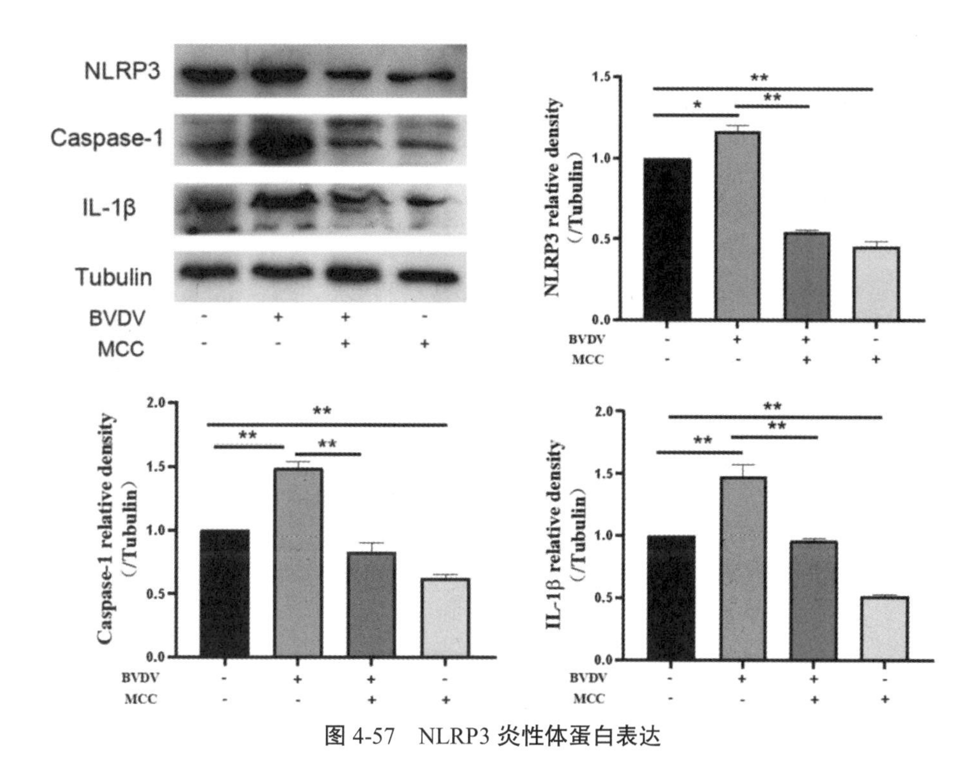

图 4-57 NLRP3 炎性体蛋白表达

3.NLRP3 基因缺失在 BVDV 感染早期促进病毒的复制。

为了进一步明确 NLRP3 炎性小体活化对 BVDV 复制的影响，试验采用 BVDV 感染 NLRP3 基因敲除小鼠（NLRP3-/-）和野生型小鼠（WT），以 BVDV 感染 WT 小鼠作为对照，24 h 后收集小鼠的肠道、脾脏和血液，采用 qRT-PCR 和 Western Blot 技术检测病毒的拷贝数和病毒蛋白的表达。结果显示，BVDV 感染 NLRP3 基因敲除小鼠时，无论是病毒的基因表达还是蛋白表达都明显高于 BVDV 感染的 WT 小鼠。具体结果见图 4-58 和图 4-59。

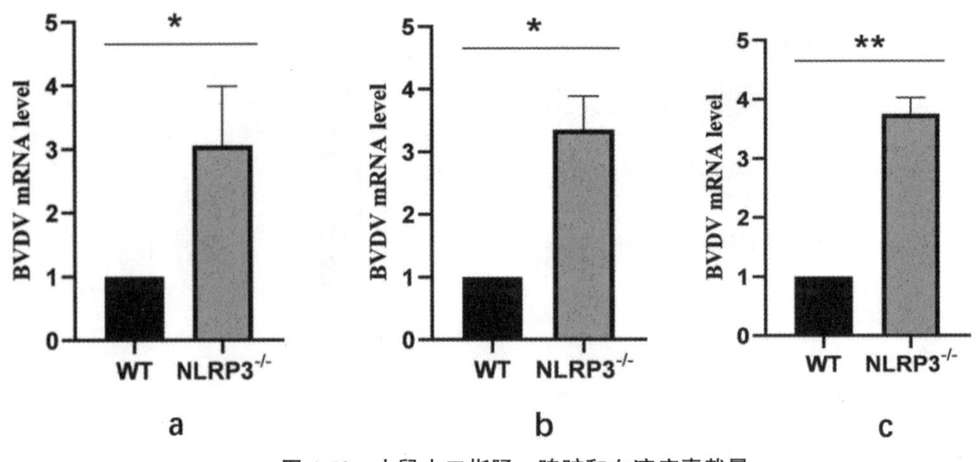

图 4-58　小鼠十二指肠、脾脏和血液病毒载量

a：小鼠十二指肠；b：小鼠脾脏；c：小鼠血液。

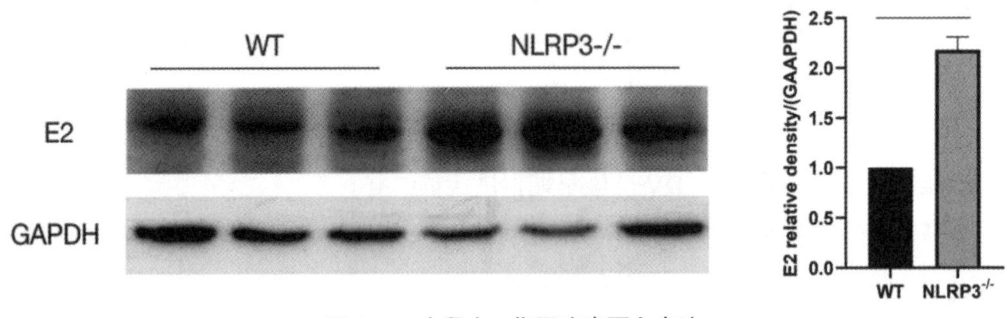

图 4-59　小鼠十二指肠病毒蛋白表达

4.BVDV 感染对 NLRP3-/-小鼠十二指肠中 NLRP3 及其相关蛋白表达的影响。

试验采用 BVDV 感染 NLRP3 基因敲除小鼠（NLRP3-/-）和野生型小鼠（WT），感染 24 h，通过 Western Blot 检测小鼠十二指肠中 NLRP3 炎性小体通路蛋白的变化。结果表明，与 WT 组比较，NLRP3-/-组可明显下调 Caspase-1 和 IL-1β的蛋白水平，NLRP3 蛋白则不表达，WT-BVDV 组中 NLRP3、Caspase-1 和 IL-1β蛋白表达增加。然而，与 NLRP3-/-组相比，NLRP3-/--BVDV 组 Caspase-1 和 IL-1β的蛋白表达也没有明显的变化。具体结果见图 4-60。

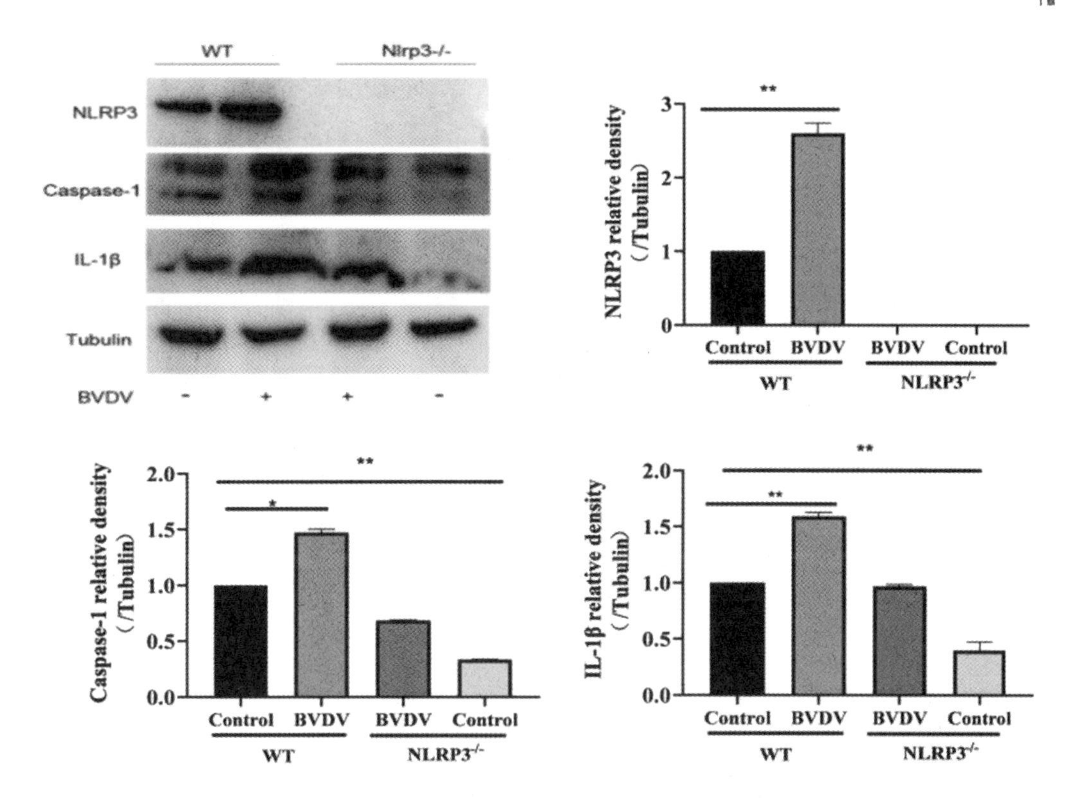

图 4-60 NLRP3 炎性体蛋白表达

5.Nigericin 对 BVDV 感染后期小鼠具有保护作用。

前期实验证明了抑制小鼠体内 NLRP3 炎性小体激活可以使 BVDV 在小鼠体内的复制能力增强。为了进一步明确 NLRP3 炎性体与 BVDV 复制的关系，本实验采用激活 NLRP3 炎性小体，来检测病毒的复制能力。小鼠体内 Nigericin（NIG）最适浓度按照其使用说明并通过相关文献来确定，在注射 BVDV 前 1 h 给药，在感染第 7 d 时收集小鼠的十二指肠、脾脏和血液，用 qRT-PCR 和 Western Blot 技术来检测病毒的拷贝数和病毒蛋白的表达，结果显示，与 BVDV 单独感染组相比，BVDV＋NIG 组显著降低了病毒的基因和蛋白的表达。具体结果见图 4-61 和图 4-62。

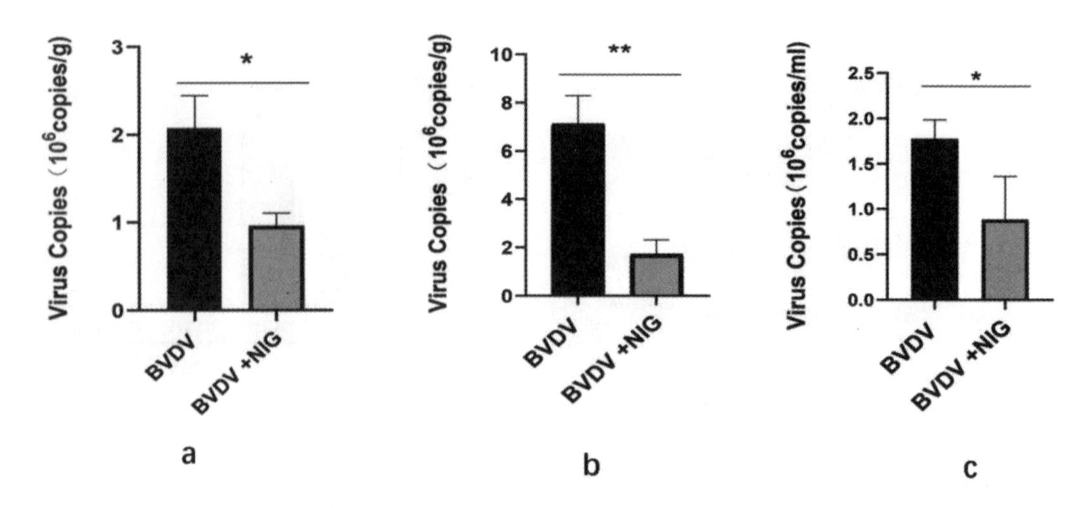

图 4-61　小鼠十二指肠、脾脏和血液病毒载量

a：小鼠十二指肠；b：小鼠脾脏；c：小鼠血液。

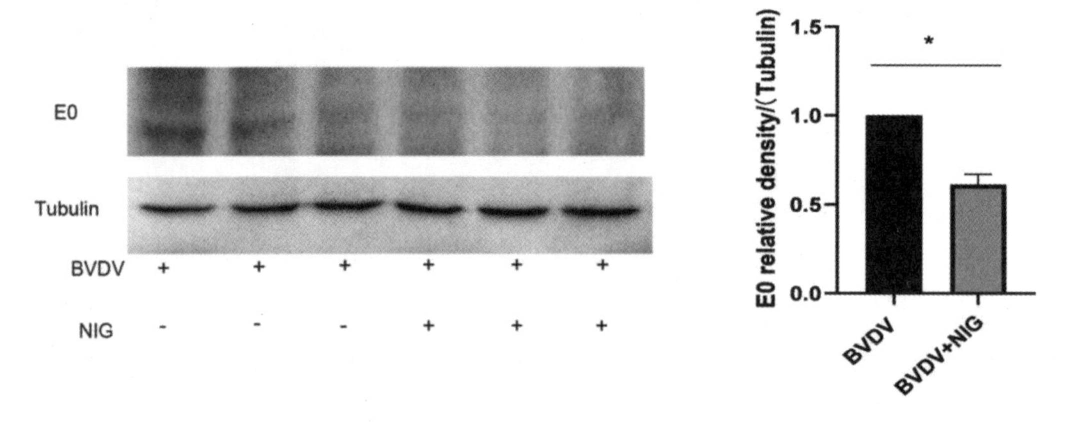

图 4-62　小鼠十二指肠病毒蛋白表达

6.BVDV 感染小鼠后期 IL-1β的产生依赖 NLRP3 炎性小体的活化。

前期试验证明了激活 NLRP3 炎性小体可以抑制病毒的复制，本实验应用 Western Blot 检测 BVDV 感染第 7 d 时，NIG 对小鼠十二指肠中 NLRP3 炎性小体通路蛋白中的变化。结果表明，与对照组相比，NIG 处理后可使 NLRP3、Caspase-1 和 IL-1β的蛋白表达水平显著升高，BVDV 单独感染组 NLRP3、Caspase-1 和 IL-1β的蛋白表达显著降低。此外，与 BVDV 单独感染组相比，BVDV+NIG 组中 NLRP3、Caspase-1 和 IL-1β的蛋白表达显著增加。具体结果见图 4-63。

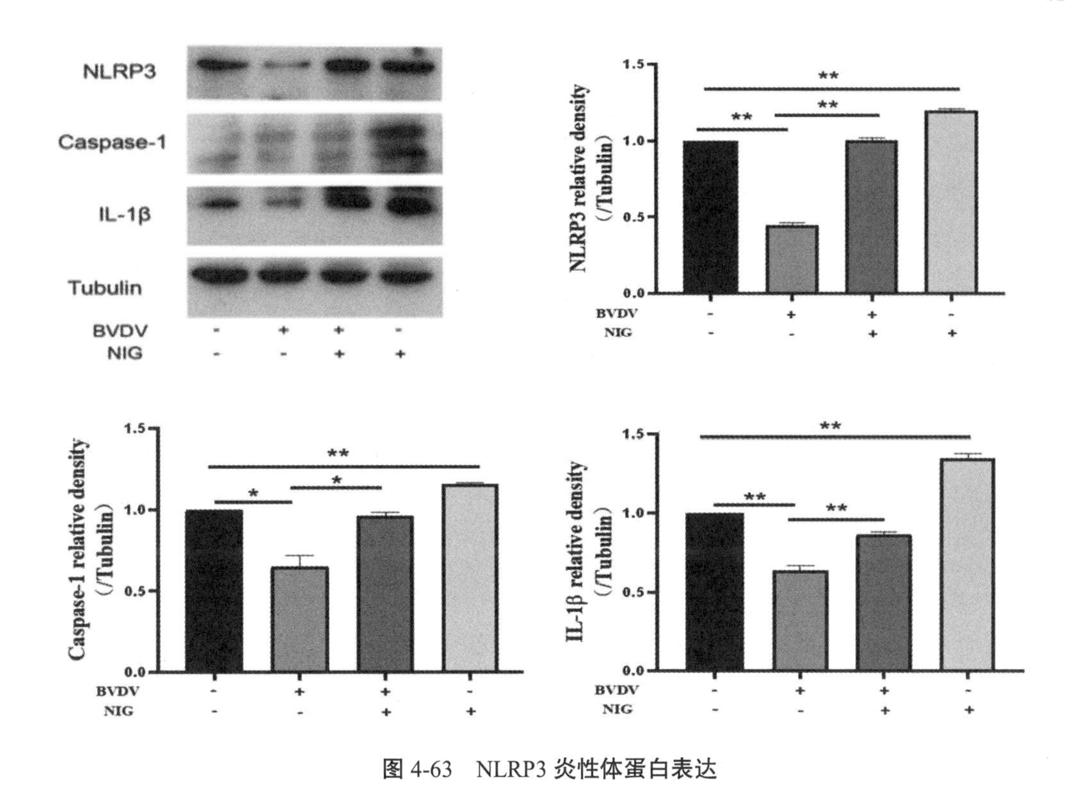

图 4-63 NLRP3 炎性体蛋白表达

7.Nigericin 降低 BVDV 感染后期小鼠十二指肠和脾脏的病理损伤。

从组织病理学观察来看，BVDV 感染可引起小鼠十二指肠黏膜上皮细胞坏死、脱落、间质水肿和炎性细胞浸润。BVDV 组小鼠脾脏也有明显的病理改变，如淋巴细胞变性、间质孔隙和水肿。然而，在感染后第 7 d，NIG 治疗明显改善了 BVDV 引起的这些病理损伤（图 4-64，见附录彩图）。

（三）讨论

先天免疫反应在识别和消除入侵微生物方面至关重要。当外来微生物入侵机体时先天性免疫会做出一系列的反应来阻止其入侵，所以先天性免疫也被称为应对外来损伤的一道重要防线，也是机体识别并传导“危险”信号进而激活天然免疫系统的重要手段之一。NLRP3 炎性小体是目前被研究的最多的 NLR 家族成员，参与多种疾病的发病机制。蛋白酶 Caspase-1 的活化以及细胞炎性因子 IL-1β的分泌机制随着炎症小体的发现也被进一步揭示。炎症小体一般是由一个受体分子、接头蛋白 ASC 和蛋白酶 Caspase-1 组装而成。识别 PAMPs 或 DAMPs 后，受体分子开始被活化，其空间结构发生改变，自身发生寡聚化，通过同源 PYD-PYD 或 CARD-CARD 结构域的相互作用接头蛋白 ASC 被招募使其发生多聚化，多聚化后的 ASC 又通过同源 CARD-CARD 结构域相互作用进一步招募到 Caspase-1，最终一个高分子量的复合物组装完成。pro-Caspase-1 在此复合物上进行加工，使其发生自切割，形成成熟的 Caspase-1，进而对 pro-IL-1β进行切割，最终诱导了 IL-1β的成熟以及分泌。组装成炎症小体的受体分子主要包括主要 NLRP1，NLRP3，NLRC4 和 AIM2 炎症小体，它们全部都来自 NLRs 家族。

近年来，越来越多的研究报道证明，在抗病毒的过程中 NLRP3 炎症小体发挥着不可或缺的作用。有研究表明，NLRP3-/-小鼠在感染甲型流感病毒时，其死亡率显著升高，同时对小鼠体内促炎因子进行检测发现 IL-1β和 IL-18 的分泌水平明显降低，由于促炎因子的这种变化，剖检结果发现肺部的坏死程度和胶原沉积水平明显增加，表明机体在抗病毒反应中 NLRP3 炎症小体发挥重要作用。上述研究已经发现 NLRP3 炎性小体的活化与 BVDV 感染密切相关。但是，NLRP3 炎性小体在 BVDV 感染中的具体作用仍不清楚。因此，本试验采用 NLRP3 特异性抑制剂 MCC950 和选用 NLRP3 基因敲除小鼠来抑制/阻断 NLRP3 炎性小体活化，探究 NLRP3 炎性小体对 BVDV 复制的影响。

近年来，有多种 NLRP3 炎性小体抑制剂已经在试验中被广泛应用，其中就包括 2015 年被发现的 MCC950 和β-基丁酸，MCC950 抑制小鼠和人巨噬细胞分泌 IL-1β和 NLRP3 诱导的 ASC 寡聚化，可以特异性的抑制 NLRP3 炎性小体激活，并对其他的炎性小体没有影响。但更多的抑制剂，如格列本脲、I 型干扰素、microRNA、自噬诱导剂等，其对 NLRP3 炎性小体的抑制作用机理还不十分清楚。当前，MCC950 被认为是一种在大多数组织及器官中能效抑制 NLRP3 炎性小体生成的拮抗剂。在本实验中也发现在小鼠体内注射 MCC950 能够抑制 NLRP3、Caspase-1 和 IL-1β蛋白的表达。此外，通过实验结果发现，与单独 BVDV 感染组相比 MCC950+BVDV 组的小鼠样品中检测到了更多的 BVDV 结构蛋白 E0 和更高的病毒载量，表明抑制 NLRP3 炎性小体活化时更有利于 BVDV 的复制和增殖。有研究发现感染流感病毒 PR8 的 NLRP3-/-小鼠与同样感染 PR8 的 WT 小鼠相比，病毒清除率降低并且小鼠死亡率增加。同时，Thomas 等研究结果也显示 NLRP3-/-的小鼠在感染甲型流感病毒后，有更明显的上皮坏死和气道阻塞的现象，其中纤维蛋白和坏死的细胞碎片出现胶原蛋白的沉积。以上研究结果与本实验中 BVDV 感染 NLRP3-/-小鼠与 BVDV 感染 WT 小鼠相比，其样品中病毒蛋白表达更多结果相一致。上述研究结果表明在 BVDV 感染早期，抑制 NLRP3 炎性小体活化发挥抗病毒作用。

在宿主与病毒相互“斗争”的过程中，病毒为了避免被宿主清除，逐渐进化出了免疫逃逸的能力。相关研究表明，一些病毒蛋白可以直接对炎症小体通路的关键蛋白发挥作用，流感病毒的 NS1 蛋白和牛痘病毒的 Crm1 蛋白就是如此，两者互作后往往会直接抑制 Caspase-1 的酶活性。此外，一些病毒蛋白还会直接与 NLRs 感受器结合来阻止

NLRP1 和 NLRP3 炎性小体的形成，例如，卡波西肉瘤相关疱疹病毒（KSHV）编码的 ORF63 蛋白等。本研究的结果也发现，BVDV 感染后期病毒载量达到最高时，可以抑制宿主 NLRP3 的活化。这很有可能是 BVDV 为了防止被机体清除，而进化出的免疫逃逸策略。已有研究证实，IRF-3 被 BVDV N^{pro} 蛋白通过蛋白酶体途径降解，从而抑制了 I 型干扰素的产生。实验室前期研究也发现 BVDV NS4B 蛋白与 RLRs 信号通路 MDA5 结构域中的 2CARD 区相互作用来负调控 I 型干扰素的表达。这些结果均说明，BVDV 已经进化出了一些免疫逃逸的机制来防止机体的炎症反应对病毒的清除。以上结果也暗示 BVDV 在感染后期，可能通过调控 NLRP3 炎性小体的活化来逃避宿主的清除。

（四）小结

1.BVDV 感染可诱导小鼠体内 NLRP3 炎性小体介导的 Caspase-1 活化及 IL-1β的表达。

2.BVDV 感染早期，抑制 NLRP3 炎性小体的活化，具有促进 BVDV 在小鼠体内复制的作用。

3.BVDV 感染后期，激活 NLRP3 炎性小体的活化，对 BVDV 感染的小鼠具有保护作用。

三、NLRP3 炎性小体在 BVDV 感染牛腹腔巨噬细胞中的作用

（一）材料与方法

1.细胞与病毒。

牛腹腔巨噬细胞（Bo Mac）由华中农业大学郭爱珍教授馈赠，MDBK 细胞和 CP BVDV（NADL 毒株）由黑龙江省牛病防控工程技术研究中心保存。

2.主要试剂。

本研究所用试剂见表 4-27。

表 4-27 试验所用试剂

试剂名称	厂家
CCK8 细胞活性检测试剂盒	上海碧云天公司
MCC950	美国 Selleck 公司
台盼蓝	上海碧云天公司
FITC 标记的山羊抗兔 IgG	美国 Proteintech 公司
4%多聚甲醛	中国 Biosharp 公司

续表

试剂名称	厂家
Triton X-100	中国 Biosharp 公司
RPIM-1640	美国 Gibco 公司
ATP	美国 Selleck 公司
LPS	北京 Solarbio 公司

3.细胞培养及病毒感染。

Bo Mac 细胞的培养：用 RPIM-1640 完全培养基（10% FBS 和 1%双抗）进行培养，从 CO_2 培养箱内取出细胞，弃掉培养液，用高压灭菌过的 PBS 清洗细胞，共 3 遍，将细胞瓶底部剩余的PBS吸净后加入适量的胰酶在37 ℃的环境下消化数分钟，消化结束后 1∶3 比例进行传代培养或铺板，最后放入于 37 ℃，在含有 5%二氧化碳的加湿环境中培养。

将 1×10^5 Bo Mac 细胞铺于 12 孔板，用于感染试验。待 12 孔板中细胞融合度达到 80%时，使用高压灭菌的 PBS 清洗，共 3 次，以不同病毒量（0.5、1、2、4 MOI）进行感染，感作 1 h 后，使用含有 1%双抗的 RPIM 1640 培养基继续进行培养。感染 24 h，用 4%多聚甲醛固定进行 IFA 检测。

4.细胞计数。

将培养好的牛腹腔巨噬细胞取出，用高压灭菌后的 PBS 清洗，共 3 遍，在 37 ℃培养箱里胰酶消化数分钟后制备细胞悬液，取 20 μL 细胞悬液和 20 μL 台盼蓝放到 1.5 mL 的 EP 管中吹吸混匀，最后将细胞与台盼蓝混合液滴加在计数板和盖玻片之间，注意不要有气泡。在显微镜下对细胞进行计数，然后按照公式计算，如下：细胞数 / mL＝细胞总数 / $4 \times 10^4 \times$ 稀释倍数

5.间接免疫荧光。

将细胞从培养箱中取出，弃去培养液，加入 PBS 洗 5 min，共 3 次。固定：4%的多聚甲醛加入细胞培养板中，在常温下固定 30 min，弃液，PBS 洗细胞 5 min，共 3 次。穿孔：0.2% Triton X-100 加入细胞培养板中，在常温下静置 15 min，弃液，PBS 洗细胞 5 min，共 3 次。封闭。0.5%的脱脂奶粉加入细胞培养板中，37 ℃下作用 1.5 h，弃液，PBS 洗细胞 5 min，共 3 次。孵育一抗：用 PBS 将抗体进行稀释，加入细胞培养板，4 ℃过夜，第二天将一抗回收，PBS 洗细胞 5 min，共 3 次。孵育二抗：用锡纸将细胞培养板遮住，避光加入 PBS 稀释的二抗，37 ℃孵育 1 h，PBS 洗细胞 5 min，共 4 次。染核：DAPI 加入细胞培养板中，常温下静置 10 min，弃液，PBS 洗细胞 5 min，共 4 次。通过荧光显微镜观察蛋白表达情况。

6.细胞活性检测。

用 CCK-8 法测定存活细胞的数量，以 1×10^4 个细胞/孔的 Bo Mac 细胞密度铺于 96 孔板中放在 37 ℃二氧化碳培养箱进行培养，待 96 孔细胞培养板的细胞融合度达到 80% 时，每孔加入本实验所用到的药物以及相应体积的 DMEM 组和不加药物的对照组,每个药物浓度做 6 个重复，培养 72 h 后弃掉上清，每孔加入有 10 μL CCK8，在细胞培养箱里作用 2 h 后。数值按公式计算：细胞活力*（%）=（As−Ab）/（Ac−Ab）×100%其中，As、Ac 和 Ab 分别代表处理组、未处理组和空白组在 450nm 处的吸光度。

7.MCC950 处理牛腹腔巨噬细胞试验。

将 Bo Mac 分为：对照组、BVDV 组、BVDV + 抑制剂组和抑制剂组。使用终浓度为 10 μmol/L、20 μmol/L 和 40 μmol/L 的 NLRP3 抑制剂 MCC950 处理细胞，2 h 后用 BVDV 进行感染，感作后加入用维持液配置的不同浓度 MCC950。病毒感染 24 h 后收集细胞样品进行后续试验。

8.细胞的 RNA 提取、反转录及荧光定量 PCR。

RNA 的提取。反转录及荧光定定量 PCR 的操作过程参照之前章节。

9.细胞的蛋白检测。

细胞蛋白的提取、蛋白定量与变性、配胶与灌胶、电泳、转膜和封闭、抗体杂交和显影的操作过程参照之前章节。

（二）结果

1.BVDV 感染牛腹腔巨噬细胞诱导 NLRP3 炎性小体的活化。

将牛腹腔巨噬细胞按 1×10^5 cells/孔铺于 12 孔板中，细胞分组为空白未处理组、阳性对照组（LPS＋ATP）和 MOI=0.5、1、2、4 剂量的 BVDV 感染组，将上述分组用维持液培养 24 h。阳性对照组的牛腹腔巨噬细胞用 LPS（1 μg/mL）预处理细胞 3 h，然后加入 ATP（5 mmol/L）刺激 30 min，随后进行间接免疫荧光实验。结果表明，不同 MOI 值的 BVDV 感染牛腹腔巨噬细胞 24 h 后均能使 NLRP3、Caspase-1 和 IL-1β的蛋白表达水平升高，并且随着 BVDV 感染剂量的增加，NLRP3、Caspase-1 和 IL-1β的蛋白表达呈现正相关（图 4-65，见附录彩图）。随后，将 4 MOI 病毒量的 BVDV 感染牛腹腔巨噬细胞 12、24 和 48 h。在 BVDV 感染腹腔巨噬细胞 12 h 时 NLRP3、Caspase-1 和 IL-1β的表达开始升高，感染 24 h 后 NLRP3、Caspase-1 和 IL-1β的表达量达到最高，感染 48 h 后出现下降（图 4-66，见附录彩图）。以上数据表明，BVDV 感染牛腹腔巨噬细胞可以激活 NLRP3 炎性小体。

2.NLRP3 炎症小体抑制剂 MCC950 对细胞活性的影响。

为确定 NLRP3 抑制剂 MCC950 在腹腔巨噬细胞上的安全浓度，将牛腹腔巨噬细胞种植在 96 孔板中，用 RPIM-1640 配置不同浓度的 MCC950 加入 96 孔细胞培养板中，浓度梯度为（0 ~ 40 μmol/L）。通过 CCK8 方法检测 MCC950 对细胞存活率的影响，选择对细胞无毒副作用的安全浓度范围作为给药浓度。采用 CCK8 试验检测 72 h 的细胞存活率，结果显示抑制剂达到浓度 40 μmol/L 时，细胞的存活率与对照组相比无统计学差异（$p>0.05$）（图 4-67）。因此，选取 10、20 和 40 μmol/L 三个浓度做后续试验

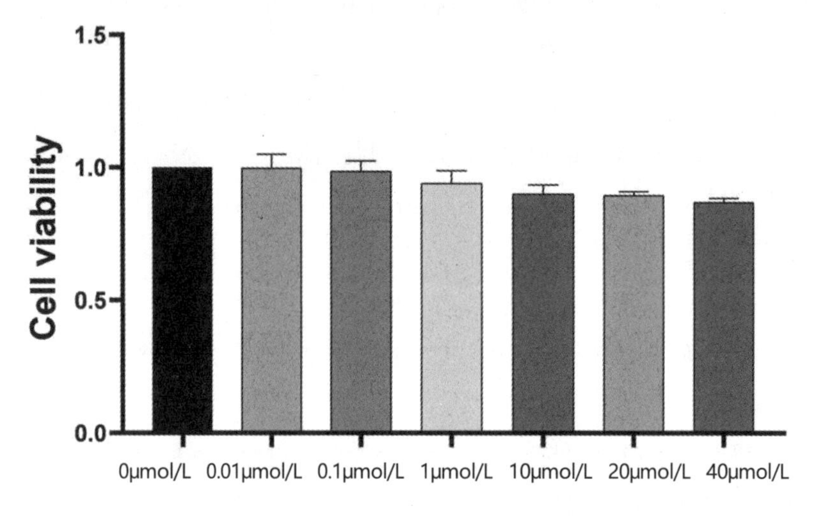

图 4-67　MCC950 安全浓度的筛选

3.抑制 NLRP3 炎症小体活化促进 BVDV 在牛腹腔巨噬细胞内的复制。

前期在小鼠试验中已经证实了抑制 NLRP3 炎症小体的活化具有促进 BVDV 复制的作用，为了进一步确认 NLRP3 炎性小体的活化在本体动物源细胞（牛腹腔巨噬细胞）中的作用，试验利用 NLRP3 炎性小体的抑制剂 MCC950 处理牛腹腔巨噬细胞，再以 4 MOI BVDV 进行感染，设置正常感染组作为对照，在感染后 24 h 收集细胞，用 qRT-PCR 和 Western Blot 检测方法对病毒载量进行检测，分析在牛腹腔巨噬细胞上抑制 NLRP3 炎性小体的活化对 BVDV 增殖的影响。结果显示，经过不同浓度 MCC950 处理后的感染组中病毒载量显著高于单独 BVDV 感染细胞组（图 4-68 和图 4-69）。其中，当 MCC950 浓度达到 20 μmol/L 时，无论是病毒基因还是病毒蛋白的表达都是最显著的。以上结果进一步证明 BVDV 感染牛腹腔巨噬细胞可诱导 NLRP3 炎性体活化，抑制其活化仍可促进病毒的复制。

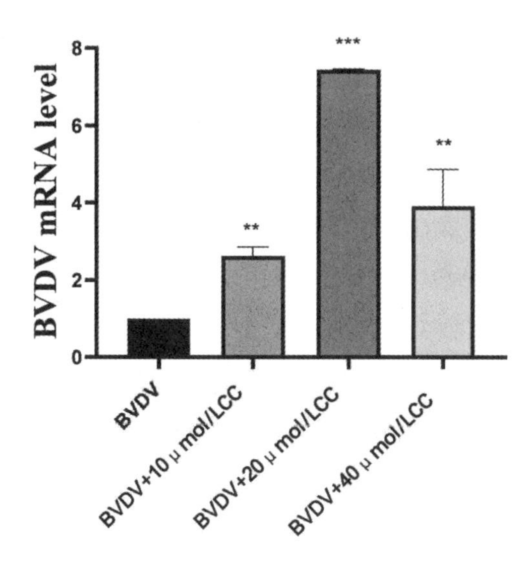

图 4-68 抑制炎性小体牛腹腔巨噬细胞病毒载量

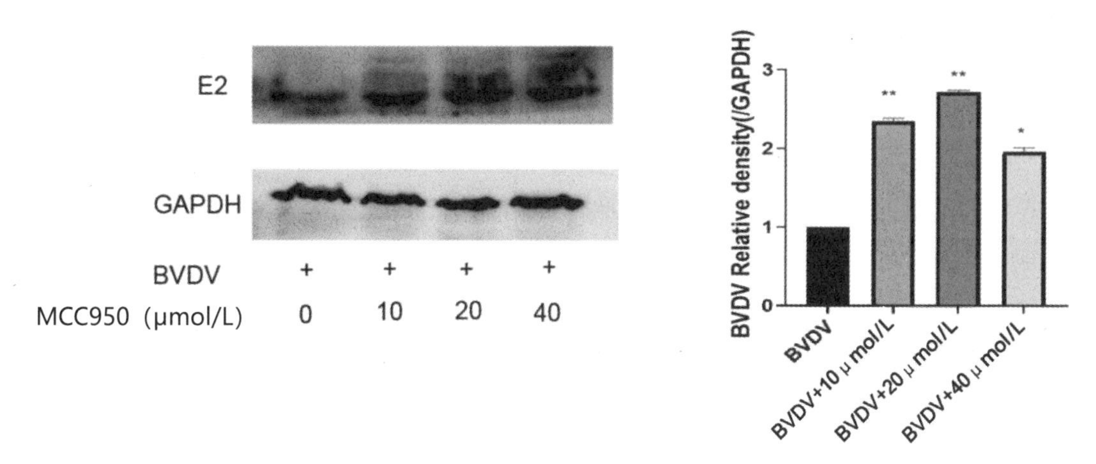

图 4-69 抑制炎性小体牛腹腔巨噬细胞病毒蛋白表达

（三）讨论

BVDV 是一种引起牛免疫功能障碍的病毒性疾病，BVDV 感染牛群后主要的侵袭部位是巨噬细胞和单核细胞等免疫细胞，可以诱导免疫细胞功能发生异常，例如当它感染中性粒细胞时会降低其杀伤病原微生物的活性，从而增强病毒感染。先天免疫系统是宿主抵御入侵微生物的防御机制的第一道防线，是适应性免疫发展的基础，在病毒侵入机体早期时先天性免疫可以及时的阻止和杀灭病原微生物。巨噬细胞是启动先天免疫的关键细胞，小鼠或人类的外周血单个核细胞（PBMC）可以培养产生单核细胞来源的巨噬细胞（MDMs），当机体发生炎症反应时巨噬细胞被招募到感染或炎症部位。巨噬细胞广泛分布在机体各处，其生理机能非常活跃，在宿主抵抗病毒天然免疫应答反应中起到了关键性的作用。当病原体入侵机体时，炎症反应在巨噬细胞中被激活，从而对病原体起到清除作用。例如，甲型流感病毒（IAV）、非典型肺炎（SARS-CoV）、呼吸道合胞病毒（RSV）、柯萨奇病毒（CVB3）和黄病毒科（Flaviviridae）的寨卡病毒（ZIKV）、登革热病毒（DENV）、黄热病病毒（YFV）等病毒感染机体时都会促进巨噬细胞发生适当的炎症反应进而来杀灭病毒。

NLRP3 炎性小体在细胞中的主要表达部位是免疫细胞和炎症细胞，如单核细胞（Monocytes）、巨噬细胞（MO）、中性粒细胞（NK）和树突状细胞（DC），其适度活化介导机体启动固有免疫调节。因为巨噬细胞本身不表达或低表达 NLRP3 和 pro-IL-1β/pro-IL-18，TLRs 信号通路等介导的 NF-κB 通路开放可使三种蛋白表达上调，但又不足以导致炎症小体激活，因此炎症小体的激活需要双信号。

在 BVDV 感染机体时，免疫细胞感受到病毒入侵时会刺激大量的细胞因子产生。这些细胞因子的产生，可以在机体内调节细胞免疫和体液免疫等。病毒感染后为了增强细胞炎症反应、减少感染和加快组织修复，机体则会分泌抗炎因子 IL-1β来诱导细胞的免疫反应从而消灭病原体。IL-1β的成熟过程需要两个信号：信号一由细胞编码的 PRRs 所介导，当病原体被模式识别受体感知时能够激活炎症相关细胞因子前体的基因转录，促进 pro-IL-1β的产生；信号二由 PAMPs 或 DAMPs 介导，能够促使炎症小体的活化，促进 pro-IL-1β的分泌，产生成熟的 IL-1β。有研究表明，猪繁殖呼吸障碍综合病毒感染 PAMs 细胞时可以诱导 IL-1β的表达和成熟，并且随着病毒感染复数的增加，IL-1β的 mRNA 水平及分泌水平越高，并且该激活依赖 NLRP3 炎性小体。在甲流病毒感染 THP-1 细胞 24 h 后，在感染的巨噬细胞上清液中，Caspase-1 和 IL-1β水平呈剂量依赖性的增加，相比之下，当用 NLRP3 抑制剂 MCC950 处理细胞时，在 IAV 感染期间对 Caspase-1 和 IL-1β的分泌显著降低。本实验应用 LPS（激活第一信号）和 ATP（第二信号）作为阳性对照，发现 BVDV 感染牛腹腔巨噬细胞可以激活 NLRP3 炎性小体并且感染病毒载量越多激活效果越明显。Yuan 等发现 Glibenclamide 抑制 NLRP3 炎症小体的活化促进 CSFV 病毒在外周血单核细胞内的复制,并且敲低 NLRP3 基因也会促进 CSFV 病毒在猪外周血单核细胞内的复制。本实验结果也发现用 MCC950 处理牛腹腔巨噬细胞后感染 BVDV，其病毒载量显著要高于单独感染组。以上研究结果表明，BVDV 感染的牛腹腔巨噬细胞中 NLRP3 炎性小体仍被激活，抑制其活化具有促进 BVDV 复制的作用，与小鼠体内结果相一致。

（四）小结

1.BVDV 感染巨噬细胞后可诱导 NLRP3 炎性小体介导的 Caspase-1 活化及 IL-1β的表达并与 BVDV 感染量成正比，且 24 h 时活化效果更明显。

2.抑制牛腹腔巨噬细胞中 NLRP3 炎症小体的活化具有促进 BVDV 复制的作用。

参考文献

[1]LIU YU, WU C, CHEN N, et al. PD-1 Blockade Restores the Proliferation of Peripheral Blood Lymphocyte and Inhibits Lymphocyte Apoptosis in a BALB/c Mouse Model of CP BVDV Acute Infection[J]. Frontiers in Immunology, 2021, 12: 727254.

[2]LIU YU, LIU S, WU C, et al. PD-1-Mediated PI3K/Akt/mTOR, Caspase 9/Caspase 3 and ERK Pathways Are Involved in Regulating the Apoptosis and Proliferation of $CD4^+$ and $CD8^+$ T Cells During BVDV Infection in vitro[J]. Frontiers in Immunology, 2020, 11: 467.

[3]LIU Y, LIU S, HE B, et al. PD-1 blockade inhibits lymphocyte apoptosis and restores proliferation and anti-viral immune functions of lymphocyte after CP and NCP BVDV infection in vitro[J]. Veterinary Microbiology, 2018, 226: 74-80.

[4]刘宇. PD-1 通路在 BVDV 抑制牛外周血 T 淋巴细胞增殖、诱导凋亡中的作用及其机制[D]. 大庆：黑龙江八一农垦大学, 2019.

[5]刘珊珊. 抗牛 PD-1 抗体制备及 PD-1 多抗阻断对 BVDV 感染 PBL 细胞增殖和凋亡的影响[D]. 大庆：黑龙江八一农垦大学, 2019.

[6]刘思雨. NLRP3 炎性小体在抗 CP 型 BVDV 感染中的调控作用及机制[D]. 大庆：黑龙江八一农垦大学, 2022.

[7]DARWEESH M F, RAJPUT M K S, BRAUN L J, et al. BVDV Npro protein mediates the BVDV induced immunosuppression through interaction with cellular S100A9 protein[J]. Microbial Pathogenesis, 2018, 121: 341-349.

[8]王华欣，刘宇，赵静虎，等. BVDV 与 IBRV 感染 MDBK 细胞的病毒复制与细胞凋亡研究[C]. 中国畜牧兽医学会动物传染病学分会第九次全国会员代表大会暨第十七次全国学术研讨会论文集. 2017.

[9]WALZ P H, GROOMS D L, PASSLER T, et al. Control of bovine viral diarrhea virus in ruminants[J]. Journal of Veterinary Internal Medicine, 2010, 24(3): 476-486.

[10]CHASE C, ELMOWALID G, YOUSIF A. The immune response to bovine viral diarrhea virus: a constantly changing picture[J]. Veterinary Clinics of North America Food Animal Practice, 2004, 20(1): 95-114.

[11]ZHANG X, SCHWARTZ J C D, GUO X, et al. Structural and functional analysis of the costimulatory receptor programmed death-1[J]. Immunity, 2004, 20(3): 337-347.

[12]刘金玲, 魏澍, 赵玉军, 等. 牛病毒性腹泻病毒感染对牛外周血来源树突状细胞表型及其分泌 Th1/Th2 细胞因子的影响[J]. 畜牧兽医学报, 2016, 47(3): 536-542.

[13]WANG W, SHI X, WU Y, et al. Immunogenicity of an inactivated Chinese bovine viral diarrhea virus 1a (BVDV 1a) vaccine cross protects from BVDV 1b infection in young calves[J]. Veterinary Immunology and Immunopathology, 2014, 160(3-4): 288-292.

[14]付强. 牛病毒性腹泻病毒持续性感染的分子机制研究及其定点突变株的构建[D]. 石河子：石河子大学, 2015.

[15]LUND H, BOYSEN P, HOPE J C, et al. Natural killer cells in afferent lymph express an activated phenotype and readily produce IFN- γ [J]. Frontiers in Immunology, 2013, 4: 359.

[16]BRACKENBURY L S, CARR B V, CHARLESTON B. Aspects of the innate and adaptive immune responses to acute infections with BVDV[J]. Veterinary Microbiology, 2003, 96(4): 337-344.

[17]BOYSEN P, GUNNES G, PENDE D, et al. Natural killer cells in lymph nodes of healthy calves express CD16 and show both cytotoxic and cytokine-producing properties[J]. Developmental and Comparative Immunology, 2008, 32(7): 773-783.

[18]李新培, 周伟光, 关平原, 等. 牛病毒性腹泻病毒致病机制研究进展[J]. 中国畜牧兽医, 2018(8): 2303-2311.

[19]OKAZAKI T, MAEDA A, NISHIMURA H, et al. PD-1 immunoreceptor inhibits B cell receptor-mediated signaling by recruiting src homology 2-domain-containing tyrosine phosphatase 2 to phosphotyrosine[J]. Proceedings of the National Academy of Sciences, 2001, 98(24): 13866-13871.

[20]BIANCHI M V, KONRADT G, DE SOUZA S O, et al. Natural outbreak of BVDV-1d-induced mucosal disease lacking intestinal lesions[J]. Veterinary Pathology, 2017, 54(2): 242-248.

[21]YONEYAMA M, ONOMOTO K, JOGI M, et al. Viral RNA detection by RIG-I-like receptors[J]. Curr Opin Immunol, 2015, 32: 48-53.

[22]SU-YI T, MIZUTO O, KEVIN G, et al. B7-Dc, a new dendritic cell molecule with potent costimulatory properties for T cells[J]. Journal of Experimental Medicine, 2001, 193(7): 839-846.

[23]HUI E, CHEUNG J, ZHU J, et al. T cell costimulatory receptor CD28 is a primary target for PD-1-mediated inhibition[J]. Science, 2017, 355 (6332): 1428.

[24]YUE F, ZHU Y P, ZHANG Y F, et al. Up-regulated expression of PD-1 and its ligands during acute classical swine fever virus infection in swine[J]. Research in Veterinary Science, 2014, 97(2): 251-256.

[25]REHWINKEL J, GACK MU. RIG-I-like receptors: their regulation and roles in RNA sensing[J]. Nat Rev Immunol. 2020, 20(9): 537-551.

[26]毕彩鸿. PRRSV Nsp11 抑制 NLRP3 炎症小体激活机制研究[D]. 北京：中国农业科学院, 2021.

[27]NIU J L, WU S X, CHEN M K, et al. Hyperactivation of the NLRP3 inflammasome protects mice against influenza A virus infection via IL-1 β mediated neutrophil recruitment[J]. Cytokine, 2019, 120: 115-24.

[28]BERTOLINO P, MCCAUGHAN G W, BOWEN D G. Role of primary intrahepatic T-cell activation in the liver tolerance effect[J]. Immunology and Cell Biology, 2002, 80(1): 84-92.

[29]GUAN J, LIM K S, MEKHAIL T, et al. Programmed death ligand-1 (PD-L1) expression in the programmed death receptor-1 (PD-1)/PD-L1 blockade: a key player against various cancers[J]. Archives of Pathology and Laboratory Medicine, 2017, 141(6): 851-861.

[30]SÁNCHEZ-CORDÓN P J, NÚÑEZ A, SALGUERO F J, et al. Lymphocyte apoptosis and thrombocytopenia in spleen during classical swine fever: role of macrophages and cytokines[J]. Veterinary Pathology, 2005, 42(4): 477-488.

[31]LEE S R, PHARR G T, BOYD B L, et al. Bovine viral diarrhea viruses modulate toll-like receptors, cytokines and co-stimulatory molecules genes expression in bovine peripheral blood monocytes[J]. Comparative Immunology Microbiology and Infectious Diseases, 2016, 45(13): 5815-5824.

[32]OKAZAKI T, HONJO T. PD-1 and PD-1 ligands: from discovery to clinical application[J]. International Immunology, 2007, 19(7): 813-824.

[33]BOWEN D G, ZEN M, HOLZ L, et al. The site of primary T cell activation is a determinant of the balance between intrahepatic tolerance and immunity[J]. Journal of

Clinical Investigation, 2004, 114(5): 701.

[34]MUTHUMANI K, SHEDLOCK D J, CHOO D K, et al. HIV-mediated phosphatidylinositol 3-kinase/serine-threonine kinase activation in APCs leads to programmed death-1 ligand upregulation and suppression of HIV-specific CD8 T cells[J]. The Journal of Immunology, 2011, 187(6): 2932-2943.

[35]CARTER L, FOUSER L, JUSSIF J, et al. PD-1: PD-L inhibitory pathway affects both $CD4^+$ and $CD8^+$ T cells and is overcome by IL-2[J]. European Journal of Immunology, 2002, 32(3): 634.

[36]YOU H. Beyond PTEN mutations: the PI3K pathway as an integrator of multiple inputs during tumorigenesis[J]. Physical Chemistry Chemical Physics Pccp, 2010, 12(24): 6309-29.

[37]ROLAND C R, MANGINO M J, Duffy B F, et al. Lymphocyte suppression by kupffer cells prevents portal venous tolerance induction[J]. Transplantation, 1993, 55(5): 1151-1158.

[38]PARRY R V, CHEMNITZ J M, FRAUWIRTH K A, et al. CTLA-4 and PD-1 receptors inhibit T-cell activation by distinct mechanisms[J]. Molecular and Cellular Biology, 2005, 25(21): 9543-9553.

[39]ZHAO R, SONG Y, WANG Y, et al. PD-1/PD-L1 blockade rescue exhausted CD8+ T cells in gastrointestinal stromal tumours via the PI3K/Akt/mTOR signalling pathway[J]. Cell Proliferation, 2019, 3: e12571.

[40]HE Y F, ZHANG G M, WANG X H, et al. Blocking programmed death-1 ligand-PD-1 interactions by local gene therapy results in enhancement of antitumor effect of secondary lymphoid tissue chemokine[J]. The Journal of Immunology, 2004, 173(8): 4919-4928.

[41]SMIRNOVA N P, WEBB B T, BIELEFELDT-OHMANN H, et al. Development of fetal and placental innate immune responses during establishment of persistent infection with bovine viral diarrhea virus[J]. Virus Research, 2012, 167(2): 329-336.

[42]CHEN Y, RAMJIAWAN R, REIBERGER T, et al. CXCR4 inhibition in tumor microenvironment facilitates anti-PD-1 immunotherapy in sorafenib-treated HCC in mice[J]. Hepatology, 2014, 61(5): 1591.

第五章　BVDV 感染的转录组学与通路分析

病毒的生命周期包括吸附、复制、组装和释放四个阶段，过程相当复杂。病毒和靶细胞中的诸多基因与蛋白质在四个阶段中起到了重要的调控作用。BVDV 作为一种 RNA 病毒，其生命周期开始于病毒膜蛋白与宿主细胞表面相关受体结合所介导的内吞作用。BVDV 的囊膜蛋白 E1、E2 和 E^{rns} 在整个生命周期中发挥了重要作用。E2 蛋白已被证实可与宿主细胞表面的低密度脂蛋白结合，从而介导 BVDV 进入靶细胞。然而，宿主细胞表面的其他相关受体有待于进一步明确。研究表明，CD46 可能是 BVDV 的细胞受体之一。病毒进入靶细胞后，在具有酶活性的病毒蛋白作用下，产生大量 BVDV 的正链 RNA。在此过程中，BVDV 必须通过促进或抑制宿主相关蛋白活性，来确保其复制和子代病毒组装。BVDV 非结构蛋白 NS3 的羧基末端蛋白酶活性较高，在 BVDV 的早期复制中起着重要作用，此外，NS5B 蛋白也可以影响早期病毒复制。在病毒基因组 RNA 包装和病毒颗粒释放过程中衣壳蛋白与内质网腔内的病毒基因组 RNA 结合。然后，成熟的 BVDV 病毒粒子在内质网或高尔基体的胞内囊泡中逐渐形成。然而，BVDV 利用宿主细胞完成病毒复制和病毒粒子释放的机制，以及 BVDV 感染引起的免疫抑制、病毒发病机制、逃避宿主固有免疫、炎症反应等机制尚不清楚。

转录组学（transcriptomics）是从 RNA 方面对基因进行研究，目的就是探索部分基因的变化情况，从分子层面进一步研究一些疾病的发展规律。转录组学可以发现基因变化的内在机制，同时对研究某些致病基因可以起到重要作用。目前 RNA-Seq 是通过高通量技术将 RNA 的变化情况展现出来，从信息层面探讨变化的基因并发现规律，进而发现和研究新基因特性和功能。近年来，国内外学者以 BVDV 感染的牛肾细胞（MDBK）、牛肺原代细胞、Cajal 间质细胞、外周血单个核细胞及全血等为研究对象，通过转录组学技术分析了 BVDV 感染过程中基因表达水平的变化及相关信号转导途经。在本章内容中我们总结了国内外学者和本团队的相关研究发现，并对分析数据进行了分析。

第一节 BVDV 感染 MDBK 细胞的转录组分析

为了在分子水平上更深入的了解 BVDV 感染的发病机制，国外学者 Mirosław 等（2022）对 BVDV 感染的 MDBK 细胞进行了转录组学分析。通过 CP 型 BVDV NADL 毒株（1a 亚型）和 2 个 NCP 型 BVDV 临床分离株（1b 和 1f 亚型）感染 MDBK 细胞，在感染后 24 h 和 72 h 通过转录组学分析差异表达基因。结果显示，许多基因表达水平发生了变化。其中，CP 型 BVDV 感染导致了大量基因表达水平的显著变化，这些差异表达基因与多条信号通路密切相关。表达水平升高的基因富集在细胞周期相关信号通路，而表达水平降低的基因则主要富集在代谢相关信号通路。然而，感染 NCP 型 BVDV 后差异表达基因富集的通路数量较少，表达水平升高的基因主要涉及感染后 24 h 和 72 h 丝氨酸生物合成信号通路。表达水平降低的基因主要与先天免疫反应（感染后 72 h）或代谢（感染后 24 h 和 72 h）有关。此外，在感染后不同时间点基因的表达水平和差异表达基因的数量均存在差异。CP 型 BVDV 和 NCP 型 BVDV 感染 24 h 后诱导的基因表达变化均大于 72 h。CP 型 BVDV 和 NCP 型 BVDV 在感染 72 h 后基因表达水平均有较大变化。

KEGG 信号通路分析显示，CP 型 BVDV 感染 MDBK 细胞可引起细胞周期的改变，感染 24 h 后该途径被 58 个基因富集，72 h 后该途径被 35 个基因富集。其中包括细胞周期蛋白和周期蛋白依赖激酶，它们是细胞周期的主要调节蛋白。此外，CP 型 BVDV 感染还导致 p53 信号通路相关基因的差异表达，该通路参与调节细胞周期、凋亡、细胞衰老、DNA 修复、代谢途径和自噬等生命进程。p53 可能通过诱导 GADD45A 转录促进 G2 阻滞。PI3K/Akt 信号通路是一种重要的细胞内信号通路，在调节细胞周期进程中起到至关重要的调节作用，可被多种信号分子刺激激活。其还参与细胞转录、翻译、增殖、生长和细胞对胞外信号的反应。在 CP 型 BVDV 感染后 24 h 和 72 h 该通路相关基因呈现差异表达。牛疱疹病毒 1 型的相关研究也发现，病毒感染 MDBK 细胞后 PI3K/Akt 信号通路被激活，这对于病毒复制尤为重要，尤其是在病毒进入细胞后阶段。CP 型 BVDV 感染还可导致 MDBK 细胞凋亡，感染过程中许多与细胞凋亡相关的基因表达增加，包括凋亡的内在和外在途径相关基因。内质网应激诱导的细胞凋亡，以及细胞死亡受体的激活，可最终激活 caspases 3 和 caspases 7。另外，CP 型 BVDV 感染后 24 h 和 72 h，分别有 55 个和 32 个与溶酶体途径相关基因的表达量下降，而 NCP 型 BVDV 感染后 72 h，有 11 个基因的表达量下降。HCV 相关研究表明，在感染早期自噬体和溶酶体没有融合，溶酶体功能显著失调。Mirosław 的研究中 BVDV 与网格蛋白和溶酶体膜蛋白-2(LAMP-2) 存在共定位，这也证实了溶酶体参与调控了 BVDV 等病毒的生命周期。然而，在 BVDV 感染过程中溶酶体途径所起的调控作用有待于进一步研究。

感染 CP 型 BVDV 72 h 后，细胞内与糖酵解代谢相关的信号通路被表达水平增加的基因所富集。而三羧酸循环和氧化磷酸化则由表达减少的基因所富集。其中，氧化磷酸化在感染后 24 h 和 72 h 都得到富集，而三羧酸循环仅在感染后 72 h 得到富集。在感染 NCP 型 BVDV 24 h 后氧化磷酸化途径中一些相关基因的表达水平降低，这些基因编码了 ATP 酶，如 ATP6V0A2 和 ATP6V1C2。在有氧糖酵解过程中由葡萄糖产生的甘油-3-磷酸可被磷酸甘油酸脱氢酶（PHGDH）、磷酸丝氨酸转氨酶 1（PAST-1）和磷酸丝氨酸磷酸酶（PSPH）参与的酶级联反应转化为丝氨酸。在 NCP 型 BVDV 感染后所有编码这些蛋白的基因表达量均增加，与 qRT-PCR 验证结果一致。感染 CP 型 BVDV 后 PHGDH 和 PSPH 表达也呈现增加趋势。BVDV 感染还导致了与脂肪酸代谢和脂类代谢（如类固醇或鞘脂）相关通路基因的差异表达。其他病毒相关研究发现，脂肪酸合成的降低减少了子代轮状病毒颗粒的产生。登革热病毒感染的相关研究发现，病毒感染增加了宿主细胞的脂肪酸合成。脂质生物合成的改变可能与先天免疫反应的激活有关。

先天免疫是抵抗传染病病原体的第一道防线。PAMPs 的识别和信号转导通路的激活是激活宿主免疫系统应对病毒感染的基础。CP 型 BVDV 在感染后 24 h 和 72 h 导致 NLR 信号通路差异基因的富集。NF-κB 是一种重要的转录因子，控制许多参与细胞生命过程调控的基因表达。在 CP 型 BVDV 感染后 24 h NF-κB 通路相关基因差异表达。研究表明，该通路的激活物包括 LPS、病毒和促炎细胞因子，如 IL-1β和 TNF-α。Brazama 等研究发现，BVDV NS5A 蛋白可抑制 TNF-α和 dsRNA 诱导的 NF-κB 活化。该转录组研究中 CP 型和 NCP 型 BVDV 感染后 24 h 编码 NF-κB 抑制剂的基因表达也有增加，如 NFKBIA。NF-κB 通路的抑制可能是 BVDV 感染导致免疫抑制的重要因素之一。

炎症是宿主对抗病原微生物感染的重要防御机制之一。暴露于感染因子的宿主细胞会产生细胞因子，如 TNF-α、IL-1 和 IL-6，刺激炎症的产生。一些相关 mRNA 仅在 CP 型 BVDV 感染中表达水平增加。TNF-α是一种重要的炎症介质，可促进先天免疫到适应性免疫的转变。感染 CP 型 BVDV 后可发现 TNF 通路的富集。此外，CP 型 BVDV 感染还能诱导细胞因子 G-CSF 和 CSF2、趋化因子 CXCL1、CXCL8、CXCL3 和 CXCL5 的表达。其中，编码 CXCL1 和 CXCL8 (IL-8)的基因在感染 CP 型 BVDV 感染的细胞中表达变化最大，qRT-PCR 检测也验证了 CXCL8 的表达情况。值得注意的是，CXCL8 的表达分别在感染后 24 h 和 72 h 时改变了 79 次和 122 次。另外，CP 型 BVDV 感染 MDBK 细胞后血清淀粉样蛋白 A2（SAA2）和血清淀粉样蛋白 A3（SAA3）的表达均显著上调。在 NCP 型 BVDV 感染中 SAA3 基因表达在感染后 24 h 显著上调，在感染后 72 h 则无明显变化。NCP 型 BVDV 感染还能诱导补体信号通路途径中相关基因表达的变化，其中 C3 组分是病毒感染后 72 h 表达显著降低的主要基因之一。

总之，Mirosław 等通过转录组学分析发现了 BVDV 感染的 MDBK 细胞中许多差异表达基因，这些基因参与调控了宿主细胞的细胞周期、代谢途径、信号通路转换到和先天免疫反应。且不同生物型病毒引起的基因表达变化存在差异。相关差异基因在 BVDV 感染的发病机制中起着重要作用。这项研究的数据有助于更好地理解 BVDV 与宿主细胞在转录组水平上相互作用的机制。BVDV 感染引发 MDBK 细胞相关基因表达与功能变化仍有待于更深入的研究。

同年，国内学者 Liu 等（2022）通过 RNA-Seq 技术对 BVDV 感染的 MDBK 细胞进行了转录组学分析。其选择 10 MOI 的 NCP 型 BVDV BJ-2016 株感染 MDBK 细胞，根据 BVDV 生长曲线分别于感染后 2 h、6 h、12 h、24 h 收集细胞样本，提取 RNA，进行转录组学分析。首先，通过 qRT-PCR 测定 BVDV 拷贝数变化，确定并绘制 0.1、1 和 10 MOI 时 BVDV 的生长曲线。检测结果显示，病毒感染后 12 h 内细胞上清液中病毒拷贝数基本稳定，随后细胞上清液中病毒载量迅速增加。这表明 BVDV 在细胞内复制周期为感染后 12 h。然后，病毒从细胞中大量释放。由于 BVDV 生命周期的所有阶段都是在感染后 24 h 内观察到的，因此，用于转录组测序的样本是在 2 h、6 h、12 h 和 24 h 的时间点收集的。在去除低质量和冗余序列后共获得 53 391 个转录本，对应参考转录本 26 740 个。同时，根据所绘制的 reads 组装了 26 975 个基因，其中 24 616 个基因成功定位到参考的牛基因组。通过 Gffcompare 软件预测出了 26 651 个新转录本和 2 359 个新基因，并与 NR、Swiss-Prot 和 Pfam 等数据库进行了对比注释。同时，根据内参基因进行了进一步研究。

为了明确 RNA-Seq 技术获得基因的功能，将其与 GO、COG 和 KEGG 数据库进行了基因功能注释和分类。这些基因归属于 63 个 GO 条目，主要涉及细胞过程、单生物过程、生物调控、生物过程调控、代谢过程、细胞、细胞组分、细胞器、结合、催化活性、信号转导活性。排在前三位的功能条目分别是翻译后修饰、蛋白质翻转、伴侣、翻译、核糖体结构、生物起源和信号转导机制。KEGG 分析显示，排在前 5 位信号通路分别为感觉系统、肿瘤概述、免疫系统、内分泌系统、转运和分解代谢。此外，在 BVDV 复制过程中产生的双链 RNA（dsRNA）可以促进子代病毒的繁殖。dsRNA 是 BVDV 的一种重要的病原体相关分子模式，可激活宿主先天免疫。

在 BVDV 感染后 2 h 检测到宿主细胞中 BVDV RNA 的负链，感染后 2 h 至 6 h 负链数量增加，而 12 h 时减少，12 h 后又逐渐增加。此外，BVDV 的整个生命周期中所有生物学进行都可以在对数生长期观察到。通过对比对照组与感染后 2 h、6 h、12 h 细胞的差异表达基因，我们可以更好的理解宿主细胞对 BVDV 感染反应的机制。在 MBV2h 组和 MBV6h 组中共鉴定出 24 个差异表达基因，包括 *ACLY*、*HMGCS1*、*INSIG1*、*LPIN1*、*HMGCR* 和 *ACSS2*。*ACLY*、*HMGCS1*、*INSIG1*、*LPIN1*、*HMGCR* 和 *ACSS2* 等基因表达上调。此外，对照组与感染后 2 h 组相比，差异表达基因主要涉及 G 蛋白偶联受体信号通路、跨膜信号转导，如嗅觉、刺激的检测、感觉、G 蛋白偶联受体活性、跨膜信号受体活性等。对照组与感染后 6 h 组相比，差异表达基因主要涉及刺激相关的生物过程、细胞过程、信号转导相关的分子功能，如刺激的检测、G 蛋白偶联受体信号通路、生物过程/细胞过程的正向调控、生物过程/细胞过程的负向调控、G 蛋白偶联受体活性、信号转导活性、信号受体活性以及跨膜信号受体活性。对照组与感染后 12 h 组相比，差异表达基因主要涉及与刺激、生物合成和代谢、细胞成分（细胞骨架部分、膜部分、细胞质）和分子功能相关的生物过程，如跨膜受体活性、跨膜信号受体活性、RNA 结合、ATP 结合、蛋白质结合。对照组与感染后 24 h 组相比，差异表达基因主要涉及与生物过程、细胞进程和信号转导的调控有关，如小分子生物合成过程、嗅觉感知、信号的调控、生物过程的正向调控、细胞过程的正向调控、刺激反应的调控、G 蛋白偶联受体活性、跨膜受体活性、信号传感器活性、蛋白质结合、小分子结合。感染后 2 h 组与 6 h 相比，差异表达基因主要涉及与脂质合成代谢相关的生物过程，如脂质生物合成过程、胆固醇生物合成过程、仲醇生物合成过程、脂质代谢过程等。另外，对照组与感染后 2 h 组相比，差异表达基因显著富集的通路主要包括补体和凝血级联、TGF-β信号通路、FoxO 信号通路、ErbB 信号通路、PI3K-Akt 信号通路以及与病原体感染相关的信号通路。对照组与感染后 6 h 组相比，差异表达基因显著富集的通路主要包括补体和凝血级联，类固醇生物合成，TGF-β信号通路和脂肪酸生物合成。对照组与感染后 12 h 组相比，差异表达基因显著富集的通路主要包括类固醇生物合成与 p53 信号通路。对照组与感染后 24 h 组相比，差异表达基因显著富集的通路主要包括氨基酸代谢、MAPK 信号通路、HIF-1 信号通路、TNF 信号通路、mTOR 信号通路。

为了进一步了解差异表达基因的生物学相关性，通过 STRING 数据库对差异表达基因进行了 PPI 网络分析。使用 Python 中的 NetworkX 对 PPI 蛋白网络进行可视化分析。从对照组和感染后 2 h 组中鉴定出 89 个基因之间存在的 233 个相互作用关系。其中，*OAS1Y*、*FOS*、*EGR1* 和 *PAI2* 在维持整个关系网络的紧密连接中起着重要作用。从对照组与感染后 24 h 组中鉴定出 46 个基因之间的 172 种相互作用关系。其中，*OAS1Y*、*CDKN1A*、*FOSB*、*NOTCH3*、*FLT3*、*HDAC5*、*RELB* 和 *CDKN2B* 在维持整个关系网络的紧密连接中起着重要作用。从感染后 2 h 与 6 h 组中鉴定出 14 个基因之间的 41 种相互作用关系。其中，*ACLY*、*HMGCS1*、*FDFT1*、*HMGCR* 和 *ACSS2* 在维持整个关系网络的紧密连接中起着重要作用。此外，差异表达基因 *OAS1Y*、*FOS/FOSB*、*EGR1*、*PAI2*、*CDKN1A*、*NOTCH3*、*FLT3*、*HDAC5*、*RELB*、*CDKN2B* 在多种细胞活动（细胞周期、凋亡过程、基因表达调控和疾病发展）和信号转导中发挥关键作用。上述结果表明，BVDV 通过干扰这些基因的表达来促进自身在宿主细胞中的复制。另外，差异表达基因 *ACLY*、*HMGCS1*、*FDFT1*、*HMGCR* 和 *ACSS2* 与脂质合成和代谢相关，提示 BVDV 感染可诱导宿主细胞脂质合成和代谢活性的改变。

为了验证转录组测序鉴定的重复性和稳定性，随机选取 *C8orf4*、*PSPH*、*ISG15*、*EGR1*、*SIGLEC10*、*FABP3*、*GRIP2*、*GALNT18*、*GATM*、*IFITM1* 等 10 个基因进行了 qRT-PCR 验证分析。结果显示，这些基因均存在显著的表达差异，且表达的上调或下调趋势与 RNA-Seq 分析结果一致。然而，在对照组和感染后 12 h 组中差异表达基因 *ACSS2*、*INSIG1*、*HMGCR*、*HMGCS1* 和 *LPIN1* 的表达下调，与转录组分析结果不一致。

总之，Liu 等分析了感染 NCP 型 BVDV 的 MDBK 细胞的转录组特征。明确 BVDV 感染后差异表达基因的动态变化，有助于深入了解 BVDV 与宿主相互作用的分子机制。本研究结果表明，BVDV 感染引起宿主代谢信号网络的改变，抑制补体系统内抗病毒蛋白和基因的表达，这可能有利于 BVDV 在细胞内的复制。上述发现，为进一步研究 BVDV 与宿主细胞相互作用的分子机制提供了依据。

国内学者 Ma 等（2022）也对 BVDV 感染的 MDBK 细胞进行了转录组学分析。与前两位学者不同的是，Ma 等选用 1.0 MOI CP 型 BVDV VEDEVAC AV69 株感染 MDBK 细胞，在感染后 48 h 进行转录组分析。首先，检测了 BVDV 的复制动力学曲线，结果显示，随着病毒复制，病毒滴度逐渐增加，在 BVDV 感染后 60 h 达到最高水平。其中，在病毒感染后 36 ~ 60 h 内病毒复制速度最快。然后，以未感染 BVDV 的 MDBK 细胞为对照组，在 Illumina HiSeqTM 4000 平台上对 BVDV 感染的 MDBK 细胞进行转录组测序。通过 TopHat（v2.0.9）软件评估，从 BVDV AV69 株感染的 MDBK 细胞中共鉴定出 15 557 个基因（14 935 个已知基因和 622 个新基因），从对照组 MDBK 细胞中共鉴定出 15 574

个基因（14 953 个已知基因和 621 个新基因）。从感染组细胞中共获得 665 个差异表达基因，其中显著上调基因 274 个，显著下调基因 391 个。

GO 分析结果显示，差异表达基因主要涉及单个生物、代谢或细胞过程、对刺激的反应和生物调节等生物进程。值得注意的是，大量的差异表达基因参与了细胞杀伤、免疫系统过程和突触前过程。在细胞成分类别中差异表达基因主要涉及细胞、细胞部分、膜和细胞器。此外，某些差异表达基因涉及了细胞外基质、膜封闭腔和超分子纤维。在分子功能方面差异基因主要涉及结合活性和催化活性。一些下调的差异表达基因主要参与免疫系统过程、细胞杀伤和刺激反应，而上调的基因主要参与细胞部分、膜部分、结合、转录因子活性蛋白结合和细胞过程。这表明 BVDV 可能在感染早期通过抑制宿主免疫系统和宿主凋亡来逃避宿主先天免疫，也可能利用细胞成分促进病毒复制。因此，需要进一步研究来探索这些机制。

KEGG 通路富集分析结果显示，差异表达基因主要与细胞因子及细胞因子受体相互作用、NOD 样受体信号通路、TNF 信号通路、Toll 样信号通路、JAK-STAT 信号通路、MAPK 信号通路、NF-kB 信号通路、RIG-I 样受体信号通路、凋亡信号通路有关。其中，RIG-I 样受体信号通路、Toll 样信号通路、JAK-STAT 信号通路在宿主先天免疫中发挥重要作用，TNF 信号通路和 NOD 样受体信号通路在调节宿主免疫中发挥重要作用。另外，采用 qRT-PCR 方法验证了转录组测序数据可靠性。结果显示，基因的相对表达水平与转录测序结果一致。

基于上述发现，作者对相关数据进行了如下讨论与分析。由 BVDV 引起的 BVD-MD 是一种重要的牛病毒性传染病，给世界各地的养牛业造成了重大的经济损失。BVDV 演化出了促进白细胞大量凋亡和抑制干扰素抗病毒反应等策略，以逃避宿主抗病毒先天免疫，促进病毒存活。虽然 BVDV-宿主相互作用的一些潜在机制已经得到了阐述，但涉及病毒复制、发病机制和宿主先天免疫逃避的详细机制仍有待进一步明确。先天免疫在宿主抵抗病毒感染和入侵中起着重要作用。通常，病毒核酸和蛋白质作为重要的病原体相关分子模式（PAMSs），可以被模式识别受体（PRRs）识别，以促进相关通路的激活，包括 Toll 样信号通路和 RIG-I 信号通路，导致炎症细胞因子和趋化因子分泌的大量增加。然而，与先天免疫相关的基因，如 IFN-α、TNF、KKR、IL-6、IL-12 和 IL-1β在 BVDV 感染的 MDBK 细胞的转录组学中显著下调。I 型干扰素是重要的宿主抗病毒细胞因子。然而，BVDV 抑制干扰素产生的分子机制尚未完全清楚。研究表明，BVDV N^{pro} 蛋白可以通过降解转录因子 IFN 调节因子 3（IRF3）来抑制 I 型 IFN 的激活。此外，PKR、OAS、Mx1 和 ISGs 是重要的宿主抗病毒蛋白，可由 IFN 诱导产生。本研究中这些抗病毒蛋白的表达水平显著下调，与之前的研究结果一致，这说明 BVDV 在病毒感染早期可以下调宿主抗病毒蛋白的表达水平。丙型肝炎病毒（HCV）与 BVDV 一样，同属于黄病毒科。研究表明，在 HCV 复制的早期阶段，炎症因子可以诱导细胞免疫消除病毒，并进一步促进炎症介质的释放。然而，BVDV 可以感染牛单核细胞，从而抑制促炎细胞因子，如 TNF-a、IL-1β和 IL-6 的表达。NLRP3 炎症小体可被 PAMPs 和危险相关分子模式（DAMPs）激活，以进一步促进 IL-1β和 IL-18 的成熟和释放，从而介导抗病毒反应。该本研究中尽管 NLRP3 炎性小体在 BVDV 感染的 MDBK 细胞中表达上调，但炎症因子的表达受到抑制，如 IL-1β、IL-6、IL-12，尤其是 IL-1β。依据抗病毒蛋白表达受到抑制的相关数据，推测 BVDV 必须通过抑制炎症因子和 IFN 产生来调节宿主的先天免疫。同时，宿主启动炎症信号通路来抵抗病毒感染，从而创造一个有利于其生存的环境。

之前的一项研究报道，猪瘟病毒（CSFV）在感染过程中可诱导淋巴细胞凋亡。最近，研究人员也证实 BVDV 可以促进 PD-1 的表达，诱导外周血淋巴细胞凋亡。在本研究中，BCL2A1、BIRC3 和 NGF 等抗凋亡蛋白在 BVDV 感染的 MDBK 细胞中显著下调。其中，NGF 可以通过与 TrkA 结合，促进细胞存活，而 BIRC3 可以抑制 caspase 介导的细胞凋亡。此外，BVDV 感染后 MDBK 细胞中关键凋亡调节蛋白 caspase 3 的表达水平也显著下调。这些数据表明 BVDV 感染可诱导细胞凋亡。有趣的是，BVDV 感染后，MDBK 细胞中另一种重要的抗凋亡蛋白（Bcl-2）的表达水平显著上调。研究表明，抗凋亡蛋白 Bcl-2 存在于线粒体外膜上，可通过抑制促凋亡分子 Bax 和 Bak 的激活，抑制凋亡，也可影响 Epstein-Barr 病毒诱导的凋亡。基于上述分析，推测在 BVDV 感染早期，抑制病毒复制的细胞自主凋亡与促进病毒复制的抗凋亡同时存在，相关调节机制有利于进一步明确。此外，非编码 RNA（lncRNAs/microRNAs）在 BVDV-宿主相互作用过程中的调控作用及机制有待进一步研究。

内质网（ER）在调节蛋白质合成和细胞代谢中起着重要作用。同时，病毒感染可诱导内质网应激，进而调控促凋亡和抗凋亡信号通路。本研究发现，内质网信号通路中蛋白加工途径富集的多个基因表达上调，包括 *ERP25*、*GPR78*、*GRP94*、*CRT*、*UGGT*、*NEF* 等。其中，*GPR78* 和 *GPR94* 是促进蛋白质折叠的关键 ER 分子伴侣。研究表明，HCV 的包膜糖蛋白可以激活 *GPR78* 和 *GPR94* 启动子。基于此，推测 BVDV 感染可激活 *GPR78* 和 *GPR94*。通常情况下，内质网跨膜激酶（PERK）通过与 *GRP78* 和 *GRP94* 结合，维持在无活性的单体状态。在内质网应激下 *GRP78* 和 *GRP94* 从 PERK 上释放，以协助蛋白质折叠。由此，推测 BVDV 诱导的内质网应激是由未折叠或未组装的病毒蛋白引起的。此外，之前的研究表明，BVDV 诱导的内质网应激可启动凋亡级联，参与下调 Bcl-2 表达。但 BVDV 诱导内质网应激信号与凋亡下游通路激活之间的分子关系有待进一步研究。

许多病毒可以通过改变宿主的代谢网络，为其生命周期创造一个合适的细胞内微环境。例如，寨卡病毒（ZIKV）感染改变了 HFF1 细胞的糖代谢，而腺病毒感染促进了宿主细胞糖代谢和乳酸盐的产生。此外，研究表明，胆固醇代谢与先天免疫反应有着密切的关系。先天免疫信号可以调节胆固醇的运输、储存和释放。类固醇通路是与脂质储存和代谢相关的关键通路，可以调节糖代谢、胆固醇代谢、水盐代谢、胆汁酸和胆固醇的合成和降解。BVDV 常被用作 HCV 抗病毒药物研究的替代病毒模型。HCV 是一种亲脂性病毒，其复制和传染性受细胞脂质状态的调控。HCV 可以利用 LDL 受体进入细胞，并在脂筏上形成复制复合物。在 HCV 复制过程中，宿主细胞内质网上的脂滴可被利用，形成病毒颗粒，其向细胞外环境释放还需要极低密度脂蛋白（VLDL）的协助，说明脂质形成对 HCV 的复制至关重要。本研究发现，表达上调的 *SREBP*、*ERG25*、*HMGCR*、*MOMS1*、*DHCR7*、*DHCR24*、*SC4MOl*、*FAH*、*OLR1* 和 *MMP-1* 主要富集在类固醇合成途径中。其中，转录因子 SREBP，即固醇调节元件结合蛋白，是脂质稳态的主要调节因子，可激活 3-羟基-3-甲基-戊二酰辅酶 A 还原酶（HMGCR），进而促进胆固醇合成。参与胆固醇合成途径的代谢酶，如 DHCR7 和 DHCR24，在病毒复制中发挥重要作用。而 SREBP 和 DHCR24 之间存在协同关系。BVDV 可能利用宿主脂质物质促进病毒复制。此外，BVDV 如何利用糖代谢促进其复制，以及 BVDV 如何利用糖代谢产物，如乳酸，抑制宿主先天免疫，仍不清楚。细胞自噬在清除细胞内物质和维持细胞内环境稳态方面起着重要作用。它也可以通过调节细胞代谢来影响病毒的生命周期。例如，NDV 感染可通过线粒体自噬调节宿主的葡萄糖代谢。脂质可以用作自噬底物。例如，巨噬细胞可以通过溶酶体降解途径消耗细胞内脂滴。宿主细胞可以在特定条件下通过吞噬脂质来调节细胞能量和脂质储存。本研究发现，参与自噬途径的 LC3 和 Beclin1 的表达水平显著上调，推测 BVDV 感染可能触发脂质吞噬，进而促进病毒产生。

总之，本研究获得了 BVDV 感染 MDBK 细胞的转录组学数据，验证了差异显著基因的表达。相关数据有利于更深入地了解 BVDV 感染过程中病毒—宿主相互作用，并为进一步阐明 BVDV 发病机制及其逃避宿主先天免疫反应的机制提供了依据。

第二节　BVDV 感染牛肺原代细胞的转录组分析

为了在分子水平上更深入的了解宿主与病原体间相互作用，Polla 等（2022）选用 1 MOI 的 CP 型 BVDV（NADL 株）和 NCP 型 BVDV（NY-1 株），分别感染牛肺原代细胞（BPC），在感染后 0 h、10 h、30 h 收集细胞样品，结合逆转录微滴数字 PCR（RT-ddPCR）和 RNA-Seq 技术分析感染细胞的转录组特征。

基因表达分析结果显示，两株毒株感染细胞的差异表达基因有 6 858 个。其中，表达上调的基因有 3 517 个，表达下调的基因有 3 341 个。信号通路分析结果显示，两株毒株分别涉及 6 条和 12 条最显著的信号通路。趋化因子和细胞因子信号通路的通路被抑制，凋亡与 NADL 毒株的细胞致病性有关。Wnt 信号通路参与了发育进程和细胞增殖的调控。此外，分析了凋亡信号通路的特定关键基因，如促凋亡基因 *CASP8* 和 *CASP3*。结果显示，上述基因仅在感染 NADL 株后表达增加。凋亡主要涉及两个主要途径，分别为外源性和内源性，需要特定的触发器来启动分子级联反应，如 caspase 3 和 caspase 7。为了更好地表征内源性通路与外源性通路之间的凋亡过程，对感染 NADL 后相关基因表达进行了分析。结果显示，促凋亡基因 *CYCS* 和 *ENDOG* 的表达增加，其可能与内源性通路（线粒体通路）有关，抗凋亡基因 *BIRC3* 或 *MCL1* 被降解。为了进一步验证 RNA-Seq 的结果，通过 RT-ddPCR 检测 *BIRC3*、*CASP3*、*CASP8* 和 *CYCS* 基因表达，证实了这些与内在通路有关基因表达的增加。另外，为了验证线粒体通路，使用 Mitolight 试剂盒检测了线粒体跨膜电位的破坏。结果显示，NY-1 株感染细胞线粒体正常，而 NADL 感染细胞存在线粒体跨膜电位的破坏。这一结果证实了 BVDV NADL 株感染诱导的细胞凋亡属于内源性凋亡途径。

关于 Wnt 信号通路，病毒感染后 10 h Wnt 配体表达上调，如 Wnt5A 和 Wnt2 配体。此外，与 NY 感染细胞相比，在 NADL 毒株感染细胞中可以观察到 FZD2、FZD4、FZD7 基因和 LRP 1、LRP6 基因表达的下调，*DKK 3*、*DKKL1*、*MYC*、*JUN* 表达的上调。另外，与 Wnt 通路抑制有关的 SFRP2、KREMEN1 和 TLE3 基因表达下降，与β-catenin 的稳定有关的 MDM2 基因表达增加。Wnt 信号通路包括两个主要通路途径，β-catenin 依赖的典型通路和 Ca^{2+}依赖通路，两者均诱导了 Wnt 配体与其受体的相互作用。在 NADL 感染的细胞中 WNT2 和 WNT5A 配体表达上调，而 WNT5A 可以诱导典型和非典型通路途径，而 WNT2 仅能诱导典型通路途径。上述发现提示，在 NADL 株感染的细胞中 Wnt 通路起到了至关重要的调控作用。

基于上述发现，作者对相关数据进行了如下讨论与分析。本研究数据表明，不同 BVDV-1 CP 和 NCP 型毒株与宿主的相互作用存在差异。结果清楚地显示，BVDV-1 NADL 通过激活 NF-κB 通路调控抗病毒细胞免疫反应，然而在 BVDV-1 NY-1 感染时，NF-κB 通路未被激活，但在感染后 24 h 时可检测到 ISG15 和 MX1 的激活。这些基因很好地表征了 IFN 刺激基因，表明在 NCP 型 BVDV NY-1 株体外感染的细胞中存在 IFN 反应。相反，体内研究表明 IFN 通路的激活与 MX1 或其他依赖于 IFN 的基因激活有关。这些差异证实了细胞模型选择的重要性。

利用 Panther 数据库中的 transcripts ID 和 Gene ID 对转录组结果进行分析。结果显示，BVDV-1 NADL 感染细胞后，参与抗病毒反应的细胞因子和趋化因子介导的炎症通路上调。细胞对 CP 型 BVDV-1 株感染的反应似乎与黄病毒科其他病毒（如 HCV）感染后的反应相同。此外，为了更深入的了解细胞反应机制以及 CP 毒株与 NCP 毒株的差异，本研究通过 Ingenuity Pathway 分析研究了凋亡通路和 Wnt 通路。细胞凋亡是一个协同的、能量依赖性的过程，涉及一组半胱氨酸蛋白酶（caspases）的激活和一系列信号通路级联反应。这些信号刺激与程序性细胞死亡联系起来。凋亡中的 caspases 大致分为启动子（caspases 2、8、9、10）和执行子（caspases 3、6、7）。caspase 3 的激活会触发一个执行途径，导致典型的细胞形态特征变化，包括细胞收缩、膜起泡、染色质凝结和 DNA 碎片。细胞被 CP 型 BVDV-1 感染后病毒 RNA 的积累触发了细胞凋亡途径，主要包括内在途径，外在途径或内质网应激。此外，由于 CP 毒株含有 NS3 蛋白，其可诱导细胞凋亡。本研究数据表明，NADL 菌株感染激活了信号通路中的主要基因 CASP 8 和 CASP 3。并且，线粒体膜的通透性检测结果证实了内在凋亡通路途径的调控作用。其他研究表明，HCV 和其他黄病毒科病毒的蛋白在调节宿主细胞凋亡方面的作用。如 HCV NS3 蛋白可直接与 caspase 8 互作，诱导 T 细胞凋亡，HCV Core 蛋白可通过 CFLAR 抑制 T 细胞凋亡或诱导 Fas-L 表达，触发 T 细胞凋亡。在 CP 和 NCP 株的转录组比较中还发现了另一个值得注意的信号通路，即 Wnt 信号通路。Wnt 蛋白属于细胞外生长因子家族，参与调控细胞分化、细胞极性和细胞增殖等。Wnt 与其配体可诱导两种不同的信号通路，其中典型通路依赖于β-Catenin，Wnt/Ca^{2+}信号通路为非β-Catenin 依赖性。本研究发现，只有 CP 型 BVDV-1 株感染后才会触发典型的 Wnt 通路。其他病毒感染也可激活该通路，如乙型肝炎病毒、裂谷热病毒、流感病毒。在 HCV 感染中 Wnt 信号通路也被激活，并且病毒 NS5A 蛋白与β-catenin 之间的相互作用导致细胞质中细胞蛋白的稳定化。此外，研究表明，Wnt 通路在流感病毒复制中具有重要作用，抑制β-catenin 可能有利于减少病毒复制。

总之，本研究证实了细胞反应依赖于 BVDV-1 菌株的生物型。在 BVDV 感染中应重点关注凋亡信号通路和 Wnt 信号通路。但数据显示许多其他通路可能也受到 CP 或 NCP 毒株的影响，如 Ephrin B 信号通路、EIF2 信号通路、剪接过程或胆固醇生物合成通路等。

第三节　BVDV 感染外周血单个核细胞的转录组分析

BVDV 感染可以干扰宿主的先天免疫和适应性免疫，与这些影响相关的基因和机制尚未完全清楚。PBMC 在病毒感染的免疫应答中起着关键作用，并且这些细胞也是 BVDV 感染的靶细胞。Li 等（2019）以 0.1 MOI NCP 型 BVDV-2（C201604 株）感染的山羊外周血单个核细胞（PBMC）为研究对象，利用 RNA-Seq 技术研究了感染细胞的转录组。

差异基因分析结果显示，与对照相比，病毒感染组共有 449 个差异表达基因，其中，表达上调基因 97 个，下调基因 352 个。449 个差异表达基因被注释为 54 个不同的 GO 条目。其中，上调的差异表达基因被注释为 38 个 GO 条目，下调的基因被注释为 53 个 GO 条目。注释最多的 GO 条目涉及代谢过程（BP），细胞过程（BP），刺激反应（BP），生物调节（BP），定位(BP)，细胞（CC），细胞部分（CC），膜（CC），膜部分（CC），细胞外区域（CC），细胞器（CC）和结合（MF）等。与免疫相关的差异表达基因，涉及 BP 组的运动/定位、免疫反应、炎症反应、免疫系统过程、防御反应、细胞因子产生的调节，以及 MF 组的细胞因子活性、趋化因子活性、受体结合等方面。

KEGG 通路分析结果显示，在 15 条富集显著的通路中细胞因子-细胞因子受体互作通路、TNF 信号通路、趋化因子信号通路、补体和凝血级联以及 NOD 样受体信号通路富集为典型通路。其中，细胞因子-细胞因子受体互作通路是差异表达基因富集最多的通路。在 29 种差异表达基因中 *CCL4*、*CCL3*、*CXCL10*、*CCL5*、*CCL22*、*CCL20*、*GM-CSF*、*TNF*、*IL-6*、*IL-17A*、*IL-12B*、*IL-19*、*IL-10*、*TNFRSF13C*、*TNFRSF8*、*TNFRSF9* 和 *XCL1* 表达上调，而 *TNFSF12*、*CSF1R*、*TNFRSF21*、*CSF3R*、*Regakine-1*、*CCL2*、*CCL24*、*CCL17*、*CCL14*、*CCL25*、*IL-5RA* 和 *PPBP* 表达下调。此外，*TNF*、*IL-6*、*CXCL10*、*CCL4*、*CCL3*、*CCL5*、*CCL20*、*CCL2* 和 *Regakine-1* 在上述 6 种途径中的至少 3 种中富集。

通过 STRING 分析方法探讨了差异表达基因之间潜在的相互作用网络。结果显示，大多数差异基因与先天或适应性免疫反应、炎症反应、细胞因子/趋化因子介导的信号通路等有关。在表达上调的基因中 *TNF*、*IL-6*、*IL-10*、*IL-12B*、*GM-CSF*、*ICAM1*、*EDN1*、*CCL20*、*CXCL10* 和 *CCL5* 位于互作网络的核心位置，与大量其他差异基因相连。对于表达下调的基因，关键位点包括 *CCL2*、*MAPK11*、*MAPK13*、*CSF1R* 和 *LRRK1* 等。此外，并不是所有的差异基因都与其他基因有联系，因为它们的功能要么不相关，要么尚未明确。另外，通过 qRT-PCR 验证了相关基因的表达趋势。结果显示，18 个基因在 RNA-Seq 和 qRT-PCR 分析中均表现出一致的趋势。其中，*Annexin A2* 表达明显下降，*TNF-α*、*GM-CSF* 和 *IL-6* 的表达显著增加。

基于上述发现，作者对相关数据进行了如下讨论与分析。微阵列和 RNA-Seq 分析是转录组分析的两种主要技术。其中，基于微阵列和 RNA-Seq 的转录组分析已被广泛应用于多种动物病毒的相关领域研究，如 BTV、PRRSV、PPRV 和 NDV 等。已有学者研究了 BVDV 感染对不同牛细胞 mRNA 表达变化的影响，但我们对 BVDV-宿主相互作用的理解尚未完全清除。此案为与牛的转录组学研究相比，我们对 BVDV-2 感染山羊细胞的影响知之甚少。因此，本研究用 NCP 型 BVDV-2 株感染山羊 PBMC，并在感染后 12 h 时分析其转录组数据，以确定相关基因表达的变化，从而了解和描述 BVDV 感染诱导的动物机体早期反应的机制。重点分析了参与免疫过程的差异表达基因转录变化。GO、KEGG 和 PPI 分析结果表明，不同数量的差异基因参与了宿主免疫反应的不同生物学过程。

先天性免疫是抵抗传染病的第一道防线。在病毒感染期间，PBMC 是防控病毒传播的关节环节，包括几个可能在免疫激活过程中协同作用的亚群。这些细胞在先天和适应性免疫反应中起着重要作用。病原体相关分子模式受体（PAMPs），如 Toll 样受体（TLRs）或 RIG-I 样受体（RLRs）识别病原体，可调控细胞释放一系列抗病毒相关的细胞因子。本研究发现，在 BVDV-2 感染中，TLRs、RLRs、IFN 和 ISGs 的表达均未被显著诱导。相反，溶菌酶、β-防御、补体系统能力（C1q、C1r、C1s、CFD）和 IFITM3 mRNA 水平均下调。已有研究表明，NCP 型 BVDV 感染的单核细胞中 TLR3 和 I 型 IFN 基因的表达均在感染后 1 h 显著上调，而在 24 h 未受影响。也有报道称，NCP 型 BVDV 在体外不能诱导 I 型 IFN，阻断 dsRNA 或其他病毒诱导的 I 型 IFN 和干扰素 tau 刺激的 ISGs 表达。NCP 型 BVDV 与宿主细胞的相互作用可在一定程度上破坏先天性和适应性免疫。在 BVDV 感染过程中病毒 RNA 可触发 IFN 的合成，而病毒 RNase E^{rns} 蛋白可抑制 IFN 的表达。此外，BVDV N^{pro} 可促进 IRF-3 的降解，有效抑制 BVDV 感染细胞中 IFN 的表达。因此，上述免疫基因的抑制可能是 BVDV-2 干扰了相关免疫通路的结果。IFN 合成和其他先天免疫因子的抑制可能在 BVDV 逃避先天性免疫和 BVDV 在宿主细胞中建立有效的感染中起着重要作用。另外，补体系统由可溶性因子和细胞表面受体组成，是动物机体重要的先天防御系统之一。补体系统的主要作用是预防病毒感染，其还可连接先天性免疫反应和适应性免疫反应。本研究发现，C1q、C1r、C1s、CFD 表达均下调，而 C3 表达上调。这提示 BVDV-2 的感染可能抑制了 PBMC 补体系统激活的经典或替代途径。

炎症反应是病毒感染后机体重要的防御策略之一。一旦机体暴露于感染病原，宿主细胞可产生某些细胞因子，如 TNF-α、IL-1 和 IL-6，导致炎症的发生与发展。TNF-α是炎症的基本介质，也能促进从先天免疫到适应性免疫的转变。IL-6 能同时影响炎症和适应性免疫反应，其可促进炎症对组织损伤和严重感染的反应，是急性期反应和感染性休克的主要介质。

BVDV 在内的许多病毒在感染后均可引起炎症反应。BVDV 感染发病可能与病毒的复制、促炎细胞因子的产生及其诱导的炎症反应有关。相关研究表明，一项研究检测了 BVDV 感染犊牛气管、支气管淋巴结的 mRNA 表达，发现高毒力 BVDV-2 毒株可诱导促炎（TNF-α、IL-12、IL-1β、IL-2、IFN-γ）和抗炎（IL-4 和 IL-10）细胞因子的上调，而低毒力 BVDV-1a 毒株仅上调了 IL-12 和 IL- 15 的基因表达。此外，CP 和 NCP 型 BVDV 均可抑制促炎细胞因子 TNF-α、IL-1β和 IL-6 的表达，但未影响牛 PBMC 中 IL-12 和 INF-γ 基因的表达。猪瘟病毒与 BVDV 同属黄病毒科瘟病毒属，在猪体内强毒感染后会诱导 TNF-α、IL-2、IL-4、IL-6 和 IL-10 等与炎症或凋亡相关的细胞因子的分泌。本研究使用的 BVDV-2 毒株可实验性诱导山羊发热、病毒血症和淋巴细胞减少。同时在 BVDV-2 感染的山羊 PBMC 中可观察到 TNF-α、IL-6、IL-12、IL-10 和 IL-17 mRNA 水平升高。这表明 BVDV-2 在感染早期诱导了急性炎症反应。细胞因子和趋化因子信号通路的相关数据表明，在 BVDV 感染的急性期特异性免疫反应被激活。血清淀粉样蛋白 A（SAA）家族由多种载脂蛋白组成，包括急性期 SAAs（A-SAAs）和结构成型 SAAs（C-SAAs）。在所有脊椎动物中都发现了 A-SAAs，并且在炎症期间其表达可上调 1 000 倍。本研究发现 SAAs 成员 LOC102168428（SAA like）和 LOC100860781（SAA3）转录上调。研究表明，A-SAAs 的成员可在感染时被激活，是许多病毒性动物传染病的炎症标记物。Ganheim 等也报道了 BVDV 实验感染犊牛的 SAA 和其他相关蛋白表达均升高。由此可见，SAA 有可能成为 BVDV 诱导炎症的诊断指标之一。

病毒感染通常会诱导炎症细胞聚集到感染部位，其受到各种细胞因子和趋化因子的调控。趋化因子是一种至少 50 个小的结构相关的趋化蛋白（8 ~ 10 kDa）组成的超级家族。它们在启动先天性和适应性免疫反应中起着关键的调控作用。趋化因子在调节白细胞发育、血管生成、肿瘤生长和转移等方面也具有重要作用。它们协同调控了白细胞的迁移，并通过招募不同的免疫细胞到达感染部位，介导炎症和免疫反应。单核细胞/巨噬细胞是机体免疫防御第一道防线的重要组成部分。研究表明，其可释放各种趋化因子来应对病毒感染，如 PRRSV、PEDV 和 PCV2 等。Helal 等研究发现，CXCR4 的低表达和 IL-10 的高表达与牛群中 PI 犊牛的产生有关。Ryczek 等研究发现，NCP 型 BVDV 感染上调了牛 PBMC 中 CXCR4、CXCL12 mRNA 的表达水平。此外，在 CP 型 BVDV 感染的牛单核/巨噬细胞中可检测到 CCL 和 CXCL 家族的几个关键趋化因子表达的上调，但在 NCP 型 BVDV 感染中并未发现。本研究中 CCL3、CCL4、CCL5、CCL20、CXCL10 mRNA 表达显著上调，CCL2 表达显著下调。上述数据表明，这些趋化因子可能有助于 BVDV 感染后巨噬细胞或其他炎症细胞被招募到特定感染部位。GM-CSF 是本研究中发现的另一个表达上调的差异基因。它不仅是粒细胞/巨噬细胞分化和增殖的诱导剂，还参与调控先天性和适应性免疫反应。GM-CSF 也被广泛用作疫苗佐剂，是几种自身免疫性和炎症性疾病的重要治疗靶点。研究表明，GM-CSF 可以改变甲型流感病毒感染后致病性 M1 巨噬细胞炎症。本研究发现，山羊 PBMC 中 GM-CSF 表达显著上调，其在 BVDV-2 感染后对宿主免疫应答中可能起着重要的调节作用。

综上所述，Li 等通过 RNA-Seq 分析发现了 BVDV-2 感染的山羊 PBMC 中一系列与免疫相关基因的表达变化。相关数据有助于探索 BVDV 感染导致免疫抑制及其影响免疫细胞功能的分子机制。

第四节　BVDV 感染 Cajal 间质细胞的转录组分析

急性 BVDV 感染以胃肠道炎症反应为特征，BVDV 引起炎症反应的机制尚不清楚。ICC 细胞网络在胃肠道运动电波的产生中起到关键的起搏器作用，其对来自肠神经系统的调节性信号的接收至关重要。Yao 等（2019）以 BVDV TC 株感染的 ICC 细胞为研究对象，通过 RNA-Seq 技术研究 BVDV 感染 ICC 细胞的差异表达基因，探讨了病毒感染导致 ICC 细胞数量、形态和功能变化的分子机制。ICC 细胞分离自麦兰奴种绵羊十二指肠。在 BVDV TC 株感染第 5 代后可在 ICC 中检测到 BVDV，表明 BVDV 在 ICC 中成功复制。感染后细胞增殖缓慢或下降，可观察到 ICC 细胞的肿胀、溶解和液泡形成等形态变化，表明细胞在数量、形态和功能上发生了变化。

RNA-Seq 检测结果显示，BVDV 感染后差异表达基因有 860 个，其中表达上调的基因有 538 个，表达下调的基因有 268 个。GO 分析和 KEGG 通路分析显示，806 个差异表达基因在细胞因子—细胞因子受体相互作用、白细胞介素（IL）-17 信号通路和丝裂原活化蛋白激酶（MAPK）信号通路等 27 条通路上显著富集。其中，GO 分析的富集直方图直接反映了差异表达基因在细胞成分、生物进程和分子功能类别中的数量和分布情况。在细胞成分类别中大多数差异表达基因与细胞外区、细胞和细胞膜有关。在生物进程类别中大多数差异表达基因被分配到生殖、免疫系统、行为和代谢过程中。在分子功能类别中差异表达基因与催化活性和信号传感器活性有关。此外，通过 STRING 数据库预测了 806 个差异表达基因的能关联网络。主要网络集中在细胞因子-细胞因子受体相互作用通路、NF-κB 信号通路、TNF 信号通路、细胞周期信号通路、MAPK 信号通路。

为了进一步验证转录组分析中相关基因的表达水平，我们随机选取了 21 个差异表达基因，使用 qRT-PCR 检测了这些基因的相对表达水平。结果显示，BVDV TC 株感染后，胰岛素样生长因子结合蛋白（IGFBP）、S100 钙结合蛋白 A10 （S100A10）、分泌弯曲相关蛋白 1（SFRP1）、骨多糖（OGN）、周期蛋白依赖性激酶抑制剂 1C（CDKN1C）、肌肉骨骼胚胎核蛋白 1（MUSTN1）、原肌凝蛋白 2 （TPM2）等基因表达显著下调，而 C-C 基序趋化因子 2（CCL2）、C-X-C 基序趋化因子配体 8（CXCL8）、即刻早期反应基因 3（IER3）、丝氨酸肽酶抑制剂分支 E 成员 2（SERPTNE2）、血管内皮生长因子 A（VEGFA）、前列腺素过氧化物合酶 2（PTGS2）、糖蛋白 nmb（GPNMB）、细胞周期调节剂（RGCC）、Rho 家族 GTPase 1（RND1）、干扰素调节因子 1（IRF1）、白介素 1 α（IL1A）、补体因子 B（CFB）的表达、白细胞介素 6（IL6）、铁蛋白重多肽 1（FTH1）等基因表达明显上调。21 个差异表达基因的验证结果与 RNA-Seq 检测结果相匹配。其中，CXCL8 的表达水平上调了 1000 倍以上，说明 BVDV 感染可显著改变 ICC 的胞内环境。

基于上述发现，作者对相关数据进行了如下讨论与分析。BVDV 是一种重要的牛传染病病原，对全球养牛业中造成了重大经济损失。然而 BVDV 感染导致牛腹泻的机制尚不清楚。以往关于 BVDV 感染的致病机制和疫苗相关研究大多基于 MDBK 细胞模型。只有少数研究涉及了 ICC 细胞。研究表明，ICC 细胞与胃肠道疾病、免疫抑制和炎症密切相关。本研究利用羊十二指肠 ICC 细胞，建立了新的 BVDV 感染细胞模型。原代 ICC 细胞来自 8 月龄绵羊的十二指肠，其具有与小鼠 ICC 相似的形态特征，且表达 C-KIT 标记。本研究表明，BVDV TC 株可感染 ICC 细胞，且形成稳定复制。在显微镜下，BVDV 感染的 ICC 细胞增殖缓慢或下降，细胞形态发生变化，可见肿胀、溶解和液泡的形成。

BVDV 感染改变了 ICC 的数量、形态和功能。

综上所述，本研究建立了一种新的 BVDV 感染细胞模型，转录组数据表明，BVDV 感染引起了 ICC 细胞内部环境的变化，引起了 ICC 的免疫应答反应和功能改变。基于 RNA-Seq 的 ICC 转录组学分析数据可为探索 BVDV 感染导致胃肠道炎症损伤的分子机制提供依据。

第五节　BVDV 持续感染牛的全血转录组分析

母牛妊娠早期宫内感染 NCP 型 BVDV 可导致持续感染（PI）牛的产生，PI 犊牛的发病率和死亡率不断增加，生产性能降低。更重要的是，其不断向外环境排除大量病毒，导致该病在牛群中广泛传播，对牛只的健康和生产效率产生不良影响。了解 PI 建立和维持的机制对于探索预防或减少 BVDV 感染导致经济损失的方法至关重要。急性 BVDV 感染研究表明，病毒感染抑制了宿主产生 I 型干扰素(IFN)反应的能力，从而促进了 PI 的建立。然而，BVDV 感染实验动物后 IFN 通路呈现缓慢但适度的上调。为了明确在自然感染中 BVDV 是否改变了 IFN 或其他通路途径，Nilson 等（2020）通过 RNA-Seq 技术进行了 PI 牛的全血转录组学分析。本研究以 26 头 PI 牛（10 头 BVDV 1a 感染牛、8 头 BVDV 1b 感染牛、8 头 BVDV 2 感染牛，即 PI 组）、9 头暴露但未被感染牛（即 HE 组）、10 头未暴露健康牛（即 UN 组）为研究对象，无菌采集颈静脉血，提取全血 RNA，进行 RNA-Seq 和转录组学分析。

去除无表达或低表达的基因位点，得到 9 716 个可供评估的基因位点。PI 组间相比，为检测到差异表达基因。因此，在后续分析中所有 PI 组牛只均被分为一组。PI 组与 HE 组相比，存在 2 156 个差异表达基因，其中 175 个基因的|log2FC|＞1。这些基因代表 IFN 信号通路、IRF 通路、模式识别受体通路及 RIG1 样受体通路的显著上调。PI 组与 UN 组相比，存在 6 233 个差异表达基因，其中 489 个基因的|log2FC|＞1，预测 23 条信号通路的上调或下调。其中，上调通路包括 IFN 信号通路、补体系统、趋化因子信号通路和 VCF/RXR 激活通路。在 PI、HE 及 UN 组的比较中共有的差异表达基因数量为 70 个。其中，I 型 IFN 反应中差异表达基因包括 RNA 解旋酶 MDA5 和 RIG1，以及下游 IFN 信号位点。HE 组与 UN 组相比，存在 5 053 个差异表达基因，其中 290 个基因的|log2FC|

＞1，在差异表达基因富集的15种信号通路中有3个通路与趋化因子信号通路异常有关。凝血酶信号通路和Rho家族GTPases信号通路存在显著变化的支撑数据较少。而IFN和PRR信号通路未见变化。上述结果显示，PI牛先天免疫功能显著上调，IFN信号通路在PI牛中没有完全被抑制。

基于上述发现，作者对相关数据进行了如下讨论与分析。本研究发现，PI牛对病毒保持着显著的先天IFN反应。模式识别受体和ISGs显著上调。此外，血液转录组学数据并未因BVDV基因型的不同而有所改变。暴露于病毒牛只的I型干扰素通路未见显著上调，这也证明了PI牛IFN的失调是由持续性感染导致，而不是由急性暴露引发。这些数据有助于进一步阐明BVDV PI导致细胞反应的分子机制。本研究将HE组与PI组和UN组进行了对比，相关数据提供了独特而有价值的生物学信息。尽管由于取样环境和日期存在不同，PI组和HE组与UN组相比可能存在差异，但差异基因分析显示，PI组与UN组相比循环转录组的差异（25个通路上调、489个基因下调）和HE组与UN组之间的相对相似性（3个通路上调和290个基因下调）方面是存在显著差异的。本研究中通过对比3种BVDV亚型组的数据，未见差异显著基因，这与其他相关研究结果存在差异。可能是由于本研究中涉及的感染类型（持续性与急性）的实际情况，与其他研究有所不同。这些结果可以用于更全面的分析BVDV PI的作用机制。另外，本研究并未对基因组多态性进行鉴定。

与UN组牛相比，PI组牛的*PRRs*、I型*IFN*和*ISG*等基因显著上调，但HE组与UN组相比上述基因未见上调，这表明，相关通路受到了PI介导的慢性刺激。另一方面，与UN组相比，PI和HE组的趋化因子信号均上调。趋化因子连接先天免疫反应和获得性免疫反应。值得注意的是，持续的趋化因子信号是HCV感染的重要特征。PI和HE组趋化因子信号的上调表明，两组牛只均对持续的病毒暴露或其他应激产生反应。此外，本研究还发现PI犊牛中IFN-γ被激活，但其是否影响PI的建立尚不清楚。相关研究表明，在PI胎牛犊的血液中*STAT1*、*CXCL10*和*IFI16*等基因显著上调。这些基因在本研究中也存在表达的显著上调。与其他相关研究相比，本研究数据源自一个商业化养牛场，场区内的牛可能来自不同地区，并与非PI牛混养。另外，本研究涉及的PI牛、与PI牛混养但未感染牛及未暴露牛间转录组学对比数据，为后续深入探索BVDV PI建立机制提供了基础。

第六节 BVDV 灭活疫苗接种牛的全血转录组分析

为了减少牛病毒性腹泻对世界范围内牛群的危害，人们采取了各种预防措施来防控该病的传播。在现有的防控方法中接种疫苗仍然是应用最广泛、成本最低的方法之一。然而，有关牛只对 BVDV 疫苗免疫反应及其机制尚未完全明确。

Lopez 等（2020）以荷斯坦奶牛为研究对象，应用 BVDV 多联灭活疫苗（含有牛传染性鼻气管炎病毒、牛病毒性腹泻病毒 I 型、牛呼吸道合胞病毒、牛副流感 3 型病毒和牛昏睡嗜血杆菌等抗原）对实验牛只进行免疫。分别于接种后第 7 d、28 d 和 168 d 采集颈静脉样本，提取 RNA，并收集血清。然后，基于 BVDV 抗体水平和 RNA-Seq 技术，对不同抗体水平的牛只进行了全血转录组学分析。结果显示，BVDV-1 型高抗体水平组（试验组）和低抗体水平组（对照组）相比，共有 261 个差异表达基因，其中 143 个基因为表达上调基因，其余 118 个基因为表达下调基因。DAVID 基因富集分析显示，差异表达基因涉及 28 个 GO 条目。然而，只有三个主要的 GO 条目，即生物过程（BP）、细胞成分（CC）和分子功能（MF）。其中，38 个差异表达基因分布在以下 10 个 BP 中，分别是抗原肽的抗原加工和呈递、免疫应答、基因表达的正向调控、基因表达的负向调控、细胞生长的负向调控、氧化还原酶活性的负向调控、IFN-γ产生的正向调控、胶原蛋白生物合成过程、小窝组装。21 个差异表达基因分布在以下 5 个 MF 中，分别是钙离子结合、钙依赖性半胱氨酸型内肽酶活性、SH3 结构域结合、超氧化物生成烟酰胺腺嘌呤二核苷酸磷酸氧化酶激活剂活性和蛋白质复合物支架。78 个差异表达基因分布在以下 7 个 CC 中，分别是膜的整体成分、I 类蛋白复合物、细胞外区域、蛋白质细胞外基质、膜筏、轴突和质膜外侧的锚定成分。KEGG 通路分析结果显示，差异表达基因主要富集与 5 条通路，包括细胞因子-细胞因子相互作用、血小板激活、ECM 受体相互作用、造血细胞系和 ABC 转运蛋白。其中，细胞因子-细胞因子相互作用通路涉及 2 个上调基因（*IL18*、*IL1RAP*）和 4 个下调基因（*CCR8*、*CCL3*、*IL20RA*、*TGFB2*），造血细胞系通路涉及 4 个上调基因（*GP5*、*GP1BA*、*CD24*、*GP9*），血小板激活通路涉及 5 个上调基因（*GP5*、*P2RX1*、*MAPK12*、*GP1BA*、*GP9*），ECM 受体相互作用通路涉及 3 个上调基因（*GP5*、

GP1BA、*GP9*）和 1 个下调基因（*ITGB4*），ABC 转运体通路涉及 1 个上调基因（*ABCB11*）和 2 个下调基因（*LOC100296627*、*CFTR*）。GO 分析和 KEGG 分析结果表明，多种差异表达基因参与了 BVDV-1 型灭活疫苗的宿主免疫应答过程。

基于上述发现，作者对相关数据进行了如下讨论与分析。为了防止 BVDV 对奶牛健康和养牛业经济造成的不良影响，人们采取了具有成本效益的 BVDV 防控措施，如疫苗接种和根除计划。然而，尽管制定并采取了有效的防控方案，BVDV 在世界范围内的多数牛群中仍然广泛存在。研究表明，BVDV 毒株可变异性、导致病毒跨胎盘传播，形成持续感染。此外，BVDV 易感宿主种类较多，且可干扰先天免疫和适应性免疫反应，使得其预防和控制（如疫苗接种）效果较差。随着微阵列分析技术的发展和人类基因组计划的完成，出现了更先进的测序技术，如基于 RNA-Seq 的转录组分析技术。这使得人们可以更深入的研究病毒感染与免疫反应之间的关系，探索病毒建立持续感染的分子机制。与 DNA 微阵列技术相比，RNA-Seq 可直接揭示序列信息与功能，这对未知基因和新的转录异构体的注释量化至关重要。相关研究表明，基于 RNA-Seq 的转录组分析分别成功地鉴定了 BVDV、绵羊和山羊蓝舌病毒以及牛乳头状瘤病毒感染期间与宿主免疫反应相关的上调和下调基因。在本研究中，作者对牛接种了灭活多价疫苗（BVDV-1 型、BRSV、副流感黏液病毒 3 型、睡眠嗜血杆菌），分析了疫苗接种后免疫反应相关的基因表达的变化。由于本研究将高和低 BVDV-1 型抗体水平的动物进行了数据对比，因此在转录组分析中鉴定出的差异表达基因与针对 BVDV-1 型灭活疫苗的免疫反应密切相关。

疫苗接种是预防和控制传染病的有效措施，涉及先天免疫和适应性免疫的协同作用。先天免疫在触发适应性免疫反应中发挥关键作用，涉及造血细胞，如巨噬细胞、肥大细胞、中性粒细胞、嗜酸性粒细胞、树突状细胞、自然杀伤细胞和非造血细胞，如胃肠道、泌尿生殖系统和呼吸道的皮肤和上皮细胞。同时，适应性免疫在免疫系统中也起着至关重要的作用。其涉及抗原呈递细胞与 T 和 B 淋巴细胞之间的相互作用，病原体特异性免疫效应通路的激活、免疫记忆的形成和宿主免疫稳态的调节。在研究中，功能富集分析揭示了与先天和适应性免疫反应相关的表达上调的差异基因，如 *BoLA*、*IL-18* 和 *BCL3*。其中，牛淋巴细胞抗原（BoLA）引起了研究者的注意，因为它直接参与抗原的呈递。位于染色体 BTA 23 上的 *BoLA* 基因，通常被称为牛的 MHC 分子，其在宿主免疫反应和疾病易感性中起着不可或缺的作用。MHC 是一种细胞表面的糖蛋白分子，具有与外来肽（如病毒蛋白）结合的能力，并为负责细胞介导免疫的 T 淋巴细胞识别抗原肽提供条件。相关研究表明，*MHC* 基因与动物机体的抗病性和对多种疾病的易感性密切相关。此外，*IL-18* 和 *Bcl-3* 基因表达显著上调。其中，*IL-18* 基因在 Th1 细胞中发挥重要作用，并通过诱导自然杀伤细胞（NK）和 Th1 细胞的 IFN-γ，参与先天和适应性免疫反应的调节。IL-18 主要源自巨噬细胞和树突状细胞，其主要前体在机体上皮细胞中表达。研究表明，IL-18 是一种有效的佐剂，可通过其自身特性，增强抗原的免疫原性，如 NK 细胞的激活剂，Th1 反应的刺激剂，以及 Th1 细胞、单核细胞和 NK 细胞的免疫活性细胞因子。BCL3 是 IκB 家族的原癌基因成员，在免疫反应中发挥重要作用。Bcl-3 蛋白与 NF-κB 亚基（p50 和 p52）存在特异性相互作用。研究表明，敲除 Bcl-3 基因的小鼠可发育正常，免疫球蛋白水平正常，但体液免疫反应受到严重影响，不能产生抗原特异性抗体。BVDV 相关研究表明，BVDV-1 感染的 MDBK 细胞可通过 NF-κB 信号通路诱导产生免疫标记物，如 BCL3、IL-1、IL-8、IL-15、IL-18、Mx-1、IRF-1 和 IRF-7。Bcl-3 还能下调 Toll 样受体（TLRs）的调控作用。而 TLRs 可通过 p50 亚基泛素化稳定来触发炎症细胞因子的产生和适应性免疫和先天免疫的发展。

KEGG 通路分析结果显示，有 5 条通路显著富集，如血小板激活、细胞因子-细胞因子受体相互作用、ECM 受体相互作用、造血细胞谱系和 ABC 转运体。其中，细胞因子-细胞因子受体相互作用涉及的差异表达基因最多，该通路在疾病的免疫和炎症反应中发挥着至关重要的作用。在细胞因子-细胞因子受体相互作用通路中鉴定出了 6 个差异表达基因，包括 *CCR8*、*CCL3*、*IL20RA*、*TGFB2*、*IL-18* 和 *IL1RAP*。其中，*IL-18* 和 *IL1RAP* 的表达显著上调。其他基因表达的下调可能与 Bcl-3 的上调有关。这可能也限制了 TLR 反应的持续时间。另一条显著富集的信号通路是细胞外基质（ECM）受体相互作用通路，其中包括 4 个显著上调的差异基因，即糖蛋白基因（*GpV*）、*GpIba*、*GpIX* 和 *ITGB4*。ECM 是一种存在于所有组织和器官中的非细胞成分，为细胞成分提供物理框架。其还通过启动关键的生化和生物力学信号在组织形态发生、分化和稳态中发挥重要作用。ECM 可向细胞传递特定信号，在早期炎症反应中介导至关重要的调节作用。特别是组织炎症期间，免疫细胞的迁移和分化。ECM 的功能主要是由细胞表面受体家族中的整合素介导。研究表明，血管性血友病因子（vWF）可与血小板膜蛋白（如 GpIb 和 GpIX）结合，向血小板传递信号，介导血小板的激活和黏附。血小板糖蛋白（GP）Ib-IX-V 复合物则负责血小板滚动和黏附到损伤部位。本研究发现，*GpV*、*GpIba*、*GpIX* 及整合素亚基 ITGB4 表达显著上调，它们可能参与了 ECM 介导的免疫调控。值得注意的是，ECM 受体通路的富集也支持了与其相关的信号通路的富集，如造血细胞谱系和血小板激活通路。研究表明，ECM 基质分子(胶原蛋白、蛋白多糖和糖蛋白)属于骨髓微环境的一部分，在促进造血细胞增殖和分化中起着重要的作用。因此，在造血细胞系通路下所有差异基因（*GP5*、*GP1BA*、*CD24*、*GP9*）的上调支持了 ECM 通路的部分差异基因的上调。此外，血小板激活通路与ECM糖蛋白密切相关，在病毒抗原-抗体复合物形成期间该通路被激活，调节血小板计数，释放抑制病毒感染因子，促进免疫反应形成。本研究共鉴定出该通路中的4个表达上调基因（*GP5*、*P2RX1*、*GP1BA* 和 *GP9*）和1个表达下调基因（*MAPK12*）。ABC转运体通路在适应性免疫中起着至关重要的作用。它能够将降解的蛋白酶体产物穿梭到内质网（ER），在抗原被呈递到细胞表面之前，使其装载到MHC I类分子。与抗原加工相关的转运蛋白（TAP）可能会受到许一些病毒因子的影响，这些病毒因子可以阻止抗原转运和装载。由此可见，本研究中ABC转运蛋白通路（ABCB11）的上调可能与BVDV-1型适应性免疫的发展有关。另外，本研究还发现1型糖尿病通路被显著富集，这引起了研究人员的关注。之前有研究表明，BVDV感染可诱导胰岛素依赖性糖尿病。

总之，本研究鉴定出了针对BVDV 1型抗原应答的多种差异表达基因，涉及在不同的免疫进程和信号通路。这有助于了解疫苗接种给动物免疫系统带来的变化。此外，在遗传育种和基因改造等领域针对差异表达基因的研究将有助于提高疫苗的功效。

新生犊牛全血细胞减少症（BNP）是一种常发生在4周龄以下新生犊牛的疾病综合征，2006年在德国南部首次被发现。到目前为止，全球已有多个国家报告了病例。患病犊牛在数天内可因多发性出血、血小板减少、白细胞减少和骨髓衰竭而死亡。BNP在绝大多数病例中都是致命的，而且没有有效的治疗方法。研究表明，BNP新生犊牛在摄入接种了 BVDV灭活疫苗（PregSure®）的牛初乳后可出现BNP。虽然，该疫苗可刺激机体产生极高水平的特异性BVDV抗体，但其导致的BNP也日益受到人们的关注。因此，全面了解该疫苗的免疫反应是至关重要的。

Demasius等（2013）以3～5岁的哺乳期和非哺乳期奶牛为研究对象，选择PregSure®接种实验奶牛。其中，4头奶牛的新生犊牛出现了临床BNP。在加强免之前采集颈静脉血，提取全血RNA，通过RNA-Seq技术进行转录组学分析。结果显示，疫苗接种导致全血中产生2 901个差异表达基因。其中，2 578个差异表达位点有注释或可以通过BLAST进行搜索，1 879个基因在接种疫苗后表达上调，1 022个基因在接种疫苗前表达上调。许多差异表达基因与免疫反应密切相关。如几种白介素受体基因（*IL18R1*、*IL21R*、*IL2RA*、*IL7R*、*IL9R*）的差异表达表明白介素信号通路受到影响，白细胞介素1（IL-1）反应在接种后被促进，这可能是由于 *IL1RL1* 的上调，及 *IL1RN* 和 *IL1R2* 的下调。此外，疫苗接种后细胞因子信号传导抑制因子中的5个基因（*SOCS2*、*SOCS4*、*SOCS5*、*SOCS6*、*SOCS7*）和细胞膜外和细胞膜内分子转运相关的5个ABC转运蛋白（ABCB8、ABCB9、ABCB10、ABCD3、ABCE1）表达均上调，其中ABCB8和 ABCB9在抗原递呈中也具有重要作用。4个编码caspases的基因（*CASP3*、*CASP7*、*CASP8*、*CASP8AP2*）表达也呈现上调。B 淋巴细胞中几种趋化因子受体（CCR2、CCR4、CCR5 和 CCR7）和κ轻肽基因增强子核因子抑制因子（NFKBID、NFKBIL1、NFKBIZ）的表达均有显著差异。3 个 STAG 基因（*STAG1*、*STAG2*、*STAG3*）的表达均上调。此外，染色体维持结构（SMC）凝聚蛋白（SMC2、SMC3、SMC4、SMC5、SMC6）及 NCAPG 的表达均在接种疫苗后升高。

IPA 分析结果表明，接种疫苗影响的主要生物功能可分为四大类，包括指示基因表达激活的生物功能，与血细胞发育和分化相关的生物功能，涉及细胞死亡、细胞周期和存活的生物功能，以及泛素化相关生物功能。在血细胞分化、血细胞发育、白细胞发育或 T 淋巴细胞数量的生物进程中相关基因均表现出显著的过表达。受疫苗接种影响的其他生物功能类别还包括传染病、细胞介导的免疫反应、体液免疫反应、免疫疾病、细胞组装和组织、细胞发育、细胞功能和维持、血液系统发育和功能、淋巴组织结构和发育、蛋白质合成和翻译后修饰。

KEGG 通路分析结果显示，29 个 KEGG 通路显著过表达。核糖体途径是受影响最显著的途径。排名前 10 的通路还包括异体移植物排斥反应、移植物抗宿主病、细胞因子-细胞因子受体相互作用、自然杀伤细胞介导的细胞毒性和 RIG-1 样受体信号等。上述结果表明，疫苗免疫使动物机体产生了对异体抗原和 RNA 病毒的免疫反应。其他与免疫应答相关的通路还有 MAPK 信号通路、T 细胞受体信号通路、Toll 样受体信号通路、Fc epsilon RI 信号通路和抗原加工和呈递通路等。接种疫苗后，动物机体对病毒 RNA 抗原的免疫反应与 RIG-I 样受体信号通路相关的差异表达基因过度表达和编码 RIG I 的 DDX58 基因表达上调密切相关。RIG-I 样受体信号通路下游的 MAPK 信号通路也受到了显著影响，与该通路相关的大部分基因都差异表达。此外，在经典的 Toll 样受体信号通路中 *TLR3* 基因（TdsRNA 的特异性受体）过表达。TLR 信号通路下游与促炎细胞因子转录相关的基因（*IRAK4*、*TAB2*、编码 TAK1 的 *MAP3K7*、编码 JNK1 的 *MAPK8* 和编码 c-fos 的 *FOS*）显著上调。差异表达基因还显著富集在与 RNA 病毒感染的主要保护机制相关的信号通路（TLR 信号通路中的 EIF2 信号通路和 TLR3 信号通路）。其中，EIF2 信号通路是疫苗接种后最显著的富集通路。编码 PKR 的 *EIF2AK2* 基因和编码磷酸化翻译起始因子 EIF2α的 *EIF2A* 在接种疫苗后显著上调。EIF2 信号通路中的其他几种激酶和翻译起始因子表达水平也有所升高。

另外，T 细胞受体信号通路显著上调。编码 T 细胞抗原簇的 *CD3G* 基因以及 *ZAP70* 基因均显著上调。其中，*ZAP70* 的三个主要下游信号通路（NFAT、Ras、PKC）均包含一些显著上调的分子。如，PPP3CA 和 PPP3CB 编码的肽，属于 PP2B 复合物和 *NFAT5*

基因。T淋巴细胞中的PKC基因信号通路也显著富集了差异表达基因。此外，辅助性T细胞中CD28信号通路富集了大量差异表达基因，这也证实了T细胞受体信号通路的上调。这些差异表达基因表达多数呈现上调，只有MHC II类*DOB*基因表达下调。然而，在接种疫苗后14 d，B淋巴细胞激活信号通路显著下调。在B淋巴细胞发育进程中一些基因表达下调，B淋巴细胞受体信号转导起始点的关键分子表达也下调。CD79A和CD79B是B淋巴细胞受体信号转导器，两者在接种疫苗前的表达量均高于接种疫苗后14 d。此外，B淋巴细胞受体信号转导的共刺激因子CD19表达也显著下调。另一种B淋巴细胞活化所需的信号受体CD40在接种疫苗后表达显著降低。另外，与病毒感染相关的其他显著变化的信号通路还包括NF-κB通路和内吞途径。其中，NF-κB信号通路中促进B淋巴细胞成熟的基因表达显著下调,这也进一步表明B淋巴细胞成熟受到了抑制。本研究还发现了一些信号通路上游调控因子的表达受到了显著影响，如v-myc髓细胞瘤病毒相关癌基因(神经母细胞瘤来源，MYCN)、T细胞受体复合物TCR、CD40配体（CD40LG）、CD28、E2F转录因子1（E2F1）、白细胞介素2（IL-2）、转化生长因子β1（TGFB1）、CD3和microRNAs（miR-30c-5p、miR-155-5p和miR-124-3p）。

基于上述发现，作者对相关数据进行了如下讨论与分析。通过对牛全血的转录组学分析，共鉴定了4596个之前未知的转录位点。这表明RNA-seq方法在揭示免疫反应中新基因信息与功能方面具有重要应用价值。值得注意的是，在种特定BVDV疫苗后基因XLOC_032517的表达差异最大。新基因可在不同来源的牛血液样本中检测到，也可在脑下垂体以外的各种组织中检测到。表达水平在不同的组织之间有所不同。其中表达水平最高的组织为免疫相关器官，如淋巴结、脾脏和肺。除山羊外，其他物种均未发现与XLOC_032517同源的转录本，相关研究仅发现，大熊猫的XP_002912951.1蛋白与预测的XLOC_032517蛋白部分相似。这表明，XLOC_032517可能是反刍动物免疫反应特有的。人类和其他基因组中同源序列的部分保守的外显子-内含子结构表明，XLOC_032517可能分别具有转录的激活或沉默活性。关于XLOC_32517的相关研究数据较少，其功能尚不清楚。对XLOC_032517功能及相关结构特征的生物信息学有待于进一步研究。由于其与CSF2和IL14/IL13中鉴定的结构特征相似，以及其与4螺旋细胞因子超家族的关联，新基因可能参与免疫反应的调控。研究表明，CSF2可在活化的人白细胞中表达。在本研究中只有CSF1可以检测到表达，而其他编码集落刺激因子的基因（*CSF2*、*CSF3*或*IL3*）未检测到表达。这与其他研究报道数据。此外，本研究发现，尽管在接种疫苗后，与CSF2上调相关的几个编码特定转录因子复合体蛋白的基因（*PPP3CA*、*PPP3CB*、*RUNX1*）均出现了显著上调，但CSF2在牛血细胞中未检测到表达。由此可见，

XLOC_032517 编码的蛋白可能是牛集落刺激因子家族的新成员。其在不同白细胞亚群中的表达和功能有待于进一步研究明确。

本研究的全血转录组数据表明，接种疫苗后动物机体对病毒 dsRNA 或 dsRNA 类似物产生了特异性的免疫应答。KEGG 和 IPA 分析结果表明，先天性免疫反应相关通路中的差异表达基因的过表达，如 RIG-I-样受体信号通路，TLR/TLR3 信号通路，以及 PKR 介导的 EIF2 信号通路。根据 IPA 分析可知，EIF2 信号通路是受疫苗影响最显著的信号通路。dsRNA 病毒感染后 PKR 可影响 EIF2 信号通路。EIF2 信号通路可调节蛋白质翻译。编码 PKR 的 *EIF2AK2* 基因和编码 EIF2α的 *EIF2A* 基因表达在疫苗接种后均显著上调。PKR 与 dsRNA 结合后通过自磷酸化被激活。激活的 PKR 可以磷酸化翻译起始因子 EIF2 α，进而通过抑制蛋白质合成复合物的形成来抑制蛋白质合成。下调蛋白质翻译是一种通过阻止病毒结构蛋白合成来保护个体免受病毒感染和抑制病毒复制的重要策略。本研究生物功能分析结果也证实了翻译的下调。研究表明，PRK 介导的 EIF2A 磷酸化可以促进 caspase 3 介导细胞凋亡。这与本研究中接种疫苗后 CASP3 显著上调的结果相一致。此外，本研究还发现，绝大多数编码核糖体蛋白的基因均显著下调。RIG I 信号通路可以保护个体免受 RNA 病毒感染。本研究发现编码 RIG I 的 *DDX58* 基因显著上调。RIG I 作为病毒核酸的细胞质传感器，可诱导促炎细胞因子和 I 型干扰素的表达。RIG I 翻译后的多素化修饰是 RIG I 激活的关键。本研究中可见相关蛋白质的泛素化增加。由此可见，差异蛋白的泛素化可能与 RNA 传感器信号传递密切相关。TLR3 信号通路是本研究发现的另一个显著通路。dsRNA 可通过激活 TLR3，上调促炎细胞因子的合成。干扰素等细胞因子的激活可能与接种疫苗后针对病毒入侵保护机制（病毒 RNA 降解）的上调有关。OAS1 由α干扰素诱导，并通过合成 2',5'-寡聚腺苷酸（2-5As）激活 RNASE L。RNASE L 可以降解病毒 RNA，抑制病毒复制。这种机制可以由干扰素 I 型信号通路诱导。值得注意的是，本研究中 OAS1 基因和 IFNα家族成员中的 IFNA16 基因均显著上调。此外，OAS1 也可以直接作为 dsRNA 的传感器。而本研究中与识别 dsRNA 相关的 OAS1 和 PKR 基因均受到 BVDV 疫苗接种的显著影响。相比之下，MX1 和 ADAR 不具备 dsRNA 传感器活性，完全依赖于 IFN α信号通路，并且它们的表达不受疫苗接种的影响。显然，对 dsRNA 保护的上调不是短期效应，因为在接种疫苗后 14 d 可检测到显著的差异基因表达。这表明 dsRNA 或 dsRNA 类似物分子可从注射部位长期释放。dsRNA 传感器 PKR、TLR3 和 DDX58 的差异表达以及接种疫苗后受影响的下游通路表明，血液中监测到的细胞一定与 dsRNA 有过接触。值得注意的，PregSure®是一种针对 BVDV 的灭活疫苗。而 BVDV 是黄病毒科瘟病毒属中的 ssRNA 病毒，疫苗应该只含有 ssRNA。此外，疫苗中的病毒是灭活的，感染后细胞内不应该产生病毒复制副产物（dsRNA）。这表明，疫苗本身可能含有 dsRNA 或 dsRNA 类似物。该 dsRNA 或类似物可以来源于病毒培养后用于疫苗生产的宿主细胞残余物，也可能来源于疫苗佐剂。PregSure®疫苗很可能存在大规模的污染，导致奶牛体内大量产生同种异体抗体，从而产生了可诱导 BNP 的初乳。

另外，来自免疫相关基因的差异表达数据也进一步表明，疫苗接种后多条免疫反应相关信号通路发挥了协同调控作用。其中，κ轻多肽基因增强子核因子抑制因子（NFKBID、NFKBIL1、NFKBIZ）和白细胞介素 1（IL-1）的表达上调。而这些因子可通过 TLR/IL1 信号通路激活炎症基因的表达。*SOCS* 基因在本研究中表达显著上调。研究表明，其可抑制细胞因子相关信号通路。*SOCS* 基因的上调可能与白介素受体上调的负反馈有关。此外，内聚复合物家族、SMC 和非 SMC 凝聚蛋白在细胞有丝分裂过程中是必不可少的。本研究中内聚复合物成员表达上调，SMC 和非 SMC 凝聚蛋白表达下调，这可能促进了细胞的分裂。

本研究还发现，接种疫苗后 T 细胞受体信号通路显著上调，关键信号分子 CD3 和 ZAP70 表达均上调。ZAP70 参与调控蛋白激酶 C-θ和钙调神经磷酸酶诱导的转录激活。ZAP70 涉及的 3 个主要下游信号通路（NF-AT、NF-κB 和 JUN/FOS）均包含几个显著上调的信号分子。例如，在 NF-AT 信号通路中，属于 PP2B 复合物的 PPP3CA 和 PPP3CB 与 NFAT5 表达上调，其中，NFAT5 作为一种核因子，在免疫应答过程中对相关基因转录具有重要的调控作用。此外，在接种疫苗后，编码一种 T 细胞受体的 CD3G 基因表达上调，编码抗原提呈细胞 CD80 和 CD86 的基因表达也上调。CD80 与其配体（CD28 或 CD152）的相互作用对于 T 细胞与抗原提呈细胞间的信号转到至关重要，其中 CD28 是主要的上游调节因子。抗原提呈细胞中 MHC II 类基因 DO 的表达在接种疫苗后下调。相关研究表明，在抗原呈递细胞（巨噬细胞、树突状细胞）中 DO 异二聚体通过抑制 HLA-DM，下调 MHC II 类分子对抗原肽的负载。由此可见，疫苗接种后抗原提呈细胞的抗原提呈作用被激活。研究表明，T 细胞活化后可能通过 caspase 诱导抗原提呈细胞凋亡。本研究中 CASP8 及其互作蛋白 CASPA8AP2，以及 CASP3 和 CASP7 表达均显著上调。这表明细胞凋亡的内源性通路或线粒体通路的激活。此外，肿瘤坏死因子（配体）超家族成员 TNFSF10（TRAIL）表达也增加。研究表明，TRAIL 可以调控 MAPK8/JNK、CASP8 和 CASP3 的激活。另外，本研究发现，编码颗粒酶 A 的 *GZMA* 基因表达上调。这也进一步支持了活化的 T 细胞可诱导抗原提呈细胞凋亡的推测。相关研究表明，细胞毒性 T 细胞可通过颗粒酶 A 介导内源性凋亡途径来杀伤抗原呈细胞。除了细胞毒性 T 细胞外，颗粒酶也由自然杀伤细胞（NK）与可产生颗粒酶。这些细胞也可能使 *GZMA* 基因转录水平的升高。而本研究中编码 NK 细胞凝集素样受体基因（KLRK1 和 LOC100294723）的表达显著上调。值得注意的是，由 KLRK1 编码的 NKG2 可以识别非经典的 MHC 类 I 蛋白，如应激细胞产生的多态 MICA 和 MICB。MICA 是一种应激诱导的自体抗原，常在病毒感染的细胞中表达。上述研究发现，为探索接种 BVDV 疫苗后针对病毒的特异性免疫反应调控机制提供了科学依据。

与 T 细胞的激活相比，接种 BVDV 疫苗后 14 d B 淋巴细胞的激活似乎被抑制了。信号转导肽基因 CD79A、CD79B 和 CD19 以及 B 淋巴细胞发育过程中细胞表面分子均显著下调。此外，TNFRSF13C 的表达也显著下调。TNFRSF13C 是 B 淋巴细胞激活因子（BAFF）的受体，其可提高体外 B 淋巴细胞存活，是外周 B 淋巴细胞群的调节因子。疫苗接种后 14 d 转录组水平上呈现的 B 淋巴细胞反应抑制是出人意料，因为有研究已证实，疫苗接种可产生大量 BVDV 中和抗体。作者推测，这可能是由于在接种疫苗后第 14 d 之前存在转录调节水平的负反馈，以抵消 B 淋巴细胞的高免疫反应。另外，KEGG 通路分析表明，同种异体移植排斥反应通路显著富集了许多差异表达基因。这符合针对来自 BVDV 疫苗的异体抗原免疫反应的推测。然而，异体抗原反应的关键介质表达检测结果表明，该信号通路并未被激活。一方面，CD80 和 CD86 在专业抗原呈递细胞（如巨噬细胞）上表达上调，MHC II 类 DO 表达下调，这表明同种异体抗原反应的激活。另一方面，CD40 表达下调。CD40 与 B 淋巴细胞活化有关，B 淋巴细胞活化对于抗体介导的异体抗原反应和巨噬细胞介导的细胞毒性异体抗原反应都很重要。

本研究相关分析结果与之前关于牛分枝杆菌疫苗免疫接种后免疫应答相关的转录组测序研究结果相比，相一致的结果非常少，只有细胞因子—细胞因子受体互作通路中相关基因的表达均呈显著上调趋势。然而，值得注意的是，牛分枝杆菌疫苗相关研究是针对细胞内细菌疫苗，研究了 PBMC 相关基因的表达，并将全血样本与特定细胞样本数据进行了对比。相反，本研究检测了灭活 ssRNA 病毒疫苗接种后全血样本的转录组数据，对牛基因组的相关基因进行了全面注释。虽然在人、鸡、猪或水产养殖领域中多项研究采用了微阵列技术在转录水平上分析了针对病毒疫苗免疫反应相关基因的表达及功能。但在牛疫苗相关研究领域，未见与本研究相似的报道。

综上所述，接种 PregSure 疫苗可产生 BNP 相关的同种异体抗体。在接种与 BNP 相关的特异性灭活 BVDV 疫苗后动物机体对 dsRNA 或 dsRNA 类似物可产生协同免疫反应。这表明，在病毒培养后疫苗可能被宿主细胞的 dsRNA 污染，或者疫苗佐剂中含有 dsRNA 类似物。此外，发现了一个新的细胞因子样基因，该基因在接种疫苗后高度上调，且从未在任何其他物种中被描述过。其可能是反刍动物免疫反应的特异性基因。

第七节　CP 型 BVDV NADL 感染 MDBK 细胞的转录组学分析（实例）

BVDV 感染可导致宿主细胞相关基因的差异表达和信号通路转导的变化。通过转录组学技术深入研究 BVDV 与宿主细胞互作机制，有利于探索 BVDV 感染导致免疫抑制的分子机制，为明确 BVDV 感染的致病机制和免疫治疗靶点提供依据。我们团队以感染 BVDV NADL 株的 MDBK 细胞为研究对象，应用高通量转录组测序 Illumina 技术对感染 BVDV 的细胞系进行转录组测序，通过 GO 和 KEGG 分析筛选了病毒感染前后差异表达基因，通过 qRT-PCR 进行验证差异基因的变化情况，并对相关基因进行功能归类分析和相关分子机制研究。本研究为阐明 MDBK 细胞的相关途径和生物学过程提供了依据。相关数据可用于建立 BVDV NADL 株感染 MDBK 细胞模型，为探索 BVDV 感染过程中宿主细胞内生物进程的改变及免疫抑制的分子机制奠定基础。

一、材料与方法

（一）主要试剂

MDBK 细胞系由本实验室保存，BVDV NADL 株购自中国兽医监察所。一抗为兔抗 FOXO1A 多克隆抗体（Anti-FOXO1A antibody, ab70382）购自 Abcam 公司；鼠抗β-actin 单克隆抗体（beta Actin Mouse McAb）购自 Proteintech 公司；兔抗 AKT1 多克隆抗体（Anti-AKT1，Ab8932）购自 abcam 公司；兔抗 PI3K 多克隆抗体（Anti-PI3 Kinase p110 beta，ab8932）购自 Abcam 公司。二抗有山羊抗兔 IgG（Goat Anti-rabbit IgG/HRP）、山羊抗小鼠 IgG/辣根酶标记购自中杉桥，其他试剂与设备见表 5-1 和表 5-2。

表 5-1　其他试剂耗材

试剂名称	厂家
Trizol	Invitrogen 公司
dNTP	上海桑尼生物技术有限公司
Taq 酶	TaKaRa 公司
随机引物	TaKaRa 公司
RNA 酶抑制剂	TaKaRa 公司

续表

试剂名称	厂家
MMLV	TaKaRa 公司
SYBR Premix Ex Taq	TaKaRa 公司
蛋白试剂盒	Solarbio 公司
FBS 血清	Gibco 公司
胰蛋白酶	北京索莱宝科技有限公司
RPMI Msdium 1640 basic	Gibco 公司
DNA Marker	TaKaRa 公司
反转录试剂盒	Thermo Fisher Scientific 公司
琼脂糖	HyAgarose 公司

表 5-2 主要仪器设备

仪器名称	厂家
HZQ-QX 型旋涡振荡器	中国哈尔滨东联电子技术开发有限公司
CR21 型台式高速冷冻离	日本日立公司
普通 PCR 仪	北京东胜创新生物科技有限公司
VE-180 型电泳槽	上海天能公司
实时荧光定量 PCR 仪	美国伯乐公司
ST-II 型半干转印仪	中国大连竟迈生物科技有限公司
AR3130 型电子天平	苏州赛奥仪器仪表有限公司
311 型 CO_2 培养箱	Thermo 公司
WD-9405B 型水平摇床	北京市六一仪器厂
电子秤	德国 Sartorius 公司

（二）引物设计与合成

根据转录组结果，筛选出差异表达量多的 10 个基因 *PKN2*、*GABARAPL1*、*CDKN1A*、*CCNE2*、*CDK2*、*RRM2*、*ATM*、*CTSH*、*NFKBIA* 和 *BIRC5*，验证转录测序结果的而准确性，并通过 GenBank 中 BVDV 全基因组序列作参考，用 DNA Star 设计差异基因的引物，送至生工生物工程有限公司合成。

表 5-3　荧光定量 PCR 引物序列

基因	引物序列（5'–3'）
GABARAPL1（GI：338472）	F：TGACGAGAGTGTCTACGGGAA
	R：TCGTGTTTCCAGGTGTTCCT
CDKN1A（GI：513497）	F：CCTAACCCCACTGCTGGAAG
	R：GGCAGCAAGCAGGGTATGTA
CCNE2（GI：538436）	F：TTATGACACCACCGAAGAGCA
	R：GTTAAGTTCCATGAGGTGCTGTG
CDK2（GI：519217）	F：ACCAAGCCAGTACCTCACCT
	R：GCGTCCTTTCAATTCCGCC
RRM2（GI：508167）	F：CCTCCGAGCCGAACCCTA
	R：TCCCAGTGCTGAATGTCCTTG
ATM（GI：526824）	F：TTGTGCTTTTTTGAATAGTGGTGG
	R：CGGCTTGTTTGTGAAGGGTGT
CTSH（GI：510524）	F：ACATCCGGTACAACAAGGGC
	R：CCATCGCCTCCTCATCGTTC
NFKBIA（GI：282291）	F：TGAGGAGAGCTATGACACCGA
	R：ATCTTTCTTGCCCCCTCTTCC
BIRC5（GI：414925）	F：CACTGAGAACGAGCCCGACTT
	R：TGGTTTCTTTTGCGATTTTGTTC
PKN2（GI：519754）	F：TGAGGAGCTTTCACTTGTTGCAT
	R：GTACCTGTTAGTGCTGCTGGT
PI3K（GI：517948）	F：ACTCCAAATGCTGCGCTTGA
	R: CTTCAATGAGGCCAGAGCGG
AKT（GI：280991）	F：CAGCTGATGAAGACGGAGCG
	R：CCGGAAGTCCATCGTCTCCT
FOXO1（GI：506618）	F：ATCATGACGGAGCAGGACGA
	R：ATCATGACGGAGCAGGACGA
ACTB（内参）	F：TCGACACCGCAACCAGTTC
	R：CCGTGCTCAATGGGGTACTT

（三）cDNA 的合成

提取样品总 RNA，经检测和定量后逆转录成 cDNA。在冰浴试管中加入表 5-4 所列的混合物。

表 5-4 混合物明细

试剂名称	体系（μL）
总 RNA	2
引物：Oligo (dT) (50 μmol/L)	1
dNTP Mix (10 mmol/L)	1

加 RNase free dH_2O 至 10 μL，混匀后 65 ℃孵育 5 min，结束后迅速冰浴，实验全程在无 RNase 管中进行，在冰浴的试管中加入表 5-5 所列的混合物。

表 5-5 混合物明细

试剂名称	体系（μL）
Template RNA Primer Mixture	10
5×Reaction Buffer	4
RNase Inhibitor (40 U/μL)	0.5
MMLV RT（200 U/μL）	1
RNase free dH_2O	Up to 20

反应混合物 42 ℃ 30 ~ 60 min，在 95 ℃加热 5 min 结束反应，置冰上进行后续实验或冷冻保存。

（四）Real-time PCR 反应

针对目的基因选择 cDNA 模板进行 qRT-PCR 反应，每组 3 个重复，反应体系见表 5-6。

表 5-6 qRT-PCR 反应体系

试剂名称	体系（μL）
2×SYBR real-time PCR premixture	10
10umol/L 的 PCR 特异引物 F	0.4
10umol/L 的 PCR 特异引物 R	0.4
cDNA	1
RNase free dH_2O	Up to 20

按反应体系配置，置于 Real time PCR 仪上进行反应，程序如下：反应条件：95 ℃ 5 min，95 ℃ 15 s，60 ℃ 30 s，72 ℃ 30 s，72 ℃ 6 min，40 个循环。

（五）细胞培养

复苏 MDBK 细胞，培养液为 5%胎牛血清和 1%双抗（青霉素、链霉素）的 DMEM，2 mL 的细胞从液氮中取出，迅速放到温水的小烧杯中递转。在 10 mL 离心管内加 5 mL 细胞培养液，用移液枪吸取 2 mL 的 MDBK 细胞加入离心管，1 500 r/min 离心 6 min，弃上清。加 5 mL 细胞培养液重悬细胞，转入细胞培养瓶放置 37 ℃、5%的 CO_2 培养箱，次日更换培养液。待细胞生长状态良好，进行传代培养。

（六）细胞接毒

在 6 孔板进行 MDBK 细胞接毒，每孔细胞数约为 2×10^6，培养 6 ~ 8 h 后细胞贴壁约为 75%，用 PBS 洗涤 3 次，加入 BVDV 毒。在 37 ℃吸附 1 h，每隔 20 min 顺时针转动细胞瓶，便于病毒充分吸附到细胞上，加入维持液（无血清的 DMEM）于 37 ℃培养，分别做接毒 0 h、12 h、24 h、48 h、72 h 的感染组别。

（七）细胞总蛋白提取

收集感染 BVDV 后 0 h、12 h、24 h、48 h、72 h 的细胞总蛋白，弃掉细胞培养液，将细胞瓶直立放置用移液枪吸净残留培养液，加 PBS（pH 为 7.3 左右）冲洗细胞 3 次以洗净培养液，弃去 PBS 后将细胞培养瓶置于冰上。每 1 mL 裂解液中加 10 μL PMSF，置于冰上 20 min，摇晃细胞瓶使其充分裂解。待细胞裂解后，用细胞刮刀快速将细胞刮下，移液枪吸取细胞裂解物于 1.5 mL 干净离心管内。11 000 r/min 在 4 ℃离心机离心 6 min，收集细胞上清样品于新离心管，放置-80 ℃保存，用 BSA 测定蛋白质浓度。

（八）Western Blot 验证 PI3K、AKT、FOXO 基因表达

按说明书配置蛋白胶，10%胶最佳分离范围 60 kDa 以上，12%胶最佳分离范围 30 ~ 60 kDa，细胞蛋白样品按 4：1 加入 5 × SDS buffer，煮沸 8 min，蛋白胶上样量为 20 μL/孔。上层胶 90 V 电压电泳 30 min，下层胶 120 V 电压电泳 40 min，然后进行半干转膜。在电泳结束前 20 min 准备试剂，剪好 PVDF 膜和滤纸，滤纸比膜大，膜比胶大。将膜放到 4 ℃预冷的甲醇中 1 min，用于激活膜。再将滤纸和膜放到转膜液中浸泡 8 min。在转膜仪上依次按照滤纸、PVDF 膜、蛋白胶和滤纸的顺序摆放好，用滚刷滚平滤纸，不留气泡，洒入少量转膜液，15 V 转膜 50 min。转膜结束后将 PVDF 膜置于 5%脱脂乳中 4 ℃封闭过夜。分别孵育一抗，如兔抗 AKT1 多克隆抗体（1：200）、鼠抗β-actin 单克隆抗体（1：8 000）、兔抗 PI3K 多克隆抗体（1：500）、兔抗 FOXO1 多克隆抗

体（1∶800），37 ℃摇床孵育 2 h，孵育过程中用 PBST 洗脱 3 次，每次 6 min。然后，分别孵育二抗，如山羊抗兔 IgG（1∶5 000），山羊抗小鼠 IgG/辣根酶标记（1∶5 000），37 ℃摇床孵育 1 h，PBST 洗脱 3 次，最后用 DAB 或 ECL 显色。

二、结果

（一）RNA 质量检测

随机选取 8 个样品进行 RNA 检测，琼脂糖电泳图（图 5-1）显示，PCR 扩增后目的片段与预期大小一致，约为 250 bp，并且电泳图有 3 个条带，从上到下分别是 28 S、18 S 和 5S rRNA，3 条带都存在并且主条带清晰、单一、明亮，结果证明实验所得 RNA 完整性良好。

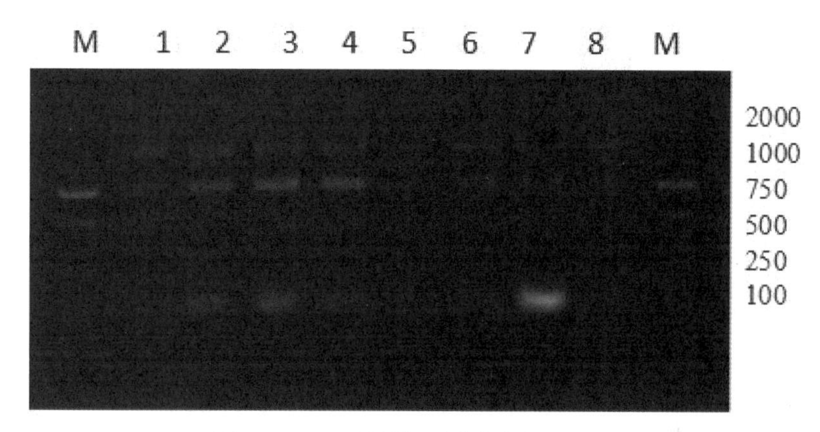

图 5-1 RNA 质量检测琼脂电泳图

（二）qRT-PCR 检测数据

本实验采用 $2^{-\triangle\triangle Ct}$ 分析方法，每组 3 个重复，10 个基因的平均相对含量分析结果见表 5-7 和表 5-8。计算公式为△*Ct*=样本基因的平均 *Ct* 值-ACTB 的平均 *Ct* 值，△△*Ct*=△*Ct* 样品组-△*Ct* 对照组，比率=实验组/对照组=$2^{-\triangle\triangle Ct}$，平均相对含量=比率 × 100%

表 5-7 差异基因平均相对含量

值	组别	ACTB	GABARAPL1	CDKN1A	CCNE2-2	CDK2	RRM2
平均 *Ct*	0	17.24	24.65	23.23	27.03	19.65	21.03
	12	12.55	22.17	20.37	24.83	17.61	17.58
	24	13.29	22.52	21.18	24.05	18.31	17.58
	48	14.12	21.04	20.19	26.67	19.95	21.73
	72	15.41	20.77	20.96	27.78	20.31	22.02

续表

值	组别	ACTB	GABARAPL1	CDKN1A	CCNE2-2	CDK2	RRM2
△*Ct*	0	-	7.41	5.99	9.79	2.41	3.79
	12		9.62	7.82	12.28	5.06	5.03
	24		9.23	7.88	10.76	5.01	4.94
	48		6.88	6.02	12.51	5.79	7.57
	72		5.37	5.56	12.38	4.91	6.62
△△*Ct*	0	-	0.093	-6.71	7.40	0	-3.24
	12		2.303	1.82	2.483	2.65	1.23
	24		1.91	1.89	0.96	2.6	1.15
	48		-0.44	0.03	2.71	3.37	3.77
	72		-1.95	-0.43	2.58	2.49	2.82
平均相对含量	0	-	94.2%	101%	100%	100%	100%
	12		20.2%	28.27%	18.01%	15.91%	42.56%
	24		26.62%	27.08%	51.37%	16.81%	45.19%
	48		136.26%	98.08%	15.28%	9.6%	7.31%
	72		386.5%	135.3%	16.81%	17.76%	14.13%

表 5-8　差异基因平均相对含量

值	组别	ACTB	ATM	CTSH	NFKBTA	RTRC5	PKN2
平均 *Ct*	0	17.26	28.02	20.24	25.05	22.94	25.58
	12	12.80	25.75	17.1	21.16	20	23.43
	24	13.52	23.95	18.81	21.86	19.31	21.93
	48	14.44	25.89	17.85	20.41	20.96	23.55
	72	15.13	24.53	18.14	20.36	23.2	23.65
△*Ct*	0	-	10.84	3.06	7.88	5.76	8.4
	12		12.95	4.3	8.36	7.2	10.63
	24		10.42	13.52	8.34	5.78	8.4
	48		11.45	3.4	5.98	6.52	9.11
	72		9.39	3	5.23	8.07	8.52
△△*Ct*	0	-	-1.03	-3.24	2.98	2.96	-5.97
	12		2.10	1.24	0.48	1044	2.23
	24		-0.42	2.22	0.46	0.02	0.01

续表

值	组别	ACTB	ATM	CTSH	NFKBTA	RTRC5	PKN2
△△*Ct*	48	-	0.61	0.34	-1.9	0.76	0.71
	72		-1.45	-0.6	-2.65	2.31	0.12
平均相对含量	0	-	100%	100%	100%	100%	100%
	12		23.23%	42.47%	71.82%	36.86%	21.34%
	24		133.33%	21.43%	72.56%	98.73%	99.69%
	48		65.67%	79.52%	373.81%	59.2%	61.03%
	72		275.6%	104.91%	623.15%	20.21%	92.02%

（三）差异基因变化情况

根据 qRT-PCR 的差异基因相对含量变化趋势，与转录组测序结果进行比对，分析感染病毒 0 ~ 72 h 之间的 *GABARAPL1*、*ATM*、*NFKBTA*、*CDKN1A*、*CTSH* 等基因表达水平的变化趋势。结果显示 2 种检测方法所得结果相符，具体结果见图 5-2 和图 5-3。

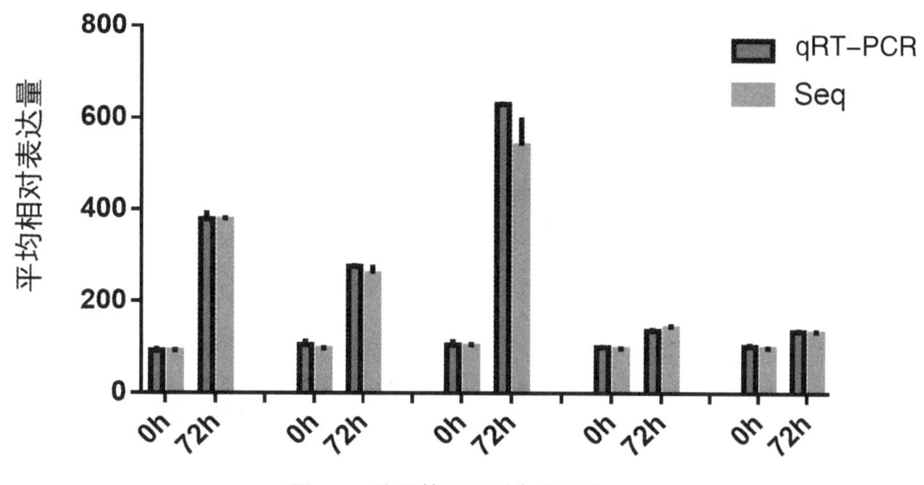

图 5-2 差异基因上调变化趋势

从左到右检测基因依次为 *GABARAPL1*、*ATM*、*NFKBTA*、*CDKN1A*、*CTSH*。

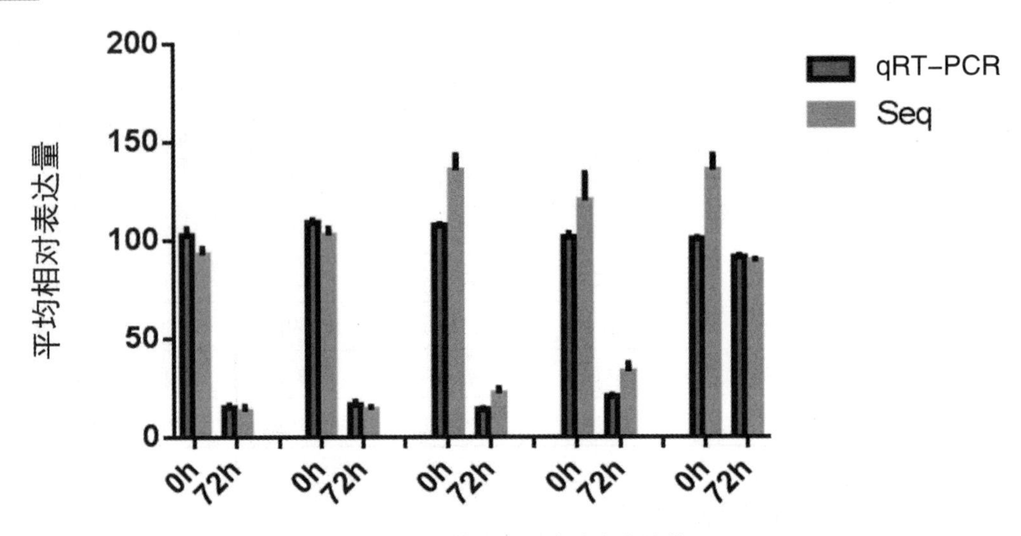

图 5-3　差异基因下调表达变化趋势

从左到右检测基因依次为 *CCNE2-2*、*CDK2*、*RRM2*、*RTRC5*、*PKN2*。

（四）PI3K、AKT、FOXO 蛋白表达量及 mRNA 变化

1.蛋白表达量变化。

为了探究 BVDV 感染后不同时间点细胞内蛋白分子表达的变化，收集感染 BVDV 后 0 h、12 h、24 h、48 h、72 h 的细胞样品，用 RIPA 裂解液收集蛋白，Western Blot 检测 PI3K、AKT、FOXO 蛋白的表达规律，β-actin 作为内参。结果显示，与接毒 0 h 细胞相比，PI3K、AKT、FOXO 在感染后蛋白水平表达呈上升趋势，且随着感染时间的增加，蛋白表达量逐渐上升，具体结果见图 5-4。

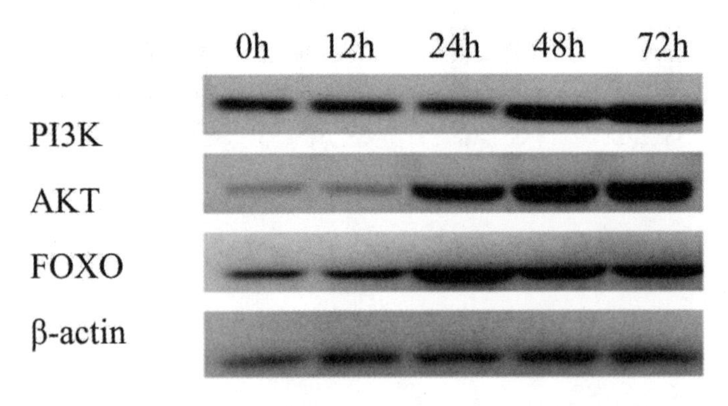

图 5-4　BVDV 感染后 PI3K、AKT、FOXO 蛋白表达情况

2. mRNA 表达量变化。

本实验筛选了与BVDV致细胞凋亡相关的基因（*PI3K*、*AKT* 和 *FOXO*），通过 qRT-PCR

验证 mRNA 表达水平。结果显示，随着感染时间的延长 3 个基因的 mRNA 表达水平呈上调趋势。具体结果见图 5-5 至图 5-7。

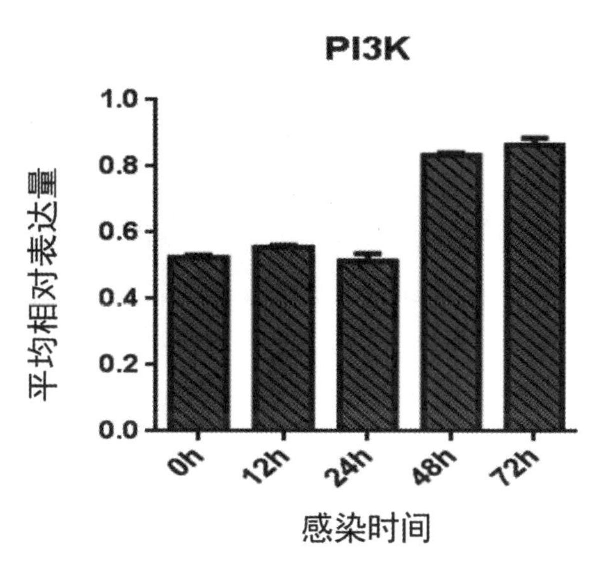

图 5-5　BVDV 感染后 PI3K mRNA 表达情况

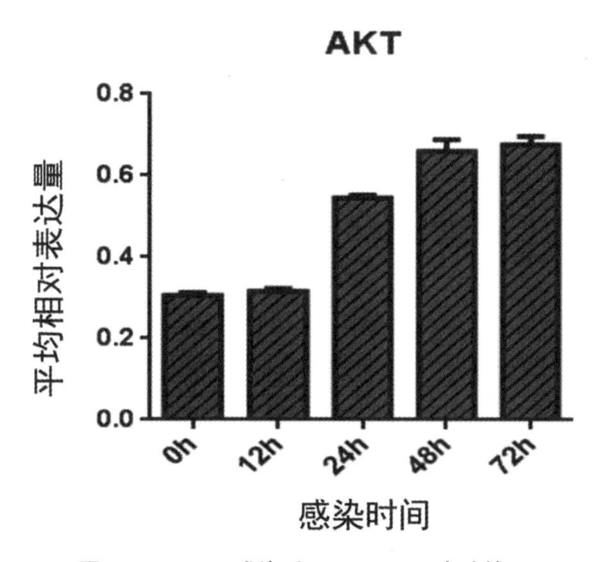

图 5-6　BVDV 感染后 AKT mRNA 表达情况

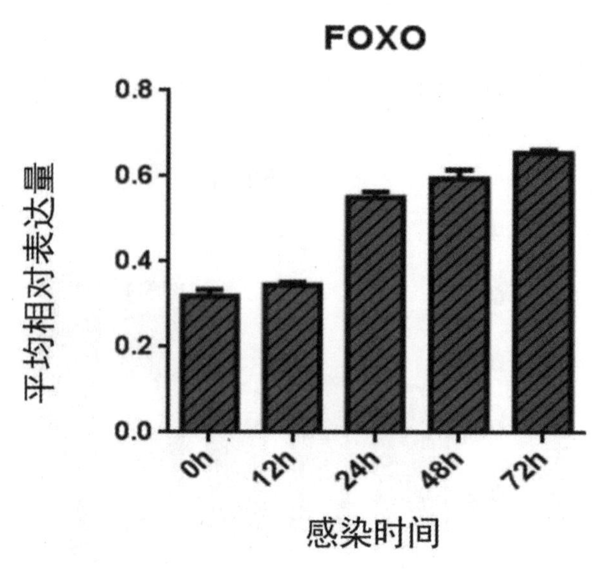

图 5-7　BVDV 感染后 FOXO mRNA 表达情况

三、讨论

BVDV 对于世界范围内的大部分养牛大国都存在巨大的威胁。该病毒在病牛体内分布广泛，可引起多种的临床症状，包括腹泻、黏膜病、生殖功能障碍（流产、致畸、胚胎吸收、胎儿木乃伊化和死胎）等。值得注意的是，妊娠母牛感染 NCP 型 BVDV（妊娠 150 d 前）可导致持续感染小牛的产生。此外，该病毒感染还可导致免疫抑制。BVDV 感染导致的经济损失高达每百万只牛犊 1000 万 ~ 4000 万美元。深入研究 BVDV 致病机理和免疫抑制分子机制对于防治该病意义重大。BVDV 属 RNA 病毒，其基因组的相关基因表达涉及多种蛋白质的翻译。本研究通过测序得到 BVDV 感染 MDBK 细胞的转录组学数据，qRT-PCR 验证了部分差异表达基因的表达水平，验证结果同转录测序结果相一致，其中 *RRM2*、*CCNE2-2*、*CDK2*、*RTRC5*、*PKN2* 表达下调，*GABARAPL1*、*CDKN1A*、*ATM*、*CTSH*、*NFKBTA* 表达上调。

BVDV 接种 MDBK 细胞后会激活很多免疫通路，使宿主细胞产生免疫反应。通过 Western Blot 检测相关差异基因蛋白水平的变化，发现 PI3K 在病毒感染 12 h 后上调不明显。这可能是由于细胞突然受到病毒的侵入，导致不适应，产生了自我保护。在感染 48 ~ 72 h 之间出现明显上升趋势，可能是病毒的刺激激活了相关通路。通过验证下游蛋白 AKT、FOXO 相关基因 mRNA 水平、蛋白水平的变化，发现 AKT、FOXO 的蛋白表达也随感染时间的增长而增加，mRNA 水平也呈升高趋势，Western Blot 和 qRT-PCR 验证结果一致。这也进一步说明 BVDV 感染细胞后刺激了细胞应答反应，激活 FOXO

通路。其他报道也证实，PI3K/AKT 通路可以激活 FOXO 的基因活性，进而调节相关基因表达水平。FOXO 基因在许多的细胞通路调控中扮演着重要的角色，包括宿主细胞的分化，宿主细胞的生理调节。FOXO 可以促进细胞发生自噬，过表达也可抑制宿主细胞的增殖生长，最终引发细胞的凋亡与自噬。程凯慧等研究了不同生物型 BVDV 感染细胞后的差异表达基因，其发现了大量差异表达基因，而本研究中发现的差异基因数与之相比较少。这可能是由于本研究中细胞培养的状态与其他研究报道中的细胞状态不同，导致转录测序结果的不同。

四、结论

本研究通过转录组学分析技术发现在 BVDV 感染后 0 ~ 12 h 之间有差异基因 56 个，在 12 ~ 24 h 有差异基因 390 个，在 24 ~ 48 h 内有差异基因 487 个，在 48 ~ 72 h 内有差异基因 164 个。其中感染病毒后 12 ~ 24 h 上调基因最多为 355 条，24 ~ 48 h 下调基因最多为 290 条。GO 分析和 KEGG 分析显示大部分差异基因都是富集在细胞凋亡等相关信号通路。鉴定出一条与细胞凋亡相关的信号通路（FOXO 信号通路）。随机筛选 10 个差异表达基因进行 qRT-PCR 验证，验证结果与测序结果相一致。PI3K、AKT、FOXO 转录水平和蛋白水平均随感染时间增加而增加。本研究为阐明 BVDV 致病机制及寻找早期诊断和治疗的新靶点提供实验基础和理论依据。

参考文献

[1]马莉莉. 我国牛病毒性腹泻病毒流行情况的 Meta 分析及感染 BVDV 的 MDBK 细胞转录组学分析[D]. 大庆：黑龙江八一农垦大学, 2018.

[2]BRYAN I L, KIER G S, LEE D H, et al. RNA Sequencing (RNA-Seq) Based Transcriptome Analysis in Immune Response of Holstein Cattle to Killed Vaccine against Bovine Viral Diarrhea Virus Type I[J]. Animals, 2020, 10: 344.

[3]PETERHANS E, SCHWEIZER M. BVDV: A pestivirus inducing tolerance of the innate immune response[J]. Biologicals, 2013, 41(1): 39-51.

[4]KHODAKARAM-TAFTI A, FARJANIKISH G H. Persistent bovine viral diarrhea virus (BVDV) infection in cattle herds[J] Iranian Journal of Veterinary Research. 2017, 18:

154-163.

[5]MILICEVIC V, MAKSIMOVIC-ZORIC J, VELJOVIC L, et al. Bovine viral diarrhea virus infection in wild boar[J]. Research in Veterinary Science, 2018, 119: 76-78.

[6]LIU C, LIU Y, LIANG L, et al. RNA-Seq based transcriptome analysis during bovine viral diarrhoea virus (BVDV) infection[J]. BMC Genomics, 2019, 20(1): 774.

[7]MA Y, WANG L, JIANG X, et al. Integrative Transcriptomics and Proteomics Analysis Provide a Deep Insight into Bovine Viral Diarrhea Virus-Host Interactions During BVDV-1nfection[J]. Frontiers in Immunology, 2022, 13: 862828.

[8]YANG X, OUYANG H, CHEN F, et al. HMG-CoA reductase is negatively associated with PCV2 infection and PCV2-induced apoptotic cell death[J]. Journal of General Virology, 2014, 95(Pt6): 1330-1337.

[9]SMN A, AMW B, DS C, et al. Upregulation of the type I interferon pathway in feedlot cattle persistently infected with bovine viral diarrhea virus [J]. Virus Research, 278(18): 197862.

[10]ELGENDY R, GIANTIN M, DACASTO M. Transcriptomic characterization of bovine primary cultured hepatocytes; a cross-comparison with a bovine liver and the Madin-Darby bovine kidney cells[J]. Research in Veterinary Science, 2017, 113: 40-39.

[11]CHEN Z, RIJNBRAND R, JANGRA R K, et al. Ubiquitination and proteasomal degradation of interferon regulatory factor-3 induced by N^{pro} from a cytopathic bovine viral diarrhea virus[J]. Virology, 2007, 366(2): 277-292.

[12]YU D, SUN C Q, CAO S J, et al. High prevalence of bovine viral diarrhea virus 1 in Chinese swine herds[J]. Veterinary Microbiology, 2012, 159(3-4): 490-493.

[13]LI Y, GUO T, WANG X, et al. ITRAQ-Based quantitative proteomics reveals the proteome profiles of MDBK cells infected with bovine viral diarrhea virus[J]. 2020, 18: 119.

[14]XIAO J, LI W, ZHENG X, et al. Targeting 7-Dehydrocholesterol Reductase Integrates Cholesterol Metabolism and IRF3 Activation to Eliminate Infection. Immunity, 2020, 52: 109-22.

[15]NATALIA P, BRETT T, JODI L, et al. Induction of interferon-gamma and downstream pathways during establishment of fetal persistent infection with bovine viral diarrhea virus[J]. Virus Research, 2014, 183: 95-106.

[16]PAWEL M, MARZENA R, JACEK K, et al. Transcriptomic Analysis of MDBK Cells Infected with Cytopathic and Non-Cytopathic Strains of Bovine Viral Diarrhea Virus

(BVDV) [J]. Viruses, 2022, 14: 1276.

[17]RAMEZANI A, NIKRAVESH H, FAGHIHLOO E. The roles of FOX proteins in virus - associated cancers[J]. Journal of Cellular Physiology, 2019, 234(4): 3347-3361.

[18]YANG T, ZHANG F, ZHAI L, et al. Transcriptome of Porcine PBMCs over Two Generations Reveals Key Genes and Pathways Associated with Variable Antibody Responses post PRRSV Vaccination[J]. Scientific Reports, 2018, 8(1): 2460.

[19]SMIRNOVA N P, WEBB B T, BIELEFELDT-OHMANN H, et al. Development of fetal and placental innate immune responses during establishment of persistent infection with bovine viral diarrhea virus[J]. Virus Rcsearch, 2012, 167(2): 329-336.

[20]LI S, HU X, TIAN R, et al. RNA-Seq-based transcriptomic profiling of primary interstitial cells of Cajal in response to bovine viral diarrhea virus infection[J]. Veterinary research communications, 2019, 43(3): 143-153.

[21]VILLALBA M, FREDERICKSEN F, OTTH C, et al. Transcriptomic analysis of responses to cytopathic bovine viral diarrhea virus-1 (BVDV-1) infection in MDBK cells[J]. Molecular Immunology, 2016, 71: 192-202.

[22]KADIR Y, ALPAY G, BECHER P. Variability and Global Distribution of Subgenotypes of Bovine Viral Diarrhea Virus[J]. Viruses, 2017, 9(6): 128.

[23]SCHWEIZER M, MATZENER P, PFAFFEN G, et al. "Self" and "Nonself" Manipulation of Interferon Defense during Persistent Infection: Bovine Viral Diarrhea Virus Resists Alpha/Beta Interferon without Blocking Antiviral Activity against Unrelated Viruses Replicating in Its Host Cells[J]. Journal of Virology, 2006, 80(14): 38.

[24]DENG M, JI S, FEI W, et al. Prevalence Study and Genetic Typing of Bovine Viral Diarrhea Virus (BVDV) in Four Bovine Species in China[J]. PLOS ONE, 2015, 10(7): e0134777.

[25]POLLA R, TESTARD M, GOUMAIDI A, et al. Identification of differentially expressed gene pathways between cytopathogenic and non-cytopathogenic BVDV-1 strains by analysis of the transcriptome of infected primary bovine cells[J]. Virology, 2022, 567: 34-46.

[26]SINGH A, PRASAD M, MISHRA B, et al. Transcriptome analysis reveals common differential and global gene expression profiles in bluetongue virus serotype 16 (BTV-16) infected peripheral blood mononuclear cells (PBMCs) in sheep and goats[J]. Genomics Data, 2017, 11: 62-72.

[27]THIBAUD K, THOMAS P, NEWCOMER B W, et al. Identification of Conserved Amino Acid Substitutions During Serial Infection of Pregnant Cattle and Sheep With Bovine Viral Diarrhea Virus[J]. Frontiers in Microbiology, 2018, 9: 1109.

[28]ROBERTO A., HEATHER G, KENNY V, et al. Brock b. Expression of type I interferon-induced antiviral state and pro-apoptosis markers during experimental infection with low or high virulence bovine viral diarrhea virus in beef calves[J]. Virus Research, 2013, 173(2): 260-269.

[29]WANG Z, GERSTEIN M, SNYDER M. RNA-Seq: a revolutionary tool for transcriptomics[J]. Nature reviews. Genetics, 2009, 10(1): 57-63.

[30]LI W, MAO L, SHU X, et al. Transcriptome analysis reveals differential immune related genes expression in bovine viral diarrhea virus-2 infected goat peripheral blood mononuclear cells (PBMCs)[J]. BMC Genomics, 2019, 20: 516.

[31]SMIRNOVA N P, BIELEFELDT-OHMANN H, CAMPEN H V, et al. Acute non-cytopathic bovine viral diarrhea virus infection induces pronounced type I interferon response in pregnant cows and fetuses[J]. Virus Research, 2008, 132(1-2): 49-58.

[32]DEMASIUS W, WEIKARD R, HADLICH F, et al. Monitoring the immune response to vaccination with an inactivated vaccine associated to bovine neonatal pancytopenia by deep sequencing transcriptome analysis in cattle[J]. Veterinary Research, 2013, 44: 93.

[33]PINIOR B, FIRTH C L, RICHTER V, et al. A systematic review of financial and economic assessments of bovine viral diarrhea virus (BVDV) prevention and mitigation activities worldwide[J]. Preventive Veterinary Medicine, 2017, 137: 77.

[34]GROOMS D L, BROCK K V, BOLIN S R, et al. Effect of constant exposure to cattle persistently infected with bovine viral diarrhea virus on morbidity and mortality rates and performance of feedlot cattle[J]. Journal of the American Veterinary Medical Association, 2014, 244(2): 212-214.

[35]PALOMARES R A, BROCK K V, WALZ P H. Differential expression of pro-inflammatory and anti-inflammatory cytokines during experimental infection with low or high virulence bovine viral diarrhea virus in beef calves[J]. Vet Immunol Immunopathol, 2014, 157(3-4): 149-154.

第六章　BVDV 感染的蛋白质组学及通路分析

随着蛋白质组学技术的不断发展，病毒粒子、蛋白质定位、蛋白质翻译后修饰以及病毒-宿主动力学中涉及的蛋白质-蛋白质相互作用得到了更全面和更深入的分析，尤其是确定病毒感染过程中特定蛋白质的调控作用。BVDV 属囊膜病毒，其可将病毒和宿主蛋白质结合到其膜和囊膜中。这些蛋白质的含量可能很低，很难通过传统方法检测其存在和功能。因此，诸多学者通过蛋白质组学分析技术，研究 BVDV 感染中相关蛋白质分子的功能及其在 BVDV 感染中的调控作用。

第一节　BVDV 感染牛外周血单核细胞的蛋白质组分析

为了分析 CP 型和 NCP 型 BVDV 感染对外周血单核细胞（PBM）蛋白激酶和相关蛋白表达的影响。Pinchuk 等（2008）采用 2D-LC ESI MS2 技术对 BVDV 感染 PBM 进行了蛋白质组分析。分别选用 0.002 MOI CP 型 BVDV NADL 株和 NCP 型 BVDV NY-1 株感染牛 PBM，在感染后 24 h 收集细胞，进行蛋白质组学分析。结果显示，在牛 PBM 中共鉴定出 9 911 种已知蛋白质。其中，对照组 PBM 中鉴定出了 6 470 个蛋白质，在 NCP 型 BVDV 感染的 PBM 中鉴定出了 6 457 个蛋白质，在 NCP 型 BVDV 感染的 PBM 中鉴定出了 5 459 个蛋白质。值得注意的是，378 个蛋白质被鉴定为蛋白激酶及其相关蛋白，其中 18 个蛋白质的表达随 BVDV 的感染而发生变化，6 个蛋白激酶及其相关蛋白在感染不同 BVDV 株的 PBM 中表达存在差异。

与对照组 PBM 相比，感染 BVDV 的 PBM 中尿激酶型纤溶酶原激活物受体（U-PAR）蛋白上调。U-PAR 是一种糖基磷脂酰肌醇锚定的膜蛋白，是哺乳动物纤溶系统的重要组成部分。U-PAR 在病毒感染细胞中表达增加，表明 BVDV 感染单核细胞运动性的增强可促进病毒在宿主中的扩散。本研究还发现，BVDV 感染细胞中高度同源的富含肉豆蔻酰丙氨酸的 C 激酶底物（MARCKS）表达显著增强。MARCKS 是蛋白激酶 C（PKC）最常见的保守底物之一。PKC 属丝氨酸/苏氨酸激酶家族，在神经传递、基因表达、细胞生长和分化等细胞反应中发挥关键作用。BVDV 感染细胞中该蛋白的上调可能表明，病毒感染加速了 PBM 向功能性巨噬细胞的转变，或者 BVDV 优先感染已经在向功能性巨噬细胞转变的 PBM。此外，核苷二磷酸激酶 B（NDPKB）在 BVDV 感染的 PBM 中表达增加。NDPKB 是一个多肽链，与其他“姐妹”多肽链 NDKA 一起形成一种负责将细胞质和线粒体核苷 5'-二磷酸转化为核苷酸 5'-三磷酸的活性酶。其可作为 DNA 结合转录因子和 G 蛋白激活剂促进 DNA 合成和细胞增殖。NDPKB 表达上调表明，激活 BVDV 依赖的细胞生长和生存机制的激活，这可能与 BVDV 感染细胞对抗 BVDV 感染的防御机制有关。Rho 相关蛋白激酶 1（ROK1）的表达在 BVDV 感染的 PBM 中表达下调。Rho 家族磷酸酶（GTPases）及其相关蛋白激酶调节细胞的许多生物进程，如肌动蛋白细胞骨架组织。因此，其可参与细胞运动的调节。ROK1 表达下调与机体抗病毒防御机制有关。BVDV 感染的 PBM 中已糖激酶 3（HK3）的表达也显著降低。HK3 是已糖激酶（HK）的几种已知异构体之一，其在细胞代谢转化过程中负责葡萄糖的初始磷酸化。与 HK 其他亚型不同，HK3 不能与线粒体膜结合，总是位于细胞质的核周空间。主要参与葡萄糖合成代谢。BVDV 感染细胞中 HK3 表达的下调表明，病毒在细胞摄取葡萄糖过程中可能破坏葡萄糖合成代谢和葡萄糖摄取。

在 CP 型 BVDV 感染中 PKC 抑制剂蛋白、ζ/δ PKC 同工酶抑制剂蛋白 1 和η同工酶 PKC 抑制剂蛋白 1 的表达显著降低。PKC 属丝氨酸/苏氨酸激酶家族，涉及许多细胞功能的调控。PKC 在调节细胞增殖、分化或肿瘤发生中发挥关键作用。上述结果表明，CP 型 BVDV 感染细胞中细胞凋亡作用与 PKC 密切相关。双皮质蛋白激酶-2（DCK2）的表达显著增强。DCK2 是一种与 DCX 高度同源的蛋白，而 DCX 是参与哺乳动物大脑复合体发育的微管相关蛋白。DCK2 直接结合并稳定大鼠脑微管蛋白富集部分的微管，发挥蛋白激酶活性和自磷酸化作用。该蛋白在 BVDV 感染和细胞病变效应中的作用仍有待于进一步研究。此外，与未感染细胞相比，感染 CP 型 BVDV 的 PBM 表达了一种与 Ras 激酶抑制因子（KSR2）高度同源的蛋白。Ras 通路是参与调控细胞增殖、转化、分化和凋亡的重要信号通路。KSR 是 Ras 通路的保守组分，作为分子支架促进信号沿蛋白激酶链传递。该蛋白在功能上与丝裂原活化蛋白激酶（MAP）的激活有关，其在正常 T 淋巴细胞激活以及肿瘤发展中起着关键作用。

在 NCP 型 BVDV 感染的 PBM 中一种类似活化蛋白激酶 C（RACK）受体的蛋白表

达更高。RACK 是细胞内分子家族，在细胞信号传导过程中被 PKC 激活，并与之结合。RACK1 被认为是信号转导 G 蛋白β亚基的同源物，其被证明与 1 型干扰素受体特异性相关，在抗病毒防御中起着至关重要的作用。此外，半乳糖激酶 1（GK1）的表达升高。GK1 是 GHMP 小分子激酶家族的成员，与半乳糖代谢密切相关。在 NCP 型 BVDV 感染的 PBM 中 GK1 的上调可能与拯救机制相关，其可促进细胞利用半乳糖，防止细胞凋亡，从而导致病毒持续的潜伏感染。吡哆醛激酶（PK）是一种 60 kDa 的细胞质酶，是许多中间代谢酶反应的重要辅助因子。其可与一种已知的周期蛋白依赖激酶（CDK）抑制剂（CYC202）结合。值得注意的是 CDK 已被证实涉及多种病毒的持续感染感染，如致癌腺病毒、乳头状瘤病毒等。在 NCP 型 BVDV 感染中 PK 的表达显著上调，这可能与 NCP 型 BVDV 建立的持续感染有关。一种类似于原癌基因酪氨酸蛋白激酶 fgr 的蛋白表达下调。该蛋白由细胞原癌基因 c-fgr 编码，属于一个称为 p60c-src 的酪氨酸蛋白激酶家族，与细胞周期的控制有关。另外，脾酪氨酸激酶（STK）表达显著下调。STK 是一种在抗原受体介导的哺乳动物 B 淋巴细胞激活中起重要作用的酶，在功能上与 T 淋巴细胞酶 Zap-70 同源。NCP 型 BVDV 可能通过 STK 促进病毒在细胞中的存活。一种与丝裂原激活激酶相似的蛋白质（MAPKKK）在 NCP 型 BVDV 感染中表达也显著下调。MAPKKK 是一个蛋白激酶家族，参与细胞对各种信号分子刺激反应的调控。其中，信号分子激活“丝裂原激活蛋白激酶”（MAPK），后者受丝裂原激活蛋白激酶（MAPKK）的调控，而 MAPKK 又受到 MAPKKK 的调控。MAPKKK 已被证实可以调控细胞存活。本研究结果表明 NCP 型 BVDV 诱导了一定的抗细胞凋亡机制，确保了病毒的存活。

总之，本研究通过蛋白质组学方法检测了 BVDV 感染和未感染单核细胞中各种蛋白激酶和相关蛋白的表达情况，探讨了这些蛋白激酶及相关蛋白在 BVDV 感染中的调控作用，为深入了解 BVDV 免疫抑制及其致病机制提供了依据。

随后，Pinchuk 等（2009）又通过蛋白质组学技术分析了 CP 型 BVDV NADL 株感染牛 PBM 中与抗原呈递相关的蛋白表达情况。结果显示，在牛 PBM 中共鉴定出 8 272 种已知蛋白质。其中，未感染 PBM 中鉴定出 6 470 个蛋白质，感染细胞中鉴定出 5 459 个蛋白质。CP 型 BVDV 感染显著改变了牛 PBM 中 445 种蛋白质的表达。其中，29 个蛋白和所有 18 个 MHC 蛋白均与免疫功能相关。2 个与急性感染反应相关的蛋白和 6 个与细胞黏附相关的蛋白表达显著上调。此外，CD14、CD68、肽基脯氨酸顺反异构酶 A、类似载脂蛋白 A- II 前体和黏液病毒抗性 I 蛋白的表达均显著升高。此外，CP 型 BVDV 感染显著改变了 PBM 中 11 个 MHC I 类分子和 7 个 MHC II 类分子的表达。其中，9 个 MHC 类 I 蛋白显著下调，6 个 MHC II 类蛋白显著下调，只有一个 MHC II 类 DR-β链蛋白上调。

综上所述，本研究结果表明，CP 型 BVDV 可能通过改变与免疫反应相关的多种蛋白的表达水平来影响细胞黏附、凋亡、抗原摄取、加工和呈递，以及其他急性感染反应蛋白，从而破坏机体免疫防御机制。CP 型 BVDV 感染可上调 PBM 中与急性感染反应和细胞黏附相关的蛋白的表达，同时降低与抗原摄取、加工和提呈相关的蛋白表达。CP 型 BVDV 感染促进了 PBM 的迁移、分化和激活，同时抑制其抗原成分被呈递到具有免疫功能的淋巴细胞，特别是 Th1 型和调节性 T 细胞。这也导致了活化的巨噬细胞介导的不受控制的炎症反应，增强病毒在宿主中的传播。

Ammari 等（2010）利用蛋白质组学技术检测了 CP 型和 NCP 型 BVDV 感染对牛 PBM 中蛋白表达的影响，分析了差异表达蛋白在病毒免疫抑制和不受控制的炎症中的调控作用。结果显示，在 NCP 型 BVDV 感染中鉴定出 137 个差异表达蛋白，在 CP 型 BVDV 感染中鉴定出 228 个差异表达蛋白。

从未感染、NCP 和 CP 型 BVDV 感染的牛 PBM 中分别鉴定出 2 489 个、2 356 个和 2 028 个蛋白。与未感染组相比，NCP 型 BVDV 感染改变了 137 个宿主蛋白的表达，其中 55 个（40.2%）表达下调，82 个（59.8%）表达上调。而 CP 型 BVDV 改变了 228 个宿主蛋白的表达，其中 164 个（72.0%）表达下调，64 个（28.0%）上调。GO 分析显示，与 CP 型 BVDV 感染组相比，NCP 型 BVDV 感染中抗氧化活性、配体结合、刺激反应和细胞外空间的比例更高，在 CP 型 BVDV 感染中转运、酶活性、代谢和细胞内物质的比例更高。信号通路分析显示，在排名前十的信号通路中代表巨胞饮信号、病毒通过内吞途径进入、整合素信号和原发性免疫缺陷信号的通路仅在 NCP 型 BVDV 感染的 PBM 中被发现。相比之下，肌动蛋白骨架信号、RhoA 信号、网格蛋白介导的胞吞信号和干扰素信号等通路仅在 CP 型 BVDV 感染细胞中被发现。在 CP 型和 NCP 型 BVDV 感染涉及的 6 种常见途径中急性期反应信号通路最为显著。在这 6 种途径中，CP 型 BVDV 感染改变了 33 种宿主蛋白质的表达，而 NCP 型 BVDV 感染改变了 24 种宿主蛋白质的表达。

总之，本研究鉴定了两种生物型 BVDV 感染的单核细胞的蛋白质谱。其中，CP 型 BVDV 对蛋白表达水平的影响更为显著。与 NCP 型 BVDV 相比，CP 型 BVDV 下调蛋白数量显著增加，上调蛋白数量显著减少。GO 分析结果显示了两种生物型 BVDV 感染后相关蛋白在功能上的差异。此外，只有 CP 型 BVDV 显著增加了 Mx 蛋白的蛋白表达水平，而 Mx 蛋白已被证实是由 I 型 INF 受体的信号传导所诱导。INF 受体信号通路可激活适应性免疫反应，抑制该信号通路可能是 NCP 型 BVDV 建立持续感染所必需的。

另外，急性期通路被证明是NCP型和CP型BVDV感染的第一个重要途径。NCP型BVDV还能抑制ECM通路和细胞分化，从而促进了持续性感染的建立。整合素表达的差异也可能意味着CP型BVDV感染可诱导单核细胞分化为巨噬细胞。本研究为探索BVDV感染的发病机制提供了依据。

第二节 BVDV感染MDBK细胞的蛋白质组分析

范峻豪等（2019）选用本实验室保存的CP型BVDV-1和NCP型BVDV-1毒株，感染MDBK细胞，在感染后18 h和48 h收集细胞样品，提取并定量细胞总蛋白，进行蛋白质组分析。结果显示，在CP型BVDV感染18 h和48 h后分别筛选到351和327个差异蛋白，在NCP型BVDV感染18 h和48 h后分别筛选到156和120个差异蛋白。差异蛋白的Venn分析显示，两种生物型BVDV在感染的早期和晚期与MDBK细胞的互作更为复杂。通路分析结果显示，在CP型BVDV感染后18 h表达上调的蛋白主要富集于FcγR介导的吞噬作用、脂肪酸降解作用等通路，表达下调蛋白主要富集于核糖体相关通路、溶酶体通路途径、抗生素生物合成、脂肪酸代谢、碳水化合物代谢等。在NCP型BVDV感染后18 h表达上调的蛋白主要富集于氨基酸合成、糖胺聚合生物合成、磷酸戊糖途径等通路。感染后48 h表达下调蛋白主要富集于甘油磷脂代谢等途径。此外，在CP型BVDV感染中MAPK通路起到了重要的调控作用。在CP型BVDV感染后18 h和NCP型BVDV感染后48 h IL-13是免疫调节过程中主要的细胞因子。

本研究中涉及的差异蛋白生物信息学分析数据有助于后续深入研究病毒与宿主细胞间蛋白质互作及作用机制，为探索BVDV的致病机制提供了依据。

第三节 BVDV和猪流行性腹泻病毒混合感染猪肾细胞的蛋白质组分析

BVDV可感染的宿主范围广，除感染牛外，还可感染羊、猪、骆驼、鹿等多种动物。其中，BVDV感染猪通常表现为亚临床型。临床上，猪流行性腹泻病毒（PEDV）和BVDV

的混合感对猪的健康可产生严重的影响，两种病毒混合感染的分子机制尚不明确。Cheng等（2022）选用0.01 MOI PEDV JS-2/2014株和BVDV-2 SH-28株分别或共感染猪肾细胞（PK-15）细胞，在感染后24 h收集细胞，提取总蛋白，进行蛋白质组分析。结果显示，在PEDV组、BVDV组、共感染组的细胞中分别鉴定出7 975、6 891和6 891个蛋白。其中，在PEDV组、BVDV组、共感染组的细胞中分别鉴定出1 094、1 538 和1 482个差异表达蛋白。在PEDV感染中519个差异蛋白显著上调，575个显著下调。在BVDV感染中892个差异蛋白显著上调，646个蛋白显著下调。在PEDV和BVDV共感染细胞中表达上调蛋白为808个，下调蛋白为674个。此外，在PEDV感染、BVDV感染和共感染细胞中分别存在244、630和401个差异蛋白在各组细胞中具有特异性。

GO分析结果显示，在生物进程类别中差异蛋白与生物合成和代谢过程相关。差异蛋白主要富集在以“核糖体、细胞内核蛋白复合物”和“细胞内非膜界细胞器”为主的多种细胞成分以及以“结构分子活性”和“核糖体结构成分”为主的分子功能中。PEDV感染组、BVDV感染组和共感染组分别富集了27、13和10条通路。Venn分析显示，PEDV感染组和BVDV感染组或共感染组中共有37条通路显著富集，其中4条通路在3组中共享。值得注意的是，在JS-2/2014和SH-28单独感染组中IBD通路显著富集。在合并感染组中炎性肠道疾病（IBD）通路极显著富集。为了验证PEDV和BVDV共感染会诱导更高水平的炎症细胞因子这一假设，在PEDV和BVDV单感染或共感染后48 h检测了PK-15细胞中IL-6、IL-8、IL-18和TNF-α的mRNA水平。结果显示，病毒感染PK15细胞后，随着时间的延长，炎性细胞因子不断产生，且持续增加。与对照组相比，所有病毒感染组在感染后12 h、24 h和48 h IL-18和TNF-α mRNA水平均显著升高，在24 h和48 h IL-6和IL-8 mRNA水平均显著升高。此外，PEDV和BVDV共感染诱导了产生了这些炎症细胞因子的更高水平的mRNA。qRT-PCR检测结果显示，PEDV和BVDV单独感染时IL-18 mRNA表达上调了约22倍，共感染48 h IL-18 mRNA表达上调了约62.21倍。这些结果表明，在PEDV和BVDV感染期间，炎症反应被诱导，炎症细胞因子的产生可能与IBD严重程度有关。

NF-κB是炎症因子产生的关键调节因子，与IBD的发病机制有关。因此，本研究评估了病毒感染对NF-κB启动子活性的影响。结果显示，病毒感染后NF-κB启动子活性增强，且在共感染的细胞中作用更为明显。为了确定NF-κB通路是否参与病毒诱导的细胞因子产生，在病毒感染前采用NF-κB通路抑制剂（BAY11-7082）处理PK-15细胞。PEDV和BVDV共感染在24 h时，IL-6、IL-8、IL-18和TNF-α mRNA水平分别被显著抑制了35%、26%、53%和34%。对这些细胞因子的抑制作用也可以在单独病毒感染组的细胞中发现，但效果不如共感染中那么显著。为了进一步研究 NF-κB 信号通路在共感染细胞中是否被更强烈地激活，采用 Western Blot 方法分析了 IκBα磷酸化和总 IκBα降解。PEDV 和 BVDV 共感染导致 IκBα磷酸化在感染后 12 h 和 24 h 相对较强，而仅感染一种病毒诱导了有限的 IκBα磷酸化。IκBα在感染后期逐渐被降解。上述结果表明，NF-κB 通路参与了调控了 PEDV 或 BVDV 感染时细胞因子的产生，同时感染这两种病毒可诱导 NF-κB 通路更强的激活。本研究为后续探索病毒混合感染的致病机制提供了依据。

第四节 BVDV 持续感染胎牛脾脏蛋白质组分析

母牛在妊娠早期感染 NCP 型 BVDV，可导致持续感染（PI）犊牛的产生。其可成为病毒的主要贮存库。此外，在 PI 牛中可观察到大脑、心脏和骨骼的先天性缺陷以及免疫系统的显著功能缺陷。为了深入研究 BVDV 持续感染的致病机制，Georges 等（2022）采用 LC-MS 技术对 BVDV 持续感染胎牛脾脏进行了蛋白质组分析。

首先，在妊娠第 75 d，随机选择 4 只母牛鼻内途径接种 2 mL NCP 型 BVDV-2 菌株（4.4 log10 TCID50/mL），从而实验产生 PI 胎牛。然后，采集 PI 胎牛和对照胎牛的脾组织，提取总蛋白，进行蛋白质组分析，提取 DNA，进行还原亚硫酸氢盐测序。结果显示，在 PI 组和对照组中发现了 12 种差异表达蛋白质，其中，表达上调的蛋白质主要包括翻译机制相关蛋白 7（TMA7）、肽酶 d（PEPD）、核迁移蛋白（NUDC）、原调蛋白 3（TMOD3）和小核核糖核蛋白 F（SNRPF）。表达下调的蛋白主要包括 THY1 细胞表面抗原（THY1）、异质性核糖核蛋白 c（HNRPC）、半胱氨酸和甘氨酸富蛋白 1（CSRP1）、囊泡相关膜蛋白相关蛋白 B（VAPB）、胱抑素 B（CSTB）、含有 akap2c 结构域的蛋白（AKAP2）和钙调蛋白 2（CNN2）。

白细胞外渗作为先天免疫反应的重要环节，是指白细胞从血流中穿过血管壁迁移到受感染组织，以实现细胞因子和趋化因子的释放。白细胞的招募需要可刺激白细胞迁移和黏附到内皮细胞（ECs）的调控因子。在 PI 胎牛脾脏中该通路的几个信号分子高度甲基化，包括 vav 鸟嘌呤核苷酸交换因子 1（VAV1）、整合素亚基αM（ITGAM）、THY1 等。与对照组相比，PI 胎牛脾脏中 THY1 高度甲基化，导致 THY1 蛋白的降低。THY1 在成纤维细胞、神经元和造血干细胞中表达，具有多种功能，包括介导白细胞与 ECs 的结合和触发中性粒细胞效应功能。THY1 敲除小鼠中白细胞的渗出下降，炎症部位细胞因子的释放也受到了影响。MOD 在 PI 胎牛脾脏中表达上调，其通过覆盖肌动蛋白结构的尖端，负性调节内皮细胞的运动，可能导致白细胞迁移的下调。

在 PI 牛脾脏中 AKAP2 蛋白表达水平显著降低。AKAP 家族成员可通过 PKA 调节 cAMP 信号通路。研究表明，IL-35 可刺激 $CD8^+$细胞高表达 AKAP2，其在 $CD8^+$细胞分化中起重要作用。此外，AKAP2 在系统性红斑狼疮患者的 T 细胞中表达也有所增加，这表明 AKAP2 可调控 Treg 细胞的功能。BVDV PI 胎牛脾脏中 AKAP2 表达的下调表明其在免疫功能障碍和 PKA/cAMP 信号通路功能障碍中的调控作用。研究表明，CNN2 与髓系免疫细胞的发育有关。CNN2 敲除小鼠的外周血中性粒细胞和单核细胞均减少，同时中性粒细胞和单核细胞增殖和迁移增加，巨噬细胞吞噬活性增加。CNN2 表达的上调与巨噬细胞的黏附依赖性成熟有关。本研究发现，PI 胎牛脾脏 CNN2 表达显著减少，这可能导致 PI 胎牛体内成熟巨噬细胞/白细胞的减少，同时增加未成熟单核细胞的增殖和迁移，直接影响巨噬细胞发育。CSTB 具有趋化、刺激细胞因子分泌、释放一氧化氮、调节细胞凋亡、保护神经元、调节细胞周期、骨吸收等多种生物学功能。在正常的稳态中 CSTB 可通过抑制组织蛋白酶 K 来保护破骨细胞免于凋亡。与对照组相比，CSTB 在 PI 胎牛中表达显著下调。BVDV PI 可能通过树突状细胞中 CSTB，促进其自身复制，抑制破骨细胞的生成。VAPB 是一种囊泡相关蛋白，可与自身或 VAPA 形成二聚体，进行囊泡转运。VAPB 已被证明可以通过病毒蛋白 NS5B 与细胞内囊泡的结合来增强丙型肝炎病毒（HCV）的复制。与对照组相比，BVDV PI 组的 VAPB 蛋白含量显著降低。这表明，BVDV 复制与 VAPB 之间存在潜在的联系。随着 VAPB 表达的下调，NFATc1 也随之降低。VAPB 可能通过控制磷脂酶 C（PLCG）-Ca-NFATc1 信号通路的激活，在破骨细胞形成中发挥作用。研究表明，缺乏 VAPB 会导致肌萎缩性侧索硬化症（ALS）。由此可见，VAPB 是神经和心脏起搏器通道所必需的。值得注意的是，在心脏的 Purkinje 细胞中发现了 BVDV 抗原，这表明病毒的存在可能会导致心律失常。尽管迄今为止尚未在 BVDV PI 动物中发现心律失常，但 VAPB 表达的下调可能导致心脏发育的改变。

IPA 分析结果显示，甲基化最显著的信号通路是具有 60 个差异甲基化基因的轴突引导信号通路，其中 43 个基因高甲基化（72%），包括 G 蛋白受体、转录调节因子、酶、生长因子、激酶等。相关基因和信号通路表明，肌动蛋白丝重组、微管组装、轴突吸引和黏附被改变。此外，突触发生途径内基因的甲基化存在差异，大部分区域为高甲基化。这些基因参与神经元黏附、微管稳定和轴突引导信号。除了表观遗传学的改变以外，PI 胎牛脾脏中 VAPB、THY1 和 CSTB 的表达显著降低，它们与神经发育有关。研究表明，ALS 患者细胞和 ALS 动物模型运动神经元中 VAPB 蛋白的下调导致了运动神经元变性。THY1 是神经突生长的抑制剂，其主要表达在神经元上。虽然 THY1 敲除小鼠没有出现结构神经异常，但它们表现出空间学习能力的改变和社交提示的缺乏。CSTB 敲除小鼠 GABA 能信号通路的改变可能导致神经元变性。这些高甲基化基因表达的下调表明，神经元和轴突生长的减少，以及细胞黏附和突触形成的减少。上述发现为探索 BVDV PI 导致胎牛大脑发育缺陷的致病机制提供依据。然而，PI 胎牛脾脏和神经发育中 DNA 甲基化和蛋白质表达之间的联系尚不清楚。DNA 甲基化的变化可能在胎牛组织中普遍存在。另外，大脑和胎牛循环系统中相关蛋白浓度的改变可能影响胎儿大脑的发育。总之，本研究中基因甲基化和蛋白差异表达的相关数据有助于深入研究 BVDV 经胎盘感染胎牛的致病机制。

第五节 BVDV 感染牛外周血淋巴细胞蛋白质组学分析（实例）

根据病毒对感染细胞的影响，BVDV 可分为两种生物类型，即致细胞病变（CP）型和非致细胞病变（NCP）型。其中，NCP 型 BVDV 可在妊娠早期通过母牛胎盘感染子宫内胎牛，引起 PI 牛的产生。PI 牛可终生带毒和散毒，是重要的病毒贮存库和传染源。然而，BVDV 建立 PI 的发病机制尚不明确。淋巴细胞在防御和控制病毒感染的细胞免疫应答和体液免疫应答中均发挥着关键作用。BVDV PI 导致同源血清中和抗体缺乏、终身病毒血症和病毒特异性免疫耐受可能与淋巴细胞密切相关。蛋白质组学方法常被用于分析宿主-病毒相互作用、病毒诱导的细胞蛋白质组变化和病毒发病机制研究，如 HIV 与宿主细胞蛋白质互作分析、西尼罗河病毒感染 Vero 细胞的差异蛋白质组分析、猪外周血单个核细胞在高毒力 CSFV 感染过程中的蛋白质表达变化等。此外，Pinchuk 等（2008）利用蛋白质组学方法评估了 CP 和 NCP 型 BVDV 感染对牛 $CD14^{+}$单核细胞不同蛋白表达和功能的影响。这有助于更好地探索 BVDV 感染的发病机制。然而，我们对 PI 牛外周血淋巴细胞（PBL）的蛋白质组学变化尚不清楚。为了探索 BVDV PI 的分子机制及其免疫病理机制，本团队通过蛋白质组学分析技术鉴定了 BVDV PI 牛与健康牛 PBL 中差异表达蛋白和相关通路，对相关蛋白和通路的调控作用进行了分析。

一、材料与方法

（一）实验动物

BVDV PI 犊牛和健康犊牛（12 月龄）均来自黑龙江某荷斯坦奶牛场。通过 BVDV 抗体和抗原 ELISA 试剂盒（IDEXX），鉴定 PI 牛和健康牛。

（二）细胞及抗体

外周血单个核细胞（PBMC）和 PBL 均分离自 PI 牛和健康牛，anti-bovine CD14 mAb 购置美国 Bio-Rad 公司、mouse anti-IgG1 磁珠抗体购自德国 Miltenyi 公司，anti-ITGB3 antibody、anti-ITGA2B antibody、anti-Akt antibody、anti-p-Akt antibody (Ser473)均购自美国 Cell Signaling Technology 公司，羊抗兔 IgG (H+L) 抗体和羊抗鼠 IgG（H+L）抗体均购自美国 Proteintech 公司。

（三）细胞分离与纯化

采用标准 Ficoll/Hypaque 密度梯度离心法从 PI 犊牛和健康犊牛的静脉血（100 mL）中分离出 PBMC。采用贴壁培养法和磁细胞分离技术纯化 PBL。首先，PBMC（5×10^8）在 37 ℃和 5% CO_2 条件下孵育 2 h。非黏附细胞（PBL）在 PBS 中洗涤两次，并与小鼠抗牛 CD14 单抗一起孵育。然后，加入与小鼠抗 IgG1 磁珠抗体。按照磁珠抗体说明书要求，采用磁珠阴性分选技术纯化出 PBL，备用。

（四）蛋白提取和 TMT 标记

将细胞裂解后按比例（1∶10）加入含 10%TCA 的冰丙酮中，-20 ℃下放置 1 h。然后，4 ℃条件下 15 000 g 离心 15 min，收集沉淀，在加入冰丙酮，-20 ℃放置 1 h。重复上述步骤一次。15 000 g 离心 15 min 后收集沉淀。将干燥后的沉淀与加酚抽提液充分混匀至沉淀均匀分散。等体积加入酚-Tris-HCL（pH 7.5）饱和溶液，4 ℃放置 30 min。5 000 g 离心 30 min，收集酚上层。按 1∶5 的体积比加入预冷的 0.1 mol/L 醋酸铵-甲醇溶液，-20 ℃放置 1 h。10 000 g 离心 10 min，收集沉淀。按 1∶5 的体积比加入冰甲醇，混合后，10 000 g 离心 10 min，收集沉淀。再以丙酮代替甲醇重复步骤上述步骤 2 次。10 000 g 离心 10 min，收集沉淀。干燥后溶解液于样品裂解液中，30 ℃水浴。最后，将溶液 15 000 g 离心 15 min，收集上清，即为总蛋白。测定蛋白浓度后分装，参照 TMT 标记试剂使用说明书进行蛋白的 TMT 标记。

（五）2D-LC-MS/MS 分析

采用 Agilent 1200 HPLC 系统进行反相液相色谱（RPLC）分离肽段，然后将每管溶液彻底冷冻干燥。冻干的多肽样品重新溶解于 Nano-RPLC Buffer A 中，进行反向色谱-QE 分析。

（六）差异表达蛋白筛选与分析

P 值小于 0.05 即为显著性差值。倍数变化大于 1.2 或小于 0.83 即为差异表达。符合标准的蛋白质颜色标记。选择 Bos Taurus 数据库进行后续生物学功能分析。通过 GO 注释和 KEGG 通路分析对每个候选蛋白进行功能分析。

（七）qRT-PCR 验证差异表达蛋白的 mRNA 表达水平

采用 TRIzol 试剂从 PI 牛和健康牛的 PBLs 中提取 RNA。使用 PrimeScript RT 试剂盒对 RNA 进行反转录。采用 SYBR Premix Ex Taq II 试剂盒，对 ITGA2、ITGA2B、ITGA6、ITGB1 和 ITGB3 mRNA 进行荧光定量检测，引物序列见表 6-1。

表 6-1 引物序列

名称	序列（5'-3'）	片段大小/bp	退火温度/°C
ITGA2 F	GTCGTTCAGCTCTGGTCACA	280	60
ITGA2 R	AGCGCTGTGCTTGACTTACT		
ITGA2B F	CGACTTCCGGGACAAGCTAA	125	60
ITGA2B R	CAAACCCCTGTTCCTGGACG		
ITGA6 F	ACAGCACGTTTCTGGAGGAAT	300	60
ITGA6 R	CAGCCTTGTGATATGTGGCA		
ITGB1 F	TAGAGACTCCAGAGTGCCCC	180	60
ITGB1 R	CCGTGTCCCATTTGGCATTC		
ITGB3 F	AATGTCTGGCTGTGAGTCCC	249	60
ITGB3 R	TCGAATCATCTGGCCGTAGG		

（八）Western Blot 验证差异表达蛋白的蛋白表达水平

通过 Western Blot 检测 ITGA2B、ITGB3 和 p-Akt 的蛋白表达水平。一抗为 anti-ITGB3 antibody（Cell Signaling Technology, Beverly, USA）、anti-ITGA2B antibody（Cell Signaling Technology, Beverly, USA）、anti-Akt antibody（Cell Signaling Technology, Beverly, USA）、anti-p-Akt antibody（Ser473）。内参抗体为 anti-β-actin antibody。二抗为羊抗兔 IgG（H+L）抗体和羊抗鼠 IgG（H+L）抗体。

二、结果

（一）差异表达蛋白统计及富集分析

首先，根据表达倍数对差异表达蛋白进行了统计，并以正负柱状图进行展示（图 6-1）。

结果显示，PI 牛 PBL 与健康牛 PBL 相比，共有 254 个差异蛋白，其中表达上调（灰色）的蛋白有 68 个，表达下调（黑色）的蛋白有 186 个。

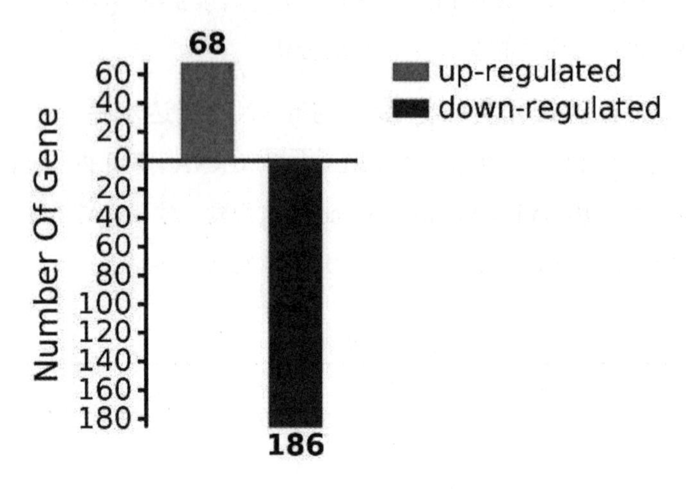

图 6-1　差异表达蛋白统计结果

同时对所有差异蛋白进行了 GO 注释和 KEGG 通路分析，并通过柱状图（图 6-2）进行了展示。其中，深灰色柱子代表富集总数目，灰色柱子代表富集显著数目。

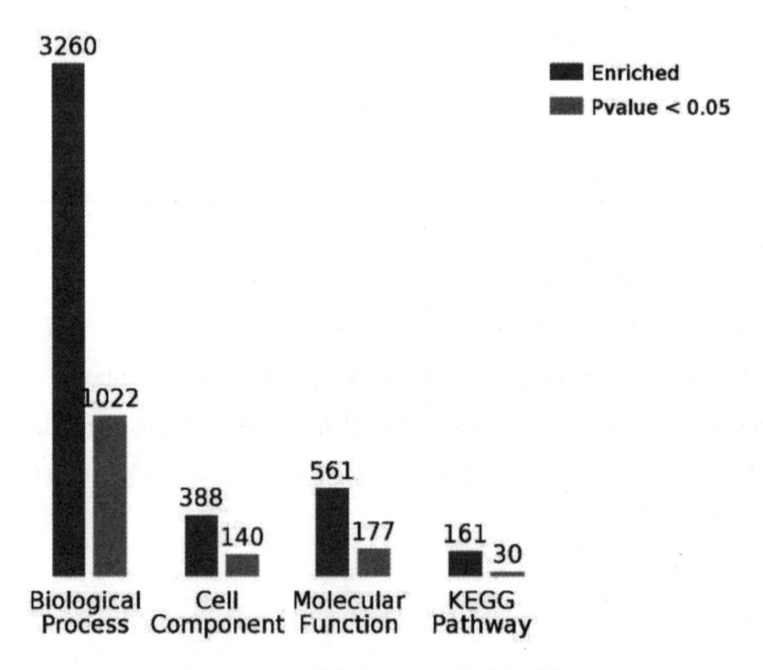

图 6-2　GO 注释和 KEGG 通路分析统计图

（二）GO 功能分析结果

基于数据库 David 6.7 (http://david.abcc.ncifcrf.gov/)进行 GO 分类注释和差异表达蛋白的富集分析。该图显示了分子功能（MF）、生物过程（BP）和细胞成分(CC)中的前 20 个条目。每个类别中的条目按其-log（P-value）值从左到右排序，左边的值更重要。纵向坐标表示不同蛋白质的数量和每个条目中包含的蛋白质总数的百分比。与健康牛相比，PI 牛 PBL 中涉及凝血通路、整合素信号通路、细胞基质黏附、免疫系统过程、细胞外区域部分、整合素结合和细胞黏附分子结合的蛋白表达均下调。

（三）KEGG 通路分析结果

KEGG 通路分析显示，在 PI 牛 PBLs 中血小板激活、局部黏附、补体和凝血级联、细胞外基质（ECM）-受体互作、肌动蛋白细胞骨架调节、白细胞跨内皮细胞迁移、造血细胞谱系、PI3K-Akt 信号通路、细胞黏附分子（CAMs）以及抗原处理和呈递等通路均显著下调（具体结果见图 6-3）。此外，在排名前十的信号通路中共有 39 个蛋白表达发生改变，其中 37 个（95%）蛋白表达下调，2 个（5%）蛋白表达上调（具体结果见表 6-2）。

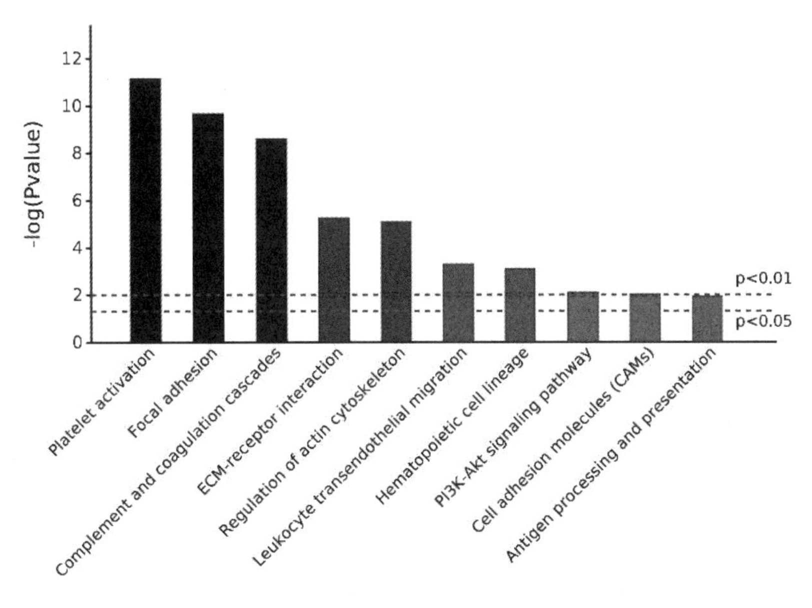

图 6-3 排名前 10 的信号通路

表 6-2　排名前 10 信号通路中的差异表达蛋白

基因名	蛋白名	倍数变化	表达趋势	相关通路
FGB	Fibrinogen beta chain	0.615572	Down	Platelet activation, Complement and coagulation cascades
Rap1b	Ras-related protein Rap-1b	0.742262	Down	Platelet activation, Focal adhesion, Leukocyte transendothelial migration
FERMT3	Fermitin family homolog 3	0.747425	Down	Platelet activation
ITGB3	Integrin beta-3	0.628507	Down	Platelet activation, Focal adhesion, ECM-receptor interaction, Regulation of actin cytoskeleton, Hematopoietic cell lineage, PI3K-Akt signaling pathway
ITGA2B	Integrin alpha-2b	0.707107	Down	Platelet activation, Focal adhesion, ECM-receptor interaction, Regulation of actin cytoskeleton, Hematopoietic cell lineage, PI3K-Akt signaling pathway
VASP	Vasodilator-stimulated phosphoprotein	0.790041	Down	Platelet activation, Focal adhesion, Leukocyte transendothelial migration
ITGB1	Integrin beta-1	0.790041	Down	Platelet activation, Focal adhesion, ECM-receptor interaction, Regulation of actin cytoskeleton, Leukocyte transendothelial migration, PI3K-Akt signaling pathway, Cell adhesion molecules (CAMs)
TBXAS1	Thromboxane-A synthase	0.752623	Down	Platelet activation
MYLK	Myosin light chain kinase, smooth muscle	0.702222	Down	Platelet activation, Focal adhesion, Regulation of actin cytoskeleton
GNAQ	G protein subunit alpha q	0.784584	Down	Platelet activation
ITGA2	Integrin alpha-2	0.702222	Down	Platelet activation, Focal adhesion, ECM-receptor interaction, Regulation of actin cytoskeleton, Hematopoietic cell lineage, PI3K-Akt signaling pathway

续表

基因名	蛋白名	倍数变化	表达趋势	相关通路
FCER1G	Fc receptor gamma-chain	0.76313	Down	Platelet activation
PLA2G4A	Cytosolic phospholipase A2	0.806642	Down	Platelet activation
VWF	von Willebrand factor	0.779165	Down	Platelet activation, Focal adhesion, Complement and coagulation cascades, ECM-receptor interaction, PI3K-Akt signaling pathway
VCL	Vinculin	0.641713	Down	Focal adhesion, Regulation of actin cytoskeleton, Leukocyte transendothelial migration
ACTN1	Alpha-actinin-1	0.757858	Down	Focal adhesion, Regulation of actin cytoskeleton, Leukocyte transendothelial migration
ILK	Integrin-linked protein kinase	0.63728	Down	Focal adhesion
ZYX	Zyxin	0.659754	Down	Focal adhesion
FN1	Embryo-specific fibronectin 1 transcript variant	0.697372	Down	Focal adhesion, ECM-receptor interaction, Regulation of actin cytoskeleton, PI3K-Akt signaling pathway
ITGA6	Integrin alpha-6	0.768438	Down	Focal adhesion, ECM-receptor interaction, Regulation of actin cytoskeleton, Hematopoietic cell lineage, PI3K-Akt signaling pathway, Cell adhesion molecules (CAMs)
MYL9	Myosin regulatory light polypeptide 9	0.673617	Down	Focal adhesion, Regulation of actin cytoskeleton, Leukocyte transendothelial migration
PDGFD	PDGFD protein	0.664343	Down	Focal adhesion, Regulation of actin cytoskeleton, PI3K-Akt signaling pathway
VTN	Vitronectin	0.817902	Down	Focal adhesion, Complement and coagulation cascades, ECM-receptor interaction, PI3K-Akt signaling pathway

续表

基因名	蛋白名	倍数变化	表达趋势	相关通路
F13A1	Coagulation factor XIII A chain	0.624165	Down	Complement and coagulation cascades
LOC617696	Uncharacterized protein	0.650671	Down	Complement and coagulation cascades
C3	Complement C3	0.737135	Down	Complement and coagulation cascades
PROS1	Protein S (alpha)	0.795536	Down	Complement and coagulation cascades
CLU	Clusterin	0.619854	Down	Complement and coagulation cascades
CFB	Complement factor B	0.812252	Down	Complement and coagulation cascades
SERPINF2	Alpha-2-antiplasmin	0.757858	Down	Complement and coagulation cascades
SERPINA1	Alpha-1-antiproteinase	0.773782	Down	Complement and coagulation cascades
APC	Adenomatosis polyposis coli protein	0.795536	Down	Regulation of actin cytoskeleton
F11R	Junctional adhesion molecule A	0.594604	Down	Leukocyte transendothelial migration, Cell adhesion molecules (CAMs)
CD9	CD9 molecule	0.532185	Down	Hematopoietic cell lineage
CD8A	T-cell surface glycoprotein CD8 alpha chain	0.812252	Down	Hematopoietic cell lineage, Cell adhesion molecules (CAMs), Antigen processing and presentation
SELP	P-selectin	0.594604	Down	Cell adhesion molecules (CAMs)
BOLA-DQA2	Uncharacterized protein	2.620787	Up	Cell adhesion molecules (CAMs), Antigen processing and presentation
HSPA1A	Heat shock 70 kDa protein 1A	0.757858	Down	Antigen processing and presentation
CD74	MHC, class II invariant chain	1.36604	Up	Antigen processing and presentation

（四）差异表达蛋白 mRNA 的 qRT-PCR 验证

我们采用 qRT-PCR 方法检测了 PI 牛和健康牛 PBL 中 ITGA2、ITGA2B、ITGA6、ITGB1 和 ITGB3 mRNA 的表达水平。结果显示，与健康牛 PBL 相比，PI 牛 PBL 的 ITGA2、ITGA2B、ITGA6、ITGB1 和 ITGB3 mRNA 表达水平显著下调（图 6-4）。上述结果与 2D-LC-MS/MS 分析结果一致。

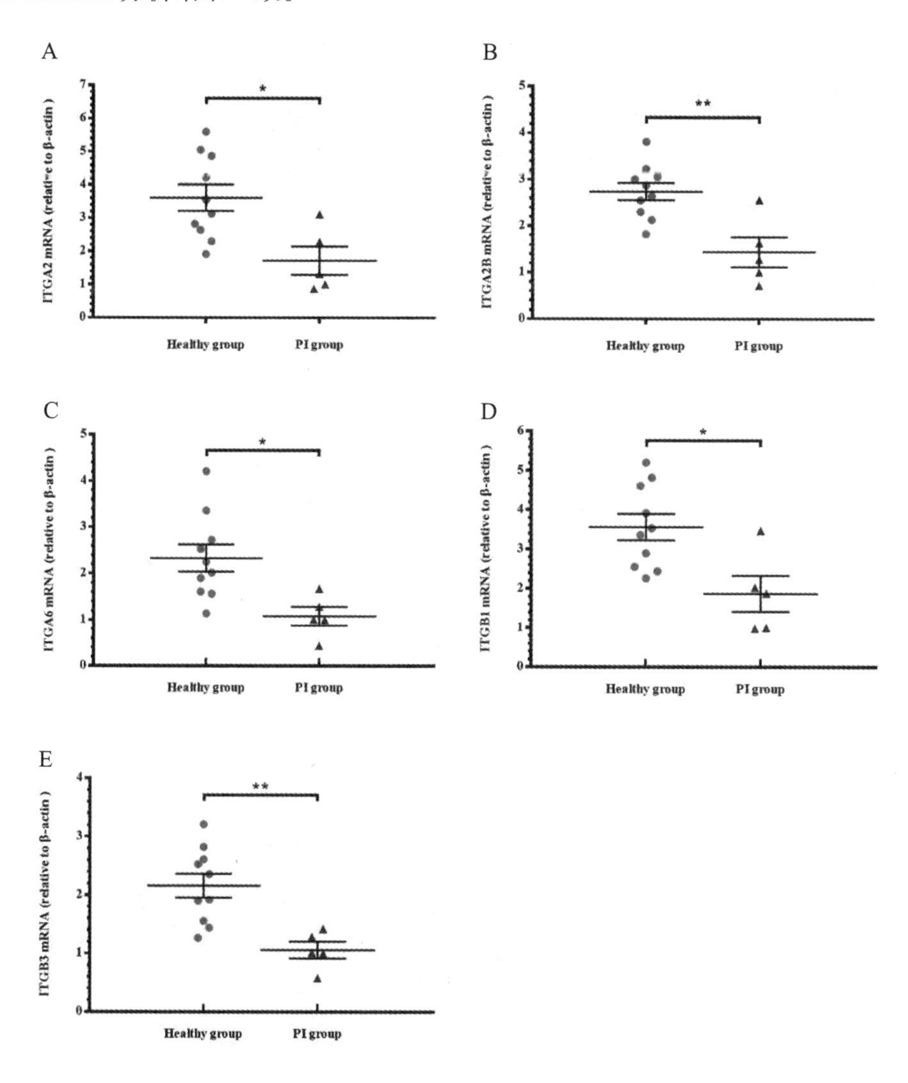

图 6-4 qRT-PCR 定量分析结果

A：ITGA2；B：ITGA2B；C：ITGA6；D：ITGB1；E：ITGB3；$^{*}p< 0.05$，$^{**}p < 0.01$。数据以均值±SEM 表示（PI 组，$n = 5$；健康组，$n=10$）。

（五）差异表达蛋白的 Western Blot 验证

我们采用 Western Blot 验证相关蛋白的 2D-LC-MS/MS 分析结果。结果显示，ITGA2B、

ITGB3、Akt 和 p-Akt 分别在 113、110、60 和 60 kDa 处检测到蛋白条带。在 PI 牛的 PBLs 中 ITGA2B、ITGB3 和 p-Akt 的表达显著下调（图 6-5），这与 2D-LC-MS/MS 和 qRT-PCR 的检测结果一致。

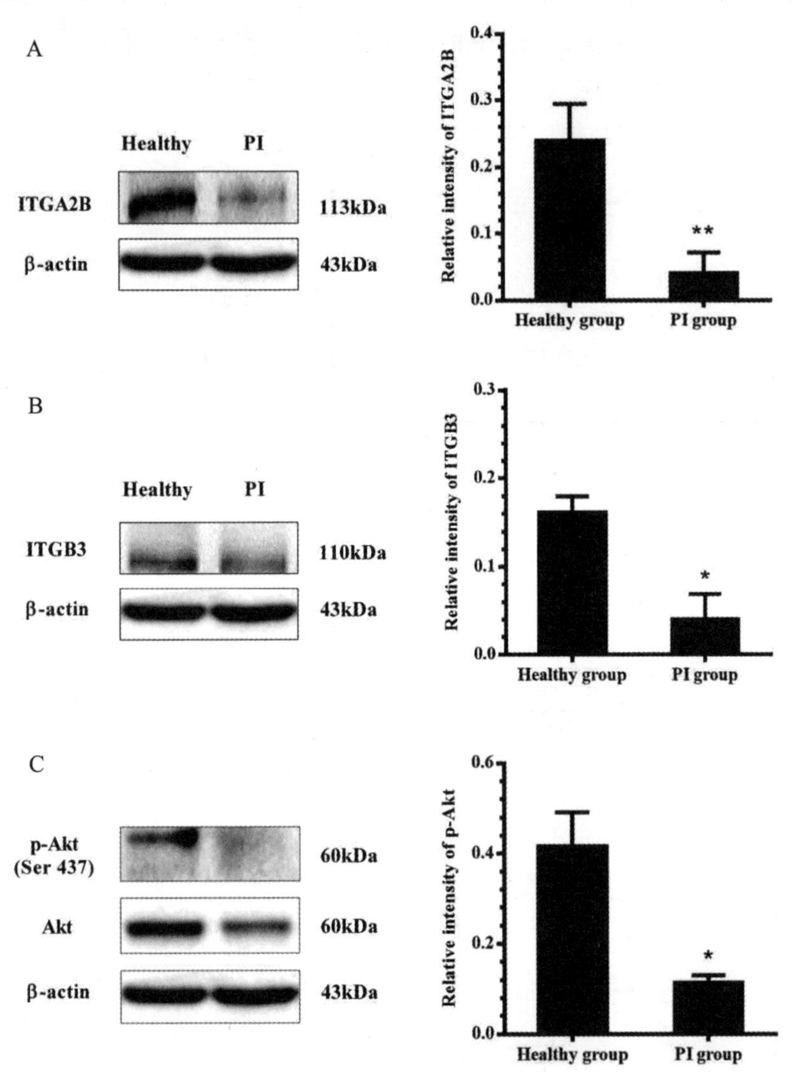

图 6-5　ITGA2B、ITGB3、p-Akt 表达的 Western Blot 分析

A：ITGA2B；B：ITGB3；C：p-Akt；*$p<0.05$，**$p<0.01$，数据以均值±SEM 表示（PI 组，$n=5$；健康组，$n=10$）。

三、讨论

整合素是一种重要的细胞表面受体和信号转导分子，其可以与 ECM 成分结合，介导细胞黏附、增殖、分化、抗病毒免疫应答、肿瘤免疫耐受。肿瘤免疫耐受在肿瘤细胞存活中起着至关重要的作用。整合素α5β6 可参与调节性 T 细胞（Treg）发育的调控，促进结直肠癌肿瘤免疫耐受。其他学者蛋白质组学研究表明，在 NCP 型 BVDV 体外感染的牛 $CD14^+$单核细胞中，检测到 ITGA2B、ITGB3 和 ITGA6 的表达水平下降。这一发现表明 NCP 型 BVDV 在急性 BVDV 感染过程中可以通过整合素介导的信号通路抑制淋巴细胞活化，促进病毒在体内的长期存在。在本研究中，我们发现 PI 牛 PBLs 的局部黏连、ECM 受体互作等通路下调。更值得注意的是，通过蛋白质组学分析检测到整合素亚基（ITGA2、ITGA6、ITGA2B、ITGB1 和 ITGB3）表达的显著下调，并通过 qRT-PCR 和 Western Blot 验证了蛋白质组学的分析结果。由此可见，整合素介导的信号通路很可能在 BVDV 体内持续性感染中也起调控作用。

此外，PI3K/AKT 信号在淋巴细胞增殖、分化、Treg 细胞发育和免疫耐受等信号转导中发挥重要作用。PI3K/Akt 通路已被证实与病毒持续性感染有关，如乙型肝炎病毒（HBV）、丙型肝炎病毒（HCV）、严重急性呼吸综合征（SARS-CoV）。本研究通过 Western Blot 检测到 p-Akt 水平的显著下调。蛋白质组学分析结果也显示 PI 牛 PBL 中 PI3K/Akt 信号通路显著下调。上述研究发现表明，BVDV PI 的建立和维持可能与 PI3K/Akt 信号通路有关，其调控机制有待于进一步研究和证实。

为了有效地保护动物机体免受病原微生物的感染，淋巴细胞可在血流和淋巴器官间不断迁移。淋巴细胞的迁移需要整合素和内皮免疫球蛋白超家族蛋白的结合，如 ITGB1 和 VCAM-1 的结合、ITGB2 和 JAM-1 的结合。本研究中 KEGG 通路分析显示，白细胞经内皮细胞迁移属排名前 10 的信号通路之一。其相关分子 ITGB1、JAM1、Rap1b、MYL9 在 PI 牛 PBLs 中表达均显著下调。此外，肌动蛋白细胞骨架调节在正常免疫反应相关的多种重要细胞进程中起着至关重要的作用，包括淋巴细胞迁移、细胞间相互作用、内吞作用、淋巴细胞活化、信号转导和细胞形态的维持。淋巴细胞的迁移需要激活的肌球蛋白轻链激酶（MLCK）。MLCK 对肌球蛋白轻链（MLC）Thr18 和 Ser19 的磷酸化控制肌动球蛋白收缩并促进细胞迁移。值得注意的是，在本研究中，PI 牛 PBLs 的肌动蛋白细胞骨架及其相关分子（MLC、MLCK、VCL）显著下调。这表明，BVDV 可能通过抑制肌动蛋白骨架和白细胞跨内皮迁移途径来限制淋巴细胞的迁移，促进 BVDV PI。

四、结论

在本研究中，与健康牛相比，BVDV PI 牛的 PBLs 中鉴定出 68 个表达上调蛋白和 186 个表达下调蛋白。差异表达蛋白参与抗病毒免疫应答、免疫耐受、淋巴细胞跨内皮迁移、细胞黏附、细胞信号转导等调控，可能与 PBL 的免疫功能密切相关。我们的发现为探索 BVDV PI

与免疫耐受的分子机制以及 BVDV 与 PBL 蛋白的相互作用提供了新的思路。BVDV PI 的建立和维持可能与 ECM 受体相互作用、整合素介导的信号通路、PI3K/Akt 信号通路、白细胞跨内皮迁移通路等有关，BVDV 维持 PI 的分子机制仍待进一步研究和证实。

参考文献

[1]LEE S R, NANDURI B, PHARR G T, et al. Bovine viral diarrhea virus infection affects the expression of proteins related to professional antigen presentation in bovine monocytes[J]. Biochimica Et Biophysica Acta-Proteins and Proteomics, 2009, 1794(1): 14-22.

[2]范峻豪. BVDV 的分离鉴定及 BVDV-1 型毒株感染细胞的蛋白质组学分析[D]. 呼和浩特：内蒙古农业大学, 2019.

[3]KAWAI T, AKIRA S. Innate immune recognition of viral infection[J]. Uirusu, 2006, 56(2): 1-8.

[4]AMMARI M, MCCARTHY F M, NANDURI B, et al. Analysis of Bovine Viral Diarrhea Viruses-infected monocytes: identification of cytopathic and non-cytopathic biotype differences[J]. Bmc Bioinformatics, 2010, 11(S6): S9.

[5]BAIGENT S J, ZHANG G,FRAY MD, et al. Inhibition of Beta Interferon Transcription by Noncytopathogenic Bovine Viral Diarrhea Virus Is through an Interferon Regulatory Factor 3-Dependent Mechanism[J]. Journal of Virology, 2002, 76(18): 8979.

[6]BAJER A A, DAVID G, JORDAN K R, et al. Peripheral blood-derived bovine dendritic cells promote IgG1-restricted B cell responses in vitro[J]. The Journal of Leukocyte Biology, 2003, 73(1): 100-106.

[7]PINCHUK G V, LEE S R, NANDURI B, et al. Bovine viral diarrhea viruses differentially alter the expression of the protein kinases and related proteins affecting the development of infection and anti-viral mechanisms in bovine monocytes[J]. Biochimica Et Biophysica Acta-Proteins and Proteomics, 2008, 1784(9): 1234-1247.

[8]PETERHANS E, JUNGI T W, SCHWEIZER M. BVDV and innate immunity[J]. Biologicals, 2003, 31(2): 107-112.

[9]CATTANEO, R. Four Viruses, Two Bacteria, and One Receptor: Membrane Cofactor Protein (CD46) as Pathogens' Magnet[J]. Journal of Virology, 2004, 78(9): 4385-4388.

[10]CHENG J, TAO J, LI B, et al. Coinfection with PEDV and BVDV induces inflammatory bowel disease pathway highly enriched in PK-15 cells[J]. Virology Journal, 2022, 19(1): 119.

[11]PINCHUK L M, BOYD B L, KRUGER E F, et al. Bovine dendritic cells generated from monocytes and bone marrow progenitors regulate immunoglobulin production in peripheral blood B cells[J]. Comparative Immunology Microbiology and Infectious Diseases, 2003, 26(4): 233-249.

[12]DELON I, BROWN N H. Integrins and the actin cytoskeleton[J]. Current Opinion in Cell Biology, 2007, 19(1): 43-50.

[13]BOYD B L, LEE T M, KRUGER E F, et al. Cytopathic and non-cytopathic bovine viral diarrhoea virus biotypes affect fluid phase uptake and mannose receptor-mediated endocytosis in bovine monocytes[J]. Veterinary Immunology and Immunopathology, 2004, 102(1-2): 53-65.

[14]HANAH M, HANA V, HELLE B, et al. Epigenomic and Proteomic Changes in Fetal Spleens Persistently Infected with Bovine Viral Diarrhea Virus: Repercussions for the Developing Immune System, Bone, Brain, and Heart[J]. Viruses, 2022, 14(3): 506.

[15]FRANCHINI M, SCHWEIZER M, PHILIPPE M, et al. Evidence for dissociation of TLR mRNA expression and TLR agonist-mediated functions in bovine macrophages[J]. Veterinary Immunology and Immunopathology, 2006, 110(1-2): 37-49.

[16]NANDURI B, LAWRENCE M L, VANGURI S, et al. Proteomic analysis using an unfinished bacterial genome: the effects of subminimum inhibitory concentrations of antibiotics on Mannheimia haemolytica virulence factor expression[J]. Proteomics, 2010, 5(18): 4852-4863.

[17]何延华. 非致细胞病变牛病毒性腹泻病毒抑制 I 型干扰素产生的分子机制探索[D]. 石河子：石河子大学, 2020.

[18]DURR E, YU J, KRASINSKA K M, et al. Direct proteomic mapping of the lung microvascular endothelial cell surface in vivo and in cell culture[J]. Nature Biotechnology, 2004, 22(8): 985-992.

[19]LEE S, PHARR G, BOYD B, et al. Bovine viral diarrhea viruses modulate toll-like receptors, cytokines and co-stimulatory molecules genes expression in bovine peripheral blood monocytes[J]. Comparative Immunology, Microbiology and Infectious Diseases, 2008, 31(5): 403-418.

[20]ALKHERAIF A A, TOPLIFF C L, REDDY J, et al. Type 2 BVDV N(pro) suppresses IFN-1 pathway signaling in bovine cells and augments BRSV replication[J]. Virology, 2017, 507: 123.

[21]QIAN W J, LIU T, MONROE M E, et al. Probability-based evaluation of peptide and protein identifications from tandem mass spectrometry and SEQUEST analysis: the human proteome[J]. Journal of Proteome Research, 2005, 4(1): 53.

[22]BRIDGES S M, MAGEE G B, WANG N, et al. ProtQuant: a tool for the label-free quantification of MudPIT proteomics data[J]. Bmc Bioinformatics, 2007, 8(Suppl 7): S24-S24.

[23]ROBERT W, JULIA F, SHARON O, et al. Bovine viral diarrhoea virus (BVDV) subgenotypes in diagnostic laboratory accessions: Distribution of BVDV1a, 1b, and 2a subgenotypes[J]. Veterinary Microbiology, 2005, 111(1-2): 35-40.

[24]LEE S R, PHARR G T, COOKSEY A M, et al. Differential detergent fractionation for non-electrophoretic bovine peripheral blood monocyte proteomics reveals proteins involved in professional antigen presentation[J]. Developmental and Comparative Immunology, 2006, 30(11): 1070-1083.

[25]KERSTIN N, STEFANIE M, MARIUS U, et al. Bovine neonatal pancytopenia - Comparative proteomic characterization of two BVD vaccines and the producer cell surface proteome (MDBK) [J]. BMC Veterinary Research, 2013, 9: 18.

[26]KRUGER E F, BOYD B L, PINCHUK L M. Bovine monocytes induce immunoglobulin production in peripheral blood B lymphocytes[J]. Developmental and Comparative Immunology, 2003, 27(10): 889-897.

[27]CHASE C, ELMOWALID G, YOUSIF A. The immune response to bovine viral diarrhea virus: a constantly changing picture[J]. Veterinary Clinics of North America Food Animal Practice, 2004, 20(1): 95-114.

[28]TOAPANTA F R, ROSS T M. Complement-mediated activation of the adaptive immune responses[J]. 2006, 36(1-3): 197-210.

[29]GERLING I C, SINGH S, LENCHIK N I, et al. New data analysis and mining approaches identify unique proteome and transcriptome markers of susceptibility to autoimmune diabetes[J]. Molecular and Cellular Proteomics, 2006, 5(2): 293-305.

[30]GEORGES H M, KNAPEK K J, HELLE B O, et al. Attenuated lymphocyte activation leads to the development of immunotolerance in bovine fetuses persistently infected with

bovine viral diarrhea virus[J]. Biology of Reproduction, 2020(3): 3.

[31]WERLING D, RURYK A, HEANEY J, et al. Ability to differentiate between cp and ncp BVDV by microarrays: towards an application in clinical veterinary medicine?[J]. Vet Immunopathol, 2005, 108(1-2): 157-164.

[32]ADLER B, ADLER H, PFISTER H, et al. Macrophages infected with cytopathic bovine viral diarrhea virus release a factor(s) capable of priming uninfected macrophages for activation-induced apoptosis[J]. Journal of Virology, 1997, 71(4): 3255-3258.

[33]KNAPEK K J, GEORGES H M, CAMPEN H V, et al. Fetal Lymphoid Organ Immune Responses to Transient and Persistent Infection with Bovine Viral Diarrhea Virus[J]. Multidisciplinary Digital Publishing Institute, 2020, 12(8): 816.

[34]KARIN M, THOMAS K, VOLKER M, et al. CD46 is a cellular receptor for bovine viral diarrhea virus[J]. Journal of Virology, 2004, 78(4): 1792-1799.

[35]DARWEESH M F, RAJPUT M, BRAUN L J, et al. BVDV N^{pro} protein mediates the BVDV induced immunosuppression through interaction with cellular S100A9 protein[J]. Microbial Pathogenesis, 2018, 121: 341-349.

[36]EISFELD A J, YEE M B, ERAZO A, et al. Downregulation of class I major histocompatibility complex surface expression by varicella-zoster virus involves open reading frame 66 protein kinase-dependent and -independent mechanisms[J]. Journal of Virology, 2007, 81(17): 9034.

[37]AN K, FANG L, LUO R, et al. Quantitative Proteomic Analysis Reveals That Transmissible Gastroenteritis Virus Activates the JAK-STAT1 Signaling Pathway[J]. Journal of Proteome Research, 2014, 13(12): 5376-5390.

[38]LIU Y, LIU S, HE B, et al. PD-1 blockade inhibits lymphocyte apoptosis and restores proliferation and anti-viral immune functions of lymphocyte after CP and NCP BVDV infection in vitro[J]. Veterinary Microbiology, 2018, 226: 74-80.

[39]刘宇. PD-1 通路在 BVDV 抑制牛外周血 T 淋巴细胞增殖、诱导凋亡中的作用及其机制[D]. 大庆: 黑龙江八一农垦大学, 2019.

附录彩图

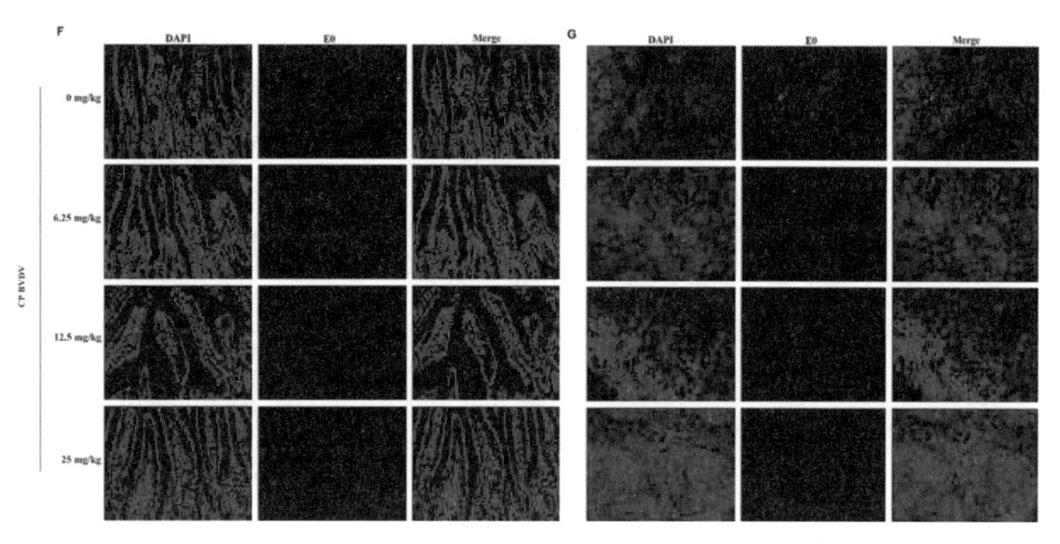

图 3-4　根皮苷抑制小鼠中 CP 型 BVDV 的复制

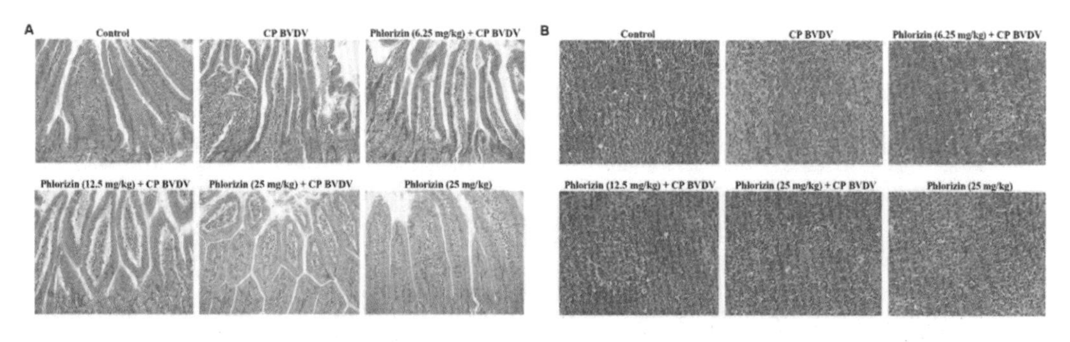

图 3-5　根皮苷改善 CP 型 BVDV 感染小鼠导致的病理组织学变化

A：各处理组十二指肠的病理组织学评价（HE 染色，200×）。B：各处理组脾脏的病理组织学评价（HE 染色 400×）。

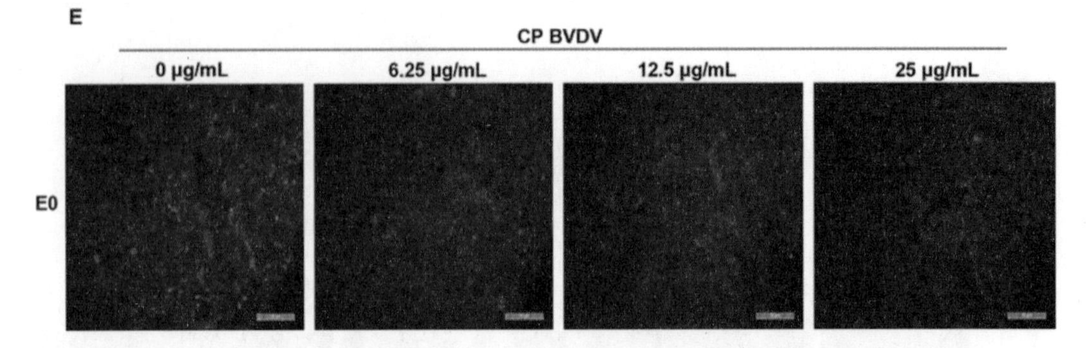

图 3-6　根皮苷抑制 MDBK 细胞中 CP 型 BVDV 的复制

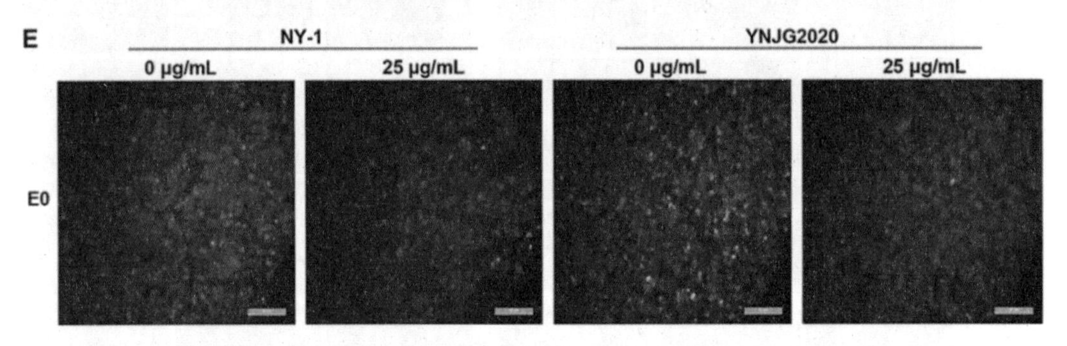

图 3-10　根皮苷抑制 NCP 型 BVDV 在 MDBK 细胞中的复制

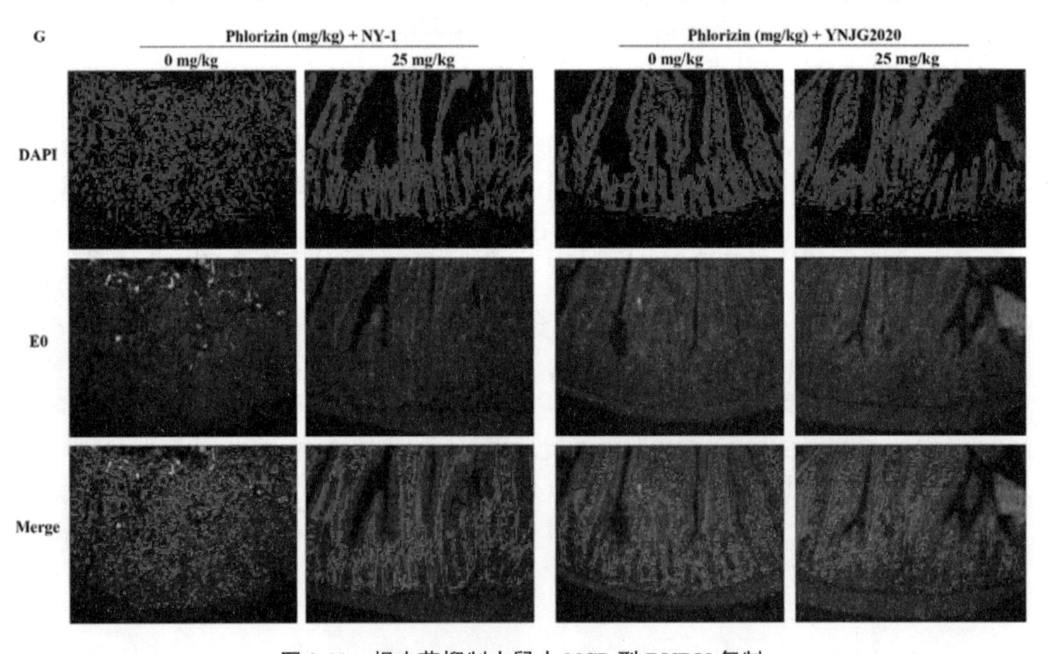

图 3-11　根皮苷抑制小鼠中 NCP 型 BVDV 复制

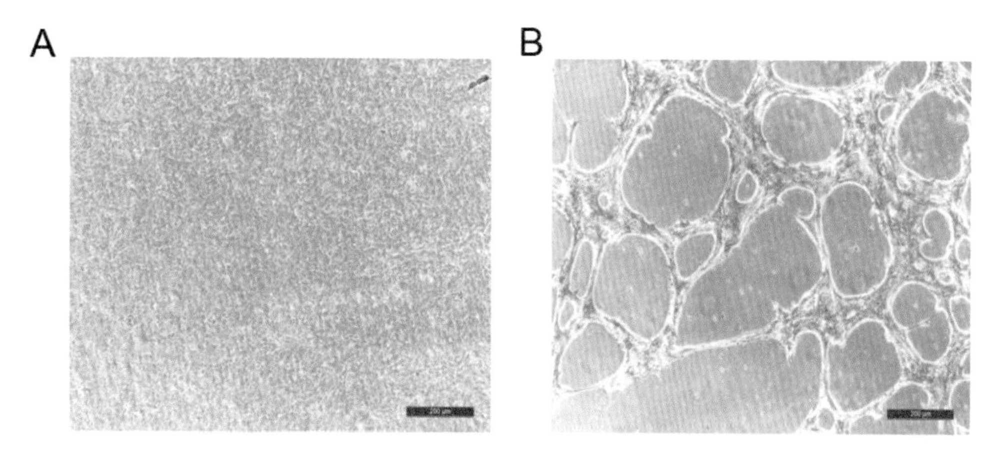

图 4-46 细胞病变图（200×）

A：正常 MDBK 细胞；B：接毒后的细胞。

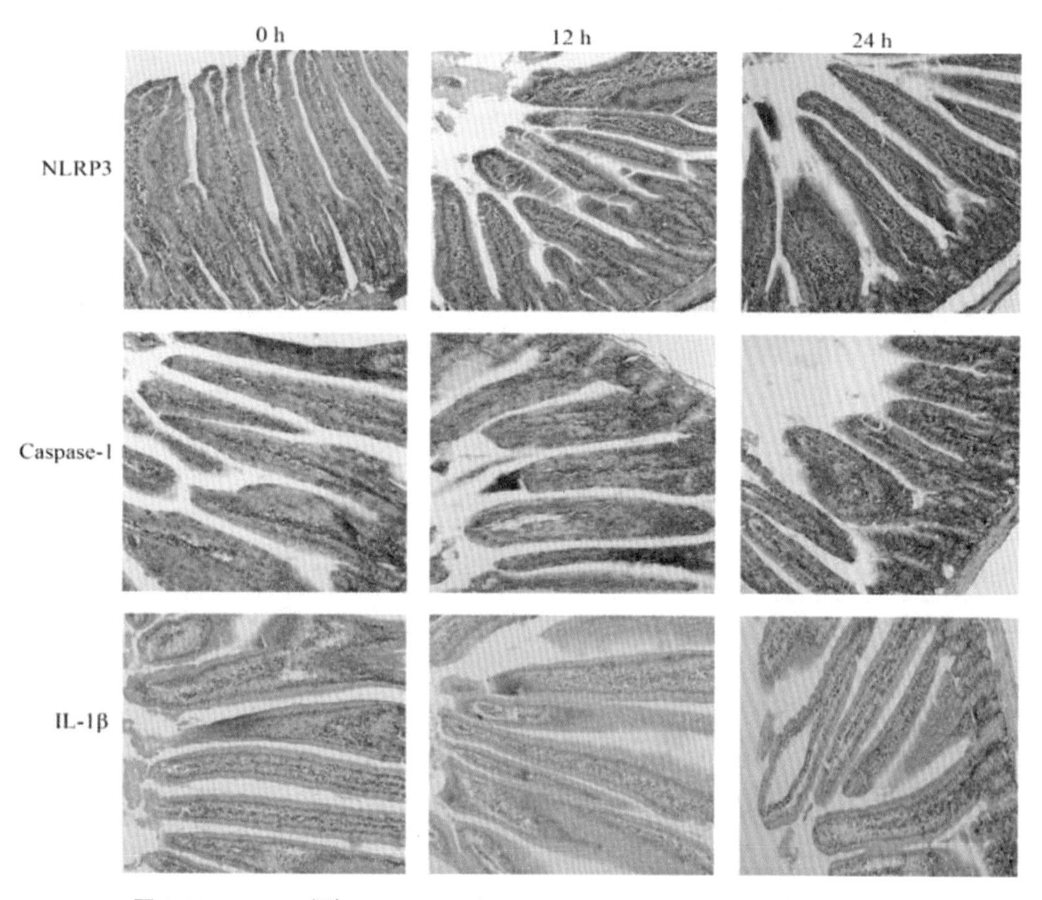

图 4-48 BVDV 感染 12 h、24 h 时 NLRP3、Caspase-1 和 IL-1β的蛋白组化图

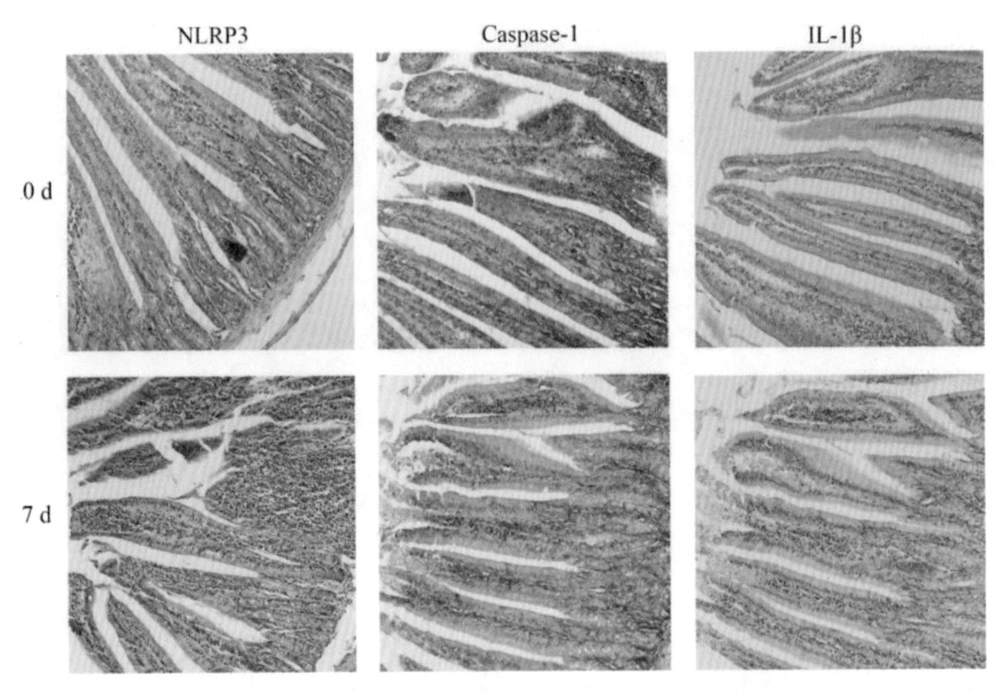

图 4-51　BVDV 感染 7 d 时 NLRP3、Caspase-1 和 IL-1β的蛋白组化图

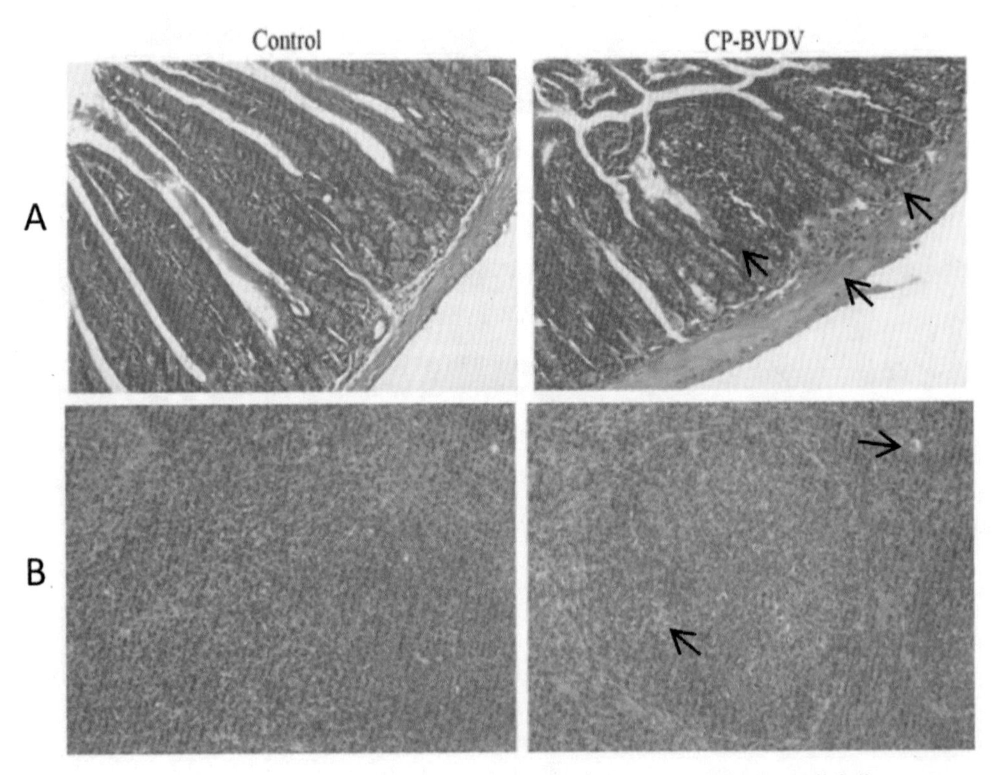

图 4-54　BVDV 感染小鼠十二指肠和脾脏（200×）病理组织学变化

A：小鼠十二指肠对照组与感染组；B：小鼠脾脏对照组与感染组。

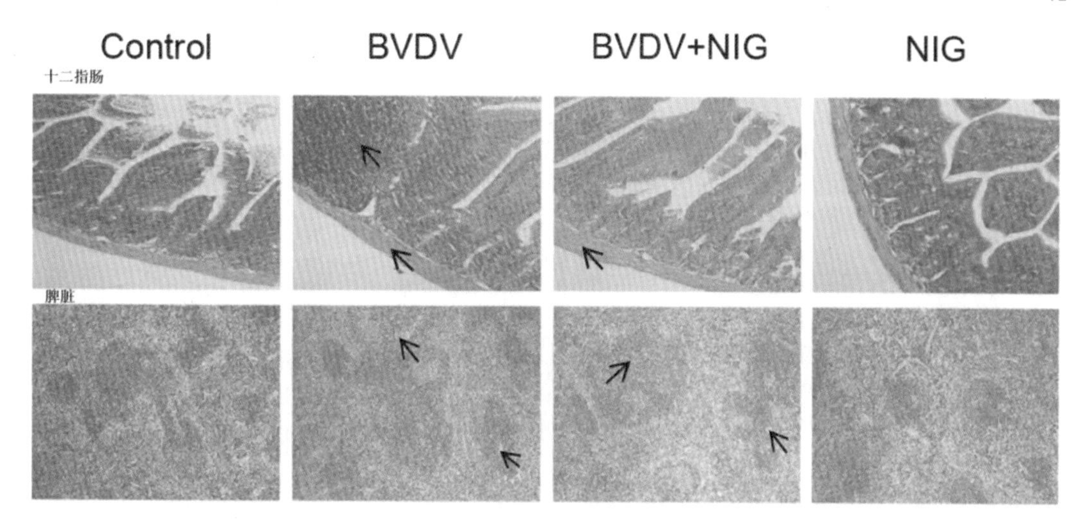

图 4-64　BVDV 感染小鼠十二指肠和脾脏（100×）病理组织学变化

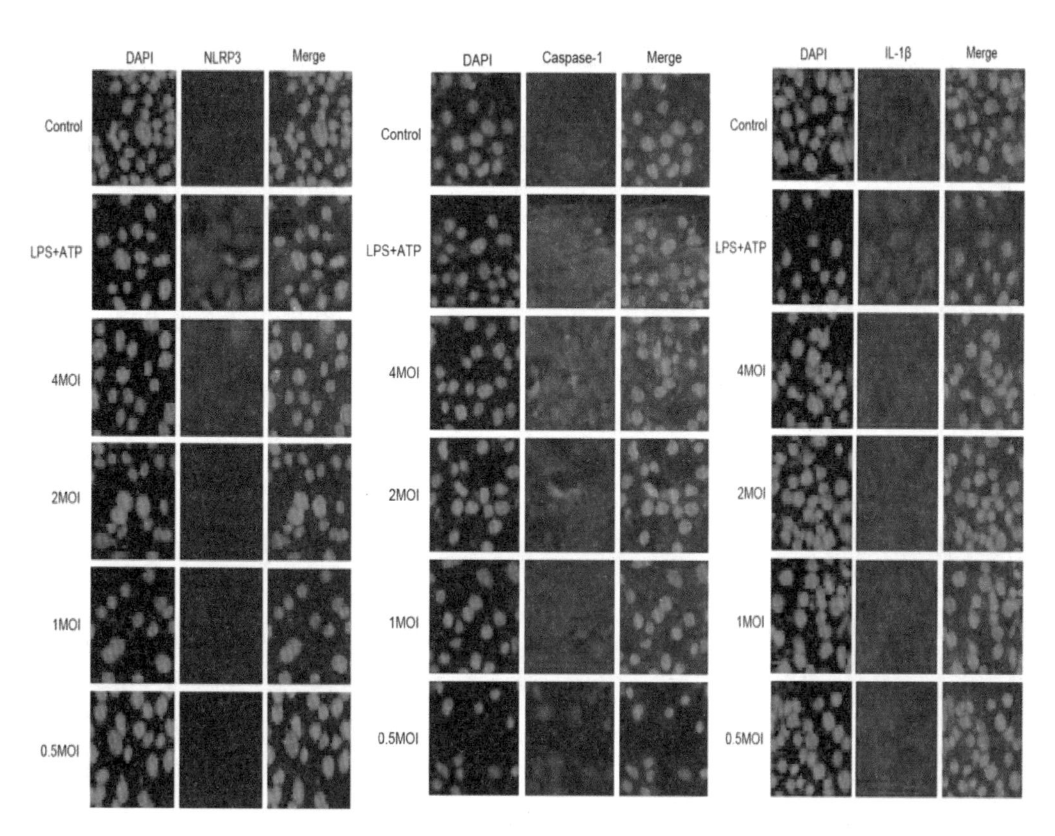

图 4-65　BVDV 感染牛腹腔巨噬细胞对 NLRP3 炎性小体的影响

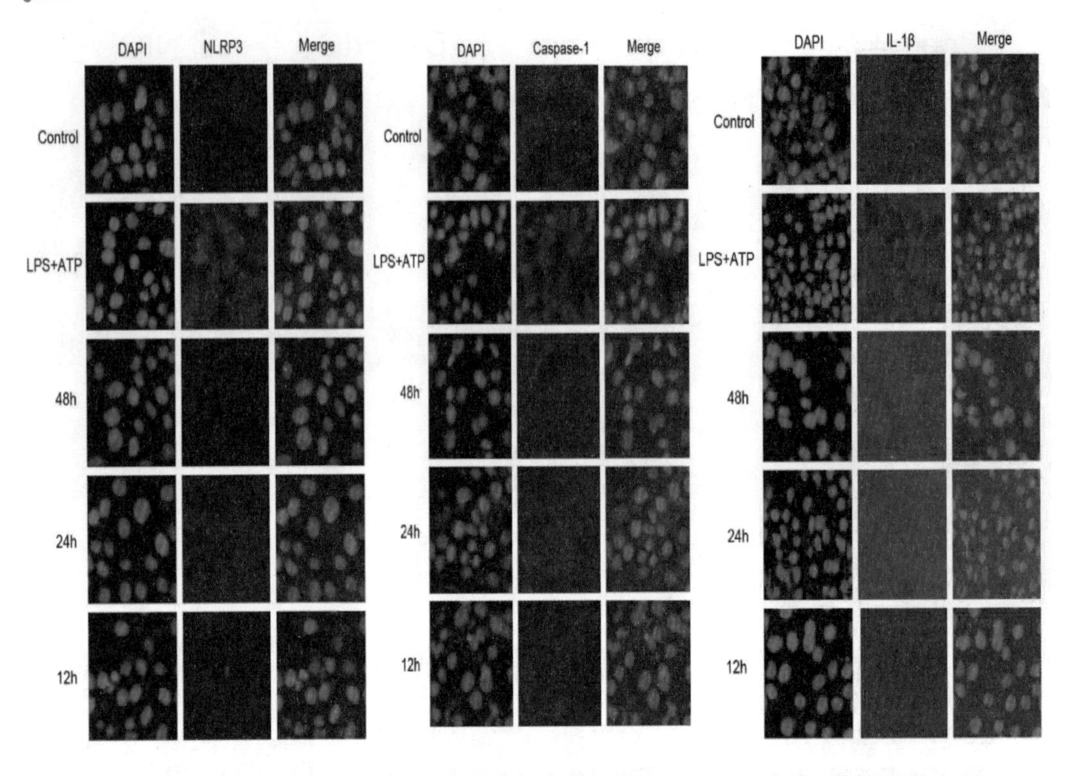

图 4-66　BVDV 感染牛腹腔巨噬细胞不同时间点对 NLRP3 炎性小体的影响